T0216186

Springer-Lehrbuch

Ingolf Volker Hertel • Claus-Peter Schulz

Atome, Moleküle und optische Physik 1

Atomphysik und Grundlagen der Spektroskopie

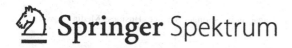

Springer Spektrum

Ingolf Volker Hertel
Max-Born-Institut für Nichtlineare
    Optik und Kurzzeitspektroskopie
Berlin, Deutschland

Claus-Peter Schulz
Max-Born-Institut für Nichtlineare
    Optik und Kurzzeitspektroskopie
Berlin, Deutschland

ISSN 10937-7433
Springer-Lehrbuch
ISBN 978-3-662-46807-4   ISBN 978-3-662-46808-1 (eBook)
DOI 10.1007/978-3-662-46808-1

Die Deutsche Nationalbibliothek verzeichnet diese Publikation in der Deutschen Nationalbibliografie; detaillierte bibliografische Daten sind im Internet über http://dnb.d-nb.de abrufbar.

Springer Spektrum
© Springer-Verlag Berlin Heidelberg 2008. Nachdruck 2015

Gedruckt auf säurefreiem und chlorfrei gebleichtem Papier

Springer Berlin Heidelberg ist Teil der Fachverlagsgruppe Springer Science+Business Media
(www.springer.com)

Inhaltsverzeichnis

Vorwort

Atome, Moleküle und Optische Physik, ein Lehrbuch über zentrale Themen aus dem Kanon moderner Physik – in deutscher Sprache! Schon während des Schreibens sind wir oft gefragt worden, warum wir dieses anspruchsvolle Unternehmen nicht in der *lingua franca* der Wissenschaft, also in Englisch, publizieren. Am Anfang stand vor allem die Absicht, von Springer nachdrücklich unterstützt, deutschsprachigen Studierenden die Möglichkeit zu geben, sich auf anspruchsvollem Niveau in einen Kernbereich der modernen Physik auch in ihrer Muttersprache einzuarbeiten. Denn erfahrungsgemäß geht vieles an wichtigen Details verloren oder prägt sich viel schwerer durch fremdsprachliche Vermittlung ein, weil die englischen Sprachkenntnisse der angehenden Jungwissenschaftler eben in aller Regel doch nur sehr langsam reifen, und weil die notwendige Präzision bei der begrifflichen Aufarbeitung komplexer physikalischer Sachverhalte ganz wesentlich durch Sprache vermittelt wird. Das merkt auch der gelernte und in den angesprochenen Themenfeldern langjährig praktizierende Physiker, dessen tägliche Umgangssprache ja das Englische ist. Wenn er sich darum bemühen muss, scheinbar selbstverständliches Grundwissen, das als englische Begriffswelt im Großhirn gespeichert vorliegt, in klarem Deutsch zu Papier zu bringen – genauer gesagt: auf den Bildschirm – ist dies kein triviales Unterfangen. So haben wir es denn, von Kapitel zu Kapitel mit mehr Freude, auch als sehr nützliche Anstrengung empfunden, dieses spannende Themenfeld von seinen Grundlagen bis zum aktuellen Stand der Forschung zu entwickeln und präzise zu formulieren – in der uns sonst so vertrauten deutschen Sprache, die wir im täglichen Forscherleben kaum noch benutzen, und in der vor etwas über 100 Jahren die wesentlichen Anfangsgründe moderner Physik gelegt wurden. Oft mussten wir feststellen, dass man sich mit den Begriffen dabei schwer tut und fanden es häufig nützlich, den englischen Fachausdruck in Klammern oder Anführungszeichen zu notieren.

Wir legen hier also den ersten Band eines Lehrbuchs vor, das sich zum einen an fortgeschrittene Studierende der Physik, Chemie und anderer Nachbarfächer richtet, typischerweise nach dem Vordiplom, im Masterstudium oder während der Promotion. Zum anderen wollen wir aber auch erfahrenere Wissenschaftler/innen ansprechen, die sich mit diesem Themenfeld wieder einmal neu und aktuell vertraut machen möchten. Denn Atom- und Molekülphysik und ihre Spektroskopie sind immer noch – immer wieder und heute mehr denn je – ein hoch aktuelles Themenfeld moderner Physik. Mehrere Nobelpreise der letzten Jahre unterstreichen dies. Zugleich geht es um zentrale Grundlagen für ein breites Spektrum moderner Naturwissenschaften, auf deren solide Kenntnis auch in vielen interdisziplinären Themenfeldern und Anwendungsbereichen nicht verzichtet werden kann. Betrachtet man die technische, mit der modernen Physik verbundene Entwicklung, so kann man das 20. Jahrhundert als das Jahrhundert des Elektrons, das 21. Jahrhundert als das des Photons bezeichnen (COSE 1998). Dieses interessante Teilchen, welches schon seit Newton die Menschheit mit seinem Welle-Teilchen-Dualismus erstaunt, ist aufs engste mit der modernen Optik und Quantenoptik verbunden, und (im weitesten Sinne) primärer Übermittler fast aller Information, die wir über die Bausteine der Materie und Materialien erlangen können. Selbst bei einem Teilchenstoß kann man die Wechselwirkung als Austausch virtueller Photonen verstehen. Das Photon und die von ihm bewirkten oder modifizierten Prozesse stehen daher im Zentrum dieses Werkes.

Die Grundlagen der klassischen geometrischen Optik und der Wellenoptik, ebenso wie die der Elektrodynamik setzen wir dabei voraus. Wir erwarten vom Leser auch bereits ein gewisses Grundverständnis physikalisch atomistischen Denkens. Kenntnisse der Quantenmechanik sollten sich als nützlich erweisen. Wir versuchen jedoch, in den ersten beiden Kapiteln ein kurzes Repetitorium dieser Grundlagen zusammenzustellen – stichwortartig und aufs Handwerkliche fokussiert. Einiges an „Handwerkszeug" für Fortgeschrittene haben wir in ausführlichen Anhängen versammelt, wo wir insbesondere das notwendige Rüstzeug an Drehimpulsalgebra für die Atom- und Molekülphysik aufbereitet haben – handlich wie wir hoffen und ohne Anspruch auf systematische mathematische Ableitung. Der Hauptteil von Band 1 entfaltet das klassische Standardgebäude der Atomphysik und präsentiert ausgewählte Beispiele moderner spektroskopischer Methoden. Dabei versuchen wir, soweit dies die räumliche Begrenzung des Textes zulässt, bis zum aktuellen Stand der Forschung zu führen.

Jedem Kapitel sind eine kurze Inhaltsangabe und eine Lesehilfe vorangestellt, die eine rasche Orientierung geben und eine effiziente Erarbeitung des Stoffes erleichtern sollen. Die Kapitel bauen aufeinander auf, sollten aber wegen der Querverweise auch unabhängig voneinander gelesen werden können: so hoffen wir zugleich ein Nachschlagewerk auch für anspruchsvollere Leser anzubieten, die Zusammenhänge suchen. Wir bitten herzlich um anregende Rückkopplung und werden versuchen, darauf zu reagieren. Wir haben unter http://www.mbi-berlin.de/AMO eine „Homepage" für dieses Buch eingerichtet, wo wir aktuell über den Stand der Dinge berichten, ggf. Errata notieren und Ergänzungen vorstellen wollen. Die im Text verwendeten Quellen sind nachverfolgbar zitiert, weshalb das Literaturverzeichnis etwas umfangreich ausgefallen ist. An vielen Stellen verweisen wir auch auf das heute unverzichtbare WWW und werden uns bemühen, die Links auf der Homepage dieses Buches aktuell zu halten. Der Klarheit halber haben wir darauf verzichtet, Originalzeichnungen zu reproduzieren, und präsentieren publizierte Daten in möglichst einheitlicher Darstellung.

Schließlich seien noch einige Hinweise zur Notation und Typografie des Textes gegeben. Wir benutzen grundsätzlich das SI-System für alle Maßangaben und empfehlen nachdrücklich, komplexere physikalische Formeln und Zusammenhänge stets einer „Dimensionsanalyse" zu unterziehen, um sich der Plausibilität einer Relation zu vergewissern. In diesem Sinne sind auch die ebenfalls intensiv von uns genutzten atomaren Einheiten (a. u.) nur als Abkürzung für jeweils dimensionsbehaftete Größen zu verstehen. Sie erleichtern andererseits die Schreibweise vieler Zusammenhänge in Atom- und Molekülphysik gewaltig. Eine kleine Inkonsistenz erlauben wir uns mit den Wellenzahlen (cm^{-1}) und atomaren Längen (Å), die aufgrund langjähriger Tradition unausrottbar erscheinen. Der internationalen Kompatibilität halber benutzen wir durchgängig den Dezimalpunkt und nicht das kontinentaleuropäische Komma. Die Endlichkeit des lateinischen und des griechischen Alphabets bringt zwangsläufig gewisse Entscheidungen und Limitierungen mit sich, und einige Inkonsistenzen sind nicht zu vermeiden. Wir weisen ausdrücklich darauf hin, dass wir Energien mit dem Buchstaben W (ggf. mit entsprechenden Indizes) bezeichnen, um die ebenfalls häufig vorkommende elektrische Feldstärke E nennen zu können. Vektoren werden fett geschrieben, normale Operatoren unfett mit Dach, Vektoroperatoren fett mit Dach. Anzahlen schreiben wir meist „calligraphic", also z. B. $\mathcal{N}$, Dichten dagegen als N ggf. mit entsprechenden Indices, um diese vom Brechungsindex n zu unterscheiden. Periodische Vorgänge charakterisieren wir meist durch Kreisfrequenzen, seltener durch Frequenzen und schreiben für die entsprechenden quantisierten Energien meist $\hbar\omega$, seltener $h\nu$. Schließlich versuchen wir, der neuen deutschen Rechtschreibung Genüge zu tun – und machen extensiv Gebrauch von ihren neuen Freiheiten.

Wir wünschen eine gute, effiziente und erfolgreiche Lektüre!

Berlin-Adlershof, im November 2007

Ingolf Hertel und Claus-Peter Schulz

Grundlagen

In diesem Kapitel fassen wir kompakt die wichtigsten Konzepte, Experimente, Beobachtungen, Phänomene und Modelle zusammen, die wir als Grundkenntnisse für das Verständnis dieses Lehrbuchs voraussetzen.

Hinweise für den Leser: Wer sich mit den allgemeinen Grundlagen der Atomistik hinreichend vertraut fühlt, kann dieses Kapitel getrost überspringen. Wo wir im weiteren Text Gebrauch von den hier zusammengestellten Formeln und Begriffen machen, geben wir die erforderlichen Querverweise.

Tabelle 1.1. Teilgebiete der Physik

Theorie	Kanonische Themen der modernen Physik	Anwendungen und Spezialgebiete
Klassische Mechanik und		Meteorologie
Spezielle Relativitätstheorie	Atomphysik	Metrologie[1]
Thermodynamik und Statistik	Molekülphysik	Physikalische Chemie
Elektrodynamik und Optik		Streuphysik
Quantenmechanik		Quantenoptik
		Nichtlineare Optik
Quantenelektrodynamik (QED)		Laser
		Ultrakurzzeitphysik
		Clusterphysik
	Festkörperphysik	Oberflächenphysik
	(Kondensierte Materie)	Halbleiterphysik
		Medizinische Physik
		Biophysik
Quantenfeldtheorie		
Quanten-Chromodynamik	Kernphysik	Reaktorphysik
Allgemeine Relativitätstheorie	Elementarteilchenphysik	
„Grand Unification"	Astrophysik	Plasmaphysik
Quantengeometrodynamik	Astroteilchenphysik	

[1]Wissenschaftliche Standards und Messverfahren

Tabelle 1.2 Höhepunkte der Physikgeschichte von der Idee des Atoms bis zur Modernen Atom und Molekülphysik, und zur Quantenoptik (unvollständige Liste)

400 v. Chr.	DEMOCRITOS	$\alpha\tau o\mu o\varsigma$ (unteilbar)
1808	DALTON	Multiple Proportionen
1811	AVOGADRO	Molekültheorie der Gase
1814	FRAUNHOFER	Brauchbares Spektrometer
1834	FARADAY	Induktionsgesetz, Elektrolyse (FARADAY-Konstante), FARADAY-Effekt
1868	MENDELEEV	Periodensystem der Elemente
1869	HITTORF	Kathodenstrahlen
1886	GOLDSTEIN	Kanalstrahlen
1895	RÖNTGEN	RÖNTGEN-Strahlen
1896	BECQUEREL	Radioaktivität
1897	J.J. THOMSON	e/m für Elektronen
1898	Marie & Pierre CURIE	Polonium, Radium
1898	WIEN	e/m für Ionen
1900	PLANCK	$E = h\nu$
1903	RUTHERFORD	Atomkerne
1905	EINSTEIN	$E = mc^2$
1913	BOHR	Atommodell
1913	MILLIKAN	e-determination
1921–1922	STERN & GERLACH	Richtungsquantisierung
1925	Max BORN (NOBEL-Preis 1954)	Fundamentale Beiträge zur Quantenmechanik
1926	SCHRÖDINGER	Wellengleichung
1927	HEISENBERG	Unschärfe-Relation
1947	LAMB und RETHERFORD	LAMB-Shift für angeregtes H
1958–1966	SCHAWLOW, TOWNES, Basov, PROKHOROV, MAIMAN, JAVAN, KASTLER	Maser, Laser und Spektroskopie
1971	NOBEL-Preis Gerhard HERZBERG	Molekülspektroskopie
1986	NOBEL-Preis Dudley R. HERSCHBACH, Yuan T. LEE und John C. POLANYI	Dynamik chemischer Elementarprozesse[a]
1989	NOBEL-Preis Norman G. RAMSEY, Hans DEHMELT und Wolfgang PAUL	RAMSEY Streifen, Atomuhren[b], Ionenfallen[a]
1996	NOBEL-Preis R. F. CURL Jr., H. KROTO, R. E. SMALLEY	Entdeckung der Fullerene[a] ... C_{60} etc.
1997	NOBEL-Preis S. CHU, C. COHEN-TANNOUDJI, W. D. PHILLIPS	Methoden zur Kühlung und Speicherung von Atomen mit Lasern
1999	NOBEL-Preis Ahmed ZEWAIL	Femto(sekunden) chemie[a]
2001	NOBEL-Preis Eric A. CORNELL, Wolfgang KETTERLE, Carl E. WIEMAN	Kalte Atome und BOSE-EINSTEIN-Kondensation[a]
2002	NOBEL-Preis John FENN, Koichi TANAKA	Elektrospray, Molekularstrahlen [a], MALDI-Massen Spektroskopie[a]
2005	NOBEL-Preis Roy GLAUBER, John HALL und Theodor HÄNSCH	Theorie der optischen Kohärenz[c] und Laserpräzisions-Spektroscopy[a]
2007	NOBEL-Preis Gerhard ERTL	Chemische Prozesse an Oberflächen

[a] Arbeiten aus mehreren vorangehenden Jahren
[b] Arbeiten aus den 1950er Jahren
[c] Arbeiten aus den 1960er Jahren

1.1 Gesamtübersicht und Geschichte

Tabelle 1.1 auf Seite 1 gibt eine Kompaktübersicht über die Teildisziplinen der modernen Physik und ordnet die Inhalte dieses Lehrbuchs andeutungsweise ein: rot markierte Gebiete werden, zumindest auszugsweise, behandelt.

Die Geschichte der Atom- und Molekülphysik und der Optischen Physik war zu Anfang des vergangenen Jahrhunderts mit der Geschichte der modernen Physik weitgehend identisch. Wir stellen hierzu in Tabelle 1.2 auf der vorherigen Seite einige wichtige Meilensteine zusammen, welche für die Themenfelder dieses Lehrbuchs von prägender Bedeutung waren – freilich ohne jeden Anspruch auf Vollständigkeit. Auf die vielen spannenden Details der Entwicklung der modernen Physik können wir hier leider nicht eingehen.

1.2 Quantennatur der Materie

Viele fundamentale physikalische Beobachtungen und Experimente lassen sich nur quantenmechanisch deuten. Beispiele dafür sind:

- Photoelektrischer Effekt (Einstein 1905)
- Compton-Effekt (Compton 1922)
- Frequenzverteilung der Schwarzkörperstrahlung (Planck 1900)
- Beugung und Interferenz von Teilchenstrahlen – Welle-Teilchen-Dualismus (de Broglie Wellenlänge 1923)
- Wärmekapazität bei tiefen Temperaturen (Einstein, Debye 1906)
- Linienspektren von Atomen (Rydberg, Bohr 1913)

Wir begegnen dabei dem Phänomen der Quantisierung, das uns durch alle Kapitel dieses Buchs begleiten wird. Von zentraler Bedeutung ist die in 1.9.1 noch ausführlicher zu besprechende Beziehung zwischen Impuls p und Wellenvektor k bzw. Wellenlänge λ, die den sogenannten Welle-Teilchen-Dualismus quantifiziert:

Impuls-Wellenlänge Beziehung	$p = h/\lambda$	(1.1)
bzw. vektoriell mit $\quad k = 2\pi/\lambda$	$p = \hbar k$	

Damit zusammenhängend und ergänzend werden wir u. a. auch folgende Quantenphänomene zu besprechen haben:

- Energie eines Photons: $\quad W = h\nu = \hbar\omega \quad$ (1.2)
- Energien des H-Atoms: $\quad W_n = W_0/2n^2 \quad$ (1.3)

   mit $\quad n = 0, 1, 2, \ldots$

- Drehimpuls (Betrag): $\quad J = \sqrt{j(j+1)}\hbar^2 \quad$ (1.4)

   mit $j = 0, 1, 2, \ldots$ bzw. bei Spin $\quad j = 1/2, 1, 3/2 \ldots$

- Drehimpuls (in Richtung z): $\quad J_z = m_j\hbar \quad$ (1.5)

   mit $m_j = -j, j+1, \ldots j$

1.3 Größenordnungen

1.3.1 Längenskalen von Atomphysik bis Astrophysik

Einen Überblick über die gesamte physikalisch relevante Längenskala gibt Abb. 1.1. Die kleinste Länge ist die sogenannte Planck-Länge (s. Anhang A), die sozusagen die Körnigkeit des Raumes beschreibt. Am anderen Ende der Längenskala stehen kosmische Objekte, wie z. B. der Durchmesser unserer Galaxie (Milchstraße) mit ca. 100 000 Lichtjahren (1 Lichtjahr $\simeq 9.45 \times 10^{15}$ m) und schließlich das bekannte Universum. Sein Alter wird gegenwärtig mit 13.7 Mrd. Jahren abgeschätzt (s. Mather und Smoot, 2006), womit eine Obergrenze für seine Ausdehnung von 13.7 Mrd. Lichtjahren anzunehmen ist.

Atom- und Molekülphysik beschäftigen sich dagegen mit Objekten im Bereich von $0.5 \times 10^{-10} - 10^{-9}$ m. Allerdings spielen einerseits auch die Ausdehnung der Atomkerne (Protonenradius ca. 0.88×10^{-15} m) und andererseits die Wellenlänge der elektromagnetischen Strahlung (sichtbares Spektralgebiet von 400 nm bis 800 nm, s. 1.4.4) eine wichtige Rolle. In diesem Zusammenhang ist es auch nützlich, sich auch die typischen Abmessungen (Radien) von typischen Bausteinen der Materie vor Augen zu führen, die in Abb. 1.2 sehr schematisch aber recht anschaulich illustriert sind. „Elementarteilchen" sind

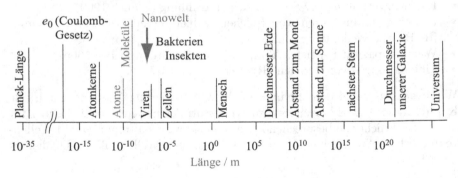

Abb. 1.1. Längenskalen im Universum

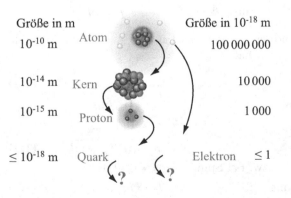

Abb. 1.2. Charakteristische Größe von Bausteinen der Materie. Links in m, rechts in am (Attometer). Die „Bilder" der Elementarteilchen sind nur schematisch zu verstehen

in diesem Bild im strengen Sinne nur die Quarks und die Elektronen, deren Ausdehnung (wenn sie überhaupt eine solche haben) unter 1 am liegt.

1.3.2 Zeitskalen von Atomphysik bis Astrophysik

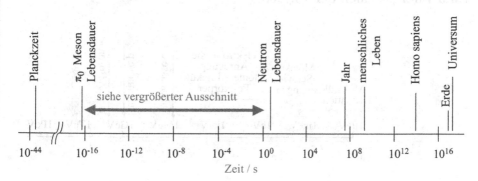

Abb. 1.3. Zeitskalen im Universum. Der mit rotem Doppelpfeil markierte Bereich wird in Abb. 1.4 genauer beschrieben

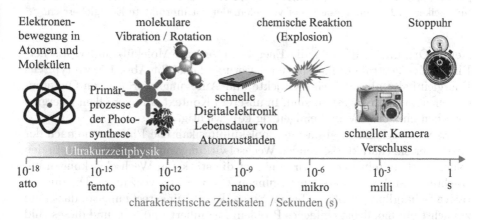

Abb. 1.4. Zeitskalen von Sekunden bis zu Attosekunden. Ein aktueller Forschungszweig ist die Ultrakurzzeitphysik

Typische Zeitskalen sind in Abb. 1.3 zusammengestellt. Die absolut kürzeste Zeit (Körnigkeit der Zeit) ist durch die Planck-Zeit (s. Anhang A) gegeben. Das π_0-Meson hat eine mittlere Lebensdauer von $0.84 \cdot 10^{-16}$ s, das Neutron lebt im Mittel 886 s. Dagegen besteht die Erde seit ca. $4.55 \cdot 10^9$ Jahren, und das Universum entstand nach neuestem Stand der Dinge vor etwa $13.7 \cdot 10^9$

Jahren (s. Mather und Smoot, 2006). Aus diesen über 60 Zehnerpotenzen der Zeit ist der für Atom-, Molekül- und optische Physik, sowie für Technik, Biologie und Medizin besonders interessante Zeitbereich in Abb. 1.4 illustriert.

1.3.3 Energieskalen der Physik

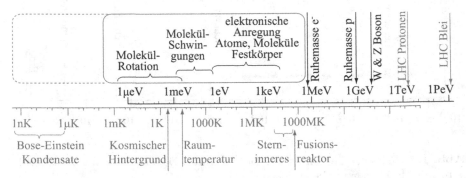

Abb. 1.5. Energie und äquivalente Temperatur von Quantensystemen: Die Skala reicht heute von 500 pK (derzeit kältestes Bose-Einstein-Kondensat) bis zu Stoßenergie im Large-Hadron-Collider (LHC) von 14 TeV für Protonen und über 1000 TeV für Bleikerne. Uns interessiert hier vor allem der rot umrandete Energiebereich

Neben Ort und Zeit spielt die Energie in Atom-, Molekül- und Optischer-Physik eine zentrale Rolle. Eine Orientierung dazu gibt Abb. 1.5, wo typische Energieinhalte physikalischer Objekte und Anregungsenergien von Quantensystemen zusammengestellt sind. In unserem Kontext sind vor allem Energien zwischen einigen μeV und einigen zig keV wichtig.

Es ist zweckmäßig, atom- und molekülphysikalische Phänomene nach der Größe der sie charakterisierenden Wechselwirkungsenergie zu gliedern. In den folgenden Kapiteln werden wir zunächst die stärksten Wechselwirkungen betrachten und dann unsere Überlegungen Zug um Zug verfeinern. Die quantitative Behandlung erfolgt dabei im Sinne der Störungsrechnung so, dass man zunächst ein möglichst einfaches Problem formuliert und löst, und dieses Bild dann Schritt für Schritt durch Einfügung einer sogenannten Störung verbessert. Die Störung wird jeweils als klein angenommen, sodass die Änderung mit sehr gutem Erfolg näherungsweise berechnet werden kann. Diese Hierarchie der Störungen ist in Tabelle 1.3 quantitativ zusammengestellt. Den unterschiedlichen spektroskopischen Verfahren entsprechend benutzt man oft verschiedene Maßeinheiten zur Charakterisierung der relevanten Wechselwirkungen. Die genauen Umrechnungsfaktoren findet man in Anhang A. Online kann man auf der Webseite des „National Institute of Standards and Technology" der USA (NIST, 2002) Energien universell und nach jeweils aktuellstem Stand der Metrologie umrechnen.

Tabelle 1.3. Größenordnung atomarer Wechselwirkungen – hier als typisches Beispiel etwa für Alkalimetalle

Wechselwirkung	Größenordnung			
	cm^{-1}	eV	Hz	K
Reiner Coulomb-Anteil $\propto 1/r$	30 000	4	10^{15}	43 000
Elektrostatischer Rest	3000	0.4	10^{14}	4300
Feinstruktur (FS)	$1-1000$	$10^{-4}-0.1$	$3\cdot10^{10}-3\cdot10^{13}$	$1.4-1400$
Zeeman-Effekt der FS	1	10^{-4}	$3\cdot10^{10}$	1.4
Hyperfeinstruktur	$10^{-3}-1$	$10^{-7}-10^{-4}$	$3\cdot10^{7}-3\cdot10^{10}$	$1.4\cdot10^{-3}-1.4$

1.4 Photonen

1.4.1 Photoeffekt und Energiequantisierung

Aus der Optik kennt man Licht als elektromagnetische Welle, in der geometrischen Optik einfach durch „Lichtstrahlen" symbolisiert.[1] Eine der grundlegenden Beobachtungen zur Quantennatur des Lichtes ist der Photoeffekt. Man bestrahlt dabei eine Metalloberfläche mit Licht der Wellenlänge λ (Frequenz $\nu = c/\lambda$) und misst die Energie W_{kin} der dabei aus dem Metall austretenden Elektronen. Hier die entscheidenden Befunde:

- im Gegensatz zur klassischen Erwartung ist die Energie der Photoelektronen unabhängig von der Intensität; diese bestimmt lediglich die Anzahl der beobachteten Photoelektronen,
- die beobachtete kinetische Energie W_{kin} der Elektronen hat einen

$$\text{Maximalwert von} \quad W_{kin}^{(\text{max})} = h\nu - W_A, \qquad (1.6)$$

wobei W_A die sogenannte Austrittsarbeit der Elektronen aus dem Festkörper ist (für Experimente in der Gasphase ist W_A durch das Ionisationspotenzial W_I der untersuchten Atome bzw. Moleküle zu ersetzen). Die dabei auftretende fundamentale Konstante ist das

$$\textbf{Planck'sche Wirkungsquantum} \quad h = 6.6260693(11) \times 10^{-34}\,\text{J s} \quad (1.7)$$
$$= 4.13566743(35) \times 10^{-15}\,\text{eV s} .$$

---

[1] Wir werden diesen etwas unpräzisen Begriff in Band 2 dieses Buches noch quantifizieren.

Einstein gelang in seinem „annus mirabilis" 1905 die Deutung des photoelektrischen Effekts, wofür er 1921 den Nobel-Preis erhielt: Lichtenergie kommt nur in wohl definierten Energiepaketen von $W_{ph} = h\nu = \hbar\omega$ vor. Dieses Energiepaket ist das *Lichtquant*, auch *Photon* genannt. Licht hat offensichtlich sowohl Wellen- als auch Teilchencharakter. Als Zahlenbeispiel sei gelbes Licht (Sonne, Na-Straßen-Lampen) bei einer Wellenlänge von $\lambda = 589$ nm angenommen. Mit $c = \lambda\nu$ ist $\nu = 5.09 \times 10^{14}$ Hz wird $W_{ph} = h\nu = 3.37 \times 10^{-19}$ J $= 2.10$ eV.

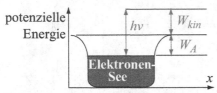

Abb. 1.6. Einfaches Potenzialtopfmodell zur Erklärung des Photoeffekts

Zur Veranschaulichung des Photoeffekts kann man ein einfaches Modell, den Potenzialtopf, für quasi freie Elektronen im Metall heranziehen. Die energetischen Zusammenhänge zwischen W_{kin}, W_A und $h\nu$ sind in Abb. 1.6 dargestellt. Der Photoeffekt ist die Basis für die moderne Photoelektronenspektroskopie: man kann sich anhand von Abb. 1.6 leicht vorstellen, dass die genaue Vermessung des Spektrums von W_{kin} ein empfindliches Werkzeug zur Bestimmung der elektronischen Struktur des Untersuchungsobjekts ist. Der Potenzialtopf ist dann natürlich nur eine allererste Annäherung an die Realität, z. B. die Bandstruktur an einer Festkörperoberfläche.

Anmerkung: die hier beschriebenen Beobachtungen gelten nicht mehr bzw. nur bedingt für extrem intensive Lichtfelder, wie man sie mit modernen Lasern herstellen kann. Die Verhältnisse folgen mit zunehmender Intensität auf gewisse Weise sogar eher wieder der klassischen Vorstellung (s. Kapitel 8.9.1).

1.4.2 Compton-Effekt und der Impuls des Photons

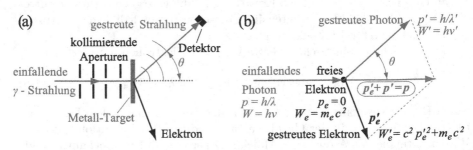

Abb. 1.7. (a) Experimentelles Schema zum Compton-Effekt. (b) Kinematik des Streuprozesses: Energie W bzw. W_e und Impuls p bzw. p_e für Photon bzw. Elektron vor dem Stoß und danach (W' bzw. W'_e und p' bzw. p'_e)

Der Compton-Effekt, den man nach dem Schema von Abb. 1.7 beobachtet, liefert den direkten Nachweis des

Photonenimpulses $p = \hbar k = \hbar\omega/c$ bzw. $p = h/\lambda$ (1.8)

und ist damit neben dem Photoeffekt eine weitere quantitative Bestätigung der Teilcheneigenschaften des Photons. Hochenergetische Photonen (γ-Strahlung) werden an quasi freien Metallelektronen gestreut. In Abb. 1.7 (a) ist der experimentelle Aufbau skizziert, in (b) die entsprechende Kinematik.

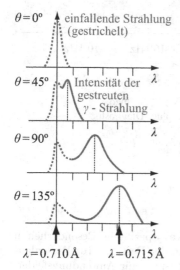

λ=0.710 Å   λ=0.715 Å

Abb. 1.8. Compton γ-Streuexperiment – schematisch

Das experimentelle Resultat dieses Streuexperiments ist in Abb. 1.8 dargestellt. Quantitativ kann man die beobachtete Wellenlängenverschiebung leicht als Funktion des Streuwinkels θ aus der Kinematik ableiten. Dazu ist entsprechend Abb. 1.7 (b) Impulserhaltung $p = p' + p'_e$ und relativistischer Energieerhaltungssatz anzusetzen: $W + W_e = W' + W'_e$. Nach kurzer Rechnung zeigt sich, dass die Wellenlänge des gestreuten Lichts um

$$\lambda' - \lambda = \lambda_c(1 - \cos\theta) \qquad (1.9)$$

verschoben ist. Die sogenannte **Compton-Wellenlänge** des Elektrons

$$\lambda_c = \frac{h}{m_e c} = 2.4262 \times 10^{-12}\,\mathrm{m} \qquad (1.10)$$

ist unabhängig von der eingestrahlten Wellenlänge λ.

Zur größenmäßigen Einordnung mögen die folgenden Längen dienen:

Lichtwellenlänge	$\lambda = 6 \times 10^{-7}\,\mathrm{m}$
Atomradius (H-Atom $1s$)	$a_0 = 0.529 \times 10^{-10}\,\mathrm{m}$
Compton-Wellenlänge e^-	$\lambda_c = 2.4262 \times 10^{-12}\,\mathrm{m}$
Protonenradius	$R_p = 0.875 \times 10^{-14}\,\mathrm{m}$

Die Comptonwellenlänge liegt also zwischen Atom- und Kernradius.

1.4.3 Der Drehimpuls des Photons

Der Vollständigkeit halber erwähnen wir schon hier, dass das Teilchen „Photon" auch einen intrinsischen Eigendrehimpuls $S = 1\hbar$ besitzt. Wir werden den experimentellen Nachweis in 4.3.1 kennen lernen und in Band 2 dieses Buches ausführen, wie man diesen gesicherten experimentellen Befund zur strengen quantenmechanischen Beschreibung des Photons nutzt.

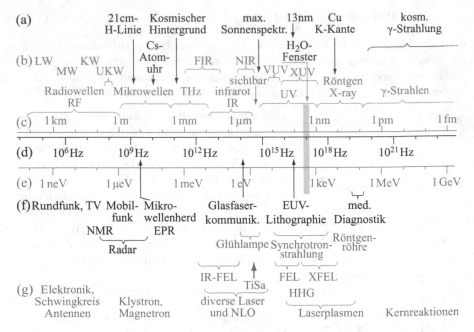

Abb. 1.9. Spektrum elektromagnetischer Wellen. (**a**) Spezifische Besonderheiten verschiedener Wellenlängenbereiche, (**b**) Bezeichnung der Bereiche, (**c**) Wellenlängenskala, (**d**) Frequenzskala, (**e**) Energieskala, (**f**) Beispiele für Anwendungsfelder, (**g**) Beispiele für Herstellungsmethoden

1.4.4 Das elektromagnetische Spektrum

Zur Orientierung gibt Abb. 1.9 eine Übersicht über das gesamte elektromagnetische Spektrum. In unterschiedlichen spektralen Bereichen werden oft unterschiedliche Maßeinheiten benutzt: Frequenzen ν im sehr langwelligen Spektralgebiet, Wellenlängen λ im infraroten (IR), sichtbaren (VIS), ultravioletten (UV) und vakuum-ultravioletten (VUV) Spektralbereich. Für noch kürzere Wellenlängen, d. h. für das extrem ultraviolette (XUV), weiche und harte Röntgen- (X) und γ-Strahlen-Gebiet benutzt man schließlich Energieeinheiten ($\hbar\omega$ in eV, keV, MeV). In der Spektroskopie sehr häufig verwendet wird die

$$\textbf{Wellenzahl} \quad \bar{\nu} = 1/\lambda\,, \qquad\qquad (1.11)$$

die in der Literatur nach wie vor meist in cm^{-1} (oder einfach 1 Wellenzahl = 1 cm^{-1}) angegeben wird. Oft werden heute aber auch SI-Einheiten, also m^{-1} benutzt. Die Wellenzahl ist proportional zur Energie des Photons

$$\hbar\omega = h\nu = hc/\lambda = hc\bar{\nu}\,, \qquad\qquad (1.12)$$

wobei $1\,\text{eV} \,\hat{=}\, 806554.445(69)\,\text{m}^{-1}$ entspricht.

1.4.5 Planck'sches Strahlungsgesetz

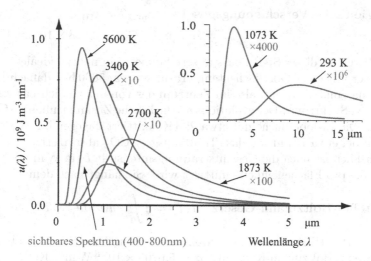

Abb. 1.10. Planck'sche Strahlungsverteilung bei verschiedenen Temperaturen: 5600 K etwa die Oberflächentemperatur unserer Sonne, 3400 K sogenannte Studiolampe (Halogenlampe mit wenigen Stunden Lebensdauer), 2700 K Standard Halogenlampe, 1873 K Hochofen am Abstich, 1073 K dunkle „Rotglut" (Herdplatte, Grillfeuer), 293 K Erdoberfläche

Am Anfang der Quantenmechanik stand neben dem Photoeffekt die Strahlung des schwarzen Körpers, deren Abhängigkeit von der Wellenlänge extrem genau vermessen wurde. Das charakteristische Verhalten ist in Abb. 1.10 für einige wichtige Beispiele illustriert. Die Deutung dieser sehr grundlegenden Strahlungsverteilung gelang Max Planck im Jahr 1900. Dabei sah er sich gezwungen, das heute nach ihm benannte Planck'sche Wirkungsquantum h einzuführen – anfangs eher widerstrebend, da er den damit manifestierten Zusammenbruch des klassischen Weltbilds sehr wohl erkannte.

Ohne Ableitung halten wir hier fest, dass die spektrale Strahlungsenergiedichte des schwarzen Körpers durch die

Planck'sche Formel $\quad u(\nu)d\nu = \dfrac{8\pi h\nu^3}{c^3}\dfrac{d\nu}{\exp\left(h\nu/k_B T\right)-1}$, (1.13)

beschrieben wird, hier als Strahlungsenergiedichte pro Frequenzeinheit [$u(\nu)$] = J m^{-3} Hz^{-1} angegeben. Bezieht man die spektrale Energiedichte auf die Kreisfrequenz $\omega = 2\pi\nu$, ist der Vorfaktor dann durch $\hbar\omega^3/\pi^2 c^3$ zu ersetzen. Dabei ist $k_B = 1.380 \times 10^{-23}$ J K^{-1} die **Boltzmann Konstante**.

Häufig trägt man – wie in Abb. 1.10 – $u(\lambda)$ auf. Mit $\nu = c/\lambda$ und $d\nu/d\lambda = -c/\lambda^2$ wird $u(\lambda)$ invers proportional zur 5. Potenz der Wellenlänge. Die Wellenlänge $\lambda_{\max}$, bei der die Strahlungsverteilung ein Maximum hat, nimmt, wie in Abb. 1.10 zu sehen, mit der Temperatur ab. Explizite findet man für das Maximum der Verteilung das

Wien'sche Verschiebungsgesetz $\lambda_{max}T = C_W$ (1.14)

$$\text{mit}\quad C_W = 2.898 \times 10^6\,\text{nm}\,\text{K}$$

Wir notieren an dieser Stelle, dass unsere Sonne – ein nahezu idealer schwarzer Körper mit einer Oberflächentemperatur von ca. 5600 K – danach bei ca. 517 nm maximal abstrahlt, also im Zentrum des von uns als sichtbar wahrgenommenen Spektrums. Der evolutionsgeschichtliche Zusammenhang ist offensichtlich. Die Erdoberfläche mit etwa 293 K emittiert dagegen im IR-Bereich, maximal bei etwa 12 μm, wo das „Treibhausgas" CO_2 absorbiert.

Schließlich ist noch die Gesamtstrahlungsintensität I (in W m^{-2}) von Interesse, die pro Flächeneinheit emittiert wird. Sie hängt nach dem

Stefan-Boltzmann-Gesetz $I(T) = c \int_0^\infty u(\nu)\mathrm{d}\nu = \sigma T^4$ (1.15)

von der vierten (!) Potenz der absoluten Temperatur T des Strahlers ab. Dabei ist die Stefan-Boltzmann-Konstante $\sigma = 5.6705 \times 10^{-8}\,\text{W}\,\text{m}^{-2}\,\text{K}^{-4}$.

1.4.6 Röntgenbeugung und Strukturanalyse

Elektromagnetische Strahlung in allen Spektralbereichen – also Licht im weitesten Sinne – ist heute eines der wichtigsten Werkzeuge zur Aufklärung des Aufbaus und der Dynamik von Materie. Von den vielfältigen spektroskopischen Methoden, die dabei zum Einsatz kommen, werden wir in späteren Kapiteln einige im Detail kennen lernen.

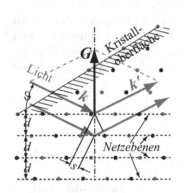

Hier wollen wir auf eine der bedeutendsten Methoden zur Strukturanalyse, also zur Aufklärung der räumlichen Anordnung von Atomen in fester Materie, wenigstens hinweisen (s. auch Abschnitt 1.9.2 und Abschnitt 1.9.3). Sie wird systematisch in der Festkörperphysik behandelt. Die Rede ist von der sogenannte Röntgenbeugung, also von der Streuung und Interferenz kurzwelliger, elektromagnetischer Strahlung an kristallin geordneter Materie. Die Basis für all diese Verfahren ist die Vielstrahlinterferenz an Kristallen. Wie in Abb. 1.11 skizziert, kann man

Abb. 1.11. Bragg-Reflexion an Gitternetzebenen im Abstand d

sich durch jedes regelmäßige Kristallgitter eine Vielzahl sogenannte Gitterebenen gelegt denken, an denen das Licht reflektiert wird. Der Gangunterschied zwischen parallelen Strahlen, die an nebeneinander liegenden Netzebenen reflektiert werden, beträgt nach Abb. 1.11 $2s = 2d\sin\vartheta$, wobei d der Abstand zweier Gitternetzebenen im Kristall und ϑ der sogenannte Bragg-Winkel ist (man beachte, dass dieser Winkel komplementär zu dem in der Optik üblichen Einfallswinkel definiert ist). Bei einer Wellenlänge λ des gestreuten Röntgenlichts können die Teilstrahlen (gezeigt sind in der Abbildung nur zwei) genau dann *konstruktiv interferieren*, wenn die

Bragg-Beziehung $\quad 2d\sin\vartheta = m\lambda$ mit $m = 0,1,2\ldots$ $\qquad$ (1.16)

erfüllt ist. Wir vermerken hier als Referenz – ohne Ableitung – einige wichtige quantitative Zusammenhänge zur Röntgenbeugung. Man definiert den *Gittervektor*

$$G = h g_1 + k g_2 + l g_3$$

mit den *Miller'schen Indizes* h,k,l, welche die Netzebenen im Gitter charakterisieren, und den Basisvektoren der Einheitszelle g_1, g_2, g_3 (in Abb. 1.11 auf der vorherigen Seite ist $|G| = 2\pi/d$). Mit den Wellenvektoren k und k' der ein- und ausfallenden Röntgenstrahlung kann man die Bragg-Beziehung (1.16) auch

$$\Delta k = k - k' = G \qquad (1.17)$$

schreiben. Die *Intensität* der gebeugten Röntgenstrahlung wird $I_{Bragg} \propto |S|^2$. Dabei ist der sogenannte

Strukturfaktor $\quad S = \displaystyle\int_{Zelle} d^3r \varrho(r) \exp\left(\mathrm{i}G \cdot r\right)$

$$= \sum_j f_j(G) \exp\left[\mathrm{i}2\pi\left(x_i h + y_i k + z_i l\right)\right] \qquad (1.18)$$

~~mit dem~~ **Atomformfaktor** $\quad f_j(q) = \displaystyle\int_{Atom} d^3r_j \rho(r_j) \exp\left(\mathrm{i}q \cdot r_j\right).$ $\quad$ (1.19)

Die Summation ist über alle Atome einer Einheitszelle zu führen, den Atomformfaktor muss man individuell für jedes Atom durch Integration über die Dichte aller Elektronen $\rho(r_j)$ berechnen. Der Realteil des Formfaktors[2] ergibt sich bei radialsymmetrischer Ladungsverteilung zu

$$\mathrm{Re}\, f_j(q) = 4\pi \int_0^\infty \frac{\rho(r_j)\sin\left(qr\right)r^2}{qr} dr. \qquad (1.20)$$

Dabei ist $q = 2k\sin\vartheta = 4\pi\sin\vartheta/\lambda$ der Momentübertrag bei Streuung um den Winkel 2ϑ.

Auf die verschiedenen experimentellen Verfahren können wir nicht im Einzelnen eingehen. Neben Laborquellen für die Röntgenstrahlung spielt heute

---

[2] Ohne hier auf die Details eingehen zu können (s. z. B. NIST-FFAST, 2003), erwähnen wir, dass dieser Realteil die elastische (kohärente) Photonenstreuung charakterisiert, während der Imaginärteil des Formfaktors mit dem Photoabsorptionsquerschnitt verbunden ist.

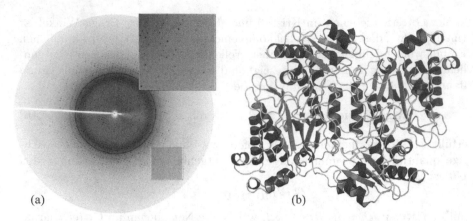

(a)   (b)

Abb. 1.12. (a) Röntgenbeugungsbild eines $80 \times 100 \times 50\mu$ m großen Einkristalls des menschlichen Enzyms Prolidase, aufgenommen mit $h\nu = 13.05\,\mathrm{keV}$ am Strahlrohr BL14.1 der FU-Berlin bei BESSY. Die maximale Auflösung des Beugungsbildes entspricht einem Netzebenenabstand des Kristallgitters von $0.25\,\mathrm{nm}$. Die Quadrate sind Ausschnittvergrößerungen. (**b**) Sekundärstrukturmodell des Enzyms in der Dimerenform, mit gebundenem Mn^{2+} (rote Kugeln). Nach Mueller et al. (2007)

die Synchrotronstrahlung eine zentrale Rolle, so etwa bei der Strukturanalyse großer, komplexer Biomoleküle. Um die erstaunliche Leistungsfähigkeit heutiger „state of the art" Röntgenbeugungstechnik zu illustrieren, zeigen wir in Abb. 1.12 aber ein besonders eindrucksvolles Beispiel: das mit Synchrotronstrahlung in einer sogenannten Rotationsaufnahme gewonnene Röntgenbeugungsbild eines menschlichen Enzyms. Man bestrahlt das Objekt mit sehr schmalbandigem Röntgenlicht ($W/\Delta W \simeq 5000 - 10000$) und rotiert den Kristall dabei um ein bestimmtes Winkelinkrement, in diesem Fall um $0.5°$. Dabei werden dann die zahlreichen, in Abb. 1.12 gezeigten Reflexe sichtbar.

1.5 Das Elektron

Das *Elektron ist als punktförmig* anzunehmen: das Coulomb-Gesetz gilt mindestens bis hin zu Distanzen unter $r \leq 10^{-17}\,\mathrm{m}$. Das Elektron hat eine Masse m_e, einen Drehimpuls, den sogenannten Spin $s = \pm\hbar/2$ und ein magnetisches Moment $-g_s\mu_B s$, was wir in 1.13 noch genauer behandeln werden, aber keine räumliche Ausdehnung. Aus klassischer Sicht ist das ein sehr merkwürdiges Objekt! Der sogenannte **klassische Elektronenradius**

$$r_e = \frac{e_0^2}{4\pi\epsilon_0 m_e c^2} = \alpha^2 a_0 = 2.82 \times 10^{-6}\,\mathrm{nm} \tag{1.21}$$

ist dagegen eine reine Rechengröße: es ist der Abstand eines Elektrons von einer ebenfalls punktförmigen positiven Ladung, bei dem die Coulomb-Energie gerade gleich der Massenenergie $m_e c^2$ des Elektrons ist. Der Vollständigkeit

halber haben wir hier auch die Beziehung zwischen r_e und α (Feinstrukturkonstante) sowie a_0 (Bohr'scher Radius) notiert. Wir kommen auf die beiden
wichtigen Parameter α und a_0 in Abschnitt 1.11 noch zurück.

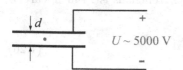

Abb. 1.13. Prinzip der Anordnung zur Bestimmung der Elementarladung nach Millikan

Erste Versuche zur Bestimmung der *Elek-
tronenladung* wurden 1899 von J.J. Thomson durchgeführt, der e_0/m_e aus der Ablenkung im magnetischen Feld bestimmte.
Die erste genauere Bestimmung von e_0 geht
auf Millikan (1913) zurück. Wie in Abb. 1.13
skizziert, bestimmte er die Ladung q von
kleinsten Öltröpfchen der Masse m dadurch,

dass er sie im elektrischen Feld fallen bzw. steigen ließ. Die Geschwindigkeit v
der Teilchen ergibt sich aus Schwerkraft mg, elektrischer Kraft $\pm qE$ und Rei-
bungskraft $6\pi\eta r v = mg \pm qE$ mit $E = U/d$. Die Ladung $q = \pm\mathcal{N}e_0$ ist ein
(kleines) Vielfaches der Elementarladung e_0 und lässt sich bei Kenntnis von
Teilchenradius r und Viskosität η des Trägergases durch Variation des Feldes
bestimmen. Die

Elementarladung $e_0 = 1.60217653(14) \times 10^{-19}\,\mathrm{C}$ (1.22)

ist natürlich eine außerordentlich wichtige Größe, die heute sehr genau bestimmt werden kann. Bei freien, isolierten Teilchen beobachtet man stets nur
(positive oder negative) Vielfache der Elementarladung. Die (gebundenen)
Quarks haben allerdings eine Ladung $\pm 1/3 e_0$.

Mit der Elementarladung ist das

Elektronenvolt $1\,\mathrm{eV} = 1.60217653(14) \times 10^{-19}\,\mathrm{J}$ [pro Teilchen]   (1.23)

verbunden, eine wichtige Energieeinheit in der gesamten Quantenphysik: die
kinetische Energie $W_{kin} = mv^2/2 = e_0 U$ einer Ladung e_0 nach Durchlaufen
einer Spannung von $1\,\mathrm{V}$.

1.6 Relativistik in einer Nussschale

1.6.1 Masse, Energie und Beschleunigung

Wir wollen hier keine Einführung in die Relativitätstheorie geben und gehen
davon aus, dass der Leser damit einigermaßen vertraut ist. Es erweist sich aber
als zweckmäßig einige Formeln für die spätere Benutzung zusammenzutragen,
die im Verlauf dieses Buches immer wieder vorkommen. Zunächst erinnern
wir an daran, dass zur Gesamtenergie eines Teilchens der Ruhemasse m auch
die

Ruheenergie $W_r = mc^2$ (1.24)

gehört. Zur kompakten Schreibweise relativistischer Rechnungen führt man
den **Lorentz-Faktor**

$$\gamma = \frac{1}{\sqrt{1 - \beta^2}} \quad \text{mit} \quad \beta = \frac{v}{c} \tag{1.25}$$

ein (mit $\gamma \geqq 1$), wobei v die Geschwindigkeit des Teilchens ist. Für hochrelativistische Teilchen $\beta \lesssim 1$ wird

$$1 - \beta \simeq \frac{1}{2\gamma^2} . \tag{1.26}$$

Mit der relativistischen Massenänderung $m \to \gamma m$ wird der Impuls

$$\boldsymbol{p} = \gamma m \boldsymbol{v} = \frac{m\boldsymbol{v}}{\sqrt{1 - \dfrac{v^2}{c^2}}} , \tag{1.27}$$

und der Zusammenhang zwischen v und p lässt sich umgekehrt auch

$$v^2 = \frac{c^2 p^2}{c^2 m^2 + p^2} \tag{1.28}$$

schreiben. Die mechanischen Bewegungsgleichungen bleiben erhalten, wenn man sie für den so verstandenen Impuls mit sich ändernder Masse versteht. Insbesondere gilt die Kraftgleichung (zweites Newton'sches Axiom) in der Form

$$\frac{\mathrm{d}\boldsymbol{p}}{\mathrm{d}t} = \boldsymbol{F} \tag{1.29}$$

unverändert auch relativistisch. Wegen der mit v wachsenden Masse bleiben alle Geschwindigkeiten aber kleiner als c. Für die Gesamtenergie gilt der **relativistische Energiesatz**

$$W = \gamma m c^2 = \sqrt{m^2 c^4 + c^2 p^2} , \tag{1.30}$$

wobei wir in γ den Ausdruck (1.28) für die Geschwindigkeit eingesetzt haben. Durch externe Kräfte, z. B. durch Beschleunigung in einem elektrischen Feld, können wir nur die kinetische Energie $W_{kin} = W - mc^2$ verändern und schreiben daher auch

$$\gamma = \frac{mc^2 + W_{kin}}{mc^2} = 1 + \frac{W_{kin}}{mc^2} \tag{1.31}$$

Der Zusammenhang zwischen Impuls p und W_{kin} ergibt sich mit (1.30) zu

$$p = \frac{1}{c} \sqrt{W^2 - m^2 c^4} = \frac{1}{c} \sqrt{(W_{kin} + mc^2)^2 - m^2 c^4} \tag{1.32}$$

$$= \frac{1}{c} \sqrt{W_{kin}^2 + 2 W_{kin} mc^2} = \sqrt{2m W_{kin}} \sqrt{1 + \frac{W_{kin}}{2mc^2}}$$

$$\simeq \sqrt{2m W_{kin}} \left(1 + \frac{W_{kin}}{4mc^2} - \dots \right) .$$

In der letzten Gleichung haben wir den Ausdruck für sehr kleine Energien entwickelt und erhalten als erste Näherung den klassischen Zusammenhang zwischen kinetischer Energie und Impuls $W_{kin} = p^2/2m$.

Nicht relativistisch darf man nur dann rechnen, wenn die Gesamtenergie der betrachteten Teilchen $W \ll mc^2$ ist. Für Elektronen ist das ein recht begrenzter Bereich, denn *für das Elektron* ist

$$W_r(e^-) = m_e c^2 = 0.511 \,\text{MeV} \,. \tag{1.33}$$

1.6.2 Zeitdilatation und Lorentz-Kontraktion

Wir wollen Zeiten und Orte, die im Ruhesystem eines bewegten Teilchen (Koordinaten x', y', z', t') gegeben sind, im Laborsystem messen (Koordinaten x, y, z, t). Die Zeitdifferenz zweier Ereignisse im Abstand $\Delta t'$ im bewegten System wird im Laborsystem verlängert gemessen (**Zeitdilatation**):

$$\Delta t = \gamma \Delta t' \tag{1.34}$$

(Zwillingsparadoxon: der Bruder im Raumflugzeug wurde nur ein Jahr älter, seinem Zwilling auf der Erde erschien der Raumflug aber viele Jahre zu dauern). Umgekehrt wird ein Abstand $\Delta x'$ des bewegten Systems im Laborsystem kürzer wahrgenommen (**Lorentz-Kontraktion**):

$$\Delta x = \Delta x'/\gamma \,. \tag{1.35}$$

Eng damit verwandt ist auch die **relativistische Doppler-Verschiebung**, wie in Abb. 1.14 skizziert.

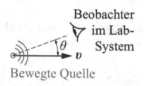

Beobachter im Lab-System

Bewegte Quelle

Abb. 1.14. Zum relativistischen Doppler-Effekt

Emittiert ein bewegtes System elektromagnetische Strahlung der Kreisfrequenz ω' (Wellenvektor $k' = \omega'/c$), so wird im (ruhenden) Laborsystem unter dem Winkel θ gegenüber der Bewegungsrichtung die Kreisfrequenz ω (Wellenvektor $k = \omega/c$) beobachtet:[3]

$$\frac{\omega}{\omega'} = \frac{k}{k'} = \frac{1}{\gamma(1 - \beta \cos\theta)} \tag{1.36}$$

In Vorwärtsrichtung $\theta = 0$ vereinfacht sich dieser Ausdruck zu

$$\frac{\omega}{\omega'} = \frac{k}{k'} = \sqrt{\frac{1+\beta}{1-\beta}} = \frac{1}{\gamma(1-\beta)} = \gamma(1+\beta) \,. \tag{1.37}$$

In den Grenzfällen sehr kleiner (klassische Doppler-Verschiebung) bzw. hochrelativistischer Energien mit $1 - \beta = 1/2\gamma^2$ wird in Vorwärtsrichtung ($\theta = 0$):

$$\frac{\omega}{\omega'} = \begin{cases} 1 + v/c \;\text{für}\; \beta \ll 1 \\ 2\gamma \quad\;\;\, \text{für}\; \beta \lesssim 1 \end{cases} . \tag{1.38}$$

---

[3] In senkrechter Inzidenz ($\theta = \pi/2$) wird daraus der sogenannte quadratische Doppler-Effekt $\omega/\omega' = 1/\gamma = \sqrt{1 - \beta^2}$.

1.7 Teilchen in elektrischen und magnetischen Feldern

Die Charakteristika der Trajektorien bewegter, geladener Teilchen in elektrischen (E) und magnetischen Feldern (B) können zur *Massenspektroskopie* benutzt werden. Hier wollen wir die Möglichkeiten und Grenzen dafür erkunden. Auf ein Teilchen der Masse m, Ladung q und Geschwindigkeit v wirkt im Feld stets die

$$\textbf{Lorentz-Kraft} \quad \boldsymbol{F} = \frac{\mathrm{d}\boldsymbol{p}}{\mathrm{d}t} = q(\boldsymbol{E} + \boldsymbol{v} \times \boldsymbol{B})\,. \tag{1.39}$$

1.7.1 Ladungen im elektrischen Feld

Wir betrachten einen Teilchenstrahl, der in $+x$ Richtung mit der Geschwindigkeit v in ein rein elektrisches Feld $E = U/d$ eintritt ($B = 0$), wie in Abb. 1.15 skizziert. Wir wählen die Geometrie so, dass $m\dot{v}_x = 0$ und $m\dot{v}_y = qU/b$. Für die laterale Ablenkung des Strahles gilt dann:

$$d = \frac{q}{2m}\frac{U}{b}t^2 = \frac{q}{2m}\frac{U}{b}\left(\frac{\ell}{v}\right)^2 = \frac{qU\ell^2}{4W_{kin}b} \tag{1.40}$$

Geometrie und angelegte Spannung sind bekannt. *Mit der elektrischen Ablenkmethode bestimmt man nach (1.40) nur das Verhältnis W_{kin}/q von kinetischer Energie zu Ladung!* Dies gilt ganz grundsätzlich, unabhängig davon wie kompliziert die Anordnung ist. In der praktischen Anwendung benutzt man häufig

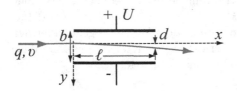

Abb. 1.15. Ablenkung eines geladenen Teilchens im elektrischen Feld

spezielle Kondensatoranordnungen (z. B. Zylinderkondensator, Kugelkondensator) oder Segmente davon zur Bestimmung der Energie von Elektronen und Ionen (bei bekannter Ladung der Teilchen). Die damit erzeugten Feldverteilungen ermöglichen neben der Energiemessung auch die Fokussierung der Teilchentrajektorien vom Eintrittsspalt auf den Austrittsspalt des Energieselektors.

1.7.2 Ladung im Magnetfeld

Um die Masse zu bestimmen, braucht man also eine weitere Messgröße. In einem rein magnetischen Feld ($E = 0$) wird die Bewegung der Ladung q durch

$$F = \frac{dp}{dt} = qv \times B \qquad (1.41)$$

bestimmt, wobei unter Einschluss relativistischer Energien $p = \gamma mv$ ist. F steht also stets senkrecht zu v und zu B.

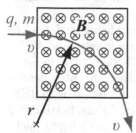

Abb. 1.16. Bewegte Ladung (rot) im Magnetfeld B (in die Zeichnungsebene gerichtet)

Die Änderung der Energie

$$\frac{dW}{dt} = vF = qv \cdot v \times B \equiv 0 \qquad (1.42)$$

ist daher identisch Null und es bleibt $v = const.$ Dies gilt auch relativistisch, sodass auch $\dot{\gamma} = 0$ bzw. $\gamma = const$ wird. Die Bewegungsgleichung wird somit

$$\frac{dp}{dt} = \gamma m \frac{dv}{dt} = qv \times B \,,$$

und die Bewegung erfolgt auf einer Kreisbahn, die durch das Gleichgewicht zwischen Zentrifugalkraft F_c und magnetischer Kraft $F = qvB$ bestimmt wird:

$$\left|\frac{dp}{dt}\right| = F_c = \frac{\gamma mv^2}{r} = qvB \,, \qquad (1.43)$$

$$\text{sodass} \quad \gamma mv = p = qBr \quad \text{bzw.} \quad \frac{p}{q} = rB \qquad (1.44)$$

$$\text{und} \quad r = \frac{\gamma mv}{qB} = \frac{p}{qB} \qquad (1.45)$$

Will man diesen Bahnradius r zur Massenselektion benutzen, so kann man wiederum nur eine Größe bestimmen: *Mit einem Magnetfeld wird das Verhältnis von Impuls zu Ladung p/q gemessen.*

Diese Ausdrücke sind auch relativistisch korrekt. Für nicht relativistische Energien geht $\gamma \to 1$. Für den umgekehrten Grenzfall hochrelativistischer Energien, wie man sie z. B. in Elektronenspeicherringen für Synchrotronstrahlung realisiert, wird beliebig genau $v \simeq c$. Damit wird nach (1.30) $\gamma mv^2 \simeq \gamma mc^2 = W$, und (1.43) kann man auch

$$\left|\frac{dp}{dt}\right| \simeq \frac{W}{r} \qquad (1.46)$$

schreiben. Die auf die Lichtgeschwindigkeit bezogene Beschleunigung wird $\dot{\beta} = \dot{v}/c = v^2/cr \simeq c/r$.

1.7.3 Zyklotronfrequenz

In einem hinreichend ausgedehnten Magnetfeld läuft also nach (1.43) ein geladenes Teilchen mit konstanter Geschwindigkeit auf einer Kreisbahn um. Für eine Ladung e_0 ist die Kreisfrequenz dabei die sogenannte

Zyklotronfrequenz $\quad \omega_c = \dfrac{v}{r} = \dfrac{e_0 B}{m}\dfrac{1}{\gamma} = \dfrac{e_0 B}{m}\dfrac{1}{1 + W_{kin}/mc^2}$. $\quad$ (1.47)

Sie ist unabhängig von Radius und Geschwindigkeit, bedarf aber bei hohen Geschwindigkeiten der relativistischen Massenkorrektur (m ist die Ruhemasse). Die Umlaufzeit ist $T_c = 2\pi/\omega_c = 2\pi\gamma m/Be_0$.

Ionen-Zyklotron-Resonanz (ICR) Spektrometer gehören heute zu den wichtigsten und genauesten Massenspektrometern für die chemische und biologische Analytik. Man speichert Ionen mit unterschiedlichem m/q in einer magnetischen Ionenfalle und setzt sie dann einem externen, hochfrequenten elektrischen Wechselfeld aus (man spricht meist von „radio frequency (RF)". Ist die eingestrahlte Frequenz gerade in Resonanz mit ω_c für ein bestimmtes m/q, so werden diese Ionen (und nur diese) beschleunigt, was zu leicht nachweisbaren „Bildströmen" führt. Man stimmt das RF-Feld durch oder strahlt ein breites Frequenzband ein (kurzer Impuls) und führt eine Fourieranalyse des resultierenden Signals durch *(FT-ICR)*.

1.7.4 Kombiniertes elektrisches und magnetisches Feld

Die sogenannten magnetischen Massenspektrometer basieren auf einer Kombination von elektrischen und magnetischen Feldern. Wie wir gesehen haben, bestimmt

das elektrische Feld	das magnetische Feld
$\dfrac{W_{kin}}{q} = f(U, \text{Geometrie})$	$\dfrac{p}{q} = rB$

Kombiniert man beide Feldarten geschickt, so gelingt mit $W_{kin} = p^2/2m$ eine Bestimmung von m/q:

$$\frac{m}{q} = \frac{1}{2}\frac{p^2/q^2}{W_{kin}/q}$$

Bei den klassischen, doppelfokussierenden Massenspektrometern werden magnetisches und elektrisches Feld nacheinander zum Einsatz gebracht. Sie sind nach wie vor im Einsatz, haben aber gegenüber den FT-ICR Spektrometern (s. Abschnitt 1.7.3) erheblich an Bedeutung verloren. Weitere, heute weit verbreitete Typen von Massenspektrometern sind die Quadrupolmassenfilter, bei denen man die dynamische Stabilität spezieller Ionenbahnen in einem elektrischen, wechselnden Quadrupolfeld nutzt (s. z.B. Dehmelt und Paul, 1989), und die Flugzeitspektrometer, bei denen die Ionen in geschickten geometrischen Anordnungen durch elektrische Felder beschleunigt und über ihre Flugzeit nach m/q selektiert werden.

Für spezielle Zwecke von Bedeutung sind zwei weitere, klassische Anordnungen, die hier nicht unerwähnt bleiben sollen. Bei den schon von *J.J. Thomson benutzten parallelen elektrischen (E) und magnetischen (B) Feldern* (diese mögen in y-Richtung zeigen) durchquert ein schnelles, in z-Richtung bewegtes Ion der kinetischen Energie E_{kin} (Geschwindigkeit v_z) diese Felder auf einer Länge l. Dort bewirkt die Lorentz-Kraft (1.39) eine Beschleunigung sowohl in y- als auch in x-Richtung und führt am Ende des Felds (Durchflugzeit $t_1 = l/v_z$) zu Geschwindigkeiten

$$v_y = \frac{qE}{m}t_1 = \frac{qEl}{mv_z} \quad \text{bzw.} \quad v_x = \frac{qBv_z}{m}t_1 = \frac{qBl}{m}. \tag{1.48}$$

Treffen die Ionen in einem Abstand s hinter dem Feld, also nach einer Zeit $t_2 = s/v_z$, auf einem Schirm auf, so ist ihre Ablenkung dort

$$y = v_y t_2 = \frac{qEls}{mv_z^2} = \frac{qEls}{2E_{kin}} \quad \text{bzw.} \quad x = v_x t_2 = \frac{qBls}{mv_z} = \frac{qBls}{\sqrt{2mE_{kin}}}. \tag{1.49}$$

Eliminiert man v_z so ergeben sich die *Thomson-Parabeln*

$$y = \frac{m}{q}\frac{E}{B^2 ls}x^2, \tag{1.50}$$

welche die Orte beschreiben, bei denen Ionen je nach m/q auf den Schirm treffen. Die Ablenkung in y-Richtung erlaubt nach (1.49) darüber hinaus bei Kenntnis von q eine Bestimmung der kinetischen Energie.

Beim sogenannten *Wien-Filter* benutzt man *gekreuzte elektrische und magnetische Felder*, um geladene Teilchen nach ihren Geschwindigkeiten selektieren. Für Teilchen die senkrecht zu E und B in den Filter eintreten, kann man E und B so einstellen, dass sich die resultierenden Kräfte nach (1.39) für eine bestimmte Geschwindigkeit

$$v = E/B$$

gerade kompensieren, sodass die Teilchen geradeaus fliegen. Kennt man die Masse der Teilchen, so lässt sich damit der Impuls oder auch die kinetische Energie selektieren.

1.7.5 Plasmafrequenz

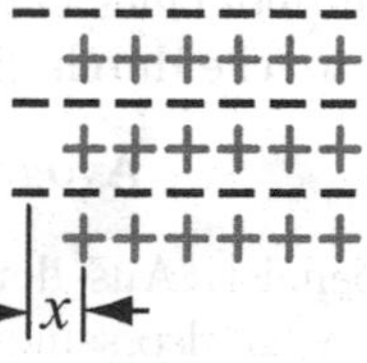

Elektronen in Plasmen aber auch Elektronen in Clustern oder in kondensierter Materie (insbesondere in Metallen und Halbleitern) können kollektive Schwingungen, sogenannte Plasmaschwingungen, ausführen. Die dabei auftretende Plasmafrequenz spielt eine wichtige Rolle in vielen Bereichen der Physik. Beim einfachsten Modell zum Verständnis der erwarteten Dynamik geht man von einem quasi neutralen Plasma der Ladungsträgerdichte N aus. Verschiebt man die Elektronen gegen die Ionen um die Strecke x, wie in Abb. 1.17 skizziert, so führt dies auf einer Seite zu einem Überschuss an Flächenladungsdichte $\sigma = -eNx$, woraus ein elektrisches Feld

Abb. 1.17.
Zur Plasmafrequenz

$E = \sigma/\epsilon\epsilon_0$ entsteht. Die Bewegungsgleichung für jedes Elektron ist dann gegeben durch:

$$m_e \ddot{x} = eE = e\sigma/\epsilon\epsilon_0 = (e^2 N/\epsilon\epsilon_0)x$$

Diese Differenzialgleichung hat eine Lösung wie ein harmonischer Oszillator, dessen Kreisfrequenz die sogenannte

$$\textbf{Plasmafrequenz} \quad \omega_p = \sqrt{\frac{D}{m_e}} = \sqrt{\frac{Ne^2}{m_e \epsilon\epsilon_0}} \qquad (1.51)$$

ist. Sie wird gelegentlich auch Langmuir- oder Drude-Frequenz genannt und spielt eine zentrale Rolle bei der Beschreibung der elektrischen und optischen Eigenschaften von *Elektronengasen* in Metallen, Halbleitern oder Plasmen. Die Plasmafrequenz ist freilich keine gewöhnliche Schwingungsfrequenz. Wenn man z. B. ein ausgedehntes Elektronengas zu erzwungenen Schwingungen anregt, gibt es keine Resonanzfrequenz, in deren Nachbarschaft besonders stark absorbiert wird. Das Plasma wird vielmehr durch eine dielektrische Funktion

$$\epsilon(\omega) = 1 - \frac{\omega_p^2}{\omega^2} \qquad (1.52)$$

beschrieben, die für $\omega < \omega_p$ negativ wird. Der Brechungsindex $n = \sqrt{\epsilon}$ wird daher unterhalb der Plasmafrequenz imaginär,[4] d. h. das Medium absorbiert alle Frequenzen $\omega < \omega_p$ und transmittiert solche mit $\omega > \omega_p$. Plasmonresonanzen in isolierten Teilchen werden wir in Band 2 dieses Buches im Zusammenhang mit Metallclustern noch ausführlicher besprechen.

1.8 Kinetische Gastheorie und Statistik

1.8.1 Druck und Äquipartitionsgesetz

Die statistische Deutung der Eigenschaften von idealen und realen Gasen durch die kinetische Gastheorie hat in der Geschichte der Atom- und Molekülphysik eine wichtige Rolle gespielt. Wir stellen einige der dabei entwickelten Begriffe und Definitionen von grundlegender Bedeutung hier zusammen.

Ein mol eines Gases entspricht stets einer wohl definierten Zahl von Teilchen, welche durch die

$$\textbf{Avogadrozahl} \quad \mathcal{N}_A = 6.0221367 \times 10^{23}\,\text{mol}^{-1} \qquad (1.53)$$

gegeben ist. Aus dem Molekulargewicht M_{mol} eines Atoms oder Moleküls ergibt sich also seine Masse zu $m_A = M_{mol}/\mathcal{N}_A$. Die Energie verteilt sich im Mittel gleichmäßig auf alle Freiheitsgrade nach dem

---

[4] Zur Erinnerung betrachten wir eine sich in Richtung x ausbreitende Welle: $\exp[\mathrm{i}(kx - \omega t)]$ mit $k = \omega n/c$, dem Betrag des Wellenvektors im Medium. Ist n imaginär, so wird auch $k = \mathrm{i}\kappa$ imaginär, und die Welle wird entsprechend $\propto \exp(-\kappa x)\exp(-\mathrm{i}\omega t)$ gedämpft.

Äquipartitionsgesetz $k_B T/2$ pro Freiheitsgrad   (1.54)

Hier ist T die *Temperatur* des Gases und k_B die Boltzmann-Konstante (s. Anhang A). *Man beachte: eine Schwingung wird mit zwei Freiheitsgraden gerechnet, entsprechend kinetischer und potenzieller Energie.*
Hat man es nur mit kinetischer Energie zu tun, wie z. B. bei einem atomaren Gas, dann ist die Temperatur bestimmt durch die

mittlere kinetische Energie $W_{kin} = \dfrac{1}{2} m_A \overline{v^2} = \dfrac{3}{2} kT$ (1.55)

der Teilchen. Diese bewegen sich im Gas mit einer mittleren Geschwindigkeit $\sqrt{\overline{v^2}}$. Daraus berechnet sich der Druck in einem idealen Gas als Impulsübertrag (pro Zeit) durch elastische Stöße der Teilchen auf die Wände und der damit verbundenen Reflexion zu

Druck $p = N m_A \overline{v^2}/3 = N k_B T$ (1.56)

mit der Teilchendichte N (gemessen in $[N] = \mathrm{m}^{-3}$). Daraus folgt für eine Anzahl $\nu \mathcal{N}_A$ von Teilchen (also für ν mol) in einem Volumen V mit $N = \nu \mathcal{N}_A/V$ unmittelbar das ideale Gasgesetz für ein makroskopisches Gas: $pV = \nu \mathcal{N}_A k_B T = \nu R T$, wobei $R = k_B \mathcal{N}_A$ die allgemeine Gaskonstante ist.
In einem realen Gas stoßen die Teilchen miteinander. Den mittleren Abstand, den ein Teilchen in einem Gas zwischen zwei Stößen frei zurücklegt nennt man die

mittlere freie Weglänge $l = \dfrac{1}{\sqrt{2}\sigma v}$,   (1.57)

wobei mit $\sqrt{2}$ bereits berücksichtigt ist, dass sich die Teilchen relativ zueinander bewegen. σ ist der **gaskinetische Stoßquerschnitt** und wird in $[\sigma] = \mathrm{m}^2$ gemessen, bei sehr kleinen Querschnitten in barn mit $1\,\mathrm{b} = 10^{-24}\,\mathrm{m}^2$. Für die hier relevanten elastischen Stöße von Atomen und Molekülen mit thermischer Energie liegt σ in der Größenordnung von $10^{-19}\,\mathrm{m}^2$. Entsprechende Ausdrücke bestimmen die Absorption von Licht, Röntgenstrahlung, Ionen, Atomkernen etc.

1.8.2 Fermionen, Bosonen und ihre Statistik

Wenn wir von einer mittleren Energie, Geschwindigkeit, freien Weglänge etc. von Teilchen sprechen, dann bedeutet das, dass diese Größen durch eine statistische Verteilung bestimmt werden. Dabei müssen wir den Fall diskreter und kontinuierlicher Energiezustände unterscheiden. Zu jeder Energie können überdies mehrere, verschiedene quantenmechanische Zustände realisierbar sein. Wir bezeichnen die Anzahl solcher Zustände zur gleichen Energie W_i als Entartungsfaktor g_i. Im Falle eines Kontinuums sprechen wir entsprechend von der sogenannten Zustandsdichte $\rho(W)$, also von der Anzahl von Zuständen in einem Energieintervall zwischen W und $W + dW$.

Je nach Situation haben wir verschiedene Statistiken anzuwenden. Unter Verwendung eines geeigneten Normierungsfaktors $\exp(-\alpha_T)$ beschreiben diese Wahrscheinlichkeitsverteilungen die mittlere Anzahl[5] N_i *besetzter* Zustände der Energie W_i als Funktion der Temperatur, also der mittleren Energie des Systems. Im Kontinuum wird entsprechend die Anzahl dN besetzter Zustände zwischen W und $W + dW$ angegeben. Für klassische Teilchen – und ganz allgemein für hohe Temperaturen und kleine Dichten – gilt, die

Maxwell-Boltzmann-Statistik $N_i = g_i \exp(-\alpha_T - W_i/k_BT)$ (1.58)

$$\text{bzw.}\quad dN = \rho(W)\exp\left[-\alpha_T - W/k_BT\right]dW \,.$$

Für die Verteilung der kinetischen Energie $W_{kin} = m_A(v_x^2 + v_x^2 + v_x^2)/2$ eines klassischen Gases ergibt sich somit

$$dN \propto \exp\left[-\frac{m_A\left(v_x^2 + v_x^2 + v_x^2\right)}{2k_BT}\right] dv_x dv_y dv_z \,, \qquad (1.59)$$

wobei wir die Dichte der Zustände als konstant gesetzt haben. Damit wird sowohl der Betrag als auch die Richtung der Geschwindigkeit der Teilchen charakterisiert. Will man dagegen wissen, wie wahrscheinlich es ist, ein Teilchen mit einem Betrag der Geschwindigkeit zwischen v und $v+dv$ zu finden, so hat man über alle Winkel zu integrieren, also $dv_x dv_y dv_z = 4\pi v^2 dv$ zu setzen und erhält die

Maxwell'sche Geschwindigkeitsverteilung   (1.60)

$$w(v)dv = \sqrt{\frac{2}{\pi}}\left(\frac{m_A}{2k_B}\right)^{3/2} v^2 \exp\left[-\frac{m_A v^2}{2k_BT}\right] dv \,,$$

die wir hier als Wahrscheinlichkeitsverteilung mit einem solchen Normierungsfaktor angegeben haben, dass das Integral über alle v zu 1 wird.

Die Maxwell-Boltzmann-Verteilung ist der (klassische) Grenzfall zweier quantenmechanisch korrekter Wahrscheinlichkeitsverteilungen. Für Fermionen (also für Teilchen mit halbzahligem Spin: $e^-, e^+, p, {}^3\text{He}\ldots$) gilt das Pauli-Prinzip, wonach sich die besetzten Zustände für zwei Teilchen mindestens um eine Quantenzahl unterscheiden müssen. Das führt zu einer Statistik nach

Fermi-Dirac $N_i = \dfrac{g_i}{\exp\left[\alpha_T + W_i/k_BT\right] + 1}$ (1.61)

$$\text{bzw.}\quad dN = \frac{\rho(W)dW}{\exp\left[\alpha_T + W/k_BT\right] + 1} \,.$$

---

[5] Soweit nicht anders vermerkt, können wir uns „Anzahl" stets auf eine Volumeneinheit bezogen denken.

Für Bosonen (also Teilchen mit ganzzahligem Spin: $^2H = D$, ^4He,^{12}C etc.) gilt zwar nicht das Pauli-Prinzip. Wegen der prinzipiellen Nichtunterscheidbarkeit aller Teilchen einer Sorte weicht aber die hier gültige Statistik nach

$$\text{Bose-Einstein} \quad N_i = \frac{g_i}{\exp\left[\alpha_T + W_i/k_B T\right] - 1} \tag{1.62}$$

$$\text{bzw.} \quad dN = \frac{\rho(W)dW}{\exp\left[\alpha_T + W/k_B T\right] - 1}$$

dennoch von der klassischen Maxwell-Boltzmann-Statistik ab. Alle drei Statistiken können wir einheitlich schreiben als

$$\frac{g_i}{N_i} + \delta = \exp\left[\alpha_T + W/k_B T\right] \text{ mit } \begin{cases} \delta = 0 & \text{für Boltzmann} \\ \delta = -1 & \text{für Fermi} \\ \delta = 1 & \text{für Bose-Einstein} \end{cases}, \tag{1.63}$$

und man sieht, dass für stark verdünnte Systeme, d. h. $g_i \gg N_i$, alle drei zum gleichen Resultat führen. Die Größe α_T bestimmt die Normierung und ist im Falle der Fermi-Dirac-Statistik direkt mit der sogenannten Fermi-Energie (s. 2.5) verknüpft über

$$\alpha_T = -\frac{W_F}{k_B T}.$$

1.9 Teilchen und Wellen

1.9.1 De-Broglie-Wellenlänge

Im Jahr 1923 argumentierte de Broglie (ein französischer Aristokrat) im Rahmen seiner Dissertationsschrift, dass ebenso wie die elektromagnetischen Wellen manchmal auch Teilcheneigenschaften haben (z. B. beim photoelektrischen Effekt oder beim Compton Effekt), umgekehrt auch Teilchen Welleneigenschaften haben sollten. Sein inzwischen beliebig genau bestätigtes Postulat: in Analogie zum Licht hängt der Impuls nach (1.8) mit der Wellenlänge über $p = h/\lambda$ zusammen, und es gilt für die

$$\text{de-Broglie-Wellenlänge} \quad \lambda = \frac{h}{p}. \tag{1.64}$$

Speziell wird im nicht relativistischen Fall $\lambda = h/\sqrt{2mW_{kin}}$.
Für langsame Elektronen führt dies zu einer Wellenlänge

$$\lambda = \frac{12.3\,\text{Å}}{\sqrt{W_{kin}/\text{eV}}}.$$

Vektoriell geschrieben ergibt sich der Zusammenhang von

$$\text{Impuls } p \text{ und Wellenvektor } k \text{ zu} \quad p = \hbar k. \tag{1.65}$$

Die einfachste Form einer Materiewelle ist damit eine

$$\textbf{ebene Welle} \quad \psi(\boldsymbol{r}) = C \exp(\mathrm{i}\boldsymbol{k} \cdot \boldsymbol{r}), \qquad (1.66)$$

wobei C ein geeignet zu wählender Normierungsfaktor ist.

Für relativistische Teilchen muss man den Impuls nach (1.32) zur Berechnung der de Broglie Wellenlänge benutzen. Speziell für Elektronen, die insgesamt eine Beschleunigungsspannung U durchlaufen haben, ist

$$p = \sqrt{2m_e e_0 U} \sqrt{1 + \frac{e_0 U}{2m_e c^2}} \qquad (1.67)$$

in zu setzen. Mit der Ruheenergie $m_e c^2 = 0.511\,\mathrm{MeV}$ für Elektronen ergibt dies schon bei einer moderaten kinetischen Energie von $50\,\mathrm{keV}$ eine Verkürzung der Wellenlänge um 2.5%, was bei einem Präzisionsexperiment zweifelsohne zu berücksichtigen ist.

1.9.2 Experimentelle Evidenz

Wir erinnern hier an einige wenige, markante Beispiele, welche die Wellennatur der Materie besonders deutlich illustrieren.

Debye-Scherrer-Beugung von Elektronen

Bei diesem Verfahren benutzt man polykristallines Material (z. B. auf einen dünnen Kohlenstofffilm aufgebracht). Die Anordnung ist in Abb. 1.18 links skizziert. Die Beugungsstrukturen entstehen aus vielen Einzelreflexen an den Mikrokristalliten, die nach der Bragg Beziehung (1.16) unter den Beugungswinkeln $2\vartheta = \arcsin(m\lambda/2d)$ auftreten (mit $m = 0, 1, 2 \ldots$). Dabei ist d der Abstand der Gitternetzebenen in den Kristallstrukturen. Da die Kristallite statistisch in alle Raumrichtungen orientiert sind, werden die gebeugten Elektronen also unter dem Winkel 2ϑ in einen Kegel um den einfallenden Elektronenstrahl reflektiert. Für jedes m und jedes d gibt es einen solchen Kegel, dessen Schnitt mit der Beobachtungsebene (Photoplatte, CCD-Kamera) je einen Kreis bildet. In Abb. 1.18 (rechts) sind solche Beugungsbilder für Elektronen niedriger und höherer Energie schematisch skizziert.

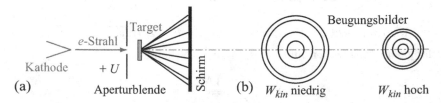

Abb. 1.18. Debye-Scherrer Beugung schematisch: (**a**) Aufbau und Entstehung der Beugungskegel. (**b**) Typische Beugungsbilder für ein polykristallines Target (Aufsicht auf den Schirm von rechts)

1.9.3 Beugung niederenergetischer Elektronen (LEED) an Einkristallen

Abb. 1.19. Niederenergieelektronenbeugung, LEED: **(a)** Experimentelle Anordnung. **(b)** Typisches Beugungsbild für einkristallin geordnete Oberflächen

Elektronenbeugung wird in den verschiedensten Variationen zur Strukturaufklärung der Materie benutzt. Die Beugung an Einkristallen führt in einer dem Debye-Scherrer-Verfahren analogen Anordnung zu einem Punktemuster, wie in Abb. 1.19 illustriert. Niederenergetische Elektronen werden im sogenannten LEED (low energy electron diffraction) Verfahren vorteilhaft für die Strukturaufklärung an Oberflächen benutzt.

1.9.4 Beugung von Neutronen, Atomen und Molekülen an einem Gitter

Niederenergetische Neutronen haben de Broglie Wellenlängen in der Größenordnung von Atomabmessungen ($1\,\mathrm{eV} \cong 0.029\,\mathrm{nm}$). Im Gegensatz zu geladenen Teilchen, die über die Coulomb-Kraft mit der Hülle der Atome wechselwirken, interagieren Neutronen lediglich auf sehr kurze Distanz mit den Atomkernen. Zugleich dringen sie beliebig tief in die untersuchte Materie ein. Sie sind daher ein ganz ausgezeichnetes Werkzeug, wenn man die Lage der Atome in Kristallgittern genau bestimmen will. Die spezielle Form der Atomhüllen spielt bei der Neutronenbeugung keine Rolle. Solche Experimente werden heute an speziell dafür gebauten Kernreaktoren durchgeführt und sind aus der gesamten Strukturaufklärung nicht mehr wegzudenken. Für die Zukunft sind alternativ weltweit sogenannte Spallationsquellen geplant bzw. im Bau.

Auch thermische oder suprathermische, neutrale He-Atome werden für die Strukturaufklärung genutzt. Da sie nicht in die Materie eindringen, eignen sie sich allerdings nur zur Oberflächenanalyse.

Man kann sich natürlich fragen, ob und wieweit man die Wellenoptik von Teilchenstrahlen treiben kann. Ein interessantes, und potenziell auch für die technische Anwendung (Lithografie) wichtiges Themenfeld ist die Atomoptik mit sehr kalten Atomen, auf die wir in Band 2 dieses Buches noch zu sprechen kommen werden. Abbildung 1.20 zeigt aber eindrucksvoll, dass langsame

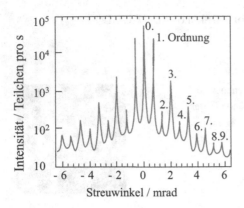

Abb. 1.20. Streuung eines Helium-Atomstrahls durch ein Transmissions-Beugungsgitter mit 100 nm Spaltabstand nach Schöllkopf und Toennies (1996)

He-Atome auch an quasi makroskopischen optischen Bauelementen gebeugt werden und interferieren. Hier wurde ein mit Hilfe der Nanotechnologie gefertigtes Transmissionsgitter benutzt. Das Beugungsbild kann man mit der aus der Optik bekannten Kirchhoff'schen Beugungstheorie vollständig verstehen. Die Wellenlänge nimmt nach (1.64) natürlich (bei gleicher kinetischer Energie W_{kin}) umgekehrt proportional zur Wurzel aus der Masse m des Teilchens ab. Beugungsexperimente mit Atomen oder gar größeren Molekülen sind daher in der Regel viel schwieriger als solche mit Elektronen. Zeilinger und Mitarbeiter (s. z. B. Arndt et al., 1999) konnten aber zeigen, dass sogar so große Objekte wie Fullerenmoleküle, C_{60}, sich beim Beugungsexperiment am Spalt – erwartungsgemäß – wie ganz normale Wellen verhalten: so dokumentiert in Abb. 1.21. Und man kann sich wohl die Frage stellen, wie das denn bei wirklich großen Objekten aussehen mag, wie in der Karikatur Abb. 1.22 skizziert: eine kleine Denksportaufgabe, die der Leser sich selbst mit einer simplen Größenabschätzung für das einschlägige Experiment beantworten möge.

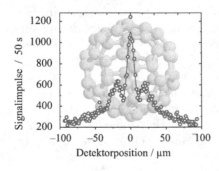

Abb. 1.21. Beugung von C_{60} Molekülen an einem Spalt. Experiment nach Arndt et al. (1999), grau hinterlegt: Strukturbild von C_{60}

Abb. 1.22. Welle-Teil(chen) Dualismus für makroskopische Objekte? Karikatur nach Wolfram v. Oertzen

1.9.5 Unschärferelation und Beobachtung

Die **Heisenberg'sche Unschärferelation** $\qquad \Delta p_x \Delta x \geqslant \hbar \qquad$ (1.68)

gehört heute nachgerade zum Bildungskanon eines Kulturbürgers (sofern er denn überhaupt ein Interesse für die Naturwissenschaften zeigt): Ort und Impuls (allgemeiner: kanonisch konjugierte Variable) sind nicht gleichzeitig genau messbar. Da solche Messungen mikroskopischer Größen stets auf Wahrscheinlichkeitsverteilungen beruhen, sei darauf hingewiesen, dass der genaue Wert auf der rechten Seite der Unschärferelation ($\hbar$, $h/2$, h etc.) davon abhängt, wie man die Unschärfe Δ genau definiert (z. B. als Halbwertsbreite einer gemessenen Verteilung, als Fußbreite, $1/e$ Breite etc.).

Das *klassische Heisenberg'sche Gedankenexperiment* dazu analysiert den Versuch, mit einem Lichtmikroskop ein Elektron zu beobachten. Es zeigt sich, dass alle Bemühungen, das Elektron genau zu lokalisieren, durch die Wellennatur begrenzt wird. Um das Elektron zu beobachten, müssen wir nämlich

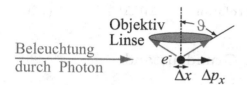

Abb. 1.23. Überlegung nach Heisenberg, warum ein Elektron mit einem Lichtmikroskop nicht genauer lokalisiert werden kann, als dies die Unschärferelation angibt

die Lichtwellenlänge λ klein und den Öffnungswinkel des Mikroskops ϑ groß halten, um ein hohes Auflösungsvermögen zu erzielen. Nach Abbe ist ja die kleinste, im optischen Mikroskop auflösbare Struktur Δx durch die numerische Apertur $n \sin \vartheta$ und die Wellenlänge bestimmt:

$$\Delta x = \frac{\lambda}{n \sin \vartheta} \ . \qquad (1.69)$$

Wir setzen hier für den Brechungsindex (im Vakuum) $n = 1$. Kleines λ und großes $\sin \vartheta$ implizieren aber bereits einen Eingriff in die experimentelle Situation, denn das Photon ändert dabei seinen Impuls p um

$$\Delta p_x = p \sin \vartheta = \frac{h}{\lambda} \sin \vartheta \,,$$

und transferiert ihn auf das Elektron. Mit der Abbe Beziehung (1.69) wird daraus $\Delta p_x \Delta x \sim h$, womit wir die Unschärferelation (1.68) „abgleitet" haben. Jede andere Methode, ein Elektron zu lokalisieren, führt zur gleichen Begrenzung. Wenn wir etwa einen Elektronenstrahl durch einen Spalt eingrenzen wollen, um die Position der Teilchen zu definieren, so führt dies zu Beugung, wie in Abb. 1.24 skizziert. Der Winkel, unter welchem das erste Minimum der Beugungsfigur erscheint, führt uns zu einer Abschätzung für die Unsicherheit bei der Festlegung des Impulses in x-Richtung. Es gilt ja

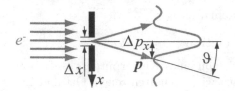

Abb. 1.24. Der Versuch, Elektronen durch eine Aperturblende zu lokalisieren, führt zu Beugung und damit zu einer Ungenauigkeit bei der Bestimmung des Impulses

$$\sin \vartheta_{\min} = \frac{\lambda}{\Delta x} \ ,$$

und wie man in Abb. 1.24 abliest wird

$$\Delta p_x = p \cdot \sin \vartheta = p\frac{\lambda}{\Delta x} = p\frac{h/p}{\Delta x} \implies \Delta p_x \Delta x = h \, ,$$

womit wiederum die Unschärferelation (1.68) erfüllt ist.

Wir notieren an dieser Stelle noch, dass eine analoge Relation zwischen Energie W und Zeitbestimmung t besteht, nämlich die

Energie-Zeit Unschärferelation $\Delta W \Delta t \geqslant \hbar$.   (1.70)

1.10 Stabilität des atomaren Grundzustands

Das große Dilemma der klassischen Physik zu Anfang des 20sten Jahrhunderts war die Erklärung stabiler Bahnen des Elektrons um den Atomkern. Denn kreisende Elektronen sind ja beschleunigte Ladungen. Diese strahlen nach der klassischen Physik ständig Energie ab und sollten daher kontinuierlich langsamer werden. Warum fällt das (negativ geladene) Elektron also nicht schlussendlich unter Abstrahlung seiner Bewegungsenergie in den (positiv geladenen) Atomkern hinein? Wie wir in 1.11 noch genauer ausführen werden, postulierte Bohr ja stabile, stationäre Zustände, bei welchen die Elektronen um den Atomkern kreisen. Unter diesen stationären Zuständen gibt es auch angeregte Zustände, die unter Emission von Strahlung spontan zerfallen – nach einem Wahrscheinlichkeitsgesetz $\exp(-At)$. Der Grundzustand jedoch ist auch im Bohr'schen Modell vollkommen stabil!

Eine quantitative Lösung des Problems bringt die Quantenmechanik. Doch das, was wir jetzt über die Wellennatur des Elektrons wissen, erlaubt es uns bereits, die Frage grundsätzlich zu beantworten. Wir benutzen die Heisenberg'sche Unschärferelation, um eine Abschätzung für das Minimum der Energie machen, ohne bereits ein spezifisches Atommodell im Auge zu haben: Sei a der mittlere Radius des Atoms, dann befinden sich die Elektronen typischerweise innerhalb dieses Radius, was eine Unsicherheit in der Bestimmung des Impulses von Δp bedingt. Also wird

$$a \cdot \Delta p \geq \hbar \ \text{und} \ \ p \geq \Delta p \geq \hbar/a \, ,$$ (1.71)

sodass die *kinetische Energie* des Elektrons

$$W_{kin} = \frac{p^2}{2m_e} \geq \frac{\hbar^2}{2m_e a^2}$$

wird. Mit der *potenziellen Energie*

$$W_{pot} = -\frac{e_0^2}{4\pi\epsilon_0 a}$$

wird die *Gesamtenergie* $W \geq W_{kin} + W_{pot}$, und wenn wir das Gleichheitszeichen als gültig ansetzen, wird

$$W = \frac{\hbar^2}{2m_e a^2} - \frac{e_0^2}{4\pi\epsilon_0 a}. \tag{1.72}$$

W hängt offenbar noch vom Atomdurchmesser a ab. Wir fragen jetzt nach der tiefsten möglichen Energie, suchen also das Minimum nach den Regeln der Differenzialrechnung:

$$\frac{\mathrm{d}W}{\mathrm{d}a} = -\frac{1}{4}\frac{4\hbar^2\pi\epsilon_0 - e_0^2 m_e a}{m_e a^3 \pi\epsilon_0} \stackrel{!}{=} 0, \tag{1.73}$$

woraus für den Radius des Grundzustands

$$a = \frac{4\hbar^2\pi\epsilon_0}{e_0^2 m_e} \tag{1.74}$$

folgt. Damit wird nach (1.72) die Grundzustandsenergie:

$$W_{\min} = -\frac{1}{32\hbar^2}\frac{m_e}{\pi^2\epsilon_0^2}e_0^4 = -\frac{m_e e_0^4}{8\epsilon_0 h^2} \tag{1.75}$$

Dies ist genau der Wert, welchen auch das Bohr'sche Modell für den Grundzustand liefert! Man darf freilich die quantitative Aussage dieser Überlegung nicht überschätzen: das numerische Resultat kommt nur zustande, weil wir $\hbar$ und nicht h in der Unschärferelation (1.71) verwendet haben, die ja lediglich eine Abschätzung des Minimalwerts für das Produkt aus Orts- und Impulsunsicherheit ist.

1.11 Bohr'sches Atommodell

Niels Bohr (1885–1962) arbeitete 1913 als junger Postdoc aus Dänemark (s. Bohr, 1922) in England mit Ernest Rutherford zusammen, also während der großen Zeit der quantenmechanischen Entdeckungen. Wie schon erwähnt, war die große Herausforderung der Physik damals die Erklärung der höchst problematischen experimentellen Beobachtung, die den Schlüssel zum Verständnis der Atomstruktur bilden sollte: Wie konnten die Elektronen um einen Atomkern kreisen und dabei keine Energie verlieren? Warum waren diese Konfigurationen stabil?

Bohr löste den Gordischen Knoten gewissermaßen durch einen gezielten Schwerthieb und entwickelte so die grundlegenden Ideen für eine Theorie der atomaren Struktur. Er wusste aus Balmer's spektroskopischer Arbeit, dass die Energieniveaus mit den ganzen Zahlen n durch die phänomenologische Gleichung $E \propto n^{-2}$ verknüpft sind. Diese ganzen Zahlen wurden die Bohr'schen Quantenzahlen. Da die Energie eines Teilchens auf einer Kreisbahn ebenfalls invers zum Quadrat des Drehimpulses skaliert, schlug Bohr vor, dass der Drehimpuls direkt proportional zu dieser Quantenzahl sei. Da außerdem die Planck'sche Strahlungsverteilung Konstante h die gleiche Einheiten wie der Drehimpuls hat, postulierte Bohr, dass der **Drehimpuls in Einheiten von $h/2\pi = \hbar$ quantisiert** sei. Diese Quantisierung konnte weder klassisch gerechtfertigt noch gar bewiesen werden, aber Bohr zeigte, dass man mit diesen Annahmen das Spektrum des Wasserstoffs mit bis dahin einzigartiger Genauigkeit vorhersagen konnte.

1.11.1 Grundannahmen

- **Erstes Bohr'sches Postulat:** Das Elektron rotiert um den Atomkern (Ladung $= +Ze_0$), wobei *Zentripetal-Kraft $=$ Coulomb-Kraft* gilt.

Entsprechend ist die Geschwindigkeit v bei einem Radius r durch

$$\frac{m_e v^2}{r} = \frac{Ze_0^2}{4\pi\epsilon_0 r^2} \implies$$

$$r = \frac{Ze_0^2}{4\pi\epsilon_0 m_e v^2} \qquad (1.76)$$

gegeben, und die kinetischen Energie wird

$$W_{kin} = \frac{m_e v^2}{2} = \frac{Ze_0^2}{8\pi\epsilon_0 r} = -\frac{1}{2}W_{pot}$$

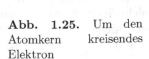

Abb. 1.25. Um den Atomkern kreisendes Elektron

(letztere Gleichheit entspricht auch dem klassischen Virialtheorem). Die Gesamtenergie ergibt sich dann zu

$$W = W_{kin} + W_{pot} = -\frac{Ze_0^2}{8\pi\epsilon_0 r} < 0 \quad , \qquad (1.77)$$

wobei das Minuszeichen gebundene Zustände charakterisiert: *Man legt den Energienullpunkt so fest, dass ein gerade nicht mehr gebundenes Elektron ohne kinetische Energie die Gesamtenergie $W = 0$ hat.*

- **Zweites Bohr'sches Postulat:** Der Drehimpuls $L = r \times p$ für die sogenannten stationären Zustände, die wir in den Spektren beobachten, ist quantisiert:

$$L = rp_\varphi = rm_e v = n\frac{h}{2\pi} = n\hbar \qquad (1.78)$$

Der Drehimpuls stationärer Zustände ist also nach Bohr ein ganzzahliges Vielfaches von $\hbar = h/2\pi$. Aus (1.78) folgt sofort:

$$v = \frac{n\hbar}{rm_e} \qquad (1.79)$$

Alternativ und quantitativ äquivalent werden *stationäre Zustände* häufig auch als stehende Wellen ($\lambda = h/p$) auf einem Radius r „erklärt":

$$2\pi r = n\lambda = nh/p = nh/m_e v \implies v = \frac{n\hbar}{rm_e}$$

1.11.2 Radien und Energien

Mit (1.76) und (1.79) folgt

$$r = \frac{Ze_0^2}{4\pi\epsilon_0 m_e \left(n\hbar/m_e r\right)^2} = Ze_0^2 \frac{\pi m_e}{\epsilon_0 n^2 \hbar^2} r^2,$$

woraus schließlich die

Bahnradien nach Bohr $\quad r_n = \frac{n^2}{Z} \frac{\epsilon_0 h^2}{e_0^2 \pi m_e} = \frac{n^2}{Z} a_0$ $\qquad (1.80)$

für die stationären Zustände der Wasserstoff-ähnlichen Atome folgen. Dabei ist n die *Hauptquantenzahl* und a_0 der sogenannte

Bohr'sche Radius $\quad a_0 = \frac{\epsilon_0 h^2}{e_0^2 \pi m_e} = 5.2918 \times 10^{-11}\,\mathrm{m}\,,$ $\qquad (1.81)$

die Längeneinheit der Atomphysik. Wir merken uns $a_0 \simeq 0.05\,\mathrm{nm}$. Mit $r \to r_n$ und (1.77) können wir schließlich auch die Energie $W \to W_n$ der stationären Zustände berechnen:

$$W_n = \frac{Ze_0^2}{8\pi\epsilon_0 r_n} = -\frac{Z^2}{n^2} \frac{m_e e_0^4}{8\epsilon_0^2 h^2} = -\frac{Z^2}{n^2} R_\infty^* \qquad (1.82)$$

Die *Rydbergkonstante* in Energieeinheiten R_∞^* ist mit der sogenannte *atomaren Energieeinheit*[6] über

$$W_0 = 2R_\infty^* = \frac{m_e e_0^4}{4\epsilon_0^2 h^2} = \frac{e_0^2}{4\pi\epsilon_0 a_0} = 4.359 \times 10^{-18}\,\mathrm{J} \,\widehat{=}\, 27.211\,\mathrm{eV} \qquad (1.83)$$

verbunden. Die *Rydbergkonstante* wird meist in Wellenzahlen angegeben (Hänsch, 2006):

$$R_\infty = R_\infty^*/hc = 10973731.568525(84)\,\mathrm{m}^{-1} \qquad (1.84)$$

Sie gehört heute zu den am genauesten bestimmten Naturkonstanten überhaupt. *Die hier kommunizierte Bohr'sche Beziehung für die Energielagen des H-Atoms hat auch in streng quantenmechanischer Behandlung Bestand. Die Bahnradien dagegen bedürfen einer kritischen Betrachtung.*

---

[6] nicht zu verwechseln mit der Ruheenergie des Elektrons $W_r = m_e c^2$

1.11.3 Atomare Einheiten

Es ist bequem, atomare Größen in sogenannten *atomaren Einheiten* (a. u.) anzugeben: also Energien in W/W_0 mit W_0 nach (1.83), Längen in r/a_0 mit dem Bohr'schen Radius a_0 nach (1.81), und Zeiten in t/t_0. Die atomare Einheit der Zeit t_0 ergibt sich mit der atomaren Geschwindigkeit

$$v_0 = \sqrt{W_0/m_e} = \sqrt{W_0/m_e c^2}\, c = \hbar/m_e a_0 = \alpha c \qquad (1.85)$$

zu

$$t_0 = \frac{a_0}{v_0} = 2\pi m_e \frac{a_0^2}{h} = \frac{2\epsilon_0^2 h^3}{\pi m_e e_0^4} = 2.4189 \times 10^{-17}\,\text{s}\,. \qquad (1.86)$$

Wir haben hier zugleich auch Gebrauch gemacht von der sehr wichtigen

Feinstrukturkonstante $\qquad \alpha = \sqrt{\dfrac{W_0}{m_e c^2}} = \dfrac{e_0^2}{4\pi\epsilon_0 \hbar c} = \dfrac{1}{137.036}\,. \qquad (1.87)$

1.11.4 Energien der Wasserstoffähnlichen Ionen

Ionen mit nur einem Elektron, also He^+, Li^{++} ... U^{91+} nennt man Wasserstoffähnlich. Anhand der Beispiele H und He^+ ergibt sich das in Abb. 1.26 skizzierte Bild für die Bahnradien $r_n = n^2 a_0/Z$ und Energien $W_n = -\left(Z^2/2n^2\right) W_0$.

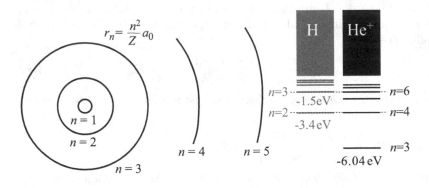

Abb. 1.26. Bahnradien und Energien für das H-Atom und das He^+ Ion

1.11.5 Korrektur für endliche Kernmasse

Bislang haben wir stets angenommen, dass die Kernmasse ruht ($M = \infty$). Korrekterweise müssen wir aber die Elektronenbewegung im Schwerpunktsystem beschreiben. Dann haben wir die Elektronenmasse m_e einfach durch die reduzierte Masse zu ersetzen:

$$m_e \to \mu = \frac{m_e M}{m_e + M} \tag{1.88}$$

Der Bohr'sche Radius ist also zu ersetzen durch

$$a_0 \to a_\mu = a_0 \frac{m_e}{\mu}, \tag{1.89}$$

und die Termenergie wird

$$W_n = -\frac{Z^2}{n^2} R_\mu^*, \tag{1.90}$$

wobei die Rydbergkonstante (1.84) ersetzt wurde durch

$$R_\mu^* = \frac{\mu}{m_e} R_\infty^* . \tag{1.91}$$

1.11.6 Spektren wasserstoffähnlicher Ionen

Die Spektren der wasserstoffähnlichen Ionen H, D, He^+, Li^{++}, Be^{+++} ... U^{91+} etc. ergeben sich durch Differenzbildung aus den Termlagen. Es wird, bereits multipliziert mit dem kinematischen Faktor nach (1.91),

$$\hbar\omega = h\nu = W_{n_1} - W_{n_2} = Z^2 R_\mu^* \left(\frac{1}{n_1^2} - \frac{1}{n_2^2} \right) \tag{1.92}$$

bzw. in Wellenzahlen $\bar{\nu} = Z^2 R_\mu \left(\dfrac{1}{n_1^2} - \dfrac{1}{n_2^2} \right)$. $\tag{1.93}$

Die Spektroskopie des Wasserstoffatoms trägt heute ganz wesentlich zur präzisesten Messung von Naturkonstanten bei. Ein besonders eindrucksvolles Beispiel ist die Frequenz des Übergangs vom Grundzustand zum ersten angeregten Zustand des H-Atoms durch die Gruppe von Ted Hänsch (Hänsch, 2006), die mithilfe der Frequenzkammtechnik gemessen wurde (Hänsch und Udem 2005, Hall und Hänsch 2005):

$$\nu_{1S2S} = 2\,466\,061\,102\,474\,851(34)\,\text{Hz}$$

1.11.7 Grenzen des Bohr'schen Modells

Das Bohr'sche Modell funktioniert überraschend gut für das H-Atom und für H-ähnliche Ionen. Wir müssen aber feststellen, dass es für alle anderen Atome versagt. Es versagt auch im relativistischen Fall bei $1 \gtrsim v/c = (e_0^2/2\epsilon_0 hc)(Z/n) = Z\alpha/n$. Hier taucht also wieder die Feinstrukturkonstante $\alpha \simeq 1/137$ nach (1.87) auf. *Relativistische Effekte* werden demnach wichtig für *große Z* und *niedrige n* und wir können sie vernachlässigen falls $Z\alpha/n \ll 1$.

Auch den Spin des Elektrons haben wir bislang nicht beachtet. Er ist ebenfalls relativistischen Ursprungs. Der Elektronenspin führt zu einer Erweiterung des Drehimpulsbegriffs und hat als praktische Auswirkung z. B. die Feinstrukturaufspaltung, welche das Bohr'sche Modell überhaupt nicht erklären kann.

1.12 Magnetische Momente im Magnetfeld

Eines der Schlüsselexperimente zur Quantenmechanik wurde 1922 von Otto Stern (1943) und Walter Gerlach durchgeführt. Es zeigte in einer bis dahin nicht da gewesenen Deutlichkeit, dass die klassische Mechanik und Elektrodynamik nicht in der Lage sind, die grundlegenden Beobachtungen im Bereich atomarer Dimensionen zu erklären. Um dieses Experiment und seine Konsequenzen zu verstehen, rekapitulieren wir hier zunächst ein paar Grundkenntnisse aus der Mechanik und Elektrodynamik.

1.12.1 Magnetisches Moment und Drehimpuls

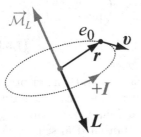

Abb. 1.27. Magnetisches Moment eines um den Atomkern kreisenden Elektrons

Nach dem Bohr'schen Modell kreist das Elektron ja um den Atomkern. Wie in Abb. 1.27 skizziert, ist damit ein Strom

$$I = \frac{e_0}{t} = \frac{e_0 v}{2\pi r}$$

verbunden, der eine Fläche A ($A = \pi r^2$) umschließt. Er bewirkt ein magnetisches Moment $\mathcal{M}$ vom Betrag

$$\mathcal{M} = I\,A = \frac{e_0 v}{2\pi r}\pi r^2 = \frac{e_0 v r}{2} = \frac{e_0 L}{2m_e}\,,$$

welches direkt proportional zum Betrag des Drehimpulses L und ihm entgegengerichtet ist. Es ergibt sich also ein

magnetisches Moment der Bahn $\mathcal{M} = -\dfrac{e_0}{2m_e}L = -\mu_B\dfrac{L}{\hbar}\,.$ (1.94)

Beachte: Das hier abgeleitete *gyromagnetische Verhältnis* $\mathcal{M}/L = -e_0/2m_e$ ist eine universelle Beziehung zwischen magnetischem Moment und Bahndrehimpuls *für jede klassische Ladungsverteilung.* Es ist nicht abhängig von der spezifischen Geometrie der Bewegung, ist also nicht auf die Kreisbahn oder ein punktförmiges Teilchen beschränkt.

Nach dem Bohr'schen Atommodell sind Drehimpulse (1.78) quantisiert und kommen nur in Einheiten von $\hbar$ vor. $L/\hbar$ ist in der Bohr'schen Theorie eine ganze Zahl. Die Einheit des magnetischen Moments ist das sog.

$$\textbf{Bohr'sche Magneton} \quad \mu_B = \frac{e_0\hbar}{2m_e} = 927.400915(23)\,\mathrm{J\,T}^{-1}\,. \tag{1.95}$$

Man beachte: die hier präsentierte klassische Ableitung des gyromagnetischen Verhältnisses gilt *nur für Bahndrehimpulse.* Auf der Basis des gleich zu besprechenden Stern-Gerlach-Experiments, werden wir (1.94) ergänzen müssen.

1.12.2 Das magnetische Moment im magnetischen Feld

Larmor-Frequenz des Bahndrehimpulses

Die Energie eines Dipols im Magnetfeld ist

$$W = -\boldsymbol{\mathcal{M}} \cdot \boldsymbol{B} = -\mathcal{M}B\cos(\angle\boldsymbol{\mathcal{M}},\boldsymbol{B})\,. \tag{1.96}$$

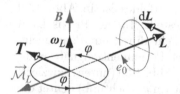

Auf den magnetischen Dipol wirkt ein Drehmoment

$$\boldsymbol{T} = \boldsymbol{\mathcal{M}} \times \boldsymbol{B}\,, \tag{1.97}$$

der zu einer Änderung des Drehimpulses führt. Mit $\mathrm{d}\boldsymbol{L} = \boldsymbol{L}\mathrm{d}\varphi$ wird

Abb. 1.28. Präzession des Bahndrehimpulses $\boldsymbol{L}$ im $\boldsymbol{B}$-Feld

$$\boldsymbol{T} = \frac{\mathrm{d}\boldsymbol{L}}{\mathrm{d}t} = \boldsymbol{L}\frac{\mathrm{d}\varphi}{\mathrm{d}t} = \boldsymbol{L}\omega_L\,. \tag{1.98}$$

In der speziellen, in Abb. 1.28 skizzierten Geometrie mit $\boldsymbol{L} \perp \boldsymbol{B}$ gilt also

$$L\omega_L = \mathcal{M}B = -\mu_B\frac{L}{\hbar}B\,.$$

Wir sehen, dass infolge des Drehmoments $\boldsymbol{T}$ der Drehimpuls $\boldsymbol{L}$ um $\boldsymbol{B}$ herum präzediert (s. Gyroskop, Kreisel), und zwar mit einer Winkelfrequenz ω_L, der sogenannten

$$\textbf{Larmor-Frequenz} \quad \omega_L = \frac{\mathcal{M}}{L}B = \frac{\mu_B}{\hbar}B = \frac{e_0}{2m_e}B\,. \tag{1.99}$$

Auch dieser Ausdruck wird in 1.14.2 zu modifizieren sein.

Kräfte auf magnetische Dipole im magnetischen Feld

Für die Kraft in einem Potenzialfeld $V(r)$ gilt bekanntlich

$$F = -\operatorname{grad} V(r) \,,$$

sodass wir mit $V(r) = -\mathcal{M} \cdot B$ erhalten:

$$F_x = \mathcal{M} \cdot \frac{\partial B}{\partial x} \qquad F_y = \mathcal{M} \cdot \frac{\partial B}{\partial y} \qquad F_z = \mathcal{M} \cdot \frac{\partial B}{\partial z} \qquad (1.100)$$

$$\text{kurz} \quad F = \mathcal{M} \cdot \overrightarrow{\operatorname{grad}} B$$

Wir sehen, dass im homogenen Magnetfeld keine resultierende Kraft auf einen magnetischen Dipol wirkt. Im inhomogenen Feld jedoch erfährt das Atom eine Kraft, die proportional zu seinem magnetischen Moment ist.

Das Zweidrähtefeld

Als kleines, aber wichtiges Detail weisen wir hier auf die physikalische Realisierung einen inhomogenen Magnetfeldes hin.

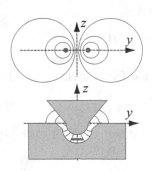

Abb. 1.29. Zweidrähtefeld

Im Stern-Gerlach-Experiment wird ein sogenannte Zweidrähtefeld approximiert: es entsteht, wenn durch zwei Drähte ein Strom fließt. Der entsprechende Feldverlauf des Magnetfeldes ist in Abb. 1.29 (oben) dargestellt. In der Praxis kann man dieses Feld durch ein Paar geeignet geformter Permanentmagnete realisieren, wie in Abb. 1.29 (unten) skizziert. Die rote Linie (in y- Richtung) deutet die Lage des von hinten kommenden Atomstrahls an, der durch diese Anordnung in $\pm z$ Richtung abgelenkt werden soll.

1.13 Das Stern-Gerlach-Experiment

Experimenteller Aufbau

Otto Stern hatte die sogenannte *Molekularstrahlmethode* erfunden und bereits erfolgreich zur Messung der Maxwell'schen Geschwindigkeitsverteilung in Gasen angewandt. In seiner berühmten Arbeit „Ein Weg zur experimentellen Prüfung der „Richtungsquantelung" im Magnetfeld schlug Stern (1921) ein Experiment zur Bestimmung des magnetischen Moments eines Atoms vor,

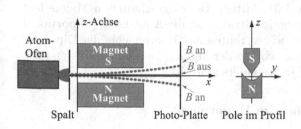

Abb. 1.30. Schema des Stern-Gerlach-Experiments. Der aus dem „Ofen" tretende Atomstrahl wird kollimiert, in einem inhomogenen Magnetfeld abgelenkt und trifft schließlich auf eine Photoplatte. Rechts das Profil der Magnetpolschuhe

bei dem die Ablenkung eines Atomstrahls im inhomogenen Magnetfeld genutzt werden sollte. Das 1922 von Stern und Gerlach mit Silber Atomen (Ag) durchgeführte Experiment ist schematisch in Abb. 1.30 dargestellt.

Mit (1.100) und $\boldsymbol{B} = (0,0,B)$ ergibt sich aus der Symmetrie der Anordnung, dass bei $y = 0$ gilt: $\partial B/\partial x = 0$ und $\partial B/\partial y = 0$. Somit bleibt nur die z-Komponente der Kraft übrig:

$$F_z = \mathcal{M}_z \cdot \frac{\partial B}{\partial z} \qquad (1.101)$$

Zum genauen Verständnis der experimentellen Beobachtung muss man freilich beachten, dass diese Kraft auch von y abhängt und für $y = 0$ maximal ist.

Was erwarten wir?

Klassisch sind die magnetischen Momente der Atome M statistisch in alle Richtungen verteilt, ihre Projektion in $+z$-Richtung $(\mathcal{M}_z)$ wird klassisch von $-\mu_B \frac{L}{\hbar}$ bis $+\mu_B \frac{L}{\hbar}$ reichen wie oben in Abb. 1.31 dargestellt. Der Atom-

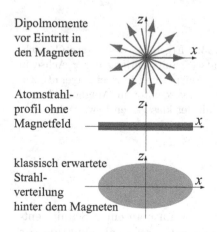

Dipolmomente vor Eintritt in den Magneten

Atomstrahl-profil ohne Magnetfeld

klassisch erwartete Strahl-verteilung hinter dem Magneten

Abb. 1.31. Klassische Erwartung zum Stern-Gerlach-Experiment: Blick auf den aus der $y-z$-Ebene kommenden Atomstrahl. Oben: Richtung der magnetischen Dipolmomente (vor dem Magnetfeldes) statistisch verteilt. Mitte: Strahlprofil ohne Magnetfeld. Unten: klassisch erwartetes Profil nach Ablenkung im inhomogenen Magnetfeld. Die erwartete Ellipsenform rührt daher, dass der Feldgradient $\partial B/\partial z$ in der Mitte am stärksten ist und an den beiden Rändern verschwindet

strahl trete nun durch den Magneten, und wir betrachten die ankommenden Atome auf der Photoplatte. Ohne Magnetfeld wird dort die Geometrie des

Atomstrahls abgebildet (Abb. 1.31, Mitte). Bei eingeschaltetem Magnetfeld erwarten wir eine Verschmierung des Strahls, da die Ablenkung proportional zur – klassisch gedacht – statistisch verteilten $\mathcal{M}_z$ Komponente der Dipolmomente sein sollte. Die Ablenkung wird in der Mitte ($y = 0$) am stärksten sein, da dort der Feldgradient $\partial B/\partial z$ besonders stark ist.

Und was findet man wirklich im Experiment?

Stern und Gerlach benutzten bei ihrem Experiment mit Ag Atomen eine Photoplatte, auf der sich die Spuren des Silberstrahls niederschlugen. Das höchst überraschende Ergebnis dieser Anstrengungen ist das in Abb. 1.32 skizzierte Muster – völlig konträr zur klassischen Erwartung: es gibt offenbar im Wesentlichen nur zwei Richtungen der Einstellung des atomaren magnetischen Moments. Die Ellipsenform ist dem Verschwinden des Feldgradienten an den beiden Rändern geschuldet.

Eine kuriose Randnotiz: die Silberspuren wurden erst dadurch sichtbar, dass Otto Stern den Rauch seiner schwefelhaltigen Zigarre darauf blies – ein früher, unfreiwilliger Beitrag zur Photochemie und Katalyse des photografischen Entwicklungsvorgangs.

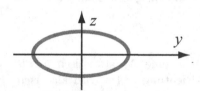

Abb. 1.32. Ergebnis des Stern-Gerlach-Experiments: der Strahl wird in zwei Komponenten aufgespalten

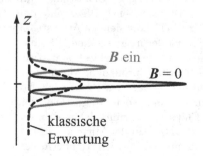

Abb. 1.33. Ergebnis des Stern-Gerlach-Experiments (Schnitt entlang der z Achse in Abb. 1.32): Aufspaltung in zwei getrennte Zustände bei eingeschaltetem Magnetfeld und Vergleich mit der klassischen Erwartung

Noch deutlicher erkennt man das Ergebnis, wenn man einen Schnitt entlang der z Achse durch Abb. 1.32 macht und die Schwärzung als Funktion von z aufträgt. Das Resultat ist in Abb. 1.33 skizziert. Der Vergleich mit und ohne Magnetfeld zeigt eine *dramatische Aufspaltung in zwei Komponenten*. Diese

Beobachtung, die auch bei vielen anderen Atomen gemacht wird, ist auf die nachfolgend zu besprechende Richtungsquantisierung zurückzuführen.

Langmuir-Taylor-Detektor

Heute hat man viel effizientere Methoden zur Teilchendetektion als die Photoplatte. Beim Nachbau des Stern-Gerlach Versuchs (aber auch bei vielen modernen Atomstrahl-Experimenten) benutzt man zur Detektion von neutralen Atomen den sogenannten Langmuir-Taylor Effekt, der das Experiment wesentlich empfindlicher macht. Der Langmuir-Taylor-Detektor basiert auf dem Tunneleffekt, dem das Valenzelektron eines Atom mit niedrigem Ionisationspotenzial W_I (z. B. K) ausgesetzt ist, wenn es auf eine Metalloberfläche mit hoher Austrittsarbeit W_A (z. B. W) trifft. Abb. 1.34 gibt eine weitgehend selbsterklärende Darstellung eines solchen Detektoraufbaus. Das Elektron tunnelt ins Metall hinein, zurück bleibt ein K^+-Ion, das man leicht elektrisch nachweisen kann.

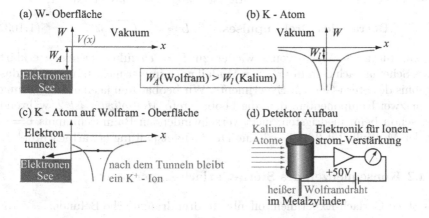

Abb. 1.34. Schema des Langmuir-Taylor-Detektors: (**a**) Potenzial für ein Elektron an einer isolierten Wolframoberfläche, (**b**) Potenzial und Energie des Valenzelektrons im K Atom, (**c**) Potenzialverhältnisse, wenn ein K-Atom auf eine Wolframoberfläche trifft. (**d**) Schema der Detektoranordnung

1.14 Richtungs- (oder Orts-) Quantisierung

1.14.1 Interpretation des Stern-Gerlach-Experiments

Wie kann man die Ergebnisse des Stern-Gerlach-Experiments deuten? Das Bohrsche Modell postuliert ja, dass Bahndrehimpulse nach (1.78) quantisiert sind: $L = \ell\hbar$, wobei ℓ eine positive ganze Zahl bzw. Null ist.

Nehmen wir nun an, dass eine ähnlich Beziehung auch für die Komponente des Drehimpulses L_z in z-Richtung gelte, so könnte L_z im Prinzip $2\ell + 1$ ganzzahlige Werte von $-\ell\hbar$ bis $+\ell\hbar$ annehmen. Diese Art der Quantisierung der Komponente L_z des Drehimpulses L nennt man

Richtungsquantisierung $L_z = m\hbar$ mit $m = -\ell, -\ell + 1, \ldots, \ell$ (1.102)

(engl. *space quantization*), und die Zahl m wird *Richtungsquantenzahl* oder magnetische Quantenzahl genannt. Man schließt also: im Gegensatz zur klassischen erwarteten statistischen Verteilung der Drehimpulse (s. Abb. 1.31 auf Seite 39 oben), gibt es nur $2\ell + 1$ erlaubte Projektionen des Drehimpulses $L = \ell\hbar$ auf die z-Achse, man sagt auch $2\ell + 1$ sei die *Multiplizität* des Zustands. Da für das magnetische Moment $\mathcal{M} = -\mu_B L/\hbar$ gilt, impliziert die Richtungsquantisierung von L auch eine Richtungsquantisierung von $\mathcal{M}$. Die Komponente $\mathcal{M}_z$ nimmt also Werte von $|\mathcal{M}|$ bis $-|\mathcal{M}|$ an, die den Drehimpulskomponenten $-|L|$ bis $|L|$ entsprechen.

Eine genauere quantenmechanische Betrachtung (s. Kapitel 2) zeigt, dass diese Vermutung schon nahezu richtig ist – abgesehen davon, dass der

Betrag des Drehimpulses $L = \sqrt{\ell(\ell + 1)}\hbar$ (1.103)

ist, was für große Werte von ℓ wieder zu $L \sim \ell\hbar$ führt. Dennoch erklärt dieses Schema nach dem Bohr'schen Modell noch immer nicht unmittelbar das Ergebnis des Stern-Gerlach-Experiments. Wir beobachten ja eine Aufspaltung in nur zwei Komponenten, d. h. die beobachtete *Multiplizität ist* 2, während man schon beim niedrigsten, nicht verschwindenden Bahndrehimpuls $\ell = 1$ mit der Multiplizität $2\ell + 1 = 3$ eine Dreifachaufspaltung erwarten würde!

1.14.2 Konsequenzen des Stern-Gerlach-Experiments

Das Stern-Gerlach-Experiment offenbarte drei dramatische Befunde:

1. Die *Richtungsquantisierung (auch Richtungsquantelung)*, die klassisch völlig unerwartet war, aber im Rahmen der Bohrschen Quanten-Theorie durchaus plausibel erscheint.
2. Die beobachtete *Multiplizität* entspricht nicht der Erwartung für ganzzahlige Drehimpulse ℓ nach dem Bohr'sche Modell. Die Zweifachaufspaltung lässt mit $2 = 2j + 1$ nur den Schluss zu, dass das untersuchte Atom (Ag) die *Drehimpulsquantenzahl* $j = 1/2$ hat. Dies gilt sowohl für Silber wie auch für die Alkalimetalle wie Na, K, ... Wir müssen also das Bohr'sche Modell erweitern und ganz allgemein annehmen, dass es auch halbzahlige Drehimpulse gibt. Alle experimentellen Beobachtungen von Quantensystemen bestätigen die Hypothese: *Drehimpulse J kommen nur als ganz- oder halbzahliges Vielfaches von $\hbar$ vor*, und es gilt für

Drehimpulsbetrag	$\lvert J \rvert = \sqrt{j\,(j+1)}\hbar$	(1.104)
Quantenzahlen	$j = 0,\ 1/2,\ 1,\ 3/2,\ 2\ldots$	
Multiplizität	$2j + 1$ und	
z-Komponente	$J_z = m_j\hbar$ mit $m_j = -j, -j+1, \ldots, j$.	

3. Schließlich stimmt auch die Größe des beobachteten magnetischen Moments nicht mit der klassischen Vorhersage (1.94) überein. Man muss diese daher generalisieren und definiert ein

$$\textbf{Magnetisches Moment für } J \quad \mathcal{M}_J = -g_J\,\mu_B\,\frac{J}{\hbar} \qquad (1.105)$$

Der sogenannte **Landé'sche g-Faktor** g_J wird für reine Bahndrehimpulszustände $g_L = 1$ und für reine Spinzustände $g_s = 2$ (s. Abschnitt 1.15.1). Eine Vielzahl weiterer Experimente bestätigt, dass das magnetische Moment von Atomen oder Molekülen (sofern nicht es verschwindet) dem Gesamtdrehimpuls J proportional und umgekehrt zu ihm gerichtet ist. Wir werden g_J für ausgewählte Quantensysteme in Kapitel 8 im Detail behandeln. Entsprechend muss man auch (1.99) modifizieren und erhält die

$$\textbf{Larmor-Frequenz für } J \quad \omega_J = g_J\,\frac{e_0}{2m_e}\,B\,. \qquad (1.106)$$

1.15 Elektronenspin

Die Erklärung für das bahnbrechende Experiment von Stern und Gerlach wurde erst 1925 von Goudsmit und Uhlenbeck im Kontext der Aufspaltung von atomaren Linien im Magnetfeld geliefert (anomaler Zeeman-Effekt): Das Elektron hat ein intrinsisches magnetisches Moment $\mathcal{M}_S$ welches mit einem *intrinsischen Drehimpuls* S assoziiert ist, dem sogenannten *Elektronenspin*.

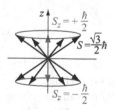

Abb. 1.35. Vektordiagramm für den Elektronenspin

Wenn wir in (1.104) also J mit S identifizieren und die *Spinquantenzahl* $s = 1/2$ ansetzen, erklärt dies die beim Stern-Gerlach Experiment *beobachtete Multiplizität von 2*. Wir haben also zwei mögliche Orientierungen des Spins mit den *Richtungsquantenzahlen* $m_s = \pm 1/2$. Entsprechend dem allgemeinen Ausdruck (1.104) für Drehimpulse J gilt für den Spin S:

Betrag des Spins	$\lvert S \rvert = \sqrt{s\,(s+1)}\hbar = \dfrac{\sqrt{3}}{2}\hbar \simeq 0.88\hbar$	(1.107)
Quantenzahl	$s = 1/2$	
Multiplizität	$2s + 1 = 2$	
z-Komponente	$S_z = m_s\hbar$ mit $m_s = \pm\,1/2$.	

Man veranschaulicht sich dies am besten anhand des in Abb. 1.35 dargestellten *Vektordiagramms*.

1.15.1 Magnetisches Moment des Elektrons

Eine quantitative Auswertung der im Stern-Gerlach-Experiment beobachteten Atomablenkung im inhomogenen Magnetfeld für eine ganze Reihe von Atomen wie Ag, K, Na ... führt zu dem Ergebnis, dass für die Projektion des magnetischen Moments $\mathcal{M}_z = \mp\mu_B$ gilt, mit dem Bohr'schen Magneton nach (1.95). Nach der für Bahndrehimpulse geltenden Regel (1.94) $\mathcal{M} = -(e_0/2m_e) \cdot \boldsymbol{L} = -\mu_B \boldsymbol{L}/\hbar$ und mit $S_z/\hbar = \pm 1/2$ wäre $\mathcal{M}_z = \mp\mu_B/2$ zu erwarten. Wir müssen also statt dessen die allgemeinere Relation (1.105) $\boldsymbol{M}_J = -g_J\,\mu_B \boldsymbol{J}/\hbar$ anwenden.

Speziell für ein Elektron ohne Bahndrehimpuls, d. h. bei $\ell = 0$ (wie dies bei Na, K, Ag im atomaren Grundzustand der Fall ist), wird das magnetische Moment des Atoms ausschließlich durch das Elektron bestimmt und man schließt daraus:

magnetisches Moment des Elektrons $\mathcal{M}_S = -g_s\,\mu_B \dfrac{\boldsymbol{S}}{\hbar}$ (1.108)

g-**Faktor des Elektrons** $g_s = 2$ (1.109)

Dieser Wert für den *g*-Faktor des Elektrons steht im *Gegensatz zu* (1.105) *für jede klassische Ladungsverteilung auf einer Bahn*, wo stets (1.94) gilt, d. h. $g_L = 1$. Die (relativistisch korrekte) *Dirac-Gleichung* hingegen führt zu exakt $g_s = 2$ *für den Spin des Elektrons*. Damit wird in der Tat die Komponente des magnetischen Moments in z-Richtung

$$\mathcal{M}_z = \mp g_s\,\mu_B/2 = \mp\mu_B \text{ für } m_s = \pm 1/2\,. \qquad (1.110)$$

Beachte: Es ist interessant festzustellen, dass die Larmor-Frequenz (1.106) für ein Elektron mit $g_s = 2$

$$\omega_L = g_s \frac{e_0}{2m_e} B = \frac{e_0}{m_e} B \qquad (1.111)$$

nach (1.47) mit der Zyklotronfrequenz $\omega_c = (e_0/m_e)B$ eines Elektrons im Magnetfeld identisch ist (für den nicht relativistischen Grenzfall).

Wir weisen schon hier darauf hin, dass genauere Messungen einen kleinen Unterschied zwischen ω_L und ω_c feststellen, d. h. eine Abweichung von (1.109) belegen, und zwar ist $g_s = 2.0023\ldots$. Die theoretische Erklärung dafür erfordert eine Behandlung im Rahmen der *Quantenelektrodynamik, QED* (Tomonaga et al., 1965), *worauf wir später noch zu sprechen kommen.*

1.15.2 Einstein-de-Haas-Effekt

Abschließend diskutieren wir noch einen anderen eindrucksvollen Beleg für das anomale magnetische Moment des Elektrons, der auf einer makroskopischen

Messung beruht. Es geht dabei um die Magnetisierung eines Ferromagneten. Es zeigt sich, wie hier nicht weiter ausgeführt wird, dass der Ferromagnetismus auf einer parallelen Ausrichtung vieler Elektronenspins basiert.

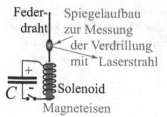

Spiegelaufbau zur Messung der Verdrillung mit Laserstrahl

Abb. 1.36. Prinzip des Einstein de Haas Experiments

Beim sogenannten Einstein-de-Haas-Effekt misst man nun das Drehmoment, welches auf einen Weicheisenkern (Zylinder) durch Änderung seiner Magnetisierung ausgeübt wird: dabei richten sich ja die magnetischen Momente parallel aus, d. h. auch die Spins (Drehimpulse) werden parallel ausgerichtet. Um den Gesamtdrehimpuls eines Systems zu ändern, muss ein Drehmoment wirken. Dieses wird in der in Abb. 1.36 skizzierten Anordnung von einem externen Feld ausgeübt. Man kann es messen, indem man die Verdrillung φ eines dünnen Quarzfadens bestimmt. Die z-Komponente des magnetischen Moments eines einzelnen Elektrons ist, wie wir gesehen haben

$$\mathcal{M}_z = -g_s \frac{e_0}{2m_e} S_z = g_s \mu_B m_s \, . \tag{1.112}$$

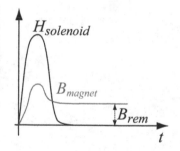

Abb. 1.37. Zeitlicher Verlauf des im Solenoiden erzeugten Magnetfeldes $H_{solenoid}$ und der daraus resultierenden magnetischen Induktion B_{magnet} mit einem remanenten Anteil B_{rem}

Für ein quantitatives Experiment beginnt man mit einer vollständig demagnetisierten Probe und lässt einen wohl definierten Stromstoß durch den Solenoiden laufen. Das führt zu einem Magnetfeldverlauf $H(t)$ führt, wie er in Abb. 1.37 skizziert ist. Dabei wirkt ein Drehmoment auf das System, das ursprünglich in Ruhe war. Nachdem das Magnetfeld H abgeklungen ist, sei die verbleibende remanente Magnetisierung im Magneten

$$\mathcal{M}_z = B_{rem} = -\mathcal{N} g_s \frac{e_0}{2m_e} S_z, \tag{1.113}$$

mit der Anzahl $\mathcal{N}$ von Elektronen, die nach dem Feldimpuls in Richtung des angelegten Feldes magnetisiert verbleiben *(Remanenz)*. B_{rem} kann man leicht durch eine elektromagnetische Messung, z. B. über eine durch den Magneten induzierte Spannung bestimmen.

Wegen der Drehimpulserhaltung muss gelten

$$\mathcal{N}S_z = I_{rod}\omega_{rod} \quad , \tag{1.114}$$

mit $I_{rod} = \frac{m}{2}R^2$, dem Trägheitsmoment des Weicheisenkerns. Die Kreisfrequenz des Weicheisenkerns ω_{rod} nach Anwendung des Magnetfeldes kann aus der maximalen Verdrillung φ_{max} des Fadens bestimmt werden, an dem der Zylinder hängt: die anfängliche kinetische Energie ist dann voll in potenzielle Energie umgewandelt:

$$\frac{I_{rod}}{2}\omega_{rod}^2 = \frac{D_r}{2}\varphi_{max}^2 \tag{1.115}$$

Aus dem Verhältnis von B_{rem} nach (1.113) und Drehimpuls $I_{rod}\omega_{rod}$ nach (1.114) erhalten wir

$$\frac{B_{rem}}{I_{rod}\omega_{rod}} = \frac{\mathcal{N}g_s S_z}{\mathcal{N}S_z}\frac{e_0}{2m_e} = g_s\frac{e_0}{2m_e} \,,$$

woraus sich g_s bestimmen lässt. Die quantitative Auswertung entsprechender Experimente führt ebenfalls zu $g_s \simeq 2$.

Elemente der Quantenmechanik und das H-Atom

Die Quantenmechanik stellt uns die Werkzeuge für das quantitative Verständnis der Atome und Moleküle zur Verfügung. Es wird erwartet, dass der Leser zumindest mit ihren Grundzügen vertraut ist. Hier wollen wir die wichtigsten Begriffe und Methoden so wiederholen und aufarbeiten, dass wir in den folgenden Kapiteln direkt damit arbeiten können.

Hinweise für den Leser: Dem bereits mit der Quantenmechanik Vertrauten soll dieses Kapitel eine kurze Wiederholung bieten, die er rasch überfliegen und bei Gelegenheit wieder aufgreifen kann. Wer Quantenmechanik bislang aber eher als mathematische Pflichtübung verstanden hat, der wird das Kapitel vielleicht mit Gewinn lesen und sich so dem unverzichtbaren Instrumentarium nähern, ohne allzu große formale Hürden überwinden zu müssen. In den Abschnitten 2.1–2.4 stellen wir ein Minimum an Formalismus zusammen. Abschnitt 2.5 behandelt als erstes konkretes Beispiel das freie Elektronengas, das in der Atom- und Festkörperphysik ein elementares Modell darstellt, das man kennen muss. Abschnitt 2.6 fasst die in allen folgenden Kapiteln gebrauchten Grundlagen für die Behandlung von Bahndrehimpulsen zusammen, Abschnitt 2.7 ergänzt dies für den Spin. Abschnitt 2.8 bietet einen „Schnellkurs" zur nichtrelativistischen Behandlung des H-Atoms, den man für das Verständnis aller folgenden Kapitel ebenfalls verinnerlichen sollte. Auf formale Ableitungen wird dabei zugunsten anschaulicher Modelle und Bilder verzichtet. Schließlich bietet Abschnitt 2.9 einen ersten, elementaren Einstieg in die Wechselwirkung der Atomelektronen mit einem externen Feld, der in Kapitel 8 zu ergänzen und zu vertiefen sein wird. Natürlich ersetzt diese Einführung in die Quantenmechanik nicht ein gründliches Studium der strengen Theorie. Es sollte aber den Einstieg erleichtern und für das Verständnis der folgenden Kapitel „fit" machen.

2.1 Materiewellen

2.1.1 Grenzen der klassischen Theorie

Das klassische Bild einer wohl definierten Trajektorie mit definierten $x(t)$ und $p(t)$ verliert in der Quantenmechanik seine Gültigkeit, wie im Phasendiagramm Abb. 2.1 auf der nächsten Seite skizziert.

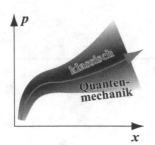

Abb. 2.1. Klassische Trajektorie (rote Linie) und quantenmechanische Wahrscheinlichkeit (grau schattiert) im Phasenraum. Beachte: auch am Anfang der quantenmechanischen „Trajektorie" sind Ort und Impuls nicht genau bestimmt – entsprechend der Unschärferelation

Ort und Impuls sind nicht gleichzeitig messbar und können nur mit einer Genauigkeit im Rahmen der Unschärferelation $\Delta p_i \Delta x_i \geq h/2\pi$ bzw. $\Delta W \Delta t \geq h/2\pi$ bestimmt werden. Die Quantenmechanik macht lediglich Aussagen über die Wahrscheinlichkeitsamplitude $\Psi(\boldsymbol{r}, t)$, die ein *sog. Wellenpaket* definiert. Man findet ein Teilchen am Ort $\boldsymbol{r}$ zur Zeit t mit der

$$\textbf{Wahrscheinlichkeit} \quad w(\boldsymbol{r}, t) = |\Psi(\boldsymbol{r}, t)|^2 \,. \tag{2.1}$$

Dies ist die Kernhypothese der statistischen Deutung der Quantenmechanik, wie sie von Max Born (1927) (Nobel-Preis 1954) formuliert wurde. Verfolgt man nach der Quantenmechanik die Entwicklung eines zur Zeit $t = 0$ durch $\Delta p_i(0) \Delta x_i(0)$ bestimmtes Wellenpaket, so ergibt sich, dass für größere Zeiten t stets gilt $\Delta p_i(t) \Delta x_i(t) > \Delta p_i(0) \Delta x_i(0)$. Das Wellenpaket läuft also auseinander wie in Abb. 2.1 angedeutet.

2.1.2 Wahrscheinlichkeitsamplitude in der Optik

Am Beispiel von Photonen beim Doppelspaltexperiment kann man den Begriff der Wahrscheinlichkeitsamplitude einfach veranschaulichen. Die Wahrscheinlichkeit ein Photon am Ort $\boldsymbol{r}$ zum Zeitpunkt t zu finden ist proportional zur Intensität $I(\boldsymbol{r}, t)$ des Lichtes, und jene ist proportional zur Feldamplitude. Betrachten wir davon nur eine Polarisationskomponente, sagen wir E_x, so können wir deren Ortsabhängigkeit auch als

$$I(\boldsymbol{r}) \propto |E_x(\boldsymbol{r})|^2 = |\psi(\boldsymbol{r})|^2 = w(\boldsymbol{r})$$

schreiben. Die letzten beiden Schritte der Gleichung sollen uns das Eingewöhnen in die Terminologie der Quantenmechanik erleichtern: wir nennen die Größe $\psi(\boldsymbol{r})$ nun eine ortsabhängige *Wahrscheinlichkeitsamplitude* (die in Falle des Lichts einfach durch die Feldkomponente E_x repräsentiert wird). Man bestimmt sie nach den Gesetzen der Optik durch Lösung der entsprechenden

$$\textbf{Wellengleichung} \quad \Delta\psi(\boldsymbol{r}) + k^2 \psi(\boldsymbol{r}) = 0 \tag{2.2}$$

mit $\Delta = \partial^2/\partial x^2 + \partial^2/\partial y^2 + \partial^2/\partial z^2$ zu den gegebenen Randbedingungen. (Für optische Anordnungen haben sich dabei vielerlei Näherungen entwickelt, wie das Huygens-Fresnel'sche Prinzip oder die Kirchhoff'sche Beugungstheorie.) Die Wellengleichung ist eine lineare Differentialgleichung (DGL), die das lineare Superpositionsprinzip zur Beschreibung der Interferenz der Wellen ermöglicht. Für die Beugung an zwei Spalten gilt also

$$\psi = \psi_1 + \psi_2 \,, \tag{2.3}$$

wenn $\psi_{1,2}$ jeweils die Welle vom einen und vom anderen Spalt beschreibt. Damit ergibt sich für die Wahrscheinlichkeit, ein Photon am Beobachtungsort zu finden:

$$w = |\psi|^2 = |\psi_1 + \psi_2|^2 \tag{2.4}$$

Dieser Ausdruck enthält den Interferenzterme $\psi_1^* \psi_2$ und ist nicht einfach eine Superposition von Wahrscheinlichkeiten:

$$w = |\psi_1|^2 + |\psi_2|^2 + 2 \operatorname{Re} (\psi_1^* \psi_2) \tag{2.5}$$

Wir haben also das klassische Young'sche Doppelspaltexperiment begrifflich auf eine Wahrscheinlichkeitsinterpretation der beobachteten Intensität abgebildet. Nun kann man auch im Experiment die Intensität des untersuchten Lichts so weit reduzieren, dass sich stets nur ein einzelnes Photon in der Nähe des Doppelspalts befindet und zum Beugungsbild beiträgt. Dies ist mit einem Teilchenzähler eindrucksvoll nachweisbar und man „hört die einzelnen Photonen klicken". Wenn man dann aber hinreichend viele solche Ereignisse aufaddiert, ergibt sich wieder das Beugungsbild der klassischen Optik! Die Wahrscheinlichkeitsverteilung *jedes einzelnen Photons* wird also hinter dem Doppelspalt von der Welle $\psi = \psi_1 + \psi_2$ bestimmt und man kann nicht sagen, durch welchen Spalt das Photon gelaufen ist (s. Abb. 1.22 auf Seite 28). Man sagt auch, ein Photon interferiert immer nur mit sich selbst. Wir werden diese Aussage in Band 2 dieses Buches noch ausführlicher diskutieren und statistisch quantifizieren.

2.1.3 Wahrscheinlichkeitsamplitude bei Materiewellen

Betrachten wir jetzt die bereits in 1.9.1 eingeführten Materiewellen. Den von de Broglie festgestellten Zusammenhang zwischen Impuls und Wellenlänge $p = \hbar k$ bzw. $p = h/\lambda$ und entsprechende Beugungsphänomene haben wir dort bereits kennen gelernt. Auch für Materiewellen schreiben wir die Wahrscheinlichkeitsamplitude als $\psi(r)$ und die Wahrscheinlichkeit, ein Teilchen bei r und t zu finden, ist wieder

$$w(r) = |\psi(r)|^2 \,. \tag{2.6}$$

Auch hier gibt es, wie in der Optik, Interferenzen z. B. am Doppelspalt, wo (2.5) gilt.

Im Gegensatz zur elektromagnetischen Strahlung, wo wir ψ mit der elektrischen oder magnetischen Feldstärke identifizieren können, hat $\psi(r)$ bei Materiewellen allerdings keine anschauliche direkte Bedeutung. Wir sprechen hier einfach von der *Wahrscheinlichkeitsamplitude*, ein Teilchen zu finden. Die beobachtbare Physik wird durch $w(r)$ beschrieben.

Ansonsten gelten für Photonen und für Materieteilchen analoge Überlegungen: wenn wir versuchen, diese Objekte auf einem der Teilwege zu verfolgen, verlieren wir die Interferenz! Es gilt die *wichtige allgemeine Regel:* Interferenzphänomene werden beobachtet, wenn verschiedene Wege (also verschiedene Beiträge der vollen Materiewellenfunktion) im Prinzip ununterscheidbar sind. Dagegen gibt es keine Interferenz, wenn zwei Wege unterschieden werden können (und sei dies auch nur prinzipiell der Fall).

2.2 Stationäre Schrödinger-Gleichung

2.2.1 Eine Wellengleichung

Im Unterschied zu den Photonen, kann auf Teilchen natürlich eine externe Kraft wirken. Für Teilchen der Masse m mit der Gesamtenergie W im Potenzialfeld $V(r)$ errät man aus der Wellengleichung (2.2), was zu tun ist: Wir benutzen einfach den (nicht relativistischen!) Energiesatz der klassischen Mechanik $W = W_{kin} + V$ um aus der kinetischen Energie W_{kin} den Impuls zu bestimmen:

$$p^2 = 2mW_{kin} = 2m\left(W - V(r)\right) \tag{2.7}$$

Daraus gewinnen wir $k = p/\hbar$ und setzen dies in (2.2) ein:

$$\Delta\psi(r) + \frac{p^2}{\hbar^2}\psi(r) = \Delta\psi(r) + \frac{2m\left(W - V(r)\right)}{\hbar^2}\psi(r) = 0. \tag{2.8}$$

Diese simple „Ableitung" führt uns also zur (zeitunabhängigen) **stationären**

Schrödinger-Gleichung $-\dfrac{\hbar^2}{2m}\Delta\psi(r) + V(r)\psi(r) = W\psi(r),$ (2.9)

oder etwas kompakter:

$$\widehat{H}\psi(r) = W\psi(r) \tag{2.10}$$

mit dem Operator der Gesamtenergie, dem sog.

Hamilton-Operator $\widehat{H} = -\dfrac{\hbar^2}{2m}\Delta + V(r).$ (2.11)

Für den häufig vorkommenden eindimensionalen Fall vereinfacht sich die Schrödinger-Gleichung (2.9) zu:

$$-\frac{\hbar^2}{2m}\frac{\mathrm{d}^2\psi(x)}{\mathrm{d}x^2} + V(x)\psi(x) = W\psi(x) \tag{2.12}$$

2.2.2 Hamilton- und Impulsoperator

Wir können den Hamilton-Operator (2.11) noch etwas suggestiver

$$\widehat{H} = -\frac{\hbar^2}{2m}\nabla^2 + V(r) = \frac{\hat{p}^2}{2m} + V(r) \qquad (2.13)$$

schreiben. Dabei haben wir ganz formal den

$$\textbf{Impulsoperator} \quad \hat{p} = -i\hbar\nabla = -i\hbar \begin{pmatrix} \frac{\partial}{\partial x} \\ \frac{\partial}{\partial y} \\ \frac{\partial}{\partial z} \end{pmatrix} \qquad (2.14)$$

als Vektoroperator so eingeführt, dass

$$\hat{p}^2 = \hat{p}\cdot\hat{p} = -\hbar^2\nabla^2 = -\hbar^2\Delta = -\hbar^2\left(\frac{\partial^2}{\partial x^2} + \frac{\partial^2}{\partial y^2} + \frac{\partial^2}{\partial z^2}\right)$$

wird. Damit können wir (2.13) auch als **Operatorform** des klassischen

$$\textbf{Energieerhaltungssatz}es \quad W = W_{kin} + V = \frac{p^2}{2m} + V(r)$$

verstehen.

2.3 Zeitabhängige Schrödinger-Gleichung

Soweit haben wir nur die Ortsabhängikeit der Wahrscheinlichkeitswellen betrachtet. Natürlich ist ihre Zeitabhängigkeit ebenfalls von höchstem Interesse. Die elektromagnetischen Wellen der Photonen werden nach der allgemeinen, zeitabhängigen Wellengleichung berechnet – also mithilfe einer aus den Maxwell-Gleichungen abgeleiteten DGL zweiter Ordnung in Raum und Zeit. Für Materiewellen gilt dagegen die

$$\textbf{zeitabhängige Schrödinger-Gleichung} \quad \widehat{H}\Psi(r,t) = i\hbar\frac{\partial\Psi(r,t)}{\partial t} \qquad (2.15)$$

$$\text{bzw. explizite} \quad -\frac{\hbar^2}{2m}\Delta\Psi(r,t) + V(r)\Psi(r,t) = i\hbar\frac{\partial\Psi(r,t)}{\partial t},$$

die wir nicht ableiten, sondern nur so kommunizieren können, wie sie von Erwin Schrödinger Anfang 1926 „gefunden" wurde – übrigens beim Winterurlaub in den Schweizer Bergen.

Wir stellen fest:

- Dies ist eine lineare DGL zweiter Ordnung im Raum, erster Ordnung und komplex in der Zeit!

- Das lineare Superpositionsprinzip kann also angewendet werden.
- Die statistische Deutung der Quantenmechanik interpretiert die Lösungen $\Psi(r, t)$ dieser DGL zu gegebenen Randbedingungen entsprechend der fundamentalen Gleichung (2.1) als Wahrscheinlichkeitsamplitude für das Auffinden eines Teilchens am Ort r zur Zeit t.
- Diese zeitabhängige Schrödinger-Gleichung kann noch weniger „abgeleitet" werden, als die stationäre Schrödinger-Gleichung. Auch eine strenge, formale Quantenmechanik kann sie nur auf einen ebenfalls heuristischen, in sich konsistenten Satz von Axiomen zurückführen.
- Die Schrödinger-Gleichung hat sich aber bei der Beschreibung einer Vielzahl atomistischer, experimentell beobachteter Phänomene im nichtrelativistischen Bereich hervorragend bewährt. Dies allein ist es, was den „Wahrheitsgehalt" einer physikalischen Theorie ausmacht.
- Es gibt konsistente Alternativen für die Wellengleichung der Materie, so die Dirac-Gleichung für (relativistische) Fermionen (eine mehrkomponentige Spinorgleichung) und die Klein-Gordon-Gleichung für relativistische Bosonen (DGL zweiter Ordnung in der Zeit).

Für den *trivialen* Fall eines nicht explizite zeitabhängigen Hamilton-Operators $\widehat{H}(r, t) = \widehat{H}(r)$ können wir die Wellenfunktion mit dem

Produktansatz $\Psi(r, t) = \psi(r)\varphi(t)$ faktorisieren: $\qquad$ (2.16)

$$\widehat{H}\Psi(r, t) = i\hbar \frac{\partial \Psi(r, t)}{\partial t} \Rightarrow \widehat{H}\psi(r)\varphi(t) = i\hbar \frac{\partial \psi(r)\varphi(t)}{\partial t}$$

$$\frac{\widehat{H}\psi(r)}{\psi(r)} = \frac{i\hbar}{\varphi(t)} \frac{\partial \varphi(t)}{\partial t} \equiv W$$

Letztere Identität muss gelten, um erstere für alle Werte von r und t erfüllen zu können. Zu lösen haben wir dann $i\hbar d\varphi(t)/dt = W\varphi(t)$ und $\widehat{H}\psi(r) = W\psi(r)$. Während die Zeitabhängigkeit in diesem Fall die triviale Lösung

$$\varphi(t) \propto \exp\left(-i\frac{W}{\hbar}t\right)$$

hat, ist der ortsabhängige Teil nichts anderes als die stationäre Schrödinger-Gleichung (2.10), die abhängig vom Potenzial gelöst werden muss. Der dabei eingeführte Parameter W ist also die Gesamtenergie des Systems. Somit wird:

$$\Psi(r, t) = \psi(r) \exp\left(-i\frac{W}{\hbar}t\right) \qquad (2.17)$$

Man beachte: Die Zeitabhängigkeit ist *echt komplex* und die imaginäre Einheit als Vorfaktor i ist notwendig zur Lösung! Im vorliegenden Fall ($\widehat{H} \neq \widehat{H}(t)$) ist die Zeitabhängigkeit allerdings trivial, da nur

$$w(r, t) = |\Psi(r, t)|^2 = |\psi(r)|^2 \qquad (2.18)$$

messbar ist. Eine Messung kann also in diesem Fall nur etwas über die stationären Zustände aussagen!

2.3.1 Frei bewegtes Teilchen – das einfachste Beispiel

Wir betrachten ein freies Teilchen der Masse m mit der Energie W und dem Impuls $\boldsymbol{p}$. Die stationäre Schrödinger-Gleichung (2.9) dafür ist

$$-\frac{\hbar^2}{2m}\Delta\psi(\boldsymbol{r}) = W\psi(\boldsymbol{r}) \quad \text{mit der Lösung } \psi(\boldsymbol{r}) = C \cdot \exp\left(-\mathrm{i}\boldsymbol{kr}\right). \tag{2.19}$$

Wie man durch Einsetzen verifiziert, gilt mit dem Wellenvektor $\boldsymbol{k} = \boldsymbol{p}/\hbar$ für die Energie $W = \hbar^2 k^2/(2m) = p^2/(2m) = W_{kin}$. Mit (2.17) wird die Wahrscheinlichkeitsamplitude dieses freien Teilchens eine ebene Welle.

$$\Psi(\boldsymbol{r},t) = C \cdot \exp\left[\mathrm{i}\left(\omega t - \boldsymbol{kr}\right)\right] = C \cdot \exp\left[\mathrm{i}\left(\frac{\hbar k^2}{2m}t - \boldsymbol{kr}\right)\right] \tag{2.20}$$

$$= C \cdot \exp\left[\mathrm{i}\left(\frac{W}{\hbar}t - \frac{\boldsymbol{pr}}{\hbar}\right)\right]$$

und es gilt die sogenannte

Dispersionsbeziehung $\quad \omega = \dfrac{W}{\hbar} = \dfrac{p^2}{2m\hbar} = \dfrac{\hbar k^2}{2m} = \omega(k) \qquad$ (2.21)

Man beachte: Die Wahrscheinlichkeit, dieses Teilchen zu finden, $w(\boldsymbol{r},t) = |\Psi(\boldsymbol{r},t)|^2 = |C|^2$, ist unabhängig von Raum und Zeit – wie man es für eine unendlich ausgedehnte ebene Welle erwartet. Das heißt, ein Teilchen mit wohl definiertem Impuls kann überhaupt nicht lokalisiert werden – wie man es nach der Unschärferelation (1.68) erwartet.

2.4 Grundlagen und Definitionen der Quantenmechanik

2.4.1 Axiome der Quantenmechanik

Hier fassen wir ganz kurz die etwas abstrakten, aber recht simplen und später häufig gebrauchten Grundregeln der Quantenmechanik zusammen:

Physikalische Zustände

Zustände in der (atomaren) Welt werden durch *Zustandsvektoren* $|f\rangle$ beschrieben, die eine Basis $|f_1\rangle$, $|f_2\rangle$, $|f_3\rangle$, $\ldots |f_n\rangle$ $\ldots$ haben. Wir sprechen von einer vollständigen Basis, wenn sich jeder Zustand $|f\rangle$ eines Systems durch

$$|f\rangle = \sum_{i=1}^{\infty} c_i\,|f_i\rangle \tag{2.22}$$

beschreiben lässt. Man definiert ein

Skalarprodukt zweier Zustandsvektoren $\langle g\,|f\rangle$ (2.23)

und spricht von einer **orthonormalen Basis**, wenn $\langle f_i\,|f_k\rangle = \delta_{ik}$

Ein Beispiel für einen solchen Satz von Eigenzuständen (Basisvektoren) sind die Wellenfunktionen ψ_k, die mit der stationären Schrödinger-Gleichung bestimmt werden. Wir schreiben sie auch als $|\psi_k\rangle$. Für Wellenfunktionen definiert man das

$$\textbf{Skalarprodukt}\quad \langle\psi\,|\phi\rangle = \int\int\int \psi^*\phi\,\mathrm{d}^3\boldsymbol{r}\,,\qquad (2.24)$$

und für die Eigenzustände $|\psi_k\rangle$ der Schrödinger-Gleichung gilt die

$$\textbf{Orthonormalitätsbeziehung}\quad \langle\psi_i\,|\psi_k\rangle = \int\int\int \psi_i^*\psi_k\,\mathrm{d}^3\boldsymbol{r} = \delta_{ik}\quad (2.25)$$

Observable

Observable sind alle physikalisch beobachtbaren Größen. Sie werden durch Operatoren, nennen wir sie z. B. $\hat{A}$, beschrieben. Jedes Quantensystem kann durch einen Satz von Eigenzuständen (Eigenvektoren) $|f_k\rangle$ einer Observablen $\hat{A}$ beschrieben werden. Für diese ermittelt man nach der

$$\textbf{Eigenwertgleichung}\quad \hat{A}\,|f_k\rangle = \alpha_k\,|f_k\rangle \qquad (2.26)$$

den *Eigenwert* α_k der *Observablen* $\hat{A}$ zum *Eigenvektor* $|f_k\rangle$. Wesentlich ist: *Observable sind sogenannte Hermitische Operatoren*, das sind Operatoren *mit reellen Eigenwerten*.

Im allgemeinen Falle verändern Operatoren einen beliebigen Zustandsvektor:

$$\hat{A}\,|f\rangle = \hat{A}\sum c_i\,|f_i\rangle = \sum \widetilde{c}_i\,|f_i\rangle$$

Quantisierung

Bei der Bestimmung einer Observablen $\hat{A}$ misst man stets deren *Eigenwert*. Wenn man das tut, präpariert man zugleich die entsprechende *Eigenfunktion (auch Eigenzustand oder Eigenvektor)* der Observablen $\hat{A}$. Man kann sagen, dass durch die Messung dieser Eigenvektor aus dem ursprünglich vorgefunden Zustand herausprojiziert wird.

Beispiel: Hamilton-Operator

Der Hamilton-Operator $\widehat{H}$ mit seinen (Energie)-Eigenwerten W_n und Eigenfunktionen ψ_n ist ein besonders wichtiges Beispiel für eine Observable:

$$\widehat{H}\,|\psi_n\rangle = W_n\,|\psi_n\rangle$$

Beispiel: Spin Projektion auf die z-Achse

Als weiteres Beispiel nennen wir die Projektion des Spins auf eine Achse (Komponente des Spindrehimpulses) $\hat{S}_z$, die wir in Kapitel 1.15 bereits im Zusammenhang mit dem Stern-Gerlach Experiment kennen gelernt haben. Die Eigenwerte sind hier $m_s \hbar$ und die Eigenzustände schreiben wir ganz formal als $|sm_s\rangle$. Damit wird die Eigenwertgleichung:

$$\hat{S}_z |sm_s\rangle = m_s \hbar |sm_s\rangle$$

Überlagerung und Erwartungswerte

Nehmen wir an, ein physikalisches System befinde sich nicht in einem Eigenzustand des Operators $\hat{A}$. Der Zustand sei also eine Überlagerung von Eigenzuständen $|f_i\rangle$ dieses Operators:

$$|\psi\rangle = \sum c_i |f_i\rangle . \tag{2.27}$$

Wenn wir jetzt die Observable $\hat{A}$ viele Male messen (wie man das in einem richtigen Experiment ja macht), dann ist das Resultat jeder einzelnen Messung ein Eigenwert α_i von $\hat{A}$. Die Wahrscheinlichkeit, diesen Eigenwert α_i zu detektieren ist gegeben durch die Wahrscheinlichkeitsamplitude c_i.

Daher wird der Mittelwert des Operators, also das Resultat vieler Messungen am gleichen Zustand $|\psi\rangle$, gegeben durch den sogenannte

$$\textbf{Erwartungswert} \quad \left\langle \hat{A} \right\rangle \equiv \sum |c_i|^2 \alpha_i = \left\langle \psi | \hat{A}\psi \right\rangle . \tag{2.28}$$

Die letztere Gleichheit ergibt sich aus

$$\left\langle \psi | \hat{A}\psi \right\rangle = \left\langle \sum_i c_i f_i | \hat{A} \sum_k c_k f_k \right\rangle = \left\langle \sum_i c_i f_i | \sum_k c_k \hat{A} f_k \right\rangle =$$

$$= \sum_i \sum_k \alpha_k c_i^* c_k \left\langle f_i | f_k \right\rangle = \sum_i \sum_k \alpha_k c_i^* c_k \delta_{ik} = \sum_i \alpha_i |c_i|^2$$

2.4.2 Repräsentationen

Schrödinger-Repräsentation

Hier sind die Operatoren *Differenzialoperatoren*. Die Zustände sind die *Wellenfunktionen*. Das Skalarprodukt ist ein Integral nach (2.24) und die Orthogonalität der Basiszustände wird durch (2.25) beschrieben. Schließlich definiert man für Operatoren

$$\textbf{Matrixelemente} \quad A_{ik} \equiv \left\langle f_i | \hat{A} f_k \right\rangle = \int f_i^* (r) \, \hat{A} f_k (r) \, \mathrm{d}^3 r . \tag{2.29}$$

Heisenberg-Repräsentation

Die Operatoren sind Matrizen. Ein Operator $\hat{A}$ wird durch seine Matrixelemente A_{ik} beschrieben. Die Zustände werden durch die Komponenten von

$$\textbf{Vektoren im Hilbertraum} \quad |f\rangle = \boldsymbol{f} = b_1 \boldsymbol{f}_1 + b_2 \boldsymbol{f}_2 + b_3 \boldsymbol{f}_3 + \cdots$$
$$|g\rangle = \boldsymbol{g} = c_1 \boldsymbol{f}_1 + c_2 \boldsymbol{f}_2 + c_3 \boldsymbol{f}_3 + \cdots$$

beschrieben. Das Skalarprodukt ist hier, wie in der linearen Algebra, gegeben durch:

$$\langle f|g\rangle = \sum b_i^* c_i \tag{2.30}$$

Beide Repräsentationen sind physikalisch und mathematisch äquivalent.

2.4.3 Gleichzeitige Messung von zwei Observablen

Wir können $\hat{A}$ *und* $\hat{B}$ *simultan messen, wenn und nur wenn*

$$\hat{A}\,|\varphi_i\rangle = \alpha_i\,|\varphi_i\rangle \text{ und zugleich } \hat{B}\,|\varphi_i\rangle = \beta_i\,|\varphi_i\rangle \;. \tag{2.31}$$

Also muss gelten

$$\hat{A}\hat{B}\,|\varphi_i\rangle = \hat{A}\beta_i\,|\varphi_i\rangle = \beta_i\hat{A}\,|\varphi_i\rangle = \beta_i\alpha_i\,|\varphi_i\rangle = \hat{B}\hat{A}\,|\varphi_i\rangle \;. \tag{2.32}$$

Wir sagen, dass eine **gleichzeitige Messung von** $\hat{A}$ und $\hat{B}$ **nur möglich** ist, wenn die

$$\textbf{Operatoren kommutieren:} \quad \hat{A}\hat{B} = \hat{B}\hat{A}\,, \tag{2.33}$$

bzw. wenn der

$$\textbf{Kommutator} \quad \hat{A}\hat{B} - \hat{B}\hat{A} = \left[\hat{A},\hat{B}\right] = 0 \textbf{ verschwindet} \;. \tag{2.34}$$

2.4.4 Operatoren für den Ort, Impuls und Energie

Will man aus klassischen Größen quantenmechanische machen, so substituiert man die klassischen Größen nach folgendem

$$\textbf{Substitutionsrezept} \quad r \longrightarrow r \text{ und } p_i \longrightarrow -\mathrm{i}\hbar\frac{\partial}{\partial x_i} = \hat{p}_i \tag{2.35}$$

$$\text{bzw. } \boldsymbol{p} \longrightarrow \left(-\mathrm{i}\hbar\frac{\partial}{\partial x}, -\mathrm{i}\hbar\frac{\partial}{\partial y}, -\mathrm{i}\hbar\frac{\partial}{\partial z}\right) = -\mathrm{i}\hbar\boldsymbol{\nabla} = \hat{\boldsymbol{p}}\;.$$

Daraus folgt alles andere. Insbesondere wird aus der klassischen Hamilton'schen Gesamtenergie

$$H_{klass} = \frac{p^2}{2m} + V(\boldsymbol{r}) = W_{kin} + V \quad \text{mit} \quad p^2 = \boldsymbol{p}\cdot\boldsymbol{p}$$

der Hamilton-Operator:

$$\widehat{H} = \frac{1}{2m}\left(-\mathrm{i}\hbar\boldsymbol{\nabla}\right)\cdot\left(-\mathrm{i}\hbar\boldsymbol{\nabla}\right) + V(\boldsymbol{r}) = -\frac{\hbar^2}{2m}\Delta + V(\boldsymbol{r})$$

Ort x und Impuls $\hat{p}_x$ sind das Paradebeispiel für zwei nicht kommutierende Observable:

$$\{\hat{p}_x x\}\,\varphi(x) = -\mathrm{i}\hbar\frac{\partial}{\partial x}\left[x\varphi(x)\right] = -\mathrm{i}\hbar\left[x\frac{\partial}{\partial x}\varphi(x) + \varphi(x)\right]$$

$$\neq \{x\hat{p}_x\}\,\varphi(x) = -\mathrm{i}\hbar x\frac{\partial}{\partial x}\varphi(x)$$

Die Observablen x und $\hat{p}_x$ können also nicht gleichzeitig gemessen werden. Dies ist die formale Bestätigung der Heisenberg'schen Unschärferelation.

2.4.5 Eigenfunktionen des Impulses $\hat{p}$

Wir suchen die Eigenfunktionen und Eigenwerte des Impulses im Schrödinger-Bild, zunächst für den eindimensionalen Fall:

$$\hat{p}_x\varphi(x) = p\varphi(x) \Rightarrow -\mathrm{i}\hbar\frac{\mathrm{d}\varphi(x)}{\mathrm{d}x} = p\varphi(x)$$

Wie man leicht verifiziert sind $\varphi(x) = e^{\mathrm{i}px/\hbar} = e^{\mathrm{i}kx}$ Lösungen dieses Eigenwertproblems und jeder Wert von p (mit $-\infty < p < \infty$) ist ein Eigenwert des Impulsoperators $\boldsymbol{p}_x$ in x-Richtung: Das Ergebnis ist also eine ebene Welle mit einem Kontinuum von Eigenwerten.

Man kann dies natürlich auch auf den 3D-Raum erweitern. Wir beschreiben eine Richtung im Raum durch den Einheitsvektor $\boldsymbol{e} = a_x\boldsymbol{e}_x + a_y\boldsymbol{e}_y + a_z\boldsymbol{e}_z$ mit $a_x^2 + a_y^2 + a_z^2 = 1$. Uns interessiert der Betrag des Impulses $\hat{\boldsymbol{p}}$ in eine Richtung $\boldsymbol{e}$. Für den entsprechenden Operator

$$\hat{p}_e = \boldsymbol{e}\cdot\hat{\boldsymbol{p}} = a_x\hat{p}_x + a_y\hat{p}_y + a_z\hat{p}_z = -\mathrm{i}\hbar\left(a_x\frac{\partial}{\partial x} + a_y\frac{\partial}{\partial y} + a_z\frac{\partial}{\partial y}\right) \quad (2.36)$$

wird jede ebene Welle $\exp(\mathrm{i}\boldsymbol{k}\cdot\boldsymbol{r})$ in beliebiger Richtung $\boldsymbol{k}$ eine Eigenfunktion zum Eigenwert $p\cos\gamma$, denn es gilt

$$\hat{p}_e\exp(\mathrm{i}\boldsymbol{k}\cdot\boldsymbol{r}) = \boldsymbol{e}\cdot\hbar\boldsymbol{k}\exp(\mathrm{i}\boldsymbol{k}\cdot\boldsymbol{r})$$
$$= \hbar k\cos\gamma\exp(\mathrm{i}\boldsymbol{k}\cdot\boldsymbol{r}) = p\cos\gamma\exp(\mathrm{i}\boldsymbol{k}\cdot\boldsymbol{r}) \quad (2.37)$$

mit $p = \hbar k$ und dem Winkel γ zwischen $\boldsymbol{e}$ und $\boldsymbol{k}$ – ganz wie es der Anschauung entspricht.

2.4.6 Teilchen im eindimensionalen Potenzialkasten

In einem Potenzialkasten mit unendlich hohen Wänden im Abstand L führt die triviale Lösung der 1D-Schrödinger-Gleichung (2.12)

$$\widehat{H}\psi_n(x) = W_n\psi_n(x)$$

zu stehenden Wellen $\psi_n(x)$ mit Knoten an den Wänden

$$\psi_n(x) = \sqrt{\frac{2}{L}} \sin\frac{n\pi x}{L} \quad \text{und diskreten Energien} \quad W_n = \frac{n^2 h^2}{8mL^2}. \qquad (2.38)$$

Den Erwartungswert des Impulses $\hat{p}_x$ erhalten wir hier als

$$\langle\hat{p}_x\rangle = \langle\psi_n\hat{p}_x\psi_n\rangle = \int \psi_n^*(x)\,\hat{p}_x\psi_n\,(x)\,\mathrm{d}x \qquad (2.39)$$

$$= \frac{2}{L}\int_0^L \sin\frac{n\pi x}{L}\left(-\mathrm{i}\hbar\frac{\mathrm{d}\sin\frac{n\pi x}{L}}{\mathrm{d}x}\right)\mathrm{d}x$$

$$= \frac{-\mathrm{i}\hbar 2n\pi}{L^2}\int_0^L \sin\frac{n\pi x}{L}\cos\frac{n\pi x}{L}\mathrm{d}x \equiv 0\,.$$

Das entspricht der Tatsache, dass das Teilchen im Kasten hin und her mit gleicher Wahrscheinlichkeit läuft. Dagegen wird

$$\langle\hat{p}_x^2\rangle = \langle\psi_n\hat{p}_x^2\psi_n\rangle = \int \psi_n^*\hat{p}_x^2\psi_n\mathrm{d}x = \frac{2}{L}\int_0^L \sin\frac{n\pi x}{L}\left(\hbar^2\frac{\mathrm{d}^2\sin\frac{n\pi x}{L}}{\mathrm{d}x^2}\right)\mathrm{d}x$$

$$= \frac{2(n\pi\hbar)^2}{L^3}\int_0^L \sin^2\frac{n\pi x}{L}\mathrm{d}x = \frac{1}{4}n^2\frac{h^2}{L^2}\,,$$

ist also nicht Null. Wir können daraus wieder die Energieeigenwerte (2.38) gewinnen:

$$\left\langle\widehat{H}\right\rangle = \frac{\langle\hat{p}_x^2\rangle}{2m} = \frac{\hbar^2\pi^2}{2mL^2}n^2 \equiv W_n \qquad (2.40)$$

2.5 Freies Elektronengas im Kastenpotenzial

Mit dem nächsten Schritt – in den 3D-Raum – nähert man sich bereits der Realität an. Man beschränkt also die freie Bewegung eines Teilchens auf einen zwar großen, aber endlich ausgedehnten 3-dimensionalen Potenzialkasten Im Inneren ist das Teilchen frei beweglich, also durch ebene Wellen darstellbar, am Rand muss die Wellenfunktionen aber verschwinden, damit sie stetig sein kann, denn jenseits der Wand soll die Wahrscheinlichkeit, ein Teilchen zu finden, ja verschwinden. Für Elektronen leistet dieses einfache Modell des freien Elektronengases schon sehr gute Dienste in vielen Bereichen der Physik, so

z. B. als Grundlage der Diskussion der Elektronenbänder in einem metallischem Festkörper. Aber auch in der Atomphysik ist es von grundlegender Bedeutung, wenn es um die Modellierung eines Kontinuums von Zuständen geht. Wir begnügen uns mit einer stationären Betrachtungsweise und schreiben die ebenen Wellen (2.19) im Inneren des Kastens reell als Produkt in drei Raumrichtungen: $\sin(k_x x)\sin(k_y y)\sin(k_z z)$. Am Kastenrand, den wir der Einfachheit halber als Würfel der Kantenlänge L wählen (s. Abb. 2.2a) muss wegen der geforderten periodischen Randbedingungen (keine Wahrscheinlichkeit am Rand) $\sin(k_j L) = 0$ sein, also $k_j = n_j \dfrac{\pi}{L}$ (mit $j = x, y, z$). Damit wird die Energie des Teilchens

$$W = \frac{\hbar^2}{2m_e}\left(k_x^2 + k_y^2 + k_z^2\right) = \frac{\hbar^2 \pi^2}{2mL^2}n^2 \tag{2.41}$$

völlig analog zum 1D-Fall nach (2.40), wobei wir jetzt aber drei Quantenzahlen $n_x n_y n_z$ haben und $n^2 = n_x^2 + n_y^2 + n_z^3$ abkürzen. Im k- bzw. n-Raum gibt

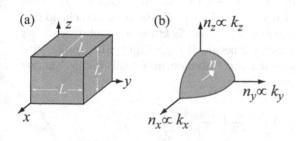

Abb. 2.2. Randbedingungen für Teilchen im Potenzialkasten der Seitenlänge L; (a) die Knoten der Wellenfunktionen befinden sich auf den Wänden des Kastens im 3D Ortsraum; (b) man zählt die Zustände innerhalb einer Kugel mit Radius n im n- bzw. k-Raum

es für jeden Gitterpunkt mit ganzzahligen n_x, n_y und n_z genau eine Lösung. Wie man in Abb. 2.2 (b) abliest, ist die Gesamtzahl von Zuständen mit den Quantenzahlen $1 \ldots n_x$, $1 \ldots n_y$ und $1 \ldots n_z$, also von Zuständen mit $n \leq \sqrt{n_x^2 + n_y^2 + n_z^2}$ gerade $\mathcal{N}_Z(n) = 1/8 \times 4\pi/3\, n^3$. Drückt man die Zahl n mithilfe von (2.41) durch die Energie W aus, so ergibt sich für die Zahl von Zuständen mit Energien $\leq W$ *pro Volumeneinheit*

$$N_Z(W) = \frac{1}{6\pi^2}\left(\frac{2mW}{\hbar^2}\right)^{3/2}, \tag{2.42}$$

bzw. $\mathcal{N}_Z = N_Z(W)L^3$ im gesamten Normierungsvolumen. Die entsprechende Zustandsdichte (Zahl der Zustände in L^3 im Intervall W bis $W + dW$) wird

$$\frac{\mathrm{d}\mathcal{N}_Z}{\mathrm{d}W} = L^3 \frac{\mathrm{d}N_Z(W)}{\mathrm{d}W} = \frac{(2m)^{3/2}L^3}{4\pi^2\hbar^3}\sqrt{W}. \tag{2.43}$$

Die Zustandsdichte pro Einheitsvolumen

$$\rho(W) = \frac{dN_Z(W)}{dW} - \frac{(2m)^{3/2}}{4\pi^2\hbar^3}\sqrt{W} \tag{2.44}$$

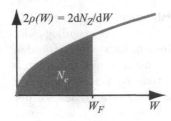

ist in Abb. 2.3 illustriert. Zur späteren Verwendung beziehen wir die Zustandsdichte auch noch auf ein bestimmtes Raumwinkelelement $d\Omega$. Dabei drücken wir außerdem die Energie durch den Betrag des Wellenvektors k aus:

$$d\rho = \frac{d^2 N_Z(W)}{dW}\frac{d\Omega}{4\pi} = \frac{mk}{(2\pi)^3\,\hbar^2}d\Omega \qquad (2.45)$$

Betrachten wir jetzt speziell Fermionen, z. B. *Elektronen* (Masse m_e), mit der Teilchendichte N_e (Zahl der Elektronen pro Volumeneinheit). Bei sehr tiefen Temperaturen ($T \gtrsim 0$) wird *jeder verfügbare Zustand* entsprechend den *zwei Einstellmöglichkeiten* des Spins mit *zwei Elektronen* besetzt, und der Potenzialkasten wird so bis zu einer Energie W_F „gefüllt". Mit (2.42) wird dann die Gesamtzahl der Elektronen pro Volumen unterhalb dieser Energie W_F gerade gleich der Elektronendichte

$$N_e = 2N_Z(W_F) = \frac{1}{3\pi^2}\left(\frac{2m_e W_F}{\hbar^2}\right)^{3/2} \quad ,$$

woraus man schließlich die sogenannte

$$\textbf{Fermi-Energie} \quad W_F = \frac{\hbar^2}{2m}\left(3\pi^2 N_e\right)^{2/3} \qquad (2.46)$$

bestimmt. Bei Temperaturen $T > 0\,\mathrm{K}$ werden die Zustände nach der Bose-Einstein-Statistik (1.62) besetzt. Die Grenze zwischen besetzten und unbesetzten Zuständen in Abb. 2.3 wird dann unscharf und mit steigender Temperatur zunehmend breiter.

2.6 Bahndrehimpuls

Wir entwickeln hier die Darstellung von Bahndrehimpulsen im Schrödinger-Bild, das sich durch seine relative Anschaulichkeit auszeichnet. Die wichtigsten Definitionen und Zusammenhänge einer allgemeinen Operatordarstellung von Drehimpulsen sind in Anhang B zusammengestellt.

2.6.1 Polarkoordinaten

Wir erinnern zunächst an das Polarkoordinatensystem, in dem man quantenmechanische Probleme besonders dann vorteilhaft behandelt, wenn das Potenzial nur vom Abstand r vom Ursprung abhängt

$$V(\boldsymbol{r}) = V(r), \qquad (2.47)$$

wie z. B. das Coulomb-Potenzial.

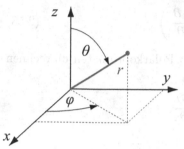

Im Schrödinger-Bild müssen wir dabei die kartesischen Koordinaten in Polarkoordinaten r, θ, φ umrechnen

$$x = r \sin\theta \cos\varphi$$
$$y = r \sin\theta \sin\varphi \qquad (2.48)$$
$$z = r \cos\theta$$

Abb. 2.4. Kartesisches Koordinatensystem und Polarkoordinaten

und

$$\frac{\hat{\boldsymbol{p}}^2}{2m} = -\frac{\hbar^2}{2m}\boldsymbol{\nabla}^2$$

$$= -\frac{\hbar^2}{2m}\left(\frac{\partial^2}{\partial x^2} + \frac{\partial^2}{\partial y^2} + \frac{\partial^2}{\partial z^2}\right)$$

entsprechend transformieren. Das erfordert einige Umformungen der partiellen Differentiationen, die wir nicht im Einzelnen ausführen. Das Resultat ist

$$-\frac{\hbar^2}{2m}\boldsymbol{\nabla}^2 = -\frac{\hbar^2}{2m}\frac{1}{r^2}\frac{\partial}{\partial r}\left(r^2\frac{\partial}{\partial r}\right) + \frac{\hat{\boldsymbol{L}}^2}{2mr^2}$$

mit

$$\hat{\boldsymbol{L}}^2 = -\hbar^2\left[\frac{1}{\sin\theta}\frac{\partial}{\partial\theta}\left(\sin\theta\frac{\partial}{\partial\theta}\right) + \frac{1}{\sin^2\theta}\frac{\partial^2}{\partial\varphi^2}\right]. \qquad (2.49)$$

$\hat{\boldsymbol{L}}^2$ ist hier zunächst einmal eine Abkürzung, aber wir vermuten schon, dass dieser Operator das Quadrat des Drehimpulses sein könnte! Dies legt schon die Analogie zur klassischen Aufteilung der kinetischen Energie in

Radialenergie $\qquad \widehat{H}_r = -\frac{\hbar^2}{2m}\frac{1}{r^2}\frac{\partial}{\partial r}\left(r^2\frac{\partial}{\partial r}\right) \qquad (2.50)$

Rotationsenergie $\qquad \widehat{H}_{rot} = \frac{\hat{\boldsymbol{L}}^2}{2mr^2} \qquad (2.51)$

nahe. Wir werden darauf in 2.8.1 zurückkommen und widmen uns jetzt zunächst einer formalen Betrachtung des Drehimpulses $\hat{\boldsymbol{L}}$.

2.6.2 Drehimpuls Definition

Klassisch ist der Drehimpuls ja als $\boldsymbol{L} = \boldsymbol{r} \times \boldsymbol{p}$ definiert. Nach dem Rezept (2.35) erhalten wir den quantenmechanischen Operator, indem wir $\boldsymbol{p} \to \hat{\boldsymbol{p}}$ substituieren:

$$\hat{\boldsymbol{L}} = \boldsymbol{r} \times \hat{\boldsymbol{p}} \tag{2.52}$$

Dies muss nun in Polarkoordinaten ausgedrückt werden. Wir berechnen hier als Beispiel nur eine Komponente:

$$\hat{L}_z = -\mathrm{i}\hbar \left(x \frac{\partial}{\partial y} - y \frac{\partial}{\partial x} \right) \tag{2.53}$$

Mit (2.48) kann man den Klammerausdruck in Polarkoordinaten umrechnen und findet:

$$\frac{\partial}{\partial \varphi} = \frac{\partial x}{\partial \varphi} \frac{\partial}{\partial x} + \frac{\partial y}{\partial \varphi} \frac{\partial}{\partial y} + \frac{\partial z}{\partial \varphi} \frac{\partial}{\partial z}$$

$$= -r \sin \theta \sin \varphi \frac{\partial}{\partial x} + r \sin \theta \cos \varphi \frac{\partial}{\partial y} + 0$$

$$= -y \frac{\partial}{\partial x} + x \frac{\partial}{\partial y} = x \frac{\partial}{\partial y} - y \frac{\partial}{\partial x}$$

Somit wird der Operator für die

$$z\text{-}\textbf{Komponente des Drehimpulses} \quad \hat{L}_z = -\mathrm{i}\hbar \frac{\partial}{\partial \varphi} . \tag{2.54}$$

Offenbar in völliger Analogie zu $\hat{p}_x = -\mathrm{i}\hbar \partial/\partial x$ gebildet – mit den sogenannten kanonisch konjugierten Koordinatenpaaren (L_z, φ) bzw. (p_x, x).

Die Umrechnung der Komponenten $\hat{L}_x$ und $\hat{L}_y$ gestaltet sich etwas komplizierter aber unproblematisch. Ohne Beweis kommunizieren wir das Resultat für den Operator des

$$\textbf{Drehimpulsquadrats} \quad \hat{\boldsymbol{L}}^2 = \hat{L}_x^2 + \hat{L}_y^2 + \hat{L}_z^2$$

$$= -\hbar^2 \left[\frac{1}{\sin \theta} \frac{\partial}{\partial \theta} \left(\sin \theta \frac{\partial}{\partial \theta} \right) + \frac{1}{\sin^2 \theta} \frac{\partial^2}{\partial \varphi^2} \right], \tag{2.55}$$

wie wir es schon mit (2.49) vermutet hatten.

2.6.3 Eigenwerte und Eigenfunktionen

Wir können nun daran gehen, die Eigenwerte und Eigenfunktionen der Drehimpulsoperatoren zu besprechen, die wir in praktisch allen folgenden Kapiteln benutzen werden. Wir skizzieren hier nur die Grundüberlegungen, stellen das später benötigte Handwerkszeug zusammen, und verweisen für die detaillierte Rechnung auf einschlägige Lehrbücher der Quantenmechanik.

z-Komponente des Bahndrehimpulses

Die z-Achse ist wegen der Definition von θ in Polarkoordinaten eine bevorzugte Koordinate. Die Eigenwertgleichung wird mit (2.54) eine DGL erster Ordnung

$$\hat{L}_z \Phi(\varphi) = \ell_z \Phi(\varphi) \tag{2.56}$$

$$-i\hbar \frac{\partial}{\partial \varphi} \Phi = \ell_z \Phi(\varphi)$$

und lässt sich direkt integrieren. Die Lösung ist

$$\Phi = C \exp\left(i \frac{\ell_z}{\hbar} \varphi\right)$$

mit einer Normierungskonstanten C. Wir müssen nun etwas *Physik* anwenden: welche Werte von ℓ_z sind physikalisch sinnvoll? Offenbar muss $\Phi(\varphi)$ eindeutig sein:

$$\Phi(0) \overset{!}{=} \Phi(2\pi) \text{ bzw. } \exp(0) \overset{!}{=} \exp\left(i\frac{\ell_z}{\hbar} 2\pi\right) \tag{2.57}$$

Das ist nur möglich, wenn $\ell_z/\hbar = m$ eine ganze Zahl $m = 0, \pm 1, \pm 2, \dots$ ist. Dann wird nämlich

$$\exp\left(i\frac{\ell_z}{\hbar} 2\pi\right) = \exp(im2\pi) = 1 \,,$$

und somit sind die Funktionen $\Phi_m(\varphi) = C_m \exp(im\varphi)$ die richtigen Lösungen der Eigenwertgleichung (2.56). Wir nennen m die *magnetische* oder *Projektionsquantenzahl*. Diese Wellenfunktionen sind *orthonormal*:

$$\delta_{mm'} \overset{!}{=} \langle \Phi_m | \Phi_{m'} \rangle = C_m^* C_{m'} \int_0^{2\pi} \exp(-im\varphi) \exp(im'\varphi)\, d\varphi$$

$$\langle \Phi_m | \Phi_{m'} \rangle = C_m^* C_{m'} \begin{cases} 0 & \text{für } m \neq m' \\ 2\pi & \text{für } m = m' \end{cases} \tag{2.58}$$

Die Normalisierungskonstante wird durch $|C_m|^2 2\pi \overset{!}{=} 1 \Rightarrow C_m = 1/\sqrt{2\pi}$ bestimmt, wobei man als *Phasenkonvention* festlegt, dass C_m real ist! Somit haben wir für die $\hat{L}_z$-Komponente des

Bahndrehimpulses	$\hat{L}_z \Phi_m = m\hbar \Phi_m$	(2.59)
Eigenfunktionen	$\Phi_m = \dfrac{1}{\sqrt{2\pi}} \exp(im\varphi)$	(2.60)
Eigenwerte	$\hbar m$ mit $m = 0, \pm 1, \pm 2, \dots$	(2.61)

Komponenten in x und y Richtung

Für die $\hat{L}_x$ und $\hat{L}_y$ Komponenten ist die Rechnung aufwendiger aber im Prinzip trivial. Wir teilen ohne Beweis mit: $\hat{L}_x, \hat{L}_y$ und $\hat{L}_z$ sind nicht paarweise gleichzeitig messbar (d. h. sie kommutieren nicht). Man kann vielmehr zeigen, dass

$$\left[\hat{L}_x, \hat{L}_y\right] = \hat{L}_x\hat{L}_y - \hat{L}_y\hat{L}_x = \mathrm{i}\hbar\hat{L}_z, \tag{2.62}$$

$$\left[\hat{L}_y, \hat{L}_z\right] = \mathrm{i}\hbar\hat{L}_x \text{ und } \left[\hat{L}_z, \hat{L}_x\right] = \mathrm{i}\hbar\hat{L}_y .$$

Der Nichtkommutierbarkeit entspricht, dass alle Komponenten $\hat{L}_i$ durch unterschiedliche Funktionen von φ und θ dargestellt werden.

Quadrat des Bahndrehimpulses

Die Eigenwertgleichung (2.55) für $\hat{\boldsymbol{L}}^2$ schreiben wir

$$\hat{\boldsymbol{L}}^2 Y(\theta, \varphi) = \mathcal{L}^2 Y(\theta, \varphi) \tag{2.63}$$

und machen den *Ansatz*:

$$Y(\theta, \varphi) = \Theta(\theta)\Phi(\varphi) . \tag{2.64}$$

Wir versuchen es mit den Eigenfunktionen (2.59) von $\hat{L}_z$ und setzen $\Phi_m = \left(1/\sqrt{2\pi}\right)\exp\left(\mathrm{i}m\varphi\right)$ in die Eigenwertgleichung (2.55) für $\hat{\boldsymbol{L}}^2$ ein. Das führt zu

$$-\hbar^2\left[\frac{1}{\sin\theta}\frac{\partial}{\partial\theta}\left(\sin\theta\frac{\partial\Theta(\theta)}{\partial\theta}\right)\Phi_m(\varphi) + \frac{1}{\sin^2\theta}\Theta(\theta)\frac{\partial^2}{\partial\varphi^2}\Phi_m(\varphi)\right]$$

$$= \mathcal{L}^2\Theta(\theta)\Phi_m(\varphi) = \mathcal{L}^2 Y(\theta, \varphi)$$

$$\Rightarrow -\hbar^2\left[\frac{1}{\sin\theta}\frac{\partial}{\partial\theta}\left(\sin\theta\frac{\partial\Theta}{\partial\theta}\right) - \frac{m^2}{\sin^2\theta}\Theta\right] = \mathcal{L}^2\Theta \tag{2.65}$$

Man hat nun also nur noch eine gewöhnliche DGL zu lösen. Verschiedene Verfahren führen zum Ziel, sei es über die direkte Lösung der DGL (2.65) mithilfe der assoziierten Legendre-Polynome, sei es eleganter über die Eigenschaften der Drehimpulsoperatoren und entsprechende Rekursionsrelationen. In jedem Fall muss man analog zu (2.57) physikalisch sinnvolle Randbedingung fordern (also Wellenfunktionen, die endlich und eindeutig für $0 \leq \theta \leq \pi$ sind). *Ohne Beweis* teilen wir hier lediglich mit, dass solche physikalisch vernünftigen Lösungen existieren, für die gilt:

Eigenwerte von $\hat{\boldsymbol{L}}^2$	$\mathcal{L}^2 = \ell(\ell+1)\hbar^2$
Betragsquadrat	$\hat{\boldsymbol{L}}^2 Y_{\ell m}(\theta, \varphi) = \ell(\ell+1)\hbar^2 Y_{\ell m}(\theta, \varphi)$ (2.66)
z-Komponente	$\hat{L}_z Y_{\ell m}(\theta, \varphi) = m\hbar\, Y_{\ell m}(\theta, \varphi)$ (2.67)
m-Quantenzahlen	$\ell = 0, 1, 2, \ldots$ und $m = 0, \pm 1, \ldots \pm \ell$ (2.68)
Entartung	$2\ell + 1$ (2.69)

Die Gültigkeit von (2.67) folgt direkt aus (2.59) und (2.64), da $\hat{L}_z$ nur auf die φ Komponente von $Y_{\ell m}(\theta, \varphi)$ wirkt. Das bedeutet zugleich auch, dass $\hat{\boldsymbol{L}}^2$ und $\hat{L}_z$ gleichzeitig gemessen werden können:

$$\hat{\boldsymbol{L}}^2 \hat{L}_z = \hat{L}_z \hat{\boldsymbol{L}}^2 \text{ oder } \left[\hat{\boldsymbol{L}}^2, \hat{L}_z\right] = 0. \tag{2.70}$$

Dies gilt auch für $\hat{\boldsymbol{L}}^2$ und $\hat{L}_x$ sowie für $\hat{\boldsymbol{L}}^2$ und $\hat{L}_y$, jedoch nach (2.62) nicht für die Komponenten $\hat{L}_x$, $\hat{L}_y$ und $\hat{L}_z$ untereinander.

Vektordiagramm

Man kann – etwas locker – mit (2.66) den Betrag des Drehimpulses schreiben:

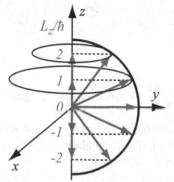

$$\left|\hat{\boldsymbol{L}}\right| = \sqrt{\ell(\ell+1)}\hbar \tag{2.71}$$

Die genaue Richtung des Drehimpulses für einen gegebenen Satz Quantenzahlen ℓm ist nicht bestimmt. Definiert ist nur die Komponente $m\hbar$ in Bezug auf die z-Achse und der Betrag. Eine anschauliche Darstellung dieses Zusammenhangs vermittelt das sogenannte Vektordiagramm, welches wir schon im Zusammenhang mit dem Elektronenspin (s. Abb. 1.35) kennengelernt haben. In Abb. 2.5 wird das Beispiel $\ell = 2$, $\left|\hat{\boldsymbol{L}}\right|/\hbar = \sqrt{6} \simeq 2.45$ mit $\hat{L}_z/\hbar = m = -2, -1, 0, 1, 2$ illustriert. Man denke sich die Vektorpfeile jeweils um die z-Achse statistisch verteilt, also einen Konus der Höhe $m\hbar$ und der Seitenlänge $\sqrt{\ell(\ell+1)}\hbar$ beschreibend.

Abb. 2.5. Schematische Darstellung der $2\ell + 1$-fachen Einstellmöglichkeiten eines Drehimpulses $\ell\hbar$ im Raum

Kugelflächenfunktionen

Die Eigenfunktionen $Y_{\ell m}(\theta, \varphi)$ von $\hat{\boldsymbol{L}}^2$ und $\hat{L}_z$ heißen Kugelflächenfunktionen (englisch „spherical harmonics"). Die Abhängigkeit vom Polarwinkel θ wird durch die *assoziierten Legendre-Polynome* bestimmt. Sie lassen sich wie folgt darstellen:

$$Y_{\ell m}(\theta, \varphi) = \frac{(-1)^m}{2^\ell \ell!} \sqrt{\frac{(2\ell+1)(\ell-m)!}{4\pi(\ell+m)!}} (\sin\theta)^m \frac{\mathrm{d}^{\ell+m}(\sin\theta)^{2\ell}}{\mathrm{d}(\cos\theta)^{\ell+m}} \exp(im\varphi)$$

$$= \frac{(-1)^{-m}}{2^\ell \ell!} \sqrt{\frac{(2\ell+1)(\ell+m)!}{4\pi(\ell-m)!}} (\sin\theta)^{-m} \frac{\mathrm{d}^{\ell-m}(\sin\theta)^{2\ell}}{\mathrm{d}(\cos\theta)^{\ell-m}} \exp(-im\varphi) \tag{2.72}$$

Diese kompakte Form eignet sich gut für die üblichen Rechenprogramme, ist *orthonormiert und in Standard-Phasenkonvention* geschrieben. Für die komplex konjugierten Funktionen gilt

$$Y_{\ell m}^* (\theta, \varphi) = (-1)^m Y_{\ell - m} (\theta, \varphi) \,, \tag{2.73}$$

und die Inversion am Ursprung $(r \rightarrow -r)$ führt zu

$$Y_{\ell m} (\pi - \theta, \pi + \varphi) = (-1)^\ell Y_{\ell - m} (\theta, \varphi) \,. \tag{2.74}$$

Die Kugelflächenfunktionen haben also positive oder negative Parität, je nachdem ob ℓ gerade oder ungerade ist (s. auch Anhang E).

Häufig benutzt man der einfacheren Schreibweise wegen auch die *renormierten Kugelflächenfunktionen*

$$C_{\ell m} (\theta, \varphi) = \sqrt{\frac{4\pi}{2\ell + 1}} Y_{\ell m} (\theta, \varphi) \,, \tag{2.75}$$

die entsprechend

$$\int\limits^{4\pi} C_{\ell m}^* (\theta, \varphi) \, C_{\ell' m'} (\theta, \varphi) \, \mathrm{d}\Omega = \frac{4\pi}{2\ell + 1} \delta_{\ell' \ell} \delta_{m' m} \tag{2.76}$$

orthonormiert sind. Die renormierten Kugelflächenfunktionen bis $\ell = 3$ sind in Tabelle 2.1 zusammengestellt. Graphisch sind die Winkelanteile der s, p und d-Orbitale in Abb. 2.6 auf der nächsten Seite illustriert.

Tabelle 2.1. Kugelflächenfunktionen nach (2.72) und (2.75)

ℓ	m	Symbol	$\hat{L}^2$	$\hat{L}_z$	Kugelflächenfunktion $C_{\ell k}(\theta, \varphi) = \sqrt{4\pi/(2\ell+1)} Y_{\ell k}(\theta, \varphi)$
0	0	s	0	0	$C_{00} = 1$
1	0	p_0	$2\hbar^2$	0	$C_{10} = \cos\theta$
	± 1	$p_{\pm 1}$	$2\hbar^2$	$\pm\hbar$	$C_{1\pm 1} = \mp\sqrt{\frac{1}{2}} \sin\theta \cdot e^{\pm i\varphi}$
2	0	d_0	$6\hbar^2$	0	$C_{20} = \frac{1}{2} \left(3\cos^2\theta - 1\right)$
	± 1	$d_{\pm 1}$	$6\hbar^2$	$\pm\hbar$	$C_{2\pm 1} = \mp\sqrt{\frac{3}{2}} \sin\theta \cos\theta \cdot e^{\pm i\varphi}$
	± 2	$d_{\pm 2}$	$6\hbar^2$	$\pm 2\hbar$	$C_{2\pm 2} = \sqrt{\frac{3}{8}} \sin^2\theta \cdot e^{\pm i2\varphi}$
3	0	f_0	$12\hbar^2$	0	$C_{30} = \frac{1}{2} \left(5\cos^3\theta - 3\cos\theta\right)$
	± 1	$f_{\pm 1}$	$12\hbar^2$	$\pm\hbar$	$C_{3\pm 1} = \mp\frac{1}{4}\sqrt{3} e^{\pm i\varphi} \sin\theta \left(5\cos\theta^2 - 1\right)$
	± 2	$f_{\pm 2}$	$12\hbar^2$	$\pm 2\hbar$	$C_{3\pm 2} = \sqrt{\frac{15}{8}} \cos\theta \sin^2\theta e^{\pm 2i\varphi}$
	± 3	$f_{\pm 3}$	$12\hbar^2$	$\pm 3\hbar$	$C_{3\pm 3} = \mp\frac{\sqrt{5}}{4} \sin^3\theta \cdot e^{\pm 3i\varphi}$

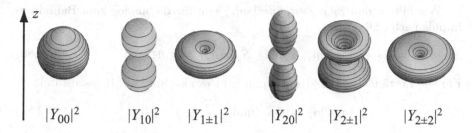

z

$|Y_{00}|^2$ $\qquad$ $|Y_{10}|^2$ $\qquad$ $|Y_{1\pm1}|^2$ $\qquad$ $|Y_{20}|^2$ $\qquad$ $|Y_{2\pm1}|^2$ $\qquad$ $|Y_{2\pm2}|^2$

Abb. 2.6. Betragsquadrat der s, p und d Kugelflächenfunktionen in 3D-Darstellung

Im folgenden Text werden wir der Kompaktheit wegen die Kugelflächenfunktionen meist in „*bra*" und „*ket*" Form schreiben, wir ersetzen also

$$Y_{\ell m}(\theta,\varphi) \to |\ell m\rangle \quad \text{und} \quad Y_{\ell m}^*(\theta,\varphi) \to \langle \ell m| \qquad (2.77)$$

und schreiben Orthonormalitätsrelationen und Matrixelemente eines Operators als

$$\langle \ell m| \ell' m'\rangle = \delta_{\ell\ell'}\delta_{mm'} \quad \text{und} \quad A_{\ell m,\ell' m'} = \langle \ell m| \hat{A} |\ell' m'\rangle . \qquad (2.78)$$

Eine Reihe von nützlichen Beziehungen ist in Anhang D zusammengestellt.

2.7 Spin

Wir hatten beim Stern-Gerlach-Experiment gesehen, dass das Elektron neben Ladung und Masse eine weitere Eigenschaft hat, die wir in 1.15 mit einem Drehimpuls, genannt *Spin*, identifiziert haben. Der Spin ist durch die Spinquantenzahl $s = 1/2$ charakterisiert, er ist dem Betrag nach $|\boldsymbol{S}| = \sqrt{s(s+1)}\hbar$ und hat zwei Einstellmöglichkeiten mit den Werten $\hbar/2$ und $-\hbar/2$. Schließlich hat das Elektron ein magnetisches Moment mit einem g-Faktor von ziemlich genau $g_s \simeq 2$.

Man überträgt nun einfach die formalen Regeln für Operatoren und Quantenzustände, die wir in 2.6 kennengelernt haben, sinngemäß auf den Spin. Natürlich lässt sich dieser nicht im Ortsraum abbilden. Aber wir können wie beim Bahndrehimpuls formal einen Vektoroperator $\hat{\boldsymbol{S}}$ definieren, mit dem Betragsquadrat $\hat{\boldsymbol{S}}^2$ und einer Komponente $\hat{S}_z$ in z-Richtung, für welche die gleichen allgemeinen *Vertauschungsregeln für Drehimpulse* (2.62) und (2.70) gelten:

$$\left[\hat{S}_x,\hat{S}_y\right] = i\hbar\hat{S}_z, \quad \left[\hat{S}_y,\hat{S}_z\right] = i\hbar\hat{S}_x, \quad \left[\hat{S}_z,\hat{S}_x\right] = i\hbar\hat{S}_y \quad \left[\hat{\boldsymbol{S}}^2,\hat{S}_z\right] = 0 \qquad (2.79)$$

Dies bedeutet, dass die *Komponenten des Spins* nicht gleichzeitig gemessen werden können, wohl aber sein *Betrag gleichzeitig mit einer Komponente* (hier wurde z ausgewählt).

Wir führen nun *Spin-Zustände* $|sm_s\rangle$ ein, für die analog zum Bahndreh-impuls nach (2.68) gilt:

$$\hat{S}^2 |sm_s\rangle = s(s+1)\hbar^2 |sm_s\rangle \quad \text{und} \quad \hat{S}_z |sm_s\rangle = m_s\hbar |sm_s\rangle \tag{2.80}$$

Für die Zustände des Elektronenspins gibt es also nur zwei Basiszustände

$$|\tfrac{1}{2}\,\tfrac{1}{2}\rangle = |\alpha\rangle = |+\rangle \quad \text{und} \quad |\tfrac{1}{2}\,\tfrac{-1}{2}\rangle = |\beta\rangle = |-\rangle \tag{2.81}$$

für die der Spin in $+z$ bzw. und in $-z$ Richtung zeigt. Der Kompaktheit halber haben wir auch die Abkürzungen $|\alpha\rangle$ bzw. $|\beta\rangle$ sowie die gelegentlich ebenfalls benutzten $|+\rangle$ bzw. $|-\rangle$ eingeführt. Man spricht auch von „spin up" ($\uparrow$) bzw. „spin down" ($\downarrow$) Zuständen. In der Literatur findet man oft auch die Bezeichnung *Spinfunktion* α und β ohne *bra* und *ket*. Es gilt jedenfalls trivialerweise

$$\begin{array}{ll} \hat{S}^2 |\alpha\rangle = \tfrac{3}{4}\hbar^2 |\alpha\rangle & \hat{S}^2 |\beta\rangle = \tfrac{3}{4}\hbar^2 |\beta\rangle \\ \hat{S}_z |\alpha\rangle = \tfrac{\hbar}{2} |\alpha\rangle & \hat{S}_z |\beta\rangle = -\tfrac{\hbar}{2} |\beta\rangle \end{array} \tag{2.82}$$

mit den Orthonormalitätsrelationen

$$\langle\alpha|\beta\rangle = \langle\beta|\alpha\rangle = 0 \quad \text{und} \quad \langle\alpha|\alpha\rangle = \langle\beta|\beta\rangle = 1. \tag{2.83}$$

Aus den Vertauschungsrelationen kann man mit etwas Algebra, die wir hier aus Platzgründen unterschlagen, auch ermitteln, wie die anderen Komponenten von $\hat{\boldsymbol{S}}$ auf die Basisspinfunktionen wirken:

$$\hat{S}_x |\alpha\rangle = \frac{\hbar}{2} |\beta\rangle \quad \hat{S}_x |\beta\rangle = \frac{\hbar}{2} |\alpha\rangle \quad \hat{S}_y |\alpha\rangle = \frac{i\hbar}{2} |\beta\rangle \quad \hat{S}_y |\beta\rangle = -\frac{i\hbar}{2} |\alpha\rangle \tag{2.84}$$

In dieser Basis kann jeder beliebige Spinzustand eines einzelnen Elektrons als

$$|\chi\rangle = \chi_+ |\alpha\rangle + \chi_- |\beta\rangle \tag{2.85}$$

geschrieben werden. Die Besetzungswahrscheinlichkeit für α bzw. β ist dabei durch die *Wahrscheinlichkeitsamplituden* χ_+ bzw. χ_- gegeben. Die *Zustände sind normiert*, d. h. $\langle\chi|\chi\rangle = |\chi_+|^2 + |\chi_-|^2 = 1$. Die *Wahrscheinlichkeit* $\uparrow$ zu finden ist also $|\chi_+|^2$ während $\downarrow$ mit der Wahrscheinlichkeit $|\chi_-|^2$ gefunden wird. Die *Erwartungswerte der Spinkomponenten* $\hat{S}_k$ (mit $k = x, y$ oder z) erhält man für den Zustand (2.85) aus $\langle\hat{S}_k\rangle = \langle\chi|\hat{S}_k|\chi\rangle$ unter Benutzung von (2.84).

Man beachte dabei, dass zwar die drei Spinkomponenten nicht gleichzeitig gemessen werden können. Betrag und Phase der (komplexen) Amplituden χ_+ und χ_- bestimmen aber dennoch die genaue Orientierung des Spins im dreidimensionalen Raum. Hat man etwa einen reinen Basiszustand, z. B. $|\alpha\rangle$ vorliegen – mit einem idealen Stern-Gerlach-Experiment erzeugt man diesen in einem der zwei Teilstrahlen hinter dem Magneten – so kann man ihn etwa in ein neues Koordinatensystemen einführen, in dem entsprechend gedrehte Stern-Gerlach-Magnete die neue x, y, und z Richtung definieren. Aus den in vielen Einzelmessungen gewonnenen Erwartungswerten (in mindestens zwei Raumrichtungen) kann man dann die Koeffizienten χ_+ und χ_- bestimmen. Bequemerweise schreibt man dafür

$$\chi_+ = \cos\frac{\theta}{2}\exp\left(-i\frac{\varphi}{2}\right) \quad \text{und} \quad \chi_- = \sin\frac{\theta}{2}\exp\left(i\frac{\varphi}{2}\right) , \tag{2.86}$$

womit die Amplituden automatisch normiert sind. Wie man als leichte Übungsaufgabe mithilfe von (2.84) zeigen kann, geben die Parameter θ bzw. φ den Polar- bzw. Azimutwinkel an, unter welchem der so definierte Spinzustand im Raum orientiert ist.

Obwohl das hier skizzierte Rüstzeug für die Beschreibung des Spins völlig ausreicht, schreibt man gelegentlich – weil es vielleicht handlicher ist oder auch aus historischen Gründen – die *Operatoren als Matrizen und die Eigenzustände als Vektoren, die sogenannten*

Spinoren $\quad \chi = \begin{pmatrix} \chi_+ \\ \chi_- \end{pmatrix} \quad$ und $\quad \chi^\dagger = \begin{pmatrix} \chi_+^* & \chi_-^* \end{pmatrix} \tag{2.87}$

$$\text{mit der Basis} \quad \alpha = \begin{pmatrix} 1 \\ 0 \end{pmatrix} \quad \text{und} \quad \beta = \begin{pmatrix} 0 \\ 1 \end{pmatrix} \tag{2.88}$$

Mit (2.84) kann man die Matrixelemente der Operatoren $\hat{S}_x$, $\hat{S}_y$ und $\hat{S}_z$ berechnen und erhält so eine Matrixdarstellung für

$$\hat{S} = \frac{\hbar}{2}\hat{\sigma} , \tag{2.89}$$

wobei $\hat{\sigma}$ ein Vektor ist, der aus den sogenannten *Pauli'schen Spinmatrizen* besteht:

$$\sigma_x = \begin{pmatrix} 0 & 1 \\ 1 & 0 \end{pmatrix} \quad \sigma_y = \begin{pmatrix} 0 & -i \\ i & 0 \end{pmatrix} \quad \text{und} \quad \sigma_z = \begin{pmatrix} 1 & 0 \\ 0 & -1 \end{pmatrix} \tag{2.90}$$

$$\hat{S}^2 = \hat{S}_x^2 + \hat{S}_y^2 + \hat{S}_z^2 = \frac{3}{4}\hbar^2 \begin{pmatrix} 1 & 0 \\ 0 & -1 \end{pmatrix} \tag{2.91}$$

Zur späteren Verwendung halten wir hier fest, dass die Pauli-Matrizen antikommutieren:

$$\sigma_i\sigma_j + \sigma_j\sigma_i = 2\delta_{ij} \tag{2.92}$$

Daher wird

$$\sigma_x^2 = \sigma_y^2 = \sigma_z^2 = 1 \text{ und } \sigma_x\sigma_y = -\sigma_y\sigma_x = i\sigma_z \tag{2.93}$$

2.8 Das Wasserstoffatom

2.8.1 Quantenmechanik des Einteilchenproblems

Wir behandeln jetzt das H-Atom quantenmechanisch, wobei wir das in 2.6 über Bahndrehimpulse Gelernte intensiv nutzen.

Wir präzisieren zunächst die Schrödinger-Gleichung: Die Größe des (Z-fach geladenen) Atomkerns kann hier zunächst vernachlässigt werden, da Kernradien r_{nuc} sehr viel kleiner als Atomradien sind: $r_{atom} \approx 10^5 r_{nuc}$. Wir haben es also mit einem reinen

$$\textbf{Coulomb-Potenzial} \qquad V(r) = -\frac{1}{4\pi\epsilon_0}\frac{Ze_0^2}{r}$$

zu tun (bis auf sehr feine Effekte, die wir in Kapitel 6 und 9 behandeln werden). Mit (2.51) und (2.50) können wir (2.13) schreiben als

$$\textbf{Hamilton-Operator} \quad \widehat{H} = -\frac{\hat{p}^2}{2m_e} + V(r) = \widehat{H}_r + \frac{\hat{L}^2}{2m_e r^2} + V(r) \quad (2.94)$$

$$\text{mit } \widehat{H}_r = -\frac{\hbar^2}{2m_e}\frac{1}{r^2}\frac{\partial}{\partial r}\left(r^2\frac{\partial}{\partial r}\right),$$

und erhalten die

$$\textbf{Schrödinger-Gleichung} \quad \widehat{H}\psi_{n\ell m}(r,\theta,\varphi) = W_{n\ell m}\psi_{n\ell m}(r,\theta,\varphi) \quad (2.95)$$

$$\left[\widehat{H}_r + \frac{\hat{L}^2}{2m_e r^2} + V(r)\right]\psi_{n\ell m}(r,\theta,\varphi) = W_{n\ell m}\psi_{n\ell m}(r,\theta,\varphi) \quad (2.96)$$

in Polarkoordinaten r, θ, φ. Die Eigenfunktionen von $\hat{L}^2$ haben wir in 2.6 ausführlich behandelt und kennen nach (2.66) die Eigenwerte und Eigenfunktionen $Y_{\ell m}(\theta,\varphi)$. Wir machen hier daher den

$$\textbf{Separationsansatz} \quad \psi_{n\ell m}(r,\theta,\varphi) = R_n(r)Y_{\ell m}(\theta,\varphi), \quad (2.97)$$

zur Lösung von (2.95). Damit wird

$$\left[-\frac{\hbar^2}{2m_e}\frac{1}{r^2}\frac{\partial}{\partial r}\left(r^2\frac{\partial}{\partial r}\right) + \frac{\hat{L}^2}{2m_e r^2} + V(r)\right]R_{n\ell}(r)Y_{\ell m}(\theta,\varphi)$$

$$= W\,R_{n\ell}(r)Y_{\ell m}(\theta,\varphi) \quad (2.98)$$

$$\left[-\frac{\hbar^2}{2m_e}\frac{1}{r^2}\frac{\mathrm{d}}{\mathrm{d}r}\left(r^2\frac{\mathrm{d}}{\mathrm{d}r}\right) + \frac{\hbar^2\ell(\ell+1)}{2m_e r^2} - \frac{1}{4\pi\epsilon_0}\frac{Ze_0^2}{r}\right]R_{n\ell}(r) = W\,R_{n\ell}(r)$$

Die Summe aus *Zentrifugalpotenzial* $\hbar^2\ell(\ell+1)/\left(2m_e r^2\right)$ und *Coulomb-Potenzial* $\propto -1/r$ nennt man

$$\textbf{Effektives Potenzial} \quad V_{eff}(r) = \frac{\hbar^2\ell(\ell+1)}{2m_e r^2} - \frac{1}{4\pi\epsilon_0}\frac{Ze_0^2}{r}. \quad (2.99)$$

Damit und mit der Substitution

$$R_{n\ell}(r) = u_{n\ell}(r)/r \quad (2.100)$$

erhält man eine übersichtliche, eindimensionale Differentialgleichung, die relativ problemlos integriert werden kann:

$$\frac{\hbar^2}{2m_e}\frac{d^2 u_{n\ell}}{dr^2} + [W_{n\ell} - V_{eff}(r)]\, u_{n\ell}(r) = 0 \qquad (2.101)$$

Man beachte: Die Gesamtenergie W ist nicht von der azimutalen Quantenzahl m abhängig und kann daher $W = W_{n\ell}$ geschrieben werden. *Der Energienullpunkt wird üblicherweise so festgelegt, dass ein Elektron, welches gerade nicht mehr gebunden ist, die Gesamtenergie Null hat. Gebundene Elektronen haben daher negative Energien $W_{n\ell} < 0$, während freie Elektronen Gesamtenergien $W > 0$ haben.*

2.8.2 Atomare Einheiten

Wir erinnern noch einmal an die bereits in 1.11.3 eingeführten atomaren Einheiten (a. u.):

Energie	$W_0 = m_e e_0^4 \epsilon_0^{-2} h^{-2}/4$	
Länge	$a_0 = \epsilon_0 h^2 e_0^{-2} m_e^{-1}/\pi = \hbar/\sqrt{m_e W_0}$	(2.102)
Zeit	$t_0 = 2\epsilon_0^2 h^3 e_0^{-4} m_e^{-1}/\pi$	

Die derzeit genauesten Zahlenwerte sind in Anhang A zusammengestellt. Wir wollen diese Definitionen jetzt benutzen, um die radiale Schrödinger-Gleichung (2.101) dimensionslos zu schreiben.

Wir multiplizieren (2.101) zunächst mit $m_e/\hbar^2$

$$\frac{1}{2}\frac{d^2 u_{n\ell}}{dr^2} + \left[W_{n\ell}\frac{m_e}{\hbar^2} - \frac{\ell(\ell+1)}{2r^2} + \frac{m_e e_0^2}{4\pi\epsilon_0\hbar^2}\frac{Z}{r}\right] u_{n\ell}(r) = 0$$

und sodann mit a_0^2

$$\frac{1}{2}\frac{d^2 u_{n\ell}}{d\,(r/a_0)^2} + \left[W_{n\ell}\frac{m_e a_0^2}{\hbar^2} - \frac{\ell(\ell+1)}{2\,(r/a_0)^2} + \frac{Z}{r/a_0}\right] u_{n\ell}(r) = 0$$

und berücksichtigen $a_0 = \hbar/\sqrt{m_e W_0}$. Damit ergibt sich die dimensionslose Gleichung

$$\frac{1}{2}\frac{d^2 u_{n\ell}}{d\,(r/a_0)^2} + \left[W_{n\ell}/W_0 - \frac{\ell(\ell+1)}{2\,(r/a_0)^2} + \frac{Z}{r/a_0}\right] u_{n\ell}(r) = 0.$$

Schließlich schreiben wir der Einfachheit halber wieder $r/a_0 \to r$ und $W_{n\ell}/W_0 \to W_{n\ell}$ bzw. $V(r)/W_0 \to V(r)$, messen also alle Observablen in atomaren Einheiten:

$$\frac{1}{2}\frac{d^2 u_{n\ell}}{dr^2} + [W_{n\ell} - V_{eff}(r)]\, u_{n\ell}(r) = 0 \text{ mit } V_{eff}(r) = V(r) + \frac{\ell(\ell+1)}{2r^2} \quad (2.103)$$

Auf diese Weise kann man alle atomaren Gleichungen dimensionslos schreiben und erhält alle Ergebnisse in atomaren Einheiten. Speziell für das H-Atom ist in atomaren Einheiten $V(r) = -1/r$. Das Verfahren hat den einzigen Nachteil, dass Dimensionsanalysen jetzt nicht mehr möglich sind. (Theoretiker sagen gelegentlich, man setze $\hbar = e_0 = m_e = 1$.) Da es sich aber stets empfiehlt, bei der Entwicklung neuer Formeln und Zusammenhänge eine solche Dimensionsanalyse durchzuführen wird dem Leser empfohlen im Zweifelsfalle von dimensionsbehafteten Gleichungen auszugehen und diese dann konsequent auf die atomaren Einheiten a_0, W_0, und t_0 (durch Quotientenbildung) umzuschreiben, wie wir dies am Beispiel der Schrödingergleichung vorgeführt haben. Oft lassen sich dann mehrere Naturkonstanten auch in echt dimensionslosen Größen wie die Feinstrukturkonstante $\alpha = \sqrt{W_0/m_e c^2}$ zusammenfassen. Wir werden das im Verlauf dieses Buches an vielen Beispielen illustrieren.

2.8.3 Schwerpunktbewegung und reduzierte Masse

Bislang haben wir so getan, als kreise das Elektron um ein raumfestes Zentrum. Da die Kernmasse M viel größer als die Elektronenmasse ist – im einfachsten Falle des Protons als Atomkern mit $m_p \simeq 1840 m_e$ – liegt der Schwerpunkt tatsächlich nahezu bei $r = 0$. Für genauere Ansprüche muss man das aber korrigieren. Wie in der klassischen Mechanik macht man aus dem tatsächlichen Zweiteilchenproblem ein effektives Einteilchenproblem, indem man die **Elektronenmasse** m_e durch die

$$\textbf{reduzierte Masse} \quad \mu = \frac{m_e M}{m_e + M} \tag{2.104}$$

ersetzt. Für die atomaren Einheiten ist dann entsprechend zu substituieren:

$$a_0 \to a_\mu = a_0 \frac{m_e}{\mu}, \quad W_0 \to W_\mu = W_0 \frac{\mu}{m_e}, \text{ und } t_0 \to t_\mu = t_0 \frac{\mu}{m_e} \tag{2.105}$$

und es gilt

$$a_\mu = \hbar / \sqrt{\mu W_\mu} \, .$$

Wir werden aber im weiteren Text der Übersichtlichkeit halber in der Regel weiterhin m_e und die Einheiten a_0, W_0 und t_0 benutzen, gelegentlich aber auf die exakte Berechnung hinweisen.

2.8.4 Qualitative Überlegungen zu den Lösungen

Aus der generellen Forderung, dass sich physikalisch sinnvolle Lösungen vernünftig bei Null verhalten müssen und auch bei ∞ nicht divergieren dürfen, folgt zwangsläufig, dass nur ganz bestimmte, diskrete, negative Gesamtenergien $W_{n\ell}$ möglich sind. Die so spezifizierten Lösungen der radialen Schrödinger-Gleichung (2.103) gilt es zu suchen.

Bevor wir mit streng mathematischen Werkzeugen daran gehen, wollen wir uns anschaulich überlegen, wie die Wellenfunktion aussehen müssen. In Abb. 2.7 ist dies für den Fall $\ell = 0$ skizziert (im Coulomb-Potenzial $V(r) = -Z/r$). Wir gehen von der Energiebilanz $W_{kin} = W_{n\ell} - V(r)$ aus und nehmen die de Broglie-Wellenlänge $\lambda = h/p = h/\left(2m_e W_{kin}\right)^{1/2}$ als Hinweis auf die Änderung der Wellenfunktion $u_{n\ell}(r)$. Diese muss sich offenbar bei kleinem r (großes W_{kin}) rascher ändern als in der Nähe des klassischen Umkehrpunktes $r_{k\ell}$, wo $W_{kin} = 0$ wird. Schließlich erwarten wir im klassisch verbotenen Bereich ($W_{kin} < 0$), eine exponentielle Dämpfung der Wellenfunktion, so wie in Abb. 2.7 illustriert.

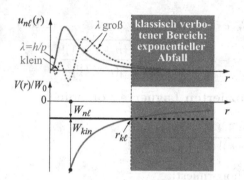

Abb. 2.7. Oben: Schematische Darstellung zweier charakteristischer radialer Wellenfunktionen zu unterschiedlichen Gesamtenergien (volle und punktierte Linie). Unten: Deren typischer Verlauf kann den kinetischen Energien W_{kin} in verschiedenen Bereichen des Coulomb-Potenzials $V(r) \propto -1/r$ zugeordnet werden

In einem nächsten Schritt betrachten wir jetzt die Grenzfälle für sehr großes und sehr kleines r. *Für den Grenzfall* $r \to \infty$ können wir das Potenzial vernachlässigen und (2.103) geht in eine einfache Schwingungsgleichung über:

$$\frac{1}{2}\frac{\mathrm{d}^2 u_{n\ell}}{\mathrm{d}r^2} + W_{n\ell} u_{n\ell}(r) = 0$$

Die klassische Lösung ist $u_{n\ell}(r) \propto \exp\left(\pm\mathrm{i}\sqrt{2W_{n\ell}}r\right)$. Im Falle eines gebundenen Zustands ist $W_{n\ell} < 0$ und es gilt

für große r $\displaystyle\lim_{r\to\infty} u_{n\ell}(r) \propto \exp\left(-\sqrt{2\,|W_{n\ell}|}r\right)$.   (2.106)

Für den umgekehrten Grenzfall $r \to 0$ dominiert der Zentrifugalterm $\ell(\ell + 1)/2r^2$ das Potenzial in (2.103) und

$$\frac{1}{2}\frac{\mathrm{d}^2 u_{n\ell}}{\mathrm{d}r^2} - \frac{\ell(\ell+1)}{2r^2} u_{n\ell}(r) = 0$$

wird durch $u_{n\ell}(r) \overset{r\to 0}{=} Ar^{\ell+1}$ befriedigt, wie man durch Differenzieren leicht sieht. Somit wird

für kleine r $\displaystyle\lim_{r\to 0} R_{n\ell}(r) = \lim_{r\to 0}\left(u_{n\ell}(r)/r\right) \propto r^\ell$.   (2.107)

2.8.5 Exakte Lösung

Allgemein löst man die radiale Schrödinger-Gleichung (2.98) durch einen Potenzreihenansatz vom Typ

$$R_{n\ell}(r) = \exp\left(-\sqrt{2\,|W_{n\ell}|}\,r\right) \sum_{k=\ell}^{\cdots} A_k r^k \,,$$

der die eben behandelten Grenzfälle einschließt. Man kann dabei auf bewährte Resultate aus der Mathematik zurückgreifen. *Für wasserstoffähnliche Systeme – d. h. für ein Elektron im Coulomb-Potenzial eines Z-fach geladenen Kernes – wird die*

Radialfunktion $\quad R_{n\ell}(r) = C_{n\ell}e^{-\rho/2}\rho^\ell L_{n+\ell}^{2\ell+1}(\rho)$ $\hspace{2cm}$ (2.108)

$$\text{mit} \quad \rho = \frac{2Z}{n}r/a_0 \quad \text{und} \quad C_{n\ell} = -\left(\frac{Z}{a_0}\right)^{3/2}\frac{2}{n^2}\sqrt{\frac{(n-\ell-1)!}{[(n+\ell)!]^3}}$$

unter Benutzung der sogenannten **assoziierten Laguerre-Polynome**:

$$L_{n+\ell}^{2\ell+1}(\rho) = \sum_{k=0}^{n-\ell-1}(-1)^{k+1}\frac{[(n+\ell)!]^2}{(n-\ell-1-k)!\,(2\ell+1+k)!}\frac{\rho^k}{k!} \hspace{1cm} (2.109)$$

Mit $C_{n\ell}$ sind die Radialfunktionen orthonormiert:

$$\int_0^\infty R_{n\ell}(r)R_{n'\ell'}(r)r^2\mathrm{d}r = \delta_{nn'}\delta_{\ell\ell'} \hspace{2cm} (2.110)$$

Wir führen hier noch den häufig gebrauchten Begriff der *Guten Quantenzahlen* ein: Man nennt so die *Eigenwerte derjenigen Observablen, die gleichzeitig mit dem Hamilton-Operator messbar sind.* Bisher haben wir dafür die Beispiele ℓ und m kennengelernt: die Gesamtenergie des Systems wird durch sie ja mit charakterisiert, $\hat{\boldsymbol{L}}^2$ und $\hat{L}_z$ sind gleichzeitig mit $\widehat{H}$ messbar.

2.8.6 Energieniveaus

Diese hier vorgestellten Lösungen der Schrödinger-Gleichung[1] beschreiben also die Bahnen der stationären Atomzustände und bestimmen die möglichen

Gesamtenergien $\quad W_{n\ell} = -\frac{Z^2}{2n^2}W_\mu = -\frac{Z^2}{2n^2}W_0\frac{\mu}{m_e}\,.$ $\hspace{1.5cm}$ (2.111)

Dabei gilt für die Bahndrehimpulsquantenzahl $0 \le \ell \le n-1$, und die *Hauptquantenzahl* ist $n = 1, 2, 3, \ldots$ Eine schematische Übersicht über die Energieniveaus im H-Atom gibt Abb. 2.8. Dabei wird eine ganz *spezielle Eigenschaft des*

---

[1] Um die endliche Masse des Atomkerns zu berücksichtigen muss man, wie bereits erwähnt, die reduzierten Masse μ des Elektrons berücksichtigen, d. h. $a_0 \to a_\mu = a_0 m_e/\mu$ und $W_0 \to W_\mu = W_0\mu/m_e$ ersetzen.

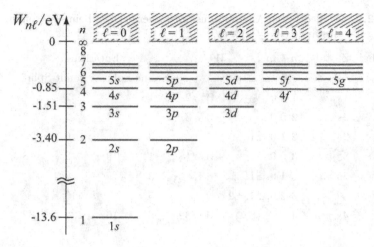

Abb. 2.8. Die Termlagen des Wasserstoffatoms für verschiedene ℓ

Coulomb-Potenzials deutlich, dass nämlich die Eigenenergie für eine bestimmte Hauptquantenzahl n unabhängig von der Bahndrehimpulsquantenzahl ℓ ist. Wir illustrieren dies in Abb. 2.9 auch im Potenzialbild, wo die effektiven Potenziale $V_{eff}(r) = -Z/r + \ell(\ell+1)/(2r^2)$ (in a. u.) für $\ell = 1$ und $\ell = 2$ eingetragen sind (für $\ell = 0$ sind effektives und Coulomb-Potenzial identisch). Ganz

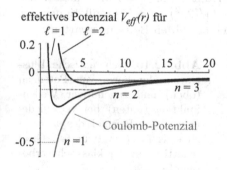

Abb. 2.9. Coulomb-Potenzial (rot) und effektive Potenziale (schwarz) für das H-Atom. Die Energieeigenwerte $W_{n\ell}$ sind als horizontale Linien eingezeichnet: für $\ell = 0$ (rot gepunktet), $\ell = 1$ (rot gestrichelt) und $\ell = 2$ (rot voll). Man sieht die dem Coulomb-Potenzial eigene Entartung der Zustände zu gleichem n aber verschiedenem ℓ

allgemein bezeichnet man die Identität der Energieniveaus für verschiedene Quantenzahlen als *Entartung*. Neben der hier besprochenen, für das H-Atom und H-ähnliche Atome speziellen ℓ-*Entartung* ($\ell = 0, 1, \ldots n - 1$) gibt es offenbar noch eine m-*Entartung*, die durch die schon in 1.14 behandelte Richtungsquantisierung und die $2\ell + 1$-fache Multiplizität der Drehimpulszustände bedingt ist. Tabelle 2.2 auf der nächsten Seite fasst diese Ergebnisse für die niedrigsten Niveaus des H-Atoms noch einmal zusammen. Man ordnet Orbitale mit gleicher Hauptquantenzahl n (vergleichbare mittlere Bahnradien) jeweils einer *Schale* zu (K, L, M ... entsprechend $n = 1, 2, 3 \ldots$).

Tabelle 2.2. Die niedrigsten Atomniveaus, ihre Energielagen beim H-Atom und die Entartung der Zustände ($W_0 = 27.2\,\mathrm{eV}$)

Schale	Zustand	$n\,\ell\,m$	W	Entartung			
				ohne Spin		mit Spin	
K	$1s$	1 0 0	$-W_0/2$	1		2	
L	$2s$	2 0 0	$-W_0/8$	1	4	2	8
	$2p$	2 1 0, ±1		3		6	
M	$3s$	3 0 0	$-W_0/18$	1	9	2	18
	$3p$	3 1 0, ±1		3		6	
	$3d$	3 2 0, $\pm1, \pm2$		5		10	
N	$4s,p,d,f$	4	$-W_0/32$	16	16	32	32

2.8.7 Radialfunktionen explizit

Die radialen Wellenfunktionen haben eine sehr spezifische Gestalt, die man recht gut anhand der effektiven Potenziale verstehen kann. Abbildung 2.10 illustriert dies schematisch am Beispiel des $n = 3$ Niveaus für die Bahndrehimpulsquantenzahlen $\ell = 0$ und 1. Gezeigt sind Coulomb-Potenzial, Zentrifugalpotenzial und das effektive Potenzial für $\ell = 1$. Die klassisch verbotenen Bereiche ($W_{kin} < 0$) sind grau schattiert. Während die Radialfunktion für $\ell = 0$ mit einem endlichen Wert beginnen kann, ist für $\ell = 1$ die Aufenthaltswahrscheinlichkeit dort $= 0$ (wegen $\ell(\ell + 1)/(2r^2) \to \infty$). Oszillationen der Radialfunktion können wir nur im klassisch erlaubten Bereich erwarten.

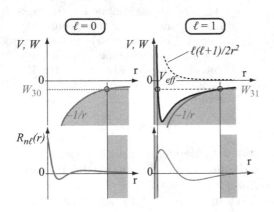

Abb. 2.10. Schematische Illustration der Form von Potenzial (oben) und zugehöriger Wellenfunktion (unten) bei verschiedenem ℓ am Beispiel des $n = 3$ Niveaus für $\ell = 0$ und 1. Grau schattiert ist der klassisch verbotene Bereich

Für die 6 energetisch tiefstliegenden Zustände ($n \leq 3$) gibt Tabelle 2.3 auf der nächsten Seite eine Zusammenstellung der Radialfunktionen $R_{n\ell}(r)$ für das H-Atom ($Z = 1$) und H-ähnliche Atome ($Z > 1$) in geschlossener Form. Aus der Radialfunktion kann man sofort auch die

Tabelle 2.3. Radialfunktionen des H-Atoms

n	ℓ	$R_{n\ell}(r)$ mit $\rho = 2Zr/(na_\mu)$ wobei $a_\mu = a_0 m_e/\mu$
1	0	$R_{10}(r) = 2\left(\dfrac{Z}{a_\mu}\right)^{3/2} e^{-\rho/2}$
2	0	$R_{20}(r) = \dfrac{1}{2\sqrt{2}}\left(\dfrac{Z}{a_\mu}\right)^{3/2}(2-\rho)\,e^{-\rho/2}$
	1	$R_{21}(r) = \dfrac{1}{2\sqrt{6}}\left(\dfrac{Z}{a_\mu}\right)^{3/2}\rho e^{-\rho/2}$
	0	$R_{30}(r) = \dfrac{1}{9\sqrt{3}}\left(\dfrac{Z}{a_\mu}\right)^{3/2}\left(6-6\rho+\rho^2\right)e^{-\rho/2}$
3	1	$R_{31}(r) = \dfrac{1}{9\sqrt{6}}\left(\dfrac{Z}{a_\mu}\right)^{3/2}\rho\,(4-\rho)\,e^{-\rho/2}$
	2	$R_{32}(r) = \dfrac{1}{9\sqrt{30}}\left(\dfrac{Z}{a_\mu}\right)^{3/2}\rho^2 e^{-\rho/2}$

Aufenthaltswahrscheinlichkeit $w(r)\mathrm{d}r = [R_{n\ell}(r)]^2\, r^2\mathrm{d}r$ (2.112)

des Elektrons zwischen r und $r + \mathrm{d}r$ bestimmen. Wenn man die quantenmechanischen Aussagen über Gestalt und Radius des Atoms mit dem klassischen
Bild eines auf der Bahn kreisenden Elektrons vergleichen will, dann muss man
diese Aufenthaltswahrscheinlichkeit in einem gewissen Abstand vom Atomkern heranziehen. Eine graphische Darstellung der Wellenfunktionen $R_{n\ell}(r)$
und der radialen Aufenthaltswahrscheinlichkeiten $w(r)$ gibt Abb. 2.11.

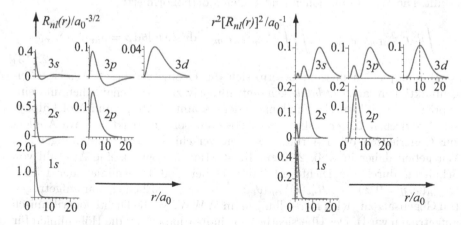

Abb. 2.11. Radiale Wellenfunktionen des H-Atoms $R_{n\ell}(r)$ und Aufenthaltswahrscheinlichkeiten $r^2 R_{n\ell}^2(r)$ für die K, L und M Schale. Die gestrichelten vertikalen
Linien deuten die Maxima der Bohr'schen Bahnen an

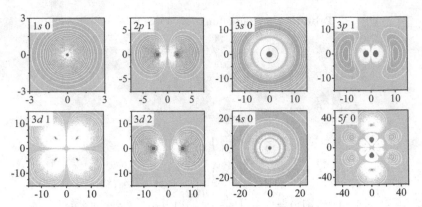

Abb. 2.12. Dichteplots für einige charakteristische H-Wellenfunktionen. Aufgetragen sind die Höhenlinien der Dichte (rot hohe, grau niedrige Dichte). Die Abmessungen sind in atomaren Einheiten a_0 gegeben

2.8.8 Dichteplots

Zur vollständigen Lösung $\psi_{n\ell m}(r,\theta,\varphi)$ der Schrödinger-Gleichung (2.95) gehört natürlich auch noch die Winkelabhängigkeit. Mit den bereits in 2.6.3 gefundenen Kugelflächenfunktionen und den eben bestimmten Radialfunktionen $R_{n\ell}(r)$ wird der Ansatz (2.97)

$$\psi_{n\ell m}(r,\theta,\varphi) = R_{n\ell}(r)Y_{\ell m}(\theta,\varphi)$$

erfüllt. Die Wellenfunktionen sind zugleich orthonormiert:

$$\int \mathrm{d}^3 r \; \psi^*_{n\ell m}\psi_{n'\ell'm'} = \iiint \psi^*_{n\ell m}\psi_{n'\ell'm'}r^2 \mathrm{d}r \, \sin\theta \mathrm{d}\theta \mathrm{d}\varphi = \delta_{nn'}\delta_{\ell\ell'}\delta_{mm'}$$

(2.113)

Wir empfehlen unseren Lesern, sich die Geometrie dieser Wasserstoffeigenfunktionen, auch *Orbitale* genannt, intensiv zu veranschaulichen und einzuprägen. Sie bilden ein Fundament der gesamten Atom- und Molekülphysik. Inzwischen bieten zahlreiche Webseiten sehr instruktive Java-Applets zur Generierung der H-Orbitale in den verschiedensten Darstellungen an. Wir geben daher in Abb. 2.12 zur Illustration nur eine kleine Auswahl von Schnitten durch die Dichteverteilung. Dabei sind Höhenlinien der Dichte $|\psi_{n\ell m}(x,y=0,z)|^2 = |R_{n\ell}(r)Y_{\ell m}(\theta,\varphi)|^2$ in der $z-x$ Ebene linear aufgetragen (im Gegensatz zu vielen Darstellungen im WWW, wo die Dichte logarithmisch aufgetragen wird). Der Übersichtlichkeit halber haben wir die Höhenlinien für besonders hohe Spitzen durch entsprechende rote Flächen ersetzt.

Wir halten hier noch einmal fest, dass nur die ns Orbitale am Ursprung eine endliche Dichte haben, alle anderen werden dort $\equiv 0$. Für den späteren Gebrauch halten wir nach Auswertung von (2.108) mit $Y_{00}(\theta,\varphi) = 1/\sqrt{4\pi}$ fest:

$$|\psi_{n00}(0)|^2 = \frac{Z^3}{\pi a_0^3 n^3} \qquad (2.114)$$

2.8.9 Die Spektren des H-Atoms

Wie beim Bohr'schen Modell gilt unter Berücksichtigung der ℓ- und m-Entartung für die bei einem Übergang $n\ell \to n'\ell'$ beobachteten Spektrallinien

$$\hbar\omega = h\nu = W_{n\ell} - W_{n'\ell'} = \frac{Z^2}{2}W_0\frac{\mu}{m_e}\left[\frac{1}{n'^2} - \frac{1}{n^2}\right]. \qquad (2.115)$$

Natürlich gibt es wegen der ℓ-Entartung beim H-Atom auch in den Spektren keinen Einfluss des Bahndrehimpulses (in dieser ersten Näherung. Sehr kleine Abweichungen werden wir in Kapitel 6 kennen lernen).

Durch Tüftlerarbeit kann man damit aus den experimentell beobachteten Spektrallinien die Termlagen W_n bestimmen.

2.8.10 Erwartungswerte von r^k

Oft ist es wichtig, die Erwartungswerte für eine bestimmte Potenz von r zu kennen. Man kann diese im Prinzip durch Mittelung über viele Einzelmessungen in einem geeignet konzipierten Experiment bestimmen. Die Quantenmechanik gibt dafür:

$$\langle r^k \rangle = \langle n\ell | r^k | n\ell \rangle = \int\limits_0^\infty R_{n\ell}(r) r^k R_{n\ell}(r) r^2 dr = \int\limits_0^\infty R_{n\ell}^2(r) r^{2+k} dr$$

$$\text{wobei } \int\limits_0^\infty R_{n\ell}^2(r) r^2 dr = 1 \qquad (2.116)$$

Die Integration ist trivial, wenn auch bisweilen etwas mühsam. Man kann dazu die in (2.108) und (2.109) gegebenen Ausdrücke benutzen.

Die wichtigsten Ergebnisse, die wir später benutzen werden, gibt die folgende Übersicht:[2]

$$\langle r \rangle_{n\ell m} = a_0\frac{n^2}{Z}\left[1 + \frac{1}{2}\left(1 - \frac{\ell(\ell+1)}{n^2}\right)\right]$$

$$\langle r^2 \rangle_{n\ell m} = a_0^2\frac{n^4}{Z^2}\left\{1 + \frac{3}{2}\left[1 - \frac{\ell(\ell+1)-1/3}{n^2}\right]\right\}$$

$$\left\langle \frac{1}{r} \right\rangle_{n\ell m} = \frac{1}{a_0}\frac{Z}{n^2} \qquad (2.117)$$

$$\left\langle \frac{1}{r^2} \right\rangle_{n\ell m} = \frac{1}{a_0^2}\frac{Z^2}{n^3(\ell+1/2)}$$

$$\left\langle \frac{1}{r^3} \right\rangle_{n\ell m} = \frac{1}{a_0^3}\frac{Z^3}{n^3\ell(\ell+1/2)(\ell+1)}$$

---

[2] Auch hier ist für genauere Ansprüche wieder $a_0 \to a_\mu = a_0 m_e/\mu$ zu ersetzen.

2.8.11 Vergleich mit dem Bohr'schen Modell

Wir wollen die quantenmechanischen Ergebnisse für das H-Atom noch kurz mit denen des Bohr'schen Modells vergleichen. Die *Energie im Bohr'schen Modell* war

$$W = -\frac{Z^2}{2n^2} W_\mu \,,$$

stimmt also exakt mit dem quantenmechanischen Resultat (2.111) überein. Die Bohr'sche Quantisierungsbedingung (2. Postulat) war

$$\int p_k \mathrm{d}q_k = nh \Rightarrow L = n\hbar \,,$$

was wir direkt mit dem quantenmechanischen Analog zu vergleichen haben:

$$\hat{L}_z \Phi(\varphi) = m\hbar\Phi(\varphi) \,.$$

Dazu passt auch die Bohr'sche Überlegung zu den stehenden Wellen auf einer Kreisbahn, für die ja $\exp[\mathrm{i}\,(m\varphi - \omega t)]$ gelten sollte. Das sind aber genau die (zeitabhängig geschriebenen) Eigenfunktionen von $\hat{L}_z$ nach (2.59).

Schließlich ist noch der Bahnbegriff zu übersetzen, der in der Bohr'schen Form natürlich in der Quantenmechanik keinen Platz hat. Insbesondere stehen alle ns Zustände, insbesondere der $1s$ Grundzustand, in direktem Widerspruch zu den Bohr'schen Vorstellungen, da sie ja überhaupt keinen Drehimpuls haben. Man kann sagen, dass die Orbitale den Bohr'schen Bahnen um so ähnlicher werden, je höher der Bahndrehimpuls ℓ ist – genau gesagt: man wird zusätzlich noch $m = \pm\ell$ fordern, um einen Vergleich mit dem auf einer Kreisbahn rotierenden Elektron überhaupt sinnvoll zu machen.

Beim quantitativen Vergleich der Orbitale mit den Bohr'schen Bahnen fällt auf (s. Abb. 2.11 auf Seite 77), dass die *Maxima der radialen Aufenthaltswahrscheinlichkeiten* für Bohr-ähnlichen Bahnen mit $\ell = n - 1$ in der Tat bei $a_0 n^2/z$ liegen, das heißt den *Bohr'schen Bahnradien nach* (1.80) *entsprechen* – wie man leicht durch Differentiation von $w(r) = r^2 R_{n\ell}^2(r)$ mit den expliziten Ausdrücken für $R_{n\ell}$ nach (2.108) generell nachprüft. Allerdings sind es ja nicht die Maxima der Aufenthaltswahrscheinlichkeit, die messbare Aussagen machen, sondern die Erwartungswerte z. B. von $\langle r \rangle$. Man erhält nach (2.117) für das jeweils größte $\ell = n - 1$ den Wert $\langle r \rangle = [n/2 + n^2]\, a_0/Z$. Für sehr große n ergibt das

$$\langle r \rangle = \left[\frac{1}{2}n + n^2\right] \frac{a_0}{Z} \xrightarrow{n \longrightarrow \infty} n^2 \frac{a_0}{Z} \,, \tag{2.118}$$

stimmt also im Grenzfall mit Bohr überein. Wir begegnen hier dem sogenannten

- *Korrespondenzprinzip: quantenmechanische und klassische Werte nähern sich für sehr große Quantenzahlen stets aneinander an.*

Entsprechend wird auch der mittlere Radius $\langle r \rangle$ für das jeweils kleinste $\ell = 0$ deutlich größer als nach dem Bohr'schen Modell vermutet, nämlich $(3/2)\, n^2 a_0/Z$ und nicht $n^2 a_0/Z$ und insbesondere ist auch für den $1s$ Grundzustand $\langle r \rangle_{1s} = 1.5 a_0$ und nicht a_0.

2.9 Normaler Zeeman-Effekt

Der sogenannte *normale Zeeman-Effekt* ist eigentlich überhaupt nicht normal und kommt nur sehr selten vor. Es geht um die Frage, was geschieht, wenn man eine Atom in ein externes, statisches Magnetfeld bringt. Das Wort „normal" bezieht sich auf die klassische Deutung der Dinge, nämlich ohne Berücksichtigung des Elektronenspins. Wir behandeln das Thema später in Kapitel 8 ausführlich und hier nur, weil wir damit erstmals eine Aufhebung der Energieentartung beim H-Atom kennen lernen.

2.9.1 Wechselwirkung Bahndrehimpuls – externes B-Feld

Wie in 1.12 besprochen, ist das magnetische Moment eines Bahndrehimpulses

$$\boldsymbol{\mathcal{M}} = -\frac{e_0}{2m_e} \boldsymbol{L} = -\mu_B \frac{\boldsymbol{L}}{\hbar} \qquad (2.119)$$

mit dem *Bohr'schen Magneton* μ_B. Seine potenzielle Energie in einem externen magnetischen Feld $\hat{\boldsymbol{B}}$ ist

$$V_B = -\boldsymbol{\mathcal{M}} \cdot \hat{\boldsymbol{B}} = -\mathcal{M} B \cos(\angle \boldsymbol{\mathcal{M}}, \hat{\boldsymbol{B}}). \qquad (2.120)$$

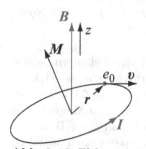

Abb. 2.13. Elektron mit dem Magnetischen Moment $\mathcal{M}$ des Elektrons auf Kreisbahn im Magnetfeld $\hat{\boldsymbol{B}}$

Wählen wir der Einfachheit halber $z \parallel \hat{\boldsymbol{B}}$, dann wird $V_B = +\mu_B\,(L_z/\hbar)\,B$, wie im Vektordiagramm Abb. 2.13 illustriert. Die quantenmechanische Entsprechung dieser bis hier rein klassischen Überlegung ist ein atomarer Hamilton-Operator mit einem zusätzlichen Term $\hat{V}_B$

$$\hat{H} = \hat{H}_0 + \hat{V}_B = \hat{H}_0 + \mu_B \frac{\hat{L}_z}{\hbar} B, \qquad (2.121)$$

wobei für das ungestörte Atom

$$\text{ohne Feld} \quad \hat{H}_0 \, |\psi\rangle = W_0 \, |\psi\rangle$$

gelte. $\hat{H}_0$ ist z. B. der oben besprochene Hamilton-Operator für das H-Atom. Da wir uns jetzt nur für die Zustandsenergien interessieren benutzen wir hier und im Folgenden anstatt der Wellenfunktionen $\psi_{n\ell m}(r, \theta, \varphi)$ Zustandsvektoren $|\psi_{n\ell m}\rangle = |n\ell m\rangle$, was eine sehr kompakte Schreibweise erlaubt.

Demnach ist in Gegenwart des externen Feldes die Schrödinger-Gleichung (bzw. die Energieeigenwertgleichung)

$$\left(\widehat{H}_0 + \mu_B \frac{\hat{L}_z}{\hbar} B \right) |n\ell m\rangle = (W_0 + \Delta W) |n\ell m\rangle \qquad (2.122)$$

zu lösen, wobei ΔW die Änderung der Gesamtenergie gegenüber dem ungestörten Zustand ausdrückt. Wir erinnern uns, dass nach (2.66) und (2.67) die Eigenfunktionen $\psi_{n\ell m}(r, \theta, \varphi) = R_{n\ell}(r)Y_{n\ell}(\theta, \varphi)$ bzw. die Eigenzustände $|n\ell m\rangle$ des Wasserstoffatoms zugleich auch Eigenfunktionen von $\hat{\boldsymbol{L}}^2$ und $\hat{L}_z$ sind, sodass

$$\hat{L}_z |n\ell m\rangle = m\hbar |n\ell m\rangle \qquad (2.123)$$

gilt. Die Eigenzustände $|n\ell m\rangle$ des ungestörten Hamilton-Operators H_0 sind also auch Eigenzustände von $\widehat{H}$, und wir erhalten als Energieeigenwerte im magnetischen Feld:

$$\left(\widehat{H}_0 + \mu_B \frac{m\hbar}{\hbar} B \right) |n\ell m\rangle = (W_0 + \Delta W_m) |n\ell m\rangle \qquad (2.124)$$

$$\text{mit } \Delta W_m = \mu_B m B$$

2.9.2 Aufhebung der m-Entartung

Es ergibt sich also im magnetischen Feld eine Aufspaltung des bis dahin entarteten Energieniveaus, die von m und B abhängt. Es gilt die

- *Allgemeine Regel: die Anzahl der Aufspaltungen entspricht der Zahl möglicher m-Zustände (Entartung). Das Magnetfeld bricht die sphärische Symmetrie und hebt damit die m-Entartung auf.*

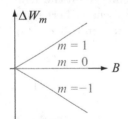

Abb. 2.14. Energieaufspaltung beim normalen Zeeman-Effekt

Wir illustrieren das zunächst am Beispiel $|npm\rangle$ eines p-Zustands ($\ell = 1$) mit den Unterniveaus $m = -1, 0, 1$. Abbildung 2.14 zeigt die Energieänderung ΔW_m für die drei Zustände als Funktion der angelegten Magnetfeldstärke B. Man beobachtet diese Aufspaltung z. B. in optischen Emissionsspektren, die wir später noch ausführlich behandeln werden. Die Entstehung der Spektren ist in Abb. 2.15 auf der nächsten Seite für einen $p \to s$ (links) und einen $d \to p$ Übergang illustriert ist. Die Übergänge sind durch schwarze Pfeillinien nach unten gekennzeichnet. Die dabei benutzte *Auswahlregel für die magnetischen Übergänge* ist $\Delta m = 0, \pm 1$, die in Kapitel 4.3 ausführlich behandelt wird. Da die Entartung und demnach die Aufspaltung $2\ell + 1$-fach ist, gibt es bei größerem ℓ auch mehr als drei Niveaus, wie dies in Abb. 2.15 auf der nächsten Seite rechts oben für das d-Niveau angedeutet ist. Da freilich

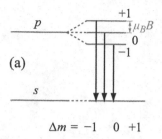
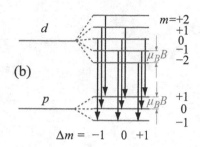

Abb. 2.15. „Normaler" Zeeman-Effekt bei (**a**) $p \to s$ bzw. (**b**) $d \to p$ Übergängen. Man beobachtet bei gleicher Aufspaltung oben und unten in beiden Fällen ein Linientriplett – trotz der 5-fach Aufspaltung im d Zustand

beim normalen Zeeman-Effekt nach (2.124) die Aufspaltung beim oberen und unteren Niveau identisch ist, sieht man dennoch bei beiden Übergängen nur ein Triplett von Linien. In der Realität wird diese Art des Zeeman-Effekts freilich nur in speziellen Fällen beobachtet, da meist der Spin eine wichtige Rolle spielt und die Verhältnisse verkompliziert (s. auch 8.1.2).

3

Periodensystem und Aufhebung der L-Entartung

Das Wasserstoffatom ließ sich exakt analytisch lösen. Wir hatten dabei festgestellt, dass dies den besonderen mathematischen Eigenschaften des Coulomb-Potenzials zu danken sei. Wir führen nun Schritt um Schritt Abweichungen davon ein, um nach und nach immer feinere und später dann auch komplexere Phänomene beschreiben zu können, die in der Spektroskopie und Dynamik von Atomen, Molekülen und Clustern beobachtet werden.

Hinweise für den Leser: Dies ist ein recht kompaktes und wichtiges Kapitel, welches der Leser nach erfolgreicher Auffrischung seines Grundlagenwissens in den vorangehenden zwei Kapiteln schnell und ohne Probleme durcharbeiten können sollte. Ein erster Schritt zur Verallgemeinerung der beim Wasserstoffatom erprobten Methode ist es, ein Wechselwirkungspotenzial zuzulassen, welches nicht mehr streng proportional zu $1/r$ ist. Dies soll in diesem Kapitel geschehen: die wichtigsten und zugleich noch einfachen Beispiele hierfür sind die Alkaliatome. Wir fassen in Abschnitt 3.1 zunächst die wesentlichen Befunde zum Periodensystem der Elemente zusammen und beschreiben in Abschnitt 3.2 die Spektren der Alkaliatome phänomenologisch. In Abschnitt 3.3 führen wir in die später häufig benutzte zeitunabhängige Störungsrechnung ein und illustrieren sie am Beispiel der Alkaliatome.

3.1 Schalenaufbau der Atome, Periodisches System

Vieles von dem, was hier behandelt wird, wird der Leser in der einen oder anderen Form schon gehört haben. Da das Periodensystem aber Basis und ordnendes Schema für all unser Verständnis von Atomen und Molekülen bildet, lohnt es sich, die zugrunde liegenden Konzepte, Beobachtungen und Definitionen hier noch einmal zusammenzustellen.

3.1.1 Elektronenkonfiguration

Die Theorie des Wasserstoffatom als Prototyp eines Atoms enthält bereits alle Ingredienzien, die wir zum Verständnis des Aufbaus auch komplexer Atome benötigen. Das Periodensystem der Elemente ergibt sich daraus zwanglos durch das *Aufbauprinzip* (auch im Englischen so bezeichnet): als sozusagen nullte Näherung behandeln wir die N Elektronen eines Atoms mit der Kernladung Z so, als seien sie voneinander unabhängig, und denken uns ihre jeweiligen Wellenfunktionen hätten einen ähnlichen Verlauf wie beim Elektron des H-Atoms. Es zeigt sich, dass dieser Ansatz erstaunlich weit trägt, wobei man sich freilich darüber im Klaren sein muss, dass das von den Elektronen gesehene Potenzial zu modifizieren ist und nicht einfach Z/r sein kann. Denn die Kernladung wird ja von all den anderen Elektronen mehr oder weniger vollständig *abgeschirmt*.

Wir werden diese Abschirmung und ihren Einfluss noch genauer besprechen. Hier halten wir erst einmal fest, dass *jedes Elektron* (nummeriert mit $i = 1, 2, \ldots N$) durch einen charakteristischen Satz von

Quantenzahlen	$(n_i \ell_i m_i m_{si})$	(3.1)
mit der Hauptquantenzahl	$n_i = 1, 2, \ldots \infty$	
der Bahndrehimpulsquantenzahl	$\ell_i = 1, 2, \ldots n_i - 1$	
der Richtungsquantenzahl	$m_i = -\ell_i, -\ell_i + 1, \ldots, \ell_i$	
und der Spinrichtungsquantenzahl	$m_{si} = \pm 1/2$	

beschrieben wird. Sie entsprechen den Quantenzahlen des Elektrons im Wasserstoffatom. Die *Gesamtheit der Quantenzahlen für alle Elektronen eines Atoms* in einem bestimmten Zustand bezeichnen wir als

$$\textbf{Konfiguration} \quad \{n_1\ell_1 m_1 m_{s1}, n_2\ell_2 m_2 m_{s2}, \ldots n_N \ell_N m_N m_{sN}\} \quad (3.2)$$

oder etwas präziser als *Elektronenkonfiguration* des Atoms.

3.1.2 Pauli-Prinzip

Das Pauli-Prinzip beschreibt eine spezifische, empirisch bestätigte Eigenschaft von Fermionen (also von Teilchen mit halbzahligem Spin: 1/2, 3/2 etc.) von größter Tragweite. In seiner bekanntesten Formulierung lautet das Pauli-Prinzip: *In einem Quantensystem müssen sich zwei gleiche Fermionen (z. B. Elektronen) um mindestens eine Quantenzahl unterscheiden!* Knapp formuliert lautet das

$$\textbf{Pauli-Prinzip} \quad (n_a\ell_a m_a m_{sa}) \neq (n_b\ell_b m_b m_{sb}) \text{ sofern } a \neq b \quad (3.3)$$

Wir werden in Kapitel 7 die – inhaltlich völlig äquivalente – quantenmechanische Formulierung besprechen und benutzen: *Die Gesamtwellenfunktion identischer Fermionen ist antisymmetrisch in Bezug auf die Vertauschung von je zwei Teilchen.*

Die fundamentalen Auswirkungen, welche das Pauli-Prinzip auf die Struktur von Quantensystemen hat, lässt einen versucht sein, geradezu von einer fünften fundamentalen Kraft zu sprechen (neben Coulomb-Kraft, Gravitation, starker und schwacher Wechselwirkung) – obwohl das üblicherweise nicht so diskutiert wird.

3.1.3 Wie die Schalen gefüllt werden

Wir können nun das Aufbauprinzip des Periodensystems entwickeln. Man definiert sogenannte *Atomschalen* zu denen jeweils alle diejenigen Elektronen eines Atoms gehören, welche die gleiche Hauptquantenzahl n haben.

Tabelle 3.1. Atom-Schalen

Schale	Zustände	n	Anzahl Zustände
K	$1s$	1	2
L	$2s, 2p$	2	8
M	$3s, 3p, 3d$	3	18
N	$4s, 4p, 4d, 4f$	4	32

Man bezeichnet diese Schalen mit den Buchstaben K, L, M, N ..., wie in Tabelle 3.1 zusammengestellt. Zur Schale mit der Hauptquantenzahl n gehören $2n^2$ Zustände (einschließlich der Spinzustände mit $m_s = \pm 1/2$), die beim Wasserstoffatom in erster Näherung entartet sind.

Die Buchstaben s, p, d, f, g stehen für die Bahndrehimpulsquantenzahl $\ell = 0, 1, 2, 3, 4$. Jeder Zustand kann maximal mit einem Elektron besetzt werden. Damit schreibt man die Elektronenkonfiguration eines Atoms in kompakter Form wie in Tabelle 3.2 für die Grundzustandskonfigurationen einiger leichter Atome zusammengestellt. Für größeren Atome (Bsp. Na) fasst man die inneren Schalen durch das in Klammern [ ] gesetzte Symbol für das nächst kleinere Edelgasatom zusammen. Abbildung 3.1 stellt das Schema der Schalenauffüllung bis zum Neon grafisch dar.

Tabelle 3.2. Grundzustandskonfigurationen einiger leichter Atome

Z	Atom	Grundzustands-konfiguration	Schale
1	H	$1s$	K
2	He	$1s^2$	
3	Li	$1s^2 2s$	L
4	Be	$1s^2 2s^2$	
5	B	$1s^2 2s^2 2p$	
...	...	...	
10	Ne	$1s^2 2s^2 2p^6$	
11	Na	$1s^2 2s^2 2p^6 3s = [\text{Ne}]\, 3s$	M

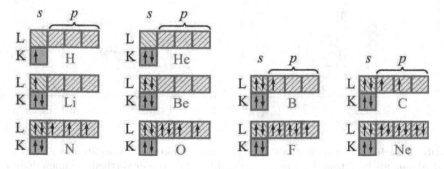

Abb. 3.1. Wie die K- und die L-Schale des periodischen Systems mit Elektronen gefüllt werden. Pfeile deuten die Spineinstellung der Elektronen an

3.1.4 Das Periodensystem der Elemente

Ein tieferes Verständnis des Periodensystems werden wir in Kapitel 10 entwickeln. Tabelle 3.3 auf der nächsten Seite gibt aber schon hier eine Gesamtübersicht, die wir im Folgenden gelegentlich konsultieren werden. Der Vollständigkeit halber ist in farblicher Markierung auch das Schema angedeutet, nach welchem die Atomschalen gefüllt werden. Wir verweisen darüber hinaus auf zahlreiche, ausgezeichnete Darstellungen im Internet. *Die* Quelle schlechthin ist das Periodensystem des NIST (2006) (National Institute of Standards and Technology, USA). Von dort aus findet man auch viele tabellierte Eigenschaften der Elemente und in der Regel auch alle spektroskopischen Informationen, soweit sie überhaupt verfügbar sind. Recht instruktiv und hübsch ist die Animation der University of Colorado (2000).

Die entscheidende Grundlage des Schalenaufbaus der Atome ist das erstaunlich gute Modell der quasi-unabhängigen Elektronen in der sogenannten Zentralfeldnäherung, die wir ausführlich erst in Kapitel 10 behandeln werden.

3.1.5 Einige experimentelle Fakten

Die Ionisationspotenziale W_I der Atome sind für das gesamte Periodensystems in Abb. 3.2 dargestellt. Das Diagramm zeigt sehr eindrucksvoll die Schalenstruktur des Atombaus: Die Ionisationspotenziale sind maximal für Atome, die sich durch eine vollständig gefüllte äußere Schale auszeichnen (He, Ne, Ar, Kr, Xe, Rn), die also besonders stabil sind. Kleinere Maxima findet man auch

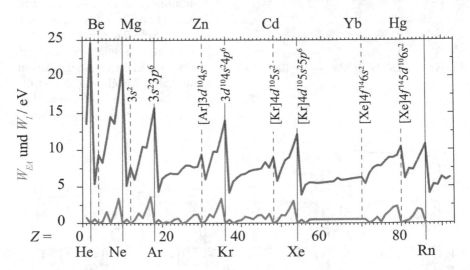

Abb. 3.2. Ionisationspotenziale W_I (rot) und Elektronenaffinitäten W_{EA} (grau) der Atome als Funktion der Kernladungszahl Z. Die vollen vertikalen Linien deuten den Schalenabschluss an, die gestrichelten Linien den Abschluss einer Unterschale, entsprechend den eingetragenen Elektronenkonfigurationen

Gruppe

Periode	1	2											3	4	5	6	7	8
1	^{1}H 1s																	^{2}He 1s
2	^{3}Li 2s	^{4}Be 2s											^{5}B 2p	^{6}C 2p	^{7}N 2p	^{8}O 2p	^{9}F 2p	^{10}Ne 2p
3	^{11}Na 3s	^{12}Mg 3s											^{13}Al 3p	^{14}Si 3p	^{15}P 3p	^{16}S 3p	^{17}Cl 3p	^{18}Ar 3p
4	^{19}K 4s	^{20}Ca 4s	^{21}Sc 3d	^{22}Ti 3d	^{23}V 3d	^{24}Cr 3d	^{25}Mn 3d	^{26}Fe 3d	^{27}Co 3d	^{28}Ni 3d	^{29}Cu 3d	^{30}Zn 3d	^{31}Ga 4p	^{32}Ge 4p	^{33}As 4p	^{34}Se 4p	^{35}Br 4p	^{36}Kr 4p
5	^{37}Rb 5s	^{38}Sr 5s	^{39}Y 4d	^{40}Zr 4d	^{41}Nb 4d	^{42}Mo 4d	^{43}Tc 4d	^{44}Ru 4d	^{45}Rh 4d	^{46}Pd 4d	^{47}Ag 4d	^{48}Cd 4d	^{49}In 5p	^{50}Sn 5p	^{51}Sb 5p	^{52}Te 5p	^{53}I 5p	^{54}Xe 5p
6	^{55}Cs 6s	^{56}Ba 6s	^{71}Lu* 5d	^{58}Hf 5d	^{59}Ta 5d	^{60}W 5d	^{61}Re 5d	^{62}Os 5d	^{63}Ir 5d	^{78}Pt 5d	^{79}Au 5d	^{80}Hg 5d	^{81}Tl 6p	^{82}Pb 6p	^{83}Bi 6p	^{84}Po 6p	^{85}At 6p	^{86}Rn 6p
7	^{87}Fr 7s	^{88}Ra 7s	^{103}Lr** 6d	^{104}Rf 6d	^{105}Db 6d	^{106}Sg	^{107}Bh	^{108}Hs	^{109}Mt	^{110}Uun	^{111}Uuu	^{112}Uub		^{114}Uuq		^{116}Uuh		

*Lanthaniden:

^{57}La 4f	^{58}Ce 4f	^{59}Pr 4f	^{60}Nd 4f	^{61}Pm 4f	^{62}Sm 4f	^{63}Eu 4f	^{64}Gd 4f	^{65}Tb 4f	^{66}Dy 4f	^{67}Ho 4f	^{68}Er 4f	^{69}Tm 4f	^{70}Yb 4f

**Aktiniden:

^{89}Ac 5f	^{90}Th 5f	^{91}Pa 5f	^{92}U 5f	^{93}Np 5f	^{94}Pu 5f	^{95}Am 5f	^{96}Cm 5f	^{97}Bk 5f	^{98}Cf 5f	^{99}Es 5f	^{100}Fm 5f	^{101}Md 5f	^{102}No 5f

dazwischen, nämlich immer dann, wenn eine Unterschale abgeschlossen ist. Komplementäres gilt für die negativen Ionen (*Anionen*): hier sind die Elektronenaffinitäten W_{EA} (gleich bedeutend mit der Bindungsenergie) besonders hoch, wenn im neutralen Atome gerade noch einen Freiplatz für das aufzunehmende Elektron in der äußeren Schale verfügbar ist – was für das H-Atom und die Halogene (H, F, Cl, …) gilt – und wird Null für die Edelgase mit ihren abgeschlossenen Schalen: es gibt praktisch keine Edelgasanionen.

Auch die in Abb. 3.3 und 3.4 als Funktion der Kernladungszahl Z gezeigten Atomradien illustrieren den Schalenaufbau der Atome sehr deutlich. Nun ist der Begriff „Atomradius" natürlich nicht eineindeutig definiert – das Atom wird ja durch die Aufenthaltswahrscheinlichkeit seiner Elektronen in einem bestimmten Abstand vom Atomkern charakterisiert und eine Grenze lässt sich nur bedingt angeben. Man kann z.B. bei Atomen, die in fester Form vorliegen aus Teilchendichte N bzw. Massendichte ρ, Molmasse m_{At} und Avogadrozahl $\mathcal{N}_A$ den Radius einer Kugel r_{WS} ermitteln, die das gleiche Volumen einnimmt wie das Atom im Mittel im Festkörper. Diese Größe nennt man den

$$\textbf{Wigner-Seitz-Radius} \quad r_W = \sqrt[3]{\frac{3}{4\pi N}} = \sqrt[3]{\frac{3m_{At}}{4\pi\mathcal{N}_A\rho}} \,. \tag{3.4}$$

Eine ähnliche Größe ist der van der Waals Radius, der angibt, auf welchen Abstand sich nicht chemisch gebundene Atome annähern können. Beide Größen sind in Abb. 3.3 für die Elemente H bis Ba gezeigt. Alternativ sind in Abb. 3.4 berechnete Atomradien gezeigt, die man z. B. als quantenmechanische Erwar-

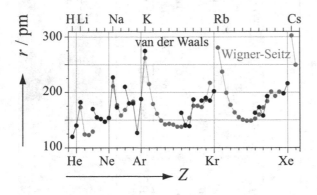

Abb. 3.3. Atomradien als Funktion der Kernladungszahl – auf unterschiedliche Weise bestimmt: hier die Wigner-Seitz Radien (rot) und die van der Waals Radien (schwarz)

Tabelle 3.3. Periodensystem der Elemente. Links oben sind jeweils die Ordnungszahlen angegeben, unter den Elementen steht die Konfiguration des letzten eingebauten Elektrons. Der Einbau der verschiedenen Elektronen ist farbig markiert: die s-Elektronen und die p-Elektronen bestimmen die Hauptgruppen, der Einbau der d-Elektronen erfolgt in den Nebengruppen und dominiert die Mitte des Periodensystems. Bei den Lanthaniden und Aktiniden, die ähnliche chemische Eigenschaften haben, findet verspätet der Einbau der $4f$- und $5f$-Elektronen statt. Bei den künstlichen radioaktiven Elementen der 7. Periode weiß man relativ wenig über die Elektronenkonfiguration

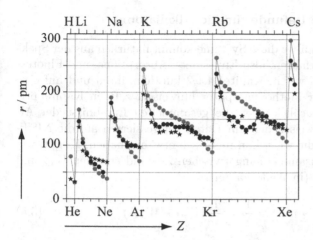

Abb. 3.4. Berechnete Atomradien (rot), kovalente Radien (schwarzer Stern) und Mittelwerte aus verschiedenen Bindungslängen (schwarzer Kreis)

tungswerte, wie in Kapitel 2.8.11 diskutiert, bestimmt – wenn man auf eine entsprechend verlässliche Berechnungen der Wellenfunktionen zurückgreifen kann. Empirisch kann man die sogenannten Kovalenzradien bestimmen, die man aus den gut bekannten Bindungslängen von einfachen Verbindungen der Atome (möglichst Dimere) ermittelt. Durch Vergleich mit anderen Molekülen lässt sich mit etwas Aufwand die Abschätzung noch verbessern, wie ebenfalls in Abb. 3.4 illustriert. Trotz der Unsicherheiten bei der Bildung des Begriffs „Atomradius" kann man hier sehr klar erkennen, dass die Edelgase jeweils den kleinsten Radius haben, die Alkalimetalle den höchsten: die Elektronen in einer geschlossenen Schale sehen im wesentlichen die gleiche, hohe Ladung, während diese bei Alkalimetallen für das eine *Leuchtelektron* in der äußersten Schale bis auf eine Rumpfladung weitgehend abgeschirmt ist. Dies wird in den folgenden Abschnitten zu diskutieren sein. Wir weisen aber noch auf den Unterschied zwischen Abb. 3.3 auf der vorherigen Seite und Abb. 3.4 hin: während das Minimum im Atomradius bei den Edelgasen im letzteren Fall sehr gut ausgebildet ist, gibt es offensichtlich ein solches nicht für die van der Waals und Wigner-Seitz Radien: hier spielt neben der Elektronendichte in den Atomen auch noch ihre Polarisierbarkeit eine wichtige Rolle.

3.2 Quasi-Einelektronensystem

Als einfachsten Fall eines Mehrelektronensystems betrachten wir nun ein Atom mit *einem „aktiven" Elektron* und einem *„Rumpf"* mit mehreren anderen Elektronen etwas genauer. Wir sprechen also über die Elemente der ersten Gruppe im Periodensystem, die Alkaliatome und die entsprechenden alkaliähnlichen Ionen. Ihre Elektronenkonfiguration (im Grundzustand) ist gegeben durch $\{[\text{Rg}]\,ns\}$, wobei [Rg] für die Edelgaskonfiguration des Rumpfes steht, also z. B. Li: $\{[\text{He}]\,2s\}$ Na: $\{[\text{Ne}]\,3s\}$ K: $\{[\text{Ar}]\,4s\}$ etc. Das eine Elektron in der jeweils neuen, nur mit ihm gefüllten Schale ist das aktive Elektron dieser Atome. Man nennt es das *Leuchtelektron oder Valenzelektron.*

3.2.1 Spektroskopische Befunde für die Alkaliatome

Die genaueste Information über diese Systeme kommt natürlich aus der Spektroskopie. In die Grundverfahren, also Emissions-, Absorptions- und Fluoreszenzspektroskopie, werden wir in Kapitel 4.1.2 kurz einführen und auf eine Reihe spezieller, moderner Methoden später hinweisen, z. B. in Kapitel 6.1. Hier geben wir einen Überblick über die gesammelten Ergebnisse der Alkalispektroskopie und verweisen den am Detail Interessierten auf die NIST-Datenbank NIST (2006), die wir schon mehrfach erwähnt haben. Es gilt, wie beim H-Atom, für den Zusammenhang zwischen Zustandsenergien $W_{n\ell}$ und beobachten Spektrallinien (in Wellenzahlen):

$$\bar{\nu}(n\ell \longleftrightarrow n'\ell') = \frac{1}{\lambda} = \frac{1}{hc}\,(W_{n\ell} - W_{n'\ell'}) \tag{3.5}$$

Allerdings zeigt sich, dass die ℓ-Entartung, welche die Spektren des Wasserstoffatoms so übersichtlich machte, jetzt aufgehoben ist.[1]

Als charakteristisches *Beispiel* zeigen wir in Abb. 3.5 das aus vielen Spektren gewonnene Termdiagramm für $\mathrm{Li}(1s)^2 n\ell$ (in dieser Form, d. h. mit eingetragenen Übergängen, wird es auch *Grotrian-Diagramm* genannt). Einen

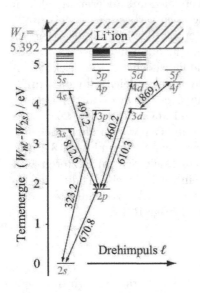

Abb. 3.5. Grotrian-Diagramm für das Lithiumatom: Für die ns, np, nd und nf Konfiguration des Leuchtelektrons werden Termlagen (horizontale Striche) und einige erlaubte Übergänge (Doppelpfeile) gezeigt. Die Wellenlängen sind in nm angegeben. Das Diagramm kann direkt aus der NIST Datenbank erzeugt werden. Die Termenergien hängen mit den jeweiligen (negativen) Bindungsenergien $W_{n\ell}$ des Leuchtelektrons über $W_{n\ell} - W_{n_0\ell_0}$ zusammen. Dabei ist $W_{n_0\ell_0}$ die Energie des Leuchtelektrons im Grundzustand, dem Betrag nach gleich dem Ionisationspotenzial $W_I = -W_{n_0\ell_0}$

Vergleich der Energien des H-Atoms mit denen aller Alkaliatome (Valenzelektron) zeigt Abb. 3.6. Die charakteristische Aufhebung der ℓ-Entartung führt

---

[1] Streng genommen müssten wir noch eine weitere Quantenzahl j einführen, die den *Gesamtdrehimpuls* beschreibt. Diesen haben wir ja schon im Zusammenhang mit dem Stern-Gerlach-Experiment in 1.14.2 kennengelert. Wir werden uns damit in Kapitel 6.2.5 noch im Detail beschäftigen.

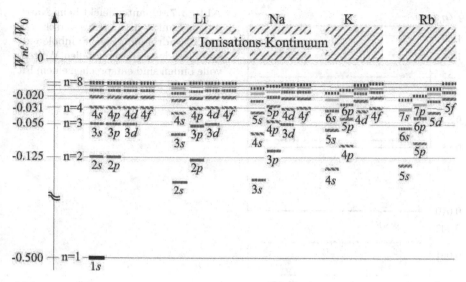

Abb. 3.6. Übersicht über die Termlagen aller Alkaliatome im Vergleich zum H-Atom. Charakteristisch ist die Aufhebung der ℓ-Entartung und die Absenkung der Zustände gegenüber dem H-Atom bei kleinen Bahndrehimpulsen ℓ

dazu, dass die Terme der Alkaliatome stets unter denen des H-Atoms liegen. Für die Bindungsenergie des Leuchtelektrons gilt also $W_{n\ell} < -W_0/(2n^2)$, was wir auf die im Vergleich zum H-Atom höhere Kernladung zurückführen. Freilich wird diese Absenkung um so geringer, je größer der Bahndrehimpuls ist und generell dokumentiert Abb. 3.6, dass $W_{ns} < W_{np} < W_{nd} < W_{nf}$. Für die nf Terme sind die Energien der Alkaliatome schon praktisch identisch mit denen des Wasserstoffatoms. Wir werden gleich verstehen, warum das so ist.

3.2.2 Quantendefekt

Zunächst fassen wir die Befunde kompakt zusammen: die eben geschilderte Ähnlichkeit mit dem H-Atom legt es nahe, für die Energien der Alkaliatome

$$W_{n\ell} = -\frac{W_0}{2n^{*2}} \quad \text{mit} \quad n^* = n - \mu$$

zu schreiben. Man nennt μ den *Quantendefekt*. Zunächst einmal ist das einfach ein empirischer Parameter, der es gestattet, die spektroskopischen Daten systematisch zu ordnen. Auf die theoretische Deutung im Rahmen der sogenannten *Quantendefekttheorie* (QDT) kommen wir in 3.2.4 noch zurück. Der Vergleich mit den experimentellen Daten zeigt, dass μ stark vom Bahndrehimpuls ℓ abhängt – bei genauerem Hinsehen aber auch leicht von der Hauptquantenzahl n. Zum quantitativen Vergleich fittet man die experimentell bestimmten Termenergien, also die Anregungsenergien vom Grundzustand

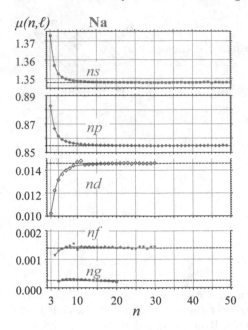

Abb. 3.7. Quantendefekt beim Natrium als Funktion von n bei verschiedenen Bahndrehimpulsen. Symbole entsprechen den experimentellen Werten, volle Linien sind entsprechen einem Fit nach (3.7) bestimmt

aus gerechnet, mit einer erweiterten *Rydberg-Ritz Formel* (s. z. B. Weber und Sansonetti 1987):

$$\text{Termenergie} = W_{n_0\ell_0} - \frac{W_0}{2(n - \mu(n,\ell))^2} \qquad (3.6)$$

$$\text{mit } \mu(n,\ell) = \mu_\ell + B/(n - \mu_\ell)^2 + C/(n - \mu_\ell)^4 + \ldots \qquad (3.7)$$

Dabei ist $W_{n_0\ell_0}$ die Grundzustandsenergie, deren Betrag zugleich dem Ionisationspotenzial $W_I = -W_{n_0\ell_0}$ entspricht. Die Qualität heutiger spektroskopischer Daten (NIST, 2006) erlaubt eine sehr genaue Bestimmung der Parameter. Abbildung 3.7 illustriert dies für das Beispiel Na. Offensichtlich wird der Quantendefekt für große n eine nur von ℓ abhängige Konstante. Die so gewonnenen Quantendefekt μ_ℓ *aller* Alkaliatome für große n sind in Tabelle 3.4 auf der nächsten Seite und Abb. 3.8 zusammengestellt.

Man sieht sehr deutlich, dass der Quantendefekt mit der Kernladungszahl Z stark ansteigt und mit wachsendem Bahndrehimpuls abnimmt. Im Folgenden werden wir versuchen, diese Befunde qualitativ zu verstehen, indem wir das Potenzial und die Wellenfunktionen betrachten.

3.2.3 Abgeschirmtes Coulomb-Potenzial

Die Rumpfelektronen – so das Modell – wirken nur dadurch auf die beobachteten Energielagen des äußeren Elektrons *(Leuchtelektron oder Valenzelektron)*, dass sie das reine Coulomb-Potenzial des Atomkerns abschirmen.

Tabelle 3.4. Quantendefekt μ_ℓ für große n bei den Alkaliatomen

ℓ		0	1	2	3	4
Leuchtelektron		ns	np	nd	nf	ng
Atom	Z					
H	1	0	0	0	0	0
Li	3	0.40	0.05	0.002	0.00	0.00
Na	11	1.348	0.8546	0.0148	0.0014	0.00019
K	19	2.180	1.7115	0.2577	0.0013	0.0017
Rb	37	3.121	2.639	1.334	0.016	0.003
Cs	55	4.0494	3.5916	2.4663	0.03341	0.007

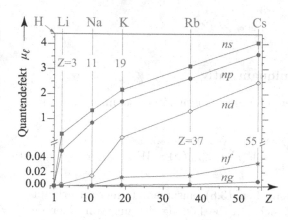

Abb. 3.8. Quantendefekt bei den Alkaliatomen als Funktion von ℓ. Man beachte die Skalenänderung der Ordinate bei 0.05. Insbesondere das f-Orbital und erst recht das g-Orbital sind so weit vom Atomrumpf entfernt, dass der Quantendefekt nahezu Null wird

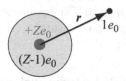

Abb. 3.9. Quasieinelektronensystem der Alkaliatome

Nach Abb. 3.9 betrachten wir also ein $\mathcal{N}$-Elektronen Atom (Kernladungszahl $Z = \mathcal{N}$). Davon befinden sich $\mathcal{N} - 1$ Elektronen im Rumpf und bilden in der Regel eine abgeschlossene Schale. Das *Valenzelektron* „sieht" in größerer Distanz nur eine durch $(Z - 1)$ Elektronen *abgeschirmte Kernladung* $1e_0$ und erfährt vom wahren Atomkern nur dann etwas, wenn es in den Rumpf eintaucht. Dieses Problem können wir dann fast genau so behandeln wie das H-Atom – nur dass wir eben *kein reines 1/r Potenzial* mehr haben, sondern (in atomaren Einheiten) ein Potenzial vom Typ

$$
V_S = \begin{cases} -\dfrac{Z}{r} & r \to 0 \\[2mm] -\dfrac{1}{r} + V_C(r) & \text{dazwischen} \\[2mm] -\dfrac{1}{r} & r \to \infty \end{cases} , \qquad (3.8)
$$

wobei $V_C(r)$ ein geeignetes, glattes Rumpfpotenzial beschreibt. In Abb. 3.10 ist ein solcher Potenzialverlauf schematisch skizziert.

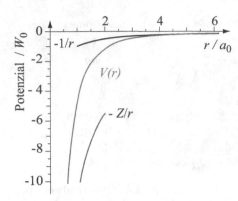

Abb. 3.10. Potenzial $V(r)$, welches das Valenzelektron eines Alkaliatoms erfährt (rot), im Vergleich mit einem voll abgeschirmten Coulomb-Potenzial $1/r$ und dem nicht abgeschirmten Potenzial Z/r eines Elektrons im Atomkern der Ladung Z. (Die Zahlenwerte entsprechen hier $Z = 11$, also dem Na-Atom)

3.2.4 Radialfunktionen semiquantitativ

Will man das Problem nun quantenmechanisch lösen, so muss man in die Schrödinger-Gleichung

$$\widehat{H}\psi_{n\ell m}(\boldsymbol{r}) = \left(-\frac{\hat{\boldsymbol{p}}^2}{2m_e} + V(r)\right)\psi_{n\ell m}(\boldsymbol{r}) = W_{n\ell}\psi_{n\ell m}(\boldsymbol{r}) \qquad (3.9)$$

ein abgeschirmtes Potenzial vom Typ (3.8) einsetzen. Immerhin erlaubt es das Quasieinelektronenmodell, sich auf die Lösung der nur von einer Ortskoordinate abhängigen Radialgleichung zu konzentrieren, denn wir haben ja das Rumpfpotenzial stillschweigend auch als kugelsymmetrisch angenommen. Wegen der sphärischen Symmetrie wird man also wieder den Ansatz

$$\psi_{n\ell m}(\boldsymbol{r}) = R_{n\ell}(r)Y_{\ell m}(\theta, \varphi)$$

machen und wir substituieren wieder $u_{n\ell}(r) = rR_{n\ell}(r)$. Vollständig analog zu (2.101) erhält man (in atomaren Einheiten) auch hier die radiale Differenzialgleichung

$$\frac{\mathrm{d}^2 u_{n\ell}}{\mathrm{d}r^2} + 2\left[W - V_{\textit{eff}}(r)\right]u_{n\ell}(r) = 0 \qquad (3.10)$$

mit $V_{\textit{eff}} = V(r) + \ell(\ell + 1)/\left(2r^2\right)$. $V(r)$ ist jetzt jedoch nicht mehr das reine Coulomb-Potenzial, sondern das eben besprochene, *abgeschirmte Coulomb-Potenzial* (3.8).

Es sind nun aus der unendlichen Vielzahl aller möglichen Lösungen jene zu finden, die für $r \to \infty$ exponentiell gedämpft sind. Die gesuchten Energien $W_{n\ell}$ der stationären Zustände des Systems bestimmen – wie beim Wasserstoffatom – gemäß (2.106) den exponentiellen Abfall der Wellenfunktionen $u_{n\ell} \propto \exp\left(-\sqrt{2\left|W_{n\ell}\right|}r\right)$ für große r. Das asymptotische Verhalten für $r \to 0$ ist auch hier wieder durch $u_{n\ell} \propto r^{\ell+1}$ gegeben. Dieses Verhalten erlaubt uns bereits eine Erklärung der ℓ-Abhängigkeit des Quantendefekts: die

Aufenthaltswahrscheinlichkeit eines Elektrons im Abstand r vom Kern ist ja $w(r) = 4\pi r^2 R_{n\ell}^2(r) = 4\pi u_{n\ell}^2(r)$ und wird für kleine Abstände $\propto r^{2\ell+2}$. Somit „merkt" ein Elektron um so weniger vom ionischen Rumpf, je größer sein Bahndrehimpuls ist. Bei großem ℓ wird die Bahn daher praktisch wasserstoffähnlich und der Quantendefekt wird entsprechend klein, wie im vorangehenden Abschnitt dokumentiert.

Um das Verhalten der Wellenfunktion generell zu analysieren, also z. B. auch für große n und kleine ℓ, müssen wir (3.10) aber wirklich integrieren. Natürlich lässt sich diese radiale Schrödinger-Gleichung für ein abgeschirmtes Potenzial des in Abb. 3.10 gezeigten Typs nicht mehr exakt lösen, sondern nur numerisch, d. h. mit dem Computer durch schrittweise Integration. Dafür gibt es eine Reihe verlässlicher, robuster und einfacher Integrationsverfahren, wie z. B. die häufig gebrauchte Runge-Kutta Methode. Man integriert dabei sowohl von außen wie von innen, beginnend mit der eben besprochenen, jeweiligen asymptotischen Form und sucht solche Lösungen, die sich stetig differenzierbar zusammenfügen lassen.

Die Berechnung kann freilich nur so genau werden, wie das es das bislang nur qualitativ beschriebene Potenzial $V(r)$ erlaubt. Es gibt eine ganze Reihe von semiempirischen Verfahren zur sinnvollen Approximation von $V(r)$. Im einfachsten Ansatz errät man eine parametrisierte, sinnvolle Form des Potenzials, dessen Parameter man dann so anpasst, dass einige, experimentell bestimmte Energielagen des Atoms exakt reproduziert werden. Mit dem so bestimmten Potenzial kann man dann die Wellenfunktionen, alle weiteren Energielagen und andere Eigenschaften des Atoms bestimmen, wie etwa Übergangswahrscheinlichkeiten oder Polarisierbarkeiten.

Wir nähern uns auf diesem Wege einem semiquantitativen Verständnis des Quantendefekts. Dazu haben wir nach dem eben beschriebenen Verfahren als Beispiel die Radialfunktion des $10s$-Orbitals für Na berechnet, wobei wir ein Potenzial $V(r) = -\left[1 + 10\exp\left(-r/r_S\right)\right]/r$ angesetzt und den Abschirmparameter mit $r_S = 0.59a_0$ so gewählt haben, dass die Integration von (3.10) den experimentell bestimmten Quantendefekt $\mu_0 = 1.348$ ergibt.[2] Die so gewonnene Radialfunktion $u_{10s}(r) = rR_{10s}(r)$ ist in Abb. 3.11 aufgetragen und wird mit der entsprechenden Wasserstoffeigenfunktion verglichen.

In beiden Fällen (Na und H) hat $u_{10s}(r)$ natürlich für $r > 0$ die gleiche Anzahl von Nulldurchgängen bzw. Knoten (nämlich $n - 1 = 9$) und in beiden Fällen liegt die $10s$ Wellenfunktion ganz überwiegend außerhalb des Atomrumpfs (Radius $95\,\mathrm{pm} = 1.8a_0$). Das Leuchtelektron hält sich im Mittel also nur sehr selten im Atomrumpf auf. Die rasche Oszillation im Na-Ionenrumpf führt aber gegenüber der entsprechenden Wellenfunktion beim H-Atom zu einer kräftigen Verschiebung der Maxima hin zu kleinerem r, die in Abb. 3.11 ganz deutlich zu sehen ist. Wenn wir dem Abstand von Maximum zu Mini-

---

[2] Das ist eine recht grobe Näherung, die aber zu qualitativ richtigen Wellenfunktion führt. Beim Ionenradius, der für Na^+ typischerweise mit $95\,\mathrm{pm} = 1.8a_0$ angegeben wird, ist $V(r)$ dann gerade noch ca. 40% stärker als ein $-1/r$ Coulomb-Potenzial.

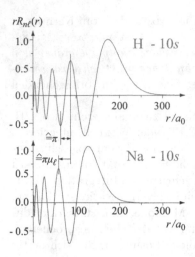

Abb. 3.11. Zum Verständnis der radialen Wellenfunktionen bei Alkaliatomen am Beispiel des $10s$ Zustands: die radiale Wellenfunktion rR_{10s} für das abgeschirmte Potenzial $V(r)$ (unten) wird verglichen mit der entsprechenden Wasserstoffeigenfunktion (oben). Die Wellenfunktion hat in beiden Fällen $n - 1 = 9$ Knoten. Die rasche Oszillation im Na-Ionenrumpf (in der Abbildung nicht erkennbar) führt zu einer Verschiebung der Maxima zu kleinerem r. Diese Verschiebung der Maxima der Wellenfunktion gegenüber dem H-Atom führt – wie angedeutet – direkt zum Quantendefekt $\delta_\ell = \pi\mu_\ell$

mum der Oszillation der Wellenfunktion den Wert π zuordnen, dann liegt diese „Phasenverschiebung" im vorliegenden Falle deutlich über π, wie in Abb. 3.11 angedeutet. Die *Quantendefekttheorie* (QDT), die von Seaton, Fano und ihren Schülern zwischen 1950 und 1980 entwickelt wurde, analysiert dieses Verhalten genauer und extrapoliert es ins Kontinuum. Man betrachtet also anstatt der gebundenen Zustände freie, auslaufende Kugelwellen zu einer bestimmten Energie ε. Diese entsprechende Verschiebung der Maxima der auslaufenden Welle, ist dann in der Tat eine Phasenverschiebung $\delta_\ell(\varepsilon)$ (engl. „phase shift") gegenüber der reinen Coulomb-Welle, die den Kontinuumszustand gleicher Energie ε beim H-Atom beschreiben würde.[3] Man kann nun exakt zeigen, dass diese Phasenverschiebung in direkter Beziehung zum Quantendefekt steht. Es gilt nämlich

$$\delta_\ell = \pi\mu_\ell \, . \tag{3.11}$$

In Abb. 3.11 liest man, wie angedeutet, danach $\mu_\ell > 1$ ab, und es ist plausibel, dass dieser Wert beim Übergang ins Kontinuum dem experimentell bestimmten Wert von $\mu_\ell = 1.348$ nach Tabelle 3.4 auf Seite 95 entsprechen wird.

Wir können hier nicht näher auf die QDT eingehen, erwähnen aber, dass sie insbesondere als *Multi Channel Quantum Defect Theorie* (MQDT) große Bedeutung gewonnen hat und die Beschreibung auch komplexer Spektren von Rydbergzuständen (also von hochangeregten Zuständen) bei Atomen und Molekülen durch wenige Parameter erlaubt. Durch Extrapolation der spektroskopischen Daten gebundener Zustande ins Kontinuum kann die MQDT darüber hinaus sogar effizient für die Berechnung von Photoionisations- und Streuquerschnitten eingesetzt werden.

---

[3] Wir werden das Verhalten dieser auslaufenden Kugelwellen im Zusammenhang mit der Photoionisation später noch genauer besprechen (s. (5.72)).

3.2.5 Ergebnisse genauerer theoretischer Rechnungen für das Beispiel Na

Energieeigenwerte, Wellenfunktionen, Übergangswahrscheinlichkeiten und sonstige Eigenschaften der (leichteren) Alkaliatome können heute mit nahezu beliebiger Genauigkeit berechnet werden. Dabei braucht man sich nicht auf die Valenzelektronen zu beschränken, sondern kann mit etwas aufwendigeren Verfahren, die wir später noch genauer besprechen werden, die Wellenfunktionen für alle gefüllten Orbitale eines Atoms berechnen. Vom Charakter her bleiben auch dabei die Wellenfunktionen für jedes einzelne Elektron denen des Wasserstoffatoms ähnlich. Als Beispiel zeigen wir in Abb. 3.12 die mit einem einfachen DFT Programm (s. Kapitel 10.4) berechneten Elektronendichten für das Na Atom. Es hat im Grundzustand ja die Elektronenkonfiguration $1s^2 2s^2 2p^6 3s$. Links sind die radialen Wahrscheinlichkeitsverteilungen $4\pi r^2 R_{n\ell}^2(r)$ für die Orbitale der Rumpfelektronen $(1s, 2s, 2p)$ auf einer gestreckten r-Skala gezeigt. Grau hinterlegt ist der üblicherweise als Ionenradius angegebene Bereich $(95\,\text{pm} = 1.8a_0)$. Rechts sind zum einen die entsprechenden Wahrscheinlichkeitsdichten für das Leuchtelektron im $3s$-Grundzustand, sowie im angeregten $3p$ und $3d$ Zustand aufgetragen. Zusätzlich ist die kumulierte Elektronendichte für den Ionenrumpf $w(r) = \sum_{Rumpf} \mathcal{N}_{n\ell} \times 4\pi r^2 R_{n\ell}^2(r)$ dargestellt, wobei $\mathcal{N}_{n\ell}$ jeweils die Zahl von Elektronen im Zustand $n\ell$ bedeutet, also 2 für die K-Schale $(1s^2)$, und $2+6$ für die L-Schale $(2s^2 2p^6)$. Die kumulierte Dichte des Ionenrumpfs lässt die verschiedenen Schalen noch sehr deutlich erkennen und zeigt noch einmal quantitativ, dass sich das Leuchtelektron überwiegend außerhalb des Rumpfes aufhält. Dies gilt insbesondere dann, wenn es sich in einem angeregten Zustand befindet, hier besonders deutlich beim $3d$ Zustand, dessen Orbital nach Abb. 3.12 mit $R_{3d}(r) \to r^2$ kaum noch Aufenthaltswahrscheinlichkeit im Ionenrumpf hat. Dies erklärt

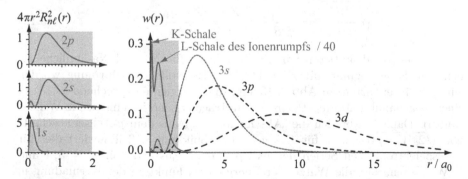

Abb. 3.12. Radiale Elektronendichten für das Na Atom. Links: Rumpfelektronenorbitale. Rechts: Orbitale des Leuchtelektrons im Grundzustand $(3s)$ und in zwei angeregten Zuständen $(3p, 3d)$. Ebenfalls gezeigt ist die Elektronendichte im Na^+-Rumpf $(Z = 11$, abgeschlossene Neon-Schale), herunterskaliert um einen Faktor 40. Grau hinterlegt ist der „Radius" des Ionenrumpfs

noch einmal sehr überzeugend die massiv mit ℓ abnehmenden Quantende-
fekte (nach Abb. 3.7 auf Seite 94: 1.373 für $3s$, 0.8836 für $3p$ und 0.0111
für $3d$) und die insgesamt große Ähnlichkeit der Alkalispektren mit dem
H-Atom, die wir in Abb. 3.6 kennengelernt hatten. Die nf Elektronen, für
welche am Ursprung $R_{4f}(r) \rightarrow r^3$ ist, also $w(r) \propto r^8$ halten sich praktisch
überhaupt nicht mehr im Rumpf auf, und der Quantendefekt wird praktisch
vernachlässigbar, ebenso wie für alle höheren ℓ (s. Abb. 3.8 auf Seite 95).
So erklärt sich auch zwanglos, warum die ℓ–Entartung bei den Alkaliatomen aufgehoben ist: sie ist lediglich eine sehr spezielle Eigenschaft des reinen Coulomb-Potenzials. Jede Abweichung davon muss zu ihrer Aufhebung
führen, die umso kräftiger ausfällt, je mehr das Elektron etwas vom Atomrumpf „merkt". Für große ℓ haben wir aber wieder Verhältnisse wie beim
H-Atom.

3.2.6 Mosley-Diagramm für Na ähnliche Ionen

Oft ist es zweckmäßig, eine alternative, empirische Beschreibung der Energieterme zu benutzen, die insbesondere bei isoelektronischen Reihen angewendet
wird. Anstelle einer effektiven Quantenzahl n^* führt man eine *effektive Kernladungszahl* Z^* ein, die berücksichtigt, dass die Elektronen nur einen Teil
der Kernladung „sehen". Als Abschirmung bezeichnet man dann die Größe
$q_s = Z - Z^*$. Damit schreiben sich die Bindungsenergien der Elektronen

$$W_{n\ell} = -\frac{Z^{*2}}{2n^2} W_0 = -\frac{(Z - q_s)^2}{2n^2} W_0 \qquad (3.12)$$

bzw. in Wellenzahlen:

$$\bar{\nu}_{n\ell} = \frac{(Z - q_s)^2}{hcn^2} W_0/2 = R_\infty \frac{(Z - q_s)^2}{n^2}$$

$$\sqrt{\frac{2|W_{n\ell}|}{W_0}} = \sqrt{\frac{\bar{\nu}_{n\ell}}{R_\infty}} = \frac{Z^*}{n} = \frac{Z - q_s}{n} \qquad (3.13)$$

Als Beispiel diskutieren wir die Termlagen für Na und Na-ähnliche Ionen. Die Serie beginnt mit $Z = 11$ (Na). Bei voller Abschirmung würden
wir $q_s \simeq 10$ erwarten. In Abb. 3.13 sind die Energien entsprechend (3.13) in
einem sogenannten *Mosley-Diagramm* auftragen (Energie gemessen in Wellenzahlen). Dabei ergibt sich die „Abschirmung" q_s aus dem y-Achsenabschnitt
von $\sqrt{2|W_{n\ell}|/W_0}$, d. h. für $Z - q_s = 0$. Abbildung 3.13 illustriert dies für
die isoelektronischen Serien der ns, np und nd Zustände für $n = 3, 4$ und
5. Wir sehen, dass die Wurzel der Energien als Funktion der Kernladung in
sehr guter Näherung tatsächlich einer Geraden nach (3.13) folgt. Allerdings
benötigen wir doch zwei Parameter, um jeweils die ganze Serie zu fitten. Erwartungsgemäß „passen" die Zustände mit höchstem Drehimpuls am besten,
wie es die Fitgeraden in Abb. 3.13 für $3d, 4d$ und $5d$ bestätigen. Die Abschirmung ist in allen drei Fällen nahezu vollständig ($q_s = 10$) und die Steigung

ebenfalls fast ideal $1/n$. Für die p und s Zustände ist das offenbar nicht ganz so ideal der Fall. So ist offenbar für die $3s$-Zustände die Abschirmung nur knapp über $q_s = 9$, das heißt die $3s$ Elektronen „sehen" effektiv immer noch fast zwei Kernladungen. Immerhin bestätigt die insgesamt gute Übereinstimmung der experimentellen Daten mit (3.13) sehr eindrucksvoll das Modell des Quasieinlektronensystems über eine ganze isoelektronische Serie.

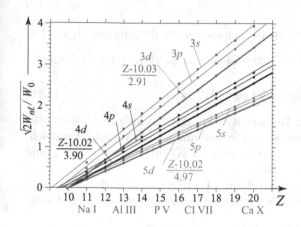

Abb. 3.13. Mosley-Diagramm für Natrium ähnliche Ionen bei verschiedenen Zuständen. Spektroskopischer Tradition entsprechend wird der Ionisationsgrad des untersuchten Atoms mit römischen Zahlen charakterisiert: I für neutrale Atome, II für einfach ionisierte, III zweifach ionisierte Atome etc.

3.3 Störungsrechnung für stationäre Probleme

3.3.1 Störungsansatz für den nicht entarteten Fall

Wir nutzen die Gelegenheit, ein wichtiges quantenmechanisches Werkzeug nachzutragen, das wir in den folgenden Kapiteln häufig nutzen werden: die zeitunabhängige Störungsrechnung. Anstelle der in Abschnitt 3.2.5 beschriebenen Vorgehensweise, nämlich der direkten, numerischen Integration der Schrödinger-Gleichung, die gewissermaßen eine „black box" zur Lösung quantenmechanischer Probleme darstellt, empfiehlt es sich häufig, zunächst die erwarteten Veränderungen eines gegebenen Problems gegenüber den als 0. Näherung angenommenen Eigenfunktionen und Eigenenergien eines bereits gelösten Problems abzuschätzen – hier also die Abweichung vom $-Z/r$ Potenzial gegenüber dem Atom und ähnlichen Ionen. So kann man versuchen, zunächst einmal etwas genauer zu *verstehen*, was durch eine solche „Störung" bewirkt wird. Dies geschieht mithilfe der sogenannten Störungstheorie. Man geht also davon aus, dass das Problem schon eine sehr gute 0. Näherung hat, dass man also auf ein bekanntes, gelöstes Problem aufsetzen kann.

Wir fassen hier nur rezeptartig das Wichtigste zusammen und verweisen für eine strenge Behandlung auf Lehrbücher der Quantenmechanik. Für das Ausgangsproblem (hier also das H-Atom) wirke der Hamilton-Operator $\widehat{H}_0$, die Eigenzustände seien $\psi_k^{(0)}$ (eine vollständige Basis), und die Energieeigenwerte seien $W_k^{(0)}$. Es gelte also für die

$$\textbf{0. Ordnung} \quad \widehat{H}_0 \psi_k^{(0)} = W_k^{(0)} \psi_k^{(0)}. \tag{3.14}$$

Das neue, zu lösende Problem unterscheide sich nur wenig davon. Konkret sei

$$\widehat{H} = \widehat{H}_0 + \widehat{V}_S(r, \hat{p}), \tag{3.15}$$

wobei wir annehmen, dass dem Betrag nach die gemittelte „Störung" $\left|\left\langle \widehat{V}_S \right\rangle\right| \ll$ $\left|\left\langle \widehat{H}_0 \right\rangle\right|$ sei. Dann wird die Schrödinger-Gleichung (3.9) in erster Ordnung zu lösen:

$$\left(\widehat{H}_0 + \widehat{V}_S \right) \psi_k = W_k \psi_k \tag{3.16}$$

Man kann nun im Sinne einer Reihenentwicklung nach kleinen Größen εW_k sowie $\varepsilon \psi_k$ entwickeln. Wenn man streng formal und sauber vorgeht, vergleicht man dabei stets die Größen gleicher Potenz im Kleinheitsparameters ε und erhält so eine Reihe von Korrekturtermen zu Energie und zur Wellenfunktion – eben die Korrekturen in Störungsrechnung 1. Ordnung, 2. Ordnung etc. Zur Abkürzung benutzen wir für die *Matrixelemente der Störung* die Schreibweise

$$W_{S\ jk} = \left\langle \psi_j^{(0)} \left| \widehat{V}_S \right| \psi_k^{(0)} \right\rangle = \int \psi_j^{(0)}(\boldsymbol{r}) \widehat{V}_S(r, p) \psi_k^{(0)}(\boldsymbol{r}) d^3\boldsymbol{r} \tag{3.17}$$

3.3.2 Störungsrechnung 1. Ordnung

Wir kürzen das Verfahren etwas ab und benutzen den

$$\textbf{Störungsansatz} \quad \psi_k = \sum_i a_i \psi_i^{(0)} \quad \text{mit} \quad a_k \simeq 1 \quad \text{und} \quad |a_i| \ll 1 \tag{3.18}$$

Die Bedingungen $a_k \simeq 1$ und $|a_i| \ll 1$ für $i \neq k$ sind dabei sehr wichtig und das eigentliche störungstheoretische Element, das wir zu berücksichtigen haben.

Wir setzen diesen Ansatz in die Schrödinger-Gleichung (3.16) ein und erhalten:

$$\left[\widehat{H}_0 + \widehat{V}_S - W_k \right] \sum_i a_i \psi_i^{(0)} = 0$$

$$\widehat{H}_0 \sum_i a_i \psi_i^{(0)} + \widehat{V}_S \sum_i a_i \psi_i^{(0)} - W_k \sum_i a_i \psi_i^{(0)} = 0$$

$$\sum_i a_i \left[W_i^{(0)} - W_k \right] \psi_i^{(0)} + \widehat{V}_S \sum_i a_i \psi_i^{(0)} = 0 \tag{3.19}$$

Wir multiplizieren (3.19) von links mit $\psi_k^{(0)*}$ und integrieren und erhalten mit $\left\langle \psi_k^{(0)} \psi_i^{(0)} \right\rangle = \delta_{ki}$:

$$a_k \left[W_k^{(0)} - W_k \right] + a_k \left\langle \psi_k^{(0)} \left| \hat{V}_S \right| \psi_k^{(0)} \right\rangle = 0$$

$$\Rightarrow W_k = W_k^{(0)} + \left\langle \psi_k^{(0)} \left| \hat{V}_S \right| \psi_k^{(0)} \right\rangle$$

Die **Energiekorrektur** ist in Störungsrechnung

1. Ordnung $\Delta W = W_k - W_k^{(0)} = W_{kk} = \left\langle \psi_k^{(0)} \left| \hat{V}_S \right| \psi_k^{(0)} \right\rangle$ (3.20)

gegeben durch das Diagonalmatrixelement der Störung. Alternativ kann man (3.19) von links mit $\psi_j^{(0)*}$ $j \neq k$ multiplizieren und integrieren:

$$0 = a_j \left[W_j^{(0)} - W_k \right] + \sum_i a_i \left\langle \psi_j^{(0)} \left| \hat{V}_S \right| \psi_i^{(0)} \right\rangle$$ (3.21)

Unter Berücksichtigung der in erster Näherung korrigierten Energie wird:

$$0 = a_j \left[W_j^{(0)} - W_k^{(0)} - \left\langle \psi_k^{(0)} \left| \hat{V}_S \right| \psi_k^{(0)} \right\rangle \right] + \sum_i a_i \left\langle \psi_j^{(0)} \left| \hat{V}_S \right| \psi_i^{(0)} \right\rangle$$ (3.22)

Nun vernachlässigen wir Terme, die quadratisch klein sind: dann fällt der dritte Term weg, und von der Summe bleibt nur der k te Term (da $a_k \simeq 1$), sodass sich

$$0 = a_j \left[W_j^{(0)} - W_k^{(0)} \right] + \left\langle \psi_j^{(0)} \left| \hat{V}_S \right| \psi_k^{(0)} \right\rangle$$ (3.23)

ergibt, woraus schließlich

$$a_j = \frac{\left\langle \psi_j^{(0)} \left| \hat{V}_S \right| \psi_k^{(0)} \right\rangle}{W_k^{(0)} - W_j^{(0)}} \quad \text{für} \quad i \neq k$$ (3.24)

folgt. Somit wird die **Wellenfunktion** in Störungsrechnung

1. Ordnung $\psi_k = \psi_k^{(0)} + \sum_{j \neq k} \frac{\left\langle \psi_j^{(0)} \left| \hat{V}_S \right| \psi_k^{(0)} \right\rangle}{W_k^{(0)} - W_j^{(0)}} \psi_j^{(0)}$

$$= \psi_k^{(0)} + \sum_{j \neq k} \frac{W_{S\,jk}}{W_k^{(0)} - W_j^{(0)}} \psi_j^{(0)}.$$ (3.25)

3.3.3 Störungsrechnung 2. Ordnung

Für den nächst genaueren Schritt setzen wir die Ergebnisse der Störungsrechnung 1. Ordnung erneut in die Schrödinger Gleichung (3.16) ein. Wieder multiplizieren wir mit $\psi_k^{(0)*}$ von links und integrieren. Damit erhalten wir dann die *Korrektur für die Energie in 2. Ordnung Störungsrechnung*:

$$W_k = \left\langle \psi_k^{(0)} \left(\hat{H}_0 + \left| \hat{V}_S \right| \right) \left(\psi_k^{(0)} + \sum_{j \neq k} \frac{\left\langle \psi_j^{(0)} \left| \hat{V}_S \right| \psi_k^{(0)} \right\rangle}{W_k^{(0)} - W_j^{(0)}} \psi_j^{(0)} \right) \right\rangle$$

$$= W_k^{(0)} + \left\langle \psi_k^{(0)} \left| \hat{V}_S \right| \psi_k^{(0)} \right\rangle + \sum_{j \neq k} \frac{\left\langle \psi_j^{(0)} \left| \hat{V}_S \right| \psi_k^{(0)} \right\rangle}{W_k^{(0)} - W_j^{(0)}} \left\langle \psi_k^{(0)} \left| \hat{V}_S \right| \psi_j^{(0)} \right\rangle$$

$$\Rightarrow W_k = W_k^{(0)} + W_{kk} + \sum_{j \neq k} \frac{|W_{S\ jk}|^2}{W_k^{(0)} - W_j^{(0)}} \tag{3.26}$$

Dabei ist $W_{S\ jk} = \left\langle \psi_j^{(0)} \left| \hat{V}_S \right| \psi_k^{(0)} \right\rangle$ wieder das Matrixelement der Störung. Das Verfahren lässt sich beliebig fortsetzen.

Anmerkungen – Diskussion:

1. Wir sehen, dass sowohl für die Berechnung der Wellenfunktion als auch für die Energie Beiträge von vielen Zuständen kommen können.

2. Die einzelnen Zustände j tragen über das Matrixelement $W_{S\ jk}$ umso mehr bei, je näher sie energetisch bei dem untersuchten Zustand k liegen (Resonanznenner $W_k^{(0)} - W_j^{(0)}$).

3. Wenn mehrere Zustände $\psi_1^{(0)}$, $\psi_2^{(0)}$, $\psi_3^{(0)}$ entartet sind, also die gleiche Energie $W_1^{(0)} = W_2^{(0)} = W_2^{(0)}$ haben, muss man wegen des Resonanznenners aufpassen. Nur wenn die nichtdiagonalen Matrixelemente dieser Zustände verschwinden $W_{S\ 12} = W_{S\ 13} = W_{S\ 23} \equiv 0$, kann man so verfahren, wie eben gezeigt.

3.3.4 Störungsrechnung mit Entartung

Für den allgemeinen Fall, wo wir *g-fache Entartung und nicht verschwindende Diagonalmatrixelemente* der Störung haben, muss man das Problem grundsätzlicher angehen. Wir schreiben den Hamilton-Operator jetzt der Übersichtlichkeit halber als Matrix mit

$$\hat{H}_{jk} = \left\langle \psi_j \left[\hat{H}_0 + \hat{V}_S \right] \psi_k \right\rangle = W_k^{(0)} \delta_{jk} + V_{S\ jk}$$

$$\hat{H} = \begin{pmatrix} W_1^{(0)} + V_{S\ 11} & V_{S\ 12} & V_{S\ 13} & \cdots & V_{S\ 1g} \\ V_{S\ 21} & W_2^{(0)} + V_{S\ 22} & V_{S\ 23} & \cdots & V_{S\ 2g} \\ V_{S\ 31} & V_{S\ 12}^* & W_3^{(0)} + V_{S\ 33} & \cdots & V_{S\ 3g} \\ \cdots & \cdots & \cdots & \cdots & \cdots \\ V_{S\ g1} & V_{S\ g2} & V_{S\ g3} & \cdots & W_g^{(0)} + V_{S\ gg} \end{pmatrix}. \tag{3.27}$$

Die gesuchten Eigenfunktionen $|\psi_k\rangle$ sind Vektoren. Die Schrödinger-Gleichung $\hat{H} |\psi_k\rangle = W_k |\psi_k\rangle$ wird so durch eine Matrix-Eigenwertgleichung ersetzt. Die Aufgabe besteht jetzt darin, die Hamilton-Matrix durch geeignete unitäre

Transformationen der Vektoren $|\psi_k\rangle$ in Diagonalform zu bringen. Die Diagonalelemente dieser Matrix sind die gesuchten Energieeigenwerte des Systems.

Dieses Verfahren geht letztlich weit über einen Störungsansatz hinaus und ist im Prinzip universell anwendbar – sofern man die Matrix der Störung genau kennt. Die Genauigkeit der Lösung hängt dann nur noch davon ab, wie viele Basiszustände man bei der zu diagonalisierenden Matrix berücksichtigt. Wir wollen das aber hier nicht weiter vertiefen und statt dessen das Verfahren am Beispiel der Alkaliatome illustrieren.

3.3.5 Anwendung der Störungsrechnung auf Alkaliatome

Wir schreiben den Hamilton-Operator (in atomaren Einheiten) für das Alkaliatom mit dem Wechselwirkungspotenzial nach (3.8):

$$\widehat{H} = \frac{1}{2}\Delta^2 - V(r) \tag{3.28}$$

$$\text{mit } V(r) = -1/r + V_S(r) \tag{3.29}$$

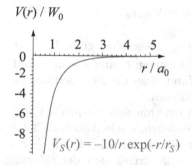

Abb. 3.14. Typisches, genähertes Rumpfpotenzial bei Alkaliatomen

Dabei wird das kugelsymmetrische Störpotenzial $V_S(r)$ durch die (für große r vollständig abgeschirmte) Coulomb-Wechselwirkung des Leuchtelektrons mit dem Atomrumpf bestimmt. Charakterisieren wir diesen durch einen Abschirmparameter r_S, so wird das Störpotenzial durch

$$V_S(r) = \begin{cases} -\dfrac{Z-1}{r} & \text{für } 0 < r \ll r_S \\[2mm] \text{glatt dazwischen} \\[2mm] 0 & \text{für } r_S \ll r \to \infty \end{cases} \tag{3.30}$$

beschrieben. In der schon in Abschnitt 3.2.4 benutzten groben Näherung könnte man z. B. $V_S(r) = -(Z-1)/r \exp(-r/r_S)$ schreiben. In Abb. 3.14 ist das entsprechende *Rumpfpotenzial* skizziert. Wir können also den Hamilton-Operator $\widehat{H} = \Delta^2/2 - 1/r + V_S(r) = \widehat{H}_0 + V_S(r)$ schreiben. Da $\widehat{H}_0 = \Delta^2/2 - 1/r$ ja der Hamilton-Operator des H-Atoms ist, gilt in *0. Näherung nach* Kapitel 2:

$$\widehat{H}_0 |n\ell m\rangle = W_{n\ell}^{(0)} |n\ell m\rangle$$

$$\text{mit } |n\ell m\rangle = \left| \psi_{n\ell m}^{(0)}(\boldsymbol{r}) \right\rangle = \left| R_{n\ell}^{(0)}(r) Y_{\ell m}(\theta, \varphi) \right\rangle$$

$$\text{und } W_{n\ell}^{(0)} = -\frac{1}{2n^2}$$

(in atomaren Einheiten W_0). Die Radialwellenfunktionen des H-Atoms, wir nennen sie hier $R_{n\ell}^{(0)}(r)$, wurden in (2.108) ausführlich besprochen und für die wichtigsten Fälle in Tabelle 2.3 auf Seite 77 explizite angegeben.

Wir müssen also damit die Matrixelemente der Störung $V_S(r)$ berechnen:

$$V_{S\ n\ell m, n'\ell'm'} = \langle n\ell m \,|V_S(r)|\, n'\ell'm' \rangle$$

$$= \iiint r^2 \mathrm{d}r \sin\theta \mathrm{d}\theta \mathrm{d}\varphi \left(R_{n\ell}^{(0)}(r) Y_{\ell m}^*(\theta,\varphi) V_S(r) R_{n'\ell'}^{(0)}(r) Y_{\ell'm'}(\theta,\varphi) \right)$$

Da das Störpotenzial nur auf den Radialteil der Wellenfunktion wirkt, können wir den Winkelanteil vorab integrieren. Wegen der Orthonormalität der Kugelflächenfunktionen $Y_{\ell m}(\theta,\varphi)$ ergibt das schließlich:

$$V_{S\ n\ell m, n'\ell'm'} = \delta_{\ell\ell'}\delta_{mm'} \int_0^\infty \mathrm{d}r \left(r R_{n\ell}^{(0)}(r) \right)^2 V_S(r) = V_{S\ n\ell, n\ell} \qquad (3.31)$$

Da $V_S(r) < 0$ wird auch $V_{S\ n\ell, n\ell} < 0$ und man sieht nun explizit, dass alle *Energieterme eine Absenkung erfahren.* So erhalten wir

$$W_{n\ell} = W_{n\ell}^{(0)} + V_{S\ n\ell, n\ell} = -\frac{1}{2n^2} - |V_{S\ n\ell, n\ell}| \ . \qquad (3.32)$$

Schließlich ist $V_S(r)$ dem Betrag nach für kleine r besonders groß. Da dort $r R_{n\ell}^{(0)}(r) \propto r^{\ell+1}$ wird, wird $|V_{S\ n\ell, n\ell}|$ mit zunehmendem ℓ immer kleiner und es bestätigt sich hier auch quantitativ der Befund, dass die Energiedifferenz zum H-Atom mit zunehmendem ℓ drastisch abnimmt.

Konkret ist die Beschaffung eines möglichst exakten Störpotenzials $V_S(r)$ natürlich ein Problem. Man kann auch hier so vorgehen, wie in Abschnitt 3.2.5 beschrieben: man wählt ein brauchbares, parametrisiertes Modell für $V_S(r)$, berechnet daraus in allgemeiner Form das Diagonalmatrixelement der Störung und bestimmt die Parameter aus dem Vergleich der so gewonnen Energie mit spektroskopischen Daten. Dann kann man damit, sofern das Modell gut ist, die übrigen Energien dieses Atoms ebenso bestimmen wie seine Wellenfunktionen und weitere Eigenschaften. Angesichts der hohen Qualität und Kompaktheit der heute verfügbaren numerischen Programme bietet sich freilich doch eher eine numerische Integration der exakten Schrödinger-Gleichung an, wie wir sie in Abschnitt 3.2.5 vorgestellt haben. Die Störungsrechnung sollte bei solch überschaubaren Problemen nur zur ersten Orientierung benutzt werden.

Nicht stationäre Probleme: Dipolanregung mit einem Photon

> *Ein Quantensystem, z. B. ein Atom, können wir nur beobachten, indem wir es verändern. Durch elektromagnetische Wellen kann man Übergänge zwischen stationären Zuständen induzieren und so Spektroskopie betreiben – eine der wichtigsten Untersuchungsmethoden für Quantensysteme überhaupt. Wir wollen in diesem Kapitel kurz das quantenmechanische Rüstzeug dafür rekapitulieren und uns dann eingehend mit den Regeln und Phänomenen beschäftigen, die für lichtinduzierte, elektrische Dipolübergänge (E1) gelten.*

Hinweise für den Leser: Abschnitt 4.1 führt in die elementaren Grundlagen der Spektroskopie ein, definiert die Einstein'schen A und B Koeffizienten und erläutert das klassische Modell des strahlenden Oszillators. Der fortgeschrittene Leser mag diesen Abschnitt ebenso überspringen wie Abschnitt 4.2.3–4.2.5, wo die Grundzüge der zeitabhängigen Störungsrechnung rekapituliert werden. Auf jeden Fall sollte Abschnitt 4.2.6 gelesen werden, das die Terminologie für Abschnitt 4.3 zusammenfasst. Dort geht es dann ums Verständnis wie auch um die formale Ableitung der Auswahlregeln für Dipolübergänge (E1) – zusammen mit 4.4, wo die Strahlungscharakteristiken besprochen werden, das Herzstück des Kapitels. In Abschnitt 4.5, den der kundige Leser ggf. nur als Quelle zum Nachschlagen betrachten mag, werden Details zur Auswertung von Matrixelementen und Einstein-Koeffizienten besprochen. In Abschnitt 4.6 geht es um photoinduzierte Linearkombinationen von Zuständen und deren experimentelle Beobachtung – ein Thema von breiter Bedeutung. In Abschnitt 4.7 schließlich beleuchten wir im Lichte von Experimenten die sehr grundsätzlichen Frage, ob Elektronen denn wirklich von einer Bahn auf eine andere „springen".

4.1 Einführung

4.1.1 Stationäre Zustände

Abbildung 4.1 zeigt schematisch das typische System stationärer Zustände eines Atoms, die gegen die Ionisationsgrenze konvergieren. Wie am Beispiel des H-Atoms und der Alkaliatome diskutiert, erhält man deren Energien durch Lösung der stationären Schrödinger-Gleichung

$$\widehat{H}\,|j\rangle = W_j\,|j\rangle$$

zu physikalisch „vernünftigen" Randbedingungen (wir fassen hier und im Folgenden alle relevanten Quantenzahlen $n\ell j$ etc. in einem Symbol, z. B. „j" zusammen).

Den Energienullpunkt legt man so fest, dass für gebundene, diskrete Zustände $W_j < 0$ gilt, während das freie Elektron ein kontinuierliches Spektrum kinetischer Energien $W_{kin} = W \geq 0$ hat. Die radialen Wellenfunktionen der gebundenen Zustände verhalten sich asymptotisch wie

$$\lim_{r \to \infty} R_j(r) \propto \exp\left(-\sqrt{2\,|W_j|}r\right).$$

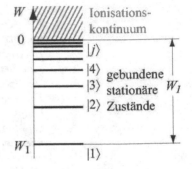

Abb. 4.1. Stationäre Zustände eines Atoms mit Ionisationspotenzial W_I

4.1.2 Spektroskopische Beobachtung

Nach Bohr kann es *Übergänge* $|b\rangle \leftarrow |a\rangle$ *zwischen zwei stationären Zuständen* geben, bei denen Strahlung der Frequenz ν_{ba} (Kreisfrequenz $\omega_{ba} = 2\pi\nu_{ba}$) absorbiert oder emittiert wird. Für diese gilt:

$$\hbar\omega_{ba} = |W_b - W_a| \tag{4.1}$$

Abbildung 4.2 auf der nächsten Seite illustriert die drei Grundtypen spektroskopischer Untersuchungen. Auf Besonderheiten und Verfeinerung werden wir später noch im Einzelnen eingehen. Grundsätzlich kann man die drei Herangehensweisen wie folgt charakterisieren:

1. **Emissionsspektroskopie:** Ein heißes Gas oder Plasma (typischerweise eine Spektrallampe) strahlt durch spontane Zerfälle Energie in Form von Photonen ab. Das ausgesandte Licht wird mit einem Spektrometer analysiert (in Abb. 4.2 durch ein Prisma symbolisiert). Wie rechts in Abb. 4.2 angedeutet, gibt es eine Vielzahl angeregter Zustände, die jeweils in viele darunter liegende Zustände zerfallen können. Licht wird also für eine Vielzahl von Zustandskombinationen $|a\rangle$ und $|b\rangle$ emittiert. Emissionsspektren sind somit die linienreichsten, und daher oft schwer zu analysierenden Spektren.

2. **Absorptionsspektroskopie:** Hier benutzt man weißes Licht (z. B. aus einer Synchrotronstrahlungsquelle) und analysiert dieses nach Durchtritt

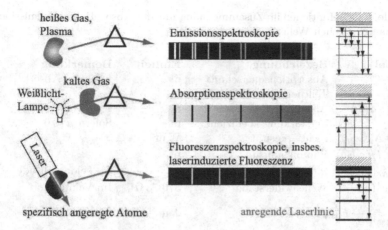

Abb. 4.2. Die Grundtypen der Spektroskopie. Links sind die experimentellen Aufbauten skizziert, in der Mitte sind die beobachteten Spektren und rechts die dabei wirksamen Übergänge in einem typischen Termschema angedeutet

durch das zu untersuchende Target. Alternativ kann man das Licht auch vor dem Target mithilfe eines Monochromators quasimonochromatisch machen und über einen mehr oder weniger breiten Spektralbereich durchstimmen. Bei den charakteristischen Übergangsfrequenzen des Untersuchungsobjekts nach (4.1) wird das Licht absorbiert, ansonsten tritt es ungehindert wieder aus. Da hier *im Idealfall* als Anfangszustand $|a\rangle$ nur *ein* Grundzustand vorhanden ist, verringert sich die Zahl der Linien gegenüber der Emissionsspektroskopie erheblich.

3. **Fluoreszenzspektroskopie:** Das zu untersuchende Atom oder Molekül wird dabei sehr spezifisch zur Strahlung angeregt, z. B. durch einen Laser, der ein ganz bestimmtes Niveau $|a\rangle$ besetzt. Alle beobachteten Emissionen gehen dann von diesem einen Niveau aus. Da man dieses noch gezielt variieren kann, ist die Methode sehr aussagekräftig. Findet die Abstrahlung verzögert (im ms- bis s-Bereich) statt, so spricht man von **Phosphoreszenz**.

Für eine quantitative Beschreibung der Prozesse stellen wir in Tabelle 4.1 auf der nächsten Seite die wichtigsten, immer wieder benutzten Definitionen für Messgrößen und Begriffe zusammen. Man beachte, dass die zur Beschreibung des Lichtfeldes benutzte spektrale Strahlungsdichte $u(\omega)$ alternativ auf die Kreisfrequenz $\omega = 2\pi\nu$ oder auf die Frequenz ν der elektromagnetischen Strahlung bezogen werden kann. In jedem Fall handelt es sich um eine *Energiedichte pro Spektralbereich*. Nachfolgend ist auch die Umrechnung auf die spektrale Intensitätsverteilung $I(\omega)$ angegeben:

$$u(\omega) = \frac{I(\omega)}{c} = \frac{\mathrm{dEnergie/Vol}}{\mathrm{d}\omega} = \frac{\mathrm{d}\nu}{\mathrm{d}\omega}\frac{\mathrm{dEnergie/Vol}}{\mathrm{d}\nu} = \frac{u(\nu)}{2\pi} \qquad (4.2)$$

Tabelle 4.1. Definitionen im Zusammenhang mit der Absorption und Emission von elektromagnetischen Wellen

Symbol	Bezeichnung	Einheit	Bemerkung
σ	Absorptionsquerschnitt	m^2	Effektive Absorberfläche
N	Teilchendichte	m^{-3}	
$\mu = N \cdot \sigma$	Absorptionskoeffizient	m^{-1}	$I = I_0 \exp(-\mu x)$
$\gamma = -\mu$	Verstärkungskoeffizient	m^{-1}	Sofern $\mu < 0$
$I = c \cdot N_{ph} \cdot \hbar\omega$	Lichtintensität	$\mathrm{W\,m}^{-2}$	
$N_{ph} = I/(c\,\hbar\omega)$	Photonendichte	m^{-3}	
$I = E_0^2/(2Z_0)$	Intensität		E_0 Feldamplitude
$Z_0 = 1/(c\,\epsilon_0)$	Wellenwiderstand	$376.73\,\Omega$	Im Vakuum
$N_{ph}h\nu = \dfrac{\epsilon\epsilon_0}{2}E_0^2$	Energiedichte	$\mathrm{J\,m}^{-3}$	Strahlungsfeld
$u(\omega) = \dfrac{N_{ph}\hbar\omega}{\Delta\omega}$	Spektrale Strahlungsdichte	$\mathrm{J\,m}^{-3}\,\mathrm{Hz}^{-1}$	Siehe Planck'sche Strahlung
$= \dfrac{\text{Energie}}{\text{Vol}\times\Delta\omega} = \dfrac{I}{c\Delta\omega} = \dfrac{\epsilon_0 E_0^2}{2\Delta\omega} = \dfrac{I(\omega)}{2c}$		$\mathrm{W\,s}^2\,\mathrm{m}^{-3}$	$E_0(\nu)$ Fourierkompon.
$\Delta\nu$	Bandbreite-Frequenz	Hz	
$\Delta\omega$	...-Kreisfrequenz	s^{-1}	$u(\nu) = 2\pi\,u(\omega)$

4.1.3 Induzierte Prozesse

Absorption

Übergänge, die unter dem Einfluss eines elektromagnetisches Strahlungsfeldes geschehen, nennen wir induziert. Wie in Abb. 4.3 angedeutet, wird Licht der Anfangsintensität I_0 beim Durchgang durch ein Medium der Dicke d abgeschwächt. Das Medium kann z. B. ein atomares Gas im elektronischen Grundzustand sein. Bei moderaten Intensitäten ist die auf einem kleinen Wegstück $\mathrm{d}x$ absorbierte Intensität $\mathrm{d}I$ proportional zur eingestrahlten Intensität und proportional zur Teilchendichte N_a (Absorberteilchen/Volumeneinheit).

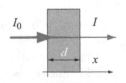

Abb. 4.3. Absorption von Licht: zum Lambert-Beer'schen Gesetz

Die Proportionalitätskonstante nennt man den **Wirkungsquerschnitt** σ (Einheit $[\sigma] = \mathrm{m}^2$), der so etwas wie die effektive Fläche eines Teilchens für die Absorption eines Photons angibt. Das Produkt $\mu = \sigma \cdot N_a$ (Einheit $[\mu] = \mathrm{m}^{-1}$) nennt man den **Absorptionskoeffizienten**. Es gilt also:

$$\mathrm{d}I = -N_a \cdot \sigma \cdot I \cdot \mathrm{d}x = -\mu \cdot I \cdot \mathrm{d}x \qquad (4.3)$$

$$\Rightarrow \int_{I_0}^{I(d)} \frac{\mathrm{d}I}{I} = -\int_0^d \mu \mathrm{d}x \;\Rightarrow\; \ln\frac{I(d)}{I_0} = -\mu d$$

Damit erhalten wir das

Lambert-Beer'sche Gesetz $I(d) = I_0 \exp(-\mu d) = I_0 \exp(-\sigma N_a d)$.   (4.4)

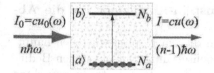

Abb. 4.4. Atomistischer Blick auf die Absorption von elektromagnetischer Strahlung

Wie in Abb. 4.4 illustriert, kann man den Absorptionsprozess alternativ in atomistischer Sichtweise auch durch den Verlust von Teilchendichte N_a im Anfangszustand $|a\rangle$ bzw. den Gewinn von Teilchendichte N_b im angeregten Zustand $|b\rangle$ oder durch den Verlust von Photonen N_{ph} durch Absorption beschreiben (N ist jeweils die Anzahl/Volumen):

$$\frac{dN_{ph}}{dt} = \frac{dN_a}{dt} = -\frac{dN_b}{dt} \qquad (4.5)$$

Nun sind Photonendichte (Einheit $[N_{ph}] = \mathrm{m}^{-3}$) und Intensität (Einheit $[I] = \mathrm{W\,m}^{-2}$) über die Lichtgeschwindigkeit c verknüpft nach $\hbar\omega N_{ph} = I/c$. Berücksichtigt man noch, dass der Intensitätsänderung über den Ort dx eine zeitliche Änderung über $dt = dx/c$ entspricht, so kann man (4.3) umschreiben:

$$\frac{dN_{ph}}{dt} = \frac{dI}{\hbar\omega\,c\,dt} = \frac{dI}{\hbar\omega\,dx} = -N_a \cdot \sigma \cdot \frac{I}{\hbar\omega} \qquad (4.6)$$

Damit definiert man nun eine

Absorptionsrate $R_{ba} = -\dfrac{1}{N_a}\dfrac{dN_a}{dt} = -\dfrac{1}{N_a}\dfrac{dN_{ph}}{dt} = \sigma \cdot \dfrac{I}{\hbar\omega}$ (4.7)

für den Übergang zum Zustand $|b\rangle$ vom Zustand $|a\rangle$ ($[R_{ba}] = \mathrm{s}^{-1}$), die mit (4.5) auch für die Abnahme von N_a gilt. Wir notieren hier noch, dass $I/\hbar\omega$ den Photonenfluss beschreibt ($[I/\hbar\omega] = \mathrm{m}^{-2}\,\mathrm{s}^{-1}$). Man erhält also den Wirkungsquerschnitt, indem man die Übergangsrate durch diesen Fluss dividiert:

$$\sigma = \frac{\hbar\omega R_{ba}}{I} \qquad (4.8)$$

Dabei sind wir freilich bislang stillschweigend davon ausgegangen, dass die eingestrahlte Welle streng monochromatisch und exakt auf die Absorptionslinie abgestimmt ist. Haben wir es aber mit einer spektral verteilten Intensität $I(\omega)$ zu tun ($[I(\omega)] = \mathrm{W\,m}^{-2}\,\mathrm{s}$) so wird nur der Anteil der Intensität wirksam, der resonant mit der Kreisfrequenz ω_{ba} des Übergangs ist. Üblicherweise bezieht man die entsprechende Übergangswahrscheinlichkeit auf die spektrale Energiedichte $u(\omega) = I(\omega)/c$ und schreibt:

$$R_{ba} = -\frac{1}{N_a}\frac{dN_a}{dt} = B_{ba} \cdot u(\omega_{ba}) \tag{4.9}$$

Die so definierte Konstante B_{ba} heißt **Einstein-Koeffizient für die Absorption** ($[B_{ba}] = \mathrm{m^3\,s^{-2}\,J^{-1}}$).

Die gesamte nachfolgende Diskussion in diesem Kapitel wird sich hauptsächlich auf die Bestimmung dieser Koeffizienten unter verschiedenen Bedingungen konzentrieren. Sie beinhalten sozusagen die Physik der untersuchten Quantensysteme. Dabei wird neben der Polarisation des Lichts u. a. auch die Frequenzabhängigkeit eine wichtige Rolle spielen, denn die Absorptionslinien sind – wie sich zeigen wird – nicht beliebig schmal, sondern haben eine charakteristische Linienbreite $\Delta\omega_{ba}$. Man beschreibt sie durch ein Linienprofil für welches $g(\omega) \simeq 1/\Delta\omega_{ba}$ gilt. Man normiert dieses so, dass über die Absorptionslinie integriert $\int g(\omega)d\omega = 1$ wird. Für die Berechnung des Wirkungsquerschnitts (4.8) muss man dann I durch $I(\omega)\Delta\omega_{ba} = cu(\omega)\Delta\omega_{ba}$ ersetzen – etwas präziser durch $I(\omega)/g(\omega) = cu(\omega)/g(\omega)$ – und erhält mit (4.9) den frequenzabhängigen Wirkungsquerschnitt:

$$\sigma(\omega) = \frac{\hbar\omega R_{ba}}{I(\omega)}g(\omega) = \frac{\hbar\omega B_{ba}}{c}g(\omega) \tag{4.10}$$

Man überzeugt sich leicht, dass die Einheit nach wie vor $[\sigma(\omega)] = \mathrm{m^2}$ ist. Wir werden auf die Berechnung von Wirkungsquerschnitten noch in Kapitel 5.2.2 und 5.5 zurückkommen.

Noch ein Wort zur Terminologie: *Raten, Übergangswahrscheinlichkeiten und Matrixelemente zum Zustand* $|b\rangle$ *vom Zustand* $|a\rangle$ *werden üblicherweise von rechts nach links indiziert – wie in* (4.7)–(4.10) *geschehen.*

Stimulierte Emission

Bislang sind wir davon ausgegangen, dass nur der Anfangszustand maßgeblich besetzt ist, und dass sich dies auch durch den (als sehr schwach gedachten) Absorptionsprozess nicht wesentlich ändert. Der zur Absorption inverse Prozess ist die **stimulierte Emission**, die in Abb. 4.5 illustriert ist. Dabei muss der angeregte Zustand besetzt sein (in Abb. 4.5 gehen wir zunächst davon aus, dass sich *alle* Atome/Moleküle im angeregten Zustand $|b\rangle$ befinden). Die

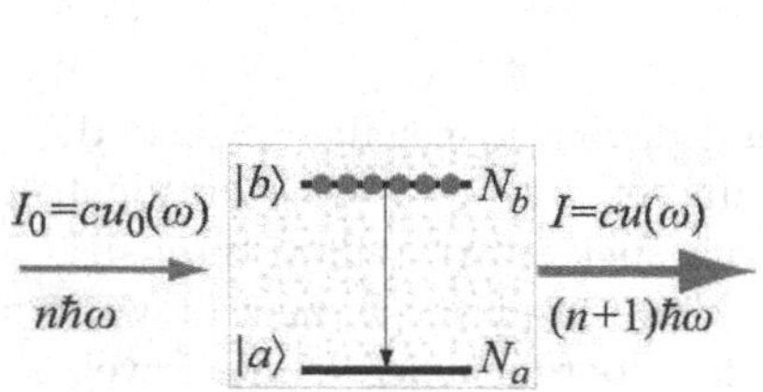

Abb. 4.5. Stimulierte Emission

entsprechende Emissionsrate ist völlig analog zu (4.9) gegeben durch:

$$R_{ab} = -\frac{1}{N_b}\frac{dN_b}{dt} = B_{ab} \cdot u\,(\omega_{ba}) = \frac{1}{N_b}\frac{dN_a}{dt} = \frac{1}{N_b}\frac{dN_{ph}}{dt}, \qquad (4.11)$$

wobei im vorletzten und letzten Schritt von (4.5) Gebrauch gemacht wurde. Bei diesem Prozess kommen also mehr Photonen heraus als hineingehen. B_{ab} heißt **Einstein-Koeffizient der stimulierten Emission**.

Im allgemeinen Fall finden immer beide Prozesse statt, Absorption und stimulierte Emission. Dabei gilt nach (1.58) im thermischen Gleichgewicht für diese Besetzungsdichten $N_b/N_a = \exp\left[-(W_b - W_a)/(k_B T)\right]$. Bei Zimmertemperatur liegt $k_B T$ bei einigen meV während für die elektronische Anregung typischerweise einige eV notwendig sind, sodass $W_b - W_a \gg k_B T$ und $N_b \ll N_a$. Dagegen kann nach speziellen Besetzungsprozessen oder bei kleinen Energieabständen (wie etwa bei Molekülen) die Besetzung N_b erheblich werden, sodass auch die stimulierte Emission möglich ist. Diese bildet die Grundlage des Lasers, den wir in Band 2 dieses Buches besprechen werden.

4.1.4 Spontane Emission

Wir wissen aufgrund der experimentellen Erfahrung, dass angeregte Atome auch spontan zerfallen können. Im Rahmen der *Quantenelektrodynamik (QED)* erklärt man das durch die Wechselwirkung des Atoms mit dem *Vakuumfeld*: Man kann auch das elektromagnetische Feld quantisieren und stellt es dann durch entsprechende harmonische Oszillatoren $|n_j\rangle$ dar. Oszillieren diese mit einer Kreisfrequenz ω_j, so haben sie eine Energie $(n_j + 1/2)\,\hbar\omega_j$. Der Faktor $1/2$ beschreibt die sog. *Nullpunktsenergie*, d. h. der harmonische Oszillator hat (letztlich wegen der Unschärferelation) auch im energetisch tiefsten Zustand (Vakuum) eine endliche Energie. Diese (isotrope) Nullpunktsschwingung ist es, die das angeregte Atom dazu veranlasst, *spontan* zu zerfallen. Wir werden eine auf diesem Gedanken aufbauende, quantitative Beschreibung der spontanen Emission in Band 2 dieses Buches kennen lernen.

Hier betrachten wir zunächst einen heuristischen, klassischen Ansatz. Er liefert zwar keine exakten Resultate, bringt aber ein gewisses intuitives Verständnis. Nach der klassischen Elektrodynamik strahlt ein *Dipoloszillator*, also z. B. ein oszillierendes Elektron mit einem zeitlich veränderlichen Dipolmoment $\boldsymbol{D}(t) = e_0 \boldsymbol{r}(t)$ die Leistung

$$\frac{dW}{dt\,d\Omega} = \frac{dP}{d\Omega} = \frac{\left|\ddot{\boldsymbol{D}}(t)\right|^2}{(4\pi)^2\,\epsilon_0 c^3}\sin^2\theta \qquad (4.12)$$

in das Raumwinkelelement $d\Omega$ ab, wobei θ der Winkel zwischen $\ddot{\boldsymbol{D}}$ und Abstrahlungsrichtung ist. Integration über alle Raumwinkel führt zu einem Faktor $8\pi/3$. Die gesamte abgestrahlte Leistung wird

$$\overline{\frac{\mathrm{d}W}{\mathrm{d}t}} = \overline{P} = \frac{1}{6\pi\epsilon_0 c^3}\overline{\left|\ddot{\boldsymbol{D}}\right|^2} = \frac{e_0^2}{6\pi\epsilon_0 m_e^2 c^3}\overline{\left|\frac{\mathrm{d}\boldsymbol{p}}{\mathrm{d}t}\right|^2}, \tag{4.13}$$

wobei wir hier der späteren Verwendung wegen auch den Impuls des oszillierenden Elektrons $\boldsymbol{p} = m_e\dot{\boldsymbol{r}}$ eingeführt haben. Durch den Querstrich deuten wir die zeitliche Mittelung an.

Klassisch betrachtet ist der hier relevante Oszillator ein um den Atomkern rotierendes Elektron mit dem Dipolvektor $\boldsymbol{D} = e_0\boldsymbol{r}_n$ mit dem Bahnradius r_n. Nehmen wir an, die Bewegung erfolge in der $x-y$ Ebene entsprechend $x(t) = r_n\cos\omega t$ und $y(t) = r_n\sin\omega t$, so ergeben sich die jeweiligen Beschleunigungen zu $\ddot{x}(t) = -r_n\omega^2\cos\omega t$ bzw. $\ddot{y}(t) = -r_n\omega^2\sin\omega t$, sodass $\left|\ddot{\boldsymbol{D}}\right|^2 = e_0^2 r_n^2\omega^4$ unabhängig von der Zeit wird. Für die mittlere abgestrahlte Leistung ergibt sich also

$$\overline{\frac{\mathrm{d}W}{\mathrm{d}t}} = \overline{P} = \frac{1}{6\pi}\frac{(e_0 r_n)^2\,\omega^4}{\epsilon_0 c^3}. \tag{4.14}$$

Wegen dieser Abstrahlung zerfällt das angeregte Atom. *Nach der klassischen Vorstellung würde dabei die Schwingungsamplitude* (d. h. der Bahnradius des Elektrons) immer kleiner werden – im Gegensatz zu dem spektroskopischen Befund und dem Konzept stationärer Zustände: das Atom (oder irgend ein anderes Quantensystem) befindet sich *entweder* im angeregten *oder* im Grundzustand.

Quantenmechanisch interpretiert man (4.14) daher als Wahrscheinlichkeitsaussage: die Wahrscheinlichkeit, das Atom im angeregten Zustand $|b\rangle$ zu finden, nimmt exponentiell ab. Die Wahrscheinlichkeitsamplitude wird also

$$\psi_b(t) = \exp\left(-\frac{A}{2}t\right)\exp(-\mathrm{i}\omega t) \tag{4.15}$$

und ist so normiert, dass sich das Atom bei $t = 0$ definitiv im angeregten Zustand befindet. Die Wahrscheinlichkeit, es dort zur Zeit t anzutreffen ist

$$w(t) = |\psi_b(t)|^2 = \exp\left(-At\right) = \exp\left(-t/\tau\right) \tag{4.16}$$

mit der mittleren Lebensdauer $\tau = 1/A$ des angeregten Zustands. Ein Ensemble von anfänglich N_{b0} Atomen zerfällt also entsprechend

$$N_b(t) = N_{b0}\exp(-At).$$

Es gelten die Beziehungen

$$\frac{\mathrm{d}w}{\mathrm{d}t} = -A\exp(-At) = -Aw(t) \quad\text{oder}\quad \frac{\mathrm{d}N_b}{\mathrm{d}t} = -A\cdot N_b,$$

und die *Rate für spontane Übergänge* $\left(\left[R_{ab}^{(spont)}\right] = \mathrm{s}^{-1}\right)$ wird

$$R_{ab}^{(spont)} = -\frac{1}{N_b}\frac{\mathrm{d}N_b}{\mathrm{d}t} = -\frac{1}{w(t)}\frac{\mathrm{d}w}{\mathrm{d}t} = A = \frac{1}{\tau}. \tag{4.17}$$

Zwischen t und $t + dt$ wird die Energie $\overline{dW} = \hbar\omega dw = -A\hbar\omega w(t)dt$ emittiert. Bei $t = 0$ ist die pro Zeit abgestrahlte Energie dann $\overline{dW}/dt = A\hbar\omega$. Klassisch war diese mittlere, abgestrahlte Energie nach (4.14) gegeben. Durch Vergleich erhalten wir:

$$A = \frac{1}{3\pi\epsilon_0 c^3 \hbar}\omega^3 |e_0 r_n|^2 = \frac{4\alpha}{3c^2}\omega^3 |r_n|^2 = \frac{32\pi^3 c}{3}\frac{\alpha |r_n|^2}{\lambda^3} \qquad (4.18)$$

Zur Abkürzung haben wir hier die schon in Kapitel 1.11 eingeführte Feinstrukturkonstante $\alpha \simeq 1/137$ eingeführt. *Die genaue quantenmechanische Rechnung liefert* für den sogenannten

Einstein A-Koeffizienten $\quad A = \dfrac{1}{\tau} = \dfrac{4\alpha}{3c^2}\omega^3 |r_{ab}|^2 \propto \omega^3 |e_0 r_{ab}|^2$. $\quad$ (4.19)

Die spezifischen Eigenschaften des emittierenden Atoms stecken dabei im sogenannten *Dipolmatrixelement* $D_{ab} = -e_0 r_{ab}$ (genauer im *Übergangs-Dipolmatrixelement*), ein Vektor dessen Betrag r_{ab} ein speziell gemittelter Radius des Atoms ist. Wir werden dies in den folgenden Abschnitten ausführlich behandeln. Hier schätzen wir lediglich die Größenordnung für ein prominentes Beispiel ab: Die Natrium-D-Linie (d. h. der Übergang $3p \leftrightarrow 3s$) hat eine Wellenlänge von $\lambda = 589\,\text{nm}$. Nehmen wir für r_{ab} (größenordnungmäßig richtig) den mittleren Atomradius von 190 pm an (s. Abb. 3.4 auf Seite 91), dann ergibt sich nach (4.18) für $A \simeq 1.28 \times 10^8\,\text{s}$, sodass sich $\tau = 1/A = 7.8\,\text{ns}$ ergibt – der tatsächliche, experimentell gefundene Wert ist $\simeq 16.2\,\text{ns}$.

4.1.5 Einstein'sche A und B Koeffizienten

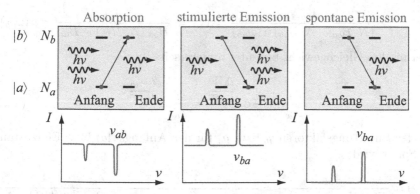

Abb. 4.6. Absorption, induzierte und spontane Emission schematisch. Oben ist die atomistische Sicht angedeutet. Unten sind die jeweiligen spektroskopischen Befunde illustriert: skizziert ist der Verlauf der Intensität als Funktion der Frequenz

Abbildung 4.6 fasst die bisherigen Überlegungen und Befunde zusammen. Wir müssen natürlich alle drei Prozesse berücksichtigen, wenn wir das reale Verhalten eines atomaren Systems in Gegenwart eines elektromagnetischen Feldes korrekt beschreiben wollen. Ein spezieller Fall ist ein System von Atomen bzw. Molekülen oder Festkörperoszillatoren im thermischen Gleichgewicht mit sich selbst und mit dem Strahlungsfeld.

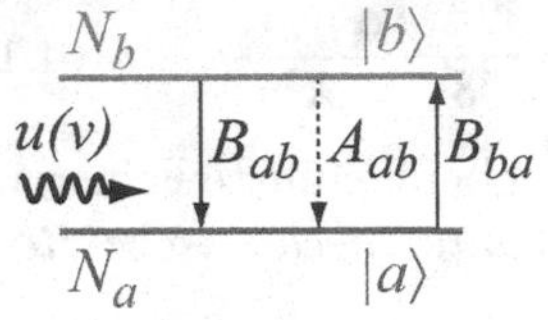

Abb. 4.7. Zweiniveausystem und Einstein-Koeffizienten

Einstein hat dieses thermische Gleichgewicht zum Ausgangspunkt einer sehr instruktiven Ableitung der Planck'schen Formel (1.13) für die Hohlraumstrahlung gemacht. Sie basiert auf dem sogenannten *Prinzip des detaillierten Gleichgewichts:* im stationären Fall muss jeder Prozess im Gleichgewicht mit dem inversen Prozess sein. Man behandelt das Problem in Form eines repräsentativen *Zwei-Niveau Systems*, wie es in Abb. 4.7 skizziert ist. Seine Kinetik beschreibt man mit sogenannten Ratengleichungen. Für den angeregten Zustand $|b\rangle$ gilt dabei:

$$\frac{dN_b}{dt} = -A_{ab}N_b - N_b B_{ab} u\left(\omega_{ab}\right) + N_a B_{ba} u\left(\omega_{ab}\right) \qquad (4.20)$$

Für den Grundzustand $|a\rangle$ wird entsprechend:

$$\frac{dN_a}{dt} = +A_{ab}N_b + N_b B_{ab} u\left(\omega_{ab}\right) - N_a B_{ba} u\left(\omega_{ab}\right) \qquad (4.21)$$

Für ein stationäres System ist zu fordern:

$$\frac{dN_{b,a}}{dt} = 0 = -A_{ab}N_b - N_b B_{ab} u\left(\omega_{ab}\right) + N_a B_{ba} u\left(\omega_{ab}\right)$$

$$\Rightarrow \frac{A_{ab}N_b}{\left(N_a B_{ba} - N_b B_{ab}\right) u\left(\omega_{ab}\right)} = 1 \quad \Rightarrow \frac{A_{ab}}{B_{ba}\left(N_a/N_b\right) - B_{ab}} = u\left(\omega_{ab}\right)$$

Thermisches Gleichgewicht bedeutet andererseits

$$\frac{N_b}{N_a} = \frac{g_b}{g_a} e^{-\frac{\Delta W}{k_B T}} = \frac{g_b}{g_a} e^{-\frac{h\nu_{ab}}{k_B T}} \qquad (4.22)$$

mit den Entartungsfaktoren g_b bzw. g_a für den Anfangs- $|a\rangle$ bzw. Endzustand $|b\rangle$. Somit wird

$$u\left(\nu\right) = \frac{A_{ab}}{B_{ba}\left(N_a/N_b\right) - B_{ab}} = \frac{A_{ab}}{B_{ba}\frac{g_a}{g_b} e^{h\nu/(k_B T)} - B_{ab}} = \frac{A_{ab}}{B_{ab}} \frac{1}{e^{h\nu/(k_B T)} - 1} \, ,$$

wobei wir $B_{ab} = B_{ba} g_a/g_b$ gesetzt haben. Vergleichen wir das mit der Planck'schen Strahlungsverteilung

$$u\left(\nu\right) = \frac{8\pi h\nu^3}{c^3} \frac{1}{e^{h\nu/(k_B T)} - 1}, \text{ so folgt daraus:}$$

$$\frac{A_{ab}}{B_{ab}} = \frac{8\pi h\nu^3}{c^3} \quad \text{bzw.} \quad A_{ab} = \frac{8\pi h\nu^3}{c^3} B_{ab} \quad \text{und} \quad B_{ab} = \frac{g_a}{g_b} B_{ba} \qquad (4.23)$$

Man merkt sich den berühmten ν^3 Faktor:

$$\boxed{g_b B_{ab} = g_a B_{ba} \text{ und } A_{ab} \propto \nu^3 B_{ab}}$$

Man beachte: wenn $u(\omega)$ auf die Kreisfrequenz bezogen wird, ist B_{ab} um einen Faktor 2π größer und es wird:

$$A_{ab} = \frac{\hbar\omega^3}{\pi^2 c^3} B_{ab}. \qquad (4.24)$$

4.2 Zeitabhängige Störungsrechnung

4.2.1 Vorbemerkungen

Wir wenden uns jetzt der quantenmechanischen Behandlung der Absorption und Emission von elektromagnetischer Strahlung zu. Wir haben dabei die zeitliche Veränderung des Atoms unter dem Einfluss eines elektromagnetischen Feldes zu beschreiben. Bei dem hier vorgestellten *semiklassischen* Ansatz behandelt man das Atom quantenmechanisch, das eingestrahlte elektromagnetische Feld $\boldsymbol{E}(\boldsymbol{r}, t)$ aber klassisch. Das Feld verursacht eine *Störung* $\hat{U}(\boldsymbol{r}, t)$ des ungestörten atomaren Problems. Spontane Emission kann dabei nicht erfasst werden und wird als eine Art „Nachgedanke" über die im letzten Abschnitt 4.1.5 eingeführte Einstein'sche A/B Beziehung berücksichtigt.

Wie bereits in Abschnitt 4.1.4 erwähnt, benötigt man zur sauberen Behandlung der spontanen Emission die *Quantenelektrodynamik (QED)*: diese quantisiert auch das elektromagnetische Feld und beschreibt Photonenzustände durch harmonische Oszillatoren, deren Zustände entsprechend der Beschaffenheit des Lichtes besetzt sind. Da hierbei die für den harmonischen Oszillator charakteristische Nullpunktsschwingung auftritt, ist auch im Vakuum ein Feld vorhanden. Dieses induziert den spontanen Zerfall, der im QED Formalismus korrekt beschrieben wird. Wir werden die grundlegenden Ansätze und beispielhaft auch daraus folgende spezifische Besonderheiten in Band 2 dieses Buches besprechen.

Alle im Folgenden abgeleiteten spektroskopischen Gesetzmäßigkeiten behalten aber ihre Gültigkeit, sofern man innerhalb der Grenzen der Störungsrechnung (kleine Intensitäten) bleibt und sich nicht für die statistische Beschaffenheit des Lichts interessiert.

4.2.2 Dipolnäherung

Im Rahmen der hier benutzten semiklassischen Näherung konzentrieren wir uns zunächst auf sogenannte *elektrische Dipolübergänge* (E1-Übergänge). Zur quantitativen Berechnung genügt uns dann die *Störungsrechnung 1. Ordnung*. Dabei betrachtet man nur die *zeitliche* (nicht die räumliche) Änderung des elektrischen Feldes, was in erster Ordnung korrekt ist, aber z. B. zur Beschreibung sogenannter verbotener Übergänge nicht ausreicht. Darauf werden wir in Kapitel 5 näher eingehen. Wir leiten das Wechselwirkungspotenzial hier etwas heuristisch ab. *Wer es ein wenig genauer wissen will, der sei auf Anhang F verwiesen.*

Die Kraft auf ein Elektron im elektrischen Wechselfeld ist $-e_0 E(r, t)$. Damit wird die **Störungsenergie** in

Dipolnäherung $\quad \hat{U}(r, t) = r \cdot e_0 E(r, t) = -D \cdot E(r, t) \;,$ $\qquad$ (4.25)

wobei r der Abstand des Elektrons vom Atomkern ist und $D = -e_0 r$ sein effektives elektrisches Dipolmoment. Das elektrische Feld der Welle schreiben wir

$$E(r, t) = \frac{\mathrm{i}}{2} E_0 \left(e \; e^{\mathrm{i}(kr - \omega t)} - e^* \; e^{-\mathrm{i}(kr - \omega t)} \right) \qquad (4.26)$$

mit dem Polarisationseinheitsvektor e und der Amplitude E_0. *Man beachte:* $E(r, t)$ ist eine reele, messbare Größe; der Ausdruck (4.26) stellt dies mathematisch sicher. Man findet in der Literatur häufig auch eine komplexe Schreibweise für E – mit dem Hinweis, relevant sei der Realteil. Wir werden aber sehen, dass beide Summanden in (4.26) eine ganz spezifische physikalische Bedeutung bei der Lösung des quantenmechanischen Problems haben, und wir können daher auf keinen der beiden Terme verzichten!

Nun machen wir die wesentliche Vereinfachung: da die Wellenlänge typischerweise groß gegenüber den Atomabmessungen ist ($\lambda \gg r_{atom}$), können wir $E(r, t)$ nach Potenzen von r/λ bzw. $k \cdot r \ll 1$ entwickeln. In erster Ordnung behalten wir von der Exponentialfunktion nur die 1 und erhalten (s. auch Anhang F.1.5)

$$\hat{U}(r, t) = e_0 r \cdot E(t) = -D \cdot E = \frac{\mathrm{i}}{2} E_0 e_0 r \cdot \left(e \; e^{-\mathrm{i}\omega t} - e^* \; e^{\mathrm{i}\omega t} \right) \;. \qquad (4.27)$$

Der Wechselwirkungsterm $\hat{U}(r, t)$ hängt also von der Elektronenkoordinate r *und* von der Zeit t ab. Die Feldamplitude E_0 bestimmt sich aus der Messung der direkt zugänglichen Lichtintensität I. Mit den in Tabelle 4.1 auf Seite 110 zusammengestellten Formeln und Zahlen wird

$$E_0 = \sqrt{2I/\epsilon_0 c} = \sqrt{2I Z_0} = 27.45 \sqrt{I} \, \Omega^{1/2} \qquad (4.28)$$

Da man E_0 typischerweise in V / m und I in W / cm^2 misst, schreibt man für praktische Zwecke auch handlich:

$$\frac{E_0}{\text{V / m}} = 2745 \sqrt{\frac{I}{\text{W / cm}^2}} \qquad (4.29)$$

Man beachte, dass die Feldamplitude E_0 in V / m gemessen wird (und keine Fourierkomponente des Feldes ist), sodass $\hat{U}(r, t)$ wirklich eine Energie wird.

Es ist natürlich nicht zwingend, sich auf eine streng monochromatische Welle zu beschränken. Hat man es – und das ist die Regel – mit einer Intensitätsverteilung $I(\omega)$ (Intensität pro Kreisfrequenzeinheit) zu tun, dann muss man schließlich $I \to I(\omega)\mathrm{d}\omega$ ersetzen und die berechneten Übergangswahrscheinlichkeiten über alle Grenzfrequenzen integrieren.

Im Rahmen der *elektrischen Dipolnäherung* beschränkt man sich also auf den Term $\boldsymbol{D} \cdot \boldsymbol{E}$, der in niedrigster Ordnung, für die sogenannten E1-Übergänge, die Wechselwirkung auch korrekt beschreibt. Nicht berücksichtigt werden dabei M1- (magnetische Dipol-) und E2- (elektrische Quadrupol-) Übergänge etc., die insbesondere dann wichtig werden, wenn ein E1-Übergang verboten ist. Um auch diese Prozesse beschreiben zu können, muss man quantenmechanisch streng im Störoperator $\widehat{U}(\boldsymbol{r}, t)$ das elektrische Vektorpotenzial $\boldsymbol{A}(\boldsymbol{r}, t)$ anstelle von $\boldsymbol{E}(\boldsymbol{r}, t)$ benutzen, wie in Anhang F.1.5 ausgeführt. Für die elektrische Dipolnäherung führt das zum gleichen Ergebnis, ist aber weniger anschaulich. Wir werden in Kapitel 5.4 ausführen, wie man die höheren Terme bei der Entwicklung der Exponentialfunktionen $\exp(\pm \mathrm{i}\boldsymbol{k} \cdot \boldsymbol{r})$ in (4.26) berücksichtigt.

4.2.3 Lösungsansatz

Es geht hier darum, zeitabhängige Prozesse, d. h. *nicht stationäre Zustände*, quantenmechanisch zu approximieren und so die Wahrscheinlichkeit für einen Übergang zum Zustand $|b\rangle$ vom Zustand $|a\rangle$ ermitteln. Wir müssen dazu die *zeitabhängige Schrödinger-Gleichung* (2.15) näherungsweise lösen und kommunizieren hier kurz zusammengefasst das dafür notwendige Handwerkszeug aus der Quantenmechanik. *Der damit bereits vertraute Leser mag gleich in Abschnitt 4.2.6 weiterlesen.*

Wir gehen dabei wieder von einem bereits gelösten Problem aus. Der ungestörte, stationäre Hamilton-Operator sei $\widehat{H}_0 \neq \widehat{H}_0(t)$. Mit

$$\widehat{H}_0\psi_j(\boldsymbol{r}) = W_j\psi_j(\boldsymbol{r}) \tag{4.30}$$

und $\omega_j = W_j/\hbar$ hatten wir nach (2.17) stationäre Lösungen (Lösung nullter Ordnung) mit einer „trivialen" Zeitabhängigkeit

$$\Psi_j^{(0)}(\boldsymbol{r}, t) = \psi_j(\boldsymbol{r})\exp\left(-\mathrm{i}\frac{W_j}{\hbar}t\right) = \psi_j(\boldsymbol{r})\exp\left(-\mathrm{i}\omega_j t\right)$$

gefunden. Hier suchen wir nun Lösungen von

$$\widehat{H}(t) = \widehat{H}_0 + \widehat{U}(\boldsymbol{r}, t), \tag{4.31}$$

wobei $\widehat{U}(\boldsymbol{r}, t)$ die Wechselwirkung des atomaren Elektrons (bzw. der Elektronen) mit der elektromagnetischen Welle ist.

Wir machen den *Lösungsansatz*

$$\Psi(\boldsymbol{r}, t) = \sum_{j=0}^{\infty} c_j(t) e^{-i\omega_j t} \psi_j(\boldsymbol{r}) \tag{4.32}$$

und schreiben im Folgenden zur Abkürzung $\Psi(\boldsymbol{r}, t) \to |\Psi(t)\rangle$ und $\psi_j(\boldsymbol{r}) \to |j\rangle$. Die Wahrscheinlichkeit, einen Endzustand $|j\rangle$ zur Zeit t zu finden, ist

$$w_j(t) = |c_j(t)|^2 \quad , \tag{4.33}$$

und man nennt $c_j(t)$ *Wahrscheinlichkeitsamplitude*. Wenn die gewählte Basis $|j\rangle$ vollständig ist, und wenn man über beliebig viele Zustände summiert, lässt sich durch (4.32) auch die exakte Lösung darstellen.

Mit diesem Ansatz (4.32) und dem zeitabhängigen Hamilton-Operator (4.31) gehen wir nun in die zeitabhängige Schrödinger-Gleichung (2.15):

$$\left[\widehat{H}_0 + \hat{U}(\boldsymbol{r}, t)\right] |\Psi(t)\rangle = i\hbar \frac{\partial |\Psi(t)\rangle}{\partial t}$$

$$\sum_j c_j(t) e^{-i\omega_j t} \left[\widehat{H}_0 + \hat{U}(\boldsymbol{r}, t)\right] |j\rangle = \sum_j i\hbar \frac{\partial c_j(t) e^{-i\omega_j t} |j\rangle}{\partial t}$$

Einsetzen von $\widehat{H}_0 |j\rangle$ nach (4.30) auf der linken Seite der Gleichung und Produktdifferenziation auf der rechten führt zu:

$$\sum_j c_j(t) e^{-i\omega_j t} \left[W_j + \hat{U}(\boldsymbol{r}, t)\right] |j\rangle$$

$$= i \sum_j \left[c_j(t) (-i\hbar\omega_j) e^{-i\omega_j t} + \hbar e^{-i\omega_j t} \frac{dc_j(t)}{dt}\right] |j\rangle$$

Mit $-i \cdot i\hbar\omega_j = W_j$ fallen links und rechts die ersten Terme in den Summen weg. Wir multiplizieren von links mit $\langle b| e^{i\omega_b t}$, wobei wir $\langle b|j\rangle = \delta_{bj}$ berücksichtigen. Mit $W_b = \hbar\omega_b$ ergibt sich – noch immer exakt – ein System linearer Differenzialgleichungen:

$$\frac{dc_b(t)}{dt} = -\frac{i}{\hbar} \sum_j c_j(t) \langle b| \hat{U}(\boldsymbol{r}, t) |j\rangle e^{i(\omega_b - \omega_j)t} \tag{4.34}$$

4.2.4 Störungsansatz für die Übergangsamplitude

In der Praxis kann man immer nur endlich viele Terme mitnehmen und nutzt dabei aus, dass für den Hamilton-Operator des ungestörten Systems (H-Atom, Alkaliatom etc.) $\left\langle \widehat{H}_0 \right\rangle \gg \hat{U}(\boldsymbol{r}, t)$ gilt. Dann wird $c_a = 1$ (Anfangszustand) sich mit der Zeit nur vernachlässigbar ändern und zugleich gilt $|c_j(t)| \ll 1$ für $j \neq a$. Man arbeitet also mit einer störungstheoretischen Lösung

$$|\Psi(t)\rangle \approx |a\rangle e^{-i\omega_a t} + \sum_{j \neq a} c_j(t) |j\rangle e^{-i\omega_j t} , \tag{4.35}$$

bei welcher die Terme unter Summe nur in erster Näherung eine Rolle spielen. Konkret setzt man als *nullte Ordnung* Störungsrechnung in (4.34) für den Ausgangszustand auf der rechten Seite $c_a^{(0)}(t) = 1$ und $c_j^{(0)}(t) = 0$ für alle $j \neq a$. Dann ergibt sich *in erster Ordnung* Störungsrechnung

$$\frac{dc_b(t)}{dt} = -\frac{i}{\hbar}\hat{U}_{ba}(t)e^{i\omega_{ba}t} \tag{4.36}$$

mit $\hat{U}_{ba}(t) = \langle b|\,\hat{U}(\boldsymbol{r},t)\,|a\rangle = \int \psi_b^*(\boldsymbol{r})\hat{U}(\boldsymbol{r},t)\psi_a(\boldsymbol{r})d^3\boldsymbol{r}$ und der atomaren Übergangs(kreis)frequenz $\omega_{ba} = (W_b - W_a)/\hbar$.

Bei der Behandlung eines Absorptions- und Emissionsprozesses geht man nun davon aus, dass die Lichtquelle zur Zeit $t = 0$ eingeschaltet wird und dann für eine sehr lange Zeit ($\gg 1/\omega_{ba}$) angeschaltet bleibt. Da die Periode des Lichtfeldes typischerweise in der Größenordnung von Femtosekunden liegt, trägt dieses Konzept recht weit – und gilt auch für die Anregung mit Nanosekunden Lichtimpulsen (nicht allzu hoher Intensität), wie sie heute in der Spektroskopie häufig benutzt werden.[1] Die Integration von (4.36) über die Zeit führt nun zu

$$c_b(t) = -\frac{i}{\hbar}\int_0^t \hat{U}_{ba}(t')e^{i\omega_{ba}t'}dt' \quad . \tag{4.37}$$

Was uns aber eigentlich nur interessiert, ist die Frage, wie dieser Ausdruck nach vielen Schwingungsperioden – im quasi stationären Zustand – aussieht. Wir stellen fest, dass dieser Grenzübergang nach $t \to \infty$ zu

$$c_b(\infty) = -\frac{i}{\hbar}\int_0^\infty \hat{U}_{ba}(t')e^{i(\omega_{ba})t'}dt' = \hat{U}(\omega_{ba})$$

führt. Das ist nichts anderes als die *Fouriertransformierte des Störpotenzials bei der Frequenz* ω_{ba} des atomaren Übergangs. Wir stellen also fest: *Mit monochromatischem Licht der Frequenz* ω *wird ein Übergang nur bei resonanter Einstrahlung mit* $\omega_{ba} = \omega$ *induziert.* Anders ausgedrückt: es werden nur solche Übergänge angeregt, deren Übergangsfrequenz ω_{ba} auch wirklich im angebotenen Spektrum des Strahlungsfeldes enthalten ist.

Im nächsten Schritt konkretisieren wir das Wechselwirkungspotenzial für eine ebene, monochromatische elektromagnetische Welle der Frequenz ω mit der Intensität I. Unter Einführung einer Amplitude $\mathcal{T}_0$ und eines Übergangsoperators $\hat{T}$ wird das Matrixelement der Störung:

$$\hat{U}_{ba}(t) = \langle b|\,\hat{U}(\boldsymbol{r},t)\,|a\rangle = \langle b|\,\frac{i}{2}\mathcal{T}_0\left(\hat{T}\,e^{-i\omega t} - \hat{T}^*\,e^{i\omega t}\right)|a\rangle$$

$$= \frac{i}{2}\mathcal{T}_0\left(\hat{T}_{ba}\,e^{-i\omega t} - \hat{T}_{ba}^*\,e^{i\omega t}\right) \tag{4.38}$$

---

[1] In Band 2 dieses Buches werden wir uns aber auch mit der interessanten Situation beschäftigen, wo diese Annahme nicht mehr gilt, d. h. bei der Anregung mit ultrakurzen Lichtimpulsen.

Im Rahmen der elektrischen Dipolnäherung ist nach (4.27) und (4.28)

$$\mathcal{T}_0 = e_0 E_0 = e_0 \sqrt{2I/(c\epsilon_0)} \quad \text{und} \quad \hat{T} = \boldsymbol{r} \cdot \boldsymbol{e} = \boldsymbol{D} \cdot \boldsymbol{e}/e_0 . \tag{4.39}$$

zu setzen. Wir können bei Bedarf aber in dieser Formulierung auch – viel allgemeiner – den exakten Übergangsoperator $\hat{T} = \boldsymbol{e} \, \exp{(\mathrm{i}\boldsymbol{k} \cdot \boldsymbol{r})} \cdot \hat{\boldsymbol{p}}/(\omega m_e)$ nach (F.17)–(F.19) einsetzen. In jedem Fall betrachten wir jetzt zunächst die Übergangsamplitude (4.37):

$$c_b\left(t\right) = \frac{\mathcal{T}_0}{2\hbar} \int \left(\hat{T}_{ba} \, e^{\mathrm{i}(\omega_{ba}-\omega)t'} - \hat{T}_{ba}^* \, e^{\mathrm{i}(\omega_{ba}+\omega)t'} \right) \mathrm{d}t' \tag{4.40}$$

$$= \frac{\mathcal{T}_0}{2\hbar} \left(\frac{\hat{T}_{ba} \, e^{\mathrm{i}(\omega_{ba}-\omega)t}}{\mathrm{i}\left(\omega_{ba}-\omega\right)} - \frac{\hat{T}_{ba}^* \, e^{\mathrm{i}(\omega_{ba}+\omega)t}}{\mathrm{i}\left(\omega_{ba}+\omega\right)} \right) \tag{4.41}$$

Man beachte die Rolle der *beiden* Terme $\exp{(-\mathrm{i}\omega t)}$ und $\exp{(+\mathrm{i}\omega t)}$: Man erkennt schon an (4.40), dass die beiden Terme dann ein signifikantes Ergebnis liefern, wenn $\omega_{ba} - \omega = 0$ bzw. $\omega_{ba} + \omega = 0$ wird. Sonst oszillieren die Beiträge und verschwinden im Grenzübergang zu großen Zeiten, wie wir im nächsten Abschnitt näher ausführen werden. Da ω positiv definiert ist und a den Anfangszustand, b den Endzustand bezeichnet, entspricht der erste Term in (4.40) der Absorption, während der zweite Term die induzierte Emission beschreibt:

$$\omega_{ba} > 0 \text{ Absorption}$$
$$\omega_{ba} < 0 \text{ induzierte Emission}$$

Offensichtlich sind beide Exponentialfunktionen, die man zur Beschreibung eines reellen elektromagnetischen Wellenfeldes benötigt, unentbehrlich.

4.2.5 Absorptionswahrscheinlichkeit

Im Folgenden berechnen wir explizite die *Wahrscheinlichkeitsamplitude für die Absorption*, d. h. wir berücksichtigen nur den ersten Term mit $\omega_{ba} > 0$ in (4.41). (Die Rechnung für die stimulierte Emission, d. h. für den zweiten Term mit $\omega_{ba} < 0$ läuft praktisch identisch.) Wird das elektromagnetische Feld zur Zeit $t = 0$ eingeschaltet, dann ergibt sich für die Übergangsamplitude zur Zeit t:

$$c_b\left(t\right) - c_b(0) = \frac{\mathcal{T}_0}{2\hbar} \hat{T}_{ba} \, \frac{e^{\mathrm{i}(\omega_{ba}-\omega)t} - 1}{\mathrm{i}\left(\omega_{ba}-\omega\right)} \tag{4.42}$$

Alle Atome waren zur Zeit $t = 0$ im Zustand $|a\rangle$. Die Wahrscheinlichkeit, Atome zur Zeit t im Zustand $|b\rangle$ zu finden, ist also:

$$w_{ba}^{(abs)}(t) = |c_b(t)|^2 = \frac{\mathcal{T}_0^2}{\hbar^2} \left| \hat{T}_{ba} \right|^2 \left| \frac{e^{\mathrm{i}(\omega_{ba}-\omega)t} - 1}{2\mathrm{i}\left(\omega_{ba}-\omega\right)} \right|^2$$

$$= \frac{\mathcal{T}_0^2}{\hbar^2} \left| \hat{T}_{ba} \right|^2 \frac{\sin^2 \frac{1}{2}\left(\omega_{ba}-\omega\right)t}{\left(\omega_{ba}-\omega\right)^2} = \frac{\mathcal{T}_0^2}{\hbar^2} \left| \hat{T}_{ba} \right|^2 \frac{\pi t}{2} g(\omega) . \tag{4.43}$$

Abbildung 4.8 illustriert, dass die charakteristische Frequenzabhängigkeit $g(\omega)$ für große Zeiten $t \gg (1/(\omega_{ba} - \omega)$ beliebig schmal, und für $\omega_{ba} - \omega = 0$ zugleich auch beliebig hoch, nämlich $t/2\pi$ wird. Dabei ist $g(\omega)$ auf $\int_{-\infty}^{\infty} g(\omega)\mathrm{d}\omega = 1$ normiert, sodass man im Grenzübergang $t \to \infty$

$$g(\omega) = \frac{2}{\pi t} \frac{\sin^2\left(\dfrac{\omega_{ba} - \omega}{2}t\right)}{(\omega_{ba} - \omega)^2} \xrightarrow{t \to \infty} \delta(\omega_{ba} - \omega) \qquad (4.44)$$

schreiben kann. Die Funktion $g(\omega)$ ist im Grenzfall also eine Darstellung der Dirac'schen Deltafunktion.

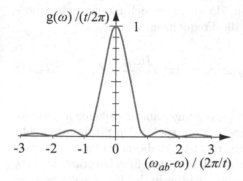

Abb. 4.8. $\sin^2\left[(\omega_{ba} - \omega)t/2\right]/(\omega_{ba} - \omega)^2$ als Funktion von $\omega_{ba} - \omega$ in Einheiten von $2\pi/t$. Für $t \to \infty$ wird dies proportional zur Deltafunktion

Offensichtlich wächst $w_{ba}^{(abs)}(t)$ linear mit der Zeit. Das gilt freilich nur für nicht all zu große Felder zugleich aber für große Zeiten $t \gg \omega_{ba}^{-1}$ – die wiederum nur so groß sein dürfen, dass die Voraussetzung der Störungsrechnung $|c_b(t)|^2 \ll 1$ für alle $b \neq j$ erfüllt sind.[2] Dividieren wir also $w_{ba}^{(abs)}(t)$ durch die Zeit t, so erhalten wir die *Übergangsrate* $R_{ba} = w_{ba}^{(abs)}(t)/t$, also die *Übergangswahrscheinlichkeit pro Zeit*, die offensichtlich *zeitunabhängig* wird. Dies ist in der Tat auch die Größe, die wir im Experiment bestimmen.

Schließlich müssen wir noch beachten, dass es in der Praxis keine streng monochromatischen Wellen gibt. Unsere bisherigen Überlegungen setzen dies auch nicht zwingend voraus. Die Strahlung hat immer eine gewisse Bandbreite $\Delta\nu$ bzw. $\Delta\omega$. Wir müssen diese Frequenzabhängigkeit einbringen, indem wir die Intensität I in einem Spektralbereich von ω bis $\omega + \mathrm{d}\omega$ durch $I(\omega)\mathrm{d}\omega$ ersetzen und anschließend über alle Kreisfrequenzen integrieren. Dabei ist $I(\omega) = c\, u(\omega)$ die spektrale Intensitätsverteilung. In (4.43) ist also das Quadrat der Störungsamplitude $\mathcal{T}_0^2$ nach (4.39) zu ersetzen durch

$$\mathcal{T}_0^2 \to e_0^2 \frac{2}{c\epsilon_0} I(\omega)\mathrm{d}\omega \,. \qquad (4.45)$$

---

[2] Diese in sich etwas widersprüchliche Forderung werden wir in Band 2 dieses Buches noch einmal analysieren und mit der Behandlung des Problems im Rahmen der optischen Blochgleichungen auflösen.

So erhalten wir die *Absorptionsrate* $\mathrm{d}R_{ba}$ für Licht einer Frequenz ω bis $\omega + \mathrm{d}\omega$ bzw. die dadurch verursachte *Anregungswahrscheinlichkeit pro Zeiteinheit* für einen Übergang nach Zustand $|b\rangle$ von $|a\rangle$:

$$\mathrm{d}R_{ba} = \frac{\pi e_0^2}{\epsilon_0 c \hbar^2} I(\omega) \left| \hat{T}_{ba} \right|^2 g(\omega)\mathrm{d}\omega = 4\pi^2 \alpha \frac{I(\omega)}{\hbar} \left| \hat{T}_{ba} \right|^2 g(\omega)\mathrm{d}\omega \qquad (4.46)$$

Wir haben im zweiten Teil der Gleichung zur Abkürzung wieder die Feinstrukturkonstante $\alpha = e_0^2/(4\pi\epsilon_0\hbar c) \sim 1/137$ benutzt. Die spektrale Intensitätsverteilung $I(\omega)$ ist auf die Kreisfrequenz bezogen.

Haben wir es – wie bisher angenommen – mit einer wohl definierten, scharfen Absorptionslinie bei der Kreisfrequenz ω_{ba} für den Übergang zwischen zwei isolierten Zuständen $|b\rangle$ und $|a\rangle$ zu tun, dann ergibt sich die gesamte Übergangsrate R_{ba} durch Integration über alle Frequenzen:

$$R_{ba} = \int_{-\infty}^{\infty} \mathrm{d}R_{ba} = \int_{-\infty}^{\infty} 4\pi^2 \alpha \frac{I(\omega)}{\hbar} \left| \hat{T}_{ba} \right|^2 g(\omega)\mathrm{d}\omega = 4\pi^2 \alpha \frac{I(\omega_{ba})}{\hbar} \left| \hat{T}_{ba} \right|^2. \qquad (4.47)$$

Hier wird nochmals deutlich, dass die Anregungswahrscheinlichkeit proportional zur Fourierkomponente der eingestrahlten spektralen Strahlungsdichte $u(\omega) = I(\omega)/c$ bei der Übergangsfrequenz ω_{ba} ist. Bei dieser Integration wurde natürlich angenommen, dass $I(\omega)$ über die Absorptionslinie konstant ist. Das ist für klassische Lichtquellen trivialerweise richtig, in der Laserspektroskopie aber keineswegs. Wir werden darauf in Abschnitt 5.2.2 sowie in Band 2 dieses Buches noch vertiefend zurückkommen.

Wir haben bei der Integration in (4.47) außerdem angenommen, dass die elektromagnetische Welle hinreichend lange mit dem absorbierenden System wechselwirkt – so lange, dass wir den Grenzübergang $t \to \infty$ in (4.44) auch wirklich machen können. Allerdings gelten (4.44) und (4.46) auch dann noch, wenn dies nicht der Fall ist, wenn also die Wechselwirkungszeit endlich ist. Das führt dann offensichtlich zu einer Verbreiterung der gemessenen Linie, die durch $g(\omega)$ beschrieben wird. Auch hierauf werden wir später noch einmal zurückkommen (Kapitel 6.1.6).

4.2.6 Emissions- und Absorptionswahrscheinlichkeit: Ergebnisse

Die entscheidende atomare Größe *im Rahmen der elektrischen Dipolnäherung* ist nach (4.47) und (4.39) offenbar $\hat{T}_{ab} = \hat{e} \cdot \hat{r}_{ab}$ mit

$$r_{ba} = \langle b| \, r \, |a\rangle = \int \psi_b^*(r) r \psi_a(r) \mathrm{d}^3 r \qquad (4.48)$$

oder etwas physikalischer: das Skalarprodukt zwischen Polarisationsvektor e und

Dipolmatrixelement $\quad D_{ba} = -e_0 r_{ba}$ $\qquad (4.49)$

D_{ba} ist eine für jeden Übergang des untersuchten Systems spezifische, *vektorielle Größe*.[3]

Zur Ableitung von (4.47) haben wir nur die Absorption ausgewertet (erster Term in (4.40)). Der zweite Exponent liefert ganz analog die induzierte Emissionsrate $R_{ab} \propto |r_{ab} \cdot e^*|^2$ mit ansonsten identischen Vorfaktoren. Wegen der Hermitizität gilt $r_{ab} = r_{ab}^*$ und somit $R_{ba} = R_{ab}$. Die *Raten der induzierten Emission und Absorption für einen spezifischen Übergang* $|b\rangle \leftarrow |a\rangle$ *sind identisch*. Dabei beziehen wir uns immer auf *Zustände*, die durch je einen Satz von Quantenzahlen, z. B. $\gamma j m$, bestimmt sind und nicht auf Energieniveaus, die ggf. aus mehreren solchen Zuständen bestehen können (entartet sind). Wegen des Vektorcharkters von r_{ab} sind diese Wahrscheinlichkeiten auch polarisationsspezifisch, wie wir noch genauer ausführen werden.

Wir fassen die Ergebnisse im Rahmen der elektrischen Dipolnäherung zusammen. Die Wahrscheinlichkeit pro Zeiteinheit, E1-Übergänge zwischen zwei diskreten Zuständen $|a\rangle$ und $|b\rangle$ zu induzieren, ist

$$R_{ba} = 4\pi^2 \alpha \frac{I(\omega_{ba})}{\hbar} |r_{ba} \cdot e|^2 = R_{ab} \,. \qquad (4.50)$$

Mit $u(\omega) = I(\omega)/c$ ergeben sich daraus die Einstein'schen B-Koeffizienten nach (4.9) und (4.11) zu

$$B\left(j_a m_a; j_b m_b\right) = \frac{4\pi^2 \alpha c}{\hbar} |r_{ab} \cdot e^*|^2 = B\left(j_b m_b; j_a m_a\right) \qquad (4.51)$$

Wir haben hier zustandsspezifische B-Koeffizienten $B\left(j_b m_b; j_a m_a\right)$ definiert, die sich auf genau einen Übergang zwischen wohl definierten Drehimpulsquantenzahlen $j_a m_a$ und $j_b m_b$ beziehen. Dabei ist e der Polarisationsvektor der eingestrahlten Welle und $e_0 r_{ab} = e_0 r_{ba} = e_0 \langle b|r|a\rangle$ das *Dipolmatrixelement* (oder präziser: das Dipol-Längen-Matrixelement). Diese B-Koeffizienten beziehen sich auf eine spektrale Strahlungsdichte $u(\omega_{ba})$ pro Kreisfrequenzeinheit bei der Übergangskreisfrequenz $\omega_{ba} = |W_b - W_a|/\hbar$. Sie sind um 2π größer, wenn sich die Strahlungsdichte auf die Frequenz ν bezieht.

Aus den zustandsspezifischen Einstein'schen B-Koeffizienten berechnet man mit (4.24) schließlich auch einen Ausdruck für die spontane Übergangswahrscheinlichkeit $A\left(j_a m_a; j_b m_b\right) = \hbar \omega^3/\left(\pi^2 c^3\right) B\left(j_b m_b; j_a m_a\right)$ zwischen zwei genau spezifizierten Zuständen $|j_a m_a\rangle \leftarrow |j_b m_b\rangle$. Bezieht man

---

[3] Man nennt dies auch das Dipol-Längen-Matrixelement. Nach (F.21) ist das entsprechende Dipol-Geschwindigkeits-Matrixelement:

$$e_0 \langle b| \hat{p} |a\rangle = \mathrm{i}\omega_{ba} m_e e_0 \langle b| r |a\rangle$$

Beide Formulierungen sind identisch, wenn exakte Wellenfunktionen benutzt werden. Bei nur genäherten Lösungen (also in aller Regel) ergeben sich aber durchaus Abweichungen zwischen Dipol-Längen- und Dipol-Geschwindigkeitsnäherung. In der Praxis werden oft beide Formulierungen parallel benutzt und verglichen.

diese Größe auf ein bestimmtes Raumwinkelelement und nur eine Polarisationsrichtung, dann ist der Umrechnungsfaktor noch durch 8π zu dividieren. So erhält man die Wahrscheinlichkeit pro Zeiteinheit, dass ein solcher spontaner Übergang stattfindet, und dabei ein Photon ins Raumwinkelement $d\Omega$ emittiert wird:[4]

$$dR_{ab}^{(spont)} = \frac{\alpha\omega_{ba}^3}{2\pi c^2} \cdot |\mathbf{r}_{ba} \cdot \mathbf{e}|^2 \cdot d\Omega \qquad (4.52)$$

Auswahlregeln und Winkelverteilung der Strahlung werden durch das Skalarprodukt aus Dipolmatrixelement bzw. $\mathbf{r}_{ba}$ und Polarisationsvektor $\mathbf{e}$ bestimmt. Wir werden dies im nächsten Abschnitt ausführlich besprechen. Als Beispiel vorab sei hier der Fall der Absorption von linear polarisiertem Licht skizziert. Mit dem Winkel θ zwischen Polarisationsvektor $\mathbf{e}$ des eingestrahlten elektromagnetischen Feldes und z-Achse des gewählten atomaren Koordinatensystems schreibt sich (4.50) einfach

$$R_{ba} = 4\pi^2 \alpha \frac{I(\omega_{ba})}{\hbar} |\mathbf{r}_{ba}|^2 \cos^2\theta . \qquad (4.53)$$

Wir haben dann lediglich die Komponenten des Matrixelements $\mathbf{r}_{ba}$ zu berechnen und $|\mathbf{r}_{ba}|^2 = \left(x_{ba}^2 + y_{ba}^2 + z_{ba}^2\right)$ in (4.53) einzusetzen. Gleichung (4.53) gilt für wohl definierte Anfangs- und Endzustände, $|j_a m_a\rangle$ und $|j_b m_b\rangle$, und für eine spezifische Polarisation und ist insofern etwas irreführend, als je nach Lage des Polarisationsvektors nicht alle Komponenten von $\mathbf{r}_{ba}$ gleich beitragen. Wählt man z. B. $z \parallel \mathbf{e}$ so wird $\cos^2\theta = 1$ und $|\mathbf{r}_{ba}|^2 = |z_{ba}|^2$. Um die Anregungswahrscheinlichkeit insgesamt zu bestimmen, muss man noch über alle (erreichbaren) Endzustände $|b\rangle$ summieren. Bei einer isotropen Anfangsverteilung der Unterzustände von $|a\rangle$ führt das natürlich dazu, dass die gesamte Anregungsrate nicht vom Polarisationswinkel abhängt.

Entsprechend definiert man die in Abschnitt 4.1.5 heuristisch eingeführten Einstein-Koeffizienten üblicherweise für räumlich isotrope, unpolarisierte Strahlung (was heute im Zeitalter der Laserspektroskopie nicht mehr so ganz praktisch ist). Um dabei die gesamte Übergangswahrscheinlichkeit zu erhalten, muss noch über alle Polarisationswinkel θ gemittelt werden, sodass mit $\overline{\cos^2\theta} = \int_0^\pi \cos^2\theta \sin\theta d\theta / \left(\int_0^\pi \sin\theta d\theta\right) = 1/3$ die gemittelte Übergangswahrscheinlichkeit für einen spezifischen Übergang $|b\rangle \leftarrow |a\rangle$

$$\overline{R_{ba}} = \overline{B_{ba}} u(\omega_{ba}) = \frac{4\pi^2 \alpha c}{3\hbar} |\mathbf{r}_{ab}|^2 u(\omega_{ba}) \qquad (4.54)$$

wird, womit wir die in (4.11) eingeführten, hier über alle Lichtpolarisationen gemittelten, Einstein-Koeffizienten $\overline{B_{ba}}$ der Absorption quantenmechanisch exakt berechnet haben. Führt man dann noch die Summation über alle Endzustände bei isotroper Anfangsbesetzung aus, so hängt der gemittelte Wert von $\mathbf{r}_{ab}$ auch nicht mehr vom spezifischen Unterzustand $|b\rangle$ ab, sodass

---

[4] Eine saubere Ableitung der Formel kann leider erst in Band 2 dieses Buches gegeben werden.

$$\overline{B_{ba}} = \sum_b \frac{4\pi^2 \alpha c}{3\hbar} \, |r_{ab}|^2 = g_b \frac{4\pi^2 \alpha c}{3\hbar} \, |r_{ab}|^2 \tag{4.55}$$

wird. Für die induzierte Emission $\overline{B_{ab}}$ ergibt sich analog

$$\overline{B_{ab}} = \sum_a \frac{4\pi^2 \alpha c}{3\hbar} \, |r_{ab}|^2 = g_a \frac{4\pi^2 \alpha c}{3\hbar} \, |r_{ab}|^2 \, ,$$

womit sich die Beziehung (4.23) zwischen den B-Koeffizienten $g_b \overline{B_{ab}} = g_a \overline{B_{ba}}$ bestätigt. Mit der Einstein-Relation (4.24) können wir schließlich aus (4.54) auch den über alle Winkel integrierten und über die Polarisationen gemittelten Koeffizienten für die spontane Emission erschließen, der zugleich das inverse der Lebensdauer τ_{ab} des angeregten Zustands ist:

$$A_{ab} = \frac{4\alpha}{3c^2} \, |r_{ba}|^2 \, \omega_{ba}^3 = \frac{1}{\tau_{ab}} \tag{4.56}$$

Man überzeugt sich leicht, dass $[A_{ab}] = \mathrm{s}^{-1}$. *Es sei aber nochmals darauf hingewiesen*, dass dies *keine Ableitung der spontanen Emissionsrate* ist. Wie schon mehrfach erwähnt, muss man dafür auch das elektromagnetische Feld quantisieren, was wir in Band 2 dieses Buches tun werden.

Bei der quantitativen Beschreibung spezieller Fälle, empfiehlt es sich stets, genau zu prüfen, ob man es mit räumlich isotroper Strahlung zu tun hat und ob über die Endzustände zu summieren ist, oder ob ein spezifischer Übergang mit einer Strahlung wohl definierter Polarisation induziert wird, für welchen (4.50) gilt.

4.3 Auswahlregeln für Dipolübergänge

4.3.1 Drehimpuls des Photons

Bevor wir an die Auswertung der eben entwickelten Formeln gehen, wollen wir noch ein grundlegendes und sehr schönes Experiment zu den Eigenschaften des Photons nachtragen. Neben Impuls und Energie besitzt das Photon auch einen (intrinsischen) Drehimpuls von $\hbar$ (Photonenspin), der erstmal von Beth (1936) nachgewiesen wurde. Den Aufbau und das Resultat zeigt Abb. 4.9. Beim Durchgang durch eine $\lambda/2$ Platte, wird die zirkulare Polarisation der Photonen im Lichtstrahl von LHC nach RHC gedreht. Dabei muss die Platte je Photon einen Drehimpuls von $2\hbar$ aufnehmen. Dies führt zu einem messbaren mechanischen Drehmoment $M = \mathrm{d}L/\mathrm{d}t$, der die am Quarzfaden aufgehängte Platte verdrillt. Zur Effizienzsteigerung, lässt man das Lichtbündel zweimal durch die Platte laufen.

Das Experiment bestätigt quantitativ, dass das Photon den Spin $s_{ph} = 1$ hat. Das Photon ist ein Boson! Mehrere Photonen können also – im Gegensatz zu Elektronen – in identischen Zuständen sein. Das Photon ist auch bezüglich seiner Orientierung im Raum quantisiert. Die möglichen Projektionen des Photonendrehimpulses sind im Prinzip wie bei allen Drehimpulsen

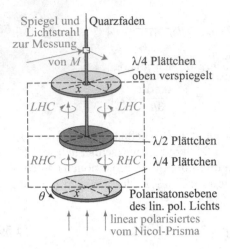

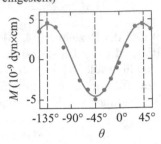

Experimentelles Ergebnis:
Drehmoment M (gemessen über die Verdrillung des Quarzfadens) als Funktion der Zirkularpolarisation (durch θ eingestellt)

Abb. 4.9. Experiment von Beth (1936) zum Nachweis des Drehimpulses des Photons

durch $m_{ph} = q = 0, \pm 1$ gegeben. Allerdings können *in Richtung der Ausbreitung des Photons nur zwei Photonenzustände* beobachtet werden, nämlich $|s_{ph} m_s\rangle = |1 + 1\rangle$ bzw. $|1 - 1\rangle$. Wir sprechen von positiver bzw. negativer Helizität. Das Fehlen der dritten Projektion $q = 0$ entspricht der Transversalität des elektromagnetischen Feldes.

Diese Eigenschaften erlauben es nun, die Auswahlregeln für elektrische Dipolübergänge sehr direkt und ohne Rechnerei herzuleiten: Es gilt der klassische Drehimpulserhaltungssatz: *Für das System Atom + Photon bleibt der Gesamtdrehimpuls und seine Projektion auf eine Raumrichtung bei einem elektrischen Dipolübergang erhalten. Drehimpuls von Photon und Atom koppeln, wie man das für Drehimpulse erwartet.* Übergänge werden also nur dann beobachtet, wenn der Gesamtdrehimpuls des Systems $\hat{J}$ erhalten bleibt. Das schreibt sich

$$\text{für die Absorption als } \hat{J} = \hat{J}_a + \hat{S}_{ph} \Rightarrow \hat{J}_b \text{ und} \qquad (4.57)$$

$$\text{für die Emission als } \hat{J} = \hat{J}_b \Rightarrow \hat{J}_a + \hat{S}_{ph} . \qquad (4.58)$$

Mit der Drehimpulsquantenzahl des Atoms vor der Absorption j_a und dem Photonenspin $s_{ph} = 1$ kann nach den Regeln der Drehimpulskopplung j_b also nur die drei Werte j_a+1, j_a und j_a-1 annehmen. Dies ist im Vektordiagramm Abb. 4.10 auf der nächsten Seite graphisch illustriert. Ist allerdings $j_a \equiv 0$, dann ist der Übergang nur erlaubt, wenn $j_b = 1$ ist. Insbesondere gibt es keine Übergänge zwischen Zuständen mit $j_a = j_b = 0$. Ist schließlich $j_a = 1/2$, so kann ein Dipolübergang nur zu Endzuständen mit $j_b = 1/2$ oder $3/2$ stattfinden. Man fasst diese Auswahlregeln in kompakter Form als sogenannte

Dreiecksrelation $\Delta j = 0, \pm 1$ (mit $j_a, j_b \geq 0$, aber nicht $0 \leftrightarrow 0$),

kurz auch $\delta(j_a j_b 1) = 1$, $\qquad (4.59)$

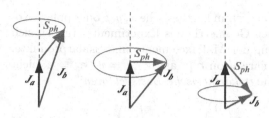

Abb. 4.10. Dreiecksrelation zwischen den Drehimpulsen im atomaren Anfangs- und Endzustand $\hat{J}_a$ bzw. $\hat{J}_b$ und dem Photonenspin $\hat{S}_{ph}$

zusammen, während die Nichterfüllung der Dreiecksrelation durch $\delta(j_a j_b 1) = 0$ charakterisiert wird. Natürlich muss auch die Projektion des Drehimpulses erhalten bleiben, d. h. diese kann sich beim Übergang nur um $m_{ph} = 0$ bzw. ± 1 ändern und es gilt die

Auswahlregel $\Delta m = m_b - m_a = 0, \pm 1$.   (4.60)

Dabei sind mit den verschiedenen Δm auch verschiedene Polarisationen des Lichts verbunden. In Bezug auf die z-Achse haben wir für die Absorption

$\Delta m = 0$: π-Licht (linear polarisiert) $\boldsymbol{E}(r,t) \parallel z^{(at)}$

$\Delta m = 1$: σ^+-Licht (links zirkular pol., LHC) $\boldsymbol{k} \parallel z^{(at)}$

$\Delta m = -1$: σ^--Licht (rechts zirkular pol., RHC) $\boldsymbol{k} \parallel z^{(at)}$.

Für Emissionsprozesse (induzierte wie auch spontane) kommt man zu völlig äquivalenten Ergebnissen. *Man beachte*, dass sich die $\Delta m = 0$ Auswahlregel aber (wegen der Transversalität der elektromagnetischen Wellen) auf ein anderes Koordinatensystem bezieht, als die beiden anderen Fälle.

4.3.2 Basisvektoren der Polarisation

Die eben diskutieren Auswahlregeln sind notwendige, aber noch nicht hinreichende Bedingung für Übergänge. Die Dipolübergangswahrscheinlichkeit für elektrische Dipolübergänge ist nach (4.50) bzw. (4.52) bestimmt durch das Skalarprodukt aus Dipolübergangsmatrixelement, bzw.

$$r_{ba} = \langle b| \, \boldsymbol{r} \, |a\rangle = \langle a| \, \boldsymbol{r} \, |b\rangle^* = r_{ba}^*$$ (4.61)

und Polarisationsvektor $\boldsymbol{e}^{(ph)}$ des beobachteten bzw. anregenden Lichts (man beachte: r_{ab} ist ein Vektor!). Dieses Skalarprodukt bestimmt nicht nur, welche Übergänge überhaupt erlaubt sind *(Auswahlregeln)*, sondern auch wie stark sie sind und welche Polarisations- und Winkelabhängigkeit die Übergangsraten für Absorption, induzierte und spontane Emission haben:

$$R_{ba}^{(abs)} \propto R_{ba}^{(ind)} \propto \mathrm{d}R_{ba}^{(spont)} \propto |r_{ba} \cdot \boldsymbol{e}|^2 = |r_{ab} \cdot \boldsymbol{e}^*|^2 \, .$$ (4.62)

Wir wollen uns nun ein paar grundlegende Gedanken über den *Polarisationsvektor* $\boldsymbol{e}$ machen, den wir nach (4.26) als Einheitsvektor definiert haben. Im

Prinzip können wir als Koordinatensystem karthesische x, y, z oder polare Koordinaten r, θ, φ benutzen. Je nach Geometrie des Experiments ergeben sich dabei Vorteile bei der Bestimmung der Matrixelemente und Skalarprodukte. So kann man z. B. für lineare Polarisation $e \| z$ aus $r \cdot e = r \cdot e_z = z$ leicht $z_{ba} = \langle b | z | a \rangle$ berechnen und benutzt *karthesische Basisvektoren*:

$$e_x = \begin{pmatrix} 1 \\ 0 \\ 0 \end{pmatrix}, \quad e_y = \begin{pmatrix} 0 \\ 1 \\ 0 \end{pmatrix}, \quad e_z = \begin{pmatrix} 0 \\ 0 \\ 1 \end{pmatrix} \tag{4.63}$$

Da das Atom aber in der Regel in Polarkoordinaten beschrieben wird, ist es meist vorteilhaft, auch die Polarisationsvektoren in diesem Koordinatensystem zu beschreiben. Dazu benutzen wir *Basisvektoren* e_q in der *sphärischen Basis (auch Helizitätsbasis)*, die gegeben sind durch:

$$e_{+1} = \frac{-1}{\sqrt{2}} (e_x + i e_y) = \frac{-1}{\sqrt{2}} \begin{pmatrix} 1 \\ i \\ 0 \end{pmatrix} = -e_{-1}^*$$

$$e_0 = e_z = \begin{pmatrix} 0 \\ 0 \\ 1 \end{pmatrix}$$

$$e_{-1} = \frac{1}{\sqrt{2}} (e_x - i e_y) = \frac{1}{\sqrt{2}} \begin{pmatrix} 1 \\ -i \\ 0 \end{pmatrix} = -e_{+1}^* \tag{4.64}$$

mit $e_q^* \cdot e_{q'} = \delta_{qq'}$. Die beiden Einheitspolarisationsvektoren e_{+1} und e_{-1} beschreiben nach (4.26) ein elektrisches Wellenfeld, dessen y-Komponente um $i = \exp(i 2\pi/4)$ bzw. $-i = \exp(-i 2\pi/4)$ gegenüber der x-Komponente phasenverschoben ist, die somit eine örtliche bzw. zeitliche Verschiebung um $\mp \lambda/4$ bzw. $\pm T/4$ aufweist. Es handelt sich also um links- bzw. rechts-zirkular polarisiertes Licht.[5] Die dritte Komponente $e_0 = e_z$ beschreibt wieder linear in z-Richtung polarisiertes Licht. Natürlich können wir in der Helizitätsbasis auch linear in x- oder y-Richtung polarisiertes Licht beschreiben. Die beiden Einheitsvektoren sind gegeben durch:

$$e_x = \frac{-1}{\sqrt{2}} (e_{+1} - e_{-1}) \quad \text{bzw.}$$

$$e_y = \frac{i}{\sqrt{2}} (e_{+1} + e_{-1}) \tag{4.65}$$

Der Polarisationseinheitsvektor kann also sein:

$e = e_x, \; e = e_y$ bzw. $e = e_z$ (im karthesischen Koordinaten-System)

$e = e_{-1}, \; e = e_0$ bzw. $e = e_{+1}$ (im Polarkoordinatensystem)

---

[5] Wir werden diese Definition wie auch die Herstellungs- und Analysemethoden in Band 2 dieses Buches noch genauer besprechen.

oder jede normierte Linearkombination der jeweiligen Basisvektoren. Wir notieren hier den *allgemeinsten Polarisationsvektor für elliptisch polarisiertes Licht*, das sich in $+z$ Richtung ausbreitet:

$$e_{el} = e^{-i\delta} \cdot \cos\beta \cdot e_{+1} - e^{i\delta} \cdot \sin\beta \cdot e_{-1} \tag{4.66}$$

Den Grad der Zirkularität beschreibt β, während δ den Winkel bestimmt, um den die Ellipse in Bezug auf e_x gedreht ist. Man verifiziert leicht, dass $\beta = \pi/4$ ($\cos\beta = \sin\beta = 1/\sqrt{2}$) linear polarisiertes Licht beschreibt. Speziell führt $\delta = -\pi/2$ bzw. π zu $e_{el} = e_y$ bzw. e_x.

4.3.3 Übergangsamplituden in der sphärischen Basis

In der Regel werden wir im Folgenden die Helizitätsbasis verwenden. Da die Atomeigenzustände in Polarkoordinaten angegeben werden (s. Tabelle 2.1 auf Seite 66), lassen sich auch die Dipolmatrixelemente am einfachsten in der sphärischen Basis berechnen. Freilich muss man sich klar machen, dass im allgemeinsten Fall das Atom in einem bestimmten Koordinatensystem beschrieben wird – nennen wir es das Atomsystem (at) – während das Photon möglicherweise besser in einem anderen Koordinatensystem zu beschreiben ist – nennen wir es das Photonensystem (ph). Als typisches Beispiel betrachten wir den Zeeman-Effekt, wo man optisch induzierte Übergänge in einem statischen, externen Magnetfeld untersucht: während man das Atom dabei am besten in einem System beschreibt, dessen $z^{(at)}$-Achse parallel zum Magnetfeld liegt, wird man das Licht gerne in einem Koordinatensystem beschreiben, dessen $z^{(ph)}$-Achse parallel zu seinem Ausbreitungsvektor k zeigt. Bei der numerischen Auswertung von (4.62) muss man dies berücksichtigen und Größen eines der beiden Systeme nach den Regeln von Anhang C in das andere transformieren. Dies ist in Abb. 4.11 illustriert. Wir führen hierzu sphärischen

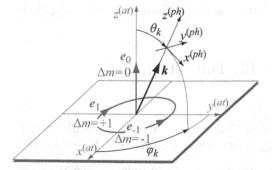

Abb. 4.11. Koordinatensystem für das Atom- (rot, at) und Photonensystem (schwarz, ph). Die drei klassischen Oszillatoren, welche den Basisvektoren e_1, e_0 und e_{-1} entsprechen, sind durch dicke, rote Pfeile angedeutet. Die Kreisbahn in der $x^{(at)} - y^{(at)}$ Ebene hat den Radius $D_{\pm1}\,(m_b m_a)\,/\,(e_0\sqrt{2})$, während der Oszillator in $z^{(at)}$ Richtung, mit der Amplitude $D_0\,(m_b m_a)\,/e_0$ schwingt

Komponenten r_q von r ein und drücken sie in Kugelkoordinaten aus. Mit $x = r \sin\theta \cos\varphi$, $y = r \sin\theta \sin\varphi$ und Tabelle 2.1 auf Seite 66 verifiziert man leicht, dass

$$r_{\pm 1} = \mp (x \pm iy)/\sqrt{2} = r\sqrt{\frac{4\pi}{3}} Y_{1\pm 1}(\theta,\varphi) = rC_{1\pm 1}(\theta,\varphi) \qquad (4.67)$$

$$\text{und } r_0 = z = r\sqrt{\frac{4\pi}{3}} Y_{10}(\theta,\varphi) = rC_{10}(\theta,\varphi)$$

Damit wird der allgemeine Ortsvektor in der (atomaren) Helizitätsbasis unter Verwendung von (4.65) und (4.64):

$$r = xe_x + ye_y + ze_z = \frac{x - iy}{\sqrt{2}} e_{-1}^* + ze_0^* - \frac{x + iy}{\sqrt{2}} e_{+1}^* \qquad (4.68)$$

$$= \sum_{q=-1}^{1} r_q \cdot e_q^* = \sum_{q=-1}^{1} (-1)^q \cdot r_{-q} \cdot e_q = r \sum_{q=-1}^{1} C_{1q}(\theta,\varphi) \cdot e_q^*$$

Es ergeben sich nun entsprechend den möglichen Oszillationsformen eines klassischen Oszillators, die in Abb. 4.11 angedeutet sind, auch *drei Typen von Übergängen*, die sich phänomenologisch wie folgt beschreiben lassen:

- Übergänge mit $q = \Delta m = 0$ erzeugen π-Licht: es entspricht einer Oszillation $\| z^{(at)}$ und ist linear in $x^{(ph)}$-Richtung polarisiert. Es gibt keine Abstrahlung in $z^{(at)}$-Richtung.
- Übergänge mit $q = \Delta m = \pm 1$ erzeugen $\sigma^{\pm}$-Licht: es ist zirkular polarisiert, wenn es sich in $\pm z^{(at)}$-Richtung ausbreitet. σ^+-Licht (positive Helizität, $q = 1$) nennt man traditioneller Weise linkshändig zirkular polarisiert *(LHC)*, σ^--Licht (negative Helizität, $q = -1$) nennt man rechtshändig zirkular polarisiert *(RHC)*.[6]
- Breitet sich σ-Licht in der $x^{(at)} - y^{(at)}$ Ebene aus, ist es linear in $y^{(ph)}$ Richtung polarisiert, bei Ausbreitung in andere Raumrichtungen elliptisch.

4.4 Winkelabhängigkeiten für Dipolstrahlung

4.4.1 Übergangsamplituden

Wir betrachten jetzt einen konkreten Übergang zwischen zwei wohl definierten Zuständen $|\gamma_b j_b m_b\rangle \leftarrow |\gamma_a j_a m_a\rangle$. Der Allgemeingültigkeit halber sei hier

---

[6] Diese etwas irreführende Bezeichnung stammt aus der Frühzeit der Spektroskopie, wo man in das ankommende Licht hineinschaute: der elektrische Vektor von LHC-Licht beschreibt bei dieser Blickrichtung eine Bewegung gegen den Uhrzeigersinn. *In Bezug auf den Wellenvektor k* folgt $E(r,t)$ dagegen bei *LHC* einer positiv drehenden Spirale (entsprechend der Korkenzieherregel für axiale Vektoren), hat also *positive Helizität* (daher σ^+). Das Umgekehrte gilt für RHC-Licht (σ^-).

eine allgemeine Drehimpulsquantenzahl j und die dazugehörige Richtungs-quantenzahl m eingeführt (bei dem bislang betrachteten Modell des spinlosen Einelektronensystems wäre zu ersetzen: $j \rightarrow \ell$), und γ charakterisiere alle üb-rigen Quantenzahlen (also z. B. auch die Hauptquantenzahl n). Wir erhalten mit (4.68) für die *Übergangsamplitude:*

$$r_{ba} = \langle b\,|r|\,a\rangle = \langle \gamma_b j_b m_b\,|r|\,\gamma_a j_a m_a\rangle \qquad (4.69)$$

$$= \sum_{q=-1}^{1} \langle m_b\,|r_q|\,m_a\rangle \cdot e_q^* = \langle \gamma_b\,|r|\,\gamma_a\rangle \sum_{q=-1}^{1} \langle j_b m_b\,|C_{1q}|\,j_a m_a\rangle \cdot e_q^* \,.$$

Hier ist $\langle \gamma_b|\,r\,|\gamma_a\rangle = r_{ba}$ das radiale Matrixelement, und wir haben zur Abkür-zung eine *Übergangsamplitude* $\langle m_b\,|r_q|\,m_a\rangle$ *zwischen den Zuständen* $|\gamma_a j_a m_a\rangle$ *und* $|\gamma_b j_b m_b\rangle$ *mit Polarisation* q eingeführt:

$$\langle m_b\,|r_q|\,m_a\rangle = \langle \gamma_b\,|r|\,\gamma_a\rangle\,\langle j_b m_b\,|C_{1q}|\,j_a m_a\rangle \qquad (4.70)$$

Zur Auswertung solcher Matrixelemente sei auf Anhang D verwiesen. Übergänge zwischen einem Zustand $|\gamma_b j_b m_b\rangle$ und $|\gamma_a j_a m_a\rangle$ finden nur dann statt, wenn das entsprechende Matrixelement nicht verschwindet. Wir werden im folgenden Abschnitt 4.5 diese Matrixelemente weiter diskutieren, halten aber schon hier fest, dass die aus allgemeinen Erhaltungsregeln für Drehim-pulse geschlossenen Auswahlregeln (4.59) und (4.60) bestätigt werden und dass die Änderung der Richtungsquantenzahl $\Delta m = q$ ist.

4.4.2 Semiklassische Veranschaulichung

Bevor wir die Winkelabhängigkeit der Strahlungscharakteristiken exakt aus-werten, veranschaulichen wir uns – etwas heuristisch – die Übergangsampli-tuden in (4.69) als klassische Oszillatoren, indem wir uns ihre (zeitabhängige) Herkunft in Erinnerung rufen. Multiplizieren wir also (4.69) von links mit $e^{i\omega_b t}$ und von rechts mit $e^{-i\omega_a t}$, so erhalten wir ein quantenmechanisches Äquivalent des klassischen Oszillators:

$$\begin{aligned}
\boldsymbol{E}(t) \propto e^{i\omega_b t} \cdot \boldsymbol{r}_{ba} \cdot e^{-i\omega_a t} &= \langle m_b\,|r_{-1}|\,m_a\rangle \cdot \left(\boldsymbol{e}_{-1} \cdot e^{-i\omega_{ba}t}\right)^* \\
&+ \langle m_b\,|r_0|\,m_a\rangle \cdot \left(\boldsymbol{e}_0 \cdot e^{-i\omega_{ba}t}\right)^* \\
&+ \langle m_b\,|r_{+1}|\,m_a\rangle \cdot \left(\boldsymbol{e}_{+1} \cdot e^{-i\omega_{ba}t}\right)^* \,.
\end{aligned} \qquad (4.71)$$

Wir sehen hier direkt die drei Strahlungs- bzw. Oszillatortypen, wie dies sche-matisch in Abb. 4.11 auf Seite 131 illustriert ist: für $q = 0$ (π-Licht) oszilliert das Elektron linear in $z^{(at)}$-Richtung mit der Amplitude $\langle m_b\,|r_0|\,m_a\rangle$. Dage-gen repräsentieren die Terme mit $q = +1$ bzw. $q = -1$ ($\sigma^\pm$-Licht) ein Elektron auf einer Kreisbahn in der $x^{(at)} - y^{(at)}$ Ebene – nach (4.71) und (4.65) mit der Amplitude $\langle m_b\,|r_{\pm1}|\,m_a\rangle /\sqrt{2}$. Wenn ein Photon mit dem Wellenvektor $\boldsymbol{k}$ in $z^{(ph)}$ emittiert wird, werden wir seine Polarisation sinnvollerweise in Bezug auf die $x^{(ph)} - y^{(ph)}$ Ebene angeben. Die Intensität der Strahlung $I(\theta)$ erhalten wir durch Projektion der Oszillatorkomponenten auf eben diese $x^{(ph)} - y^{(ph)}$ Ebene.

Für den linearen, in $z^{(at)}$ Richtung schwingenden Oszillator, mit Polarisationsvektor $e_0^{(at)}$ ($q = \Delta m = 0$) liest man in Abb. 4.11 ab: $e_0^{(at)*} \cdot e_y^{(ph)} = 0$ und $e_0^{(at)*} \cdot e_x^{(ph)} = \cos(\frac{\pi}{2} - \theta_k) = \sin\theta_k$. Somit ergibt sich für die Feldamplituden – und die Intensität:

$$E_y^{(ph)} = 0 \; ; \; E_x^{(ph)} \propto \langle m_b \,|r_0|\, m_a \rangle \cdot \sin\theta_k$$

$$I(\theta_k) \propto \left| E_y^{(ph)} \right|^2 + \left| E_x^{(ph)} \right|^2 \propto \langle m_b \,|r_0|\, m_a \rangle^2 \cdot \sin^2\theta_k \propto \sin^2\theta_k. \qquad (4.72)$$

Diese Abstrahlungs- (bzw. Absorptions-)charakteristik ist unabhängig von φ_k wie in Abb. 4.12 illustriert.

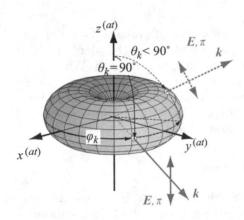

Abb. 4.12. Strahlungscharakteristik für den linearen Oszillator (π-Licht) $I(\theta_k, \varphi) \propto \sin^2\theta_k$. Für zwei verschiedene Richtungen des Wellenvektors $\boldsymbol{k}$ sind die Polarisationsrichtungen angedeutet (rote, gestrichelte bzw. volle Vektorpfeile)

Für den zirkularen Dipol (klassisch ein in $x^{(at)} - y^{(at)}$ Ebene rotierendes Elektron) gilt $q = \Delta m = \pm 1$. Dieser Oszillator strahlt in $z^{(at)}$ Richtung $\sigma^\pm$-Licht (LHC und RHC) ab, in der $x^{(at)} - y^{(at)}$ Ebene linear polarisiertes σ-Licht. Nach (4.71) und (4.65) sind die Komponenten $E_y^{(at)}, E_x^{(at)} \propto \langle m_b \,|r_{\pm 1}|\, m_a \rangle / \sqrt{2}$ und man liest wieder in Abb. 4.11 ab, dass jetzt die entsprechenden Projektionen auf das Photonensystem

$$E_y^{(ph)} \propto \frac{\langle m_b \,|r_{\pm 1}|\, m_a \rangle}{\sqrt{2}} \quad \text{und} \quad E_x^{(ph)} \propto \frac{\langle m_b \,|r_{\pm 1}|\, m_a \rangle}{\sqrt{2}} \cdot \cos\theta_k$$

sind. Für die daraus resultierende Intensität gilt also:

$$I(\theta_k) \propto \left(E_y^{(ph)} \right)^2 + \left(E_x^{(ph)} \right)^2 \propto \frac{\langle m_b \,|r_{\pm 1}|\, m_a \rangle^2}{2} \cdot \left(1 + \cos^2\theta_k \right) \qquad (4.73)$$

$$\propto \left(1 + \cos^2\theta_k \right) / 2$$

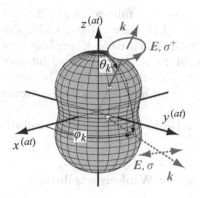

Abb. 4.13. Strahlungscharakteristik für einen linkshändig rotierenden zirkularen Oszillator (σ^+-Licht) $I(\theta_k, \varphi) \propto \left(1 + \cos^2 \theta_k\right)/2$. In der $x^{(at)} - y^{(at)}$ Ebene wird linear polarisiertes σ Licht abgestrahlt (gestrichelt). Für andere Emissionsrichtungen ist das Licht elliptisch polarisiert, (nahezu σ^+ wie angedeutet). In $z^{(at)}$ Richtung wird reines σ^+ Licht abgestrahlt

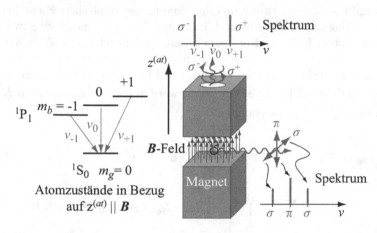

Abb. 4.14. „Normaler" Zeeman-Effekt am Beispiel eines $^1S \leftrightarrow {}^1P$ Übergangs

Diese Strahlungsverteilung ist ebenfalls unabhängig von φ_k, wie in Abb. 4.13 skizziert.

In Abb. 4.14 ist die Standardanordnung für die Beobachtung der verschiedenen Übergangstypen gezeigt, wie man sie zur Beobachtung des (sog. normalen) Zeeman-Effekts benutzt. Die drei Fälle $q = 0, \pm 1$ können dabei spektral getrennt beobachtet werden, da die atomaren Linien im Magnetfeld aufspalten (s. Kapitel 2.9). Die Frequenzen des Lichts sind dabei ν_0 bzw. $\nu_{\pm 1} = \nu_0 \pm \omega_L/2\pi$ für die Übergänge mit $m_b = q = 0$ bzw. ± 1.

Man beachte, dass das Niveauschema in Abb. 4.14 links leicht missdeutet werden kann: Die Abstrahlung mit $q = \Delta m = 0$ einerseits und $q = \Delta m = \pm 1$ andererseits beschreibt man typischerweise in zwei unterschiedlichen Photonensystemen: Der Übergang mit $q = \Delta m = 0$ wird maximal als π-Licht beobachtet, welches senkrecht zur $z^{(at)}$ Achse propagiert und $\parallel z^{(at)}$ linear polarisiert ist. Die von diesem Übergang herrührende Intensität verschwindet, wenn man in Richtung $z^{(at)}$ beobachtet. Dagegen führen die $q = \Delta m \pm 1$ Übergänge zur Abstrahlung von σ^+ bzw. σ^- (LHC bzw. RHC) Licht, das in $z^{(at)}$ Richtung propagiert. Nur in $z^{(at)}$ entsprechen diese Übergänge rein zirkularer Abstrahlung, während sie senkrecht zu $z^{(at)}$ nur halb so intensiv sind und als linear in der $x^{(at)} - y^{(at)}$ Ebene polarisiertes σ Licht beobachtet werden. Die ausgezeichnete Richtung $z^{(at)}$ wird hierbei durch das externe Magnetfeld $\hat{\boldsymbol{B}}$ definiert.

Die hier für die Emission beschriebenen Beobachtungen gelten mutatis mutandis auch für die Absorption.

4.4.3 Quantenmechanische Berechnung der Winkelverteilungen

Was wir eben mehr oder weniger nach klassischen Vorstellungen deduziert haben, ergibt sich auch streng aus der quantenmechanischen Formulierung. Wir müssen dazu die in Abschnitt 4.3.3 eingeführte Unterscheidung zwischen atomarem System (at) und Photonensystem (ph) beachten (s. Abb. 4.11 auf Seite 131). Gleichung (4.69) bezieht sich auf das atomare System, während der Polarisationsvektor in (4.62) sich auf das Photonensystem bezieht. Setzen wir (4.69) und (4.70) in (4.62) ein, dann werden die Übergangsraten $R_{ba}^{(abs)}$, $R_{ba}^{(ind)}$ und $dR_{ba}^{(spont)}$ proportional zu

$$\left| \boldsymbol{r}_{ba} \cdot \boldsymbol{e}^{(ph)} \right|^2 = \left| \sum_{q=-1}^{1} \langle m_b \left| r_q \right| m_a \rangle \cdot \boldsymbol{e}_q^{(at)*} \cdot \boldsymbol{e}^{(ph)} \right|^2 \tag{4.74}$$

$$\left| \sum_{q=-1}^{1} \langle \gamma_b \left| r \right| \gamma_a \rangle \langle j_b m_b \left| C_{1q} \right| j_a m_a \rangle \cdot \boldsymbol{e}_q^{(at)*} \cdot \boldsymbol{e}^{(ph)} \right|^2,$$

wobei die Auswahlregel $q = m_b - m_a$ zu berücksichtigen ist. Gleichung (4.74) beschreibt einen wohl definierten Übergang zwischen spezifizierten Drehimpulsbasiszuständen $|j_b m_b\rangle \leftarrow |j_a m_a\rangle$ bei Einstrahlung der Polarisation $\boldsymbol{e}^{(ph)}$. Anfangszustand und Endzustand können im Prinzip auch andere reine Zustände sein, die sich als lineare Kombination dieser Basiszustände darstellen lassen. Im Allgemeinen generiert Emission wie Absorption lineare Superpositionen selbst dann, wenn man mit einem Basiszustand startet. Wir schreiben sie $|\psi(a)\rangle$ bzw. $|\psi(b)\rangle$:

$$|\psi(a)\rangle \propto \sum_{m_a} \langle m_a \left| r_q \right| m_b \rangle^* \cdot \boldsymbol{e}_q^{(at)} \cdot \boldsymbol{e}^{(ph)*} |j_a m_a\rangle$$

$$|\psi(b)\rangle \propto \sum_{m_b} \langle m_b \left| r_q \right| m_a \rangle \cdot \boldsymbol{e}_q^{(at)*} \cdot \boldsymbol{e}^{(ph)} |j_b m_b\rangle . \tag{4.75}$$

Das atomare System (at) und das Photonensystem (ph) wählen wir so wie in Abb. 4.11 auf Seite 131 skizziert. Zur Ableitung numerischer Werte müssen wir eines der beiden Bezugssystem ins andere transformieren.

Zur Erläuterung beginnen wir mit dem Fall der Absorption von elliptisch polarisiertem Licht nach (4.66), das in Richtung $k \parallel z^{(ph)} = z^{(at)}$ propagiert (für die induzierte Emission gilt Analoges). Die Amplituden von $e_{el}^{(ph)}$ sind $e^{-i\delta} \cdot \cos\beta$ für $e_{+1}^{(ph)}$ und $-e^{i\delta} \cdot \sin\beta$ für $e_{-1}^{(ph)}$. Absorption dieses Lichts aus einem reinen Basiszustand $|j_a m_a\rangle$ führt also nach (4.75) zu einem oberen Zustand

$$|\psi(b)\rangle \propto \langle m_a + 1 |r_1| m_a\rangle^* \cdot e^{i\delta} \cdot \cos\beta \cdot |j_b m_a + 1\rangle \qquad (4.76)$$
$$- \langle m_a - 1 |r_{-1}| m_a\rangle^* \cdot e^{-i\delta} \cdot \sin\beta \cdot |j_b m_a - 1\rangle \; .$$

Wir sehen hier ganz klar, dass solches, sich in $z^{(at)}$ Richtung ausbreitendes Licht nur $\Delta m = \pm 1$ Übergänge (bzw. Linearkombinationen solcher Übergänge) induzieren kann.

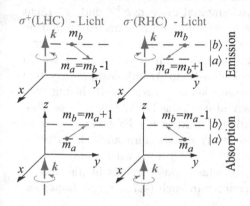

σ^+(LHC) - Licht σ^-(RHC) - Licht

Abb. 4.15. σ^+ und σ^- Übergänge in Absorption und Emission. Das atomare Koordinatensystem ist hier so gewählt, dass $k \parallel z^{(at)}$ gewählt

Der einfachste Fall ist natürlich reines σ^+-Licht ($\cos\beta = 1$, $\sin\beta = 0$) bzw. σ^--Licht ($\cos\beta = 0$, $\sin\beta = 1$). Die Übergangswahrscheinlichkeit (4.62) dafür ist

$$\propto |r_{ba} \cdot e|^2 = |\langle m_b |r_1| m_a\rangle|^2 \quad \text{mit} \quad m_b = m_a + 1 \qquad (4.77)$$
$$\text{bzw.} \quad = |\langle m_b |r_{-1}| m_a\rangle|^2 \quad \text{mit} \quad m_b = m_a - 1 \, , \qquad (4.78)$$

und der Endzustand $|\psi(b)\rangle$ nach (4.76) ist jetzt einer der Basiszustände $|j_b m_a + 1\rangle$ bzw. $|j_b m_a - 1\rangle$. Wir erkennen hier auch ganz formal die Erhaltung des Drehimpulses: Das σ^+ (LHC) zirkular polarisierte Licht, welches sich in $+z^{(at)}$ Richtung ausbreitet, hat eine Drehimpulskomponente $+\hbar$. Für einen Übergang von $|b\rangle \leftarrow |a\rangle$ nimmt die Richtungsquantenzahl um 1 zu, von m_a nach $m_b = m_a + 1$. Für die stimulierte Emission gilt ebenfalls (4.77), und somit reduziert sich der Drehimpuls des Atoms beim Übergang $|b\rangle \rightarrow |a\rangle$ mit $m_a = m_b - 1$ um $1\hbar$, den das zusätzlich emittierte σ^+-Photon mitnimmt. Entgegengesetzte Vorzeichen gelten nach (4.78) für σ^- Anregung bzw. Abregung. Dies ist schematisch in Abb. 4.15 zusammengestellt.

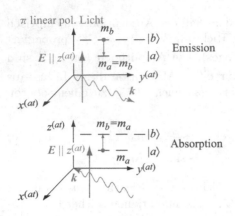

Abb. 4.16. Illustration von $\Delta m = 0$ Übergängen bei Absorption oder Emission von linear polarisiertem Licht

Wie bereits erwähnt, kann man linear polarisiertes Licht, welches sich in $z^{(at)}$-Richtung ausbreitet, als Linearkombination von σ^+- und σ^--Licht $(\cos \beta = \sin \beta = 1/\sqrt{2})$ beschreiben. Es ist verbunden mit einer Kombination von $m = \pm 1$ Übergängen. Das Ergebnis eines entsprechenden Anregungsprozesses ist eine Linearkombination von Zuständen mit $m_b = m_a \pm 1$ wie in (4.76) formuliert. Wir haben jedoch die Freiheit, ein Atomkoordinatensystem willkürlich auszuwählen (wenigstens solange keine bevorzugte Richtung vom Experiment vorgegeben ist). Nehmen wir also an, das linear polarisierte Photon laufe in der $x^{(at)} - y^{(at)}$ Ebene und sein elektrischer Feldvektor zeige in $z^{(at)}$-Richtung, wie in Abb. 4.16 skizziert. Wenn wir nun auch das Photonenkoordinatensystem so wählen, dass $z^{(ph)} \parallel \boldsymbol{E} \parallel z^{(at)}$ wird, dann können wir den Polarisationsvektor als $\boldsymbol{e} = \boldsymbol{e}_0$ ansetzen. Das vereinfacht die weitere Rechnung, denn die *Übergangsraten* werden nun nach (4.74) *proportional zu*

$$|\boldsymbol{r}_{ba} \cdot \boldsymbol{e}|^2 = |\langle m_b | r_0 | m_a \rangle|^2 \quad \text{für } \boldsymbol{E} \parallel z^{(at)} \quad . \tag{4.79}$$

Somit wird $m_b = m_a$ und wir haben die Möglichkeit $\Delta m = 0$ Übergänge zu beobachten, wobei aber – im Gegensatz zu (4.77) und (4.78) – nicht der Wellenvektor $\boldsymbol{k}$, sondern der $\boldsymbol{E}$-Vektor des Photons in $z^{(at)}$-Richtung zeigt. Die Richtung der Ausbreitung innerhalb der $x^{(at)} - y^{(at)}$ Ebene spielt in diesem Fall keine Rolle. Das gleiche Resultat hätten wir natürlich auch mit (4.75) und entsprechender Drehung des Koordinatensystems erhalten.

Oft können wir aber das Atomkoordinatensystem nicht willkürlich wählen. Wenn z. B. ein statisches magnetisches oder elektrisches Feld angewandt wird, oder wenn wir ein Streuexperiment analysieren wollen, das eine wohl definierte Stoßachse besitzt, dann muss man das Atom in einem entsprechend angepassten Koordinatensystem beschreiben, das sich typischerweise vom Photonensystem unterscheidet. Wir müssen also (4.74) und (4.75) explizit einer angemessene Rotation des Koordinatensystems unterwerfen.

Wenn wir uns auf einen wohl definierten atomaren Übergang konzentrieren, müssen wir $e_q^{(at)*}$ durch $e_q^{(ph)*}$ (für die Absorption) bzw. $e_q^{(at)}$ durch $e_q^{(ph)}$ (für die Emission) ausdrücken. Um dies zu illustrieren, leiten wir – sozusagen als Übungsaufgabe – die Polarisation und Winkelverteilung für die spontane Emission der $\Delta m = 1, -1$ und 0 Übergänge ab. Wie in Anhang C erläutert, müssen wir dazu das Photonensystem (alt) ins Atomsystem (neu) drehen, und sodann $e_q^{(at)}$ durch die $e_q^{(ph)}$-Basis ausdrücken. Dazu ist eine Rotation des Photonensystems um die Euler-Winkel α, β, γ ins Atomsystem zu vollziehen. Wie wir in Abb. 4.11 auf Seite 131 ablesen, können wir auf die Anfangsrotation um $z^{(ph)}$ verzichten, d. h. $\alpha = 0$. Wir beginnen also mit der Drehung um $y^{(ph)}$ um $\beta = -\theta_k$, sodass $z' \parallel z^{(at)}$ wird. Zuletzt müssen wir um $z^{(at)}$ drehen, und zwar um $\gamma = -\varphi_k$, sodass x'' in $x^{(ph)}$ übergeht. Einsetzen in (C.4) führt schließlich zu:

$$e_{q'}^{(at)} = e^{iq'\varphi_k} \sum_q d_{qq'}^1 (-\theta_k) \cdot e_q^{(ph)} \tag{4.80}$$

Sind wir umgekehrt daran interessiert, Anregung bzw. Abregung durch eine spezifische Polarisation $e^{(ph)}$ bzw. $e^{(ph)*}$ zu beschreiben, dann müssen wir das Atomsystem (at) in das Photonensystem (ph) rotieren. In diesem Fall lesen wir in Abb. 4.11 auf Seite 131 ab, dass wir zunächst um die $z^{(at)}$ Achse um $\alpha = \varphi_k$ zu rotieren haben, sodann um die neue y' Achse um $\beta = \theta_k$ und die Rotation um die neue $z^{(at)}$ Achse unterbleibt, sodass $\gamma = 0$. Somit erhalten wir durch Einsetzen dieser Winkel in (C.4) die Umkehrrelation zu (4.80):

$$e_{q'}^{(ph)} = \sum_q e^{-iq\varphi_k} d_{qq'}^1 (\theta_k) e_q^{(at)} . \tag{4.81}$$

Wir evaluieren (4.80) für die drei möglichen Übergänge $m = q = 0, \pm 1$, die wir schon früher diskutiert haben. Unter Benutzung der konkreten Ausdrücke (C.3) für die Drehmatrizen $d_{q'q}^1 (\theta_k)$ ergeben sich die folgenden Polarisationsvektoren ausgedrückt im Photonensystem $z^{(ph)} \parallel k$:

- $\Delta m = q = 0$ (π Komponente)

$$e_0^{(at)\perp} = -\frac{\sin\theta_k}{\sqrt{2}} \left(e_1^{(ph)} - e_{-1}^{(ph)} \right) = \sin\theta_k \cdot e_x^{(ph)} \tag{4.82}$$

- $\Delta m = q = 1$ (σ^+ Komponente)

$$e_1^{(at)\perp} = e^{i\varphi_k} \left(\cos^2\frac{\theta_k}{2} \cdot e_1^{(ph)} + \sin^2\frac{\theta_k}{2} \cdot e_{-1}^{(ph)} \right) \tag{4.83}$$

- $\Delta m = q = -1$ (σ^- Komponente)

$$e_{-1}^{(at)\perp} = e^{-i\varphi_k} \left(\sin^2\frac{\theta_k}{2} \cdot e_1^{(ph)} + \cos^2\frac{\theta_k}{2} \cdot e_{-1}^{(ph)} \right) . \tag{4.84}$$

Man beachte, dass wir hier im Photonenkoordinatensystem nur die $q = \pm 1$ Einheitsvektoren (angedeutet mit „$\perp$") berücksichtigt haben, d. h. diejenigen Komponenten, die senkrecht zum k-Vektor des Photons oszillieren. Dies sind die einzigen physikalisch relevanten Komponenten des Skalarprodukts (4.74) $e_q^{(at)} \cdot e^{(ph)*}$, denn die $q = 0$ Komponente fällt heraus, da $e_0^{(ph)}$ in Richtung $z^{(ph)}$ schwingt. Daher ist $e_q^{(at)\perp}$ auch kein Einheitsvektor mehr und sein

Betrag hängt von θ_k ab. Wir können $e_q^{(at)\perp}$ aber mithilfe des allgemeinen Polarisations-Einheitsvektors für elliptisch polarisiertes Licht $e_{el}^{(ph)}$ nach (4.66) ausdrücken, indem wir die Parameter δ und β richtig wählen und einen Normierungsfaktor $f_q\,(\theta_k, \varphi_k)$ einführen. Somit wird nach (4.74)

$$\left| r_{ba} \cdot e^{(ph)} \right|^2 = \left| f_q\,(\theta_k, \varphi_k) \right|^2 \cdot \left| \langle m_b\,|r_q|\,m_a \rangle \right|^2 \cdot \left| e_{el}^{(ph)} \cdot e^{(ph)} \right|^2 , \qquad (4.85)$$

wobei $\left| f_q\,(\theta_k, \varphi_k) \right|^2$ die Winkelverteilung der Intensität beschreibt.

Speziell für die π-*Komponente* mit $q = 0$ wird nach (4.82) stets *linear polarisiertes Licht parallel zur* $x^{(ph)}$ *Achse* emittiert (s. Abb. 4.11 auf Seite 131) und es ist $f_0\,(\theta_k, \varphi_k) = \sin\theta_k$. Einen quantitativen Ausdruck für die Wahrscheinlichkeit für die Emission eines Photons pro Zeiteinheit in den Raumwinkel $d\Omega$ erhält man nach (4.52) unter Benutzung von (4.74) und (4.82):

$$dR_\pi^{(spont)} = \frac{\alpha \omega_{ba}^3}{2\pi c^2} \left| \langle m_b\,|r_0|\,m_a \rangle \right|^2 \cdot \sin^2\theta_k\, d\Omega . \qquad (4.86)$$

Wir notieren, dass diese Wahrscheinlichkeit in der Tat die Einheit s^{-1} hat. Die *Intensität* des pro Atom emittierten Lichts, welche ein Detektor im Abstand R vom Atom registriert, erhält man (bei einer Detektorfläche ΔS und einem eingesehenen Raumwinkel $d\Omega = \Delta S/R^2$) durch Multiplikation von (4.86) mit der Photonenenergie $\hbar\omega_{ba}$ und Division durch ΔS:

$$I_\pi^{(spont)} = \frac{\alpha}{2\pi c^2} \frac{\hbar\omega_{ba}^4}{R^2} \left| \langle m_b\,|r_0|\,m_a \rangle \right|^2 \cdot \sin^2\theta_k \qquad (4.87)$$

Die Winkelverteilung entspricht genau dem klassischen Strahlungsmuster (4.72), das wir zuvor etwas heuristisch abgeleitet und in Abb. 4.12 auf Seite 134 skizziert hatten. Der Winkelanteil $\langle j_b m_b\,|C_{1q}|\,j_a m_a \rangle$ des Matrixelementes $\langle m_b\,|r_0|\,m_a \rangle$ nach (4.70) ist dabei typisch von der Größenordnung ≤ 1, während das radiale Matrixelement $\langle \gamma_b\,|r|\,\gamma_a \rangle$ verbunden ist mit der Größe des Atoms, sowie dem Überlapp und der Symmetrie der Wellenfunktionen.

Kommen wir nun zu den zirkularen Komponenten der Emission. Die entsprechenden Polarisationsvektoren des Übergangs – ausgedrückt im Photonensystem – werden für $\sigma^\pm$ Licht durch (4.83) und (4.84) gegeben. Der Gesamtphasenfaktor $-\exp(\pm i\varphi_k)$ ist hier wegen der axialen Symmetrie ohne Bedeutung. In allen Messgrößen (Betragsquadrate von Matrixelementen) fällt dieser Phasenfaktor heraus. Unter Benutzung der trigonometrischen Identität $2\left(\cos^4(\theta/2) + \sin^4(\theta/2)\right) = \left(1 + \cos^2\theta\right)$ kann man $e_{\pm 1}^{(at)\perp}$ durch den Einheitsvektor für elliptisch polarisiertes Licht $e_{el}^{(ph)}$ nach (4.66) ausdrücken als

$$e_{\pm 1}^{(at)\perp} = i f_{\pm 1}\,(\theta_k, \varphi_k) \left(\cos\beta \cdot e_1^{(ph)} + \sin\beta \cdot e_{-1}^{(ph)}\right) = f \cdot e_{el}^{(ph)} \qquad (4.88)$$

mit dem Vorfaktor

$$f_{\pm 1}\left(\theta_k, \varphi_k\right) = i e^{\pm i \varphi_k} \cdot \left(1 + \cos^2 \theta_k\right)^{1/2} / \sqrt{2} \tag{4.89}$$

und

$$\left. \begin{aligned} \cos\beta &= \cos^2 \frac{\theta_k}{2} \cdot \left(1 + \cos^2 \theta_k\right)^{-1/2} \cdot \sqrt{2} \\ \sin\beta &= \sin^2 \frac{\theta_k}{2} \cdot \left(1 + \cos^2 \theta_k\right)^{-1/2} \cdot \sqrt{2} \end{aligned} \right\} \quad \text{für } q = 1 \tag{4.90}$$

bzw.

$$\left. \begin{aligned} \sin\beta &= \cos^2 \frac{\theta_k}{2} \cdot \left(1 + \cos^2 \theta_k\right)^{-1/2} \cdot \sqrt{2} \\ \cos\beta &= \sin^2 \frac{\theta_k}{2} \left(1 + \cos^2 \theta_k\right)^{-1/2} \cdot \sqrt{2} \end{aligned} \right\} \quad \text{für } q = -1. \tag{4.91}$$

Die Hauptachse des durch $e_{el}^{(ph)}$ definierten, elliptisch polarisierten Lichts liegt parallel zur $y^{(ph)}$ Richtung [vergleiche (4.66) für $\delta = -\pi/2$], und die Größe der Achsen wird durch (4.90) bzw. (4.91) bestimmt. Für die wichtigen Grenzfälle $q = \pm 1$ mit $\theta_k = 0$, d. h. für Emission entlang der $z^{(at)}$ Achse, erhalten wir $\cos\beta = 1$ bzw. $= 0$ und $\sin\beta = 0$ bzw. $= 1$. Es wird also, wie schon diskutiert, rein zirkular polarisiertes σ^+ (LHC) bzw. σ^- (RHC) Licht emittiert. Für $\theta_k = \pi/2$ wird $\cos\beta = \sin\beta = 1/\sqrt{2}$, was linear polarisiertem Licht mit Polarisationsrichtung parallel zur $y^{(ph)}$ Achse entspricht, das sich in der $x^{(at)} - y^{(at)}$ Ebene ausbreitet.

Auch die Winkelverteilung ergibt sich jetzt zwanglos für $q = +1$ und $q = -1$ durch Einsetzen von $f(\theta_k, \varphi_k)$ nach (4.89) in (4.85) und dies wiederum in (4.52). Da $e^{(ph)}$ die beobachtete Polarisation repräsentiert, wird (4.85) am größten, wenn der Einheitsvektor $e^{(ph)} = e_{el}^{(ph)}$, d. h. wenn unser Photonendetektor, der durch $e^{(ph)}$ beschrieben wird, exakt der emittierten elliptischen Polarisation $e_{el}^{(ph)}$ entspricht, die beim Übergang mit $\Delta m = q$ entsteht. Dann wird für $\sigma^\pm$

$$dR_\sigma^{(spont)} = \frac{\alpha \omega_{ba}^3}{2\pi c^2} \left| \langle m_b | r_{\pm 1} | m_a \rangle \right|^2 \cdot \frac{1}{2} \left(1 + \cos^2 \theta_k\right) d\Omega, \tag{4.92}$$

und die Intensität ist

$$I_\sigma^{(spont)} = \frac{\alpha}{2\pi c^2} \frac{\hbar \omega_{ba}^4}{R^2} \left| \langle m_b | r_{\pm 1} | m_a \rangle \right|^2 \cdot \frac{1}{2} \left(1 + \cos^2 \theta_k\right) . \tag{4.93}$$

Wir erhalten also auch hier die Bestätigung der nach dem klassischem Oszillatormodell vermuteten, in Abb. 4.13 auf Seite 135 skizzierten Strahlungscharakteristik (4.73).

Die Strahlungscharakteristiken (4.86) bzw. (4.92) kann man über den vollen Raumwinkel integrieren, um so die gesamte spontane Emissionswahrscheinlichkeit zu erhalten. Sowohl die $\sin^2 \theta_k$ Verteilung für die π-Komponenten nach (4.88) wie auch die $(1 + \cos^2 \theta_k)/2$ Verteilung (4.93) führen zum gleichen Faktor:

$$\int\limits_{4\pi} \sin^2 \theta_k \, d\Omega = 2\pi \int\limits_0^\pi \sin^3 \theta_k \, d\theta_k = \frac{8\pi}{3}$$

$$\int\limits_{4\pi} \frac{1}{2} \left(1 + \cos^2 \theta_k\right) \, d\Omega = \frac{8\pi}{3} \, . \tag{4.94}$$

Daher wird unter Benutzung von (4.86) für einen vorgegeben Übergang mit $m_b = m_a + q$ die spontane Emissions-Wahrscheinlichkeit:

$$R_q^{(spont)} = A\left(j_a m_a; j_b m_b\right) = \frac{4}{3} \frac{\alpha \omega_{ba}^3}{c^2} \left|\langle m_b \left|r_q\right| m_a\rangle\right|^2$$

$$= \frac{4}{3} \frac{\alpha \omega_{ba}^3}{c^2} \left|\langle \gamma_b \left|r\right| \gamma_a\rangle\right|^2 \cdot \left|\langle j_b m_b \left|C_{1q}\right| j_a m_a\rangle\right|^2 \, . \tag{4.95}$$

Gleichungen (4.82) bis (4.95) beschreiben die Emission bzw. Absorption durch Übergänge zwischen wohl definierten Zuständen $j_a m_a \leftrightarrow j_b m_b$. Wenn ein spezieller Anfangszustand präpariert wird und man einen spezifischen Endzustand selektiert, dann werden Strahlungscharakteristiken nach (4.87) und (4.93) beobachtet. Eine Methode, diese Zustandsselektion zu realisieren – aber bei weitem nicht die einzige – ist der Zeeman-Effekt, wo $\Delta m = 0, \pm 1$ Übergänge in Gegenwart eines externen Feldes zu unterschiedlichen Emissions- bzw. Absorptionsfrequenzen führen, mit deren Hilfe man sie selektieren kann, wie dies anhand von Abb. 4.14 auf Seite 135 illustriert wurde.

4.5 Auswertung der Matrixelemente und der A und B Koeffizienten

4.5.1 Matrixelemente

Nach (4.74) wird die Stärke eines Übergangs entscheidend durch das Übergangsmatrixelement $\langle \gamma_b \left|r\right| \gamma_a\rangle \langle j_b m_b \left|C_{1q}\right| j_a m_a\rangle$ bestimmt. Dies gilt für Absorption ebenso wie für induzierte oder spontane Emission. Der Rest sind numerische Faktoren, Geometrie und bei der spontanen Emission die Frequenzabhängigkeit $\propto \omega^3$. Nachdem wir in Abschnitt 4.4 die Geometrie, also die Strahlungscharakteristiken und ihre Polarisation diskutiert haben, geht es jetzt um die konkrete Auswertung der Dipolübergangsmatrixelemente, sowie um Summen- und Verzweigungsregeln für die Intensitäten verschiedener Übergänge zwischen zwei Energieniveaus. Wir wollen also Ausdrücke für die Übergangswahrscheinlichkeiten ableiten, die man bequem zur Lösung praktischer Probleme wie etwa von Ratengleichungen bei optischen Pumpprozessen u. ä. benutzen kann. Wir werden Beziehungen zwischen den A und B Koeffizienten für spontane und induzierte Emission für individuelle Unterniveaus ableiten und soweit sinnvoll und möglich, Mittelwerte dieser Größen bestimmen. Wir beziehen uns wieder auf Übergänge, die durch $q = m_b - m_a$ (in Bezug auf das atomare Koordinatensystem) charakterisiert sind, und die zwischen spezifischen Unterniveaus $|j_b m_b\rangle$ und $|j_a m_a\rangle$ des unteren Zustands stattfinden, wie in Abb. 4.17 definiert.

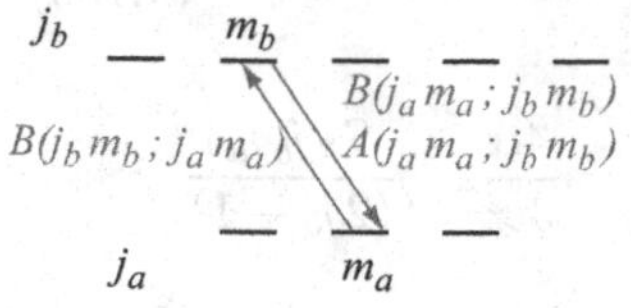

$$
\begin{array}{ll}
j_b \;\; - \;\; m_b \\
\qquad\qquad\quad \searrow \; \overline{B(j_a m_a\,;\,j_b m_b)} \\
\overline{B(j_b m_b\,;\,j_a m_a)} \; \backslash \; \overline{A(j_a m_a\,;\,j_b m_b)} \\
\\
j_a \;\;\;\;\; - \;\;\; m_a \;\; -
\end{array}
$$

Abb. 4.17. Zur Definition der B und A Koeffizienten für induzierte und spontane Emission

Die Auswertung der Matrixelemente wird sehr vereinfacht, wenn man das Wigner-Eckart Theorem (D.5)–(D.7) benutzt, welches es uns erlaubt, Winkelanteil, Radialanteil und Gesamtstärke eines Übergangs zu faktorisieren. Unter Benutzung des reduzierten Matrixelements $\langle j_b \| C_1 \| j_a \rangle$ und des $3j$-Symbols ergibt sich zunächst

$$
\left| \langle j_b m_b | C_{1q} | j_a m_a \rangle \right|^2 = (2j_b + 1) \begin{pmatrix} j_a & 1 & j_b \\ m_a & q & m_b \end{pmatrix}^2 \langle j_b \| C_1 \| j_a \rangle^2 \quad . \tag{4.96}
$$

4.5.2 Spontane Übergangswahrscheinlichkeit

Damit wird die *spontane Übergangswahrscheinlichkeit* (4.95) *für einen spezifischen Übergang* $j_a m_a \leftarrow j_b m_b$

$$
A\,(j_a m_a; j_b m_b) = \frac{4\alpha}{3c^2} \omega_{ba}^3 \; |\langle \gamma_b |r| \gamma_a \rangle|^2 \; |(j_b m_b |C_{1q}| j_a m_a)|^2 \tag{4.97}
$$

$$
= \frac{4\alpha}{3c^2} \omega_{ba}^3 \; |\langle \gamma_b |r| \gamma_a \rangle|^2 \; (2j_b + 1) \begin{pmatrix} j_a & 1 & j_b \\ m_a & q & m_b \end{pmatrix}^2 \langle j_b \| C_1 \| j_a \rangle^2
$$

mit dem Radialmatrixelement $\langle \gamma_b |r| \gamma_a \rangle$. Der Vorfaktor kann auch

$$
\frac{4\alpha}{3c^2} \omega_{ba}^3 = 1.0826 \times 10^{-19} \frac{\mathrm{s}^2}{\mathrm{m}^2} \omega_{ba}^3 \quad \text{bzw.} \tag{4.98}
$$

$$
= \frac{32\pi^3 \alpha c}{3} \frac{1}{\lambda_{ba}^3} = \frac{7.2354 \times 10^8}{\lambda_{ba}^3} \frac{\mathrm{m}}{\mathrm{s}}
$$

geschrieben werden. Mit der in (F.24) symmetrisch definierten Linienstärke $S(j_b j_a)$ schreibt man die spontane Übergangswahrscheinlichkeit (4.97) noch etwas kompakter:

$$
A\,(j_a m_a; j_b m_b) = \frac{4\alpha}{3c^2} \omega_{ba}^3 \begin{pmatrix} j_a & 1 & j_b \\ m_a & q & m_b \end{pmatrix}^2 S(j_b j_a) \tag{4.99}
$$

Die Polarisations- und die Drehimpulseigenschaften stecken im $3j$-Symbol und die eigentlichen atomaren Eigenschaften in $S(j_b j_a)$. Jetzt lässt sich auch die spontane Zerfallswahrscheinlichkeit des oberen Niveaus insgesamt (bzw. die spontane Lebensdauer $\tau_{j_a j_b}$) leicht bestimmen. Wir müssen dazu lediglich über alle Endzustände und Polarisationen summieren:

$$A\left(j_a j_b\right) = \frac{1}{\tau_{j_a j_b}} = \sum_{m_a q} A\left(j_a m_a; j_b m_b\right) \tag{4.100}$$

$$= \frac{4\alpha}{3c^2} \omega_{ba}^3 \cdot S\left(j_b j_a\right) \sum_{m_a q} \begin{pmatrix} j_a & 1 & j_b \\ m_a & q & m_b \end{pmatrix}^2 = \frac{4\alpha}{3c^2} \omega_{ba}^3 \frac{S\left(j_b j_a\right)}{\left(2j_b + 1\right)},$$

wobei wir die Orthogonalitätsrelation (B.24) der 3j-Symbole angewendet haben. *Wir bemerken hier, dass die spontane Lebensdauer $\tau_{j_a j_b}$ unabhängig von der Quantenzahl m_b des Unterniveaus im angeregten Zustand wird.*

Für den praktischen Gebrauch schreiben wir unter Benutzung von (F.24) und atomaren Einheiten die spontane Übergangswahrscheinlichkeit noch etwas um:

$$A\left(j_a j_b\right) = \frac{4\alpha}{3c^2\hbar^3} W_{ba}^3 a_0^2 \left|\left\langle \gamma_b \left|\frac{r}{a_0}\right| \gamma_a \right\rangle\right|^2 \left\langle j_b \|\mathbf{C}_1\| j_a \right\rangle^2$$

$$= \frac{4}{3}\frac{m_e c^2}{\hbar} \alpha^5 \left(\frac{W_{ba}}{W_0}\right)^3 \left|\left\langle \gamma_b \left|\frac{r}{a_0}\right| \gamma_a \right\rangle\right|^2 \left\langle j_b \|\mathbf{C}_1\| j_a \right\rangle^2$$

$$= \frac{2.1420 \times 10^{10}}{s} \left(\frac{W_{ba}}{W_0}\right)^3 \left|\left\langle \gamma_b \left|\frac{r}{a_0}\right| \gamma_a \right\rangle\right|^2 \left\langle j_b \|\mathbf{C}_1\| j_a \right\rangle^2 \tag{4.101}$$

Das reduzierte Matrixelement ist $\langle j_b \|\mathbf{C}_1\| j_a \rangle$ ist typischerweise von der Größenordnung 1 und im einfachsten Fall durch (D.28) gegeben, wird in der Regel aber je nach Kopplungsschema entsprechend Anhang D.3 auszuwerten sein. Das radiale Matrixelement beinhaltet die eigentliche Physik des Atoms: gewissermaßen den zwischen Anfangs- und Endzustand gemittelter Radius. Interessant ist auch die Z-Abhängigkeit von A. Für wasserstoffähnliche Ionen wird $W_{ba} \propto Z^2$ und $r \propto 1/Z$, sodass die spontane Übergangswahrscheinlichkeit $A\left(j_a j_b\right) \propto Z^4$ mit der 4ten Potenz der Kernladungszahl wächst.

Wir können mit (4.100) über die experimentell direkt zugängliche natürliche Lebensdauer des angeregten Zustands die Linienstärke bestimmen:

$$S\left(j_b j_a\right) = \frac{3c^2}{4\alpha} \frac{\left(2j_b + 1\right)}{\omega_{ba}^3} \frac{1}{\tau_{j_a j_b}} \tag{4.102}$$

Andererseits lassen sich mit (4.99) die Übergangswahrscheinlichkeit zwischen individuellen Unterzuständen umgekehrt auch schreiben als

$$A\left(j_a m_a; j_b m_b\right) = \left(2j_b + 1\right) \begin{pmatrix} j_a & 1 & j_b \\ m_a & q & m_b \end{pmatrix}^2 \frac{1}{\tau_{j_a j_b}}. \tag{4.103}$$

Es ist nun aber wichtig noch einmal daran zu erinnern, dass die Strahlungscharakteristiken und die Polarisation des emittierten Lichts sehr wohl von m_b

abhängen – auch wenn die Lebensdauer nach (4.100) für alle oberen Unterniveaus $j_b m_b$ identisch ist. Unter Benutzung von (4.100)–(4.103) lässt sich die
Winkelverteilung der Strahlung eines ausgewählten Unterzustands mit $j_b m_b$
leicht nach (4.86) und (4.92) bestimmen. Experimentell beobachtet man die
Fluoreszenz eines Atoms oft ohne Polarisationsanalyse. In diesem Fall führt
die Summation über alle Polarisationen q nach (4.86) und (4.92) zu:

$$dR^{(spont)}_{j_a m_a \leftarrow j_b m_b}(\theta) = \frac{\alpha}{2\pi c^2} \omega^3_{ba} \tag{4.104}$$

$$\times \left[\left\{ \begin{pmatrix} j_a & 1 & j_b \\ m_a & 1 & m_b \end{pmatrix}^2 + \begin{pmatrix} j_a & 1 & j_b \\ m_a & -1 & m_b \end{pmatrix}^2 \right\} \frac{1 + \cos^2 \theta_k}{2} \right.$$
$$\left. + \begin{pmatrix} j_a & 1 & j_b \\ m_a & 0 & m_b \end{pmatrix}^2 \cdot \sin^2 \theta_k \right]$$
$$\times S(j_b j_a) \, d\Omega.$$

Im Allgemeinen führt das zu einer *nicht isotropen* Winkelverteilung. *Nur wenn
alle Anfangszustände* $|j_b m_b\rangle$ *gleich besetzt sind* ($\propto (2j_b + 1)^{-1}$) erhält man
durch Mittelung über alle Anfangszustände m_b und Summation über alle Endzustände m_a unter Benutzung der 3j-Orthogonalitätsrelation (B.24) am Ende
doch eine *isotrope Verteilung*

$$\overline{dR^{(spont)}_{tot}} = \frac{1}{\tau_{j_b j_a}} \frac{d\Omega}{4\pi} \tag{4.105}$$

4.5.3 Induzierte Übergänge

Wenden wir uns nun den induzierten Prozessen zu, d. h. der Absorption und
der stimulierten Emission. Wir haben in (4.50) den Koeffizienten $B\,(j_b m_b;$
$j_a m_a)$ für einen spezifischen Übergang definiert. Mit (4.69) und (4.70) ergibt
sich bei einer Polarisation q des treibenden Strahlungsfeldes (in Bezug auf das
atomare Bezugssystem):

$$B\,(j_b m_b; j_a m_a) = \frac{4\pi^2 \alpha c}{\hbar} |\langle \gamma_b |r| \gamma_a \rangle|^2 |\langle j_b m_b |C_{1q}| j_a m_a \rangle|^2 \tag{4.106}$$

Wir sehen, dass das Verhältnis von spontaner (4.97) zu induzierter Übergangswahrscheinlichkeit (4.106) für einen Übergang zwischen spezifischen Unterzuständen

$$\frac{A\,(j_a m_a; j_b m_b)}{B\,(j_a m_a; j_b m_b)} = \frac{\hbar \omega^3_{ba}}{3\pi^2 c^3} = \frac{4}{3} \cdot \frac{h}{\lambda^3_{ba}} \tag{4.107}$$

gegeben wird. Dabei erinnern wir uns, dass in unserer Definition der B Koef-
fizient sich auf eine spektrale Strahlungsdichte $u(\omega)$ pro Kreisfrequenzeinheit
bezieht. B ist um einen Faktor 2π größer, wenn $u(\nu)$ pro Frequenzintervall angegeben wird. Wir weisen hier ebenfalls noch einmal darauf hin, dass (4.107)

um einen Faktor $1/3$ von der üblicherweise in elementaren Textbüchern gegebenen Formel für die Einstein-Koeffizienten abweicht, da wir B für einen Lichtstrahl ausgewertet haben und nicht für ein isotropes Strahlungsfeld. Analog zu (4.99) und (4.103) können wir die Koeffizienten für die stimulierte Emission und Absorption zwischen individuellen Unterniveaus schreiben als:

$$
\begin{aligned}
B\left(j_a m_a; j_b m_b\right) &= \frac{4\pi^2 \alpha c}{\hbar}\begin{pmatrix} j_b & 1 & j_a \\ m_b & q & m_a \end{pmatrix}^2 S\left(j_b j_a\right) \\
&= \frac{3\pi^2 c^3}{\hbar \omega_{ba}^3}\left(2j_b + 1\right)\begin{pmatrix} j_b & 1 & j_a \\ m_b & q & m_a \end{pmatrix}^2 \frac{1}{\tau_{j_b j_a}} \\
&= B\left(j_b m_b; j_a m_a\right) \quad .
\end{aligned}
$$
(4.108)

Für die Beschreibung isotroper Eigenschaften wie die Schwarzkörperstrahlung oder Absorption und Emission in einer Gasentladung, in einer Zelle usw. ist man aber häufig an den gemittelten B Koeffizienten interessiert. So bestimmt man z. B. den *gemittelten Absorptionskoeffizienten* durch Mittelung über von (4.108) über alle Anfangszustände und Summation über alle Endzustände:

$$
\begin{aligned}
B\left(j_b j_a\right) &= \frac{1}{2j_a + 1}\sum_{m_b m_a} B\left(j_b m_b; j_a m_a\right) \\
&= \frac{1}{2j_a + 1}\frac{4\pi^2 \alpha c}{\hbar} S\left(j_b j_a\right)\sum_{m_b m_a}\begin{pmatrix} j_b & 1 & j_a \\ m_b & q & m_a \end{pmatrix}^2 \\
&= \frac{4\pi^2 \alpha c}{\hbar}\frac{S\left(j_b j_a\right)}{3\left(2j_a + 1\right)} = \frac{3\pi^2 c^3}{\hbar \omega_{ba}^3}\cdot\frac{2j_b + 1}{2j_a + 1}\cdot\frac{1}{3\tau_{j_a j_b}}
\end{aligned}
$$
(4.109)

und analog dazu erhalten wir für die *gemittelte induzierte Emission*:

$$
B\left(j_a j_b\right) = \frac{4\pi^2 \alpha c}{\hbar}\frac{S\left(j_b j_a\right)}{3\left(2j_b + 1\right)} = \frac{3\pi^2 c^3}{\hbar \omega_{ba}^3}\cdot\frac{1}{3\tau_{j_a j_b}} \quad .
$$
(4.110)

Wenn wir nun (4.107), (4.109) und (4.110) kombinieren, erhalten wir die Standard *Einstein Relation für die gemittelten Koeffizienten der* Absorption, induzierten und spontanen Emission:

$$
\left(2j_a + 1\right)\cdot B\left(j_b j_a\right) = \left(2j_b + 1\right)\cdot B\left(j_a j_b\right) = \frac{\pi^2 c^3}{\hbar \omega_{ba}^3}\cdot A\left(j_a j_b\right)
$$
(4.111)

Die eben abgeleiteten Relationen (4.109) und (4.110) zeigen noch eine weitere, wichtige Eigenschaft von Absorption und induzierter Emission, ohne welche quantitative Spektroskopie sehr viel schwieriger wäre: Die gemittelten B Koeffizienten hängen nicht von q ab. *Absorption wie auch stimulierte Emission in einem isotrop besetzten Target, hängt nicht von der Polarisationsart des zur Untersuchung benutzten Lichtstrahls ab!*

4.5.4 Zusammenfassung der Auswahlregeln

Ob ein Dipolübergang zwischen zwei speziellen Zuständen $|j_a m_a\rangle \longleftrightarrow |j_b m_b\rangle$ stattfinden kann oder nicht, wird durch die Matrixelemente (4.70) bestimmt. Dabei macht (F.24) zunächst eine Aussage, ob überhaupt ein Übergang zwischen zwei Niveaus j_a und j_b stattfinden kann. Hierzu hat man $\langle j_b \|C_1\| j_a\rangle^2$ auszuwerten, das nur dann nicht verschwindet, wenn die Dreiecksrelation

$$\delta(j_a 1 j_b) = 1 \qquad (4.112)$$

erfüllt ist. Über die Wahrscheinlichkeit zwischen einzelnen Subübergängen gibt (4.103) bzw. (4.108) Auskunft. Damit ein $3j$ Symbol nicht verschwindet, muss zusätzlich die Auswahlregel

$$m_a + q = m_b \qquad (4.113)$$

erfüllt sein, die wir ausführlich besprochen haben. Die Auswertung der Matrixelemente im Detail kann durchaus etwa komplizierter werden und hängt vom Kopplungsschema ab, in dem die Zustände $|j_a m_a\rangle$ und $|j_b m_b\rangle$ beschrieben werden. Wir werden das in späteren Kapiteln noch an verschiedenen Beispielen zu diskutieren haben.

Der einfachste Fall ist natürlich der, dass wir es mit ungekoppelten, reinen Bahndrehimpulszuständen $|\ell_a m_a\rangle$ und $|\ell_b m_b\rangle$ zu tun haben, die Zustände also durch Kugelflächenfunktionen vollständig beschrieben werden.[7] In diesem Fall können wir (4.97) unter Verwendung von (D.26) schreiben als:

$$A\,(j_a m_a; j_b m_b) = \frac{4\alpha}{3c^2}\omega_{ba}^3\,|\langle \gamma_a\,|r|\,\gamma_b\rangle|^2\,|\langle \ell_a m_a\,|C_{1q}|\,\ell_b m_b\rangle|^2 \qquad (4.114)$$

$$= \frac{4\alpha}{3c^2}\omega_{ba}^3\,|\langle \gamma_a\,|r|\,\gamma_b\rangle|^2\,(2\ell_a + 1)(2\ell_b + 1)\times$$

$$\delta_{m_a m_b + q}\,\delta(\ell_a 1 \ell_b) \begin{pmatrix} \ell_a & 1 & \ell_b \\ 0 & 0 & 0 \end{pmatrix}^2 \begin{pmatrix} \ell_a & 1 & \ell_b \\ -m_a & q & m_b \end{pmatrix}^2$$

Dies bestätigt noch einmal die m-Auswahlregel (4.113). Damit das erste $3j$-Symbol nicht verschwindet muss überdies $\ell_a + 1 + \ell_b$ gerade sein. Wir sehen als neue Regel (über die Dreiecksrelation hinaus), dass, d. h.

$$\ell_a = \ell_b \pm 1 \qquad (4.115)$$

gelten muss. In Anhang D findet man darüber hinaus kompakte Formeln für die Auswertung dieser Ausdrücke. Für den speziellen Fall eines $s - p$ Übergangs in einem Singulettsystem gilt nach (D.39) bei jedem der 3 möglichen Übergänge:

$$\text{für } {}^1S_0 \longleftrightarrow {}^1P_1: \quad A\,(0m_s; 1m_p) = \frac{4\alpha}{3c^2}\omega_{ba}^3\,\frac{|\langle \gamma_s\,|r|\,\gamma_p\rangle|^2}{3} \qquad (4.116)$$

---

[7] Wir werden in Kapitel 7 sehen, dass solche Situation durchaus auch bei Mehrelektronensystemen nicht unrealistisch ist und z. B. bei sog. Singulett-Zuständen auftritt. Dabei kompensieren sich dann die Spins von mehreren Elektronen, und wir können den Eigenzustand des Leuchtelektron durch einen reinen Bahndrehimpuls beschreiben.

4.5.5 Dipol-erlaubte Übergänge im H-Atom

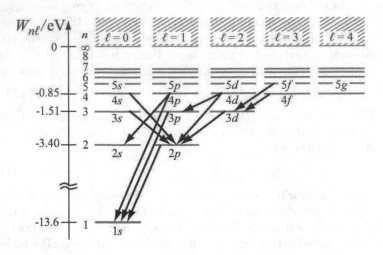

Abb. 4.18. Illustration der Auswahlregel $\Delta\ell = \pm1$ am Beispiel H-atom (nur Emission ist gezeigt)

Abbildung 4.18 zeigt als Beispiel das Termschema des H-Atoms mit einigen Dipol-erlaubten Übergängen unter Vernachlässigung des Elektronenspins. Zur konkreten Berechnung der Übergangswahrscheinlichkeiten muss man neben der Drehimpulsdiskussion, die wir bis hierher sehr ausführlich geführt haben, auch die Radialmatrixelemente berechnen. Wir haben hierzu einige Formeln in Anhang D.5 zusammengestellt. Konkrete Werte für gemittelte spontane Übergangswahrscheinlichkeiten findet man als umfangreiche Sammlung für viele Atome tabelliert bei NIST (2006).

4.6 Linearkombinationen von Zuständen

4.6.1 Kohärente Besetzung durch optische Übergänge

Bisher haben wir unsere Diskussion zur Transformation von Koodinatensystemen überwiegend auf den spontanen Emissionsprozess für *einen wohl definierten, durch* $e^{(at)}$ *charakterisierten Übergang* von einem Basiszustand zu einem anderen beschränkt. Wir wollen jetzt das inverse Problem behandeln: Welche atomaren Übergänge oder Kombinationen von Übergängen sind die Folge von Absorption oder stimulierter Emission von Photonen aus einem Strahlungsfeld *wohl definierter Polarisation* $e^{(ph)}$? Während wir für die vorangehende Diskussion (4.80) benutzt haben, um $e^{(at)}$ in Basisvektoren des Photonensystems zu entwickeln, werden wir jetzt $e^{(ph)}$ unter Benutzung von

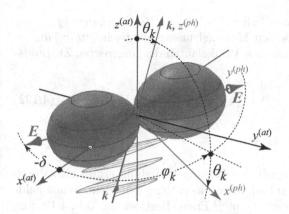

Abb. 4.19. Anregung eines $^1P_1$ Zustands mit linear polarisiertem Licht, dessen Polarisationsvektor E senkrecht zur atomaren $z^{(at)}$-Achse zeigt

(4.81) in eine atomare Basis entwickeln. So erhalten wir unter Benutzung der in Abb. 4.11 spezifizierten Koordinaten die Polarisationsvektoren für links- bzw. rechts-zirkular polarisiertes Licht ausgedrückt im Atomkoordinatensystem:

$$e_{-1}^{(ph)} = e^{i\varphi_k} \cdot \cos^2 \frac{\theta_k}{2} \cdot e_{-1}^{(at)} - \frac{\sin\theta_k}{\sqrt{2}} \cdot e_0^{(at)} + e^{-i\varphi_k} \sin^2 \frac{\theta_k}{2} \cdot e_{+1}^{(at)} \quad (4.117)$$

$$e_{+1}^{(ph)} = e^{i\varphi_k} \cdot \sin^2 \frac{\theta_k}{2} \cdot e_{-1}^{(at)} + \frac{\sin\theta_k}{\sqrt{2}} \cdot e_0^{(at)} + e^{-i\varphi_k} \cos^2 \frac{\theta_k}{2} \cdot e_{-1}^{(at)} \quad (4.118)$$

Superposition von $e_{+1}^{(ph)}$ und $e_{-1}^{(ph)}$ nach (4.66) erlaubt schließlich auch die Behandlung von elliptisch polarisiertem Licht. Ein spezieller Fall davon ist wiederum der Polarisationsvektor für linear polarisiertes Licht:

$$e_x^{(ph)} = e^{i\varphi_k} \cdot \frac{\cos\theta_k}{\sqrt{2}} \cdot e_{-1}^{(at)} - \sin\theta_k \cdot e_0^{(at)} - e^{-i\varphi_k} \cdot \frac{\cos\theta_k}{\sqrt{2}} \cdot e_{+1}^{(at)} \quad (4.119)$$

$$e_y^{(ph)} = \frac{i}{\sqrt{2}} \left(e^{i\varphi_k} \cdot e_{-1}^{(at)} + e^{-i\varphi_k} \cdot e_{+1}^{(at)} \right) \quad (4.120)$$

Eine volle Beschreibung des Atomzustands $|b\rangle$ nach Absorption eines Photons mit einem dieser Polarisationsvektoren erhält man durch Einsetzen von (4.117)–(4.120) in (4.75). Wir diskutieren zur Illustration zwei spezielle Situationen, wobei wir stets von einem Anfangszustand $|j_a m_a\rangle$ ausgehen.

Nehmen wir, wie in Abb. 4.19 skizziert, eine Anregung mit linear polarisiertem Licht an, dessen *elektrischer Feldvektor senkrecht* zur $z^{(at)}$-Achse steht. Der entsprechende Polarisationsvektor $e_y^{(ph)}$ ist nach (4.120) unabhängig vom Polarwinkel θ_k des Lichteinfalls und führt eingesetzt in (4.75) zu einem aus $|j_a m_a\rangle$ angeregten Atomzustand

$$|\psi(b)\rangle \propto \frac{i}{\sqrt{2}} \left[e^{i\varphi_k} \cdot \langle m_a - 1 | r_{-1} | m_a\rangle \cdot |j_b m_a - 1\rangle \right.$$
$$\left. + e^{-i\varphi_k} \cdot \langle m_a + 1 | r_{+1} | m_a\rangle \cdot |j_b m_b + 1\rangle \right] . \quad (4.121)$$

Für den besonders einprägsamen Fall eines $^1P_1 \leftarrow {}^1S_0$ Übergangs ($j_a = m_a = 0$) werden nach (4.70) die beiden Matrixelemente identisch $\langle m_b | r_1 | m_a \rangle = \langle m_b | r_{-1} | m_a \rangle \equiv s$ und man kann den Winkelanteil der angeregten Zustandsfunktion sehr einfach als

$$\psi(\Omega) = \langle \Omega | \psi(b) \rangle \propto s \frac{i}{\sqrt{2}} \left[e^{i\varphi_k} \cdot Y_{1-1}(\theta, \varphi) + e^{-i\varphi_k} \cdot Y_{11}(\theta, \varphi) \right] \quad (4.122)$$

$$= \frac{s}{2} \sqrt{\frac{3}{\pi}} \sin\theta \sin(\varphi - \varphi_k)$$

schreiben. Die Winkelabhängigkeit der Ladungsverteilung ergibt sich durch $|\psi(\Omega)|^2$, was eine hantelförmige Ladungswolke entlang dem elektrischen Feldvektor $\boldsymbol{E}$ beschreibt, der in der $x^{(at)} - y^{(at)}$ Ebene liegt, wie in Abb. 4.19 skizziert. Wie man an (4.120) sieht, erhält man diese einfache Hantelverteilung unabhängig vom Polarwinkel des Lichteinfalls – solange nur die Polarisation in die $e_y^{(ph)}$-Richtung zeigt, also senkrecht zu $z^{(at)}$. Es gibt freilich noch einen weiteren, trivialen Fall: wenn die Polarisation nämlich durch $e_x^{(ph)}$ und durch $\theta_k = \pi/2$ gegeben ist wie in Abb. 4.16 illustriert. Der $\boldsymbol{E}$-Vektor zeigt dann also in die $z^{(at)}$-Richtung und (4.119) führt zu $e_x^{(ph)} = -e_0^{(at)}$. Daher erwarten wir in diesem Fall nur $\Delta m = 0$ Übergänge. Bei einer $^1P_1 \leftarrow {}^1S_0$ Anregung zeigt die Hantel also jetzt in die $z^{(at)}$-Richtung.

Als weiteres illustratives Beispiel diskutieren wir die Anregung durch *zirkular polarisiertes Licht, welches sich in der $x^{(at)} - y^{(at)}$ Ebene ausbreitet*. Setzen wir (4.118) mit $\theta_k = \pi/2$ in (4.75) ein, so erhalten wir für den oberen Zustand, angeregt aus dem ursprünglichen $|j_a m_a\rangle$ Zustand:

$$|\psi(b)\rangle \propto \frac{1}{2} \left[e^{i\varphi_k} \cdot \langle m_b | r_{-1} | m_a \rangle \cdot |j_b m_a - 1\rangle + \right.$$
$$\left. + e^{-i\varphi_k} \cdot \langle m_b | r_1 | m_a \rangle \cdot |j_b m_a + 1\rangle \right] + \frac{1}{\sqrt{2}} \langle m_b | r_0 | m_a \rangle \cdot |j_b m_a\rangle$$
$$(4.123)$$

Wenn wir uns wieder auf den bekannteren Fall eines $^1S_0 \rightarrow {}^1P_1$ Übergangs spezialisieren, erhalten wir den Winkelanteil der Wellenfunktion als

$$\psi(\Omega) \propto \frac{s}{2} \left[e^{i\varphi_k} \cdot Y_{1-1}(\theta, \varphi) + e^{-i\varphi_k} \cdot Y_{11}(\theta, \varphi) \right] + \frac{s}{\sqrt{2}} \cdot Y_{10}(\theta, \varphi) \quad (4.124)$$

$$= \frac{s}{2} \sqrt{\frac{3}{2\pi}} (-i \sin\theta \sin(\varphi - \varphi_k) + \cos\theta). \quad (4.125)$$

Offensichtlich ist der erste Teil von (4.123) und (4.124) [in eckigen Klammern] bis auf den Phasenfaktor i identisch zur Wellenfunktion, die mit linear polarisiertem Licht erzeugt, in (4.121) beschrieben und in Abb. 4.19 abgebildet wird. Der zweite Term in (4.123) und (4.124) entspricht im Fall eines $^1S_0 \rightarrow {}^1P_1$ Übergangs einer Hantel, die in $z^{(at)}$-Richtung zeigt. Wir erinnern uns, dass links-zirkular polarisiertes Licht einem reinen $\Delta m = 1$ Übergang entspricht

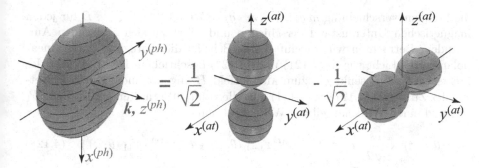

Abb. 4.20. Illustration eines $^1P_1 \leftarrow\ ^1S_0$ Übergangs, der durch zirkular polarisiertes Licht bevölkert wird, welches sich in $y^{(at)}$-Richtung ausbreitet

und in Bezug auf das Photonensystem $(z^{(ph)} \parallel \mathbf{k})$ bedeutet das einen rein toroidalen Y_{11} Zustand. In Bezug auf das atomare Bezugssystem entspricht dies jedoch einer linearen Superposition von Zuständen, die für den speziellen Fall $\mathbf{k} \parallel y^{(at)}$ in Abb. 4.20 skizziert ist.

4.6.2 Zeitabhängigkeit der optisch angeregten Zustände – Quantenbeats

Bevor wir dieses Kapitel beenden, wollen wir uns noch kurz die Zeitabhängigkeit der angeregten Zustände anschauen, die wir durch die optische Anregung produzieren. Das wird dann nicht mehr einfach die triviale Zeitabhängigkeit $(\exp(\mathrm{i}\omega t))$ sein, wenn die untersuchten Atomniveaus *nicht entartet* sind. Solch eine Situation treffen wir z. B. im externen magnetischen Feld an, wo die Energien der $|jm\rangle$ Niveaus durch

$$W_{jm} = W_{j0} + m \cdot g_j \cdot \mu_B \cdot B \qquad (4.126)$$

gegeben sind. W_{j0} ist dabei die Energie des Niveaus ohne Magnetfeld, g_j der Landé'sche g-Faktor des Niveaus, μ_B das Bohr'sche Magneton und B die Größe des externen Felds. Vernachlässigen wir zunächst einmal den spontanen Zerfall, so wird damit die zeitliche Entwicklung der magnetischen Unterzustände beschrieben durch

$$|\psi_{jm}(t)\rangle = |jm\rangle \cdot e^{-\mathrm{i}(\omega_{j0}+m\,g_j\,\omega_L)t} , \qquad (4.127)$$

und es ist klar, dass man in diesem Fall das Atomsystem so zu wählen hat, dass $z^{(at)} \parallel \mathbf{B}$. Im magnetischen Feld muss man also die magnetischen Basiszustände $|jm\rangle$ in allen Gleichungen, die wir im vorangehenden Abschnitt diskutiert haben, durch (4.127) ersetzen, wenn man die zeitliche Entwicklung des Gesamtsystems verstehen will. Alle Terme enthalten dabei eine triviale Zeitabhängigkeit $\exp(-\mathrm{i}\omega_{j0}t)$, die man vor die Ausdrücke ziehen kann und die lediglich eine triviale, nicht messbare Gesamtphase bewirkt. Dagegen ist die Frequenzverschiebung $m\,g_j\,\omega_L = m \cdot g_j \cdot 8.79 \times 10^{10}\ \mathrm{s}^{-1}\mathrm{T}^{-1} \cdot B$ für jeden magnetischen Unterzustand verschieden und führt zu sich ändernden Amplituden. Betrachten wir als einfachstes Beispiel die Anregung durch linear polarisiertes Licht wie in (4.121) und (4.122) beschrieben. Der E-Vektor des Lichts wird dabei senkrecht zum Magnetfeld B angenommen. Durch Einsetzen der Zustände (4.127) in (4.121) anstelle von $|jm\rangle$ erhalten wir für den $^1P_1$ Zustand einen Winkelanteil der Wellenfunktion

$$\psi\,(\theta,\varphi,t) \propto \frac{\mathrm{i}\,s}{\sqrt{2}} \cdot e^{-\mathrm{i}\omega_{10}t} \left(e^{\mathrm{i}\varphi_k(t)}Y_{1-1}\,(\theta,\varphi) + e^{-\mathrm{i}\varphi_k(t)} \cdot Y_{11}\,(\theta,\varphi)\right) \quad (4.128)$$

$$= \frac{s}{2}\sqrt{\frac{3}{\pi}} \cdot e^{-\mathrm{i}\omega_{10}t} \cdot \sin\theta\sin(\varphi - \varphi_k\,(t))$$

$$\text{mit} \quad \varphi_k\,(t) = \varphi_k(0) - g_j\omega_L t\,. \quad (4.129)$$

Die Ladungsverteilung erhalten wir aus $|\psi\,(\theta,\varphi,t)|^2$. Wir sehen, dass der Azimutwinkel φ_k des eingestrahlten Lichts jetzt durch einen zeitabhängigen Winkel zu ersetzen ist. Um diese Dynamik des Systems beobachten zu können, muss der Zeitnullpunkt natürlich genau bekannt sein – jedenfalls genauer als $1/(2g_j\omega_L)$, was bei einem Magnetfeld in der Größenordnung von $1\,\mathrm{T}$ im Bereich von $0.1\ \mathrm{ns}$ liegt. Nehmen wir also an, das Atom werde mit einem kurzen Lichtimpuls angeregt. Dann wird die in Abb. 4.19 auf Seite 149 abgebildete Hantel im Uhrzeigersinn um die $z^{(at)}$-Achse rotieren ($\varphi_k\,(t)$ nimmt mit der Zeit ab), und zwar mit der Kreisfrequenz $g_j\omega_L$. Wird das Atom dagegen mit kontinuierlichem (CW) Licht angeregt, dann wird die Larmor-Präzession dazu tendieren, eine scheibenförmige Ladungswolke zu generieren.

Das andere oben diskutierte Beispiel, Anregung durch zirkular polarisiertes Licht, das sich senkrecht zum Magnetfeld ausbreitet, kann mithilfe von (4.123) verstanden werden. Da die $m = 0$ Zustände keine Energieverschiebung im Magnetfeld zeigen, bleibt die entsprechende Komponente $Y_{10}\,(\theta,\varphi)$ der Wellenfunktion unverändert. Dagegen beschreiben die $Y_{1\pm1}$ Komponenten wieder eine rotierende Hantel in der $x^{(at)}-y^{(at)}$ Ebene wie zuvor. Insgesamt ergibt sich für gepulste Anregung eine toroidalen Ladungsverteilung entsprechend Abb. 4.20 auf der vorherigen Seite, die im Gegenuhrzeigersinn um die $z^{(at)}$-Achse rotieren wird. Für CW Anregung ergibt sich in diesem Fall eine vollständig isotrope Ladungsverteilung. Allerdings sei darauf hingewiesen, dass keine solcher Verzerrung der angeregten Ladungswolke erfolgt, wenn das anregende, zirkular polarisierte Licht parallel $\hat{B}$-Feld ($z^{(ph)} \parallel \hat{B}$) eingestrahlt wird. Dann rotiert der Torus um seine $z^{(ph)}$-Achse und ändert nur die Phase aber nicht seine Gestalt oder Richtung.

Natürlich kann man solche Oszillationen der Ladungsverteilung (man spricht von Wellenpaketen) auch messen. Die sog. *Quantenbeatspektroskopie* macht davon Gebrauch und wird heute in verschiedenen Varianten als sehr leistungsfähige Methode zur Messung kleiner Energieunterschiede von angeregten Zustände eingesetzt. Man braucht dazu zwei (oder auch mehrere) eng benachbarte Niveaus im angeregten Zustand, wie dies in Abb. 4.21 angedeutet

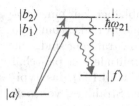

Abb. 4.21. Typisches 4 Niveauschema für die Beobachtung von Quantenbeats. Man beachte: die Niveaus im angeregten Zustand müssen kohärent angeregt werden. Quantenbeats entstehen durch Interferenz der Emissionslinien bei Übergängen aus verschiedenen angeregten Zuständen zum gleichen Endzustand

ist. Mit einem kurzen Impuls aus dem Grundzustand $|a\rangle$ werden die beiden Zustände $|b_1\rangle$ und $|b_2\rangle$ *kohärent* angeregt. Dies bedeutet nichts weiter, als dass der anregende Impuls eine so kurze Dauer $\tau \ll 1/\omega_{21}$ haben muss, dass zwischen den beiden angeregten Zuständen eine wohl definierte Phase besteht. Dies stellt zugleich sicher, dass die Fourier-begrenzte Frequenzbandbreite des Impulses groß genug ist, um beide Zustände anregen zu können. Der angeregte Zustand ist also zur Zeit $t = 0$ durch

$$|\psi(0)\rangle = c_1 |b_1\rangle + c_2 |b_2\rangle \tag{4.130}$$

gegeben, wobei die Koeffizienten c_j entsprechend (4.121) bis (4.128) bestimmt sind. Allerdings muss es sich dabei nicht zwingend um verschiedene magnetische Unterniveaus eines Drehimpulszustandes handeln. Die Betrachtung gilt ganz allgemein für Zustände unterschiedlicher Energie W_j, also etwa für hochangeregte Rydbergzustände bei Atomen oder für verschiedene Rotationszustände bei Molekülen etc. Die beiden Zustände entwickeln sich sodann zeitlich, wie eben besprochen, also entsprechend $c_j |b_j\rangle \exp(-iW_j t/\hbar)$ mit $W_j/\hbar = \omega_j$. Wir nehmen nun an, dass beide Zustände durch spontane Emission schließlich in *einen* tiefer liegenden Endzustand $|f\rangle$ zerfallen. Die Lebensdauern der angeregten Zustände $\tau_j = 1/A_j$ berücksichtigen wir durch einen Dämpfungsterm $\exp(-A_j t/2)$ für die Amplitude, d. h. durch $\exp(-A_j t) = \exp(-t/\tau_j)$ für die Wahrscheinlichkeit:

$$|\psi(t)\rangle = c_1 |b_1\rangle \, e^{-(i\omega_1 + A_1/2)t} + c_2 |b_2\rangle \, e^{-(i\omega_2 + A_2/2)t} \tag{4.131}$$

Charakteristisch für den Prozess ist offenbar die Differenzfrequenz $\omega_{21} = \omega_2 - \omega_1$ der beiden Zustände, da wir eine triviale Zeitabhängigkeit $\exp(-i\omega_1 t)$ vor die Klammer ziehen können. Die Intensität der dabei emittierten elektromagnetischen Strahlung ist nach (4.74) in diesem Fall

$$I_{ab} \propto |\boldsymbol{r}_{ab} \cdot \boldsymbol{e}_d|^2 = |\langle a| \, \boldsymbol{r}_{ab} \cdot \boldsymbol{e}_d \, |\psi(t)\rangle|^2 \,, \tag{4.132}$$

wobei $\boldsymbol{e}_d$ der vom Detektionssystem nachgewiesene Polarisationsvektor ist. Man sieht, dass die Beiträge der beiden Zustände miteinander interferieren. Setzen wir (4.131) in (4.132) ein, so ergibt sich konkret

$$\begin{aligned}
I_{ab} \propto\;& |\boldsymbol{r}_{ab_1} \cdot \boldsymbol{e}_d|^2 \, |c_1|^2 \, e^{-A_1 t} + |\boldsymbol{r}_{ab_2} \cdot \boldsymbol{e}_d|^2 \, |c_2|^2 \, e^{-A_2 t} \\
&+ |(\boldsymbol{r}_{ab_1} \cdot \boldsymbol{e}_d)(\boldsymbol{r}_{ab_2} \cdot \boldsymbol{e}_d) \, c_1 c_2| \, e^{-(A_1 + A_2)t/2} \cos\left[(\omega_{21} + \phi)t\right] \,.
\end{aligned} \tag{4.133}$$

Wir gehen hier nicht auf die Details der Polarisationsabhängigkeit ein, erinnern uns aber, dass auch die Koeffizienten c_j letztlich Ausdrücke vom Typ $r_{bja} \cdot e_e$ mit dem Polarisationsvektor e_e der anregenden Strahlung sind. Die Phasenlage zwischen den Anregungs- und Emissionsamplituden ist pauschal in ϕ zusammengefasst. Ganz klar erkennen wir aber in (4.133) das typische Interferenzmuster: die kohärente Überlagerung der Strahlung von beiden Zuständen führt zu periodischen Oszillationen, sogenannten *Quantenbeats* der Periode $2\pi/\omega_{21}$, die mit $\exp\left(-\left(A_1 + A_2\right)t/2\right)$ gedämpft sind. Wenn Anregungs- und Emissionsübergangsmatrixelement für beide Zustände gleich sind und beide Zustände die gleiche Lebensdauer $1/A$ haben, vereinfacht sich (4.133) zu

$$I_{ab} \propto \{1 + \cos\left[(\omega_{21} + \phi)t\right]\}\ e^{-At}. \tag{4.134}$$

Wir können das in Abb. 4.21 auf der vorherigen Seite skizzierte Schema also wie ein Young'sches Interferenzexperiment interpretieren: da es a priori offen ist, welchen Weg das Licht bei dem Prozess Absorption-Emission nimmt (über Zustand $|b_1\rangle$ oder $|b_2\rangle$ analog zu den beiden Spalten im Young'schen Experiment), der Endzustand aber wohl definiert ist, kommt es zur Interferenz mit dem charakteristischen Muster.

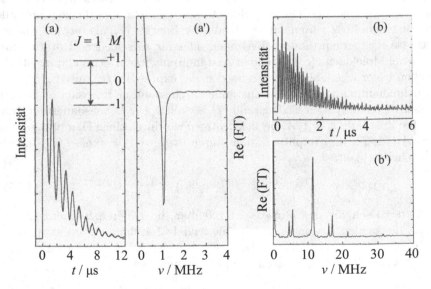

Abb. 4.22. Quantenbeats in Molekülen nach Carter und Huber (2000): (**a**) Fluoreszenz der Zeeman-Niveaus für die R(0) Linie des Übergangs 17U in CS_2 (Magnetfeld $B \simeq 1.5\,\mathrm{mT}$). Die Laserpolarisation steht senkrecht zur B und sorgt für Kohärenz zwischen den $M = \pm 1$ Unterniveaus entsprechend Abb. 4.21. (**b**) Fluoreszenz nach kohärenter Anregung der $0_{00} - 1_{01}$ Rotationslinie in der Vibrationsbande $23^1_0{}^+ I^{(3,0)}_{(0,0)}$ des $S_1 \leftarrow S_0$ Übergangs im Azeton. Die Quantenbeats resultieren hier aus einer Mischung zwischen Niveaus des Singulett und Triplettzustands. (**a'**) und (**b'**) zeigt den Realteil der jeweiligen Fouriertransformierten des Signals

Quantenbeats wurden schon in den 60iger Jahren beobachtet. In voller Schönheit illustriert und genutzt werden konnten sie aber erst nach der Einführung des Lasers, insbesondere von abstimmbaren, gepulsten Lasern. Wir zeigen in Abb. 4.22 auf der vorherigen Seite zwei schöne Beispiele aus der Molekülphysik: (a) ein sehr übersichtliches Spektrum eines Rotationsübergangs im CS_2 Molekül im Magnetfeld, wo wirklich genau zwei Zeeman-Niveaus beitragen. Die Fouriertransformierte des zeitlichen Verlaufs (a′) liefert die entsprechende Differenzfrequenz. Ein etwas komplizierteres Molekül ist das Azeton (b). Die Quantenbeats rühren hier von der Beteiligung verschiedener, nahe beieinander liegender elektronischer Zustände her. Wir sehen ein recht komplexes Verhalten, bei dem offenbar mehr als nur zwei Zustände beteiligt sind, deutlich erkennbar in der Fouriertransformierten (b′). Die Tatsache, dass keine 100%ige Durchmodulation des Signals beobachtet wird, ist einer Vielzahl inkohärenter Beiträge von weiteren angeregten Zuständen geschuldet.

4.7 Quantensprünge

Wir wollen dieses Kapitel mit einer kurzen Betrachtung von Quantensprüngen beenden, die für das grundsätzliche Verständnis von optischen Übergängen hilfreich ist. Wir erinnern uns: stationäre Zustände in einem Quantensystem (Atom, Molekül etc.) haben diskrete, wohl definierte Energien. Zwar können wir, wie eben besprochen, ein System in einer kohärenten Superposition von Zuständen präparieren, und mit geeigneten Feldern, wie wir in Band 2 dieses Buches sehen werden, durchaus auch in einer kohärenten Superposition von Grundzustand und angeregtem Zustand. Wenn wir aber fragen, in welchem Zustand sich das System zu einem gewissen Zeitpunkt gerade befindet, so erhalten wir stets eine eindeutige Auskunft: *entweder* im angeregten *oder* im Grundzustand, und die Quantenmechanik erlaubt uns stets nur die Bestimmung der Wahrscheinlichkeitsamplitude für den einen oder anderen Zustand. Das System befindet sich niemals „dazwischen" – genau so wie die berühmte „Schrödinger'sche Katze", die entweder tot oder lebendig ist.

Ein Experiment, welches dies besonders eindringlich dokumentiert, wurde von Sauter et al. (1988) durchgeführt und ist in Abb. 4.23 illustriert. Ein einzelnes Ba^+-Ion wurde in einer Teilchenfalle (s. z. B. Dehmelt und Paul, 1989) gespeichert und kontinuierlich mit einem Laser angeregt, der auf die Resonanzlinie zwischen Grundzustand $|g\rangle$ und einem kurzlebigen, angeregten Zustand $|e\rangle$ abgestimmt ist. Beobachtet wird das von diesem Zustand emittierte Fluoreszenzsignal. Gleichzeitig wird mit sehr geringer Wahrscheinlichkeit ein Übergang in den metastabilen Zustand $|m\rangle$ induziert, von wo aus das Ion mit sehr geringer Wahrscheinlichkeit (Lebensdauer einige Sekunden) wieder in den Grundzustand zurückkehrt.

Wie in Abb. 4.23b dokumentiert, wird das Fluoreszenzsignal in unregelmäßigen Abständen unterbrochen (grau hinterlegt) – nämlich immer dann und so lange, wie sich das Ion im angeregten, metastabilen Zustand $|m\rangle$ befindet.

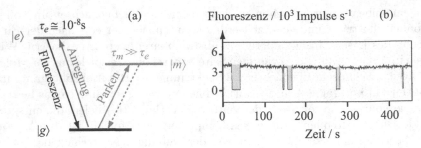

Abb. 4.23. Quantensprünge nach Sauter et al. (1988). (a) Teil des Termschemas für das Ba$^+$-Ion und die benutzten Übergänge. (b) Beobachtet wird die Fluoreszenz des Zustands $|e\rangle$ als Funktion der Zeit. Grau hinterlegt sind die Zeiten verschwindenden Fluoreszenzsignals, während derer das Ion im Zustand $|m\rangle$ „geparkt" ist

Man sieht, dass das Ion die meiste Zeit Licht emittiert, sich also überwiegend im Grundzustand $|g\rangle$ befindet, von wo aus es zur Detektion leicht und für nur etwa 10^{-8} s in den fluoreszierenden Zustand $|e\rangle$ angeregt werden kann. Die Unterbrechungen durch Anregung nach $|m\rangle$ treten selten auf und dauern unterschiedlich lange Zeit. Wenn man die Zeiten der Unterbrechung analysiert, so ergibt ihre Wahrscheinlichkeitsverteilung gerade die Lebensdauer des Zustands $|m\rangle$.

Das Experiment zeigt also sehr deutlich, dass das Ion sich stets in einem wohl definierten Zustand befindet: bis auf die kurze Zeit, wo es (im Mittel für wenige 10^{-8} s) im fluoreszierenden Zustand $|e\rangle$ befindet, ist es *entweder* im Grundzustand $|g\rangle$ und kann zur Fluoreszenz angeregt werden, *oder* es befindet sich in dem (dunklen) *metastabilen Zustand* $|m\rangle$ und *kann nicht durch Fluoreszenz detektiert* werden. Ein *dazwischen* gibt es ganz offensichtlich *nicht* und der Übergang von einem zum anderen Zustand erfolgt durch einen (beliebig schnellen) Quantensprung. Lediglich die Wahrscheinlichkeit für einen solchen Quantensprung wird durch eine Exponentialverteilung mit der Lebensdauer des Zustands $|m\rangle$ beschrieben.

5

Linienbreiten, Multiphotonenprozesse und mehr

Das im vorangehenden Kapitel Gelernte bedarf noch einiger Vertiefung, Quantifizierung und Erweiterung. Linienbreiten, Dispersion, Oszillatorenstärken und Wirkungsquerschnitte gilt es zu verstehen bzw. zu definieren. Multiphotonenprozesse, M1- und E2-Übergänge werden eingeführt. Schließlich widmen wir uns in einiger Breite der Photoionisation – also den photoinduzierten Übergängen zwischen einem diskreten, gebundenen Zustand ins Kontinuum nicht gebundener Zustände.

Hinweise für den Leser: Abschnitt 5.1 sollte leicht zu lesen sein und ist von zentraler Bedeutung für die gesamte Spektroskopie. In Abschnitt 5.2 wird – damit eng zusammenhängend – der Wirkungsquerschnitt für die optische Anregung von Linien endlicher Breite besprochen. Dabei wird auch der wichtige Begriff der Oszillatorenstärke eingeführt (eine vertiefende Diskussion findet man in Anhang F.2). Abschnitt 5.3 bietet eine kurze Einführung in Multiphotonenprozesse, die aus der heutigen Spektroskopie nicht mehr wegzudenken sind. E2- und besonders M1-Prozesse sind ebenfalls in vielen Gebieten der Spektroskopie wichtig, der Leser kann den etwas mathematischen Abschnitt 5.4 aber bei Bedarf später nachlesen, ohne hier den Zusammenhang zu verlieren. Ähnliches gilt für Abschnitt 5.5, wo in die Photoionisation behandelt wird. Diese spielt in vielen Gebieten der Physik ein ganz entscheidende Rolle. Im weiteren Verlauf dieses Buches werden wir davon z. B. in Kapitel 7.7.2 und – recht ausführlich – in Kapitel 10 Gebrauch machen.

5.1 Linienverbreiterung

5.1.1 Natürliche Linienbreite

Auch wenn uns für eine strenge Behandlung der spontanen Emission noch einige wesentliche Werkzeuge fehlen, ist es doch wichtig, damit pragmatisch und für unsere Zwecke korrekt umzugehen. Eine wesentliche Konsequenz ist die daraus resultierende endliche Lebensdauer $\tau = \Delta t$ der „stationären" Zustände und die damit über die Unschärferelation (1.70) verbundene endliche Breite $\Gamma = \Delta W$ der atomaren Energieniveaus. Wir haben in Kapitel 4.6.2 ja bereits eine etwas heuristische Methode kennengelernt, wie man die endliche

Lebensdauer der angeregten Zustände auch quantenmechanisch berücksichtigen kann. Dies wollen wir uns jetzt genauer ansehen, ohne dabei formale, mathematische Strenge zu beanspruchen. Wir beschreiben also entsprechend (4.32) die Besetzung der angeregten Zustände weiterhin durch zeitabhängige Wahrscheinlichkeitsamplituden $c_j(t)$, berücksichtigen nun aber die in erster Ordnung Störungsrechnung erschlossene Lebensdauer $\tau = 1/A$ des angeregten Zustands $|j\rangle$. (Genauer gesagt: wir haben A aus dem B-Koeffizienten mithilfe der Einstein-Relation ermittelt.) Die Wahrscheinlichkeit, ein Atom im angeregten Zustand zu finden, ist gegeben durch

$$w_j(t) = |c_j(t)|^2 = e^{-t/\tau}.$$

Wenn wir – ausgehend vom angeregten Zustand als Anfangszustand – dieses Resultat konsequent in die Störungsrechnung einbauen wollen, dann ist die bisherige nullte Näherung $c_j^0(t) = 1$ zu ersetzen durch $c_j^{(1)}(t) = e^{-t/2\tau}$. Im Rahmen der Störungsrechnung können wir dies in (4.32) einsetzen:

$$|\Psi(t)\rangle \approx \psi_j(\boldsymbol{r})e^{-i\omega_j t} + \ldots \rightarrow$$
$$\approx \psi_j(\boldsymbol{r})e^{-t/2\tau}e^{-i\omega_j t} + \ldots = \psi_j(\boldsymbol{r})e^{-i(\omega_j - i/2\tau)t} + \ldots \quad (5.1)$$

Man kann diese Gleichung auch so lesen, dass dem angeregten Zustand jetzt eine komplexe Eigenfrequenz und Eigenenergie zukommt, dass man also

$$\omega_j \rightarrow \omega_j - \frac{i}{2\tau} = \omega_j - i \cdot \frac{A}{2} \quad (5.2)$$

$$\text{bzw.} \quad W_j \rightarrow W_j - i \cdot \frac{\Gamma}{2} \quad \text{mit} \quad \Gamma = \hbar A = \frac{\hbar}{\tau} \quad (5.3)$$

ersetzt. Gehen wir nun mit (5.1) als erste Näherung in die Störungsrechnung hinein, so erhalten wir anstelle von (4.42) jetzt

$$c_b(t) = \frac{\mathcal{T}_0}{2\hbar}\hat{T}_{ba}\, \frac{e^{i((\omega_{ba}-\omega)t - iAt/2)} - 1}{i\,(\omega_{ba} - \omega - iA/2)},$$

was für große Zeiten (eingeschwungener Zustand) zu einer konstanten Besetzungsamplitude im angeregten Zustand $|b\rangle$ führt:

$$c_b = \frac{\mathcal{T}_0}{2\hbar}\frac{\hat{T}_{ba}}{i}\frac{1}{\omega_{ba} - \omega - iA/2} \quad (5.4)$$

Dies ist eine typische Resonanzamplitude – von der Verstimmung $\omega_{ba} - \omega$ abhängig – wie man sie schon aus der Mechanik der erzwungenen Schwingungen kennt.

Lorentz-Profil

Die Wahrscheinlichkeit, ein Atom im angeregten Zustand zu finden, wenn es mit Licht der Kreisfrequenz ω angeregt wird, ergibt sich damit zu

$$|c_b|^2 = \frac{\pi |\mathcal{T}_0|^2}{2\hbar^2} \left|\hat{T}_{ba}\right|^2 \frac{2\tau}{\pi A} \frac{A^2/4}{(\omega_{ba} - \omega)^2 + A^2/4},$$

und wir erkennen klar das Lorentz-Profil der Absorptionslinie.[1] Wie bei jedem exponentiellen Zerfall ist die stationäre Zerfallsrate des angeregten Zustands durch $|c_b|^2/\tau$ gegeben. Sie ist gleich der Anregungsrate oder auch der Photonenabsorptionsrate dR_{ba} im Frequenzintervall $d\omega$. Setzen wir wieder (4.45) ein, so erhalten wir – völlig analog zu (4.46)

$$dR_{ba} = 4\pi^2 \alpha \frac{I(\omega)}{\hbar} \left|\hat{T}_{ba}\right|^2 g_L(\omega)d\omega, \qquad (5.5)$$

wobei nach (F.21) in Dipolnäherung $\hat{T}_{ba} = i\mathbf{r}_{ab} \cdot \mathbf{e}$ ist. Bei hinreichend langer Messzeit $t \gg \tau$ steht jetzt also anstelle der Deltafunktion die

Lorentz-Verteilung $\quad g_L(\omega) = \dfrac{2}{\pi \Delta\omega_{nat}} \times \dfrac{\Delta\omega_{nat}^2/4}{(\omega - \omega_{ba})^2 + \Delta\omega_{nat}^2/4},\quad$ (5.6)

die bei $\omega = \omega_{ba}$ ihren Maximalwert $g_L(\omega_{ba}) = \dfrac{2}{\pi\Delta\omega_{nat}}$ annimmt.

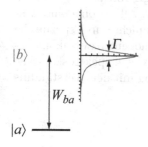

Schematisch ist dies in Abb. 5.1 dargestellt. Die volle *Halbwertsbreite der Kreisfrequenz* (FWHM) $\Delta\omega_{nat}$ ist mit der *Frequenzbandbreite* (FWHM) $\Delta\nu_{nat}$, der *Energiebreite* Γ des Zustands, seiner *Lebensdauer* τ und der *spontanen Zerfallsrate* A verknüpft durch:

$$\Delta\omega_{nat} = 2\pi \cdot \Delta\nu_{nat} = A = \frac{1}{\tau} = \frac{\Gamma}{\hbar}. \qquad (5.7)$$

Bezogen auf die Energie können wir auch

$$g_L(W) = \frac{2}{\pi \Gamma} \times \frac{(\Gamma/2)^2}{(W - W_{ba})^2 + (\Gamma/2)^2} \qquad (5.8)$$

Abb. 5.1. Verbreiterung eines angeregten Zustands durch spontanen Zerfall – mit Lorentz-Verteilung

schreiben. Beide Lorentz-Profile $g_L(\omega)$ und $g_L(W)$ sind so normiert, dass

$$\int_{-\infty}^{\infty} g_L(\omega)\,d\omega = \int_{-\infty}^{\infty} g_L(W)\,dW = 1. \qquad (5.9)$$

---

[1] Leser, denen diese „Ableitung" mathematisch nicht ganz geheuer ist, müssen wir auf Band 2 dieses Buches vertrösten.

Zahlenbeispiele

Um ein Gefühl für die Größenordnung natürlicher Linienbreiten zu entwickeln, kommunizieren wir hier *zwei typische Werte*: Für die Lyman α-Linie ($1s \leftarrow 2p$) in wasserstoffähnlichen Atomen benutzen wir (4.101), (D.71) und Tabelle D.2 auf Seite 468. Damit erhalten wir $A(1s2p) = 6.2658 \times 10^8 Z^4 \, \mathrm{s}^{-1}$ und speziell für den $2p$ Zustand des H-Atoms (Lyman α-Linie bei $\lambda = 121.57\,\mathrm{nm}$) wird die Lebensdauer $\tau = 1.596\,\mathrm{ns}$. Daraus folgt eine Linienbreite von $\Delta\nu_{nat} \simeq 99\,\mathrm{MHz}$. Für andere Atome muss man die Radialwellenfunktionen und daraus die Radialmatrixelemente numerisch berechnen, wie z. B. für die Alkaliatome in Kapitel 3 skizziert. Speziell erhält man für den Na D-Übergang ($3s \leftarrow 3p$) bei $\lambda = 589\,\mathrm{nm}$ (einer der stärksten Atomübergänge überhaupt) $\tau \sim 16.2\,\mathrm{ns}$, $\Delta\omega_{nat} = 1/\tau = 6.15 \times 10^7\,\mathrm{s}^{-1}$ und $\Delta\nu_{nat} \simeq 9.8\,\mathrm{MHz}$.

Man vergleiche damit die Übergangsfrequenz $\nu_{ba} = c/\lambda$ von 24.66 bzw. $5.089 \times 10^{14}\,\mathrm{Hz}$ für H bzw. Na. Die natürlichen Linienbreiten sind mit $\Delta\nu_{nat}/\nu_{ba} = \Delta\lambda/\lambda \simeq 2 \times 10^{-8}$ also extrem klein. In Wellenzahlen ergibt sich für die Na-D Linie $\Delta\nu_{nat}/c = 0.00033\,\mathrm{cm}^{-1}$ und in Wellenlängeneinheiten $\Delta\lambda = -c\Delta\nu_{nat}/\nu^2 \sim 1.06794 \times 10^{-3}\,\mathrm{nm}$.

Homogene Linienverbreiterung

Wir führen hier noch den Begriff der *homogenen Linienverbreiterung* ein – im Gegensatz zur inhomogenen Verbreiterung, die wir in Abschnitt 5.1.3 kennenlernen werden. *Das Lorentz-Profil (natürliches Linienprofil) entspricht einer solchen homogenen Linienverbreiterung:* Unabhängig von der eingestellten Frequenz wird immer *der Zustand insgesamt* angeregt. Alle Atome eines Ensembles verhalten sich diesbezüglich identisch und sind nicht durch spezifische Anregungsfrequenzen unterscheidbar. Die Begriffe homogene bzw. inhomogene Linienverbreiterung spielen eine wichtige Rolle bei vielen spektroskopische Fragestellungen – insbesondere auch im Zusammenhang mit dem Verständnis der Verstärkung in Lasersystemen.

5.1.2 Dispersion

Es ist für spätere Überlegungen hilfreich, an dieser Stelle zu notieren, dass sich die komplexe Resonanzamplitude (5.4) $c_b = |c_b| \exp(\mathrm{i}\phi)$ durch

$$\text{Betrag} \quad |c_b| = \sqrt{\frac{\Gamma^2/4}{(W_{ba} - W)^2 + \Gamma^2/4}} \quad \text{und} \qquad (5.10)$$

$$\text{Phase} \qquad \phi = \arctan\left(\frac{\Gamma/2}{W_{ba} - W}\right) + (\pi \quad \text{wenn } W > W_{ab})$$

darstellen lässt *oder alternativ durch* Realteil $\mathrm{Re}(c_b) = |c_b| \cos\phi$ und Imaginärteil $\mathrm{Im}(c_b) = |c_b| \sin\phi$. Wir haben den Betrag $|c_b|$ hier so normiert, dass er bei $\omega_{ba} = \omega$ den Wert 1 annimmt. Man prüft leicht nach, dass

$$\mathrm{Re}(c_b) = \frac{(W_{ba} - W)\, \Gamma/2}{(W_{ba} - W)^2 + \Gamma^2/4} \quad \text{und} \quad \mathrm{Im}(c_b) = \frac{\Gamma^2/4}{(W_{ba} - W)^2 + \Gamma^2/4} \qquad (5.11)$$

wird, dass also der Imaginärteil gerade wieder die Lorentz-Verteilung ergibt und damit der Absorptionswahrscheinlichkeit entspricht. Dagegen beschreibt der Realteil eine sogenannte Dispersionskurve. Dies ist in Abb. 5.2 skizziert. Wir werden darauf später noch zurückkommen, z. B. in Kapitel 7.7.2 bei der Behandlung der Fano-Resonanzen und in Kapitel 8.8.3 im Zusammenhang mit dem Brechungsindex.

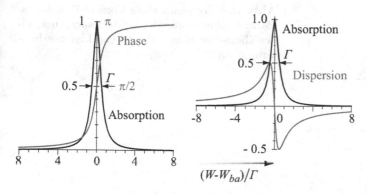

Abb. 5.2. Alternative Darstellungen der Resonanzamplitude als Funktion der Photonenenergie $W = \hbar\omega$. Links Betrag und Phase, rechts Imaginärteil (Absorption) und Realteil (Dispersion). Die Resonanzenergie liegt bei W_{ba}, die Linienbreite (FWHM) ist $\Gamma = \hbar/\tau$

5.1.3 Doppler-Verbreiterung

Die natürliche Linienbreite gibt die unterste Grenze für die Breite von Spektrallinien und ist durch die Heisenberg'sche Unschärferelation mit der Lebensdauer der Zustände verknüpft. Sie kann durch verschiedene experimentelle Einflüsse verbreitert werden, z. B. durch die thermische Bewegung von Atomen und Molekülen in der Gasphase. Abbildung 5.3 veranschaulicht das Zustandekommen dieser *Doppler-Verbreiterung* von Spektrallinien. Jedes Atom

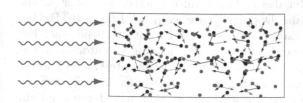

Abb. 5.3. Illustration zum Doppler-Profil einer Absorptionslinie: Die Bewegung der Atome führt zu einer Rot- bzw. Blauverschiebung (rot bzw. schwarz markierte Atome)

(Molekül) absorbiert aufgrund der Boltzmann'schen Geschwindigkeitsverteilung

$$w(v_x)\mathrm{d}v_x \propto \exp\left[-m_A v_x^2/(2k_B T)\right] = \exp\left[-(v_x/v_w)^2\right]\mathrm{d}v_x$$

mit $v_w = \sqrt{2k_B T/m_A}$ (wahrscheinlichste Geschwindigkeit)

bei unterschiedlichen Frequenzen (m_A = Atommasse, T = Temperatur, v_x Geschwindigkeit in Richtung des Lichtstrahls).

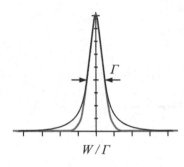

Abb. 5.4. Vergleich eines Lorentz-Profils (natürliche Linienverbreiterung, schwarz) und einer Gauß-Verteilung (thermische Linienverbreiterung, rot)

Diese Doppler-Verschiebung ist (nichtrelativistisch) durch

$$\nu - \nu_0 = \nu_0 \frac{v_x}{c} \tag{5.12}$$

gegeben. Wenn man dies in die Boltzmann-Verteilung einsetzt, so führt das zu einem Gauß'schen Linienprofil:

$$w(\nu)\mathrm{d}\nu \propto \exp\left[-\left(\frac{c}{v_w}\frac{\nu-\nu_0}{\nu_0}\right)^2\right]\mathrm{d}\nu \tag{5.13}$$

$$\text{FWHM:} \quad \Delta\nu_D = \frac{\nu_0}{c}\sqrt{8k_B T \ln 2/m_A}$$

Wie in Abb. 5.4 gezeigt, sind gegenüber einer Lorentz-Verteilung mit gleicher Halbwertsbreite (FWHM) Γ die Flügel bei der Gauß-Verteilung stark unterdrückt. Allerdings liegt in aller Regel die Doppler-Verbreiterung um Größenordnungen über der natürlichen Linienbreite. Wir geben auch hier einen typischen Zahlenwert für das Natrium an: bei 400 K und einer Atommasse $m_A = 22.99\,\mathrm{u}$ wird die Doppler-Breite $\Delta\nu_D = 1.52 \times 10^9\,\mathrm{Hz}$ bei $\nu = 5.089\,85 \times 10^{14}\,\mathrm{Hz}$ (vgl. $\Delta\nu_{nat} = 9.788 \times 10^6\,\mathrm{Hz}$ entsprechend einer Lebensdauer $\tau = 16.2\,\mathrm{ns}$). Die spektroskopische Vermessung von atomaren und molekularen Emissions- und Absorptionslinien als wichtigste Quelle unserer Information über die Struktur von Atomen und Molekülen hat also massiv mit der Doppler-Verbreiterung zu kämpfen. Wir werden in späteren Kapiteln noch eine Reihe interessanter Verfahren kennenlernen, wie man listenreich damit umgeht.

Man macht sich anhand von Abb. 5.3 leicht klar, dass *die Doppler-Verbreiterung – im Gegensatz zur natürlichen Linienverbreiterung – inhomogen* ist: Jedes Atom absorbiert bzw. emittiert je nach seiner Geschwindigkeit auf einer ganz spezifischen Wellenlänge. Es wird jeweils nur eine bestimmte Gruppe von Atomen von einer bestimmten Wellenlänge angeregt.

5.1.4 Stoßverbreiterung

Bei höheren Drucken stoßen die Atome und Moleküle eines Gases häufig miteinander. Dabei wird der Emissionsprozess (aber auch die Absorption) gestört. Man kann sich dies am einfachsten so vorstellen, dass der Emissionsvorgang zwar nicht unterbrochen wird, aber bei jedem Stoß sein Phasengedächtnis vollständig verliert. Die hierbei relevante Größe ist die Zeit zwischen zwei Stößen. Man definiert eine sog. Stoßfrequenz Ω_{st}. Das Ergebnis einer genaueren Überlegung, auf die wir in Band 2 dieses Buches noch eingehen werden, ist wieder eine Lorentz Verteilung. Wenn diese zusätzliche Verbreiterung von vergleichbarer Größenordnung wie die natürliche Lebensdauer ist, so muss man beide Breiten addieren und erhält eine Lorentz-Kurve mit der Breite:

$$\Gamma = \hbar \left(\Omega_{st} + \frac{1}{\tau_{nat}} \right) \tag{5.14}$$

Die Stoßfrequenz ist direkt proportional zur Teilchendichte des Gases. Die mittlere Zeit zwischen zwei Stößen können wir abschätzen aus $(t_{st})^{-1} = \Omega_{st} = N\sigma v$, wobei sich die Teilchendichte N nach (1.56) aus dem Gasdruck $p = N m_A v^2/3$ ergibt, und für die mittlere Geschwindigkeit wieder $v \simeq \sqrt{2 k_B T / m_A}$ gilt. Dabei ist $\sigma \simeq 10^{-15}\,\mathrm{cm}^2$ ein typischer gaskinetischer Wirkungsquerschnitt, T die Temperatur und m_A die Masse des Atoms. Damit ergibt sich z. B. für Na-Atome bei Zimmertemperatur und bei Atmosphärendruck $\Omega_{st} = \sqrt{2 k_B T m_A}/(3 p \sigma) \simeq 5.7 \times 10^8\,\mathrm{Hz}$. Die Stoßverbreiterung spielt also gegenüber der Doppler-Verbreiterung in der Regel nur eine untergeordnete Rolle, kann aber durchaus Werte weit über der natürlichen Linienbreite annehmen. Auch die *Stoßverbreiterung ist eine homogene Linienverbreiterung*, da sie statistischer Natur ist und alle Atome in gleicher Weise betrifft.

Im allgemeinsten Falle muss man beides berücksichtigen: Lorentz-Profil und Gauß-Profil. Man muss dazu beide Profile miteinander falten und erhält eine sog. *Voigt-Verteilung*, die sich nicht mehr analytisch darstellen lässt. Da sie im Zuge immer verbesserter spektroskopischer Verfahren keine große Rolle in der modernen Spektroskopie spielt, gehen wir darauf hier nicht weiter ein.

5.1.5 Verallgemeinerung der Übergangsrate

In Abschnitt 5.1.1 hatten wir die Übergangsraten zwischen diskreten Energieniveaus bereits auf eine durch spontane Emission verbreiterte Linie erweitert. Wir können dies als ersten Schritt zum Übergang ins Kontinuum ansehen, denn die Betrachtung ist natürlich nicht auf die natürliche Linienbreite und auch nicht auf homogene Linienverbreiterungen überhaupt beschränkt. So können wir die Betrachtungen etwa auf die gerade besprochene Stoßverbreiterung oder die Doppler-Verbreiterung erweitern und brauchen dazu lediglich $g_L(\omega)$ in (5.5) durch die entsprechenden Linienprofile zu ersetzen. Dabei kann es hilfreich sein, sich auf das jeweils angesprochene Energieintervall, anstatt auf die Kreisfrequenz zu beziehen. Mit $W = \hbar\omega$ und $I(\omega) = dI/d\omega = dI/dW \times dW/d\omega$ schreibt man (5.5) als

$$\frac{dR_{ba}}{dW} = 4\pi^2 \alpha I(W) \left| \hat{T}_{ba} \right|^2 \rho(W), \tag{5.15}$$

und setzt in Dipolnäherung $\hat{T}_{ba} = i\boldsymbol{r}_{ba} \cdot \boldsymbol{e}$. Dabei beschreibt $\rho(W)$ jetzt irgendeine, dem Problem entsprechende, relative Wahrscheinlichkeit, Endzustände anzuregen bzw. anzutreffen. Die Fläche unter diesem Linienprofil muss natürlich wieder entsprechend (5.9) auf 1 normiert sein. In dieser Lesart ist dR_{ba}/dW eine Übergangsrate (oder auch die Absorptionsrate für Photonen) pro Einheitsenergieintervall, und $\rho(W)$ kann im allgemeinsten Fall eine Zustandsdichte sein, die ein ausgedehntes Kontinuum oder Quasikontinuum von Endzuständen beschreibt, d. h. $\rho(W)$ gibt an, wie viel Zustände es pro Energieeinheit gibt. Dieser Ausdruck ist – mit einem allgemeinen Störoperator $\hat{U}$ – eine spezielle Anwendung der berühmten

Fermi'schen Goldenen Regel: $R_{ba} = \dfrac{2\pi}{\hbar} \left| \hat{U}_{ba} \right|^2 \rho(W).$ (5.16)

5.2 Oszillatorenstärke und Wirkungsquerschnitt

5.2.1 Oszillatorenstärke

Zum besseren Vergleich verschiedener Übergangswahrscheinlichkeiten definiert man eine dimensionslose Größe, proportional zur Linienstärke $S(j_b j_a)$, die sogenannte

Oszillatorenstärke $f_{ba} = \dfrac{2m_e}{3\hbar} \dfrac{\omega_{ba} S(j_b j_a)}{g_a} = 2\dfrac{W_{ba}}{W_0} \left| \dfrac{\boldsymbol{r}_{ba}}{a_0} \cdot \boldsymbol{e} \right|^2.$ (5.17)

Weitere Details sind in Anhang F zusammengetragen. Der Entartungsfaktor g_a kompensiert dabei die Summation über den Anfangszustand bei der Definition der Linienstärke $S(j_b j_a)$ nach (F.24). Die Übergangskreisfrequenz ist mit den Termenergien über $\omega_{ba} = (W_b - W_a)/\hbar$ verknüpft und mit

$$\omega_{ba} = -\omega_{ab} \quad \text{wird} \quad g_a f_{ba} = -g_b f_{ab}. \tag{5.18}$$

Damit ist $f_{ba} > 0$ für die Absorption und < 0 für die induzierte Emission. In Dipolnäherung gilt, wie in Anhang F gezeigt, die wichtige

Thomas-Reiche-Kuhn Summenregel $\sum_b f_{ba} = Z$,   (5.19)

wobei Z die Anzahl der aktiven Elektronen ist. Man kann diesen Begriff mit dem klassischen Bild *eines* schwingenden Elektrons vergleichen. Eine Oszillatorenstärke $f_{ba} = 1$ für einen bestimmten Übergang besagt, dass die gesamte Fähigkeit des Elektrons zu absorbieren, auf diesen einen Übergang konzentriert ist. Ein nahezu perfektes Beispiel für einen solchen klassischen Oszillator ist die schon mehrfach erwähnte gelbe Na-D Linie mit $f_{3p \leftarrow 3s} \sim 0.98$. Dagegen ist z. B. beim H-Atom $f_{2p \leftarrow 1s} = 0.416$, $f_{3p \leftarrow 1s} = 0.073$, $f_{4p \leftarrow 1s} = 0.029$, $\sum_{n=5}^{\infty} f_{np \leftarrow 1s} = 0.041$, und für die Ionisation ergibt die Integration über alle Kontinuums-Zustände $\int \mathrm{d} f_{ba} = 0.435$.

Bei der Anwendung der Thomas-Reiche-Kuhn'schen Summenregel auf größere Systeme muss man sich freilich darüber im Klaren sein, dass dabei auch die Oszillatorenstärken für Übergänge zu besetzten Orbitalen (ggf. mit negativen Werten) zu berücksichtigen sind – auch wenn diese wegen des Pauli-Prinzips verboten sind.

Wir kommunizieren hier noch eine häufig gebrauchte numerische Beziehung zwischen der Oszillatorenstärke f_{ba} (für die Anregung $b \leftarrow a$) und der spontaner Übergangswahrscheinlichkeit A_{ab} (für den Zerfall $a \leftarrow b$). Durch Vergleich von (5.17) und (4.100) findet man:

$$g_a f_{ba} = C g_b A_{ab} \lambda^2$$ (5.20)

$$\text{mit} \quad C = \frac{\epsilon_0 m_e c}{2\pi e_0^2} = 1.4992 \times 10^{-14} \, \text{nm}^{-2} \, \text{s}$$

5.2.2 Absorptionsquerschnitt

Wenn man den Absorptionsprozess gewissermaßen vom Photon aus betrachtet, so ist die Frage relevant, welchen Absorptionsquerschnitt das Photon bei der Wechselwirkung mit einem Atom „sieht". Die Zahl $\mathrm{d} R_{ba}/\mathrm{d} W$ der pro Energieintervall und Zeiteinheit absorbierten Photonen der Energie $W = \hbar \omega$ nach (5.15) können wir auch

$$\frac{\mathrm{d} R_{ba}}{\mathrm{d} W} = 4\pi^2 \alpha \frac{I(W)}{\hbar \omega} W \left| \hat{T}_{ba} \right|^2 \rho(W)$$ (5.21)

schreiben. Nun ist $I(W)/(\hbar \omega)$ die Anzahl von Photonen pro Zeiteinheit, pro Flächeneinheit und pro spektraler Energieeinheit, also die Photonenstromdichte pro Einheitsenergieintervall. Somit erhalten wir in Verallgemeinerung von (4.8) den **Absorptionswirkungsquerschnitt** für den Übergang von $|a\rangle$ nach $|b\rangle$ in Abhängigkeit von der Energie der eingestrahlten Photonen:

$$\sigma_{ba} = 4\pi^2 \alpha W \left| \hat{T}_{ba} \right|^2 \rho(W) = 2\pi^2 \alpha W_0 a_0^2 \left[2\frac{W}{W_0} \left| \frac{\hat{T}_{ba}}{a_0} \right|^2 \right] \rho(W)$$ (5.22)

Wir haben rechts diesen Ausdruck in atomare Einheiten a_0 und W_0 so umgeschrieben, dass σ_{ba} in möglichst dimensionslose Faktoren zerlegt wird. Da die Zustandsdichte $\rho(W)$ eine *(Anzahl Zustände)/Energie* angibt, $\hat{T}_{ba}/a_0$ dimensionslos und W_0 eine Energie ist, sieht man sofort, dass σ_{ba} in der Tat die Dimension von a_0^2 hat, also eine Fläche repräsentiert. Nach (5.17) ist der Klammerausdruck in Dipolnäherung ($\hat{T}_{ba} = i\mathbf{r}_{ba} \cdot \mathbf{e}$) gerade die Oszillatorenstärke, sodass wir schließlich kompakt schreiben können:

$$\sigma_{ba} = 2\pi^2 \alpha W_0 a_0^2 f_{ba} \rho(W) \tag{5.23}$$

Bei Anregung eines nur durch die natürliche Linienbreite bestimmten Resonanzniveaus wird dieser Ausdruck recht übersichtlich. Drücken wir f_{ba} mithilfe von (5.20) durch A_{ab} aus und setzen für $\rho(W)$ die nach (5.9) normierte Lorentz-Verteilung (5.8) ein, so wird unter Benutzung der atomaren Konstanten der Absorptionsquerschnitt als Funktion der Photonenenergie:

$$\sigma_{ba}(W) = \frac{g_b}{g_a} \frac{\lambda^2}{2\pi} \cdot \frac{(\Gamma/2)^2}{(W - W_{ba})^2 + (\Gamma/2)^2} \tag{5.24}$$

Der Maximalwert σ_A von $\sigma_{ba}(W)$ wird für $W = W_{ba}$ bzw. $\omega = \omega_{ba}$ erreicht und ist

$$\sigma_A = \sigma_{ba}(W_{ba}) = \frac{\lambda^2}{2\pi} \cdot \frac{g_b}{g_a}, \tag{5.25}$$

hängt also nur von der Wellenlänge λ und den Entartungsfaktoren ab.

Die Zusammenhänge zwischen absorbierter Lichtintensität ΔI, Teilchendichte $N_{a,b}$ und Einstein-Koeffizient B_{ba} hatten wir bereits in Abschnitt 4.1.3 besprochen. Dort war ΔI die gesamte, über eine als beliebig scharf angesehene Spektrallinie auf der Strecke Δx absorbierte Leistung. Mit $\sigma_{ba}(W)$ können wir diese Überlegungen jetzt auch Frequenz- bzw. Energie-abhängig schreiben. Die pro Energieintervall absorbierte Intensität ist einfach

$$\Delta I(W) = -N_a \cdot \sigma_{ba}(W) \cdot I(W) \cdot \Delta x, \tag{5.26}$$

und der entsprechende Energie-abhängige Absorptionskoeffizient (auch Extinktionskoeffizient genannt) wird $\mu(\omega) = N_a \cdot \sigma_{ba}(\omega)$. Wir geben wieder als *Beispiel die Zahlenwerte für den Na-D Übergang* an: $\lambda = 589.6\,\mathrm{nm}$ $\Rightarrow \sigma_A = 1.6 \cdot 10^{-9}\,\mathrm{cm}^2$ $(g_b/g_a = 3)$. Das ist also ein wirklich sehr, sehr großer Absorptionsquerschnitt.

Allerdings gilt diese Beziehung nur für im Rahmen unserer Betrachtung monochromatisches Licht, für dessen Linienbreite also $\Delta\omega_{licht} \ll \Delta\omega_{nat}$ gilt. Regt man dagegen mit einer breitbandigen Lichtquelle an, so erhält man einen über die spektrale Intensitätsverteilung gemittelten Wirkungsquerschnitt durch Integration über alle Frequenzen:

$$\overline{\sigma_A} = \frac{\int\limits_{-\infty}^{\infty} I(W)\,\sigma_{ba}(W)\,\mathrm{d}W}{\int\limits_{-\infty}^{\infty} I(W)\,\mathrm{d}W} \tag{5.27}$$

Nehmen wir der Einfachheit halber an, auch die Spektralverteilung der Lichtquelle (z. B. ein Farbstofflaser) werde durch ein Lorentz Profil charakterisiert. Seine Halbwertsbreite (FWHM) sei $\Delta\omega_{licht}$. Dann kann man das Integral (5.27) auswerten, die Linienbreiten addieren sich, und man erhält für den so gemittelten Absorptionsquerschnitt bei optimaler Einstrahlung (wenn also die Lichtquelle ihr Maximum bei der Absorptionsfrequenz ω_{ba} hat):

$$\overline{\sigma_A} = \frac{\lambda^2}{2\pi} \cdot \frac{g_b}{g_a} \cdot \frac{\Delta\omega_{nat}}{\Delta\omega_{nat} + \Delta\omega_{licht}} . \tag{5.28}$$

Die absorbierte Intensität ist dann gegeben durch $\Delta I = -N_a \cdot \overline{\sigma_A} \cdot I \cdot \Delta x$.

5.3 Multiphotonenprozesse

Wir haben bislang Übergangswahrscheinlichkeiten in ersten Ordnung Störungsrechnung bestimmt und damit nur Prozesse betrachtet, bei denen ein einziges Photon absorbiert oder emittiert wird. Das ist in Ordnung, solange die eingestrahlten Lichtintensitäten niedrig sind und nur so wenige Atome angeregt werden, dass man die dadurch bewirkten Veränderungen der Wellenfunktion des Targets vernachlässigen kann. Im Zeitalter leistungsstarker Laser ist das eine keineswegs selbstverständliche Annahme. Im Gegenteil: Multiphotonenprozesse sind heute geradezu das tägliche Brot des Laserspektroskopikers – entweder als etwas, das man vermeiden muss, wenn man streng lineare Einphotonenspektroskopie betreiben will, oder als etwas, das es geschickt zu nutzen gilt, um eine breite Palette von Objekten, Zuständen und Phänomenen mit höchster Präzision und Empfindlichkeit untersuchen zu können. Multiphotonenübergänge spielen heute aber nicht nur in weiten Bereichen der Physik und der Physikalischen Chemie eine eminent wichtige Rolle, sie haben inzwischen auch Eingang in Biologie und Medizin gehalten, und wer etwa im Internet nach dem Stichwort „Zwei Photonen" fahndet, findet ganz überwiegend Artikel, die über konfokale Mikroskopie oder Fluoreszenzmikroskopie, über hochauflösende, räumlich selektive Bildgebung und dergleichen informieren.

Wir sind also gut beraten, wenn wir uns dem Gebiet mit den Werkzeugen, die uns bislang zur Verfügung stehen, wenigstens annähern und die physikalischen Grundlagen zu verstehen versuchen. Wir werden im Folgenden die grundlegenden Begriffe definieren, den Wirkungsquerschnitt für eine Zweiphotonen*anregung* diskutieren und mit einigen experimentellen Beispielen illustrieren. Schließlich werden wir uns noch mit dem Zweiphotonenzerfall von sehr langlebigen, angeregten Zuständen einfacher Atome beschäftigen, die wegen der gültigen Auswahlregeln nicht anders zerfallen können. Die Multiphotonen*ionisation* wird uns in Abschnitt 5.5.5 beschäftigen und in Kapitel 8.9 werden wir das Thema noch einmal unter dem Aspekt sehr starker Laserfelder diskutieren.

Im Folgenden geht es also um Übergänge, die durch ein intensives Laserfeld angeregt werden, das aber noch nicht so stark ist, dass es das Untersuchungsobjekt völlig deformiert oder gar zerstört. Es geht also um die Anregung eines Zustands $|b\rangle$ der Energie W_b aus dem Zustand $|a\rangle$ der Energie W_a durch mehrere, sagen wir $\mathcal{N}$ Photonen der Kreisfrequenz ω, also um Prozesse vom Typ:

$$\text{At}(a) + \mathcal{N}\hbar\omega \to \text{At}(b) \tag{5.29}$$

Dabei geht natürlich Energie nicht verloren, also muss die Energiebilanz

$$\mathcal{N}\hbar\omega = W_b - W_a = W_{ba} = \hbar\omega_{ba} \tag{5.30}$$

gelten. Man berechnet die Wahrscheinlichkeit für solche Prozesse, indem man die Störungsrechnung, die wir mit (4.36) nur in erster Ordnung durchgeführt hatten, konsequent bis zur $\mathcal{N}$-ten Ordnung weiterführen. War beim Einphotonenprozess die Übergangsrate (4.47) proportional zur Intensität I, so wird sie in $\mathcal{N}$-ter Ordnung proportional zu $\mathcal{N}$-ten Potenz der Intensität. Man schreibt dies auch als

$$R_{ba}^{(\mathcal{N})} = \sigma_{ba}^{(\mathcal{N})} \, \Phi^{\mathcal{N}} \propto I^{\mathcal{N}} \quad \text{mit } \Phi = I/\hbar\omega, \tag{5.31}$$

wobei $\sigma_{ba}^{(\mathcal{N})}$ ein sogenannter *generalisierter Wirkungsquerschnitt* ist. Dabei wird der *Photonenfluss* Φ in Einheiten $[\Phi] = Photonen/(\text{m}^2\,\text{s})$ angegeben. Die Einheit des generalisierten Wirkungsquerschnitts $[\sigma^{(\mathcal{N})}] = \text{m}^{2\mathcal{N}}\,\text{s}^{\mathcal{N}-1}$ ist damit etwas gewöhnungsbedürftig aber sinnvoll.

5.3.1 Zweiphotonenanregung

Die Frage, ob zwei Photonen gleichzeitig absorbiert werden, wurde erstmals bereits von einer Schülerin Max Born's behandelt, Maria Göppert-Mayer (1931), die als erste in ihrer Doktorarbeit „Über Elementarakte mit zwei Quantensprüngen" die theoretischen Grundlagen zu diesem Arbeitsgebiet schuf. Wir haben im vorangehenden Text bereits alle Werkzeuge so aufbereitet, dass wir dies in wenigen Rechenschritten nachvollziehen und auf aktuellen Stand bringen können.

Dazu setzen wir die in Störungsrechnung erster Ordnung erhaltene Übergangsamplitude (4.40) wieder in die ursprüngliche Differenzialgleichung (4.34) auf der rechten Seite ein und integrieren, so erhalten wir den Ausdruck:

$$c_b(t) = \frac{-\mathrm{i}\mathcal{T}_0^2}{4\hbar^2} \int \mathrm{d}t \sum_\gamma \left(\frac{\hat{T}_{b\gamma}\hat{T}_{\gamma a}e^{\mathrm{i}(\omega_{ba}-2\omega)t}}{(\omega_{\gamma a} - \omega)} + \frac{\hat{T}_{b\gamma}^*\hat{T}_{\gamma a}\,e^{\mathrm{i}\omega_{ba}t}}{(\omega_{\gamma a} - \omega)} + Em. \right) \tag{5.32}$$

Hier sieht man ganz deutlich, wie die Zweiphotonenabsorption ins Bild kommt: der erste Term in der Summe enthält im Exponenten $\mathrm{i}(\omega_{ba} - 2\omega)t$ genau die doppelte Frequenz 2ω der eingestrahlten elektromagnetischen Welle, die in die erste Näherung (4.40) an entsprechender Stelle als ω einging. Hier treten jetzt auch typische Resonanznenner mit $(\omega_{\gamma a} - \omega)$ auf, wobei $\hbar\omega_{\gamma a} = W_\gamma - W_a$

die Energiedifferenz zwischen Anfangszustand $|a\rangle$ und einem der (im Prinzip unendlich vielen) Zwischenzustände $|\gamma\rangle$ ist, über die es dabei zu summieren gilt. Wegen eben dieser Resonanznenner und der unterschiedlichen Größe der Matrixelemente $\hat{T}_{\gamma a}$ kann man in der Regel schon mit einigen wenigen Termen der Entwicklung auskommen. Insbesondere unterdrücken wir wieder wie bei der ersten Ordnung die *Emissions*terme (mit $\omega_{\gamma a} + 2\omega$ im Exponenten, in (5.32) als *Em.* abgekürzt) ebenso wie Terme mit $\pm i\omega_{ba}t$ im Exponenten, da sie zu raschen Oszillationen führen, welche sich bei der Ausführung der Integration wegmitteln. Die weiteren Schritte entsprechen ganz der ersten Näherung: Durchführung der Integration, Einsetzen der Grenzen, Übergang zu Wahrscheinlichkeiten und großen Zeiten, Umformung der Zahlenfaktoren. So erhält man schließlich eine Übergangsrate, die proportional zu T_0^4 und damit zu I^2 wird. Außerdem tritt wieder eine Dirac'sche Deltafunktion auf, diesmal freilich zum Argument $\hbar\omega_{ba} - 2\hbar\omega$. Die Resonanzbedingung für die Anregung des Übergangs von $|a\rangle$ nach $|b\rangle$ bei welchem zwei Photonen mit einer Energie von jeweils $\hbar\omega$ absorbiert werden, wird also erwartungsgemäß $2\hbar\omega = \hbar\omega_{ba}$. Die praktisch notwendige Erweiterung auf Linien endlicher Breite (oder auf einen Übergang ins Kontinuum) erfolgt ganz analog zum Einphotonenfall. Speziell für eine Lorentz verbreiterte Linie ist

$$\delta(\hbar\omega_{ba} - 2\hbar\omega) \to g_L(2\hbar\omega) \tag{5.33}$$

nach (5.8) zu ersetzen. Das Linienprofil (des angeregten Zustands $|b\rangle$) ist jetzt freilich als Funktion der zweifachen Photonenenergie zu verstehen. Wir formen so um, dass wir das Quadrat des Photonenflusses $(I/\hbar\omega)^2$ herausziehen können und erhalten schließlich *den generalisierten Wirkungsquerschnitt in zweiter Ordnung Störungsrechnung für die Zweiphotonenanregung*:

$$\sigma_{ba}^{(2)} = (2\pi)^3 \, \alpha^2 \hbar \, (\hbar\omega)^2 \left| \sum_\gamma \frac{\langle b | \hat{T} | \gamma \rangle \langle \gamma | \hat{T} | a \rangle}{W_{\gamma a} - \hbar\omega} \right|^2 g_L(2\hbar\omega) \tag{5.34}$$

Wir haben hier angedeutet, dass man im Prinzip nicht nur über alle diskreten Zwischenzustände summieren, sondern auch über alle Kontinuumszustände integrieren muss. Das kann die Auswertung dieses Ausdrucks im Einzelnen recht aufwendig machen. Man überzeugt sich übrigens leicht davon, dass dieser generalisierte Zweiphotonenwirkungsquerschnitt tatsächlich die Einheit $\left[\sigma_{ba}^{(2)}\right] = \mathrm{m}^4\,\mathrm{s}$ hat, da für das Linienprofil $[g(2\hbar\omega)] = \mathrm{J}^{-1}$ ist, und für die Matrixelemente $\left[\langle \gamma | \hat{T} | \gamma' \rangle\right] = \mathrm{m}$ gilt (in Dipolnäherung ist einfach $\langle \gamma | \hat{T} | \gamma' \rangle = const \cdot r_{\gamma\gamma'}$). Man beachte, dass der generalisierte Wirkungsquerschnitt in der Form (5.34) in Verbindung mit (5.31) im Prinzip für eine streng monochromatische elektromagnetische Welle gilt, also etwa für eine Laserlinienbreite, die deutlich schmaler ist als die atomare Linienbreite $g_L(2\hbar\omega)$. Hat man es dagegen mit breitbandiger Strahlung zu tun, so wird wieder – wie im

Einphotonenfall – nur den Ausschnitt aus dem angebotenen Spektrum $I(\omega)$ wirksam, der mit der atomaren Linienbreite überlappt. Da es sich um einen Zweiphotonenübergang handelt, muss man im Prinzip $I(\hbar\omega)$ mit $I(\hbar\omega')$ falten und dieses Ergebnis wiederum mit $g_L(2\hbar\omega)$ falten. Schließlich erhält einen zu (5.28) korrespondieren Ausdruck.

Man kann sich unschwer überlegen, wie das hier geschilderte Verfahren der störungstheoretischen Behandlung von Zweiphotonenprozessen zu erweitern ist. Zum einen gilt (5.34) natürlich auch für Vielelektronensysteme. Man hat dabei den Operator $\hat{T}$ einfach über alle Elektronenkoordinaten zu summieren. Auch Anregungsprozesse mit zwei Photonen unterschiedlicher Frequenzen oder/und Polarisationsrichtungen kann man leicht berücksichtigen, indem man im Wechselwirkungspotenzial (4.27) einen zweiten elektrischen Feldvektor addiert und dann wieder konsequent bis zur zweiten Ordnung durchrechnet. Die Ausdrücke, welche man so erhält werden entsprechend komplizierter und weisen u. U. interessante Kreuzterme auf. Natürlich kann man auch Prozesse mit einer größeren Zahl der absorbierten Photonen berücksichtigen, indem man das hier geschilderte Wiedereinsetzen in die Ausgangsdifferenzialgleichung (4.34) einfach entsprechend oft wiederholt. Der Aufwand vervielfacht sich natürlich entsprechend und wir wollen das hier nicht vertiefen.

Ein Wort noch zur experimentellen Realisierung: obwohl die theoretischen Grundlagen, wie erwähnt, seit den dreißiger Jahren des vergangenen Jahrhunderts bekannt waren, dauerte es doch bis zur Erfindung und Nutzbarmachung des Lasers Anfang der 60er Jahre, ehe Mehrphotonenprozesse experimentell beobachtbar wurden. Der Grund ist natürlich die geringe Größe der generalisierten Wirkungsquerschnitte, die nach (5.31) entsprechend hohe Lichtintensitäten erfordern, um messbare Signale zu generieren. Um ein Beispiel zu geben (Lambropoulus, 1985): für die Zweiphotonenionisation von Xe bei einer Wellenlänge von $\lambda = 193$ nm ist der generalisierte Photoionisationsquerschnitt $\sigma^{(2)} = 1.16 \times 10^{-49}$ cm^4 s. Die Ionisationsrate mit einer typischen klassischen Lichtquelle von (bestenfalls) einigen W cm^{-2} wird dann ca. 10^{-13}/s pro Atom. Das heißt, im Mittel gibt es pro Atom einen Ionisationsprozess in 10^5 Jahren! Benutzt man dagegen einen gepulsten Excimer-Laser mit einer Impulsdauer von 10 ns und einer Impulsenergie von, sagen wir 100 mJ, der auf eine Fläche von etwa 0.1 mm^2 fokussiert sei, dann bedeutet das bereits eine Intensität von 10^{11} W cm^{-2} und führt zu einer Ionisationsrate pro Atom von etwa 10^7/s. Das heißt, während der Impulsdauer ist die Wahrscheinlichkeit ein Atom zu ionisieren bereits 10%, und der Zweiphotonenprozess wird somit bequem nachweisbar.

Aus spektroskopischer Sicht sind Zwei- und Mehrphotonenanregungsprozesse von überaus großem Wert. Zum einen ermöglichen sie es, die Auswahlregeln, die wir für Einphotonenübergänge in Dipolnäherung kennengelernt haben, trickreich zu überlisten und so eine Vielzahl von Zuständen spektroskopisch zu erschließen, die anders nicht erreichbar sind. Für Zweiphotonenprozesse liest man diese Auswahlregeln direkt aus (5.34) ab. Das Produkt der Matrixelemente $\langle b\,|\hat{T}|\,\gamma\rangle\,\langle\gamma\,|\hat{T}|\,a\rangle$ bedeutet ja, dass man sozusagen Auswahlregeln aneinander reiht.

Für jedes der beiden Matrixelemente gelten die Einphotonendipolauswahlregeln. Das Produkt aus beiden wirkt so, als ob zwei Übergänge nacheinander ausgeführt würden. Man erhält also anstelle der in Abschnitt 4.5.4 zusammengefassten Auswahlregeln jetzt für den Gesamtdrehimpuls $\Delta j = 0, \pm 2$ für die Projektionsquantenzahl $\Delta m = 2q$ und die Paritätsauswahlregel $\Delta \ell = 0, \pm 2$. Durch Einsatz unterschiedlicher Polarisationen für die beiden Photonen kann man die Projektionsquantenzahlregel auch noch modifizieren.

Typische, besonders wichtige Beispiele sind Zweiphotonenübergänge zwischen s-Zuständen, wie dies für den $1s\,^2S \to 2s\,^2S$ Übergang im H-Atom in Abb. 5.5 illustriert ist. Die Zwischenabstände sind in diesem Fall alle gebunde-

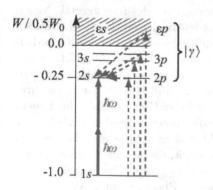

Abb. 5.5. Zweiphotonenübergang $1s \to 2s$ am Wasserstoffatom mit Zwischenzuständen – schematisch

nen $|np\rangle$ Zustände sowie die entsprechenden Zustände $|\epsilon p\rangle$ im Ionisationskontinuum. Sie liegen hier überhaupt nicht „zwischen" Anfangs- und Endzustand und sind somit auch nicht näherungsweise resonant.

Von herausragender Bedeutung für die moderne Präzisionsspektroskopie ist daneben die Möglichkeit, Zweiphotonenabsorptionsprozesse in der Gasphase Doppler-frei durchzuführen. Wir werden dies in Kapitel 6.1.7 behandeln.

5.3.2 Zweiphotonenemission

Natürlich gibt es im Prinzip auch den umgekehrten Prozess: die spontane Emission zweier Photonen bei einem im Einphotonenprozess verbotenen Dipolübergang. Da hierbei sozusagen das Vakuumfeld den spontanen Übergang induziert, handelt es sich um extrem unwahrscheinliche Prozesse. Wenn der angeregte Zustand nicht anders zerfallen kann, hat er also eine außerordentlich lange Lebensdauer. Beispiele hierfür sind wieder die $2s\,^2S$ Zustände des Wasserstoffatoms und der wasserstoffähnlichen Ionen. Lipeles et al. (1965) untersuchten erstmals solche Zweiphotonenzerfälle (s. auch Novick, 1972) mit damals noch recht aufwendiger Photon-Photon-Koinzidenz Zähltechnik am

Beispiel des metastabilen, wasserstoffähnlichen He^+-Ions im $2s\,{}^2S$ Zustand. Es lässt sich leichter herstellen und manipulieren als das neutrale H-Atom im entsprechenden Zustand. Die Lebensdauer dieses Zustands wurde zu $2\,ms$ bestimmt, in sehr guter Übereinstimmung mit der Theorie, die eine Zweiphotonenzerfallsrate $R_{1s \leftarrow 2s} = 8.228\,Z^6\,s^{-1}$ vorhersagt, was für $Z = 2$ zu etwa $1.9\,ms$ führt. Präzisionsmessungen solcher Zerfälle könnten es ggf. erlauben, eine Verletzung der Paritätserhaltung durch Beimischungen von p-Zuständen nachzuweisen, die den Zerfall beschleunigen würden. Bislang wurde aber keinerlei Hinweis auf solche exotischen Wechselwirkungen gefunden. Die Tatsache, dass die Zerfallsraten $\propto Z^6$ sind, legt es natürlich nahe, solche Übergänge an hochgeladenen Atomen zu untersuchen, die heute in modernen Ionenspeicherringen verfügbar sind. Abbildung 5.6 illustriert ein solches Experiment, das am 26fach geladenen, Helium-artigen ${}^{58}Ni^{26+}$ Ion von Schaffer et al. (1999) durchgeführt wurde. In Abb. 5.6a ist das Termschema des Ions gezeigt. Neben dem hier interessierenden $2\,{}^1S_0$ Zustand werden in diesem Experiment auch zahlreiche weitere Zustände angeregt, die auf andere Weise in den Grundzustand zerfallen können. Lebensdauer und Prozesstyp sind in Abb. 5.6a ebenfalls eingetragen.[2] Abbildung 5.6b zeigt die gemessene Koinzidenzrate zwischen zwei gleichzeitig emittierten Photonen $\hbar\omega_1$ und $\hbar\omega_2$ als Funktion ihrer jeweiligen Energie. Da das Auftreten z. T. zufälliger Koinzidenzen das Ergebnis etwas unübersichtlich macht, haben wir die interessierenden 2 E1-Zerfälle mit einer rot gepunkteten Linie markiert. Man sieht sehr schön, dass es eine breite Energieverteilung der beiden Photonen gibt, die sich die Gesamtenergie teilen. Natürlich muss $\hbar\omega_1 + \hbar\omega_2 = W_{2\,{}^1S_0} - W_{1\,{}^1S_0}$ sein. Die Verteilung hat ein flaches Maximum für gleiche Energie beider Photonen und verschwindet für den Fall, dass eine der Energien gegen Null geht (wegen der zufälligen Koinzidenzen in Abbildung 5.6b auf der nächsten Seite nur andeutungsweise erkennbar).

5.4 Magnetische Dipol- und elektrische Quadrupolübergänge

Das gerade diskutierte Beispiel von Zerfällen der $n = 2$ Niveaus des ${}^{58}Ni^{26+}$ Ions illustriert sehr schön, dass es noch weitere Prozesse gibt, die wir bislang nicht behandelt haben. Wenn nämlich elektrische Dipolübergänge (E1) nicht erlaubt sind, so können Zustände ggf. durch Übergänge höherer Ordnung und entsprechend niedrigerer Stärke angeregt werden bzw. zerfallen. Zwar sind die

---

[2] Wir können hier nicht auf die Details eingehen, da uns für eine eingehende Diskussion noch einige Kenntnisse fehlen. Für den Kenner: aufgrund der wegen des hohen Z sehr großen Spin-Bahn-Wechselwirkung, gibt es eine starke Konfigurationsmischung. Daher ist z. B. der Übergang von $2\,{}^3P_1 \rightarrow 1\,{}^1S_0$ durch einen E1-Prozess dominiert, wogegen die Übergänge $2\,{}^3P_{2,0} \rightarrow 1\,{}^1S_0$ mit $\Delta J = 2$ bzw. 0 aus Drehimpulserhaltungsgründen für E1-Übergänge streng verboten sind.

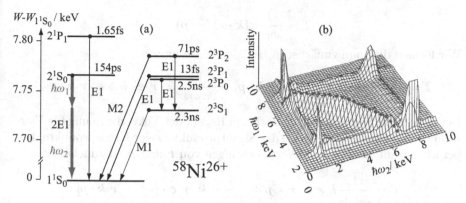

Abb. 5.6. Zweiphotonenzerfall von He-artigem $^{58}Ni^{26+}$. (a) Termschema mit weiteren Niveaus, Lebensdauern und Übergangstypen. (b) Zweiphotonenkoinzidenz. Die rote gepunktete Linie markiert das Koinzidenzsignal für den hier interessierenden Übergang $2\,^1S_0 \rightarrow 1\,^1S_0$ nach Schaffer et al. (1999)

eben behandelten Mehrphotonenprozesse meist von sehr viel größerer Bedeutung, aber es gibt Situationen, wo auch Prozesse höherer Ordnung wichtig werden, und wir wollen hier als Beispiel kurz auf E2- und M1-Übergänge eingehen.

Wir erinnern uns daran, dass wir bisher das Wechselwirkungspotenzial einer elektromagnetischen Welle mit den Elektronen eines Atoms nur näherungsweise, d. h. mit seinem elektrischen Dipolterm, berücksichtigt haben. Der volle Ausdruck (F.17)

$$\hat{U}(\boldsymbol{r},t) = \frac{T_0}{2}\left(\hat{T}e^{-i\omega t} - \hat{T}^* e^{+i\omega t}\right) \quad \text{mit} \tag{5.35}$$

$$T_0 = e_0\omega A_0 = e_0 E_0 = e_0 c B_0 = e_0\sqrt{\frac{2I}{c\epsilon_0}} \quad \text{und} \tag{5.36}$$

$$\hat{T} = \frac{e^{i\boldsymbol{k}\cdot\boldsymbol{r}}}{\omega m_e}\boldsymbol{e}\cdot\hat{\boldsymbol{p}} = \frac{-i\hbar e^{i\boldsymbol{k}\cdot\boldsymbol{r}}}{\omega m_e}\boldsymbol{e}\cdot\boldsymbol{\nabla}$$

enthält ja den Term $\exp\left(i\boldsymbol{k}\cdot\boldsymbol{r}\right) = 1 + i\boldsymbol{k}\cdot\boldsymbol{r} + \dots$, den wir in Dipolnäherung einfach durch 1 ersetzt hatten. Wir wollen nun das zweite Glied der Reihenentwicklung berücksichtigen. Der Ausbreitungsvektor des Photons $\boldsymbol{k}$ steht bekanntlich senkrecht zum Einheitspolarisationsvektor $\boldsymbol{e}$ (der Richtung des elektrischen Feldvektors), und der magnetische Feldvektor $\hat{\boldsymbol{B}}$ steht wiederum senkrecht zu beiden. Der bisher vernachlässigte zweite Term der Entwicklung wird dann:[3]

---

[3] Wir deuten hier einmal den Vorrang der Produkte von Vektoren durch Klammern an, lassen diese aber im Folgenden der Einfachheit halber weg: Vektorprodukte haben stets Vorrang vor Skalarprodukten, diese wiederum werden vor einfachen skalaren Multiplikationen ausgeführt.

$$\hat{T} = \frac{\mathrm{i}}{\omega m_e} \, (\boldsymbol{k} \cdot \boldsymbol{r}) \, (\boldsymbol{e} \cdot \hat{\boldsymbol{p}}) \ .$$

Wir formen dies nun zunächst in trivialer Weise um:

$$\hat{T} = \frac{\mathrm{i}}{2\omega m_e} [\boldsymbol{k} \cdot \boldsymbol{r} \, \boldsymbol{e} \cdot \hat{\boldsymbol{p}} - \boldsymbol{e} \cdot \boldsymbol{r} \, \boldsymbol{k} \cdot \hat{\boldsymbol{p}}] + \frac{\mathrm{i}}{2\omega m_e} [\boldsymbol{k} \cdot \boldsymbol{r} \, \boldsymbol{e} \cdot \hat{\boldsymbol{p}} + \boldsymbol{e} \cdot \boldsymbol{r} \, \boldsymbol{k} \cdot \hat{\boldsymbol{p}}]$$

Der erste Klammerausdruck ist nach den Regeln der Vektorrechnung für Vierfachprodukte nichts anderes als das Skalarprodukt zweier Kreuzprodukte, wobei wir darauf achten, keine Vertauschungen von $\boldsymbol{r}$ und $\boldsymbol{p}$ vorzunehmen:

$$\hat{T} = \frac{\mathrm{i}}{2\omega m_e} \boldsymbol{k} \times \boldsymbol{e} \cdot \boldsymbol{r} \times \hat{\boldsymbol{p}} + \frac{\mathrm{i}}{2\omega m_e} [\boldsymbol{k} \cdot \boldsymbol{r} \, \boldsymbol{e} \cdot \hat{\boldsymbol{p}} + \boldsymbol{e} \cdot \boldsymbol{r} \, \boldsymbol{k} \cdot \hat{\boldsymbol{p}}]$$

Nun ist definitionsgemäß $\boldsymbol{r} \times \hat{\boldsymbol{p}} = \hat{\boldsymbol{L}}$ der Bahndrehimpuls und $\boldsymbol{k} \times \boldsymbol{e} \parallel \hat{\boldsymbol{B}} = (\boldsymbol{B}_0/2) \left(e^{-\mathrm{i}\omega t} - e^{\mathrm{i}\omega t}\right)$. Und da $\boldsymbol{k} \perp \boldsymbol{e}$ ist, bemerken wir außerdem, dass $\boldsymbol{e} \cdot \boldsymbol{r}$, die Projektion des Ortsvektors auf den Polarisationsvektor, und $\boldsymbol{k} \cdot \hat{\boldsymbol{p}}$, die Projektion des Impulsoperators auf den Wellenvektor, zueinander senkrechte Komponenten des Orts- und Impulsvektors sind. Sie vertauschen also! Somit können wir auch

$$\hat{T} = \frac{\mathrm{i}k}{2\omega m_e B_0} \hat{\boldsymbol{B}}_0 \cdot \hat{\boldsymbol{L}} + \frac{\mathrm{i}}{2\omega m_e} [\boldsymbol{k} \cdot \boldsymbol{r} \, \boldsymbol{e} \cdot \hat{\boldsymbol{p}} + \boldsymbol{k} \cdot \hat{\boldsymbol{p}} \, \boldsymbol{e} \cdot \boldsymbol{r}]$$

schreiben. Wir benutzen nun die Vertauschungsregel (F.13), wonach $\hat{\boldsymbol{p}} = -\mathrm{i}\,(m_e/\hbar) \left[\boldsymbol{r}, \hat{H}\right]$ ist und erhalten:

$$\hat{T} = \frac{\mathrm{i}k}{2\omega m_e B_0} \hat{\boldsymbol{B}}_0 \cdot \hat{\boldsymbol{L}} - \frac{1}{2\hbar\omega} \left[\hat{H} \, \boldsymbol{k} \cdot \boldsymbol{r} \, \boldsymbol{e} \cdot \boldsymbol{r} - \boldsymbol{k} \cdot \boldsymbol{r} \, \boldsymbol{e} \cdot \boldsymbol{r}\hat{H}\right]$$

Schließlich multiplizieren wir noch mit $\mathcal{T}_0$ nach (5.36) und ersetzen im ersten Term $k/\omega = 1/c$:

$$\mathcal{T}_0 \hat{T} = \mathrm{i}\frac{e_0}{2m_e} \hat{\boldsymbol{L}} \cdot \hat{\boldsymbol{B}}_0 - \frac{e_0 E_0}{2\hbar\omega} \left[\hat{H} \, \boldsymbol{k} \cdot \boldsymbol{r} \, \boldsymbol{e} \cdot \boldsymbol{r} - \boldsymbol{k} \cdot \boldsymbol{r} \, \boldsymbol{e} \cdot \boldsymbol{r}\hat{H}\right] \qquad (5.37)$$

Damit haben wir dieses, nach dem elektrischen Dipolterm stärkste Entwicklungsglied des vollen Übergangsoperators (5.35), in zwei offenbar sehr unterschiedliche Wechselwirkungen zerlegt: Wie wir gleich erläutern werden, ist der erste Teil für magnetische Dipolübergänge (M1) verantwortlich, der zweite für elektrische Quadrupolübergänge (E2). Beide haben die gleiche, in (5.35) spezifizierte Zeitabhängigkeit und können ganz analog zu den elektrischen Dipolübergängen in einer zeitabhängigen Störungsrechnung behandelt werden. Uns interessieren hier also nur die Übergangsmatrixelemente der beiden Komponenten $\mathcal{T}_0 \hat{T}$ zwischen zwei Zuständen $|a\rangle$ und $|b\rangle$.

Wenden wir uns zunächst dem magnetischen Dipolterm zu. Er lässt sich offensichtlich als

$$\frac{1}{i}\left(T_0\hat{T}\right)_{M1} = \boldsymbol{M}\cdot\hat{\boldsymbol{B}}_0 = \mu_B\frac{\hat{\boldsymbol{L}}}{\hbar}\cdot\hat{\boldsymbol{B}}_0 \tag{5.38}$$

schreiben. Wir haben dabei explizite das Bohr'sche Magneton μ_B nach (1.95) benutzt, um den magnetischen Charakter dieser Wechselwirkung deutlich zu machen. Die durch $\boldsymbol{M}\cdot\hat{\boldsymbol{B}}(t)$ gegebene magnetische Dipolwechselwirkungs-energie kann also sog. M1-Übergänge induzieren – völlig analog zur bislang ausschließlich behandelten elektrischen Dipolwechselwirkung $\boldsymbol{D}\cdot\boldsymbol{E}(t)$, die E1-Übergänge bewirkt. Wir schätzen kurz die relative Größenordnung der beiden Wechselwirkungen ab, die in die Übergangswahrscheinlichkeiten ja quadratisch eingehen. Schätzen wir $\left\langle\hat{\boldsymbol{L}}/\hbar\right\rangle \simeq \ell \simeq 1$ und $\langle D\rangle = e_0 r_{ab} = e_0 a_0/Z$ ab, dann wird mit $E_0 = cB_0$ der Größenordnung nach

$$\frac{\left|\boldsymbol{M}\cdot\hat{\boldsymbol{B}}_0\right|^2}{\left|\boldsymbol{D}\cdot\boldsymbol{E}_0\right|^2} \simeq \frac{Z^2\hbar^2}{4m_e^2 a_0^2 c^2} = \frac{(Z\alpha)^2}{4} \simeq Z^2 1.33\times 10^{-5}. \tag{5.39}$$

Die Wahrscheinlichkeit, einen M1-Übergang bei leichten Elementen zu induzieren, ist also bei gleicher Intensität der elektromagnetischen Welle fünf Größenordnungen kleiner als für einen E1-Übergang. Dies gilt entsprechend auch für die spontanen Übergangswahrscheinlichkeiten bei gleicher Übergangsfrequenz. Freilich können M1- und sogar M2-Prozesse für hochgeladene Ionen wegen der starken Z-Abhängigkeit der Übergangsraten durchaus von beträchtlicher Bedeutung sein, wie wir schon in Abb. 5.6 auf Seite 173 dokumentiert haben. Darüber hinaus ist es gerade der M1-Übergangstyp, der für die gesamte *magnetische Resonanzspektroskopie* ausschlaggebend ist, da dort Übergänge zwischen unterschiedlichen m-Zuständen *innerhalb eines elektronischen Niveaus* untersucht werden, die für elektrische Dipolübergänge (E1) streng verboten sind. Wir werden diese wichtige spektroskopische Methode in Kapitel 9.6.2 noch genauer kennenlernen.

Für eine quantitative Behandlung von M1-Übergängen müssen wir natürlich noch den Elektronenspin berücksichtigen. Wie in Kapitel 1 bereits erwähnt wurde und in den folgenden Kapiteln näher ausgeführt wird, bedeutet dies wegen des anomalen magnetischen Moments des Elektrons, dass man das magnetische Moment $\boldsymbol{M}_L = \mu_B\hat{\boldsymbol{L}}/\hbar$ des Bahndrehimpulses durch $\boldsymbol{M} = \mu_B(\hat{\boldsymbol{L}}+2\boldsymbol{S})/\hbar$. Die Auswahlregeln und Linienstärken für M1-Übergänge erhält man also, indem man die Übergangsmatrixelemente $\left\langle b\left|\hat{\boldsymbol{L}} + 2\boldsymbol{S}\right|a\right\rangle$ bestimmt. Für die Bestimmung der Übergangsraten bzw. Wirkungsquerschnitte erinnern wir uns noch einmal daran, dass es sich hier nach wie vor um Einphotonenprozesse handelt. Daher haben wir einfach für alle entsprechenden Ausdrücke in den Abschnitten 4.2 bis 5.2 das Übergangsmatrixelement $\hat{T}_{ba}$ durch

$$\frac{1}{i}\hat{T}_{ba}(M1) = \frac{\mu_B}{e_0 c\hbar}\left\langle b\left|\hat{\boldsymbol{L}} + 2\hat{\boldsymbol{S}}\right|a\right\rangle\cdot\frac{\hat{\boldsymbol{B}}}{B} \tag{5.40}$$

auszudrücken. Es wirken also die Komponenten von Gesamtdrehimpuls und Spin projiziert auf die Richtung des magnetischen Feldvektors der elektromagnetischen Welle: $\hat{B} \perp E \perp k$. Zur expliziten Auswertung dieses Ausdrucks fehlt uns im Augenblick noch einiges an Rüstzeug, und wir verweisen den interessierten Leser auf Anhang D.4.3.

Kommen wir nun zurück zum zweiten Teil in (5.37), dem elektrischen Quadrupolterm. Wir bilden auch hier die Matrixelemente zwischen Anfangs- und Endzustand und erhalten:

$$\left\langle a \left| T_0 \hat{T} \right| b \right\rangle_{E2} = -\frac{e_0 E_0 \pi}{\lambda_{ba}} \left\langle b \left| \frac{k}{k} \cdot r \, e \cdot r \right| a \right\rangle \tag{5.41}$$

Wir haben hier den Einheitsvektor k/k in Richtung des Wellenvektors und die Übergangswellenlänge λ_{ba} eingeführt. Da k und e stets senkrecht zueinander stehen, sind auch die beiden Projektionen des Ortsvektors r auf diese Richtungen orthogonal zueinander. Je nach Ausbreitungs- und Polarisationsrichtung des wechselwirkenden Lichts stehen also im Matrixelement Ausdrücke vom Typ $xy = Q_{22-}/\sqrt{3}$ (Ausbreitung in x Richtung, Polarisation in y Richtung oder umgekehrt) oder $xz = Q_{21+}/\sqrt{3}$ (Ausbreitung in z Richtung, Polarisation in x Richtung oder umgekehrt) oder $yz = Q_{21-}/\sqrt{3}$ (Ausbreitung in z-Richtung, Polarisation in y Richtung oder umgekehrt). Breitet sich das Licht unter 45° in der xy-Ebene und liegt der Polarisationsvektor ebenfalls in der xy-Ebene, unter einem Azimutwinkel $-45°$ dann beschreiben wir dies durch $(x^2 - y^2)/2 = Q_{22+}/\sqrt{3}$. Hier haben wir zur Abkürzung der Ortskomponentenschreibweise die reellen Komponenten eines irreduziblen Tensoroperators, des Quadrupolmoments, benutzt, die in (D.55) zusammengestellt sind. Jede beliebige andere Geometrie kann als Linearkombination von Komponenten dieser Tensoroperatoren dargestellt werden (z. B. durch Rotation dieses Tensoroperators vom Rang 2 mithilfe der Drehmatrizen nach Anhang C). Wollen wir die Übergangswahrscheinlichkeit für E2-Übergänge quantitativ berechnen, haben wir für alle einschlägigen Ausdrücke in Kapitel 4.2 das Übergangsmatrixelement $\hat{T}_{ba}$ durch

$$\hat{T}_{ba}(E2) = \frac{(-1)^{q+1}\pi}{\sqrt{3}\lambda_{ba}} \langle b \left| Q_{2q\pm} \right| a \rangle \tag{5.42}$$

zu ersetzen. Dabei charakterisiert $q\pm$ die Einstrahlungs- bzw. Emissionsgeometrie wie eben skizziert. Vorteilhaft an dieser Darstellung ist, dass sich mithilfe der Drehimpulsalgebra wieder relativ leicht Auswahlregeln und Intensitäten bestimmen lassen. Auch hier müssen wir dazu aber noch etwas mehr über Kopplungsschemata und Vielelektronensysteme verstehen. Wir haben die Auswahlregeln für E2-Übergänge daher in Anhang D.4.2 zusammengestellt.

Wir schätzen abschließend wieder grob die relative Wahrscheinlichkeit für solche Übergänge ab. Das E2-Matrixelement (5.41) wird stets durch das Produkt zweier Ortskoordinaten bestimmt, das wir mit $(a_0/Z)^2$ abschätzen, während das Matrixelement beim E1-Übergang $\propto a_0/Z$ wird. Somit wird das Verhältnis der Übergangswahrscheinlichkeiten:

$$\frac{\left|\left\langle a \left| T_0 \hat{T} \right| b \right\rangle_{\mathrm{E2}}\right|^2}{\left| \boldsymbol{D} \cdot \boldsymbol{E}_0 \right|^2} \simeq \left(\frac{\pi a_0}{Z \lambda_{ba}} \right)^2 \tag{5.43}$$

Es wird also vom Quadrat des Verhältnisses der Atomabmessung zur Wellenlänge bestimmt. Für einen typischen Übergang im sichtbaren oder ultravioletten Spektralbereich bei kleinen Ordnungszahlen Z erhalten wir damit ein Wahrscheinlichkeitsverhältnis $\simeq (0.1\,\mathrm{nm}\,/300\,\mathrm{nm})^2 \simeq 10^{-7}$. Bei hohem Z werden die E2-Prozesse sogar noch unwahrscheinlicher – ganz im Gegensatz zu den zuvor besprochenen M1-Übergängen.

E2-Prozesse spielen in der klassischen Atom-, Molekül- und Festkörperphysik nur eine Rolle bei sehr kurzwelliger Strahlung, also im Röntgenbereich. Dort können sie freilich von großer Bedeutung sein. Allerdings gewinnen sie zunehmend Bedeutung, wenn man zu höheren Hauptquantenzahlen n geht, da nach (2.117) die Bahnradien ja mit n^2 wachsen. Ein Rydbergatom mit $n = 100$ hat einen Durchmesser von ca. $500\,\mathrm{nm}$, ist in seinen Abmessungen also mit der Lichtwellenlänge vergleichbar. In solchen Situationen gibt es sogar beliebig hohe Ek und Mk Übergänge. Rydbergatome, diese fast makroskopischen Objekte überraschen insgesamt mit hoch interessanter, „reicher" Physik.[4]

5.5 Photoionisation

Der Entdeckung und Deutung des „Photoeffekts" war einer der grundlegenden Meilensteine auf dem Weg zur Entwicklung der modernen Physik. Wir haben dies einführend in Kapitel 1.4.1 gewürdigt. Mit dem Begriff Photoionisation umreißen wir zugleich die gesamte Physik des Kontinuums von Atomen und Molekülen. Haben wir uns bisher fast ausschließlich und umfassend mit Übergängen zwischen gebundenen Zuständen beschäftigt, die durch elektromagnetische Felder induziert werden, so wollen wir hier zumindest eine Einführung in dieses grundlegend wichtige und praktisch bedeutsame Feld geben – sozusagen in die andere Hälfte der Atom- und Molekülphysik. Die fundamentalen theoretischen Arbeiten dazu reichen zurück in die 30iger Jahre des vergangenen Jahrhunderts. In den 60iger und 70iger Jahren wurden sie zu großer Reife entwickelt und in das Begriffsgebäude eingebaut. Umfangreiche experimentelle Studien zur Photoionisation wurden vor allem seit der Nutzbarmachung der Synchrotronstrahlung (Madden und Codling, 1963) als intensiver VUV und Röntgenlichtquelle durchgeführt und haben zu einer reichen Ernte geführt. Auch die moderne Laserphysik hat einen wesentlichen Beitrag zur Verbreitung der Photoelektronen- und Photoionenspektroskopie geleistet. Heute konzentriert man sich vor allem auf Moleküle und Cluster. Auch in der Oberflächenphysik werden die in der Atomphysik entwickelten Methoden sehr

---

[4] Dieser Begriff wird gelegentlich synonym mit „bislang kaum verstanden" gebraucht.

intensiv genutzt. Als analytisches Werkzeug ist die Photoelektronenspektro-skopie aus einem breiten Bereich der Physik, Chemie und Materialforschung nicht mehr wegzudenken.

Wir können hier nicht ins Detail gehen, sondern wollen nachfolgend le-diglich einige Aspekte von grundlegender Bedeutung ausführen, die wichtigs-ten Überlegungen und Ergebnisse der Theorie zusammenfassen und diese an-hand einiger weniger, ausgewählter experimenteller Beispiele illustrieren. Wei-tere Ergebnisse, die besonders für Vielelektronensysteme charakteristisch sind, werden wir in Kapitel 10 besprechen. Den interessierten Leser verweisen wir auf die umfangreiche Originalliteratur und einschlägige Reviewartikel (s. z. B. Bethe und Salpeter, 1957; Burgess und Seaton, 1960; Cooper, 1962; Cooper und Zare, 1968; Manson und Starace, 1982; Saha, 1989; Schmidt, 1992, und Zitate darin).

5.5.1 Prozess und Wirkungsquerschnitt

Es geht hier also um die quantitative Beschreibung des Photoeffekts an einem Atom, das wir mit „At" kennzeichnen werden. Dabei induziert das elektroma-gnetische Feld einen Übergang von einem gebundenen Zustand, $|a\rangle = |n\ell\rangle$ in einen Kontinuumszustand $|b\rangle = |\varepsilon\ell'\rangle$, wobei ein Photon der Energie $\hbar\omega$ ab-sorbiert wird. Der Übersichtlichkeit halber unterdrücken wir in den folgenden Ausführungen den Elektronenspin (er bleibt bei diesem Prozess in der Regel erhalten) und konzentrieren uns zunächst auf effektive Einelektronensyste-me. Deren gebundene Zustände werden durch die Hauptquantenzahl n, den Bahndrehimpuls ℓ und die (negative) Bindungsenergie $W_{n\ell}$ charakterisiert, der Kontinuumszustand hingegen durch die (positive!) kinetische Energie des freien Elektrons

$$\varepsilon = \hbar^2 k_e^2/(2m_e) \tag{5.44}$$

und ggf. seinen Drehimpuls ℓ'. Der untersuchte Photoionisationsprozess schreibt sich also schematisch als

$$\text{At}(n\ell) + \hbar\omega \rightarrow \text{At}^+ + e^-(\varepsilon\ell'), \tag{5.45}$$

und für die Energiebilanz gilt $\hbar\omega - W_I = \varepsilon$. $\tag{5.46}$

Ionisationspotenzial und Bindungsenergie des Anfangszustands sind über $W_I = -W_{n\ell}$ miteinander verknüpft. Das *Photodetachment*, also die Entfer-nung eines Elektrons aus einem Anion nach

$$\text{At}^-(n\ell) + \hbar\omega \rightarrow \text{At} + e^-(\varepsilon\ell') \tag{5.47}$$

behandelt man im Prinzip ebenso wie die Photoionisation. Statt des Ionisa-tionspotenzials steht hier lediglich die Elektronenaffinität W_{EA} (s. Kapitel 3.1.5), und die Kontinuumswellenfunktionen haben ein etwas anderes asym-ptotisches Verhalten, wie wir in Abschnitt 5.5.4 diskutieren werden.

Der Photoionisationswirkungsquerschnitt wird – ganz analog zum Anregungsquerschnitt – durch (5.22) gegeben. Das Übergangsmatrixelement $\hat{T}_{\varepsilon a} = \langle \varepsilon | \hat{T} | a \rangle$ hat man jetzt zwischen dem diskreten Anfangszustand $|a\rangle$ und einem Kontinuumszustand $|\varepsilon\rangle$ zu bilden. Letzterer wird üblicherweise auf Einheitsvolumen und Einheitsenergieintervall normiert (s. auch Anhang G). Bei dieser Schreibweise für Wellenfunktionen im Ionisationskontinuum, entfällt in (5.22) die Multiplikation mit der Zustandsdichte.[5] Der Photoionisationsquerschnitt bei Einstrahlung von Photonen der Energie $\hbar\omega$ wird also:

$$\sigma_{\varepsilon a}(\hbar\omega) = 4\pi^2 \alpha \hbar\omega \left| \hat{T}_{\varepsilon a} \right|^2 \tag{5.48}$$

In Dipolnäherung ($\hat{T}_{\varepsilon a} = i r_{\varepsilon a} \cdot e$) schreibt man

$$\sigma_{\varepsilon a}(\hbar\omega) = 2\pi^2 \alpha W_0 a_0^2 \frac{\mathrm{d}f_{\varepsilon a}}{\mathrm{d}\varepsilon} = 1.0976 \times 10^{-16}\,\mathrm{cm}^2\,\mathrm{eV}\,\frac{\mathrm{d}f}{\mathrm{d}\varepsilon} \tag{5.49}$$

mit der Oszillatorenstärke $\mathrm{d}f_{\varepsilon a}/\mathrm{d}\varepsilon$ pro Einheitsenergieintervall. Die Einheit der Oszillatorenstärke im Kontinuum ist also $[\mathrm{d}f_{\varepsilon a}/\mathrm{d}\varepsilon] = \text{Energieeinheit}^{-1}$ – im Gegensatz zur Anregung diskreter Zustände, wo die Oszillatorenstärke f_{ba} für einen bestimmten Übergang einfach eine dimensionslose Zahl war. In der Literatur werden für (5.49) verschiedene Schreibweisen benutzt, die sich aber mit (F.26)–(F.28) und (F.31) ineinander überführen lassen.[6] Häufig findet man

$$\frac{\mathrm{d}f}{\mathrm{d}\varepsilon} = 2\frac{\hbar\omega}{W_0} \left| \frac{z_{\varepsilon a}}{a_0} \right|^2, \tag{5.50}$$

da der Polarisationsvektor ohne Verlust an Allgemeinheit in z-Richtung gelegt werden kann. Mit (4.70) wird unter Vernachlässigung des Elektronenspins

$$z_{\varepsilon a} = \langle \varepsilon | z | a \rangle = \langle \varepsilon \ell' | r | n\ell \rangle \langle \ell'm' | C_{10} | \ell m \rangle. \tag{5.51}$$

Man kann aber natürlich bei Bedarf auch jede andere Geometrie wählen – ganz analog zur Behandlung von Übergängen zwischen gebundenen Zuständen, wie wir sie weiter oben ausführlich besprochen haben.

5.5.2 Born'sche Näherung für den Photoionisationsquerschnitt

Für hohe, aber nicht relativistisch hohe Photonenenergien $W_I \ll \hbar\omega \ll m_e c^2$ können wir bei einem Einelektronensystem die Kontinuumswellenfunktion des freien Elektrons durch eine ebene Welle

---

[5] Alternativ und völlig äquivalent benutzt man Kontinuumsfunktionen, die für ein sehr großes, aber endliches Volumen L^3 orthonormal bestimmt werden und multipliziert entsprechend (5.48) mit der Zustandsdichte.

[6] Man beachte, dass unterschiedliche Autoren mit unterschiedlichen Einheiten rechnen und dieser Faktor daher in der Literatur unterschiedlich ausfällt. Der hier mitgeteilte Wert entspricht Fano und Cooper (1968), wogegen z. B. Cooper (1988) $8.067 \times 10^{-18}\,\mathrm{cm}^2$ benutzt und Energien in Rydberg misst.

$$|k_e\rangle = \sqrt{\frac{m_e k_e}{(2\pi)^3\,\hbar^2}}\,e^{\mathrm{i}k_e\cdot r} \tag{5.52}$$

approximieren (sog. Born'sche Näherung). Der Normierungsfaktor unter der Wurzel ist hier einfach die auf ein Raumwinkelelement $\mathrm{d}\Omega$ bezogene Zustandsdichte pro Volumen- und Energieeinheit nach (2.45).

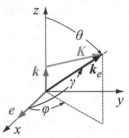

Abb. 5.7. Koordinaten und Winkel bei der Photoionisation

Die Geometrie für ein Photoionisationsexperiment ist in Abb. 5.7 skizziert: Das einfallende Licht breitet sich in z-Richtung mit dem Wellenvektor k aus, es sei linear polarisiert und der Polarisationsvektor zeige e in x-Richtung. Das Elektron werde nach Absorption des Photons in Richtung k_e emittiert. Da die Dipolnäherung für hohe Photonenenergien nicht mehr tauglich ist, benutzen wir als Übergangsoperator den exakten Ausdruck (F.18), den wir

$$\hat{T} = \frac{1}{\omega m_e}e^{\mathrm{i}k\cdot r}\,e\cdot\hat{p} = \frac{1}{\omega m_e}e^{\mathrm{i}k\cdot r}\hat{p}_e \tag{5.53}$$

schreiben, wobei wir den Impulsoperator $\hat{p}$ in Richtung der Polarisation e wie in (2.36) mit $\hat{p}_e$ bezeichnen. Das Matrixelement für die Photoionisation des Zustands $|a\rangle$ wird somit:

$$\hat{T}_{\varepsilon a} = \left\langle k_e \left| \hat{T} \right| a \right\rangle = \left\langle \sqrt{\frac{m_e k_e}{(2\pi)^3\,\hbar^2}}\,e^{\mathrm{i}k_e\cdot r}\left|\frac{1}{\omega m_e}e^{\mathrm{i}k\cdot r}\,\hat{p}_e\right| a \right\rangle \tag{5.54}$$

Nun steht e grundsätzlich senkrecht zu k, daher kommutiert $\hat{p}_e$ mit $e^{\mathrm{i}k\cdot r}$. Außerdem ist jede ebene Welle ein Eigenvektor von $\hat{p}_e$ – nach (2.37) mit dem Eigenwert $p\cos\gamma = \hbar k_e\cos\gamma$, wobei γ der Winkel zwischen Polarisationsvektor e und Austrittsrichtung des Elektrons k_e ist. Somit wird das Photoionisationsmatrixelement in Born'scher Näherung:

$$\left\langle k_e \left| \hat{T} \right| a \right\rangle = \frac{k_e^{3/2}}{\omega\sqrt{m_e}}\cos\gamma\,(2\pi)^{-3/2}\int e^{\mathrm{i}(k-k_e)\cdot r}\psi_a(r)\mathrm{d}^3 r \tag{5.55}$$

Das Integral kann man mit der Abkürzung $K = k_e - k$ als Fouriertransformierte

$$\psi_a(K) = (2\pi)^{-3/2}\int e^{-\mathrm{i}K\cdot r}\psi_a(r)\mathrm{d}^3 r \tag{5.56}$$

der Anfangswellenfunktion auffassen, d.h. als ihre Darstellung im Impulsraum. Das Matrixelement $\hat{T}_{\varepsilon a}$ bezieht sich auf Elektronen, die in einen bestimmten Raumwinkel emittiert werden. Wenn wir (5.55) also in (5.48) einsetzen, erhalten wir den *differenziellen Wirkungsquerschnitt* für die Photoionisation

$$\mathrm{d}\sigma_{\varepsilon a}(\hbar\omega) = 4\pi^2\alpha\frac{1}{\omega}\frac{\hbar k_e^3}{m_e}\cos^2\gamma\,|\psi_a(k_e - k)|^2\,\mathrm{d}\Omega \tag{5.57}$$

Die Funktion $\psi_a(\boldsymbol{k}_e - \boldsymbol{k})$ kann entweder nach (5.56) aus der Ortswellenfunktion oder auch mithilfe der in den Impulsraum transformierten Schrödinger-Gleichung direkt berechnet werden (s. z. B. Bethe und Salpeter, 1957, Kap. 8). Die allgemeine Form der Fouriertransformierten ist vom Typ $\psi_a(\boldsymbol{p}) = F_{n\ell}(p)$ $Y_{\ell m}(\theta, \varphi)$. Für ns Anfangszustände mit der Radialwellenfunktion $R_{ns}(r)$ kann sie geschrieben werden als:

$$\psi_a(\boldsymbol{K}) = \frac{1}{\sqrt{2\pi}} \int_0^\infty R_{ns}(r) r^2 \mathrm{d}r \int_0^\pi e^{-\mathrm{i}\boldsymbol{K}\cdot\boldsymbol{r}} \sin\theta \mathrm{d}\theta \qquad (5.58)$$

Für die Integration kann man ohne Beschränkung der Allgemeinheit $\boldsymbol{K} \parallel z$ legen und erhält den leicht zu integrierenden Ausdruck:

$$\psi_a(\boldsymbol{K}) = \frac{2}{K\sqrt{2\pi}} \int_0^\infty \mathrm{d}r \, R_{ns}(r) \, r \, \sin Kr \qquad (5.59)$$

Für wasserstoffähnliche Radialfunktionen R_{ns} ergibt sich (nach Bethe und Salpeter, 1957, Gl. (70.4) in atomaren Einheiten) im Grenzfall großer Werte von $K = |\boldsymbol{k}_e - \boldsymbol{k}|$:

$$\psi_{ns}(\boldsymbol{k}_e - \boldsymbol{k}) = \frac{2\sqrt{2}Z^{5/2}}{\pi n^{3/2}} \frac{a_0^{3/2}}{a_0^4 |\boldsymbol{k}_e - \boldsymbol{k}|^4} \qquad (5.60)$$

Setzen wir dies in (5.57) ein, so wird der differenzielle Photoionisationsquerschnitt für wasserstoffähnliche ns Elektronen:

$$\mathrm{d}\sigma_{\varepsilon a}(\hbar\omega) = 4\pi^2 \alpha \frac{1}{\hbar\omega} \frac{\hbar^2 k_e^3}{m_e} \cos^2\gamma \frac{8Z^5}{\pi^2 n^3} \frac{a_0^3}{a_0^8 |\boldsymbol{k}_e - \boldsymbol{k}|^8} \mathrm{d}\Omega$$

$$= 32\alpha \frac{\hbar}{m_e} \frac{Z^5}{n^3} \frac{1}{\omega} \frac{\cos^2\gamma}{(a_0 k_e)^5 [1 - (v/c)\cos\theta]^4} \mathrm{d}\Omega \qquad (5.61)$$

In der zweiten Zeile haben wir für den Klammerausdruck [ ] bereits hohe Energien $W_I \ll \hbar\omega$ angenommen, sodass nach (5.44) und (5.46) $\hbar\omega \cong \varepsilon = \hbar^2 k_e^2/2m_e$ gilt. Dann wird das Verhältnis der Beträge von Photon- zu Elektronenimpuls $k/k_e = v/c$, wobei $v = \sqrt{2\varepsilon/m_e}$ die Geschwindigkeit des emittierten Elektrons ist. Konsequenterweise setzen wir dann auch $\hbar\omega = \varepsilon$. Für den hier betrachteten nichtrelativistischen Fall entwickeln wir außerdem den Klammerausdruck nach Potenzen von v/c und vernachlässigen alle nichtlinearen Terme. Damit wird schließlich:

$$\mathrm{d}\sigma_{\varepsilon a} = 64\alpha \frac{Z^5}{n^3} \frac{a_0^2 \cos^2\gamma [1 + 4(v/c)\cos\theta]}{(2\varepsilon/W_0)^{7/2}} \mathrm{d}\Omega \qquad (5.62)$$

Wir werden die Winkelverteilung im nächsten Abschnitt diskutieren und hier zunächst über alle Raumwinkel integrieren. Mit Blick auf Abb. 5.7 kann man $\cos\gamma = \sin\theta \cos\varphi$ schreiben, und die Integration über $\int^{4\pi} ..\mathrm{d}\Omega =$

$\int_0^{2\pi} d\varphi \int_0^\pi \ldots \sin\theta d\theta$ ergibt einfach einen Faktor $4\pi/3$. Damit wird für H-ähnliche Atome im Zustand ns der **totale Photoionisationsquerschnitt in Born'scher Näherung:**[7]

$$\sigma_{\varepsilon ns} = \int_0^{4\pi} \frac{d\sigma_{\varepsilon a}}{d\Omega} d\Omega = \frac{256\pi}{3} \alpha \frac{Z^5}{n^3} \frac{a_0^2}{(2\hbar\omega/W_0)^{7/2}} \tag{5.63}$$

Auch wenn dies eine nur für hohe Energien gültige Näherung ist, beschreibt sie den generellen Trend für wasserstoffähnliche Orbitale doch recht gut: den dramatischen Abfall mit der Photonenenergie $\propto (\hbar\omega)^{-7/2}$, die starke Abhängigkeit von der fünften Potenz der Kernladungszahl Z^5, welche für größere Atome zu beträchtlichen Wirkungsquerschnitten führt, sowie die Abnahme für höhere Orbitale $\propto n^{-3}$. Wie wir in Kapitel 10 sehen werden, kann man die inneren Schalen von großen Atomen recht gut durch wasserstoffartige Orbitale beschreiben und erhält mit der Born'schen Näherung schon einen guten ersten Einblick in die Absorption von Röntgen- und γ-Strahlen (s. Kapitel 10.7).

Speziell für die Photoionisation des $1s$ Orbitals beim H-Atom ergibt (5.63) in Zahlenwerten:

$$\sigma_{\varepsilon 1s}/\text{cm}^2 = 1.609 \times 10^{-23} \, (\hbar\omega/\text{keV})^{-7/2} \tag{5.64}$$

Obwohl die Born'sche Näherung nur für hohe Energien eine vernünftige Approximation bietet, ist es doch interessant, den ganzen Energiebereich zu betrachten. Benutzt man für niedrige Energien statt des genäherten Ausdrucks (5.60) den exakten Wert der Fouriertransformierten von $|1s\rangle$, dann wird anstelle von (5.64)

$$\sigma_{\varepsilon 1s}/\text{cm}^2 = 1.609 \times 10^{-23} (\hbar\omega - W_I)^{3/2} \, (\hbar\omega/\text{keV})^{-5} \,. \tag{5.65}$$

Der Born'sche Photoionisationsquerschnitt verschwindet also an der Ionisationsschwelle $\hbar\omega = W_I = 13.6\,\text{eV}$, steigt rasch zu einem Maximum bei etwa $20\,\text{eV}$ an und geht dann in den asymptotischen schnellen Abfall über. Dies ist in Abb. 5.8 skizziert und wird mit den „exakten" Querschnitten aus der Datensammlung von NIST-FFAST (2003) verglichen, die auf einer sorgfältigen Auswertung des aktuellen Stands der Theorie basiert. Die gezeigten experimentellen Daten entstammen einer der (aus naheliegenden Gründen) ganz wenigen experimentellen Bestimmung des Photoionisationsquerschnitts für atomaren Wasserstoff, die am Wasserstoffplasma in einem Stoßwellenrohr bestimmt wurden (Palenius et al., 1976). Man kann, angesichts der experimentellen Schwierigkeiten, wohl von einer vernünftigen Übereinstimmung von Experiment und NIST-Daten sprechen. Wie man aber sieht, gibt die Born'sche Näherung die Realität in Schwellennähe nicht wirklich korrekt wieder. Vielmehr gilt grundsätzlich bei der Photoionisation, dass der Wirkungsquerschnitt

---

[7] Wegen der Unabhängigkeit des Integrals von φ erhält man den gleichen Ausdruck auch für unpolarisiertes Licht.

an der Schwelle endlich ist und dort in der Regel auch sein Maximum hat. Wie man sieht – und das ist ein recht allgemeiner Befund – sinkt der Photoionisationsquerschnitt schon beim 10-fachen der Schwellenenergie auf weniger als 1% des Schwellenwertes.

Es sei aber auch darauf hingewiesen, dass der in Abb. 5.8 gezeigte, extrem strukturlose Verlauf des totalen Photoionisationsquerschnitts eine Spezialität des Wasserstoffatoms ist. Schon beim Helium-Atom (Kapitel 7) werden wir z. B. sehen, dass zwischen den Ionisationsschwellen für He$^+$ und He^{++} dem generellen Trend ein reiches Spektrum an sogenannten *Autoionisationslinien* überlagert ist. Bei größeren Atomen kann der Wirkungsquerschnitt bei relativ niedrigen Energien auch durch ein sogenanntes *Cooper-Minimum* laufen, das wir in Kapitel 10 besprechen werden. Im Grenzfall hoher Energien beobachtet man aber stets die hier besprochene, dramatische Abnahme des Photoionisationsquerschnitts.

5.5.3 Winkelverteilung der Photoelektronen

Die *Winkelverteilung der emittierten Elektronen für linear polarisiertes Licht* ist nach (5.62) hauptsächlich durch $\cos^2 \gamma = \sin^2 \theta \cos^2 \varphi$ charakterisiert. Der Term $4(v/c) \cos \theta$ sorgt bei höheren Photonenenergien für eine Verschiebung der Winkelverteilung in Richtung des ionisierenden Lichtstrahls, kann aber für nicht relativistische Elektronen vernachlässigt werden. Im Rahmen der Dipolnäherung (E1) allgemein gültig schreibt man den differenziellen Wirkungsquerschnitt üblicherweise unter Benutzung des Legendre Polynoms

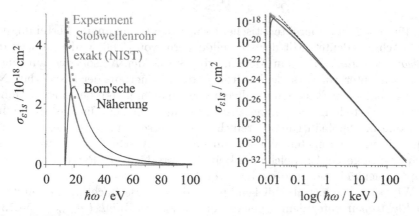

Abb. 5.8. Wirkungsquerschnitt für die Photoionisation von atomarem Wasserstoff als Funktion der Photonenenergie $\hbar\omega$. Die exakten Werte (rote Linien) nach NIST-FFAST (2003) werden mit der Born'schen Näherung (schwarze Linien) nach (5.65) und experimentellen Daten (graue Quadrate) nach Palenius et al. (1976) verglichen. Links lineare Auftragung für niedere $\hbar\omega$, rechts logarithmische Auftragung für den gesamten Spektralbereich von 13.7 eV bis 400 keV. Die gestrichelte Linie deutet den Abfall $\propto W^{-7/2}$ für hohe Energien an

$P_2(\cos\gamma) = \left(3\cos^2\gamma - 1\right)/2$:

$$\frac{d\sigma_{\varepsilon a}}{d\Omega} = \frac{\sigma_{\varepsilon a}}{4\pi}\left[1 + \beta P_2\left(\cos\gamma\right)\right] \qquad (5.66)$$

Dabei kann der β-*Parameter* im Prinzip Werte zwischen $-1 \leq \beta \leq 2$ annehmen. Für die Ionisation von reinen ns Zuständen, wie dem eben besprochenen H($1s$), erhält man mit $\beta = 2$ so wieder (5.62) – unter Vernachlässigung des Hochenergieterms, den die Born'sche Näherung im Gegensatz zur Dipolnäherung mitliefert.

Man findet also das Maximum des Elektronensignals für $\gamma = 0$, das heißt in Richtung des Polarisationsvektors e, während senkrecht dazu, d. h. parallel zum Wellenvektor k des ionisierenden Lichts, keine Elektronen emittiert werden. Man kann sagen, die Winkelverteilung des durch linear polarisiertes Licht generierten Kontinuumszustands entspricht einem $|p_x\rangle$-Orbital, dessen Wahrscheinlichkeitsverteilung durch die Winkelverteilung des Querschnitts repräsentiert wird. Für hinreichend niedrige Energien sind also die durch Photoionisation generierten Kontinuumszustände äquivalent zu denen, die man bei optischer Dipolanregung erzeugt, wie wir das in Abschnitt 4.6 besprochen haben (s. z. B. Abb. 4.19 auf Seite 149).

Für unpolarisiertes oder zirkular polarisiertes Licht hat man einfach über die differenziellen Querschnitte für Polarisation in x- und y-Richtung zu mitteln. Nach Abb. 5.7 auf Seite 180 heißt das einfach Mittelung über die unterschiedlichen Polarisationswinkel mit $\cos^2\gamma = \sin^2\theta\cos^2\varphi$ bzw. $= \sin^2\theta\sin^2\varphi$ und führt zu

$$\frac{d\sigma_{\varepsilon a}}{d\Omega} = \frac{\sigma_{\varepsilon a}}{4\pi}\left[1 - \frac{\beta}{2}P_2\left(\cos\theta\right)\right]\,, \qquad (5.67)$$

was für $\beta = 2$ eine charakteristische, torusartige („doughnut") Verteilung um die z-Achse bedeutet. Mit der speziellen Form von (5.66) und (5.67) ist der *Anisotropieparameter* β ein Maß für die Stärke der Anisotropie auf einem isotropen Untergrund. Beide Ausdrücke, die wir hier aus der Born'schen Näherung bei kleinen Energien verallgemeinert haben, gelten bei einer räumlich isotropen Verteilung der Anfangszustände ganz allgemein für alle Atome und Moleküle in Dipolnäherung – freilich mit unterschiedlichem, meist energieabhängigem β-Parameter. Wie wir im nächsten Abschnitt sehen werden, ist β eine wichtige Größe, welche die Beiträge verschiedener Partialwellen beim Einphotonenionisationsprozess beschreibt.

Wir bemerken hier abschließend noch, dass bei Beobachtung der emittierten Elektronen unter dem sogenannten *magischen Winkel* $\theta_{mag} = 54.736°$ (bei dem $P_2\left(\cos\theta_{mag}\right) = 0$ ist) der differenzielle Wirkungsquerschnitt, d. h. das gemessene Elektronensignal, unabhängig von β wird und nur vom totalen Photoionisationsquerschnitt $\sigma_{\varepsilon a}$ abhängt. Wenn man sich also nur für den totalen Querschnitt interessiert, wird man sinnvollerweise unter diesem magischen Winkel messen.

5.5.4 Photoionisationsquerschnitt in Theorie und Experiment

Die Born'sche Näherung ist eine Näherung für hohe Energien. Ihr Vorteil ist ohne Zweifel, dass sie die Multipolentwicklung der ebenen Welle sozusagen in beliebig hoher Ordnung berücksichtigt. Wir haben aber gesehen, dass sie im niederenergetischen Bereich keine brauchbaren Ergebnisse liefert. Andererseits ist aber gerade der Bereich von Photonenenergien bis zu etwa dem 10-fachen des Ionisationspotenzials der eigentlich interessante, mit nennenswerten Wirkungsquerschnitten und dem größten Teil der gesamten Kontinuums-Oszillatorenstärke. Nun genügt in diesem Bereich meist auch die prinzipiell sehr einfache Dipolnäherung, die ja nach (5.50) und (5.51) nur die Kenntnis der entsprechenden Radialmatrixelemente erfordert. Daher kann man sich hier auf eine möglichst gute Bestimmung der Wellenfunktionen im gebundenen Anfangszustand und im Kontinuum konzentrieren.

Der Anfangszustand des Systems $|a\rangle$ wird, wie in Kapitel 2 ausführlich besprochen, durch wohl definierte Quantenzahlen $n\ell$ beschrieben:

$$|a\rangle = R_{n\ell}(r)Y_{\ell m}(\theta,\varphi) = \frac{u_{n\ell}}{r}Y_{\ell m}(\theta,\varphi) \tag{5.68}$$

Das asymptotisches Verhalten der Radialfunktionen für gebundene Zustände ist nach (2.107) und (2.106) durch

$$u_{n\ell}(r) \underset{r\to 0}{\longrightarrow} r^{\ell+1} \quad \text{und} \quad u_{n\ell}(r) \underset{r\to\infty}{\longrightarrow} \exp\left(-\sqrt{2\,|W_{n\ell}|}r\right) \tag{5.69}$$

charakterisiert.

Dagegen sind bei den Kontinuumswellenfunktionen $|\varepsilon\rangle$ zu einer wohl definierten Energie ε des freien Elektrons im Prinzip alle Bahndrehimpulse ℓ' möglich:

$$|\varepsilon\rangle = \sum_{\ell'=0}^{\infty} \sum_{m'=-\ell'}^{\ell'} a_{\varepsilon\ell'} \frac{u_{\varepsilon\ell'}(r)}{r} Y_{\ell'm'}(\theta,\varphi) \tag{5.70}$$

Die Entwicklungskoeffizienten $a_{\varepsilon\ell'}$ charakterisieren die jeweiligen Rand- und Ionisationsbedingungen, und die Radialfunktionen $u_{\varepsilon\ell'}(r) = rR_{\varepsilon\ell'}(r)$ berechnet man auch für diesen Fall anhand der radialen Schrödinger-Gleichung (2.103). Dabei ist die Bindungsenergie $W_{n\ell}$ durch die Kontinuumsenergie $\varepsilon = k^2/2$ (in atomaren Einheiten) zu ersetzen und das Potenzial dem jeweiligen System anzupassen. Während es stabile Lösungen für gebundene Zustände nur bei diskreten, negativen Bindungsenergien gibt, ist für jede positive Energie auch eine sinnvolle Wellenfunktion bestimmbar.

Wie bereits besprochen, sind die Kontinuumswellenfunktionen in der Energieskala zu normieren, wie in Anhang G ausgeführt. Bei der Photoelektronen*emission* muss (5.70) einen radial auslaufenden Elektronenfluss repräsentieren, und die Funktionen $u_{\varepsilon\ell'}(r)/r$ haben im Wesentlichen den Charakter von entsprechenden Kugelwellen. Für deren asymptotisches Verhalten gilt (in atomaren Einheiten)

$$u_{\varepsilon\ell'}(r) \xrightarrow[r\to 0]{} r^{\ell+1} \quad \text{und} \tag{5.71}$$

$$u_{\varepsilon\ell'}(r) \xrightarrow[r\to\infty]{} \sqrt{\frac{2}{\pi k}} \cos\left(kr - \frac{\ell\pi}{2} + \frac{q}{k}\ln(2\,kr) + \delta_\ell\right) \tag{5.72}$$

mit $k = \sqrt{2\varepsilon}$, dem Betrag des Wellenvektors,[8] der Restladung q des Atoms nach dem Ionisationsprozess und der Phasenverschiebung δ_ℓ der auslaufende Welle im Feld des verbleibenden Ions oder Atoms gegenüber einer reinen Coulomb-Welle. Will man so die *Photoionisation* beschreiben, bleibt also entsprechend (5.45) ein Ion zurück, dann hat man es bis die auf die Phasenverschiebung δ_ℓ asymptotisch mit auslaufenden Coulomb-Wellen und ihrer charakteristischen logarithmischen Phase zu tun.[9] Hingegen vereinfacht sich der Ausdruck für das *Photodetachment* (5.47) von Anionen ($q = 0$) zu $\sqrt{2/\pi k}\cos(kr - \ell\pi/2 + \delta_\ell)$. Je nach System und Qualitätsanspruch wird man zur Bestimmung der Radialfunktionen $u_{n\ell}(r)$ und $u_{\varepsilon\ell'}(r)$ statt der simplen radialen Einteilchen Schrödinger-Gleichung (2.103) z. B. Multikonfigurations-Hartree-Fock (MCHF) Methoden benutzen, wie in Kapitel 10 zu erörtern sein wird. Schließlich wird man beim Vielelektronensystem über die Ionisationsquerschnitte aller ionisierbaren Elektronen eines Atoms oder Moleküls zu summieren haben.

Mit den so charakterisierten Wellenfunktionen des gebundenen Anfangszustands (5.68) und des freien Kontinuumsendzustands (5.70) kann man den totalen Wirkungsquerschnitt berechnen. Ohne Beschränkung der Allgemeingültigkeit legen wir hier wie in (5.51) den Polarisationsvektor in z-Richtung, setzen also den Dipolübergangsoperator $\hat{T} = \mathrm{i}e\cdot\boldsymbol{r} = \mathrm{i}r\,C_{10}(\theta,\varphi)$. Dann ergibt (5.48) nach Mittelung über alle Anfangszustände und Summation über alle erreichbaren Endzustände:

$$\sigma_{\varepsilon a}(\hbar\omega) = \frac{4\pi^2\alpha\hbar\omega}{2\ell+1}\left|\sum_{\ell'm'm}\langle\varepsilon\ell'|r|n\ell\rangle\,\langle\ell'm'|C_{10}|\ell m\rangle\right|^2 \tag{5.73}$$

Über das Radialmatrixelement $\langle\varepsilon\ell'|r|n\ell\rangle$ bestimmen offensichtlich die atomaren Eigenfunktionen Größe und Energieabhängigkeit des Photoionisationsquerschnitts. Dagegen definiert das Matrixelement $\langle\ell'm'|C_{10}|\ell m\rangle$ (s. Anhang D.2.2) ganz analog zu den in Abschnitt 4.5 diskutieren optischen Anregungsprozesse die Auswahlregeln für die Photoionisation: wieder gilt die Auswahlregel $\Delta\ell = \pm 1$, da ein Photon mit dem Drehimpuls $\hbar$ absorbiert wird und der Übergang $\Delta\ell = 0$ auch hier wegen der Paritätserhaltung verboten ist. Im Kontinuum können aber stets beide Endzustände überlagert sein, und zwar bei jeder Photonenenergie $\hbar\omega$ oberhalb der Ionisationsschwelle. Ebenso gilt auch

---

[8] In der Literatur wird die Energie häufig in Rydberg angegeben, wodurch der Faktor 2 unter der Wurzel wegfällt.

[9] Bei H-ähnlichen Ionen bleibt ein nackte Ion zurück, sodass für die auslaufende Welle im Coulomb-Potenzial $\delta_\ell = 0$ wird. Für alle anderen Fälle ist δ_ℓ nach (3.11) mit dem Quantendefekt μ_ℓ verknüpft.

hier $m' = m$ für das linear in z-Richtung polarisierte Licht. Die Auswertung der Summe und der Matrixelemente in (5.73) führt schließlich zu

$$\sigma_{\varepsilon a}(\hbar\omega) = \frac{4\pi^2}{3}\alpha\hbar\omega\left[\ell r_{\varepsilon,\ell-1}^2 + (\ell+1)r_{\varepsilon,\ell+1}^2\right] \qquad (5.74)$$

mit den beiden Radialmatrixelementen

$$r_{\varepsilon,\ell\pm1} = \int_0^\infty r\, u_{\varepsilon\ell\pm1}(r)u_{n\ell}(r)\mathrm{d}r\,. \qquad (5.75)$$

Sofern der Anfangszustand nicht gerade ein s-Zustand mit $\ell = 0$ ist, enthält also auch der Photoionisationsquerschnitt Beiträge von zwei Matrixelementen zu Kontinuumsfunktionen mit $\ell' = \ell + 1$ und $\ell - 1$.

Man kann mit leichtem Mehraufwand die Kontinuumsfunktion (5.70) auch so bestimmen, dass sie ein in Richtung $\boldsymbol{k}_e$ auslaufendes Elektron beschreibt. Dies führt dann zu (5.66) mit einem energieabhängigen Anisotropieparameter (Gl. (2) in Cooper und Zare, 1968, ohne den unkorrekten Faktor 3 im Nenner):

$$\beta(\varepsilon) = \qquad (5.76)$$

$$\frac{\ell(\ell-1)r_{\varepsilon,\ell-1}^2 + (\ell+1)(\ell+2)r_{\varepsilon,\ell+1}^2 - 6\ell(\ell+1)r_{\varepsilon,\ell+1}r_{\varepsilon,\ell-1}\cos[\delta_{\ell+1}(\varepsilon) - \delta_{\ell-1}(\varepsilon)]}{(2\ell+1)\left[\ell r_{\varepsilon,\ell-1}^2 + (\ell+1)r_{\varepsilon,\ell+1}^2\right]}$$

Offensichtlich wird der Wert von β durch das Verhältnis der beiden beteiligten Matrixelemente $r_{\varepsilon,\ell-1}/r_{\varepsilon,\ell+1}$ und durch die Phasendifferenz der beiden Radialwellenfunktionen bestimmt. Man überzeugt sich leicht, dass für $\ell = 0$ (und somit $r_{\varepsilon,\ell-1} = 0$) $\beta = 2$ wird, wie schon im Rahmen der Born'schen Näherung festgestellt. Ebenso verifiziert man, dass der Asymmetrieparameter in der Tat alle Werte $-1 \le \beta \le 2$ (und nur diese) annehmen kann.

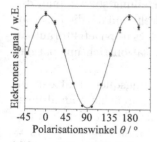

Abb. 5.9. Winkelverteilung der Elektronen beim Photodetachment von Cu$^-$ nach Covington et al. (2007)

Abbildung 5.9 illustriert dies mit einer experimentell bestimmten Winkelverteilung für das *Photodetachment eines Anions* am Beispiel des kürzlich von Covington et al. (2007) untersuchten Prozesses

$$\mathrm{Cu}^-[\mathrm{Ar}]3d^{10}4s^2\,{}^1\mathrm{S} + \hbar\omega \to \mathrm{Cu}[\mathrm{Ar}]3d^{10}4s\,{}^2\mathrm{S} + e^-\,.$$

Da man die Elektronenkonfiguration der Kupferanionen als He ähnlich ansehen kann (zwei s-Elektronen über einer abgeschlossenen $3d$ Schale) und ein s-Elektron ausgelöst wird, erwartet man – wie besprochen – mit $\beta = 2$ eine reine $\cos^2\theta$ Winkelverteilung. Abbildung 5.9 bestätigt diese Erwartung weitgehend. Eine kleine Abweichung kann das Experiment nicht ganz ausschließen. Diese würde man darauf zurückführen, dass die Beschreibung der Elektronenwellenfunktion durch reine Produktwellenfunktionen (in diesem Fall $4s$ für das abzulösende Elektron) bei einem so großen Atom eben doch nicht ganz korrekt ist und bei feinerer Betrachtung ggf. auch eine *Konfigurationsmischung* berücksichtigt werden muss.

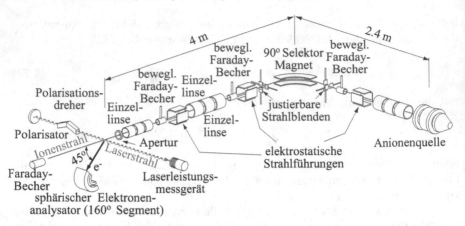

Abb. 5.10. Typischer experimenteller Aufbau zur Untersuchung des Photodetachments von Anionen, hier nach Covington et al. (2007). Der aus der Quelle kommende Ionenstrahl wird mit verschiedenen Linsen und Ablenksystemen geführt. Mithilfe eines 90° Magneten wird daraus eine Anionenart selektiert und im Wechselwirkungsgebiet mit einem kontinuierlichen Laser zum Überlapp gebracht, dessen Polarisationsrichtung gedreht werden kann

Abbildung 5.10 zeigt hierzu die in diesem Experiment benutzte, recht typische, klassische Ionenstrahlapparatur. Der Aufbau ist im Prinzip unkompliziert, und weitgehend selbst erklärend, erfordert aber große experimentelle Präzision. Zur Messung der kinetischen Energie der emittierten Elektronen benutzt man hier ein Segment aus einem Kugelkondensator, der sich durch hohe Energieauflösung und gute Fokussierungseigenschaften auszeichnet. Aufgenommen wurde die in Abb. 5.9 gezeigte Winkelverteilung so, wie man das typischerweise immer macht, wo es möglich ist: man dreht einfach die Laserpolarisationsrichtung, weil das einfacher ist, als den Analysator-Detektoraufbau für die Elektronen zu drehen. Für $\theta = 0$ liegt der Polarisationsrichtung parallel zur Detektionsrichtung des Elektrons.

Will man für solche Vielelektronensysteme die Wirkungsquerschnitte quantitativ berechnen, so ist einiger Aufwand erforderlich. Zunächst einmal muss man die Wellenfunktionen für die gebundenen wie auch für die Kontinuumszustände bestimmen. Sodann ist der Dipoloperator durch $\hat{T} = \mathrm{i}e \cdot \sum_i r_i = \sum r_i C_{10}(\theta_i, \varphi_i)$ zu ersetzen, wobei über die Koordinaten aller Elektronen zu summieren ist. Berücksichtigt man schließlich noch den Spin und die LS-Kopplung, dann müssen die entsprechenden Dipolmatrixelemente mithilfe der Drehimpulsalgebra ausgewertet werden, wofür die wesentlichen Werkzeuge in Anhang D zusammengestellt sind. Wie man damit umgeht, werden wir in den folgenden Kapiteln anhand der Übergänge zwischen gebundenen Zuständen kennen lernen. Für die Photoionisation gelten ganz analoge Überlegungen, auf die wir aber nicht im Detail eingehen werden.

5.5.5 Multiphotonenionisation (MPI)

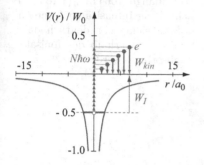

Abb. 5.11. Illustration der Multiphotonenionisation am Beispiel eines H-Atoms. Im Kontinuum hat das Elektron die kinetische Energie $W_{kin} \equiv \varepsilon$ entsprechend (5.77) je nach Anzahl der absorbierten Photonen $\mathcal{N}\hbar\omega$ (Skizze in atomaren Einheiten maßstäblich für 800 nm Photonen)

Prozesse $\mathcal{N}$-ter Ordnung (Störungsrechnung) entsprechen der Absorption von $\mathcal{N}$ Photonen, wie bereits in Abschnitt 5.3 für die Anregung besprochen. Natürlich kann man auf diese Weise ein Atom (At) auch ionisieren, obwohl die Energie des Einzelphotons $\hbar\omega < W_I$ unter der Ionisationsschwelle liegt. Dies ist im Potenzialbild Abb. 5.11 skizziert. Die Energiebilanz lautet jetzt

$$At + \mathcal{N}\hbar\omega \rightarrow At^+ + e^-(W_{kin}) \quad \text{mit} \quad W_{kin} = \frac{k_e^2}{2m_e} = \mathcal{N}\hbar\omega - W_I \,, \quad (5.77)$$

und man sieht, dass die kinetische Energie W_{kin} des Elektrons nach der Ionisation (bzw. der Betrag des Wellenvektors k_e) abhängig von der Anzahl $\mathcal{N}$ der absorbierten Photonen ist. Die Wahrscheinlichkeit dafür, dass ein solcher Multiphotonenprozess stattfindet, bei dem $\mathcal{N}$ Photonen absorbiert werden, hängt wie bei den Multiphotonenanregungsprozessen vom Photonenfluss $\Phi = I/(\hbar\omega)$ und damit von der Intensität ab. In $\mathcal{N}$-ter Ordnung Störungsrechnung kann man die Übergangsrate $R^{(\mathcal{N})}_{k_e \leftarrow a}$ vom gebundenen Ausgangszustand $|a\rangle$ in den Kontinuumszustand $|\varepsilon\rangle$ schreiben als

$$R^{(\mathcal{N})}_{k_e \leftarrow a} = \sigma^{(\mathcal{N})} \, \Phi^{\mathcal{N}} \propto I^{\mathcal{N}} \,, \quad (5.78)$$

wobei der $\Phi = I/\hbar\omega$ wieder der Photonenfluss und $\sigma^{(\mathcal{N})}$ ein generalisierter Wirkungsquerschnitt ist, wie wir ihn schon in (5.31) kennen gelernt haben.
Neben der Ionenausbeute als Funktion der Intensität bieten vor allem die Energiespektren der Photoelektronen eine experimentelle Bestätigung der in Abb. 5.11 schematisch dargestellten Zusammenhänge. Abbildung 5.12 zeigt die Ergebnisse eines inzwischen klassischen Experiments von Petite et al. (1988), bei welchem Xe mit Nd-YAG-Laserimpulsen ($\lambda = 1064$ nm) von 130 ps Dauer ionisiert wurde. Die Photonenenergie ist 1.165 eV und man sieht in den Photoelektronenspektren sehr deutlich, dass weit mehr als die 11 Photonen absorbiert werden, die für die Ionisation benötigt werden. Man spricht daher von *„Above Threshold Ionisation (ATI)"*. Die zusätzliche Energie findet

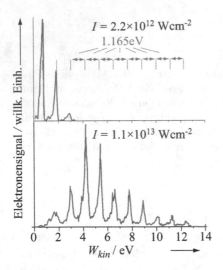

Abb. 5.12. ATI (Above Threshold Ionisation) Photoelektronenspektren für Xe nach Petite et al. (1988). Nd-YAG Laserimpulse einer Wellenlänge 1064 nm (1.165 eV) zweier verschiedener Intensitäten I werden verglichen. Man sieht sehr deutlich dass mehrere Photonen oberhalb der Ionisationsschwelle absorbiert werden

man entsprechend der Energiebilanz (5.77) als kinetische Energie der Elektronen W_{kin}. Wie in Abb. 5.12 dokumentiert steigt die Zahl der zusätzlich absorbierten Photonen rasch mit der Laserintensität.

Auch die Winkelverteilungen der emittierten Ionen können bei der Multiphotonenionisation (MPI) wesentlich komplizierter werden, als mit (5.67) beschreibbar.[10] Es werden jetzt ja mehrere Photonen, sagen wir $\mathcal{N}$, absorbiert. Daher führt der Drehimpulsübertrag $\mathcal{N}\hbar$ zu einer entsprechend erweiterten Summation über anregbare Kontinuumszustände in (5.70), was sich wiederum im Wirkungsquerschnitt (5.73) bzw. (5.74) niederschlägt. Aus Paritätserhaltungsgründen werden z. B. bei einem 2-Photonenprozess die Partialwellen $\ell' = \ell$ *und* $\ell \pm 2$ beitragen (sofern $\ell' \geq 0$), bei einem 3-Photonenprozess $\ell' = \ell \pm 1$ *und* $\ell \pm 3$ und so fort. Bei linear polarisiertem Licht gilt nach wie vor die $\Delta m = 0$ Auswahlregel, für zirkular polarisiertes Licht sind jedoch auch höhere m-Werte erreichbar. Natürlich wird sich auch die Winkelverteilung der emittierten Elektronen entsprechend komplexer gestalten.

Ganz analog zur Multiphotonen*anregung* nach Abschnitt 5.3 sind die Übergangsamplituden jetzt in $\mathcal{N}$-ter Ordnung Störungsrechnung zu bestimmen. So wird etwa der generalisierte differenzielle Wirkungsquerschnitt[11] bei einer Zweiphotonenionisation vom Anfangszustand $n\ell$ zu einem Endzustand der Energie ε nach Cooper und Zare (1969) unter Benutzung der Übergangsamplituden (4.69)

---

[10] Das gilt auch für nicht isotrope Anfangszustände, die man z. B. durch eine Voranregung mit polarisiertem Licht erzeugen kann (Hertel und Stoll, 1974).

[11] Auch der generalisierte differenzielle Wirkungsquerschnitt für $\mathcal{N}$-Photonenionisation ist entsprechend (5.78) so definiert, dass das Elektronensignal $\propto (\mathrm{d}\sigma_{\varepsilon(n\ell)}/\mathrm{d}\Omega)\,(I/\hbar\omega)^{\mathcal{N}}$ wird

$$\frac{d\sigma_{n\ell}^{(2)}(\hbar\omega,\theta)}{d\Omega} \propto \left| \sum_{\ell'\gamma''\ell''} \frac{\langle \varepsilon\ell'm \,|r_0|\, \gamma''\ell''m \rangle \, \langle \gamma''\ell''m \,|r_0|\, n\ell m \rangle}{W_{n\ell} - W_{\gamma''\ell''} + \hbar\omega} \right|^2 , \qquad (5.79)$$

wobei ggf. über die Anfangsorientierungen m zu mitteln ist. Die Summation über alle Zwischenzustände $\gamma''\ell''$ muss sowohl über gebundene Zustände als im Prinzip auch über das Kontinuum geführt werden. Man erahnt leicht, dass die Auswertung dieses Ausdrucks im Detail ein formidables Unternehmen sein kann. Bei unterschiedlichen Polarisationen wird der Ausdruck noch komplizierter. Man sieht auch, dass dies noch einmal aufwendiger wird, wenn die Photonenenergie einen Zwischenzustand resonant anregen kann ($\hbar\omega = W_{\gamma''\ell''} - W_{n\ell}$). Man wird dann die üblichen Dämpfungsterme wie im Falle der Anregung einfügen und auf Sättigungseffekte zu achten haben. Im Grenzfall besetzt man so einfach einen neuen, nicht isotropen Anfangszustand.

In aller Regel wird jedenfalls (5.67) die Winkelverteilung der emittierten Elektronen nicht mehr adäquat beschreiben. Man erhält vielmehr für den (generalisierten) differenziellen Wirkungsquerschnitt eines $\mathcal{N}$-Photonenprozesses

$$\frac{d\sigma_{n\ell}^{(\mathcal{N})}(\hbar\omega,\theta)}{d\Omega} = \sigma_{n\ell}^{(\mathcal{N})} \frac{1 + \beta_2 \cos^2\theta + \beta_4 \cos^4\theta + \cdots + \beta_{2\mathcal{N}} \cos^{2\mathcal{N}}\theta}{4\pi(1 + \beta_2/3 + \beta_2/5 + \cdots + \beta_{2\mathcal{N}}/(2\mathcal{N}+1))} . \qquad (5.80)$$

Mit dem steten Fortschritt bei der Entwicklung von intensiven, abstimmbaren und verlässlichen Lasersystemen ist auch das Interesse am experimentellen Studium solcher Prozesse in den letzten Jahrzehnten rasant gewachsen. Multiphotonenionisation, insbesondere über resonante Zwischenzustände (sogenannte *resonantly enhanced multi photon ionization, REMPI*) ist heute ein universell eingesetztes Werkzeug beim Studium der Struktur und Dynamik von Atomen, Molekülen und Clustern, bis hin zu Biomolekülen. Wir können hier auch nicht näherungsweise einen Überblick über dieses wichtige moderne Arbeitsgebiet geben. Wir werden das Thema aber im Zusammenhang mit hohen Laserintensitäten in Kapitel 8.9.3 noch einmal aufnehmen.

Hier beschränken wir uns auf zwei Beispiele. Compton et al. (1984) untersuchten REMPI Übergänge im Cs-Atom. Der experimentelle Aufbau war ähnlich dem in Abb. 5.10 gezeigten, jedoch deutlich einfacher, da die Targetatome hier einfach mit einem Atomstrahlofen erzeugt wurden. Der Elektronennachweis und die Polarisationsdrehung sind aber praktisch identisch. Lichtquelle war ein gepulster Farbstofflaser mit verschieden einstellbaren Wellenlängen, 10 ns Impulsdauer und einer Intensität von damals noch sehr moderaten $\simeq 10^8\,\mathrm{W\,cm}^{-2}$. Cs-Atome wurden über Ein- oder Zweiphotonenresonanzen angeregt – je nach Auswahlregel – ein weiteres Photon gleicher Wellenlänge diente der Ionisation. Beobachtet wurden u. a. folgende Prozesse:

$$\mathrm{Cs}(6s\,^2S_{1/2}) \begin{cases} \xrightarrow{1\hbar\omega_1} \mathrm{Cs}(7p\,^2\mathrm{P}_{3/2}) \xrightarrow{1\hbar\omega} \mathrm{Cs}^+ + e^-(\varepsilon \quad s \text{ und } p) \\ \xrightarrow{1\hbar\omega_2} \mathrm{Cs}(8p\,^2\mathrm{P}_{3/2}) \xrightarrow{1\hbar\omega} \mathrm{Cs}^+ + e^-(\varepsilon \quad s \text{ und } p) \\ \xrightarrow{2\hbar\omega_3} \mathrm{Cs}(8d\,^2\mathrm{D}_{5/2}) \xrightarrow{1\hbar\omega} \mathrm{Cs}^+ + e^-(\varepsilon \quad s \text{ und } p) \end{cases} \qquad (5.81)$$

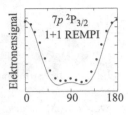
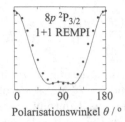
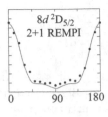

Polarisationswinkel θ / °

Abb. 5.13. Resonante Multiphotonenionisation am Cs-Atom nach Compton et al. (1984). Gemessene (Punkte) und berechnete (Linien) Winkelverteilungen der Photoelektronen für die in (5.81) aufgelisteten Prozesse

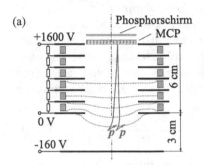
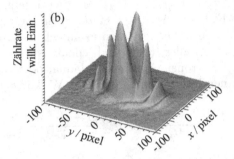

Abb. 5.14. Bildgebende Photoelektronenspektroskopie nach Reichle et al. (2001). (a) Optischer „EIS" Detektor, mit einem speziellen Feldverlauf (rot gepunktet) und zwei typischen Trajektorien für gleiche Impulse p die zur gleichen Detektorposition führen. (b) Photoelektronensignal von H^- in einem infraroten Laserfeld mit $I = 1.7 \times 10^{13}\,\mathrm{W/cm^2}$. Der Polarisationsrichtung des Lasers zeigt in die y-Richtung. Die Winkelverteilung der Photoelektronen ist auf die x-y Ebene projiziert, der Abstand $\sqrt{x^2 + y^2}$ reflektiert die kinetische Energie W_{kin}

Abbildung 5.13 zeigt die gemessenen und berechneten Winkelverteilungen der Photoelektronen. Der Vergleich mit Abb. 5.9 auf Seite 187 unterstreicht die hier erwartete, strukturreiche Abhängigkeit des Photoelektronensignals vom Polarisationswinkel θ, die wir nach (5.80) erwarten.

In jüngerer Zeit werden für derartige Messungen zunehmend sogenannte bildgebende Verfahren der Photoelektronenspektroskopie eingesetzt (photoelectron imaging spectrometer, EIS). Bei diesen außerordentlich eleganten und effizienten Methoden nimmt man in einem „Schuss" (z. B. für einen Laserimpuls) im Prinzip eine komplette Winkel- und Energieverteilung der Photoelektronen auf – muss diese freilich über viele Ereignisse mitteln. Es gibt verschiedene Varianten des Verfahrens. Grundsätzlich basieren alle darauf, dass die Photoelektronen sich vom Entstehungsort auf Kugelschalen mit dem Radius $r = t\sqrt{2W_{kin}/m_e}$ bewegen. Zu einer wohl definierten Zeit t projiziert man diese Kugelschale auf einen ausgedehnten, positionsempfindlichen Detektor und bestimmt so die kinetische Energie W_{kin} und über x/t bzw. und y/t auch den Winkel θ. Wir können hier nicht auf Details eingehen, zeigen aber in Abb. 5.14 einen aktuellen Versuchsaufbau und ein schönes Ergebnis aus der Gruppe *Helm*, einem der Pioniere dieser Verfahren. Mit einem geschickten Feldverlauf optimiert man das Aufsammeln der Elektronen, die in einem Vielkanalplatten-Elektronenvervielfacher („multi channel plate electron multiplier" MCP) verstärkt und über einen Phosphorschirm und eine CCD-Kamera optisch nachgewiesen werden. Abbildung 5.14a zeigt eine gemessene Elektronenverteilungen für das Photodetachment von H^- mit einer typischen ATI Struktur: Der Abstand vom Zentrum reflektiert W_{kin}, und jede der konzentrischen Winkelverteilungen entspricht einem $\mathcal{N}$ nach (5.77) mit jeweils einer eigenen, komplexen Winkelverteilung entsprechend (5.80).

Feinstruktur und Lamb-Shift

Wir verfeinern jetzt unsere Betrachtung von Atomen um einen wesentlichen Schritt: wir beziehen den Elektronenspin und seine Wechselwirkungen ein. Auch die Lamb-Shift wird uns in diesem Kapitel beschäftigen. Um solche feinen Effekte auch beobachten und messen zu können, bedarf es ausgefeilter Methoden der Spektroskopie. Wir wollen mit einer kleinen Einführung in diese Thematik beginnen.

Hinweise für den Leser: Dieses Kapitel behandelt ein Kernthema der Atomphysik von breiter Bedeutung. Der Leser sollte sich gründlich damit beschäftigen. Zunächst werden in Abschnitt 6.1 beispielhaft einige Methoden der experimentellen Spektroskopie vorgestellt, mit denen man heute Präzisionsmessungen durchführt. Abschnitt 6.2 gibt eine allgemeine Einführung in die Spin-Bahn-Wechselwirkung, Feinstrukturaufspaltung (FS) und vieles, was damit zusammenhängt. In Abschnitt 6.3 wird es dann, soweit überhaupt möglich, streng quantitativ und vielleicht etwas anstrengend. Den Schwerpunkt bildet dabei das H-Atom, das die Dirac-Gleichung bis auf Strahlungskorrekturen exakt beschreibt. Alkaliatome dienen als weiteres Beispiel. In Abschnitt 6.4 geht es um Auswahlregeln und Intensitäten der FS-Übergänge, ein etwas trockenes Thema, das der Leser auch überspringen und bei Bedarf später konsultieren mag. In Abschnitt 6.5 behandeln wir die klassischen Experimente zur Lamb-Shift, weisen aber kursorisch auch auf moderne Präzisionsmessungen hin. Als Andeutung eines theoretischen Hintergrundes ist die folgende, etwas lockere und heuristische Einführung in den Umgang mit Feynman-Graphen gedacht. Schließlich folgt in Abschnitt 6.6 noch ein kurzer Exkurs über das anomale magnetischen Moment des Elektrons und in Abschnitt 6.7 ein im Wesentlichen tabellarischer Überblick über die vier fundamentalen Wechselwirkungen allgemein.

6.1 Methoden der hochauflösenden Spektroskopie

6.1.1 Gitterspektrometer und Fabry-Perot-Interferometer

Wenn man die Spektren von Atomen und Molekülen genauer vermessen will, dann braucht man entsprechende Werkzeuge. In Absorption oder Emission kann man zunächst einmal versuchen, mit hochauflösenden Spektrometern zu arbeiten. Diese basieren in aller Regel auf Interferenzmethoden, z. B. Gitter-spektrometer, Michelson- oder Fabry-Perot-Interferometer (FPI) etc. Generell haben solche Interferenz-basierten Spektrometer eine

$$\boxed{\textbf{Auflösung} \quad \lambda/\Delta\lambda = \mathcal{N} \times z} \qquad (6.1)$$

mit $\mathcal{N}$, der Anzahl der interferierenden Strahlen, und z, der Ordnung der In-terferenz. Beim Gitter entspricht $\mathcal{N}$ z. B. der Anzahl der *kohärent ausgeleuch-teten Linien* und kann leicht einige 1000 erreichen; die Beugungsordnung z ist in der Regel[1] 1 oder 2 (Ausnahme Echelle-Spektrometer). Beim Interferome-ter ist $\mathcal{N}$ die *Zahl der überlagerten Strahlen*, beim Michelson-Interferometer also $\mathcal{N} = 2$, während $\mathcal{N}$ beim FPI (man spricht hier von Finesse $\mathcal{F}$) von der Anzahl der Reflexionen an den Spiegeln aber auch von der Güte der Spiegel abhängt und einige 100 betragen kann. Andererseits ist bei allen Interferome-tern z sehr groß. Für einen Gangunterschied der interferierenden Strahlen von Δs ergibt sich

$$z = \Delta s/\lambda = \nu\Delta s/c \quad . \qquad (6.2)$$

Im Sichtbaren ($\lambda = 600$ nm) wird schon bei einem kleinen Gangunterschied von $\Delta s = 6$ cm bereits $z = 10^5$ erreicht. Man erhält also sehr hohe Auf-lösung mit dem Interferometer. Typischerweise werden Streifen gleicher Nei-gung beobachtet (leicht unterschiedliche Winkel führen zu verändertem Gang-Unterschied Δs). Allerdings sind die mit Interferometern erhaltenen Spektren mehrdeutig: nehmen wir an, das zentrale Maximum für die Wellenlänge λ_1 (Frequenz ν_1) entspräche der Ordnung z. Eine benachbarte, etwas kürzere Wellenlänge λ_2 führt bei gleichem Gangunterschied Δs zum Maximum der Ordnung $z + 1$ (von ersterem nicht unterscheidbar), wenn

$$z = \nu_1\Delta s/c \quad \text{und} \quad z + 1 = \nu_2\Delta s/c \quad \Longrightarrow \quad 1 = (\nu_2 - \nu_1)\Delta s/c$$

gilt. Der Frequenzabstand $\nu_2 - \nu_1$ zweier Maxima, die sogenannte **Freie Spek-tralbreite**, ist also

$$\Delta\nu_{frei} = c/\Delta s \quad . \qquad (6.3)$$

Das heißt, zwei Linien sind im Interferogramm nur dann eindeutig zuzuordnen, wenn ihr Frequenzunterschied $\Delta\nu < \Delta\nu_{frei}$ ist.

Fabry-Perot-Interferometer (FPI) werden in vielerlei Kontext als spek-troskopisches Werkzeug benutzt. Nicht zuletzt ist jeder Laserresonator ein Fabry-Perot-Interferometer. Wir behandeln diese Anordnung daher etwas aus-führlicher. In Abb. 6.1 ist eine typischer Aufbau schematisch skizziert. Er be-steht hier aus zwei planparallelen, hochreflektierenden Flächen im Abstand d mit einer Amplitudenreflektivität r bzw. r' und einer Amplitudentransmis-sivität t bzw. t'. Für die Lichtintensität sind $R = |r|^2$ bzw. $R' = |r'|^2$ die

---

[1] Eine Ausnahme bilden die Echelle-Spektrometer, bei denen $\mathcal{N}$ moderat groß ist, dafür aber $z \gg 1$. Man realisiert das z. B. mit einer Anordnung aus z präzise geschliffenen, unterschiedlich dicken Glasplatten.

Reflexionskoeffizienten und $T = |t|^2$ bzw. $T' = |t'|^2$ die Transmissionskoeffizienten. Der Zwischenraum kann leer sein oder auch mit einem Medium des Brechungindexes n gefüllt (was man durch *zwei* parallele Spiegel oder ggf. auch durch *eine* planparallele, verspiegelte Glasplatte realisieren kann). Sofern Verluste vernachlässigbar sind, gilt $R + T = 1$. Das unter einem Winkel θ zur Normalen einfallende Licht wird an den hochverspiegelten, ebenen Flächen vielfach reflektiert und schließlich mithilfe einer Linse am Detektor P zur Interferenz gebracht.

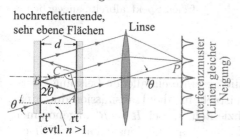

Abb. 6.1. Fabry-Perot-Interferometer

Die optische Weglängendifferenz zwischen Nachbarstrahlen ergibt sich aus der Strecke ABC in Abb. 6.1 zu $\Delta s = 2dn \cos\theta$. Für senkrechte Inzidenz ergibt sich die freie Spektralbreite damit zu

$$\Delta\nu_{frei} = \frac{c}{2nd} \quad , \qquad (6.4)$$

und die Ordnungszahl wird

$$z = 2d/\lambda \quad . \qquad (6.5)$$

Auf der Wellenlängenskala kann man auch

$$\Delta\lambda_{frei} \simeq \frac{\lambda^2}{2d} \qquad (6.6)$$

schreiben. Die Phasenverschiebung zwischen benachbarten, interferierenden Strahlen wird

$$\delta = \frac{2\pi\Delta s}{\lambda} = 2kd \cos\theta = 2\pi \frac{\nu \cos\theta}{\Delta\nu_{frei}} \quad , \qquad (6.7)$$

und die gesamte elektrische Feldamplitude ergibt sich durch Überlagerung der Teilamplituden zu

$$E_t = tt'E_0 + rr' \exp(i\delta)tt'E_0 + (rr')^2 \exp(2i\delta)tt'E_0 + \dots, \qquad (6.8)$$

Die Transmission des FPI als Funktion der eingestrahlten Frequenz ν ergibt sich daraus über $I_t \propto |E_t|^2$. Vernachlässigt man Verluste, so erhält man nach einfacher Rechnung für das Verhältnis von insgesamt transmittierter Intensität I_t zu einfallender Intensität I_0 die sogenannte

$$\textbf{Airy-Funktion} \quad \frac{I_t}{I_0} = \frac{1}{1 + F \sin^2\left(\dfrac{\delta}{2}\right)} \qquad (6.9)$$

mit dem

$$\textbf{Finesse-Koeffizient}\text{en:} \quad F = \frac{4\sqrt{RR'}}{\left(1 - \sqrt{RR'}\right)^2} \quad . \qquad (6.10)$$

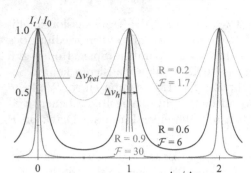

Abb. 6.2. Transmission eines Fabry-Perot-Interferometers als Funktion der eingestrahlten Frequenz bei verschiedenen Reflexionskoeffizienten $R = R'$ bzw. Finesse $\mathcal{F}$. Auf der Abszisse wird hier die Änderung der Frequenz $\Delta\nu$ gegenüber einem Transmissionsmaximum in Einheiten der freien Spektralbreite angegeben

Im Resonanzfall $\delta = (z + m)2\pi$ wird die gesamte einfallende Leistung transmittiert. Abbildung 6.2 zeigt einige Beispiele für die Transmission durch ein FPI bei verschiedenen Reflexionskoeffizienten, wobei $R = R'$ angenommen wird. Die Halbwertsbreite (FWHM) δ_h der Transmissionslinien des FPI ergibt sich nach (6.9) aus $I_t/I_0 = 0.5 \Rightarrow F\sin^2(\delta_h/4) = 1 \Rightarrow \delta_h \simeq 4/\sqrt{F}$, woraus schließlich mit (6.7) die Frequenzhalbwertsbreite $\Delta\nu_h$ folgt: bei senkrechter Inzidenz wird $2\pi\Delta\nu_h/\Delta\nu_{frei} = \delta_h = 4/\sqrt{F}$ und man definiert als

$$\text{\textbf{Finesse des FPI}} \quad \mathcal{F} = \frac{\Delta\nu_{frei}}{\Delta\nu_h} = \frac{2}{\pi\sqrt{F}} = \frac{\pi\sqrt{R}}{1 - R} \qquad (6.11)$$

$$\text{bzw. auf der Wellenlängenskala} \quad = \frac{\Delta\lambda_{frei}}{\Delta\lambda_h}$$

Unter Verwendung von (6.6) wird somit das Auflösungsvermögen des FPI:

$$\frac{\lambda}{\Delta\lambda_h} = \frac{\pi\sqrt{R}}{(1 - R)}\frac{2d}{\lambda} = \mathcal{F} \times z$$

Der Vergleich mit (6.1) zeigt, dass die Finesse der (effektiven) Anzahl interferierender Strahlen im FPI entspricht. In der Praxis wird die Finesse meist durch mechanische Unvollkommenheiten der Spiegel begrenzt. Als Richtwert gilt, dass die Spiegel eines FPI der Finesse $\mathcal{F}$ mindestens auf $\lambda/\mathcal{F}$ genau geschliffen sein müssen. Wir notieren noch, dass die reflektierte Intensität komplementär zu (6.9) ist, dass also $I_r = I_0 - I_t$ ist. Während wir also (z. B. im divergenten Licht) in Transmission helle Ringe auf dunklem Grund sehen, finden wir in Reflexion hellen Untergrund und dunkle Ringe. Interessant ist übrigens, dass im Inneren des Resonators eine erhebliche Überhöhung der Intensität auftreten kann: Da nur ein Bruchteil $T = 1 - R$ aus dem Resonator austritt, ist die Intensität *im* Resonator durch $I_{int} = I_t/(1 - R)$ gegeben. *Der Fabry-Perot-Resonator wirkt also wie ein Lichtspeicher.* Man macht sich dies sowohl beim Bau von Lasern wie auch in der Spektroskopie zu Nutze: im Inneren eines FP-Resonators, kann man hochempfindliche Spektroskopie mit relativ geringen Intensitäten betreiben. Man kann das einfach auch so verstehen, dass das Licht, welches vom Target absorbiert wird, im Inneren des Resonators viele Male durch das Target läuft und bei jedem Durchgang erneut abgeschwächt wird. Sogenannte „Cavity Ring Down" Spektrometer nutzen das geschickt aus, indem sie einen endlich langen Laserimpuls in den Resonator geben und zeitlich verfolgen wie der Impuls abklingt. Diese Abklingdauer als Funktion der eingestrahlten Frequenz, ggf. mithilfe einer Fourier-Transformation aufgenommen, erlaubt dann eine sehr empfindliche Messung der Absorptionsfrequenzen.

In der Praxis benutzt man für Laseraufbauten, aber auch für spektroskopisch genutzte Resonatoren keinesfalls nur planparallele Spiegel. Sehr häufig verwendet man konkave, hochverspiegelte Flächen, welche das Licht im Inneren des Resonators zusätzlich noch fokussieren. Eine besonders hervorzuhebende Konfiguration ist der konfokale Resonator, der durch zwei Konkavspiegel vom Radius d im Abstand d begrenzt wird. Eine auf diese Anordnung auftreffende, planparallele Lichtwelle (z. B. ein Laserstrahl) wird in der Mitte des Resonators fokussiert und kann dort für nichtlineare Prozesse sehr vorteilhaft genutzt werden. So untersucht man z. B. effizient die Multiphotonenanregung von Atomen und Molekülen, denn das erwartete Signal steigt ja mit einer Potenz der Intensität an, während das untersuchte Volumen nur linear mit dem Querschnitt des Fokus abnimmt.

6.1.2 Doppler-freie Spektroskopie an thermischen Atom- und Molekularstrahlen

Die genaue Beobachtung von feinen Effekten im Spektrum wird nicht nur durch die Leistung der Spektrometer begrenzt, sondern oft auch durch die Doppler-Verbreiterung (5.13). Eine Methode, dies zu überwinden, ist die Untersuchung der Spektren im Molekularstrahl. Ein typischer experimenteller Aufbau ist in Abb. 6.3 skizziert: der Strahl sei durch seine wahrscheinlichsten Geschwindigkeit v_w, einen Divergenzwinkel $\Delta\theta$ und eine charakteristische Breite Δv_D der Geschwindigkeitsverteilung parallel zur Strahlachse charakterisiert. (Nach (5.13) wird z. B. für einen effusiven Strahl $\Delta v_D = \sqrt{8k_B T \ln 2/M}$.) Die daraus resultierende Doppler-Verbreiterung der Linie wird senkrecht zum Strahl um den Faktor $2\sin\Delta\theta$ reduziert. Die Doppler-Verbreiterung der Absorptionslinien dann also nur noch

$$\Delta\nu_\perp = \frac{\nu_0}{c}\Delta v_\perp = 2\Delta\nu_D \sin\Delta\theta \quad .$$

Als Beispiel zeigen wir in Abb. 6.4 die an einem Natriumstrahl vermessene Hyperfeinstruktur (HFS) der Na-D$_2$ Linie. Zur Demonstration der unterschiedlichen Doppler-Verbreiterung parallel und senkrecht zum Molekularstrahl werden gleichzeitig zwei Spektren für unterschiedlichen Lichteintrittswinkel gemessen. Das anregende, schmalbandige Licht kommt aus einem

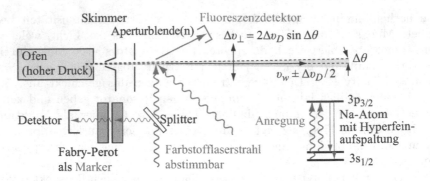

Abb. 6.3. Schematischer Aufbau einer Molekularstrahlapparatur für die hochauflösende Spektroskopie. Rechts in der Abbildung ist das Termschema mit den zwei beobachteten Absorptionslinien angedeutet

abstimmbaren Farbstofflaser. Man beobachtet das gesamte Fluoreszenzsignal als Funktion der eingestrahlten Frequenz – man registriert also das Anregungsspektrum des schrägen wie auch des senkrecht einfallenden Lichtstrahls. Die beiden Anteile sind aber, wie in Abb. 6.4 zu sehen, leicht trennbar. Zeitgleich wird auch ein Referenzsignal aufgenommen, welches von einem kleinen Anteil des Laserstrahls erzeugt wird, der durch ein Fabry-Perot-Interferometer (FPI) geschickt wird. Dieses Signal erscheint entsprechend der freien spektralen Breite des FPI (im vorliegenden Falle im Abstand von 100 MHz) und bildet einen bequemen Marker zur Vermessung des Anregungsspektrums. Man sieht, dass die HFS bei senkrechtem Einfall sehr deutlich getrennt ist und ca. 1700 MHz beträgt. Die beobachtete Linienbreite liegt noch deutlich oberhalb der natürlichen Linienbreite, lässt sich aber mit einiger Anstrengung noch deutlich schmaler machen. Der schräg einfallende Strahl (rotes Signal) führt entsprechend der Geschwindigkeitskomponente in Laserrichtung zu einer wesentlich größeren Verbreiterung.

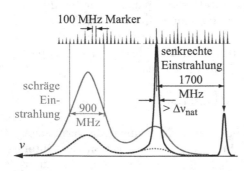

Abb. 6.4. Hyperfeinstruktur des Natriums für den Übergang $3\,^2S_{1/2} \leftarrow 3\,^2P_{3/2}$, aufgenommen an der in Abb. 6.3 skizzierten Molekularstrahlapparatur. Man sieht zwei Hyperfeinlinien bei schräger (rot) und alternativ senkrechter Einstrahlung (schwarz) als Funktion der anregenden Frequenz ν

6.1.3 Kollineare Laserspektroskopie an energiereichen Ionenstrahlen

Laserspektroskopie an Ionen wird häufig auch an energiereichen Ionenstrahlen betrieben. Man strahlt dabei den Laser *parallel oder antiparallel zum Strahl* ein. Die Methode hat zwei Vorteile, die natürlich auch für hochenergetische neutrale Teilchenstrahlen gelten. Zum einen kann man mithilfe der Energie des Strahls die Absorptionsfrequenz abstimmen. Zum anderen wird die Doppler-Verbreiterung erheblich reduziert („Doppler narrowing"). Für Ionen der Masse M wird bei einer Ionenstrahlenergie $W = e_0 U$ mit der Geschwindigkeit $v = \sqrt{2W/M}$

$$\beta = \frac{v}{c} = \sqrt{2e_0 U/Mc^2} \quad ,$$

und die Doppler-Verschiebung der eingestrahlten Laserfrequenz ν_L im Ruhesystem des Ions ist

$$\Delta \nu_L = \pm \nu_L \left(\beta - \beta^2/2 + \dots \right) \quad , \tag{6.12}$$

wie man leicht aus (1.37) herleitet. Diese Verschiebung kann je nach Ionenenergie beträchtlich sein und erlaubt es, bei fester Laserfrequenz durch Änderung der Beschleunigungsspannung U und deren genaue Messung feinere Strukturen in Spektren kalibriert zu vermessen. Besonders interessant ist aber das „Doppler narrowing". Beträgt nämlich die Energiebreite der Ionen bei ihrer Erzeugung (also bei sehr kleiner mittlerer Anfangsenergie) δW so bleibt diese während der Beschleunigung der Ionen erhalten. Damit wird bei einer Strahlenergie W die Geschwindigkeitsbreite

$$\delta v = \frac{\mathrm{d}v}{\mathrm{d}W} \delta W = \frac{\delta W}{\sqrt{2MW}} \quad ,$$

und die Doppler-Breite für die kollineare Laserspektroskopie im Teilchenstrahl ergibt sich zu

$$\delta \nu = \nu_0 \delta v/c = \nu_0 \frac{\delta W}{\sqrt{2WMc^2}} \quad . \tag{6.13}$$

Die Doppler-Verbreiterung nimmt also mit zunehmender Strahlenergie W ab. Zur Illustration vergleichen wir für ein He^+ Ion die thermische Doppler-Breite bei Zimmertemperatur, die sich nach (5.13) zu $\nu_0 \times 7.5 \times 10^{-6}$ berechnet, mit der Breite im Ionenstrahl von $100\,\mathrm{keV}$ bei einer Anfangsenergiebreite der Ionen von $1\,\mathrm{eV}$ (was weit über der thermischen Energiebreite liegt und für Ionenquellen typisch ist). Hier wird $\delta \nu = 5.2 \times 10^{-8} \nu_0$, ist also um mehr als einen Faktor 100 kleiner als die thermische Doppler-Breite! Das erlaubt bereits die problemlose Auflösung (wenn auch keine Präzisionsmessung) der Lamb-Shift der $n = 2$ Zustände im He^+, die bei ca. $1.423 \times 10^{-6} \nu_0$ liegt. Dabei ist die Frequenzverschiebung nach (6.12) etwa $0.007 \nu_0$, was eine gute Abstimmbarkeit (im Promille Bereich) durch Änderung der Beschleunigungsspannung bedeutet. Die Methode wurde und wird intensiv genutzt für die Bestimmung der Hyperfein- und Feinstruktur sowie der Lamb-Shift von schweren, insbesondere radioaktiven Ionen.

6.1.4 Lochbrennen

Die Grundlage vieler moderner Verfahren der Doppler-freien Spektroskopie ist das sogenannte *Lochbrennen*, bei dem man durch monochromatische Anregung einen bestimmten Teil einer Besetzungsverteilung von Atomen oder Molekülen entvölkert. Zugleich ist dies auch eine schöne Illustration der Begriffe *homogene und inhomogene Linienbreite*.

In aller Regel ist in der Gasphase die Doppler-Breite ja viel größer als die natürliche Linienbreite: $\Delta\nu_D \gg \Delta\nu_{nat}$. Um die Absorptionswahrscheinlichkeit als Funktion der Frequenz für ein Ensemble von Atomen (Molekülen) in der Gasphase aufzunehmen, können wir dieses mit einer sehr schmalbandigen (quasimonochromatischen), abstimmbaren Lichtquelle (Laser) in der Nähe der atomaren Resonanzfrequenz ν_{ba} anregen. Wie in 5.1.3 besprochen, ist die Absorptionsfrequenz ν eines individuellen, thermisch bewegten Atoms (Geschwindigkeit v) durch den Doppler-Effekt gegenüber der atomaren Eigenfrequenz eines ruhenden Atoms ν_{ab} verschoben. Die bei einer Frequenz ν absorbierende Geschwindigkeitsklasse ist also nach (5.12) durch

$$v_x = c\left[\frac{\nu}{\nu_{ba}} - 1\right] \tag{6.14}$$

gegeben. Es absorbieren also bei jeder eingestrahlten Lichtfrequenz ν nur Atome/Moleküle der Geschwindigkeit v_x entsprechend dieser Beziehung. Wir beobachten daher ein Absorptionssignal proportional der Geschwindigkeitsverteilung $w(v_x)$ wie skizziert.

Etwas präziser: für jede eingestrahlte Frequenz ν absorbieren auch Atome mit etwas kleinerer oder größerer Geschwindigkeit als v_x nach (6.14), sofern diese innerhalb der durch die natürliche Linienbreite vorgegebenen Geschwindigkeiten liegt. Dies ist in Abb. 6.5a durch die gestrichelte Lorentz-Verteilung

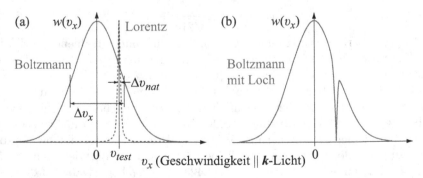

Abb. 6.5. Geschwindigkeitsverteilung von Atomen oder Molekülen in der Gasphase parallel zum Ausbreitungsvektor $\mathbf{k}$ des Lichtstrahls. (a) Boltzmann-Verteilung vor der Absorption und Lorentz-Anregungsprofil für eine bestimmte Geschwindigkeitsklasse v_{test} (gestrichelt). (b) Geschwindigkeitsverteilung mit „Loch", das durch die bei v_{test} absorbierte Strahlung erzeugt wird

angedeutet. Wenn man also mit einer festen Test-Frequenz $\nu_{test} = \nu_{ba}(\nu_{test})$ intensiv einstrahlt, regt man in diesem Sinne Atome der Geschwindigkeitsklasse v_{test} innerhalb der Doppler-Verteilung an.

Dabei wird diese Geschwindigkeitsklasse im Doppler-Profil des Grundzustands entvölkert. Die so entstehende, noch verbleibende Geschwindigkeitsverteilung der Atome im Anfangszustand a hat dann typischerweise das in Abb. 6.5b gezeigte Profil mit „Loch". Die Breite der absorbierenden Geschwindigkeitsklasse entspricht genau der natürlichen Linienbreite (bzw. der in 5.1.4 diskutierten Stoßverbreiterung, sofern diese größer als die natürliche Linienbreite ist): alle Atome innerhalb der homogenen Linienbreite tragen entsprechend zu dieser Entvölkerung bei.

6.1.5 Doppler-freie Sättigungsspektroskopie

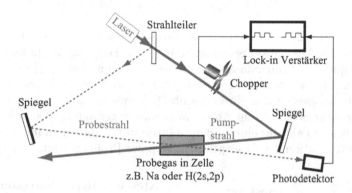

Abb. 6.6. Experimenteller Aufbau zur Doppler-freien Sättigungsspektroskopie nach T. Hänsch

Man kann das Lochbrennen in sehr eleganter Weise für die Spektroskopie nutzen. Dies wurde erstmals von Ted Hänsch und Mitarbeitern durchgeführt. Man spricht von Doppler-freier Sättigungsspektroskopie. Eine typische experimentelle Anordnung ist in Abb. 6.6 gezeigt, und die Wirkungsweise ist in Abb. 6.7 illustriert. Man spaltet den Laserstrahl auf in einen starken *Anregungsstrahl (Pump)* und einen schwächeren *Abtaststrahl (Probe)* und schickt sie gegeneinander in die Probe. Der Pumpstrahl brennt „Löcher" in die Doppler-Verteilung – im Idealfall ist der Übergang für diese Atome gesättigt, und nahezu die Hälfte aller Atome befindet sich im angeregten Zustand. Der Probestrahl merkt davon aber meist gar nichts, da er von der anderen Seite kommt und somit eine andere Geschwindigkeitsklasse anregt. Nur wenn Pump- und Probestrahl beide genau auf eine Resonanzfrequenz *ruhender* Atome abgestimmt sind, *sieht* der Probestrahl die gleichen Atome wie der Pumpstrahl, wird also nur von den ruhenden Atomen entsprechend der

Probestrahl   Pumpstrahl

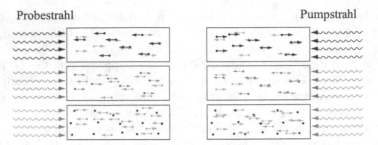

Abb. 6.7. Prinzip der Doppler-freien Sättigungsspektroskopie. Oben: die einge-strahlte Frequenz ist blauverschoben gegen $\nu_{ba}(0)$. Den Probestrahl absorbieren Atome die nach links laufen, während der Pumpstrahl nur Atome anregt, die sich nach rechts bewegen. Mitte: ν_{laser} ist rotverschoben. Der Pumpstrahl regt nach links laufende Atome an, der Probestrahl nach rechts bewegte. Unten: es wird exakt auf der Resonanzfrequenz $\nu_{ba}(0)$ eingestrahlt. Jetzt sehen Pump- und Probestrahl die gleichen, ruhenden Atome

reduzierten Teilchendichte im Grundzustand absorbiert. Dies führt zu einer Reduktion der Absorption genau dann, wenn die Frequenz des Laser einer Re-sonanzfrequenz für ruhende Atome entspricht, wenn also $\nu_{laser} = \nu_{ba}(0)$ ist. Man nennt dieses Signal den „*Lamb-Dip*". Hat das Atom mehrere Übergänge, sieht man entsprechend mehrere Lamb-Dip's, wie dies am Beispiel der Hy-perfeinstruktur des Natrium Atoms in Abb. 6.8 gezeigt ist. Der Pumpstrahl hatte in diesem Falle nur eine moderate Intensität, sodass man nur eine relativ schwache Reduktion der Absorption im Doppler-Profil erkennt. Leider ist das

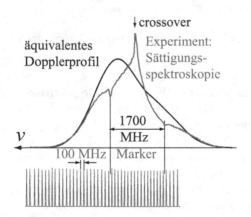

Abb. 6.8. Hyperfeinstruktur am Na-trium. Man sieht sogenannte Lamb-Dips erscheinen

Verfahren nicht ganz eindeutig, es gibt sogenannte „crossover" Signale, wenn Pump- und Probestrahl unterschiedliche Übergänge bei den ruhenden Atomen anregen. Dennoch ist diese *Sättigungsspektroskopie* ein hervorragendes Verfah-ren zur Vermessung von Resonanzlinien mit der Genauigkeit der natürlichen

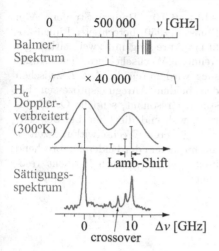

Abb. 6.9. Feinstrukturmessung am H-Atom mit Sättigungsspektroskopie nach Hänsch et al. (1979)

Linienbreite, obwohl das Gas eine viel größere Doppler-Breite aufweist. Im Experiment benutzt man zur Erhöhung der Empfindlichkeit zusätzlich das sogenannte Lock-in Verfahren: Man taktet den Laserstrahl periodisch und detektiert nur solche Signale, welche mit dieser Taktfrequenz moduliert sind. Ein besonders schönes Beispiel (Hänsch et al., 1972, 1979) ist in Abb. 6.9 gezeigt. In dieser Pionierarbeit konnte so die Feinstruktur der Balmer H_α Linie (oben) genau vermessen werden. Gegenüber dem Doppler-verbreiterten Spektrum (Mitte) sieht man mit Sättigungsspektroskopie (unten) die voll aufgelöste Feinstruktur. Wir kommen auf die Einzelheiten später noch zurück.

6.1.6 Ramsey-Streifen

Auch wenn es gelingt, die Doppler-Verbreiterung und andere Tücken spektroskopischer Beobachtungen zu überwinden, kommt es häufig vor, dass man einfach deswegen an die Grenzen der Auflösung einer Messanordnung gelangt, weil man nicht genug Zeit hat zu messen. Denn es gilt ja grundsätzlich die Unschärferelation (1.70) zwischen Zeit und Energie

$$\Delta W \times \Delta t \gtrsim \hbar \quad ,$$

weswegen die Genauigkeit ΔW, mit der ein atomarer oder molekularer Übergang vermessen werden kann, um so besser wird, je länger man misst – vorausgesetzt alle anderen Effekte spielen keine Rolle mehr. Ramsey (1950) hat – im Zusammenhang mit der magnetischen Resonanzspektroskopie, die wir in Kapitel 9.6.1 besprechen werden – eine besonders raffinierte Methode entwickelt und erprobt, die es im Prinzip gestattet, Messzeiten mit minimalem Aufwand praktisch beliebig zu verlängern, und so die Genauigkeit entsprechend zu steigern.

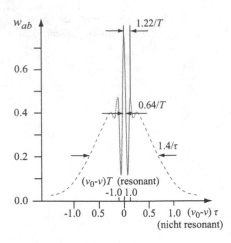

Abb. 6.10. Ramsey-Streifen: Von Ramsey (1950) berechnetes Linienprofil bei Anregung mit zwei zeitlich getrennten Wechselfeldern. Die Auflösung wird durch die Zeit T zwischen den beiden Anregungsprozessen bestimmt (resonant, schnelle Oszillationen), während die Linie bei der sehr viel kürzeren Wechselwirkungszeit τ mit nur einem der Felder entsprechend breiter wäre (gestrichelt, nicht resonant)

Die Idee ist dabei genial einfach: In der Praxis wird es nie gelingen, das Untersuchungsobjekt dem elektromagnetischen Wechselfeld, welches einen Übergang bewirken soll, unendlich lange auszusetzen. Diese endliche Wechselwirkungszeit t führt dann entsprechend dem in Abb. 4.8 auf Seite 123 dargestellten Linienprofil zu einer entsprechend unbestimmten Linienverbreiterung. Man benutzt nun statt eines Wellenzugs derer zwei, die phasenkohärent aneinander gekoppelt sind. Man kann das Ergebnis dieser Wechselwirkung anhand unserer Überlegungen zur zeitabhängigen Störungsrechnung für optische Übergänge qualitativ leicht klar machen. Je nach Übergangstyp wird man dabei für das Übergangsmatrixelement (4.38) den entsprechenden Wechselwirkungsoperator zu benutzen haben. Ansonsten geht man wieder von (4.40) aus. Anstatt die Übergangsamplitude über *einen* Wellenzug von $t = 0$ bis $t \to \infty$ zu integrieren, führt man jetzt im einfachsten Fall die Integration nur von 0 bis τ und zusätzlich von T bis $T + \tau$ durch, setzt das Target also auf diese Weise zwei phasenkohärenten Wechselfeldern der Dauer τ aus. Man überzeugt sich leicht, dass die Anregungswahrscheinlichkeit (4.43) (s. auch Abb. 4.8 auf Seite 123), die bei $\nu\tau = 1$ verschwindet, jetzt durch eine rasch oszillierende Amplitude der Frequenz $\nu\tau/T$ moduliert wird. Diese sogenannten *Ramsey-Streifen* (englisch: Ramsey-Fringes) erlauben eine entsprechend schärfere Frequenzbestimmung. Ramsey hat dies unter Berücksichtigung der Geschwindigkeitsverteilung in einem Molekularstrahl sauber durchgerechnet. Man erhält insgesamt ein Linienprofil, das in Abb. 6.10 illustriert ist. Die praktische Realisierung war für Übergänge im Hochfrequenz- oder Mikrowellenbereich schon 1950 kein Problem, da dort Phasenkohärenz von Natur aus gegeben ist. Mit moderner Lasertechnik stellt die geforderte feste Phasenlage zwischen den beiden Impulsen ebenfalls kein Problem dar. Wir werden wichtige und trickreiche Anordnungen zur praktischen Realisierung in Abb. 6.12 auf Seite 209 und Abb. 6.27 auf Seite 237 sowie in Kapitel 9.6.1 kennenlernen.

6.1.7 Doppler-freie Zweiphotonenspektroskopie

Eine besonders elegante Art, Doppler-freie Spektroskopie zu realisieren, basiert auf der in Kapitel 5.3.1 besprochenen Zweiphotonenanregung (allgemeiner: auf Multiphotonenabsorption). Die Methode wurde erstmals 1974 fast gleichzeitig von mehreren spektroskopischen Arbeitsgruppen experimentell erprobt. Für Details verweisen wir den interessierten Leser auf einen ausgezeichneten Review von Grynberg und Cagnac (1977). Man benutzt ein stehendes, z. B. zirkular polarisiertes Wellenfeld, das man in einem Fabry-Perot-Interferometer realisiert – am günstigsten in einem konfokalen Resonator mit sphärischen Spiegeln, der durch Fokussierung des Laserstrahls auch hinreichend hohe Intensität für den Zweiphotonenübergang garantiert. Die Gaszelle mit den zu untersuchenden Atomen oder Molekülen befindet sich im Fokus der Spiegel, ggf. bilden die Resonatorspiegel auch selbst die Zellenwände.

Die Grundidee des Verfahrens ist die folgende: Wenn v die Geschwindigkeit eines Atoms oder Moleküls in der Gaszelle ist und k der Wellenvektor des anregenden Lichts (im Fabry-Perot-Resonator durch die Strahlachse definiert), dann ist die Doppler-Verschiebung erster Ordnung $k \cdot v$. Kehrt man die Ausbreitungsrichtung des Lichtes um ($k \to -k$) dann ändert sich das Vorzeichen der Doppler-Verschiebung für dieses Atom. Nehmen wir nun an, zwischen zwei Zuständen der Energie W_a und W_b sei ein Zweiphotonenprozess möglich und wir bringen das Atom wie schon angedeutet in eine stehende Welle der Kreisfrequenz $\hbar\omega$. Im Ruhesystem des Atoms wechselwirkt dieses mit zwei in entgegengesetzte Richtung laufenden Wellen der Frequenz $\hbar\omega - k \cdot v$ bzw. $\hbar\omega + k \cdot v$. Wenn das Atom zwei Photonen absorbiert, so ist die Resonanzbedingung dafür

$$W_b - W_a = \hbar\omega - k \cdot v + \hbar\omega + k \cdot v = 2\hbar\omega \quad . \qquad (6.15)$$

Unabhängig von der jeweils individuellen Geschwindigkeit können also alle Atome des Ensembles im Fokus des Laserstrahls durch Absorption von zwei Photonen der richtigen Energie $\hbar\omega = (W_b - W_a)/2$ *angeregt werden.* Man kann sich leicht überlegen, dass es auch bei diesem Verfahren noch einen Doppler-verbreiterten Untergrund geben kann, wenn die beiden Photonen gleiche Intensität und gleiche Polarisation haben: ein Atom kann jeweils zwei Photonen aus der hin- bzw. aus der zurücklaufenden Welle absorbieren, sodass keine gegenseitig Aufhebung der Terme $\pm k \cdot v$ wie in (6.15) stattfindet. Dieses Signal ist freilich verbreitert und viel schwächer, sodass es leicht vom Doppler-freien Signal getrennt werden kann. Durch geschickte Wahl der Polarisation kann man diesen Untergrund in vielen Fällen auch ganz unterdrücken: man macht dabei Gebrauch von den ΔM Auswahlregeln für Zweiphotonenübergänge. Für einen Zweiphotonenübergang $ns \to n's$ muss z. B. $\Delta M = q_1 + q_2 = 0$ gelten, wobei q_1 und q_2 die Komponenten des Photonendrehimpulses von Photon 1 bzw. 2 sind. Lässt man nun rechtszirkular polarisiertes Licht ($q_1 = -1$) in die eine Richtung des Resonators laufen, in die andere Richtung dagegen

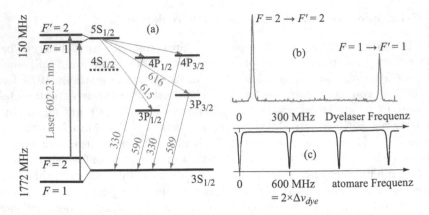

Abb. 6.11. 2 Photonenübergang zwischen HFS-Zuständen des Natriumatoms am Beispiel $3s\,^2S_{1/2} \to 5s\,^2S_{1/2}$ nach Grynberg und Cagnac (1977). (**a**) Ausschnitt aus dem Termschema mit Fluoreszenzlinien (in nm) zur Detektion (**b**) gemessenes 2-Photonenspektrum, (**c**) Kalibrierung mithilfe eines Fabry-Perot-Interferometers: die Markerlinien entsprechen einer freien Spektralbreite des Geräts von 300 MHz bzw. einer Änderung der atomaren Anregungsfrequenz um 600 MHz

linkszirkular polarisiertes Licht ($q_2 = 1$), dann ist ein solcher Übergang möglich. Der Übergang $ns \to n's$ kann jedoch nicht mit zwei Photonen aus einem der beiden Strahlen angeregt werden, da dann $\Delta M = \pm 2$ wäre.

Diese eleganten Möglichkeiten, Doppler-freie Spektroskopie an atomaren oder molekularen Übergängen in einer ansonsten einfachen Gaszelle durchzuführen, sind nach wie vor hoch aktuell und werden in der Spektroskopie für zunehmend präzisere Messungen und/oder komplexere Systeme intensiv genutzt. Die Experimente der Anfangszeit wurden häufig an Alkaliatomen durchgeführt. Abbildung 6.11 illustriert als Beispiel eine genaue Vermessung der Hyperfeinstruktur für den $3s\,^2S_{1/2} \to 5s\,^2S_{1/2}$ Übergang am Na-Atom. Links ist ein entsprechender Ausschnitt aus dem Termschema gezeigt, rechts die Ergebnisse der Messung. Wir brauchen zum Verständnis der Methode nicht auf die Hyperfeinstruktur einzugehen, sondern notieren lediglich, dass mit F der Gesamtdrehimpuls des Systems charakterisiert wird. Da sich für einen Zweiphotonenübergang der Gesamtdrehimpuls nur um 0 oder 2 ändern kann, können im vorliegenden Fall nur die Übergänge $F = 2 \to F' = 2$ bzw. $F = 1 \to F' = 1$ mit zwei Photonen erreicht werden. Der Nachweis der Anregung erfolgt über die spontan emittierte Fluoreszenz $5s\,^2S_{1/2} \to 3p\,^2P_{1/2}$ bzw. $^2P_{3/2}$. Man benutzt hier einen abstimmbaren, gepulsten Farbstofflaser als Lichtquelle. Zur genauen Bestimmung der Frequenz wird, ähnlich wie in Abschnitt 6.1.2 beschrieben, ein Teil des Laserstrahls parallel zur eigentlichen Messung auf ein Referenz-Fabry-Perot-Interferometer geführt, das im Abstand seiner freien Spektralbreite (hier 300 MHz) Kalibrationsmarken ausgibt. Man sieht, dass mit dieser Anordnung bereits eine Auflösung von wenigen MHz erreicht wurde.

Von grundlegender Bedeutung und aktuellem Interesse ist die genaue Vermessung des energetischen Abstands zwischen Grundzustand $1s\,^2S_{1/2}$ und dem ersten angeregten s-Zustand $2s\,^2S_{1/2}$ beim atomaren Wasserstoff. Wie schon in Kapitel 5.3.2 besprochen, zerfällt der $2s\,^2S_{1/2}$ Zustand mit einer Rate von $8.228Z^6\,\mathrm{s}^{-1}$, hat also für das H-Atom eine Frequenzlinienbreite von nur 1.3 Hz. Dies ist eine Herausforderung für die Präzisionsspektroskopie schlechthin. Man benötigt zur Anregung zwei Photonen einer Wellenlänge von 243 nm, die man üblicherweise durch Verdopplung (SHG) eines hoch stabilisierten und kalibrierten CW-Farbstofflasers bei 486 nm gewinnt. Der Nachweis der Anregung erfolgt z. B. indem man die angeregten metastabilen $2s\,^2S_{1/2}$ Atome „quencht" und die dabei emittierte Lyman-α Strahlung nachweist. Wir kommen darauf noch im Kontext von Abschnitt 6.5.3 zurück.

Abbildung 6.12 illustriert eine interessante Realisierung dieses Experiments von Hänsch und Mitarbeitern (Gross et al., 1998), die zur Verbesserung der Auflösung ein Ramsey-Streifen-Schema benutzt. Die in Abschnitt

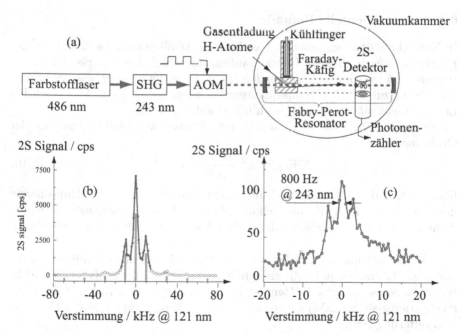

Abb. 6.12. Zweiphotonenanregung des $1s\,^2S_{1/2} \to 2s\,^2S_{1/2}$ Übergangs am H-Atom nach Gross et al. (1998). (**a**) Schema des Experiments. Mithilfe des akustooptischen Modulators (AOM) können geeignete Pulssequenzen bei 243 nm hergestellt werden. (**b**) Anregungswahrscheinlichkeit als Funktion der Verstimmung gegen die $2h\nu$ Resonanz bei Einstrahlung von $50\,\mu s$ Pulsen mit 10 kHz Repetitionsrate. (**c**) wie (**b**) jedoch bei 3.2 kHz

6.1.6 besprochenen Ramsey-Streifen werden hier dadurch erzeugt, dass man den eingestrahlten Laser mithilfe eines optoakustischen Modulators (AOM) in einzelne Impulse zerhackt. Der Vergleich von Abb. 6.12b und c zeigt, dass durch geschickte Wahl der Impulsdauern die Auflösung deutlich verbessert werden kann. Natürlich gehört zu einer Präzisionsmessung neben der hohen Auflösung auch die exakte Kalibrierung der Frequenzen. Wir werden darauf in Abschnitt 6.5.5 noch eingehen.

Abschließend sei darauf hingewiesen, dass der hier besprochene Zweiphotonenprozess am H-Atom als sogenannter 2 + 1-REMPI-Prozess (resonantly enhanced multiphoton ionization) auch eine häufig genutzte, moderne Methode zum Nachweis von atomarem Wasserstoff bietet, die man z. B. in chemischen Gasphasenreaktionen zur Analyse von Dissoziationsprozessen einsetzt. Man benutzt dabei wieder die resonante 2-Photonenanregung des $2s\,^2S_{1/2}$ Zustands durch 2-Photonen mit 243 nm und ionisiert diesen Zustand dann sehr effizient durch ein drittes Photon.

6.2 Wechselwirkung zwischen Spin und Bahn

6.2.1 Experimentelle Befunde

In Kapitel 3 hatten wir gesehen, dass bei den Alkaliatomen die Entartung der Energieniveaus zu gleicher Hauptquantenzahl aufgehoben ist. Beim genauen Hinsehen finden wir aber, dass *auch beim H-Atom die Absorptions- und Emissionslinien* zur gleichen Hauptquantenzahl *aufgespalten* sind. Aber auch bei Li, Na, K etc. sind die Linien noch feiner aufgespalten.

Es zeigt sich, dass diese sogenannte Feinstruktur-Aufspaltung in der Größenordnung von

$$\Delta W_{FS} \simeq Z^2 \frac{W_0}{m_e c^2} = (\alpha Z)^2 \qquad (6.16)$$

liegt, wobei W_0 die atomare Einheit der Energie, $m_e c^2$ die Ruheenergie des Elektrons und α die uns schon bekannte *Feinstrukturkonstante* ist (s. Anhang A). Von der Größenordnung her handelt es sich also um *relativistische* Effekte.

Die Aufspaltung ist bei leichten Atomen sehr klein und mit den ganz einfachen Methoden unter thermischen Bedingungen in der Gasphase nicht trivial zu messen. *Beim H-Atom* ist im ersten angeregten Zustand die Feinstrukturaufspaltung ΔW_{FS} von ähnlicher Größenordnung wie die Doppler-Verbreiterung ΔW_D

$$\Delta W_{FS} \sim 0.3\,\mathrm{cm}^{-1} \quad \text{und} \quad \Delta W_D \sim (0.1 - 0.2)\,\mathrm{cm}^{-1}$$

Man muss sich also schon sehr anstrengen, um eine Aufspaltung zu sehen, wie gerade in Abb. 6.9 auf Seite 205 illustriert wurde. Gut sichtbar ist die FS-Aufspaltungen schon mit wenig Aufwand bei den Alkaliatomen. Die berühmten D-Linien des Na ($\overline{\nu} \sim 17000\ \mathrm{cm}^{-1}$) sind z. B. ein Dublett:

$$D_1{:}\lambda = 589.0\,\text{nm}\quad\text{bzw.}\quad D_2{:}\lambda = 589.6\,\text{nm}\tag{6.17}$$

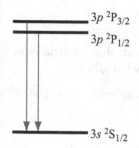

3p ^{2}P$_{3/2}$

3p ^{2}P$_{1/2}$

3s ^{2}S$_{1/2}$

Abb. 6.13. Feinstrukturübergänge beim ersten angeregten Zustand des Natrium

Die Aufspaltung liegt bei $\Delta\bar{\nu} \sim 17\ \text{cm}^{-1}$, während die Doppler-Breite $\Delta\nu_D \sim 0.06\ \text{cm}^{-1}$ ist, sodass eine Trennung problemlos möglich wird. Wir brauchen eine experimentelle Auflösung von etwa $\lambda/\Delta\lambda = \bar{\nu}/\overline{\Delta\nu} \sim 1000$, was mit einem Gittermonochromator leicht erreicht wird. Abbildung 6.13 illustriert das entsprechende Termschema schematisch. Es zeigt sich, dass hinter all dieser Feinstruktur der Elektronenspin steckt. Wie wir in 1.15 schon diskutiert haben, geht mit ihm ein magnetisches Moment einher, das mit dem magnetischen Moment des Bahndrehimpulses des Elektrons wechselwirkt. Wegen $s_z = \pm 1/2$ gibt es bei Einelektronensystemen jeweils 2 mögliche Einstellungen des Spins in Bezug auf den Bahndrehimpuls des Elektrons, sodass die Energieniveaus in zwei Komponenten aufspalten. Man spricht von LS-Wechselwirkung. Bei einem $3p$-Elektron etwa gibt es 2 Zustände mit dem Gesamtdrehimpuls $J = 3/2$ bzw. $1/2$. Wir werden dies im Folgenden ausführlich diskutieren.

6.2.2 Magnetische Momente von Spin und Bahn im Magnetfeld

Wir erinnern kurz an die in Kapitel 1.12–1.15 mitgeteilten experimentellen Befunde. Mit dem *Bohr'schen Magneton* μ_B nach (1.105) werden die magnetischen Momente des Spins

$$\boldsymbol{\mathcal{M}}_S = -g_s\mu_B\frac{\hat{\boldsymbol{S}}}{\hbar} = -\frac{g_s}{2}\frac{e_0}{m_e}\hat{\boldsymbol{S}}\tag{6.18}$$

und der Bahn

$$\boldsymbol{\mathcal{M}}_L = -g_\ell\mu_B\frac{\hat{\boldsymbol{L}}}{\hbar} = -\frac{e_0}{2m_e}\hat{\boldsymbol{L}}\ .\tag{6.19}$$

Der g-Faktor der Bahn ist $g_\ell \equiv 1$. In der Dirac-Theorie ist der g-Faktor des Elektrons exakt $g_s = 2$. Bei genauerem Hinsehen gibt es aber leichte Abweichungen und es wird $g_s \simeq 2.0023\dots$, worauf wir später zurückkommen.

Es gilt nun also, die Wechselwirkung der beiden magnetischen Momente miteinander zu analysieren. Jedes einzelne von ihnen allein hätte in einem externen magnetischen Feld $\boldsymbol{B}$ die Wechselwirkungsenergie

$$V_{mag} = -\boldsymbol{\mathcal{M}}\cdot\boldsymbol{B} = -\mathcal{M}_z B\tag{6.20}$$

je nach relativer Orientierung. Der Einfachheit halber haben wir $\boldsymbol{B} \parallel z$ angenommen. Für Bahn- und Spinmoment im externen Feld wird die Wechselwirkung also:

$$V_L = g_\ell \mu_B \frac{\hat{L}_z}{\hbar} B = g_\ell \mu_B B m_\ell \qquad (6.21)$$

$$V_S = g_s \mu_B \frac{\hat{S}_z}{\hbar} B = g_s \mu_B B m_s \qquad (6.22)$$

Gäbe es nur das Bahnmoment oder nur das Spinmoment, dann würde man diese Aufspaltungen im externen B-Feld beobachten. Dabei gibt es

- $2\ell + 1$ mögliche Einstellungen im Raum für den Bahndrehimpuls $(-\ell \leq m_\ell \leq \ell)$ und
- $2s + 1 = 2/2 + 1 = 2$ für den Spin $(m_s = \pm 1/2)$.

6.2.3 Allgemeine Überlegungen

Traditionellerweise betrachtet man die Wirkung des durch die Bahn verursachten Magnetfelds $\hat{B}_L$ auf das magnetische Moment des Spins. Dazu transformieren wir in ein Koordinatensystem, wo der Atomkern sich um ein ruhend gedachtes Elektron bewegt. Denn wir wollen ja das effektive Magnetfeld der Bahn am Ort des Spins ermitteln. Ohne auf die Details der Elektrodynamik

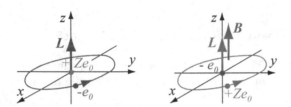

Abb. 6.14. Schematische Illustration der Spin-Bahn-Wechselwirkung

einzugehen notieren wir: Die Lorentz-Kraft (1.39) auf eine Ladung q im Magnetfeld $\boldsymbol{F} = q\boldsymbol{v} \times \boldsymbol{B} = q\boldsymbol{E}_{eff}$ kann man auch durch ein effektives elektrisches Feld $\boldsymbol{E}_{eff} = \boldsymbol{v} \times \boldsymbol{B}$ beschreiben. Umgekehrt generiert eine im elektrischen Feld $\boldsymbol{E}$ bewegte Ladung ein magnetisches Feld

$$\boldsymbol{B} = -\frac{1}{c^2} \boldsymbol{v} \times \boldsymbol{E} \quad . \qquad (6.23)$$

Nun ist im Potenzial $V(r)$ eines Ions (Atomkern + Elektronenrumpf) das elektrische Feld $\boldsymbol{E}$, welches ein Elektron erfährt, durch

$$-e_0 \boldsymbol{E} = \boldsymbol{F} = \frac{dV}{dr} \frac{\boldsymbol{r}}{r}$$

gegeben. Das in diesem elektrischen Feld bewegte Elektron erzeugt also nach (6.23) ein Magnetfeld, das proportional ist zum Bahndrehimpuls:

$$\hat{\boldsymbol{B}}_L = \frac{\boldsymbol{v}}{c^2} \times \frac{\boldsymbol{r}}{e_0 r} \frac{dV}{dr} = \frac{-1}{e_0 m_e c^2} \frac{1}{r} \frac{dV}{dr} (\boldsymbol{r} \times m_e \boldsymbol{v}) = \frac{-1}{e_0 m_e c^2} \frac{1}{r} \frac{dV}{dr} \hat{\boldsymbol{L}} \qquad (6.24)$$

Wir denken uns nun statt dessen die positive Kernladung ums Elektron rotierend, setzen diesen Ausdruck also mit positivem Vorzeichen in (6.20) ein und erhalten mit (6.18) und $g_s = 2$:

$$\hat{V}_{LS} = -\boldsymbol{\mathcal{M}}_S \cdot \hat{\boldsymbol{B}}_L = \frac{1}{2} \frac{\hbar^2}{m_e^2 c^2} \frac{1}{r} \frac{dV}{dr} \frac{\hat{\boldsymbol{L}} \cdot \hat{\boldsymbol{S}}}{\hbar^2} \qquad (6.25)$$

Hier wurde noch der sogenannte Thomas-Faktor $1/2$ eingeführt, der aus der Dirac-Gleichung direkt folgt und sich hier durch die Rücktransformation ins ruhende Kernsystem ergibt.

Mit den atomaren Energie- und Längeneinheiten W_0 und a_0 kann man auch

$$\hat{V}_{LS}/W_0 = \frac{1}{2} \frac{\hbar^2}{m_e^2 c^2} \frac{1}{a_0^2} \frac{1}{r/a_0} \frac{dV/W_0}{dr/a_0} \frac{\hat{\boldsymbol{L}} \cdot \hat{\boldsymbol{S}}}{\hbar^2}$$

schreiben. Setzt man schließlich noch $\alpha = \sqrt{W_0/(m_e c^2)} = \hbar/m_e c a_0$, die Feinstrukturkonstante ein, so wird in atomaren Einheiten (a. u.) die

Spin-Bahn-Wechselwirkung $\quad \hat{V}_{LS} = \dfrac{\alpha^2}{2} \dfrac{1}{r} \dfrac{dV}{dr} \hat{\boldsymbol{L}} \cdot \hat{\boldsymbol{S}} = \xi(r) \hat{\boldsymbol{L}} \cdot \hat{\boldsymbol{S}}.$ (6.26)

Sie ist *proportional zum Skalarprodukt* $\hat{\boldsymbol{L}} \cdot \hat{\boldsymbol{S}}$.

6.2.4 Spin-Bahn-Kopplung beim H-Atom

Nur für das H-Atom lässt sich (6.26) in geschlossener Form schreiben. Die Ergebnisse sind aber charakteristisch und lassen sich leicht auf Quasieinelektronensystem wie die Alkali-Atome übertragen. Mit $V(r) = -Z/r$ (in a. u.) erhalten wir für den Gradienten $(1/r)\,(dV/dr) = Z/r^3$, sodass

$$\hat{V}_{LS} = \frac{Z\alpha^2}{2} \frac{1}{r^3} \hat{\boldsymbol{L}} \cdot \hat{\boldsymbol{S}} \qquad (6.27)$$

wird. Für das H-Atom (und H-ähnliche Ionen) ist nach (2.117) für maximales $\ell = n - 1$ der Erwartungswert von $\langle 1/r^3 \rangle \simeq Z^3/n^6$. Somit wird der Erwartungswert des Störterms

$$\left\langle \hat{V}_{LS} \right\rangle \simeq \frac{Z^4 \alpha^2}{2n^6} \left\langle \hat{\boldsymbol{L}} \cdot \hat{\boldsymbol{S}} \right\rangle = \frac{Z^2}{2n^2} \left(\frac{Z\alpha}{n^2} \right)^2 \left\langle \hat{\boldsymbol{L}} \cdot \hat{\boldsymbol{S}} \right\rangle$$

und mit den bekannten Energielagen $W_n = Z^2/2n^2$ ergibt sich eine relative Störung von der Größenordnung

$$\frac{V_{LS}}{W_n} \simeq \left(\frac{Z\alpha}{n^2} \right)^2 \ell s \quad .$$

Mit $\alpha \sim 1/137$ wird bei nicht zu großen Hauptquantenzahlen n und kleinen Atomkernen die relative Energieaufspaltung also ca. $10^{-3} - 10^{-5}$. *Wegen der Proportionalität zu Z spielt die Spin-Bahn-Wechselwirkung vor allem für schwere Atome eine große Rolle.*

Wir sehen aber, dass die ganze Näherung zusammenbricht, wenn Z groß, d. h. $Z\alpha \approx 1$ wird. Die dabei auftretenden Effekte sind Gegenstand aktueller Forschung an Atomen mit Kernladungszahlen auch jenseits der natürlichen Stabilitätsgrenze bei ^{92}U, die man heute mithilfe großer Schwerionenbeschleuniger in energiereichen Stößen überschreiten kann.

6.2.5 Drehimpulskopplung, Gesamtdrehimpuls

Unter Berücksichtigung der Spin-Bahn-Wechselwirkung nimmt der Hamiltonoperator die Gestalt

$$\hat{H}(r) = \hat{H}_0(r) + \xi(r)\hat{\boldsymbol{L}} \cdot \hat{\boldsymbol{S}} = \frac{\hat{p}_r^2}{2} + \frac{\hat{\boldsymbol{L}}^2}{2r^2} + V(r) + \xi(r)\hat{\boldsymbol{L}} \cdot \hat{\boldsymbol{S}} \qquad (6.28)$$

an, wobei wir Radialteil $\hat{p}_r^2/2$ und Winkelanteil $\hat{\boldsymbol{L}}^2/\left(2r^2\right)$ der kinetischen Energie explizite angegeben haben. Um den Feinstrukturterm $\xi(r)\hat{\boldsymbol{L}}\hat{\boldsymbol{S}}$ auswerten zu können, müssen wir die Kopplung von Spin und Bahn durch ihre Magnetfelder berücksichtigen und uns Gedanken über die Beschreibung der daraus resultierenden Eigenzustände des Hamiltonoperator (6.28) machen.

Man führt dazu ganz formal den Operator des Gesamtdrehimpulses ein:

$$\hat{\boldsymbol{J}} = \hat{\boldsymbol{L}} + \hat{\boldsymbol{S}} \quad \text{und} \quad \hat{J}_z = \hat{L}_z + \hat{S}_z$$

Für diesen Drehimpulsoperator sollen Vertauschungsregeln analog zu (2.70) und (2.62) für den Bahndrehimpuls gelten (ebenso wie für den Spin):

$$\left[\hat{\boldsymbol{J}}^2, \hat{J}_z\right] = 0 \qquad (6.29)$$

$$\left[\hat{J}_x, \hat{J}_y\right] = i\hbar \hat{J}_z, \quad \left[\hat{J}_y, \hat{J}_z\right] = i\hbar \hat{J}_x, \quad \left[\hat{J}_z, \hat{J}_x\right] = i\hbar \hat{J}_y \qquad (6.30)$$

Das heißt, Betrag und z-Komponente des Gesamtdrehimpulses lassen sich gleichzeitig messen, nicht aber seine Komponenten in x, y bzw. z-Richtung. Für die Eigenzustände gilt

$$\hat{\boldsymbol{J}}^2 |jm_j\rangle = j(j+1)\hbar^2 |jm_j\rangle \quad \text{und} \quad \hat{J}_z |jm_j\rangle = m_j\hbar |jm_j\rangle . \qquad (6.31)$$

$\hat{\boldsymbol{J}}^2$ hat entsprechend $2j + 1$ Einstellmöglichkeiten, d. h. $\hat{J}_z$ wird durch die Quantenzahlen

$$m_j = -j, -j + 1 \ldots + j \qquad (6.32)$$

charakterisiert. Für die Konstituenten $\hat{\boldsymbol{L}}$ und $\hat{\boldsymbol{S}}$ von $\hat{\boldsymbol{J}}$ gilt entsprechendes, ihre Quantisierungsachse ist aber die Richtung von $\hat{\boldsymbol{J}}$. Anschaulich stellt man das im *Vektormodell* nach Abb. 6.15 dar. Dabei gilt:

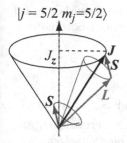

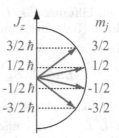

Abb. 6.15. Vektordiagramm: Kopplung von Spin und Bahndrehimpuls am Beispiel $\ell = 2$, $s = 1/2$, $j = 5/2$

Abb. 6.16. Vektor-Diagramm zur Einstellung von J_z für einen Gesamtdrehimpuls $J = 3/2\hbar$

$$\left|\hat{\boldsymbol{J}}\right| = \sqrt{j(j+1)}\hbar, \quad \left|\hat{\boldsymbol{L}}\right| = \sqrt{\ell(\ell+1)}\hbar, \quad \left|\hat{\boldsymbol{S}}\right| = \sqrt{s(s+1)}\hbar \qquad (6.33)$$

mit $\ell = 0, 1, 2 \ldots n - 1$

$$j = \ell - s, \ell - s + 1, \ldots \ell + s \quad \text{für} \quad s < \ell$$

$$j = s - \ell, s - \ell + 1, \ldots \ell + s \quad \text{für} \quad s > \ell$$

Speziell für $s = 1/2$ und $\ell = 0$ ergibt sich $j = 1/2$, für $\ell = 1$ wird $j = 1/2$ oder $3/2$ und generell für $s = 1/2$ und $\ell > 0$ ist $j = \ell \pm 1/2$. Die möglichen Projektionen m_j werden in Abb. 6.16 am Beispiel des Drehimpulses $j = 3/2$ gezeigt.

6.2.6 Drehimpulsoperatoren und ihr Skalarprodukt

Mit der Definition (6.29) wird

$$\hat{\boldsymbol{J}}^2 = \left(\hat{\boldsymbol{L}} + \hat{\boldsymbol{S}}\right)^2 = \hat{\boldsymbol{L}}^2 + 2\hat{\boldsymbol{L}}\hat{\boldsymbol{S}} + \hat{\boldsymbol{S}}^2 \qquad (6.34)$$

und somit ist

$$\hat{\boldsymbol{L}}\hat{\boldsymbol{S}} = \frac{1}{2}\left(\hat{\boldsymbol{J}}^2 - \hat{\boldsymbol{L}}^2 - \hat{\boldsymbol{S}}^2\right) \ . \qquad (6.35)$$

Damit wird der Hamiltonoperator (6.28) (in atomaren Einheiten):

$$\widehat{H}(\boldsymbol{r}) = \frac{\hat{p}^2}{2} + \frac{\hat{\boldsymbol{L}}^2}{2r^2} + V(r) + \frac{1}{2}\xi(r)\left(\hat{\boldsymbol{J}}^2 - \hat{\boldsymbol{L}}^2 - \hat{\boldsymbol{S}}^2\right) \qquad (6.36)$$

Wir suchen also durch die Kopplung von $\hat{\boldsymbol{L}}$ und $\hat{\boldsymbol{S}}$ gebildete Zustände $|(\ell s)jm_j\rangle$, die gleichzeitig Eigenvektoren von $\hat{\boldsymbol{J}}^2$, $\hat{\boldsymbol{L}}^2$ und $\hat{\boldsymbol{S}}^2$ und somit von $\hat{\boldsymbol{L}}\hat{\boldsymbol{S}}$ sind. Für sie muss (6.31) gelten und zugleich (in atomaren Einheiten):

$$\hat{\boldsymbol{L}}\hat{\boldsymbol{S}}\,|(\ell s)jm_j\rangle = \frac{1}{2}\left(\hat{\boldsymbol{J}}^2 - \hat{\boldsymbol{L}}^2 - \hat{\boldsymbol{S}}^2\right)|(\ell s)jm_j\rangle \qquad (6.37)$$

$$= \frac{\hbar^2}{2}\left[j(j+1) - \ell(\ell+1) - s(s+1)\right]|(\ell s)jm_j\rangle \ .$$

Bei der Auswertung hilft uns, dass $\hat{\boldsymbol{L}}$ und $\hat{\boldsymbol{S}}$ vertauschen, denn sie wirken ja auf verschiedene Räume (Bahndrehimpuls, d. h. Raum- bzw. Spin-Koordinaten). Damit vertauschen auch $\hat{\boldsymbol{L}}^2$ und $\hat{\boldsymbol{S}}^2$ und somit wird

$$\hat{\boldsymbol{L}}\hat{\boldsymbol{S}} = \hat{L}_x\hat{S}_x + \hat{L}_y\hat{S}_y + \hat{L}_z\hat{S}_z \quad . \tag{6.38}$$

Setzt man dies in (6.34) ein, so sieht man, dass $\hat{\boldsymbol{L}}^2$ und $\hat{\boldsymbol{S}}^2$ auch mit $\hat{\boldsymbol{J}}^2$ vertauschen, da $\hat{\boldsymbol{L}}^2\hat{L}_i = \hat{L}_i\hat{\boldsymbol{L}}^2$ und $\hat{\boldsymbol{S}}^2\hat{S}_i = \hat{S}_i\hat{\boldsymbol{S}}^2$. Somit vertauschen alle gemeinsam mit $\hat{H}$ nach (6.36). Also sind j, ℓ und s gute Quantenzahlen.

Wir bemerken aber, dass $\hat{\boldsymbol{L}}\hat{\boldsymbol{S}}$ nicht mit $\hat{L}_z$ und nicht mit $\hat{S}_z$ kommutiert, wie man durch Einsetzen von $\hat{L}_z\hat{\boldsymbol{L}}\hat{\boldsymbol{S}} \neq \hat{\boldsymbol{L}}\hat{\boldsymbol{S}}\hat{L}_z$ in (6.38) sieht. Somit sind m_ℓ und m_s keine guten Quantenzahlen mehr. Andererseits vertauscht aber $\hat{J}_z = \hat{L}_z+\hat{S}_z$ durchaus mit $\hat{\boldsymbol{L}}\hat{\boldsymbol{S}}$, denn mit (6.38) wird

$$\left[\hat{\boldsymbol{L}}\hat{\boldsymbol{S}}, \hat{J}_z\right] = \frac{1}{2}\left(\left[\hat{\boldsymbol{J}}^2, \hat{J}_z\right] - \left[\hat{\boldsymbol{L}}^2, \left(\hat{L}_z + \hat{S}_z\right)\right] - \left[\hat{\boldsymbol{S}}^2, \left(\hat{L}_z + \hat{S}_z\right)\right]\right) = 0 \quad .$$

Somit wird also m_j *eine gute Quantenzahl*. Die Eigenzustände des gesamten $\hat{H}$ Operators, die wir suchen, sind also gegeben durch n, ℓ, s, j, m_j :

$$\hat{H}\left|n\left(\ell s\right)jm_j\right\rangle = W_{n\ell j}\left|n\left(\ell s\right)jm_j\right\rangle$$

und wir notieren, dass (6.31) explizite für diese Zustände gilt. Mit $\hat{\boldsymbol{L}}\hat{\boldsymbol{S}}$ nach (6.35) gilt dann auch

$$\hat{\boldsymbol{L}}\hat{\boldsymbol{S}}\left|n\left(\ell s\right)jm_j\right\rangle = \frac{\hbar^2}{2}\left[j(j+1) - \ell(\ell+1) - s(s+1)\right]\left|n\left(\ell s\right)jm_j\right\rangle \tag{6.39}$$

Wie bemerkt, sind m_ℓ und m_s keine guten Quantenzahlen, aber wegen $\hat{J}_z = \hat{L}_z + \hat{S}_z$ muss stets gelten:

$$m_\ell + m_s = m_j \tag{6.40}$$

6.2.7 Eigenzustände des Gesamtdrehimpulses

Diese Zusammenhänge erlauben es, die gesuchten Zustände $\left|n\left(\ell s\right)jm_j\right\rangle$ durch Linearkombination der Produktzustände $\left|n\ell sm_\ell m_s\right\rangle = \left|n\ell m_\ell\right\rangle\left|sm_s\right\rangle$ so zu bilden, dass $m_\ell + m_s = m_j$. Das muss so geschehen, dass der Hamiltonoperator (also auch $\hat{\boldsymbol{L}}\hat{\boldsymbol{S}}$) wirklich diagonal wird. Für den Spinanteil und den Winkelanteil der Bahn kann man das ganz allgemein mithilfe der Drehimpulsdefinition über Vertauschungsregeln machen (sogenannte Drehimpulsalgebra). Wir verweisen hierzu auf die einschlägige Literatur über Drehimpulse und die in Anhang B.2 zusammengestellten Formeln.[2] Unter Benutzung von Clebsch-Gordon-Koeffizienten oder $3j$-Symbolen werden die (Nichtradialanteile der) Eigenzustände von (6.36):

---

[2] Die genauen Definitionen unterscheiden sich in der Literatur leicht. Wir orientieren uns an Brink und Satchler (1994).

$$|(\ell s)\, jm_j\rangle = \sum_{m_\ell, m_s} |\ell s m_\ell m_s\rangle \langle \ell s m_\ell m_s | \ell s j m_j\rangle \quad \text{oder} \quad (6.41)$$

$$= \sqrt{2j+1} \sum_{m_\ell, m_s} |\ell s m_\ell m_s\rangle (-1)^{m_j + \ell - s} \begin{pmatrix} \ell & s & j \\ m_\ell & m_s & -m_j \end{pmatrix}$$

6.2.8 Ein einfaches Beispiel

Das einfachste Beispiel für die Drehimpulskopplung bieten zwei Elektronen mit den Spinquantenzahlen $s_1 = s_2 = 1/2$. Sie bilden den Gesamtspin

$$\hat{\boldsymbol{S}} = \hat{\boldsymbol{S}}_1 + \hat{\boldsymbol{S}}_2$$

Es entstehen auf diese Weise $(2 \times 1 + 1) = 3$ Zustände zum Gesamtspin $S = 1$ (Triplett) und ein Zustand zum Gesamtspin $S = 0$ (Singulett). Die möglichen Zustände ausgedrückt mithilfe der Clebsch-Gordon-Koeffizienten sind:

$$|(s_1 s_2)\, SM\rangle = \sum_{\substack{m_1 = -1/2 \\ m_2 = -1/2}}^{1/2} \langle s_1 m_1 s_2 m_1 \mid s_1 s_2 SM\rangle |s_1 m_1 s_2 m_2\rangle$$

$$= \sqrt{2S+1} \sum_{\substack{m_1 = -1/2 \\ m_2 = -1/2}}^{1/2} (-1)^M \begin{pmatrix} s_1 & s_2 & S \\ m_1 & m_2 & -M \end{pmatrix} |s_1 m_1 s_2 m_2\rangle .$$

Mithilfe der gut zugänglichen $3j$-Symbole (z. B. mit dem Java-Rechner nach Redsun, 2004) überzeugt man sich leicht, dass für die nicht verschwindenden Clebsch-Gordon-Koeffizienten gilt:

$$\langle \tfrac{1}{2}\, \tfrac{1}{2}\, \tfrac{1}{2}\, \tfrac{1}{2} \mid 11\rangle = 1$$

$$\langle \tfrac{1}{2}\, \tfrac{1}{2}\, \tfrac{1}{2}\, \tfrac{-1}{2} \mid 10\rangle = \langle \tfrac{1}{2}\, \tfrac{-1}{2}\, \tfrac{1}{2}\, \tfrac{1}{2} \mid 10\rangle = 1/\sqrt{2}$$

$$\langle \tfrac{1}{2}\, \tfrac{-1}{2}\, \tfrac{1}{2}\, \tfrac{-1}{2} \mid 1-1\rangle = 1$$

$$\langle \tfrac{1}{2}\, \tfrac{1}{2}\, \tfrac{1}{2}\, \tfrac{-1}{2} \mid 00\rangle = -\langle \tfrac{1}{2}\, \tfrac{-1}{2}\, \tfrac{1}{2}\, \tfrac{1}{2} \mid 00\rangle = 1/\sqrt{2}$$

Die entsprechenden Spinfunktionen für die Triplett (symmetrisch) und Singulettzustände (antisymmetrisch) sind in Tabelle 6.1 auf der nächsten Seite unter Benutzung der in 2.7 eingeführten Abkürzungen anschaulich zusammengestellt. Die Ziffern in Klammern hinter den Spinbezeichnungen, α für $m_s = +1/2$ bzw. β für $m_s = -1/2$, bezeichnen Elektron (1) bzw. (2). In der Tabelle ist ebenfalls angedeutet, dass wegen des Pauli-Prinzips die jeweils zugehörigen Ortswellenfunktionen eines Zweielektronensystems antisymmetrisch bzw. symmetrisch sein müssen. Wir kommen darauf in Kapitel 7 im Detail zurück.

Tabelle 6.1. Clebsch-Gordon-Koeffizienten für die Kopplung zweier Elektronen mit Spin 1/2. Für Fermionen muss die Gesamtwellenfunktion antisymmetrisch sein

Ort	Spin	$\|\chi_S^M\rangle = \|\chi(1,2)\rangle$	S	M	
		$\|\chi_1^1\rangle = \|\alpha(1)\alpha(2)\rangle$	1	1	
Symmetrisch	Triplett	$\|\chi_1^0\rangle = \dfrac{\|\alpha(1)\beta(2)\rangle + \|\beta(1)\alpha(2)\rangle}{\sqrt{2}}$	1	0	Gleich-phasig
		$\|\chi_1^{-1}\rangle = \|\beta(1)\beta(2)\rangle$	1	-1	
Antisymmetrisch	Singulett	$\|\chi_0^0\rangle = \dfrac{\|\alpha(1)\beta(2)\rangle - \|\beta(1)\alpha(2)\rangle}{\sqrt{2}}$	0	0	Gegen- • phasig

6.2.9 Terminologie der Atomstruktur

Um atomare Eigenzustände möglichst kompakt und übersichtlich zu charakterisieren, gibt es eine verbindliche Terminologie. Zunächst notieren wir, dass sich die hier durchgeführten Überlegungen auch auf Vielelektronensysteme ausdehnen lassen. Bei der sogenannten *Russel-Saunders-Kopplung (etwas missverständlich auch LS-Kopplung genannt)* setzt man dabei die Spins aller Elektronen zu einen Gesamtspin $\hat{S}$ (mit der Spinquantenzahl S) und die Bahndrehimpulse aller Elektronen zu einem Gesamtbahndrehimpuls $\hat{L}$ (mit der Bahndrehimpulsquantenzahl L) zusammen. Sodann koppelt man Gesamtspin und Gesamtbahndrehimpuls zu einem Gesamtdrehimpuls $\hat{J}$ (mit der Gesamtdrehimpulsquantenzahl J). Letzteres geschieht ganz analog zu dem gerade für Einzelelektronen besprochenen Verfahren. Wir werden dies am Beispiel des Heliumatoms in Kapitel 7.4 noch genauer diskutieren und dort auch die alternative *jj-Kopplung* vorstellen. Hier sei im Vorgriff nur die Terminologie kommuniziert. Man bezeichnet die Zahl der möglichen Einstellungen eines Gesamtspins als

$$\textbf{Multiplizität} \quad = 2S + 1 \qquad (6.42)$$

des Zustands. Beim Einelektronensystem ist $S = s = 1/2$ und die Multiplizität ist stets $2 \cdot (1/2) + 1 = 2$, man spricht von einem Dublett. Wie wir in Abschnitt 6.2.8 gerade gesehen haben, gibt es bei Atomen mit 2 Elektronen Singulett- und Triplettzustände ($S = 0$ bzw. $S = 1$), bei Systemen mit $\mathcal{N}$ Elektronen entsprechend höhere Multiplizitäten bis zu $2\mathcal{N}/2 + 1$.

Man bezeichnet nun mit kleinen Buchstaben die Quantenzahlen der Einzelelektronen, mit großen Buchstaben die des gesamten atomaren Systems.

Ein Zustand wird insbesondere durch seinen gesamten Bahndrehimpuls L charakterisiert (und mit großen, aufrechten Buchstaben S, P, D, F, G für $L =$ $0, 1, 2, 3, 4$ gekennzeichnet). Links oben schreibt man an diese Charakterisierung des Bahndrehimpulses die Multiplizität, rechts unten den Gesamtdrehimpuls. Will man noch die Orbitale aller beteiligten Elektronenkonfigurationen kommunizieren, so stellt man diese in geschweifter Klammer voran. Also wird z. B. ein atomarer Zustand mit $\mathcal{N}$ Elektronen der Konfiguration $\{n_1\ell_1 \ldots n_{\mathcal{N}}\ell_{\mathcal{N}}\}$, einem Gesamtbahndrehimpuls L, einem Spin S und einem Gesamtdrehimpuls J so geschrieben:

$$\{n_1\ell_1 \ldots n_{\mathcal{N}}\ell_{\mathcal{N}}\}\ ^{2S+1}L_J \tag{6.43}$$

Als weiterer Hinweis findet man, insbesondere bei Mehrelektronenspektren, oft noch Zustände mit ungerader Parität gekennzeichnet durch ein hochgestelltes „^{o}" (odd) – auch wenn sich die Parität eindeutig an der Bahndrehimpulsquantenzahl ablesen lässt (zum Begriff Parität s. auch Anhang E).

Wir nennen einige Beispiele:

- Beim *H-Atom sowie bei Alkaliatomen* werden s-Zustände mit $\ell = 0$ und $j = J = |\ell \pm 1/2| = 1/2$ als $ns\,^2S_{1/2}$ Zustand bezeichnet,
- einen p-Zustand mit $\ell = 1$ und $j = J = |\ell \pm 1/2| = 1/2, 3/2$ bezeichnet man entsprechend mit $np\,^2P^o_{1/2}$ bzw. $np\,^2P^o_{3/2}$,
- und einen d-Zustand mit $\ell = 2$, $j = |\ell \pm 1/2| = 3/2, 5/2$ als $nd\,^2D_{3/2}$ bzw. $nd\,^2D_{5/2}$.
- Der Grundzustand des *He-Atoms* (zwei $1s$ Elektronen, Gesamtspin $= 0$) wird als $1s^2\,^1S_0$ charakterisiert.
- Die ersten angeregten Zustände des Heliums im Singulettsystem sind $1s2s\,^1S_0$ und $1s2p\,^1P^o_1$. Die entsprechenden Triplettzustände werden $1s2p\,^3P^o_2$, $1s2p\,^3P^o_1$, $1s2p\,^3P^o_0$ bzw. $1s2s\,^3S_1$ geschrieben. Wir werden das später noch ausführlich besprechen.

Wir erwähnen bei dieser Gelegenheit schließlich, dass in der spektroskopischen Literatur und in einschlägigen Tabellen die Spektren der neutralen Atome mit I charakterisiert werden, die des einfach ionisierten Atoms mit II und allgemein die des $\mathcal{N}$-fach ionisierten mit römisch $\mathcal{N}+1$. Man spricht also z. B. vom Na I, Na II, Na III Spektrum, und meint damit die Spektren des neutralen Na, des Na$^+$ bzw. Na^{++}.

6.3 Quantitative Bestimmung der Feinstrukturaufspaltung

6.3.1 Die FS-Terme aus der Dirac-Theorie

Eine exakte Behandlung der Feinstruktur erfordert die Lösung der Dirac-Gleichung. Wir kommunizieren hier aus Platzgründen nur die wichtigsten Ergebnisse, bevor wir uns dem Spin-Bahn-Term $\hat{\boldsymbol{L}}\hat{\boldsymbol{S}}$ im Detail widmen. Eine exakte Rechnung und Messung lässt sich ohnedies nur für das Wasserstoffatom durchführen. Ein wesentliches Ergebnis dieser Rechnung ist es, dass es insgesamt *drei relativistische Feinstrukturterme* von etwa gleicher Größenordnung gibt, die es zu berücksichtigen gilt. Alle drei Terme sind von der Größenordnung $(Z\alpha)^2$ klein, sodass wir die Korrekturen einfach in Störungsrechnung ermitteln können, ohne eine Veränderung etwa der radialen Wellenfunktion berücksichtigen zu müssen.

1. Der relativistische Korrekturterm zur kinetischen Energie

Aus einer Entwicklung des relativistischen Ausdrucks für die Gesamtenergie (1.30) schätzt man leicht die kinetischen Energie ab:

$$W_{kin} = \sqrt{m_e^2 c^4 + p^2 c^2} - m_e c^2 = m_e c^2 \sqrt{1 + \frac{p^2 c^2}{m_e^2 c^4}} - m_e c^2. \qquad (6.44)$$

Wir entwickeln die Wurzel $\sqrt{1 + x^2} = 1 + \dfrac{x^2}{2} - \dfrac{x^4}{8} + \dots$ und erhalten

$$W_{kin} = \frac{p^2}{2m_e} - \frac{1}{8} \frac{p^4}{m_e^3 c^2}.$$

Somit wird der relativistische, quantenmechanische Korrekturterm für die kinetische Energie in niedrigster Ordnung:

$$\widehat{H}_1 = -\frac{\hat{p}^4}{8 m_e^3 c^2} = -\frac{1}{2} \left(\frac{\hat{p}^2}{2m_e} \right)^2 \frac{1}{m_e c^2} \quad \text{bzw.} \qquad (6.45)$$

$$\widehat{H}_1 = -\frac{\alpha^2}{2} \frac{\hat{p}^4}{4} = -\frac{\alpha^2}{2} \left[\widehat{H}_0 - V(r) \right]^2 \quad \text{in atomaren Einheiten}$$

$$\text{mit} \quad \widehat{H}_0(\boldsymbol{r}) = \frac{\hat{p}^2}{2} + V(r)$$

Für das H-Atom ergibt sich daraus

$$\widehat{H}_1 = -\frac{\alpha^2}{2} \left[\widehat{H}_0 - V(r) \right]^2 = -\frac{\alpha^2}{2} \left(\widehat{H}_0^2 + 2\widehat{H}_0 \frac{Z}{r} + \frac{Z^2}{r^2} \right) \quad .$$

$\widehat{H}_1$ hängt offenbar nur von r ab. In erster Ordnung Störungsrechnung ergibt sich also eine Energieverschiebung

$$V_{rel} = \langle n\ell s j m_j | \widehat{H}_1 | n\ell s j m_j \rangle = -\frac{\alpha^2}{2} \langle n\ell | \widehat{H}_0^2 + 2\widehat{H}_0 \frac{Z}{r} + \frac{Z^2}{r^2} | n\ell \rangle$$

$$= -\frac{\alpha^2}{2} \left[W_n^2 + 2ZW_n \left\langle \frac{1}{r} \right\rangle + Z^2 \left\langle \frac{1}{r^2} \right\rangle \right]$$

mit $W_n = -Z^2 / (2n^2)$. Wenn man die Matrixelemente nach (2.117) einsetzt, erhält man in atomaren Einheiten

$$V_{rel} = -W_n \frac{(Z\alpha)^2}{n} \left[\frac{3}{4n} - \frac{1}{\ell + 1/2} \right] \quad . \qquad (6.46)$$

2. Der Darwin-Term

Der sogenannte Darwin-Term ergibt sich aus der Dirac-Theorie zu

$$\widehat{H}_3 = \frac{\pi\hbar^2}{2m_e^2 c^2}\frac{Ze_0^2}{4\pi\epsilon_0}\delta(r) \quad \text{bzw.} \tag{6.47}$$

$$\widehat{H}_3 = \pi\frac{Z\alpha^2}{2}\delta(r) \quad \text{in atomaren Einheiten.}$$

Diese Störung hängt also ebenfalls nur von r ab und wirkt nur am Kernort. Wir brauchen den *Darwin-Term also auch nur für ns Zustände mit* $\ell = 0$ zu berechnen. Nur diese haben ja am Ursprung eine endliche Wahrscheinlichkeit. Wir erhalten somit in Störungsrechnung erster Ordnung

$$V_D = \langle n\ell s j m_j|\,\widehat{H}_3\,|n\ell s j m_j\rangle = \pi\frac{Z\alpha^2}{2}\,\langle ns|\,\delta(r)\,|ns\rangle \tag{6.48}$$

$$= \pi\frac{Z\alpha^2}{2}\int |\psi_{ns}(r)|^2\,\delta(r)d^3r = \pi\frac{Z\alpha^2}{2}\,|\psi_{ns}(0)|^2 = -W_n\frac{(Z\alpha)^2}{n} \quad ,$$

wobei sich die letzte Gleichheit unter Einsetzen von $R_{n0}(0)$ nach (2.108) mit den expliziten Ausdrücken für die Laguerre Polynome (2.109) ergibt. Wir notieren, dass es sich sowohl bei der *relativistischen Korrektur als auch beim Darwin-Term* um eine (*ℓ-abhängige*) *Verschiebung* und *nicht* um eine *Aufspaltung* handelt. Nur wenn die Termlagen exakt bekannt sind kann man hoffen, diese Effekte zu messen, sie sind also *nur für das H-Atom von Bedeutung.* Schon bei den Alkaliatomen, wo die ℓ-Entartung bereits kräftig aufgehoben ist, sind diese Terme experimentell nicht bestimmbar.

3. Der (schon behandelte) Spin-Bahn-Term

Im Gegensatz zu den beiden vorangehenden Termen führt die Spin-Bahn-Wechselwirkung zu einer Aufspaltung. Sie ist daher *für alle Atome relevant.* Nach (6.28) ist der entsprechende Wechselwirkungsterm proportional zu $\hat{L}\hat{S}$:

$$\widehat{H}_2 = \hat{V}_{LS} = \xi(r)\frac{\hat{L}\hat{S}}{\hbar^2} = \frac{\alpha^2}{2}\frac{1}{r}\frac{dV}{dr}\hat{L}\hat{S} \quad \text{in a.u.} \tag{6.49}$$

$$\text{für das } \textbf{H-Atom} \text{ und } \textbf{H-ähnliche:} \; = \frac{Z\alpha^2}{r^3}\hat{L}\hat{S}$$

In Störungsrechnung erhalten wir die Energieaufspaltung aus dem Diagonalmatrixelement von $\hat{V}_{LS}$ im $\hat{L}\hat{S}$-gekoppelten Schema:

$$V_{LS} = \langle n\ell s j m_j|\,\hat{V}_{LS}\,|n\ell s j m_j\rangle = \frac{\alpha^2}{2}\,\langle n\ell s j m_j|\,\frac{1}{r}\frac{dV}{dr}\hat{L}\hat{S}\,|n\ell s j m_j\rangle$$

$$= \frac{\alpha^2}{2}\,\langle n\ell|\,\frac{1}{r}\frac{dV}{dr}\,|n\ell\rangle\,\langle \ell s j m_j|\,\hat{L}\hat{S}\,|\ell s j m_j\rangle$$

$$= \frac{\alpha^2}{4}\,\langle n\ell|\,\frac{1}{r}\frac{dV}{dr}\,|n\ell\rangle\,[j(j+1) - \ell(\ell+1) - s(s+1)] \quad , \tag{6.50}$$

wobei wir (6.39) benutzt und berücksichtigt haben, dass der Spin-Bahn-Term nicht m_j abhängig ist. Offensichtlich ist die Feinstrukturaufspaltung von j und ℓ abhängig. Die Zustände mit $\ell = 0$ sind nicht aufgespalten ($j = s$). Alle anderen Zustände sind aufgespalten, bei Einelektronensystemen mit $s = 1/2$ handelt es sich um Dubletts mit $j = \ell \pm 1/2$. Zur konkreten Berechnung der Feinstrukturaufspaltung muss man das Matrixelement

$$\langle n\ell| \frac{1}{r}\frac{dV}{dr}|n\ell\rangle = \int_0^\infty R_{n\ell}^2(r)\left(\frac{1}{r}\frac{dV}{dr}\right)r^2 dr$$

auswerten. Nur für das H-Atom mit $(1/r)\, dV/dr = 1/r^3$ ist das in analytischer Form streng möglich, und man erhält mit (2.117) und $W_n = -Z^2/\left(2n^2\right)$ für $\ell \geq 0$

$$V_{LS} = -W_n \frac{(Z\alpha)^2}{2n\ell(\ell+1/2)(\ell+1)} \times \left\{ \begin{array}{ll} \ell & \text{für } j = \ell + 1/2 \\ -\ell - 1 & \text{für } j = \ell - 1/2 \end{array} \right. . \tag{6.51}$$

6.3.2 Feinstruktur im H-Atom (in Dirac-Näherung)

Im allgemeinen Fall kann man nur die Spin-Bahn Aufspaltung überhaupt messen. Relativistische Korrektur ebenso wie der Darwin-Term führen lediglich zu einer kleinen Verschiebung der ℓ-Niveaus, aber nicht zu einer j-Aufspaltung. So spielen lediglich beim H-Atom alle drei Terme eine wesentliche Rolle, da man sie exakt berechnen und die absolute Lage der Energieniveaus mit sehr genauen Messungen vergleichen kann.

Die Summation aller drei Terme ergibt interessanterweise, dass – in Dirac-Näherung – die *Gesamtenergie unter Berücksichtigung aller FS-Effekte beim H-Atom nur von j abhängig ist*:

$$W_{nj} = W_n + V_D + V_{rel} + V_{LS} = W_n \left[1 + \frac{(Z\alpha)^2}{n}\left(\frac{1}{j+1/2} - \frac{3}{4n}\right)\right] \tag{6.52}$$

Im Fall $\ell \geq 1$ (und nur dann) sind die Terme aufgespalten, und es ergibt sich mit $W_n = -Z^2/\left(2n^2\right)$ aus der Differenz für $j = \ell \pm 1/2$ in atomaren Einheiten:

$$\Delta W_{n\ell} = \frac{Z^4\alpha^2}{2n^3}\frac{1}{\ell(\ell+1)} \tag{6.53}$$

Abbildung 6.17 zeigt eine Übersicht für die $n = 2$ Niveaus. Links ist die Lage der $2s$, $2p$ Niveaus im Rahmen des Bohr'schen Modells bzw. der reinen Schrödinger-Gleichung angedeutet, ganz rechts die Gesamtverschiebung $\Delta W_{nj} = V_{rel} + V_D + V_{LS}$ dagegen für das Dublett in Dirac-Näherung. Man beachte, dass die Zustände $s_{1/2}$ und $p_{1/2}$ hier die gleiche Energie haben. Dazwischen werden (gepunktet) die Termverschiebungen durch die einzelnen Beiträge gezeigt.

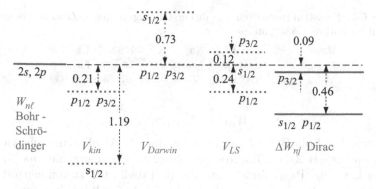

Abb. 6.17. Feinstruktur der $n = 2$ Niveaus beim H-Atom. Alle Zahlenwerte für die Energieverschiebungen sind in cm^{-1} angegeben

Die LS-Aufspaltung nimmt erwartungsgemäß mit n und ℓ rasch ab, da sich das magnetische Dipolfeld entsprechend abschwächt. Sie nimmt aber mit der 4. Potenz der Kernladungszahl Z zu: die *Spin-Bahn-Kopplung ist besonders für große Atome sehr wichtig* und kann für große Z nicht mehr einfach als Störung behandelt werden. Dort gilt dann auch nicht mehr die LS-Kopplung, sondern – wie wir noch sehen werden – z. B. die jj-Kopplung.

6.3.3 Feinstruktur der Alkaliatome

Exakte Rechnungen sind nur für H, He$^+$, Li^{++} etc. möglich. Die genaue Term*lage* kann numerisch nicht mit der für die FS notwendigen Genauigkeit berechnet werden. Es gibt aber für nicht allzu schwere Atome recht gute Rechnungen für die $\hat{L}\hat{S}$-*Aufspaltung* einzelner $n\ell$-Niveaus, die man auch gut messen kann. Mit (6.50) können wir ganz allgemein die Feinstrukturaufspaltung

$$\Delta W_{n\ell j} = \frac{a}{2} \left[j(j+1) - \ell(\ell+1) - s(s+1) \right] \qquad (6.54)$$

$$\text{mit} \quad a = \frac{\alpha^2}{2} \langle n\ell | \frac{1}{r} \frac{dV}{dr} | n\ell \rangle$$

schreiben, wobei die *LS-Kopplungskonstante* a die atomspezifischen Besonderheiten zusammenfasst. Näherungsweise schreibt man gelegentlich in Anlehnung an das H-Atom, wo $r^{-1}dV/dr = Zr^{-3}$ ist, die *LS-Kopplungskonstante*

$$a = \frac{\alpha^2}{2} \left\langle \frac{Z^*}{r^3} \right\rangle = \frac{\alpha^2}{2} \frac{Z^{*4}}{n^3} \frac{1}{\ell(\ell+1)(\ell+1/2)} \quad , \qquad (6.55)$$

wobei wir von (2.117) Gebrauch gemacht haben. Für eine überschlägige Berechnung kann man die *effektive Kernladungszahl* Z^* z. B. aus der Gesamtenergie des Niveaus

Tabelle 6.2. Feinstrukturaufspaltung des ersten angeregten p-Zustands beim Wasserstoffatom und den Alkaliatomen

Atom	H	Li	Na	K	Rb	Cs
$n\ell$	$2p$	$2p$	$3p$	$4p$	$5p$	$6p$
$\Delta W_{n\ell j}/\,\mathrm{cm}^{-1}$	0.37	0.335	17.196	57.71	237.595	554.039

$$W_{n\ell} = Z^{*2} / \left(2n^2\right)$$

abschätzen. Die Spin-Bahn-Aufspaltung ist für die Alkaliatome sehr viel größer als für das H-Atom. Für die jeweils erste Resonanzlinie ($ns\,^2S_{1/2} \leftrightarrow np\,^2P_{1/2}$ bzw. $np\,^2P_{3/2}$) findet man die in Tabelle 6.2 zusammengestellten Aufspaltungen. Bei Cäsium entspricht die FS-Aufspaltung immerhin schon ca. 5% der Übergangsenergie, ist kein kleiner Effekt mehr. Auch bei den Alkaliatomen gelten einige allgemeine Beobachtungen, die wir beim H-Atom diskutiert haben:

- Je höher n und ℓ desto kleiner die FS-Aufspaltung, so ist z. B. beim Natrium schon das $5p$ Niveau nur noch um $2.47\,\mathrm{cm}^{-1}$ aufgespalten und beim $3d$ Niveau, wo das Elektron sich ja kaum am Atomkern aufhält, sind es nur noch $0.05\,\mathrm{cm}^{-1}$.

- Die Terme sind üblicherweise in normaler Ordnung, also $W_{nj=\ell+3/2} > W_{nj=\ell+1/2}$. Für höhere Terme und schwerere Elemente können sie aber auch gelegentlich invertiert sein: das Einelektronbild stimmt eben nicht ganz.

- Die Formel für die Feinstrukturaufspaltung nach (6.54) kann in vielen Fällen näherungsweise auch auf kompliziertere Atome angewendet werden, wo man es also mit einen Gesamtdrehimpuls J, einen Gesamtbahndrehimpuls L und einen Gesamtspin $S > 1/2$ zu tun hat (anstelle von j, ℓ und s). Die Formel bewährt sich insbesondere für höhere Werte von Z und n, wenigstens solange die LS-Kopplung noch gültig ist.

- Unter Benutzung von (6.54) ergibt sich dabei für den Abstand zweier benachbarter Feinstrukturniveaus in einem Multiplett die sogenannte *Landé'sche Intervallregel*:

$$\Delta W_{FS} = \Delta W_J - \Delta W_{J-1} = \frac{a}{2}\left(J\left(J+1\right) - \left(J-1\right)J\right) = aJ \qquad (6.56)$$

Die Energieunterschiede zwischen zwei benachbarten FS Niveaus mit J und $J-1$ in einem FS-Multiplett sind proportional zu J.

6.4 Auswahlregeln und Intensitäten für Übergänge

6.4.1 Beispiel H-Atom

Abbildung 6.18 gibt eine Übersicht über alle Dipol-erlaubten Übergänge zwischen den Feinstrukturniveaus des H-Atoms bis zu den $n = 3$ Niveaus. Die

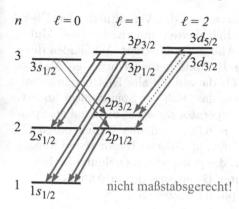

Abb. 6.18. Auswahlregeln für Feinstrukturübergänge beim H-Atom

Strichstärken bei den $n = 3 \leftrightarrow n' = 2$ Übergängen deuten grob die relativen Linienstärken an.

6.4.2 Allgemeine Regeln

Für die Auswahlregeln gilt das in Kapitel 4 Abgeleitete und Diskutierte. Insbesondere gilt natürlich für elektrische Dipolübergänge (E1) die Dreiecksregel $\delta(J_a J_b 1) = 1$ für die Gesamtdrehimpulse von Anfangs- J_a und Endzustand J_b sowie die Auswahlregel für die magnetischen Quantenzahlen $M_a - M_b = 0, \pm 1$. Mit der Wahl von Großbuchstaben wollen wir hier andeuten, dass alle diese Auswahlregeln auch für Systeme mit mehreren Elektronen gelten – jedenfalls soweit sie in LS-Kopplung gut beschrieben werden.

Wenn wir uns freilich für die relativen Intensitäten innerhalb eines Multipletts interessieren, so müssen wir unsere bisher erarbeiteten Werkzeuge zur Beschreibung der Übergangswahrscheinlichkeiten noch etwas erweitern. Wir beziehen uns dabei auf (4.96)–(4.103) sowie auf (F.24), wodurch allgemein die Linienstärke $S(J_b J_a)$ definiert wird.

Wir werden jetzt Übergangswahrscheinlichkeiten für Feinstruktur-Multipletts ableiten, wobei wir annehmen, dass atomarer Bahndrehimpuls L und Spindrehimpuls S zu einem Gesamtdrehimpuls J koppeln. Dabei ist es zunächst gleichgültig, ob L und S Bahndrehimpuls und Spin eines einzelnen Elektrons beschreiben oder ob sie ihrerseits selbst aus Einzeldrehimpulsen zusammengesetzt sind. Wir nehmen aber dabei an, dass das Radialmatrixelement nicht von J abhängt, sondern nur von den Quantenzahlen γ, L und S und drücken die Linienstärke (F.24) im gekoppelten Schema $(LS)J$ durch das Radialmatrixelement und das reduzierte Matrixelement von C_1 aus:

$$S(J_b J_a) = (2J_b + 1) |\langle \gamma_b | e_0 r | \gamma_a \rangle|^2 \langle L_b S J_b \| C_1 \| L_a S J_a \rangle^2 \qquad (6.57)$$

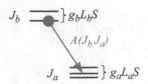

Abb. 6.19. Zur Bezeichnung von Multiplett-Niveaus

Hier interessieren uns die Verhältnisse der Übergangswahrscheinlichkeiten innerhalb eines Multipletts, wie in Abb. 6.19 illustriert. Wir finden diese durch weitere Reduktion des reduzierten Matrixelements (6.57), da wir für alle E1-Übergänge annehmen können, dass sich der Spin S nicht ändert. Denn der Dipoloperator $e_0 r$ wirkt nicht auf die Spinkoordinaten. In (6.57) wird dies formal durch C_1 ausgedrückt: dieser sphärische Tensor ersten Ranges wirkt nur auf den Bahndrehimpulsteil L des gekoppelten Drehimpulsschemas $|L_a S J_a\rangle$. So können wir mit (D.57) unter Benutzung der in Anhang B ausführlich behandelten 6j-Symbole den Spin herausziehen:

$$S\left(J_b J_a\right) = |\langle \gamma_b \,|e_0 r|\, \gamma_a \rangle|^2 \tag{6.58}$$

$$\times \left(2 J_b + 1\right)\left(2 J_a + 1\right)\left(2 L_b + 1\right)\left\{ \begin{array}{ccc} L_a & L_b & 1 \\ J_b & J_a & S \end{array} \right\}^2 \langle L_b \,\|C_1\|\, L_a \rangle^2$$

Für den wichtigen *Spezialfall eines Einelektronensystems* mit $S = s = 1/2$ können wir das reduzierte Matrixelement $\langle L_b \,\|C_1\|\, L_a \rangle$ nach (D.28) direkt auswerten und erhalten

$$S\left(n_b \ell_b s j_b - n_a \ell_a s j_a\right) = \left(2 j_b + 1\right)\left(2 j_a + 1\right)\left(2 \ell_b + 1\right)\left(2 \ell_a + 1\right) \tag{6.59}$$

$$\times |\langle n_b \ell_b \,|e_0 r|\, n_a \ell_a \rangle|^2 \left\{ \begin{array}{ccc} j_b & 1 & j_a \\ \ell_a & s & \ell_b \end{array} \right\}^2 \left(\begin{array}{ccc} \ell_b & 1 & \ell_a \\ 0 & 0 & 0 \end{array} \right)^2$$

Für das 6j-Symbol muss die Dreiecksregel $\delta(j_a j_b 1) = 1$ gelten, was zu der Auswahlregel $|\Delta j| = 0, \pm 1$ führt. Das 3j-Symbol erfordert darüber hinaus, dass $\ell_a + 1 + \ell_b$ gerade ist, d. h. $\ell_b = \ell_a \pm 1$. Setzen wir (D.31) in (6.58), so erhalten wir

$$S\left(n_b \ell_b s j_b - n_a \ell_a s j_a\right) = \delta_{\ell_b \ell_a \pm 1}\left(2 j_b + 1\right)\left(2 j_a + 1\right)\frac{\left(\ell_b + \ell_a + 1\right)}{2} \tag{6.60}$$

$$\times \left\{ \begin{array}{ccc} j_b & 1 & j_a \\ \ell_a & s & \ell_b \end{array} \right\}^2 |\langle n_b \ell_b \,|e_0 r|\, n_a \ell_a \rangle|^2$$

Mit (6.58) können wir auch die spontane Zerfallswahrscheinlichkeit (4.100) der J_b Zustände bestimmen (genauer: eines jeden Unterniveaus $|J_b M_b\rangle$ des angeregten in alle Unterniveaus $|J_a M_a\rangle$ des unteren Zustands):

$$A\left(J_a J_b\right) = \frac{4\alpha}{3c^2}\omega_{ba}^3\, |\langle \gamma_b \,|e_0 r|\, \gamma_a \rangle|^2 \tag{6.61}$$

$$\times \left(2 J_a + 1\right)\left(2 L_b + 1\right)\left\{ \begin{array}{ccc} L_a & J_a & S \\ J_b & L_b & 1 \end{array} \right\}^2 \langle L_b \,\|C_1\|\, L_a \rangle^2 \quad .$$

Schließlich erhalten wir durch Summation von (6.61) über alle unteren Niveaus J_a die Gesamtwahrscheinlichkeit für den spontanen Zerfall des oberen Multipletts in alle Zustände des unteren $\gamma_g L_a S$ Multipletts (dieses ist identisch mit der inversen Lebensdauer, sofern es nicht zusätzlich weitere Zerfallskanäle gibt). Wir benutzen dafür die $6j$-Orthogonalitätsrelation (B.50):

$$A\left(L_a L_b\right) = \tau_{L_a L_b}^{-1} = \tau^{-1} = \frac{4\alpha}{3c^2}\omega_{ba}^3 \left|\langle\gamma_b\left|e_0 r\right|\gamma_a\rangle\right|^2 \langle L_b \|C_1\| L_a\rangle^2 \qquad (6.62)$$

$$= \frac{4\alpha}{3c^2}\omega_{ba}^3 \frac{S\left(L_b L_a\right)}{2L_b + 1}$$

Wir haben hier die Gesamtlinienstärke $S\left(L_b L_a\right)$ für den Multiplettübergang eingeführt. Offensichtlich ist diese Beziehung vollständig äquivalent zu (4.100), wo wir von einem ungekoppelten Schema ausgegangen sind. Die Lebensdauer irgendeines oberen Zustands gegenüber Zerfall in ein unteres Multiplett $\gamma_g L_a S$ ist nicht nur von der anfänglichen magnetischen Quantenzahl unabhängig, sondern auch von J_b und wird somit ausschließlich von den Bahndrehimpulsquantenzahlen L_b und L_a sowie dem radialen Matrixelement bestimmt. Daher ist $\tau_{L_a \leftarrow L_b} = \tau$ *die* Lebensdauer des atomaren Übergangs. Nehmen wir z. B. ein Natriumatom im angeregten $3p\,{}^2\mathrm{P}_{1/2}$ bzw. $3p\,{}^2\mathrm{P}_{3/2}$ Resonanzzustand: beide Zustände zerfallen in den $3s\,{}^2\mathrm{S}_{1/2}$ Grundzustand und jeder der 6 verschiedenen angeregten Unterzustände in den $3p\,{}^2\mathrm{P}_{3/2}$ und $3p\,{}^2\mathrm{P}_{1/2}$ Niveaus hat die gleiche Lebensdauer gegenüber spontanem Zerfall.[3]

Alle obigen Gleichungen enthalten noch das radiale Matrixelement und ein reduziertes Matrixelement von C_1. Letzteres kann man mithilfe der Drehimpulsalgebra auswerten. Handelt es sich um ein Einelektronensystem, so setzen wir $L_a = \ell_a$ bzw. $L_b = \ell_b$, also gleich der Bahndrehimpulsquantenzahl des Elektrons und verfahren entsprechend (6.59) und (6.60). Ist auch L schon durch eine Drehimpulskopplung entstanden, wie dies bei komplexeren Atomen in der Regel der Fall ist, so muss man das hier beschriebene Reduktionsverfahren entsprechend auch auf diese Kopplung anwenden und das Matrixelement so Schritt für Schritt entkoppeln, bis wir schließlich wieder bei (D.28) enden.

Das radiale Matrixelement kann man natürlich nur berechnen, wenn man die atomare Wellenfunktion im Detail kennt. Für praktische Bedürfnisse ist es daher häufig zweckmäßiger, alle Größen durch die natürliche Lebensdauer des oberen Niveaus $\tau = \tau_{L_b L_a}$ auszudrücken. Setzen wir (6.62) in (6.58) ein, so erhalten wir als Linienstärke

$$S\left(J_b J_a\right) = \frac{3c^2}{4\alpha\omega_{ba}^3\tau}\left(2J_b + 1\right)\left(2J_a + 1\right)\left(2L_b + 1\right)\begin{Bmatrix} L_a & L_b & 1 \\ J_b & J_a & S \end{Bmatrix}^2 \qquad (6.63)$$

mit der wir alle anderen Relationen ausdrücken können: die individuellen spontanen Zerfallsraten $A\left(J_a M_a; J_b M_b\right)$ nach (4.99) und die Koeffizienten $B\left(J_a M_a; J_b M_b\right) = B\left(J_b M_b; J_a M_a\right)$ für die induzierten Wahrscheinlichkeiten

---

[3] Das ist natürlich nur dann streng richtig, wenn das radiale Matrixelement unabhängig von J_b und J_a ist. In der Praxis werden Abweichungen davon signifikant für schwere Atome. So ist z. B. die Lebensdauer des angeregten Cäsiumatoms im $6p\,{}^2\mathrm{P}_{3/2}$ Zustand ungefähr 10× länger als die des $6p\,{}^2\mathrm{P}_{1/2}$ Zustands.

nach (4.108) für Übergänge zwischen individuellen magnetischen Unterniveaus mit spezifizierter Polarisation q. Ebenso ergeben sich daraus die über alle Winkel und magnetischen Quantenzahlen gemittelten Wahrscheinlichkeiten zwischen den einzelnen Termen der Feinstrukturmultipletts $A\left(J_a J_b\right)$ nach (4.100) und $B\left(J_b J_a\right)$ bzw. $B\left(J_a J_b\right)$ nach (4.109) und (4.110).

Für die praktische Nutzung kommunizieren wir explizit die Niveau-zu-Niveau Übergangswahrscheinlichkeit für spontane Emission

$$A\left(J_a J_b\right) = \left(2 J_a + 1\right)\left(2 L_b + 1\right)\left\{\begin{matrix} L_a & J_a & S \\ J_b & L_b & 1 \end{matrix}\right\}^2 \frac{1}{\tau} \ , \tag{6.64}$$

für induzierte Emission

$$B\left(J_a J_b\right) = \frac{\pi^2 c^3}{\hbar \omega_{ba}^3}\left(2 J_a + 1\right)\left(2 L_b + 1\right)\left\{\begin{matrix} L_a & J_a & S \\ J_b & L_b & 1 \end{matrix}\right\}^2 \frac{1}{\tau} \tag{6.65}$$

und für die Absorption

$$B\left(J_b J_a\right) = \frac{\pi^2 c^3}{\hbar \omega_{ba}^3}\left(2 J_b + 1\right)\left(2 L_a + 1\right)\left\{\begin{matrix} L_a & J_a & S \\ J_b & L_b & 1 \end{matrix}\right\}^2 \frac{1}{\tau} \ . \tag{6.66}$$

Man sieht, dass die relativen Intensitäten für Übergänge zu unterschiedlichen Endniveaus (z. B. J_b) ausgehend vom Anfangsniveau J_a von der Entartung des Endniveaus $2 J_b + 1$ und von den quadrierten $6j$-Symbolen abhängen.

Wir haben bereits die $6j$-Orthogonalitätsrelation (B.50) benutzt, um zu zeigen, dass die spontane Lebensdauer nicht vom anfänglichen Gesamtdrehimpuls J_b abhängt. Die gleiche Beziehung können wir auch für die induzierten Prozesse nutzen und finden von (6.65) und (6.66) die induzierten Emissions- bzw. Absorptionskoeffizienten für die induzierte Emission zu nicht aufgelösten Endzuständen:

$$B\left(L_a \leftarrow L_b\right) = \sum_{J_a} B\left(J_a \leftarrow J_b\right) = \frac{\pi^2 c^3}{\hbar \omega_{ba}^3}\frac{1}{\tau} = \frac{\pi^2 c^3}{\hbar \omega_{ba}^3} A\left(L_a \leftarrow L_b\right) \tag{6.67}$$

$$B\left(L_b \leftarrow L_a\right) = \sum_{J_b} B\left(J_b \leftarrow J_a\right) = \frac{\pi^2 c^3}{\hbar \omega_{ba}^3}\frac{2 L_b + 1}{2 L_a + 1}\frac{1}{\tau} \ . \tag{6.68}$$

Offensichtlich gilt auch die Einstein-Relation (4.111) für die nicht aufgelösten Größen ($j \equiv L$) ebenso wie für die Feinstrukturkomponenten ($j = J$). Man benutzt diese Beziehungen oft, um die Verzweigungsrelationen zwischen verschiedenen Unterniveaus zu ermitteln, ohne explizite die $6j$-Symbole auszuwerten: Innerhalb eines Multipletts ist die Summe über alle Linien, die von einem ursprünglichen Niveau ausgehen, unabhängig von diesem Niveau und das Verhältnis nicht aufgelöster Übergänge von oben nach unten und umgekehrt wird gegeben durch

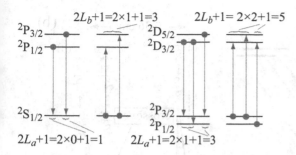

Abb. 6.20. Verzweigungs-verhältnisse bei $^2P \leftrightarrow {}^2S$ und $^2D \leftrightarrow {}^2P$ Multipletts nach (6.69). Man beachte, dass die relativen Intensitäten nur innerhalb eines Dublettüber-gangs vergleichbar sind

Tabelle 6.3. Verzweigungsverhältnisse in $^2S \leftrightarrow {}^2P$ und $^2P \leftrightarrow {}^2D$ Übergängen. Direkt nach (6.65) bzw. (6.66) berechnet. Die relativen Intensitäten dürfen nur inner-halb eines Multipletts verglichen werden. Die Summen aller Übergangsintensitäten, die von einem J_a bzw. J_b ausgehen, sind gleich groß

Von \ nach	$^2S_{1/2}$	$^2P_{1/2}$	$^2P_{3/2}$
$^2S_{1/2}$	–	1	1
$^2P_{1/2}$	1/3	–	–
$^2P_{3/2}$	2/3	–	–
$\sum$	1	1	1

Von \ nach	$^2P_{1/2}$	$^2P_{3/2}$	$^2D_{3/2}$	$^2D_{5/2}$
$^2P_{1/2}$	–	–	5/6	–
$^2P_{3/2}$	–	–	1/6	1
$^2D_{3/2}$	1	1/10	–	–
$^2D_{5/2}$	–	9/10	–	–
$\sum$	1	1	1	1

$$\frac{\sum_{J_a} B\left(J_a \leftarrow J_b\right)}{\sum_{J_b} B\left(J_b \leftarrow J_a\right)} = \frac{(2L_a + 1)}{(2L_b + 1)} \quad . \tag{6.69}$$

Die Intensitätsverhältnisse für Multiplett-Linien findet man in der älteren Li-teratur häufig in Tabellenform. Da die Linienstärken nach (6.63) heute leicht ausgewertet werden können, indem man die $6j$-Symbolen mit einfachen Re-chenprogrammen (z. B. Redsun, 2004) ermittelt, beschränken wir uns hier auf zwei Beispiele. Man kann entweder die Summenregel (6.69) benutzen, wie in Abb. 6.20 angedeutet, oder direkt (6.65) und (6.66) für $^2S \leftrightarrow {}^2P$ und $^2P \leftrightarrow {}^2D$ Übergänge auswerten. Sie sind in Tabelle 6.3 zusammengestellt. In-teressanterweise stellt man fest, dass bei einem $^2S \leftrightarrow {}^2P$ Übergang die Wahr-scheinlichkeit für $^2S_{1/2} \to {}^2P_{3/2}$ zweimal so groß ist wie für $^2S_{1/2} \to {}^2P_{1/2}$, dass aber die umgekehrten Prozesse, $^2P_{1/2} \to {}^2S_{1/2}$ und $^2P_{3/2} \to {}^2S_{1/2}$ gleiche Übergangswahrscheinlichkeiten haben.

6.5 Lamb-Shift

6.5.1 Feinstruktur und Lamb-Shift bei Balmer Hα

Abbildung 6.21a zeigt die Energieterme der $n = 2$ und $n = 3$ Niveaus im Was-serstoffatom und die dazwischen erlaubten und beobachtbaren Übergänge.

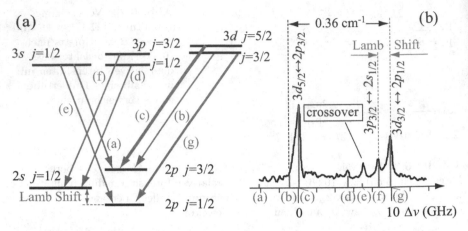

Abb. 6.21. Feinstruktur und Lamb-Shift am H-Atom. (a) Termschema und Übergänge der H_α Balmer-Linie zwischen den $n = 3$ und $n = 2$ Niveaus. (b) Messung
in Doppler-freier Sättigungsspektroskopie und Zuordnung der Übergänge mit den
berechneten relativen Intensitäten (rote vertikale Linien) nach Hänsch et al. (1972)

Optische Methoden zu ihrer Beobachtung haben wir bereits in 6.1 kennengelernt. Im rechten Teil von Abb. 6.21 reproduzieren wir noch einmal das schon
in Abb. 6.9 auf Seite 205 gezeigte, hochaufgelöste Spektrum, welches diese
Übergänge erkennen lässt. Wie die Lage der Spektrallinien mit der Beobachtung zusammenhängt, ist durch Buchstaben angedeutet. Die relative Stärke
der einzelnen Linien kann man mit den in 6.4 ausgeführten Methoden im
Prinzip leicht ausrechnen. Man benötigt dazu lediglich noch die radialen Dipolübergangsmatrixelemente, die in Anhang D.5 zusammengestellt sind. Eine
wichtige Besonderheit in Abb. 6.21 kann unsere bisherige Theorie freilich noch
nicht erklären: Wir erinnern uns, dass die mit der *Dirac-Theorie* berechneten
Energieterme nach (6.52) *nur von j nicht aber von ℓ abhängen*. Diese Regel ist aber offenbar für die Niveaus $2s\,^2S_{1/2}$ und $2p\,^2P_{1/2}$ durchbrochen, wie
im Experiment dokumentiert: das $2p\,^2S_{1/2}$ liegt deutlich über dem $2p\,^2P_{1/2}$
Niveau. Man nennt diese Verschiebung *Lamb-Shift*.

6.5.2 Doppler-freie Spektroskopie:
Mikrowellen- und Radiofrequenz-Übergänge

Die Beobachtung solcher feinen Effekte ist im optischen Spektrum vor allem
durch die Doppler-Verbreiterung erschwert, die beim H-Atom nach (5.13) wegen seiner kleinen Masse M besonders groß ist. Nun ist der Doppler-Effekt
aber von der Übergangsfrequenz abhängig, nach (5.13) gilt ja

$$\Delta\nu_D \simeq \pm\nu_{ba}\frac{\langle v \rangle}{c} \quad ,$$

wobei $\langle v \rangle$ ein Mittelwert über die atomaren Geschwindigkeiten ist und ν_{ba} die Übergangsfrequenz, welche man beobachten will. Bestimmt man nun die Feinstrukturaufspaltung oder andere feine Effekte aus der Differenz zweier optischer Übergangsfrequenzen, dann geht die Doppler-Verbreiterung, die proportional zu ν_{ba} ist, entsprechend massiv ins Ergebnis ein. In manchen Fällen ist es aber möglich, Übergänge zwischen verschiedenen $|jm_j\rangle$ Zuständen innerhalb eines Multipletts direkt zu messen. Während die optischen Übergänge im Sichtbaren bzw. UV Spektralgebiet zu beobachten sind ($10000 - 100000$ cm^{-1}) liegen die FS-Aufspaltungen bei einigen cm^{-1} oder darunter. Die Doppler-Verbreiterung wird für solche Frequenzen ν_{ba} praktisch vernachlässigbar und man kann ν_{ba} im Mikrowellen-Bereich (cm$^{-1} \; \widehat{=} \; 30$ GHz) – noch feinere Effekte ggf. im Radiofrequenz-Bereich (RF) – um viele Größenordnungen genauer messen. Es handelt sich bei solchen direkten Übergängen innerhalb eines Multipletts ($\Delta\ell = 0$) um magnetische Dipolübergänge (M1), wie wir sie in Kapitel 5.4 besprochen haben. Man kann die dafür benötigten magnetischen Wechselfelder in Mikrowellenresonatoren problemlos bereitstellen.

6.5.3 Experiment von Lamb und Retherford (1947)

Ein besonders prominentes und in seiner Konsequenz außerordentlich weitreichendes Beispiel hierfür ist die Erstbestimmung der Lamb-Shift, also der eben erwähnten Abweichung von der Feinstrukturaufspaltung der Dirac-Theorie, für welche Lamb jr. (1955) den Nobel-Preis erhielt.

Abb. 6.22. Willis Eugene Lamb, Jr., der Entdecker der Lamb-Shift auf einer USA-Briefmarke

    Willis E. Lamb und R.C. Retherford suchten 1947 nach einem möglichen Übergang zwischen den nach Dirac entarteten Niveaus $2s^2S_{1/2}$ und $2p^2P_{1/2}$. Dabei machten sie sich zunutze, dass der $2p^2P_{1/2}$ Zustand direkt in den Grundzustand zerfällt ($\tau = 1.6$ ns), während der $2s^2S_{1/2}$ Zustand metastabil ist. Sie können nur durch Zweiphotonenemission mit einer Lebensdauer von $\tau \sim 120$ ms zerfallen, wie wir das in Kapitel 5.3.2 kennengelernt haben. Die Messtechnik ist sehr interessant. Der Aufbau ist in Abb. 6.23 auf der nächsten Seite skizziert. In einem Wasserstoffatomstrahl aus einem heißen Ofen (dort dissoziiert H_2) werden die $2s\,^2S_{1/2}$ Atome durch Elektronenstoß angeregt. Die

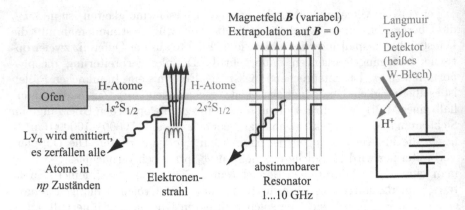

Abb. 6.23. Schema des Aufbaus von Lamb und Retherford zur Messung der Übergänge vom $2s\,^2S_{1/2}$ Zustand des Wasserstoffatoms

dabei ebenfalls erzeugten $2p\,^2P_{1/2,3/2}$ Atome zerfallen rasch durch spontane Emission in den Grundzustand, während die metastabilen $2s\,^2S_{1/2}$ Atome mit dem Atomstrahl in einen Mikrowellenresonator gelangen, wo durch Absorption der Mikrowelle der Übergang $2s\,^2S_{1/2} \rightarrow 2p\,^2P_{1/2,3/2}$ induziert wird. Nach dem Übergang zerfallen auch diese Atome rasch durch Strahlung in den Grundzustand. Man detektiert den Übergang durch einen Verlust an metastabilen Atomen, die einen Langmuir-Taylor-Detektor erreichen (wir haben diesen Detektor schon in 1.13 kennengelernt).

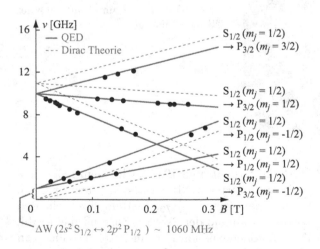

Abb. 6.24. Ergebnisse der Messung der Lamb-Shift am Wasserstoffatom. Übergangsfrequenzen von $2\,^2S_{1/2}$ nach $2\,^2P_{1/2}$ und $2\,^2P_{3/2}$ als Funktion des angelegten externen Magnetfelds B. Gestrichelte Linien: Dirac-Theorie. Volle Linien: Fits an das Experiment

Mehrere Festfrequenzen für die Mikrowelle wurden benutzt, und die Aufspaltung der beiden Zustände wurde als Funktion eines externen Magnetfelds untersucht. Die Ergebnisse des Experiments werden in Abb. 6.24 mit der

Dirac-Theorie und den Resultaten der Quantenelektrodynamik (QED) verglichen. Im Grenzfall verschwindenden Magnetfelds ergibt sich eine Resonanzfrequenz von 1.06 GHz – entsprechend einer Wellenlänge von ca. 30 cm.[4] Das
Ergebnis der Lamb-Shift Messungen zeigt also, dass der $2\,{}^2S_{1/2}$ Zustand etwa
1060 MHz höher liegt als der $2\,{}^2P_{1/2}$ Zustand, während die Dirac-Theorie exakte Übereinstimmung der beiden Energien vorhersagt. Der heute genaueste
Messwert für die

$$\textbf{Lamb-Shift} \quad \Delta W(2s\,{}^2S_{1/2} \leftrightarrow 2p\,{}^2P_{1/2}) \tag{6.70}$$

$$\text{H-Atom} \quad = 1057.8450(29)\,\text{MHz}$$
$$\text{D-Atom} \quad = 1059.2341(29)\,\text{MHz} \ ,$$

wurde mit moderner optischer Präzisionsspektroskopie vermessen (de Beauvoir et al., 2000). Auch die Lamb-Shift für den $1s\,{}^2S_{1/2}$ **Grundzustand** des
H-Atoms konnte so bestimmt werden:

$$W(1s^2S_{1/2}) - W(1s^2S_{1/2}\text{-Dirac}) \tag{6.71}$$

$$\text{H-Atom} \quad = 8172.840(22)\,\text{MHz}$$
$$\text{D-Atom} \quad = 8183.970(22)\,\text{MHz}.$$

Die optische Spektroskopie hat also die Mikrowellentechnik mit Doppler-freien
Methoden und extremer Präzision in der Bestimmung der optischen Frequenzen weit überholt. Man vergegenwärtige sich einmal, dass die Lamb-Shift an
sich schon eine extrem kleine Größe ist – sie ist mehr als 6 Größenordnun-
gen kleiner als die $1s^2S_{1/2} \leftrightarrow 2p^2P_{1/2}$ Übergangsfrequenz und wird ihrerseits
mit einer relativen Genauigkeit von etwa 3×10^{-6} gemessen. Diese enormen
Fortschritte basieren ganz wesentlich auf den Pionierarbeiten der Gruppe von
T. Hänsch (s. z. B. Hänsch und Udem, 2005).

Man mag sich nun fragen: wozu denn diese Genauigkeit? Eine ganz generelle Antwort hierzu ist, dass jede Verbesserung der Messgenauigkeit um
einige Größenordnungen in aller Regel zu gewaltigen konzeptionellen aber
auch technischen Fortschritten geführt hat. So gäbe es ohne höchste Präzision bei der Zeitmessung (und um eine solche handelt es sich letztlich bei der
Bestimmung atomarer Übergangsfrequenzen) heute keine Raumfahrt wie wir
sie kennen, keine Satelliten, kein Global-Positioning-System etc. Aber auch
der Fortschritt in der Grundlagenforschung wird stets durch Quantensprünge
der Präzision genährt. Die Lamb-Shift selbst ist dazu ein hervorragendes Beispiel. Ihre Entdeckung stand am Anfang der Quantenelektrodynamik (QED),
die heute zu den Grundgebieten der modernen Physik gehört. Wir stellen in
Abb. 6.25 die Größenordnungen noch einmal maßstäblich zusammen und vergleichen Dirac-Theorie und QED. Die genaue QED Rechnung zeigt, dass auch
die P-Zustände ein ganz klein wenig verändert werden: der $2^2P_{1/2}$ Zustand

---

[4] Für den Kenner: Das ist etwa die gleiche Größenordnung wie die sogenannte
Hyperfeinaufspaltung des Grundzustands.

wird um 0.000479 cm^{-1} abgesenkt, der $2^2P_{3/2}$ Zustand um 0.00037 cm^{-1} angehoben. Wir werden uns in Abschnitt 6.5.6 einführend mit den physikalischen Ursachen der Lamb-Shift befassen.

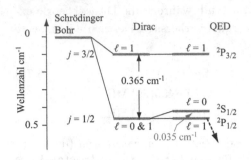

Abb. 6.25. Maßstäbliche Übersicht über die Termlagen der Zustände $n = 2$ des H-Atoms in Schrödinger-, Dirac- und QED-Näherung

6.5.4 Lamb-Shift für höhere Kernladungszahlen

Hier erwähnen wir schließlich noch, dass Lamb-Shift Messungen auch an wasserstoffähnlichen Ionen durchgeführt werden. Auf optischem Wege sind bislang keine Präzisionsmessungen gelungen, da die Absorptionslinien für die höheren Ladungen natürlich zunehmend kurzwelliger und somit schwieriger zu generieren sind. Der derzeit beste, mit Mikrowellentechniken gemessene Wert für die $2s^2S_{1/2} \leftrightarrow 2p^2P_{1/2}$ Aufspaltung liegt für einfach ionisiertes He$^+$ bei 14041.474(42) MHz und wird durch die Theorie gut bestätigt.

Messungen an hochgeladenen Ionen sind von grundsätzlichem Interesse, weil die typischen Methoden der Quantenelektrodynamik für $\alpha Z \rightarrow 1$ divergieren. Wir hatten schon erwähnt, dass das Produkt aus Feinstrukturkonstante $\alpha \simeq 1/137$ und Kernladungszahl Z entscheidend für Feinstruktur und Lamb-Shift ist. Für Kerne mit hoher Ordnungszahl wird αZ nicht mehr $\ll 1$ und die QED-Störungsrechnung hat ein Problem. Daher ist dieses Feld heute Gegenstand der aktuellen Forschung – sowohl experimentell als auch theoretisch. Hochgeladene, schwere Ionen werden in sogenannten Schwerionenbeschleunigeranlagen als Ionenstrahl untersucht. Es gibt eine Vielfalt von interessanten Grundlagenthemen, die auf diese Weise studiert werden. Auch interessante technische und medizinische Anwendungen werden erkundet. Moderne theoretische Ansätze zeigen, dass man bei der Berechnung der Lamb-Shift neben der Selbstenergie und Vakuumpolarisation auch die endliche Kernausdehnung sowie eine Reihe weiterer Effekte zu berücksichtigen hat. Insgesamt erwartet man (s. z. B. Johnson und Soff, 1985) für wasserstoffartige, $(Z - 1)$-fach geladene Ionen eine Lamb-Shift für ns Zustände, die sich etwa wie

$$\Delta W_{Lamb} = \frac{\alpha}{\pi} \frac{(Z\alpha)^4}{n^3} m_e c^2 F(Z\alpha) \qquad (6.72)$$

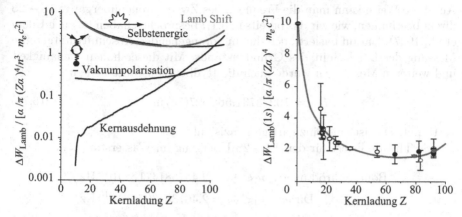

Abb. 6.26. Lamb-Shift für H-ähnliche Ionen als Funktion der Kernladungszahl Z
Links: Verschiedene Beiträge zur Lamb-Shift (QED) nach Johnson und Soff (1985)
Rechts: Vergleich dieser Theorie mit verschiedenen Experimenten nach Gumberidze et al. (2005)

verhält, wobei $F(Z\alpha)$ eine sich langsam verändernde Funktion ist. Für das H-Atom ist $F(1\alpha) \simeq 10$. Dies ist in Abb. 6.26 links nach Johnson und Soff (1985) illustriert. Die verschiedenen Beiträge der QED sind im logarithmischer Maßstab als Funktion der Kernladungszahl aufgetragen. Die Vakuumpolarisation liefert einen negativen Beitrag. Für größere Kerne geht die endliche Ausdehnung des Kerns wesentlich ein. $F(Z\alpha)$ ist auch noch etwas von n abhängig. Abbildung 6.26 rechts vergleicht eine Reihe spektroskopischer Ergebnisse für die Lamb-Shift aus verschiedenen Quellen nach Stöhlker (z. B. Gumberidze et al., 2005) im linearen Maßstab. Beim 91-fach ionisierten Uran mit der Kernladungszahl 92 ist übrigens die Lambshift bereits etwa 450 eV und kann auf wenige Volt genau vermessen werden – keineswegs also mehr eine kleine Größe! Die Spektroskopie erfolgt hier am Ionenstrahl bei Wellenlängen im harten Röntgenbereich mit sehr eleganten Methoden, wie sie andeutungsweise in Abschnitt 6.1.3 skizziert wurden.

6.5.5 Präzisionsmessungen am H-Atom

Höchst präzise Untersuchungen mit modernster Lasertechnik erlauben es inzwischen, mit nie geahnter Präzision die Frequenz von optischen Übergängen zu messen. Seit vielen Jahren arbeitet insbesondere die Gruppe von Ted Hänsch an der Vermessung der Übergänge im Wasserstoffatom, bei der man nicht mehr die Wellenlänge eines Übergangs misst, sondern den direkten Vergleich der optischen Übergangsfrequenz (im Bereich von 10^{15} Hz) mit einem im GHz-Bereich arbeitenden Zeitnormal hergestellt. Hierzu werden sogenannte kaskadierte Frequenzteiler benutzt, die es gestatten, die optischen Frequenzen präzise zu teilen, sodass man schließlich den Takt mit einer Uhr „zählen" kann.

Auf diese Weise kann man die Frequenz des Zweiphotonenübergangs 1S − 2S direkt bestimmen, wie wir das bereits in 6.1.7 besprochen haben (s. auch Udem et al., 1997). Darauf basiert auch die im vorangehenden Abschnitt mitgeteilte Messung der Lamb-Shift des Grundzustands. Mit dieser hohen Genauigkeit und weiteren Messungen wurde auch die Rydbergkonstante neu zu

$$R_\infty = 10973731.568\,527(73)\,\text{m}^{-1} \tag{6.73}$$

bestimmt. Das ist eine einzigartige Präzision!

Die Theorie liefert für den 1S − 2S Übergang im Wasserstoffatom

Bohr, Schrödinger: $\nu_{1S-2S} = 2.467381471 \times 10^{15}\,\text{Hz}$

Dirac: $\nu_{1S-2S} = 2.467354097 \times 10^{15}\,\text{Hz}$

QED : viele Korrekturterme.

Die jüngste messtechnische Entwicklung benutzt sogenannte *Frequenzkämme*, die wir in Band 2 dieses Buches noch ausführlich besprechen werden. Das sind präzise getaktete Züge extrem kurzer Lichtimpulse, deren Wiederholfrequenz mit einem Zeitnormal (z. B. einer Cs-Uhr) verglichen bzw. synchronisiert wird (s. z. B. Niering et al., 2000). Aktuell wird für die Übergangsfrequenz 1S − 2S als bester experimenteller Wert angegeben (Hänsch (2006)):

$$\nu_{1S-2S} = 2\,466\,061\,102\,474\,851(34)\,\text{Hz} \tag{6.74}$$
$$\nu_{1S-2S} \times \mu/m_e = 2.467404119 \times 10^{15}\,\text{Hz}$$

Die Komplexität und Raffinesse des experimentellen Schemas für solche Messungen illustriert Abb. 6.27. Einen Teil davon, nämlich die Zweiphotonenanregung des Wasserstoffatomstrahls im konfokalen Resonator, haben wir schon in Abschnitt 6.1.7 kennengelernt. Als Frequenzstandard dient eine sogenannte Cäsium-Springbrunnen-Atomuhr, wie sie derzeit weltweit als Zeitstandard benutzt wird. Eine kompakte Beschreibung findet man z. B. auf der Homepage des NIST (Jefferts und Meekhof, 2000). Das Schema ist in Abb. 6.27 rechts skizziert. Der besondere Trick bei diesem Aufbau ist die *lange effektive Wechselwirkungszeit* $T \simeq 1$ s der Atome mit dem Mikrowellenfeld: man macht dabei von dem in Abschnitt 6.1.6 beschriebenen Verfahren der Ramsey-Streifen Gebrauch. Wie in Abb. 6.27 rechts angedeutet, kühlt man hierfür zunächst die Cs-Atome mit 6 Kühl-Lasern (Diodenlaser) ab. (Auch auf das Verfahren der Laserkühlung kommen wir in Band 2 dieses Buches noch zurück.) Man gibt den Atomen dann durch eine kurze Verstimmung des unteren Kühl-Lasers einen kleinen Kick nach oben, „schiebt" sie also quasi durch den Resonator. Die graue Trajektorie in Abb. 6.27 zeigt schematisch den Weg der Atome, die sich frei nach oben bewegen bis zum Umkehrpunkt im Schwerefeld, von wo aus sie langsam wieder in den Resonator zurückfallen – also in der Tat ein „Atom-Springbrunnen". Nachgewiesen werden die Übergänge durch eine Änderung des Fluoreszenzsignals mit dem Probelaser. Entsprechend den Überlegungen

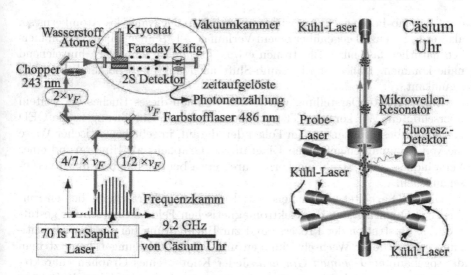

Abb. 6.27. Oben: Experimenteller Aufbau zum Rechts: Experiment zum Vergleich der Wasserstoffatom 1S–2S Übergangsfrequenz mit einer Cäsium Springbrunnen-Atomuhr nach Niering et al. (2000). Links: vergrößert die Cs-Atomuhr nach dem Springbrunnenrezept (Bild nach NIST)

in Abschnitt 6.1.6 ist die gesamte, relevante Wechselwirkungszeit T im Sinne der Ramsey-Streifen gegeben durch die Laufzeit der Atome vom Resonator zum Umkehrpunkt und wieder zurück zum Resonator. Die Genauigkeit Cs-Referenzlinie wird dann $\propto 1/T$ und liegt typisch in der Größenordnung von etwa 1 Hz.

Eine entscheidende Rolle bei der Messung der 1S–2S Übergangsfrequenz bei dem in Abb. 6.27 links skizzierten Verfahren spielt dann die präzise Messung und Stabilisierung der Anregungslaserfrequenz auf eben diesen Cs-Atomuhrstandard mithilfe des angedeuteten Frequenzkamms. Wir gehen hier auf weitere Details nicht ein, sondern verweisen den interessierten Leser auf die Originalliteratur.

6.5.6 QED und Feynman-Diagramme

Was ist für die Lamb-Shift verantwortlich? Sehr pauschal gesprochen kann man sagen, es sei die Wechselwirkung des Elektrons mit dem Vakuumfeld. Tomonaga, Schwinger und Feynman 1965 haben hierfür die grundlegende Theorie geschaffen, die Quantenelektrodynamik (QED) bzw. Quantenfeld-theorie. Für unsere Zwecke mag es ausreichen, sich das Vakuumfeld als Nullpunktsschwingung der quantisierten Oszillatoren des elektromagnetischen Felds vorzustellen: auch im Grundzustand hat das elektromagnetische Feld eine endliche Amplitude. Diese wirkt auf die Elektronen und lässt sie eine Zitterbewegung ausführen, die dazu führt, dass der Ort des Elektrons nicht mehr punktförmig lokalisiert ist. Dies führt wiederum zu einer Verschmierung des Coulomb-Potenzials. Das wirkt schließlich in der Nähe des Atomkerns so, als werde Potenzial gegenüber einem Verlauf $\propto -1/R$ angehoben. Davon merken natürlich fast nur s-Elektronen etwas, da nur sie dem Kern hinreichend nahe kommen. Daher ist die Lamb-Shift auch nur für s-Zustände wirklich signifikant.

Eine vertiefte Darstellung würde den Rahmen dieses Buches bei weitem überschreiten. Wir können hier auch keine fundierte Einführung in die QED geben und beschränken uns im Folgenden darauf, in sehr heuristischer Weise die von Feynman eingeführten Diagramme (Graphen) als Hintergrund eines Verständnisses der Strahlungskorrekturen etwa bei der Lamb-Shift zu veranschaulichen.

Die QED arbeitet mit Reihenentwicklungen von Störtermen, die den Einfluss der Quantisierung des elektromagnetischen Felds zu berechnen gestatten. Zur Illustration der Prozesse und zur Buchhaltung bei der Berücksichtigung verschiedener Wechselwirkungen und Störungsordnungen benutzt man die sogenannten *Feynman-Graphen*. Jeder Knoten eines Graphen charakterisiert einen Wechselwirkungsprozess, mehrere aufeinander folgende Knoten bedeuten entsprechend höhere Ordnung der Störungsrechnung. Die elementaren Prozesse und Teilchenbewegungen im Orts-Zeitraum symbolisiert man durch anschauliche grafische Symbole, wie sie in Tabelle 6.4 zusammengestellt sind.

Das freie Elektron (1) bewegt sich in dieser Symbolik von links nach rechts, sein Antiteilchen, das Positron (2) entsprechend von rechts nach links. Das Austauschteilchen Photon (3) wird durch eine Wellenlinie dargestellt. Die Graphen (4–9) sind selbst erläuternd. Graph (10) veranschaulicht einen typischen Wechselwirkungsprozess des Elektrons mit der Vakuumstrahlung: es emittiert ein (virtuelles) Photon, welches es sogleich wieder absorbiert. Dies ist *einer* von vielen Prozessen, die zur „Selbstenergie" des Elektrons beitragen, die bei der sogenannten *Massenrenormierung* in der QED eine zentrale Rolle spielt. Wichtig ist auch die Vakuumpolarisation (11), zu der in erster Ordnung die Erzeugung eines (virtuellen) $e^- e^+$ Paares beiträgt, welches gleich wieder vernichtet wird. Graph (11) ist also die Kombination von (8) und (9).

Damit können auch alle komplexeren Diagramme zur Beschreibung der Wechselwirkung von Elektronen mit Photonen gebildet werden. Dabei sind folgende Regeln zu beachten:

- Energie- und Impulserhaltung gelten für jeden Vertex.
- Linien, die das Diagramm verlassen sind reale Teilchen, für welche der relativistische Energieerhaltungssatz $W^2 = p^2 c^2 + m^2 c^4$ gelten muss.
- Linien, die Vertizes verbinden, repräsentieren „virtuelle Teilchen", für welche die Beziehungen zwischen W, p, und m nicht zu gelten brauchen, die jedoch auch nicht beobachtet werden können!
- Vertizes werden durch Kopplungskonstanten repräsentiert, virtuelle Teilchen durch sogenannte Propagatoren. Die Feinstrukturkonstante $\alpha = e_0^2/(4\pi\epsilon_0 \hbar c)$ spezifiziert die Stärke der elektromagnetischen Wechselwir-

Tabelle 6.4. Feynman-Graphen für e^-, e^+, γ und die einfachsten elektromagnetischen Wechselwirkungen

	Graph	Beschreibung
1		Freies Elektron e^-
2		Freies Positron e^+
3		Freies Photon γ
4		Elektron emittiert Photon
5		Elektron absorbiert Photon
6		Positron emittiert Photon
7		Positron absorbiert Photon
8		γ-Vernichtung durch $e^-\, e^+$ Paarerzeugung
9		$e^-\, e^+$-Paarvernichtung durch γ-Bildung
10		Selbstenergie des Elektrons (Einfachschleife)
11		Vakuumpolarisation (Einfachschleife)

kung zwischen Teilchen und Photonen: Die Wechselwirkungsamplitude wird $\propto Z\sqrt{\alpha}$ für Z-fach geladene Teilchen.

- Der Bosonen-„Propagator" ist $f(q) \propto 1/(|q|^2 + m_{boson}^2)$ mit dem Impuls q des Bosons). Speziell für das Photon wird $f(q) \propto 1/|q|^2$.

- die Gesamtamplitude ist das Produkt aus Kopplungskonstanten und Propagator, Streuquerschnitte sind proportional dem Betragsquadrat der Amplitude.

Mithilfe dieser Graphen illustrieren wir nun in den Tabellen 6.5 und 6.6 die Wechselwirkungen für einige Beispiele von wichtigen Prozessen bzw. Phänomenen. Die Graphen sind anschaulich und soweit auch selbsterklärend. Ihre tatsächliche Berechnung übersteigt aber den Rahmen dieses Buches und wir deuten lediglich am Beispiel der Coulomb-Streuung das Prinzip der Berechnung an.

6.5.7 Zur Theorie der Lamb-Shift

Die Graphen niedrigster Ordnung, die zur Lamb-Shift beitragen, sind in Abb. 6.28 illustriert. Hans Bethe (1947) berechnete erstmals quantitativ die

Tabelle 6.5. Verschiedene elektromagnetische Wechselwirkungsprozesse und ihre Feynman-Graphen in niedrigster Ordnung

Bsp.	Prozess	Graph
1	Coulomb-Streuung $e^- + Ze_0$	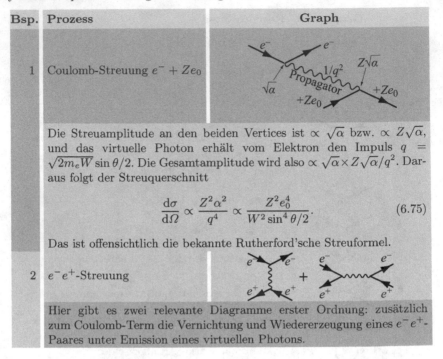

Die Streuamplitude an den beiden Vertices ist $\propto \sqrt{\alpha}$ bzw. $\propto Z\sqrt{\alpha}$, und das virtuelle Photon erhält vom Elektron den Impuls $q = \sqrt{2m_e W}\sin\theta/2$. Die Gesamtamplitude wird also $\propto \sqrt{\alpha}\times Z\sqrt{\alpha}/q^2$. Daraus folgt der Streuquerschnitt

$$\frac{d\sigma}{d\Omega} \propto \frac{Z^2\alpha^2}{q^4} \propto \frac{Z^2 e_0^4}{W^2\sin^4\theta/2}. \tag{6.75}$$

Das ist offensichtlich die bekannte Rutherford'sche Streuformel.

2	e^-e^+-Streuung	

Hier gibt es zwei relevante Diagramme erster Ordnung: zusätzlich zum Coulomb-Term die Vernichtung und Wiedererzeugung eines e^-e^+-Paares unter Emission eines virtuellen Photons.

Lamb-Shift und kam dabei mit 1040 MHz dem experimentellen Wert (6.70) schon beachtlich nahe. Heute kann man auf sehr genaue QED-Rechnungen

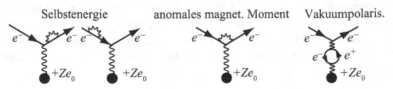

Abb. 6.28. Feynman-Graphen niedrigster Ordnung für die Lamb-Shift

in höherer Ordnung als Funktion von Z zurückgreifen, die am Beispiel des H-Atoms in Tabelle 6.7 zusammengestellt sind. Die dort gegebenen Werte beziehen sich auf die bereits in Abschnitt 6.5.4 diskutierte Beziehung (6.72). Wie man sieht, ist die Übereinstimmung zwischen Experiment und Theorie hervorragend, und man muss sich die hierbei erreichte Genauigkeit einmal wirklich vor Augen führen.

Wir können jetzt auch versuchen, die α und Z Abhängigkeit zu veranschaulichen. Keinesfalls möge der Leser aber die folgende Argumentation als

Tabelle 6.6. Weitere Prozesse und Feynman-Graphen

Bsp.	Prozess	Graph
3	Compton-Streuung	
4	Wasserstoffähnliches Atom $e^- + Ze_0$	
	Die schwarze Kreisscheibe symbolisiert den Atomkern, mit dem das Elektron wechselwirkt. Alle nachfolgenden Diagramme benötigen ebenfalls die Wechselwirkung mit einem Atomkern, um Energie- und Impulsbilanz erfüllen zu können.	
5	Bremsstrahlung: $e + Ze \rightarrow e + Ze + \gamma$	
6	Paar Erzeugung $e^+ e^- \rightarrow \gamma$	

quantitative Interpretation deuten, die ganz allein der QED überlassen bleibt. Es geht um eine sehr „lockere" Plausibilitätsbetrachtung. Wir haben es in Abb. 6.28 ja durchweg mit drei Vertices zu tun, bei denen das Elektron Energie und Impuls mit dem Photon austauscht. Das Produkt der Kopplungskonstanten wird also $\sqrt{\alpha}\sqrt{\alpha}\sqrt{\alpha}$ und damit erwarten wir einen energetischen Beitrag $\propto \alpha^3$ (in atomaren Einheiten a. u.). Die Wechselwirkung des Elektrons mit diesen virtuellen Photonen führt, wie schon früher angesprochen, zu einer „Verschmierung" des Elektrons, die sich so auswirkt, als sei das Coulomb-Potenzial nicht mehr punktförmig. Sagen wir der Einfachheit halber, das Elektron „sehe" den Atomkern über einen Radius r_L verschmiert, und das Potenzial sei anstatt $-Z/r$ einfach $-Z/r_L$ (in a. u.) sobald $r \leq r_L$. In erster Ordnung Störungsrechnung schätzen wir damit die Lamb-Shift im Zustand $n\ell$ aus dem Erwartungswert der Differenz dieser Potenziale ab. Da r_L sehr klein ist, brauchen wir nur die Radialwellenfunktion am Ursprung zu berücksichtigen und können diese vor das Integral ziehen:

$$\Delta W_{Lamb}/W_0 = \left\langle n\ell \left| \frac{Z}{r} - \frac{Z}{r_L} \right| n\ell \right\rangle \tag{6.76}$$

$$= |\psi_{n\ell m}(0)|^2 \, 4\pi Z \int_0^{r_L} \left(\frac{1}{r} - \frac{1}{r_L} \right) r^2 \mathrm{d}r = |\psi_{n\ell m}(0)|^2 \frac{2}{3}\pi Z r_L^2$$

Dabei haben wir schon berücksichtigt, dass praktisch nur ns Funktionen am Ursprung eine nicht verschwindende Wahrscheinlichkeitsdichte $|\psi_{n00}(0)|^2$

Tabelle 6.7. QED-Korrekturterm $F(Za)$ zur Lamb-Shift entsprechend (6.72) für das H-Atom nach Johnson und Soff (1985) und Vergleich mit den derzeit genauesten experimentellen Werten

	$\mathbf{1s}_{1/2}$	$\mathbf{2s}_{1/2}$	$\mathbf{2p}_{1/2}$	$\mathbf{2p}_{3/2}$
Selbstenergie[1]	10.3168(1)	10.5488(1)	−0.1264	0.1235
Vakuumpolarisation	−0.2644	−0.2644	0	0
Höhere Ordnungen	0.0013	0.0013	0.0003	−0.0001
Endliche Kernausdehnung	0.0013(1)	0.0013(1)	0	0
Relativistische Rückstoßkorrektur	0.0030	0.0034	−0.0002	−0.0002
Relativistische reduzierte Massenkorrektur	−0.0156(2)	−0.0160(2)	0.0001	−0.0002
$F(Z\alpha)$ insgesamt	10.0423(2)	10.2723(2)	−0.1262	0.1230
Lamb-Shift insgesamt	**10.0423(2)**	**10.3985(2)**		
Heute bester exp. Wert	**10.0420379**	**10.398265**		

[1] Einschließlich anomales magnetisches Moment

haben, die zudem winkelunabhängig ist. Deshalb wird die Lamb-Shift auch nur für s Zustände beobachtet (bis auf sehr kleine Beiträge, wie in Tabelle 6.7 aufgelistet). Nach (2.114) ist für das H-Atom $|\psi_{n00}(0)|^2 = Z^3/(\pi n^3)$ in a. u. Somit wird

$$\Delta W_{Lamb}/W_0 = \frac{2}{3}\frac{Z^4}{n^3}r_L^2 \qquad (6.77)$$

Dies belegt bereits die experimentell beobachteten Abhängigkeiten von der Hauptquantenzahl $\propto 1/n^3$ (vgl. den Faktor ~ 8 zwischen $2s$ und $1s$ Lamb-Shift nach (6.70) bzw. (6.71)) und von der Kernladungszahl $\propto Z^4$ nach Abb. 6.26 auf Seite 235. Interessant ist es, die Größe des „verschmierten" Elektronenradius r_L aus der Lamb-Shift abzuschätzen. Setzen wir etwa den Wert $\Delta W_{Lamb} = 1058\,\text{MHz}\,h/W_0$ für $n = 2$ in (6.77) ein, so erhalten wir

$$r_L \simeq 1.39 \times 10^{-3}a_0 = 7.36 \times 10^{-14}\,\text{m}\,. \qquad (6.78)$$

Dieser Radius der Zitterbewegung des Elektrons im Vakuumfeld liegt offenbar zwischen Comptonwellenlänge (1.10) des Elektrons ($2.4262 \times 10^{-12}\,\text{m}$) und dem Radius des Protons ($0.8768 \times 10^{-15}\,\text{m}$). Das rechtfertigt nachträglich unseren Ansatz, bei dem wir ja von einem punktförmigen Atomkern ausgingen. Natürlich muss angesichts der Genauigkeitsansprüche auch die endliche Kernausdehnung berücksichtigt werden, wie in Tabelle 6.7 dokumentiert. Im Rahmen der QED erwarten wir anstatt des Parameters $2r_L^2/3$ eine Kopplung, die $\propto \alpha^3$ ist. Schreiben wir schließlich (6.77) von atomaren Einheiten in Einheiten der Elektronenruheenergie m_ec^2 um, dann wird mit $\alpha^2 = W_0/m_ec^2$

$$\Delta W_{Lamb} \propto \alpha^3\frac{Z^4}{n^3}W_0 = \alpha\frac{(\alpha Z)^4}{n^3}m_ec^2, \qquad (6.79)$$

in Übereinstimmung mit dem schon kommunizierten Ergebnis (6.72) der QED, die natürlich die hier anzubringende Korrekturfunktion $F(\alpha Z)/\pi$ *ab initio* bestimmt und Terme höherer Ordnung berücksichtigt.

6.6 Anomales magnetisches Moment des Elektrons

Nach der Dirac-Theorie hat das Elektron exakt das in (6.18) eingeführte magnetische Moment

$$\mathcal{M}_S = -g\mu_B s \quad \text{mit} \quad s = 1/2, \quad g = 2 \quad \text{und} \quad \mu_B = \frac{e_0 \hbar}{2m_e}.$$

Wir hatten bereits mehrfach darauf hingewiesen, dass die Realität davon leicht abweicht.

Als **Anomalie des magnetischen Moments des Elektrons** bezeichnet man die Größe

$$a_e = g/2 - 1 \quad . \tag{6.80}$$

Wir sind jetzt in der Lage diese Abweichung sinnvoll einzuordnen. Auch hier liegt die Ursache in der Wechselwirkung des Elektrons mit dem Vakuumfeld. Doch sehen wir uns zunächst die Experimente zur Bestimmung von a_e an. Auch hierbei handelt es sich wieder um eine Messung von unglaublicher Präzision. Alle Experimente zur $g - 2$ Bestimmung basieren im Prinzip auf einem sehr genauen Vergleich der (nichtrelativistischen) Zyklotronfrequenz des Elektrons im externen B-Feld nach (1.47)

$$\omega_c = \frac{e_0}{m_e} B \tag{6.81}$$

mit der Larmor-Präzessionsfrequenz seines magnetischen Moments nach (1.106):

$$\omega_s = \frac{g}{2} \frac{e_0}{m_e} B \tag{6.82}$$

Aus der Kenntnis beider kann man die Anomalie $(\omega_s - \omega_c)/\omega_c = (g-2)/2$ berechnen. Ein älteres Experiment dieser Art ist schematisch in Abb. 6.29 auf der nächsten Seite skizziert. Die Elektronen werden vor Eintritt in das Magnetfeld spinpolarisiert und bewegen sich durch die Messanordnung (Falle) auf Zyklotronbahnen. Beim Austritt wird ihre Polarisation analysiert. Wäre $g = 2$, dann würde der Spin nach jeder vollen Kreisbahn wieder in Ausgangsrichtung polarisiert sein. Die Abweichung davon erlaubt die direkte Bestimmung der Anomalie.

Die heute genaueste Methode geht auf Dehmelt und Mitarbeiter zurück (van Dyck et al., 1986), und nutzt ebenfalls die Differenz zwischen ω_s und ω_c, allerdings auf höchst raffinierte und kompakte Weise. van Dyck et al. (1987) gelang es dabei, ein einzelnes Elektron in einer sogenannten Penning-Falle zu speichern. Sie konnten so $g-2$ erstmals hoch präzise bestimmen. Dehmelt und

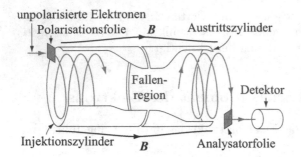

unpolarisierte Elektronen

Polarisationsfolie   **B**   Austrittszylinder

Fallen-region

Detektor

Injektionszylinder   **B**   Analysatorfolie

Abb. 6.29. Experimentelle Anordnung zur Messung von $g - 2$ nach Wesley und Rich (1971)

Paul (1989) erhielten für die Entwicklung und Anwendung solcher Ionenfallen den Nobel-Preis – zusammen mit Norman Ramsey, der für seine (schon in Abschnitt 6.1.6 besprochenen) Methode der separierten, oszillierenden Felder geehrt wurde. Beide Entwicklungen sind essentiell für die Präzisionsmesstechnik, wie wir sie heute z. B. in Atomuhren oder hochauflösenden Massenspektrometern kennen und nutzen. Wie in Abb. 6.30a illustriert, bewegt sich das Elektron in der Penning-Falle in einem parallel zur Fallenachse ausgerichteten Magnetfeld B von einigen T. Es wird durch dieses B-Feld und ein elektrisches Quadrupolpotenzialfeld (Äquipotenzialflächen $x^2 + y^2 - 2z^2 = const$) im Zentrum der Falle gehalten.[5]

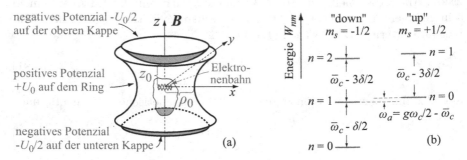

Abb. 6.30. (a) Penning-Falle zur Bestimmung von $g - 2$ nach van Dyck et al. (1986). (b) Vereinfachtes Schema der Eigenfrequenzen des Geoniums

Klassisch hat ein solches System 3 Eigenfrequenzen:

---

[5] Komplementär dazu benutzt die sogenannte „Paul-Falle" ein ähnliches elektrisches Quadrupolfeld und stabilisiert die radiale Bewegung durch ein oszillierendes elektrisches Feld.

Eine axiale Frequenz $\qquad \omega_z = \sqrt{\dfrac{2e_0 U_0}{m_e d_0^2}}$ $\quad$ mit $\quad d_0^2 = \rho_0^2 + 2z_0^2$ $\quad$ (6.83)

Zwei radiale Frequenzen

modif. Zyklotronfrequenz $\quad \bar{\omega}_c = \dfrac{\omega_c}{2} + \sqrt{\dfrac{\omega_c^2}{4} - \dfrac{\omega_z^2}{2}}$ $\hspace{2cm}$ (6.84)

Magnetronfrequenz $\quad \bar{\omega}_m = \dfrac{\omega_c}{2} - \sqrt{\dfrac{\omega_c^2}{4} - \dfrac{\omega_z^2}{2}}$ $\hspace{2cm}$ (6.85)

Quantenmechanisch kommt noch die Larmorfrequenz (6.82) des Spins hinzu. Für hinreichend tiefe Temperaturen und hohe Magnetfelder macht es Sinn, für dieses System quantenmechanischen Lösungen zu suchen (Schrödinger- bzw. Dirac-Gleichung). Das Elektron kann in dieser Falle nur diskrete Energieeigenzustände W_{nm} annehmen, die durch

$$W_{nm} = \frac{g}{2}\hbar\omega_c m_s + \left(n + \frac{1}{2}\right)\hbar\bar{\omega}_c - \frac{1}{2}\hbar\delta\left(n + \frac{1}{2} + m_s\right)^2 \qquad (6.86)$$

gegeben sind. Der erste Term beschreibt die Spinzustände mit der Projektionsquantenzahl m_s des Elektronenspins, der zweite die modifizierten Zyklotronresonanzen und der dritte ist der führende relativistische Korrekturterm mit $\delta/\omega_c = \hbar\omega_c/m_e c^2$. Man bezeichnet dieses System auch als Geonium-Atom. Seine niedrigsten Termlagen (genauer: die Kreisfrequenzen) sind in Abb. 6.30b dargestellt. Durch Kühlung auf niedrige Temperatur kann man tatsächlich ein einzelnes Elektron „einsperren", in die energetisch tiefsten Zustände bringen und seine Bewegung durch induzierte Ströme nachweisen. Es geht bei der Messung dann um eine möglichst exakte Bestimmung der Anomaliefrequenz $\omega_a = g\omega_c/2 - \omega_c$ zwischen den Zuständen $n = 0, m_s = 1/2$ und $n = 1, m_s = -1/2$ wie in Abb. 6.30b angedeutet. Daraus kann man bei Kenntnis der axialen Frequenz ω_z die Elektronenanomalie a_e bestimmen. Die präzise Messung erfordert ein grundsätzliches Verständnis der Physik in diesen Penning-Fallen, das in den vergangenen zwei Dekaden erheblich geschärft wurde und zu vielerlei methodischen Verbesserungen geführt hat. Wir können hier nicht auf die Details eingehen und verweisen den interessierten Leser auf die Originalliteratur, insbesondere auf die Arbeiten von Gabrielse und Mitarbeitern, denen es gelang, eine Fülle unvermeidlicher experimenteller Unvollkommenheiten trickreich zu überwinden und so die Genauigkeit um einen Faktor 10 zu steigern. Dabei ist es ihnen u. a. auch erstmals gelungen, die Besetzung der in Abb. 6.30b skizzierten Quantenzustände in der makroskopischen Penning-Falle direkt nachzuweisen. Dies ist in Abb. 6.31 illustriert, wo die Häufigkeit von Quantensprüngen zwischen den einzelnen n-Zuständen direkt nachgewiesen wird. Wir hatten ein analoges Experiment bei elektronischen Übergängen in einzelnen atomaren Ionen bereits in Kapitel 4.7 besprochen. Man beachte, dass es sich bei dem jetzt diskutierten Fall um Quantenzustände in einem makroskopischen System handelt. Die Zahl der beobachteten Quantensprünge nimmt entsprechend der thermischen Besetzung der angeregten

Zustände in der Falle mit der Temperatur ab, wie in der Populationsanalyse in Abb. 6.31 rechts dokumentiert. Bei den tiefsten Temperaturen ist in der Tat nur noch der Grundzustand besetzt.

Im jüngsten Präzisionsexperiment (Odom et al., 2006) wurde der Einelektronen-Zyklotronoszillator (Geonium) auf unter 100 mK abgekühlt, und das Magnetfeld betrug etwa 10.6 T. Damit ist $\nu_s \approx \bar{\nu}_c \approx 149\,\text{GHz}$ während die axiale Frequenz auf $\nu_z \approx 200\,\text{MHz}$ eingestellt war und die Magnetronfrequenz $\nu_m \approx 134\,\text{kHz}$ betrug. Der daraus resultierende, derzeit genaueste *experimentelle* Wert wird nach CODATA 2006 (Mohr et al., 2007) mit

$$a_e = (g-2)/2 = 1.15965218111(74) \times 10^{-3} \qquad (6.87)$$

angegeben. Man muss hierzu beachten, dass die Bestimmung der fundamentalen Naturkonstanten heute aus einem sehr komplizierten System gewichteter Mittelwertbildungen über viele verschiedene Präzisionsmessungen mit gegenseitigen Abhängigkeiten besteht. Jede Änderung einer der in dieses System eingehenden Konstanten (und dazu gehört auch a_e) wirkt sich auf die anderen Konstanten aus.

Für das Positron liegt noch kein neuer Wert vor. Es wird daran gearbeitet. Frühere Messungen mit deutlich geringerer Genauigkeit stimmten auf etwa 1 ppb mit dem Wert für das Elektron überein (s. z. B. Hughes und Kinoshita, 1999). Es wäre außerordentlich aufregend, wenn sich die Werte für Elektron e^- und Positron e^+ mit höherer Genauigkeit schließlich als verschieden erweisen sollten.

Eine Theorie des anomalen magnetischen Moments des Elektrons wurde erstmals von Schwinger entwickelt. Danach wird der erste nicht verschwindende Term für a_e von zweiter Ordnung und beträgt $a_e = \alpha/2\pi = 1.161 \times 10^{-3}$. Das kommt der Realität schon sehr nahe. Abbildung 6.32 deutet den weiteren Verlauf der QED-Störungsreihe an, wobei man sich überlegen kann, dass in 2. Ordnung neben den zwei gezeigten Graphen weitere 5 ähnlicher Art zu berücksichtigen sind.

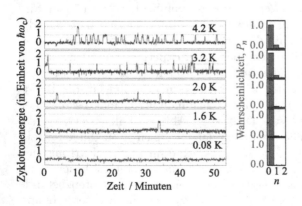

Abb. 6.31. Quantensprünge zwischen den niedrigsten Zuständen des Einelektronen-Zyklotron-Oszillators (Peil und Gabrielse, 1999) nehmen dramatisch ab, wenn der Resonator gekühlt wird. Rechts ist die darauf aufbauende Populationsanalyse der n-Zustände in der Falle gezeigt

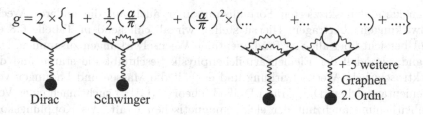

Dirac   Schwinger

+ 5 weitere
Graphen
2. Ordn.

Abb. 6.32. Beispiele von Feynman-Diagramm für $g - 2$ in erster Ordnung bis 4. Ordnung Störungsrechnung

Man schreibt das Ergebnis der QED Rechnungen als

$$a_e^{QED} = A_1 + A_2(m_e/m_\mu) + A_2(m_e/m_\tau) + A_3(m_e/m_\mu, m_e/m_\tau),$$

wobei auch die virtuelle Erzeugung von μ und τ Leptonen berücksichtigt wird. Jeder dieser Einzelterme wird seinerseits in eine Reihe

$$A_i = A_i^{(2)} \left(\frac{\alpha}{\pi}\right) + A_i^{(4)} \left(\frac{\alpha}{\pi}\right)^2 + A_i^{(6)} \left(\frac{\alpha}{\pi}\right)^3 + \dots \tag{6.88}$$

entwickelt, wobei die A_1 Reihe natürlich den Hauptbeitrag liefert (auch gibt es nur für A_1 einen Term zweiter Ordnung, den Schwinger-Term $A_1^{(2)} = 0.5$). Ein Hauptaugenmerk bei diesen Berechnungen richtet sich auf die genaue Buchführung der Feynman-Graphen. Um den Aufwand zu illustrieren: In 6. Ordnung ergibt sich $A_1^{(6)}$ bereits aus 72 Graphen. Inzwischen wurde auch der Term 8. Ordnung berechnet, zu dem 891 Graphen beitragen. Insgesamt sind diese Rechnungen heute soweit fortgeschritten, dass man von einer exakten Übereinstimmung zwischen Experiment und Theorie sprechen kann. Nach Gabrielse et al. (2006) wird daher das Ergebnisse für a_e umgekehrt zur Bestimmung eines neuen Werts der Feinstrukturkonstante α benutzt, wozu man die Ergebnisse der QED entsprechend invertiert. Der neueste Wert zurzeit der Fertigstellung dieses Buches ist

$$\alpha = \frac{e_0^2}{4\pi\epsilon_0\hbar c} = 1/137.035999068(96) \quad . \tag{6.89}$$

Es mag die extreme Genauigkeit dieser Messungen und der daraus erwachsenden Ansprüche an die Theorie illustrieren, dass dieser Wert bereits eine Aktualisierung der Bestimmung von 2006 darstellt: aufgrund eines Fehlers im QED-Term 8.(!) Ordnung, der jetzt mit $A_1^{(8)} = -1.9144(35)$ angeben wird, musste α kurzfristig noch einmal angepasst werden (Gabrielse et al., 2007).

6.7 Kopplungskonstanten allgemein

Wir haben uns bei unserer kleinen Einführung in die Feynman-Graphen ausschließlich auf die elektromagnetische Wechselwirkung (QED) beschränkt.

Man kann den skizzierten Formalismus aber auch auf die anderen Wechselwirkungen übertragen. Hierzu stellen wir abschließend in Tabelle 6.8 eine Übersicht über alle vier fundamentalen Wechselwirkungen zusammen. Das Standardmodell der Elementarteilchenphysik beschreibt die starke und die elektroschwache Wechselwirkung und enthält die Massen und Ladungen von Elementarteilchen. Die „Grand Unified Theory" (GUT) sucht nach einer Vereinheitlichung auch mit der elektromagnetischen Kraft. Als Kopplungskon-

Tabelle 6.8. Fundamentale Wechselwirkungen, Austauschbosonen und Kopplungskonstanten zur Generalisierung der Feynman-Diagramme

Wechsel-wirkung	Fermion (Bsp.)	Austausch-boson	Masse / GeV c^{-2}	Kopplung	Reich-weite / m	Abst.-abhäng.
Gravitation	$e^{\pm}, p, n$	Graviton[1]	0	5.9×10^{-39}	∞	$1/r^2$
Schwache	$e^{\pm}, \nu$	W$^{\pm}$-Boson	80.4	10^{-5}	10^{-18}	$1/r^5$
		Z^0-Boson	91.2	bis 10^{-7}		bis $1/r^7$
Elektromagn.	$e^{\pm}, p$	Photon	0	7.30×10^{-3}	∞	$1/r^2$
Starke	p, n	π-Meson	135, 139	$\simeq 1$	$\simeq 10^{-15}$	$1/r^7$
	Quarks	Gluonen	0	0.119		

[1]Hypothetisch, noch nicht gefunden

stante der elektromagnetischen Wechselwirkung hatten wir die Feinstrukturkonstante $\alpha = e_0^2/(4\pi\epsilon_0\hbar c) = 7.297 \times 10^{-3}$ identifiziert. Sie wird durch Photonenaustausch vermittelt.

Entsprechend findet man für die Gravitation (mit G nach Anhang A) eine Kopplungskonstante $\alpha_G = Gm_p^2/\hbar c = 5.9 \times 10^{-39}$ welche die Wechselwirkung zweier Protonen beschreibt. In diesem Sinne ist die Gravitation um einen Faktor 10^{-36} schwächer als die elektrische Wechselwirkung. Das entsprechende Wechselwirkungsteilchen, das Graviton, wurde bislang nicht zweifelsfrei entdeckt, obwohl heftig nach ihm gesucht wird.

Die starke Wechselwirkung wird durch die Quanten-Chromodynamik (QCD) beschrieben. Sie beschreibt die Kräfte zwischen Quarks, die durch Gluonen als Austauschteilchen vermittelt werden, und hält die Atomkerne zusammen. Bei der Wechselwirkung der Nukleonen im Atomkern spielt nach Yukawa das π-Meson eine wichtige Rolle. Die starke Wechselwirkung hat eine sogenannte „laufende" Kopplungskonstante, die bei hohen Energien (also kleinen Distanzen) abnimmt. Man spricht von asymptotischer Freiheit. Umgekehrt führt dies zum „confinement" der Quarks, die in Nukleonen und Mesonen gebunden sind und diese nicht verlassen können. Für die Kräfte zwischen den Nukleonen im Atomkern liegt die Kopplungskonstante bei $\alpha_s \simeq 1$, bei höheren Energien (Z^0-Masse), also kürzeren Reichweiten wird sie mit 0.119 angegeben.

Schließlich gibt es noch die schwache Wechselwirkung, die u. a. für den β-Zerfall verantwortlich ist. Die Austauschteilchen sind hierbei drei Bosonen großer Masse: das neutrale Z-Boson und die geladenen W$^+$ und W$^-$ Bosonen.

Die Kopplungskonstante bestimmt sich hier aus der sogenannten Fermikopplungskonstanten $G_F/(\hbar c^3) = 10^{-5}\,\mathrm{GeV}^{-2}$, die dimensionsbehaftet ist.

Die angegebenen Kopplungskonstanten und Wechselwirkungsteilchen (Austauschbosonen) deuten an, wie der QED-Formalismus zu erweitern ist. Ein direkter Vergleich der verschiedenen Wechselwirkungen ist jedoch – bis auf Gravitation und elektrostatische Wechselwirkung, welche die gleiche r-Abhängigkeit haben – wegen der unterschiedlichen Symmetrien und Abstandsabhängigkeiten nicht wirklich möglich. Für die Atomphysik relevant ist praktisch ausschließlich die elektromagnetische Wechselwirkung, gelegentlich auch die Gravitation (z. B. bei den Experimenten mit kalten Atomen und Atomuhren). Eine genaue Vermessung atomistischer Größen, etwa Präzisionsmessungen von Naturkonstanten oder Massen von Atomkernen können jedoch wichtige Informationen für Parameter im Rahmen des Standardmodells liefern. So wird z. B. auch nach dem Einfluss der schwachen Wechselwirkung auf atomare Spektren schwerer Ionen gesucht – freilich bislang noch erfolglos. Wir wollen es bei diesem kurzen Exkurs in die Grundlagen der Physik belassen.

Helium und He-artige Ionen

Bislang hatten wir unsere Betrachtungen auf Systeme beschränkt, die sich als effektive Einelektronensysteme in einem abgeschirmten, anziehenden Coulomb-Potenzial beschreiben ließen. Für die überwiegende Anzahl der Atome ist dieses einfache Modell aber nicht aufrecht zu erhalten, weil sich ja die Elektronen paarweise gegenseitig abstoßen und dem Pauli-Prinzip gehorchen müssen. Am Beispiel des Heliumatoms mit seinen zwei Elektronen kann man die grundlegenden Probleme und Methoden am deutlichsten kennen und verstehen lernen.

Hinweise für den Leser: Nach einer allgemeinen Einführung und einer Übersicht über die experimentellen Beobachtungen werden in Abschnitt 7.3 die quantenmechanischen Fundamente der Mehrelektronensysteme besprochen. Mit diesem Thema sollte man vertraut sein oder es mit der Lektüre dieses Abschnitts werden. Das wird vertieft in Abschnitt 7.4, wo wir uns auf die für Mehrelektronensysteme typischen Konfigurationen der angeregten He-Zustände konzentrieren. In Abschnitt 7.5 übertragen wir das im vorigen Kapitel Gelernte auf das He und He-ähnliche Ionen – eine für das Verständnis der weiteren Kapitel unverzichtbare Vertiefung. In Abschnitt 7.6 behandeln wir erstmals die wichtigen Auswahlregeln für E1-Übergänge in Mehrelektronensystemen. Das Thema Doppelanregung, welches wir in Abschnitt 7.7 behandeln, ist nicht nur für die Atomphysik von Bedeutung: es geht um Resonanzzustände, die in ein Kontinuum eingebettet sind, wie man sie in allen Bereichen der Physik findet. Damit verbunden sind typische Interferenzstrukturen, die unter dem Namen *Fano-Resonanzen* bekannt geworden sind, und mit deren Zustandekommen sich der Leser hier auf anschauliche Weise vertraut machen kann. Abschließend behandelt Abschnitt 7.8 die Erdalkaliatome: sie verhalten sich zum Helium wie die Alkaliatome zum H-Atom.

7.1 Einführung

Helium stellt mit der Kernladungszahl $Z = 2$ das einfachste aller Mehrelektronensysteme dar. Dennoch entzieht es sich, wie jedes Mehrelektronensystem, einer exakten Berechnung seiner Eigenschaften – dies gilt für das klassische Dreikörperproblem ebenso wie für die Quantenmechanik des Heliumatoms.

Helium ist ein sehr seltenes Element. Sein Vorhandensein auf der Erde verdankt es dem radioaktiven α-Zerfall: das He Atom ist ein α-Teilchen, das zwei Elektronen eingefangen hat. Es wird typischerweise aus Erdgas isoliert, wo es mit bis zu 7% gefunden wird. Es gibt zwei Isotope: ^4_2He (mit einer relativen Häufigkeit von $w_{rel} = 99.999863(3)\%$, einer Atommasse $m(^4_2He) = 4.0026032497(10)$ u und einem Kernspin $I = 0$) und das sehr seltene ^3_2He (mit $w_{rel} = 0.000137(3)\%$, $m(^3_2He) = 3.0160293097(9)$ u und $I = 1/2$).

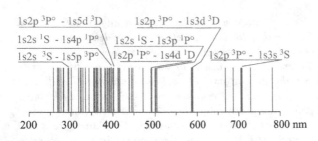

Abb. 7.1. Spektrogramm des Heliumatoms (He I) im sichtbaren und ultravioletten Spektralbereich nach NIST (2006). Nur einige, besonders intensive Übergänge (rot) sind hier beispielhaft benannt

Im Grundzustand werden die zwei Elektronen des He durch $1s^2\,^1S_0$ beschrieben. Das erste Ionisationspotenzial für die Abtrennung *eines* Elektrons beträgt 24.5873876 eV. Für die Ionisation des zweiten Elektrons (d. h. für das wasserstoffähnliche Ion He$^+$, spektroskopisch auch He II) wird eine Energie $Z^2W_0/2 = 54.4177630$ eV benötigt. Die gesamte Bindungsenergie beider Elektronen beträgt somit 79.0051506 eV.

Dem entsprechend erstreckt sich das Spektrum des Heliums vom infraroten Spektralbereich (IR) über das sichtbare (VIS), das ultraviolette (UV) bis weit ins vakuum-ultraviolette Spektralgebiet (VUV) – sogenannt, weil man wegen der Luftabsorption im Vakuum arbeiten muss. Abbildung 7.1 zeigt ein Beispiel für ein typisches Spektrogramm im UV/VIS Bereich, das aus Daten des NIST (2006) zusammengestellt wurde. Beispielhaft sind die jeweils verantwortlichen Übergänge für einige wenige Linien in Abb. 7.1 angedeutet. Dieses UV/VIS Spektrum ist freilich nur ein Ausschnitt aus dem Gesamtspektrum des Heliums. Man kann sich leicht vorstellen, dass es in der Frühzeit der Atomphysik nicht ganz trivial war, daraus ein konsistentes Termschema herzustellen. Zumal es ein besonderes Merkmal der optischen Emission und Absorption des Heliums ist, dass *zwei scheinbar voneinander unabhängige Spektren auftreten – ein Singulett- und ein Triplettsystem*, die jeweils eine in sich geschlossene Zuordnung zu Termenergien erfordern. Man sprach daher in der Anfangszeit der Spektroskopie geradezu von zwei Arten von Helium: Para- und Orthohelium. Das ist inzwischen natürlich vollständig verstanden, und es handelt sich dabei um zwei verschiedene Weisen, wie sich die Spins der beiden Elektronen zueinander einstellen. Helium mit seinen zwei Elektronen ist somit *das* Prototyp-Atom, an welchem man alle grundlegenden Phänomene von Mehrelektronensystemen am klarsten studieren kann. Von besonderer Bedeutung (für alle Bereiche der Physik) ist dabei die *Austauschwechselwirkung*, die wir hier erstmals kennenlernen und verstehen werden.

7.2 Empirische Befunde: das He I Termschema

In Abb. 7.2 sind die Termlagen des neutralen He-Atoms unterhalb der Ionisationsschwelle zusammenfassend schematisch dargestellt, wie sie aus umfangreichem experimentellen Material erschlossen wurden. Es gibt, wie schon erwähnt, zwei Termsysteme, die wir entsprechend der Aufspaltung ihrer Linien in eine Feinstruktur als Singulett- und Triplettsystem bezeichnen. Der Grundzustand des Heliumatoms gehört dem Singulettsystem an. Optische Dipolübergänge (mit Pfeilen in Abb. 7.2 angedeutet) werden nur innerhalb der beiden Systeme beobachtet. Es zeigt sich aber, dass z. B. durch Stoßprozesse sehr wohl Übergänge vom Singulett zum Triplettsystem induziert werden können und umgekehrt.

Offenbar ist die ℓ-Entartung des Wasserstoffatoms beim He bereits aufgehoben: eine Folge der Abschirmung der Kernladung, welche jedes der beiden Elektronen durch das jeweils andere Elektron erfährt. Ähnlich wie bei den Alkaliatomen kann man die Termlagen rein empirisch durch effektive Quantenzahlen n^* mit einem Quantendefekt

$$\mu = n - n^* \tag{7.1}$$

oder durch eine effektive Ladung Z^* charakterisieren:

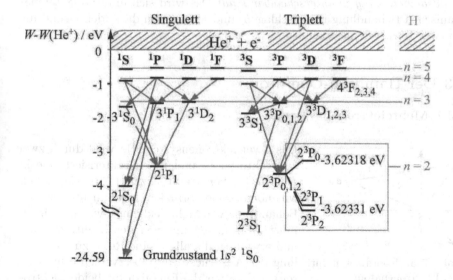

Abb. 7.2. Termlagen des neutralen Helium Atoms (He I). Man beachte, dass die Lage des Grundzustands $1s^2\,^1S_0$ nicht maßstäblich gezeichnet ist. Die Spektren zerfallen in ein Singulett und ein Triplettsystem. Im Inset wird die (invertierte) Triplettaufspaltung der $1s2p\,^3P_{0,1,2}$ Zustände gezeigt. Zum Vergleich sind rechts die äquivalenten Energien des H-Atoms eingezeichnet. Man sieht, dass der Quantendefekt mit wachsendem n rasch abnimmt. Er liegt stets unter 1

$$W_n = -\frac{Z^2 W_0}{2n^{*2}} = -\frac{Z^{*2} W_0}{2n^2}. \tag{7.2}$$

Für den Grundzustand des neutralen He ergibt sich mit der gemessenen Bindungsenergie von 24.5873876 eV: $n^* \simeq 1.487$ bzw. $Z^* \simeq 1.344$. Aus der „Sicht" eines der beiden Elektronen ist das Coulomb-Potenzial des Atomkerns also schon im Grundzustand erheblich abgeschirmt. Für alle einfach angeregten Zustände des He liegt der Quantendefekt μ deutlich unter 1 und nimmt für größere n ebenso wie mit dem Drehimpuls ℓ rasch ab. Entsprechend gilt für die Abschirmung

$$q_s = Z - Z^*,$$

dass sie mit steigendem n und ℓ rasch gegen 1 konvergiert. Für $n > 3$ und $\ell > 0$ sind die Termlagen sowohl im Singulett- wie im Triplettsystem bereits weitgehend wasserstoffartig. Wenn wir $1sn\ell$ als Konfiguration für die beiden Elektronen annehmen, so können wir das auch gut verstehen: das $1s$ Elektron befindet sich in einem nahezu H-Atom-artigen Zustand (allerdings mit $Z = 2$). Es schirmt die Ladung des Kerns stark ab, sodass das zweite Elektron im Wesentlichen eine Kernladung $Z = 1$ „sieht". Dennoch verhält sich das angeregte Elektron im He anders als etwa das Leuchtelektron bei den Alkaliatomen, da seine Wechselwirkung mit dem zweiten Elektron nach wie vor sehr direkt ist. *Wichtig ist, sich klar zu machen, dass die beiden Elektronen grundsätzlich völlig ununterscheidbar sind!* Das wird sich in der quantenmechanischen Behandlung niederschlagen, und wir werden darin den Grund für die zwei Termsysteme erkennen.

7.3 Der Hamilton-Operator

7.3.1 Mehrelektronensysteme

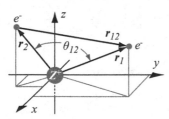

Abb. 7.3. Koordinaten für zwei Elektronenatom

Das Zweielektronensystem He wird durch zwei Ortsvektoren r_1 und r_2 charakterisiert, wie in Abb. 7.3 schematisch skizziert. Bislang haben wir noch keine formalen Instrumente für die Behandlung von Mehrelektronensystemen eingeführt. Wir lassen uns von der Intuition leiten und erweitern die allgemeine Regel zur Aufstellung der Ausdrücke von Observablen (Operatoren), indem wir die Energien für beide Elektronen einfach addieren. Wenn also die isolierten Elektronen 1 und 2 durch

$$\widehat{H}_1 = \frac{\hat{p}_1^2}{2m_e} - \frac{Ze_0^2}{4\pi\epsilon_0 r_1} \quad \text{bzw.} \quad \widehat{H}_2 = \frac{\hat{p}_2^2}{2m_e} - \frac{Ze_0^2}{4\pi\epsilon_0 r_2} \tag{7.3}$$

beschrieben werden, dann ist der Hamilton-Operator des Gesamtsystems

$$\hat{H} = \hat{H}_1 + \hat{H}_2 + \hat{H}_{ee} = \frac{\hat{p}_1^2}{2m_e} - \frac{Ze_0^2}{4\pi\epsilon_0 r_1} + \frac{\hat{p}_2^2}{2m_e} - \frac{Ze_0^2}{4\pi\epsilon_0 r_2} + \frac{e_0^2}{4\pi\epsilon_0 r_{12}} \quad (7.4)$$

Dabei haben wir neben der Energie der Einzelteilchen noch die Coulomb-Abstoßung $\hat{H}_{ee}$ der beiden negativen Ladungen mit dem letzten Term berücksichtigt. Er sorgt dafür, dass das Problem die sphärische Symmetrie verliert, denn

$$r_{12} = |r_1 - r_2| = r_1^2 + r_2^2 - 2r_1 r_2 \cos\theta_{12} . \quad (7.5)$$

In atomaren Einheiten wird der Hamilton-Operator also

$$\hat{H} = \hat{H}_1 + \hat{H}_2 + \hat{H}_{ee} = \frac{\hat{p}_1^2}{2} - \frac{Z}{r_1} + \frac{\hat{p}_2^2}{2} - \frac{Z}{r_2} + \frac{1}{r_{12}} . \quad (7.6)$$

Anhand von Abb. 7.4 verschaffen wir uns eine Übersicht über die „ungestörten" und die tatsächlichen Energien im neutralen He (He I) und im $He^+ + e^-$ (He II): Die Ionisationsenergie des wasserstoffähnlichen Ions He^+ ist $Z^2 W_0/2 = 2W_0 = 54.42$ eV (exakt), und entsprechend ist die Bindungsenergie eines zusätzlichen Elektrons in nullter Näherung ohne Berücksichtigung der Abschirmung $-Z^2 W_0/2 = -2W_0 = -54.42$ eV. Die Bindungsenergie eines Elektrons *im Zustand* $n\ell$ ist $-Z^2 W_0/(2n^2)$. Somit wird in nullter Näherung die Energie des $1s2s$- oder $1s2p$-Zustands $-W_0/2 = -13.6$ eV, *seine Anregungsenergie* $-W_0/2 - (-2W_0) = 1.5W_0$. Entsprechend hätten in dieser nullten Näherung zwei 2ℓ Elektronen eine Anregungsenergie von $3W_0$. Damit liegt der Zustand $2\ell 2\ell$ also bereits im Kontinuum des einfach ionisierten Heliums und hat in Bezug auf den $He^+ 1s\,^2S_0$ Grundzustand die Energie W_0, wie in Abb. 7.4 angedeutet. Wir werden diese *Doppelanregung* und das damit

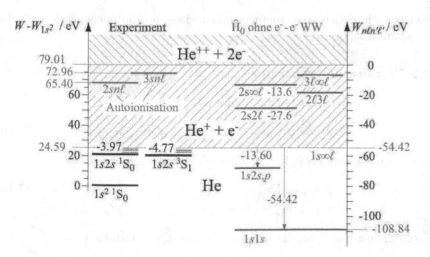

Abb. 7.4. Experimentell bestimmte Energien des He und des He^+ (links, schwarz) und Ansätze der Störungsrechnung in 0.-Ordnung (rechts, rot)

verbundene Phänomen der Fano-Resonanzen in Abschnitt 7.7 noch eingehend behandeln.

Mit (7.4) haben wir also einen von zwei Ortsvektoren abhängigen Hamilton-Operator zu behandeln. Wir tun das wieder in Polarkoordinaten. Unsere Wellenfunktionen hängen nunmehr von dem Koordinatensatz $\{r_1, \theta_1, \varphi_1, r_2, \theta_2, \varphi_2\}$ ab. Der einfachste Ansatz für die Wellenfunktionen ist ein Produktansatz

$$\varphi(\boldsymbol{r}_1, \boldsymbol{r}_2) = \varphi_1(r_1, \theta_1, \varphi_1)\, \varphi_2(r_2, \theta_2, \varphi_2)\;. \tag{7.7}$$

Dieser *Produktansatz gilt streng nur für das Modell der unabhängigen Teilchen*, für zwei Elektronen also, deren Bewegung nicht korreliert ist und die voneinander nur ein mittleres Potenzial wahrnehmen. Für die weiter unten behandelten einfach angeregten Zustände des He ist das eine sehr gute Näherung. Wie wir sehen werden, ist diese jedoch für den Grundzustand sowie für alle doppelt angeregten Zustände nur sehr begrenzt brauchbar.

Die Wahrscheinlichkeit, Elektron 1 am Ort $\boldsymbol{r}_1$ und *gleichzeitig* Elektron 2 am Ort $\boldsymbol{r}_2$ im Volumenelement $\mathrm{d}^3 \boldsymbol{r}_1 \mathrm{d}^3 \boldsymbol{r}_2$ zu finden, ist analog zum Einelektronensystem

$$
\begin{aligned}
dw_{12} &= |\varphi(\boldsymbol{r}_1, \boldsymbol{r}_2)|^2\, \mathrm{d}^3 \boldsymbol{r}_1 \mathrm{d}^3 \boldsymbol{r}_2 \\
&= |\varphi_1(r_1, \theta_1, \varphi_1)|^2\, |\varphi_2(r_2, \theta_2, \varphi_2)|^2\, \mathrm{d}^3 \boldsymbol{r}_1 \mathrm{d}^3 \boldsymbol{r}_2\;.
\end{aligned}
\tag{7.8}
$$

Die Wahrscheinlichkeit, Elektron 1 am Ort $\boldsymbol{r}_1$ zu finden und Elektron 2 irgendwo, wird damit

$$dw_1 = \mathrm{d}^3 \boldsymbol{r}_1 \int_2 |\varphi(\boldsymbol{r}_1, \boldsymbol{r}_2)|^2\, \mathrm{d}^3 \boldsymbol{r}_2 = |\varphi_1(r_1, \theta_1, \varphi_1)|^2\, \mathrm{d}^3 \boldsymbol{r}_1\;, \tag{7.9}$$

wobei wir wie üblich angenommen haben, dass die Einteilchenwellenfunktionen normiert sind.

7.3.2 Vertauschungsoperator

In der knapperen Zustandsschreibweise ist

$$|\varphi(1,2)\rangle = |\varphi_1\rangle\, |\varphi_2\rangle = |1\rangle\, |2\rangle = |n_1 \ell_1 m_1\rangle\, |n_2 \ell_2 m_2\rangle \tag{7.10}$$

eine orthonormierte Basis für die Zweiteilchenzustände

$$
\begin{aligned}
\langle \varphi_k | \varphi_i \rangle &= \langle \varphi_{1k} | \varphi_{1i} \rangle\, \langle \varphi_{2k} | \varphi_{2k} \rangle \\
&= \langle n_{1k} \ell_{1k} m_{1k} | n_{1i} \ell_{1i} m_{1i} \rangle\, \langle n_{2i} \ell_{2k} m_{2k} | n_{2i} \ell_{2i} m_{2i} \rangle = \delta_{ki}.
\end{aligned}
\tag{7.11}
$$

Dabei stehen i und k für die Gesamtheit aller Quantenzahlen

$$k = \{n_{2k} \ell_{2k} m_{2k} n_{1k} \ell_{1k} m_{1k}\}\;,$$

während die Indizes 1 und 2 die beiden Elektronen bezeichnen.

Es sei hier ausdrücklich darauf hingewiesen, dass der Hamilton-Operator (7.6) selbst nicht abhängig vom Spin ist. In nullter Näherung ignorieren wir daher den Spin und halten fest, dass sich bei Vertauschung der beiden Elektronen die Energie nicht ändert. Daher kann die Vertauschung der Koordinaten r_1 und r_2 auch keine Energieänderung hervorrufen. Wir definieren den

$$\textbf{Vertauschungsoperator} \quad \hat{P}_{12}\varphi(r_1, r_2) = \varphi(r_2, r_1) \qquad (7.12)$$

Die beiden Zustände $\varphi(r_1, r_2)$ und $\varphi(r_2, r_1)$ gehören zum gleichen, nicht entarteten Eigenwert und können sich daher nur um einen skalaren Faktor unterscheiden:

$$\hat{P}_{12}\varphi(r_1, r_2) = \varphi(r_2, r_1) = \lambda\varphi(r_1, r_2) \qquad (7.13)$$

Zweimaliges Anwenden des Vertauschungsoperators stellt den ursprünglichen Zustand wieder her:

$$\hat{P}_{12}^2\varphi(r_1, r_2) = \lambda\hat{P}_{12}\varphi(r_1, r_2) = \lambda^2\varphi(r_1, r_2) \qquad (7.14)$$
$$= \varphi(r_1, r_2)$$

Also wird $\lambda^2 = 1$ und $\lambda = \pm 1$, d.h.

$$\varphi(r_2, r_1) = \pm\varphi(r_1, r_2), \qquad (7.15)$$

und es gibt somit (Orts-)Wellenfunktionen, die symmetrisch gegenüber der Vertauschung der beiden Elektronen sind, wir nennen sie $\varphi_+(r_1, r_2)$ und antisymmetrische $\varphi_-(r_1, r_2)$.

7.3.3 Nullte Näherung: keine e-e Wechselwirkung

Im Geiste der Störungsrechnung beginnen wir zunächst damit, das „ungestörte" Problem zu definieren, von dessen bekannter Lösung wir ausgehen. Wir vernachlässigen dafür also in (7.6) die

$$\textbf{Abschirmung} \text{ (Störterm)} \quad \widehat{H}_{ee} = 1/r_{12} \qquad (7.16)$$

und schreiben den **Hamilton-Operator** in

$$\textbf{nullter Näherung} \quad \widehat{H}_0 = \widehat{H}_1 + \widehat{H}_2 \qquad (7.17)$$

$$\text{mit} \quad \widehat{H}_i = \frac{\hat{p}_i^2}{2} - \frac{Z}{r_i}.$$

$\widehat{H}_i$ beschreibt einfach das Eigenwertproblem des Einteilchensystems, d.h. des H-Atoms, für dessen Energien

$$\widehat{H}_i |n_i \ell_i m_i\rangle = W_{n_i} |n_i \ell_i m_i\rangle = -\frac{Z^2}{2n_i^2} |n_i \ell_i m_i\rangle \qquad (7.18)$$

gilt. Für das Zweiteilchensystem wird damit in nullter Näherung

$$\hat{H}_0 \left|\varphi\right\rangle = \left[\hat{H}_1 \left|\varphi_1\right\rangle\right] \left|\varphi_2\right\rangle + \left[\hat{H}_2 \left|\varphi_2\right\rangle\right] \left|\varphi_1\right\rangle$$

$$= \left[\hat{H}_1 \left|n_1\ell_1 m_1\right\rangle\right] \left|n_2\ell_2 m_2\right\rangle + \left[\hat{H}_2 \left|n_2\ell_2 m_2\right\rangle\right] \left|n_1\ell_1 m_1\right\rangle$$

$$= (W_{n_1} + W_{n_2}) \left|n_2\ell_2 m_2\right\rangle \left|n_1\ell_1 m_1\right\rangle = (W_{n_1} + W_{n_2}) \left|\varphi\right\rangle,$$

woraus für die Energie (a. u.) des He Atoms in nullter Näherung

$$W^{(0)}_{n_1 n_2} = W_{n_1} + W_{n_2} = -\frac{Z^2}{2} \left(\frac{1}{n_1^2} + \frac{1}{n_2^2}\right) \tag{7.19}$$

folgt. Dies ist in Abb. 7.4 auf Seite 255 illustriert. Experimentell bestimmt und in der Literatur tabelliert werden die Energien W bzw. Ionisationspotenziale[1] W_I zur Anregung bzw. Entfernung *eines* Elektrons. Die *Gesamtenergie* des Grundzustands (Konfiguration $1s^2$) ergibt sich also aus den Ionisationspotenzialen des neutralen He und des einfach ionisierten He$^+$:

$$W_{1s^2} = -W_I \left[\text{He}\left(1s^2\right)\right] - W_{1s}\left[\text{He}^+\left(1s\right)\right] \tag{7.20}$$

Nun ergibt sich das Ionisationspotenzial des Heliumions He$^+(1s)$ mit $Z = 2$ zu

$$W_I \left[\text{He}^+(1s)\right] = -\frac{Z^2}{2} W_0 = -54.422\ldots \text{eV} . \tag{7.21}$$

Für den Vergleich mit Präzisionsmessungen muss man noch mit dem reduzierten Massenfaktor μ/m_e multiplizieren und weitere Korrekturen wie die Lamb-Shift berücksichtigen. Nach NIST (2006) ist $W_I \left[\text{He}^+(1s)\right] = 54.4177630\,\text{eV}$ und $W_I \left[\text{He}\left(1s^2\right)\right] = 24.5873876\,\text{eV}$. Somit wird

$$W_{1s^2} = -W_I \left[\text{He}\left(1s^2\right)\right] - W_I \left[\text{He}^+\left(1s\right)\right] = -79.0051506\,\text{eV} . \tag{7.22}$$

Vergleichen wir diesen Wert mit der nullten Näherung (7.19)

$$W^{(0)}_{1s^2} = -\frac{Z^2}{2} W_0 \times 2 = -Z^2 W_0 = -108.8\,\text{eV} , \tag{7.23}$$

dann wird deutlich, dass es viel zu tun gibt, wenn man eine der experimentellen Genauigkeit entsprechende Rechengenauigkeit anstrebt.

7.3.4 Der Grundzustand – Störungsrechnung

Die Abschirmung (7.16) hat also einen erheblichen Einfluss. In einem ersten Schritt kann man versuchen, dies im Rahmen der Störungsrechnung zu berücksichtigen. Da $\hat{H}_{ee} > 0$ ist, erwarten wir in der Tat damit dem experimentellen Wert näher zu kommen. Beim He-Grundzustand befinden sich beide

---

[1] Man nennt $W_I - W$ auch die *Bindungsenergie* dieses angeregten Elektrons.

Elektronen im $1s$-Zustand, und mit (7.10) wird die *Wellenfunktion oder der Zustandsvektor in nullter Näherung:*

$$\varphi_{1s^2}(\boldsymbol{r}_1, \boldsymbol{r}_2) = \varphi_{1s}(\boldsymbol{r}_1)\varphi_{1s}(\boldsymbol{r}_2) \quad \text{oder} \quad |1s^2\rangle = |100\rangle\,|100\rangle \qquad (7.24)$$

Wir benutzen also die Eigenfunktionen des H-Atoms (mit $Z = 2$). Damit wird *in erster Ordnung* Störungsrechnung nach (3.20) der Korrekturterm zur Energie:

$$\Delta W = W_{1s^2} - W_{1s^2}^{(0)} = \langle \varphi_{1s^2}|\,\widehat{H}_{ee}\,|\varphi_{1s^2}\rangle = \langle \varphi_{1s^2}|\,\frac{1}{r_{12}}\,|\varphi_{1s^2}\rangle \qquad (7.25)$$

$$= \langle 100|\,\langle 100|\,\frac{1}{r_{12}}\,|100\rangle\,|100\rangle = \int d^3r_1 \int d^3r_2 \frac{1}{r_{12}}\left|\varphi_{100}(\overrightarrow{\boldsymbol{r}_1})\right|^2 \left|\varphi_{100}(\overrightarrow{\boldsymbol{r}_2})\right|^2$$

Die Auswertung dieses 6-fach-Integrals erfordert einige (weitgehend triviale) Rechnung. Als Ergebnis erhält man:

$$\Delta W = \frac{5}{8}ZW_0 = 34.01\,\text{eV},$$

sodass die Grundzustandsenergie in erster Ordnung Störungsrechnung

$$W_{1s^2}^{(1)} = -W_0Z^2 + \frac{5}{8}ZW_0 = -74.79\,\text{eV} \qquad (7.26)$$

wird – angesichts der Simplizität des Ansatzes eine schon beachtlich gute Übereinstimmung auf ca. 5% mit dem experimentellen Resultat (7.22).

Tabelle 7.1. Einelektronenbindungsenergie bzw. Ionisationspotenzial des Grundzustands (in eV) für He und He-ähnliche Ionen: 0. und 1. Ordnung Störungsrechnung und Messwerte (experimentelle Daten nach NIST, 2006)

	0. Ordn.	1. Ordn.	Experiment
H⁻	13.6	3.4	0.76
He	54.4	20.4	24.58741
Li⁺	122.4	71.4	75.64018
Be⁺⁺	217.7	149.6	153.8945
B³⁺	340.1	255.1	259.3752
C⁴⁺	489.9	387.7	392.0872

Es ist instruktiv, die Ionisationspotenziale (7.20) in nullter und erster Ordnung Störungsrechnung nach (7.23) und (7.26) mit den experimentell bestimmten Werten zu vergleichen. Dies ist in Tabelle 7.1 für die isoelektronische Serie Helium-artiger Ionen zusammengestellt. Offensichtlich ist die relative Genauigkeit der Störungsrechnung erster Ordnung umso besser je höher die Kernladungszahl ist. Ganz unbefriedigend ist sie für das H-Anion (der $1s^2\,^1S_0$ Zustand ist der einzige überhaupt existierende, und auch experimentell nachgewiesene Zustand des H⁻). Beim vierfach ionisierten Kohlenstoffatom trifft die erste Ordnung Störungsrechnung den experimentellen Wert schon mit einer Genauigkeit von 1%.

7.3.5 Variationsrechnung und aktueller Status

Diese wichtige quantenmechanische Methode zur Bestimmung von Energien, insbesondere von Grundzustandsenergien, sei hier kurz erwähnt. Bei diesem *Ritz'schen* Variationsverfahren macht man Gebrauch von einem allgemein gültigen Theorem, dass nämlich der minimale Energiewert, den man für eine gegebene Funktionsklasse berechnet, immer der beste ist. Man wählt also eine parametrisierte Funktion zur Beschreibung des Grundzustands, die im Prinzip die Eigenschaften des He-Atoms möglichst gut beschreiben kann. Sodann berechnet man die Energie als Erwartungswert des Hamilton-Operators als Funktion der die Wellenfunktion definierenden Parameter und variiert diese so, dass die Energie minimal wird. Man löst also einfach eine Extremwertaufgabe mit den Methoden der Analysis. Speziell für Helium haben sich die von *Hylleraas* vorgeschlagenen Funktionen

$$\Phi(s,t,u) = \exp(-ks) \sum_{\ell m n}^{N} c_{\ell,2m,n} \cdot s^\ell \cdot t^{2m} \cdot u^n \qquad (7.27)$$

$$\text{mit } s = r_1 + r_2, \ t = r_1 - r_2 \text{ und } u = r_{12}$$

sehr bewährt. Man berechnet damit den Erwartungswert der Energie

$$W = \langle \Phi(s,t,u) | \, \widehat{H} \, | \Phi(s,t,u) \rangle \qquad (7.28)$$

und variiert nach k und den Koeffizienten $c_{\ell,2m,n}$, um die minimale Energie zu erhalten. Die entsprechende Wellenfunktion beschreibt natürlich nicht mehr zwei unabhängige Teilchen, deren Wellenfunktion ja durch das Produkt zweier Einteilchenorbitale gegeben wäre. Vielmehr sind die *Elektronen in einer Hylleraas-artigen Wellenfunktion hoch korreliert*, sie merken also mehr voneinander, als sich durch ein gemitteltes Potenzial beschreiben ließe.

Mit diesem Ansatz erzeugen typischerweise schon 5 Parameter eine hohe Genauigkeit. Auf diese Weise erhielt bereits Hylleraas für das Helium $W_{1s1s} = -79.001\,\text{eV}$, was mit dem experimentellen Wert von $79.0051506\,\text{eV}$ zu vergleichen wäre. Moderne „state of the art" Rechnungen ergeben – unter Berücksichtigung aller relevanten Korrekturen wie Lamb-Shift, Kernausdehnung etc. und Umrechnung auf den aktuellen Wert von R_∞ – eine ungeahnte Übereinstimmung mit dem Experiment (s. Drake und Martin, 1998). So findet man z. B. $W_I \left[\text{He}(1s^2) \right] = 24.58738781(97)\,\text{eV}$ (Theorie) und nach NIST $24.5873876\,\text{eV}$ (Experiment).

7.4 Die Energiezustände des He

7.4.1 Austausch identischer Teilchen

Bisher haben wir noch nicht explizite berücksichtigt, dass die beiden Elektronen quantenmechanisch ununterscheidbar sind und einen Spin haben. Als Fermionen müssen sie dem Pauli-Prinzip (3.1.2) gehorchen, das in seiner strengen mathematischen Formulierung besagt:

- Ein System von Fermionen wird durch Zustandsvektoren (Wellenfunktionen) beschrieben, die antisymmetrisch gegen Vertauschung von je zwei Elektronen sind.

Speziell für He und He-ähnliche Ionen bedeutet dies

$$\psi(1,2) = -\psi(2,1)\,, \tag{7.29}$$

wobei wir mit der Abkürzung 1 bzw. 2 alle, das Elektron beschreibende Koordinaten meinen. Dies schließt ausdrücklich die Orts- *und* Spinkoordinaten ein. Die Ortswellenfunktion kann wegen der Symmetrie des Hamilton-Operators nach (7.15) symmetrisch oder antisymmetrisch sein. Die Gesamtwellenfunktion schreiben wir

$$\psi(1,2) = \varphi(\boldsymbol{r}_1,\boldsymbol{r}_2)\chi(1,2) \quad . \tag{7.30}$$

Mit $\chi(1,2)$ wird der Spinzustand der beiden Elektronen charakterisiert. Offensichtlich folgt aus (7.29) und (7.30), dass

- die Ortsfunktion $\varphi(\boldsymbol{r}_1,\boldsymbol{r}_2)$ symmetrisch ist, wenn die Spinfunktion $\chi(1,2)$ antisymmetrisch ist
- und umgekehrt die Ortsfunktion $\varphi(\boldsymbol{r}_1,\boldsymbol{r}_2)$ antisymmetrisch ist, wenn die Spinfunktion $\chi(1,2)$ symmetrisch ist.

Für die Spinfunktion haben wir das notwendige Rüstzeug schon in Kapitel 6 bereitgestellt: zwei Elektronen mit Spin $s = 1/2$ koppeln entsprechend

$$\hat{\boldsymbol{S}}_1 + \hat{\boldsymbol{S}}_2 = \hat{\boldsymbol{S}} \tag{7.31}$$

zu $S = 1$ oder $S = 0$. Dies führt zu den in Tabelle 6.1 auf Seite 218 skizzierten Spin-Kombinationen und Zustandsvektoren $|\chi(1,2)\rangle = \left|\chi_S^{M_S}\right\rangle$. Wir hatten dabei zwei Typen von Spinfunktionen identifiziert: die symmetrischen *Triplettfunktionen* mit $S = 1$ und $M_S = -1, 0, +1$

$$\left|\chi_1^1\right\rangle = |\alpha(1)\alpha(2)\rangle\,, \quad \left|\chi_1^{-1}\right\rangle = |\beta(1)\beta(2)\rangle \quad \text{und}$$
$$\left|\chi_1^0\right\rangle = \frac{|\alpha(1)\beta(2)\rangle + |\beta(1)\alpha(2)\rangle}{\sqrt{2}}$$

sowie die antisymmetrische *Singulettfunktion* mit $S = 0$ und $M_S = 0$

$$\left|\chi_0^0\right\rangle = \frac{|\alpha(1)\beta(2)\rangle - |\beta(1)\alpha(2)\rangle}{\sqrt{2}}\,.$$

Die Nummern (1) und (2) in runden Klammern geben an, auf welches der beiden Elektronen sich die Funktion bezieht. Man beachte die Orthonormalität der Spinfunktionen:

$$\left\langle \chi_{S'}^{M_S'} \middle| \chi_S^{M_S} \right\rangle = \delta_{S'S}\delta_{M_S'M_S} \tag{7.32}$$

Dabei steht

$$|\alpha(1)\beta(2)\rangle = \left|\tfrac{1}{2} \ -\tfrac{1}{2}\right\rangle \ \text{bzw.} \ |\beta(1)\alpha(2)\rangle = \left|-\tfrac{1}{2} \ \tfrac{1}{2}\right\rangle \ \text{etc.}$$
$$\text{kurz für } |m_{s1}m_{s2}\rangle - |s_1m_{s1}\rangle\,|s_2m_{s2}\rangle\,.$$

Der Gesamtbahndrehimpuls des Systems lässt sich ebenfalls nach den üblichen Regeln der Drehimpulskopplung aus den Einzelteilchenbahndrehimpulsen zusammensetzen:

$$\hat{L} = \hat{L}_1 + \hat{L}_2 \tag{7.33}$$

Wir benutzen die schon in Kapitel 6.2.9 eingeführte Terminologie, charakterisieren *Gesamtspin* und *Gesamtbahndrehimpuls* mit großen Buchstaben S und L und beschreiben die Zustände des Helium durch $n_1\ell_1 n_2\ell_2$ $^{2S+1}L_J$. Man nennt, wie schon in Kapitel 6.2.9 erwähnt, die hier gewählte Kopplung *Russel-Saunders-Kopplung (auch LS-Kopplung)*. Eine Alternative wäre die *jj-Kopplung*, bei der man zunächst Spin s und Bahn ℓ jedes einzelnen Elektrons miteinander zu einem Einzelelektronengesamtdrehimpuls j koppelt und sodann die daraus resultierenden j_i zu einem Gesamtdrehimpuls J des Systems beider Elektronen koppelt. Wir werden in Abschnitt 7.4.3 genauer analysieren, warum beim He gerade die LS-Kopplung und *nicht* die jj-Kopplung angemessen ist.

Für den *Grundzustand* hatten wir mit (7.24) eine gegen Vertauschen von r_1 mit r_2 symmetrische Orts-Wellenfunktion angesetzt. Daher *muss* die *Spinfunktion antisymmetrisch* sein. Es gibt im Grundzustand des He keine Triplettkonfiguration. Die vollständige Grundzustandsfunktion wird somit:

$$|\psi_{1s^2}(1,2)\rangle = |\varphi_{1s}(r_1)\varphi_{1s}(r_2)\rangle \frac{|\alpha(1)\beta(2)\rangle - |\beta(1)\alpha(2)\rangle}{\sqrt{2}} \tag{7.34}$$

$$\text{kurz} \quad = |100\rangle\,|100\rangle\,|\chi_0^0\rangle = |1s^2\rangle\,|\chi_0^0\rangle$$

Die Energie des Grundzustands ändert sich durch die zusätzlich in die Zustandsbeschreibung eingeführten Spinkoordinaten nicht, da der Hamilton-Operator (7.4) selbst weiterhin unabhängig vom Spin bleibt. Es handelt sich also mit $\ell_1 = \ell_2 = 0$ um einen

Singulett $1s^2\ ^1S_0$ Zustand

mit Gesamtspin $S = 0$ und Gesamtbahndrehimpuls $L = 0$.

Für die *angeregten Zustände* ist das anders. Wenn wir eine Konfiguration $\{n_1\ell_1 n_2\ell_2\}$ betrachten, bei der entweder $n_1 \neq n_2$ und/oder $\ell_1 \neq \ell_2$ gilt, dann können deren Orbitale vom Typ $\varphi_{n_1\ell_1}(r_1)\varphi_{n_2\ell_2}(r_2)$ im Prinzip *zwei verschiedene Ortswellenfunktionen für ununterscheidbare* Teilchen bilden:

$$\varphi_+(1,2) = \frac{1}{\sqrt{2}}\left[\varphi_{n_1\ell_1 m_1}(r_1)\varphi_{n_2\ell_2 m_2}(r_2) + \varphi_{n_1\ell_1 m_1}(r_2)\varphi_{n_2\ell_2 m_2}(r_1)\right] \tag{7.35}$$

$$\varphi_-(1,2) = \frac{1}{\sqrt{2}}\left[\varphi_{n_1\ell_1 m_1}(r_1)\varphi_{n_2\ell_2 m_2}(r_2) - \varphi_{n_1\ell_1 m_1}(r_2)\varphi_{n_2\ell_2 m_2}(r_1)\right] \tag{7.36}$$

Die *Gesamtwellenfunktionen* des einfach angeregten He sind also

Singulettzustände $\psi_S(1,2) = \varphi_+(1,2)\chi_0^0(1,2)$ mit $M_S = 0$ oder   (7.37)

Triplettzustände $\psi_T(1,2) = \varphi_-(1,2)\chi_1^{M_S}(1,2)$ mit $M_S = -1, 0, 1$.

$$\tag{7.38}$$

7.4.2 Störungsrechnung für (einfach) angeregte Zustände

Wir suchen jetzt solche angeregten Zustände, bei denen sich *eines* der Elektronen immer noch im $1s$ *Grundzustand* $|100\rangle$, das *andere* aber in einem *angeregten Zustand* $|n\ell m\rangle$ befindet. In erster Ordnung Störungsrechnung erhalten wir mit dem Hamilton-Operator (7.6) für die *Singulett-* (7.37) bzw. *Triplettzustände* (7.38) als Gesamtenergie

$$W_{S,T} = W^{(0)} + \langle \psi_{S,T} | \widehat{H}_{ee}(r_{12}) | \psi_{S,T} \rangle = W_1 + W_2 + H^{(1)}_{ee\,\pm} \qquad (7.39)$$

Zur Berechnung des Diagonalmatrixelements $H^{(1)}_{ee\,\pm}$, welches die Änderung gegenüber dem ungestörten System ($W^{(0)} = W_1 + W_2$) bestimmt, berücksichtigen wir die Orthonormalität der Spinfunktionen (7.32) und die Tatsache, dass der Hamilton-Operator nicht explizite vom Spin abhängt, sodass der Spin ganz aus der Rechnung herausfällt:

$$H^{(1)}_{ee\,\pm} = \langle \psi_{S,T} | \widehat{H}_{ee} | \psi_{S,T} \rangle = \langle \varphi_{\pm}(1,2) | \frac{1}{r_{12}} | \varphi_{\pm}(1,2) \rangle$$

Einsetzen von (7.35) und (7.36) ergibt für den Störterm

$$H^{(1)}_{ee\,\pm} = \frac{1}{2} \langle \varphi_{100}(\boldsymbol{r}_1)\varphi_{n\ell m}(\boldsymbol{r}_2) \pm \varphi_{100}(\boldsymbol{r}_2)\varphi_{n\ell m}(\boldsymbol{r}_1) | \qquad (7.40)$$
$$\frac{1}{r_{12}} | \varphi_{100}(\boldsymbol{r}_1)\varphi_{n\ell m}(\boldsymbol{r}_2) \pm \varphi_{100}(\boldsymbol{r}_2)\varphi_{n\ell m}(\boldsymbol{r}_1) \rangle \,.$$

Man sieht leicht, dass der Störterm

$$\text{für ein Singulett} \quad H^{(1)}_{ee\,+} = J_{n\ell} + K_{n\ell} \qquad (7.41)$$
$$\text{und für ein Triplett} \quad H^{(1)}_{ee\,-} = J_{n\ell} - K_{n\ell}, \qquad (7.42)$$

wird, wobei wir zur Abkürzung das

Coulomb-Integral $\quad J_{n\ell} = \displaystyle\int\int |\varphi_{100}(\boldsymbol{r}_1)|^2 \frac{1}{r_{12}} |\varphi_{n\ell m}(\boldsymbol{r}_2)|^2 \, d^3\boldsymbol{r}_1 d^3\boldsymbol{r}_2$

$$\qquad\qquad\qquad\qquad\qquad\qquad\qquad\qquad\qquad\qquad (7.43)$$

und das **Austauschintegral**

$$K_{n\ell} = \int\int \varphi^*_{100}(\boldsymbol{r}_1)\varphi^*_{n\ell m}(\boldsymbol{r}_2) \frac{1}{r_{12}}\varphi_{100}(\boldsymbol{r}_2)\varphi_{n\ell m}(\boldsymbol{r}_1) d^3\boldsymbol{r}_1 d^3\boldsymbol{r}_2 \qquad (7.44)$$

einführen. Der Einfluss der beiden Integrale ist in Abb. 7.5 veranschaulicht.

Das *Coulomb-Integral*[2] hat eine direkte, sehr anschauliche Bedeutung: Gleichung (7.43) lässt sich (im SI-System) mit der

---

[2] Im SI System steht dort statt $1/r_{12}$ für die Coulomb-Abstoßung der beiden Elektronen $e_0^2/(4\pi\epsilon_0 r_{12})$.

Ladungsdichte $\hspace{5cm} \rho(\boldsymbol{r}) = e_0\,|\varphi(\boldsymbol{r})|^2$ (7.45)

und der Aufenthaltswahrscheinlichkeit $\hspace{1cm} w(\boldsymbol{r}) = |\varphi(\boldsymbol{r})|^2$

auch schreiben als

$$J_{n\ell} = \int d^3 r_2 w_{n\ell m}(\boldsymbol{r}_2) \left\{ e_0 \int d^3 r_1 \frac{\rho_{100}(\boldsymbol{r}_1)}{4\pi\epsilon_0 r_{12}} \right\} \qquad (7.46)$$

Man kann dies so lesen: {} ist die (abstoßende) Wechselwirkungsenergie des Elektrons 2 am Ort $\boldsymbol{r}_2$ mit der Ladungsverteilung des anderen Elektrons, welches sich im Zustand $|100\rangle$ befindet (integriert über die gesamte Ladungsverteilung). Die äußere Integration mittelt dann über die Aufenthaltswahrscheinlichkeit des Elektrons 2 im ganzen Raum. Insgesamt gibt das Integral die gemittelte, elektrostatische Abstoßung der beiden Elektronen wieder. Sie führt zu einer Termanhebung wie in Abb. 7.5 skizziert.

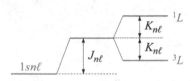

Abb. 7.5. Einfach angeregter He($1sn\ell$) Zustand mit Gesamtbahndrehimpuls L: Anhebung des Terms durch Coulomb-Abschirmung $J_{n\ell}$ und Aufspaltung in Singulett (^1L) und Triplettzustände (^3L) durch Austauschentartung (Austauschintegral $K_{n\ell}$)

Dagegen entzieht sich das Austauschintegral $K_{n\ell}$ einer anschaulichen Deutung. Es ist zwar auch elektrostatischer Natur ($1/r_{12}$ Term) aber es entsteht durch den typisch quantenmechanischen Effekt des Austauschs der beiden Elektronen als Folge der Symmetrisierung bzw. Antisymmetrisierung der Ortsfunktion. Dies wird besonders deutlich, wenn man den Störterm (7.41) bzw. (7.42) formal einheitlich als Operator schreibt:

$$\widehat{H}_{ee}^{(1)} = J_{n\ell} - \frac{1}{2}\left(1 + 4\hat{\boldsymbol{S}}_1\hat{\boldsymbol{S}}_2\right) K_{n\ell} \qquad (7.47)$$

Der Gesamt-Hamilton-Operator wird damit, wie wir gleich zeigen werden, unter Verwendung des Einteilchen-Hamilton-Operators (7.3):

$$\widehat{H} = \widehat{H}_1 + \widehat{H}_2 + J_{n\ell} - \frac{1}{2}\left(1 + 4\hat{\boldsymbol{S}}_1\hat{\boldsymbol{S}}_2\right) K_{n\ell} \qquad (7.48)$$

Setzt man nämlich wie üblich nach der binomischen Formel

$$\hat{\boldsymbol{S}}_1\hat{\boldsymbol{S}}_2 = \frac{1}{2}\left(\hat{\boldsymbol{S}}^2 - \hat{\boldsymbol{S}}_1^2 - \hat{\boldsymbol{S}}_2^2\right) = \frac{1}{2}\left(\hat{\boldsymbol{S}}^2 - \frac{3}{4} - \frac{3}{4}\right) = \frac{1}{4}\left(2\hat{\boldsymbol{S}}^2 - 3\right)$$

und berücksichtigt, dass für den Gesamtspin $\hat{\boldsymbol{S}} = \hat{\boldsymbol{S}}_1 + \hat{\boldsymbol{S}}_2$ (in atomaren Einheiten $\hbar$)

$$\hat{\boldsymbol{S}}^2 |SM_S\rangle = S(S+1) |SM_S\rangle$$

gilt, so wird der Erwartungswert von (7.47) in der Tat identisch mit (7.41) bzw. (7.42), je nachdem ob $S = 0$ oder 1 ist. Man spricht von der *Austauschwechselwirkung geradezu als von einer eigenen Art von Kraft, die aus dem Antisymmetrisierungsgebot der Gesamtwellenfunktion bei Fermionen resultiert.* Die Austauschwechselwirkung erzwingt die Aufspaltung in Singulett- und Triplettterm. Die Größe dieser Kraft wird durch das Austauschintegral $K_{n\ell}$, also durch eine rein elektrostatische Wechselwirkung bestimmt. Die Zustände, welche den Hamilton-Operator diagonal machen, müssen offenbar so beschaffen sein, dass auch $\hat{S}_1\hat{S}_2$ diagonal wird, was durch die Diagonalisierung von $\hat{S}^2$ geschieht. Unser ursprünglicher Ansatz, zunächst die Spins entsprechend $\hat{S} = \hat{S}_1 + \hat{S}_2$ zu koppeln, findet also im Auftreten des Operators $\frac{1}{2}\left(1 + 4\hat{S}_1\hat{S}_2\right) K_{n\ell}$ im Hamilton-Operator seine nachträgliche Begründung. Wir werden das im folgenden Abschnitt noch etwas präzisieren.

Man kann auch ganz anschaulich verstehen, warum bei ansonsten gleichen Quantenzahlen die Triplettzustände tiefer als die Singulettzustände liegen: bei den Triplettzuständen ist die Spinfunktion symmetrisch, die Ortsfunktion antisymmetrisch. Das heißt aber, dass die Wahrscheinlichkeitsamplitude dafür, dass die beiden Elektronen sich am gleichen Ort aufhalten Null sein muss. Anders ausgedrückt: die Elektronen im Triplettzustand vermeiden einander, während die Elektronen im Singulettzustand durchaus am gleichen Ort sein können. Das führt zu einer kleineren abstoßenden Wechselwirkung bei Tripletts im Vergleich zu Singuletts. Da die Abstoßung einen positiven Beitrag zur Gesamtenergie liefert, liegen Tripletts demnach tiefer als Singuletts.

Ganz allgemein gilt die sogenannte **Hund'sche Regel:** *Bei ansonsten gleichen Quantenzahlen haben die Zustände mit der höchsten Multiplizität die niedrigste Energie. Unter diesen wiederum liegen die Zustände mit höchstem L am tiefsten.*

Abschließend sei hier darauf hingewiesen, dass die mit (7.48) eingeführte Schreibweise für die Austauschkraft auch für Vielteilchensysteme gilt. Sie spielt eine zentrale Rolle bei der Beschreibung des *Ferromagnetismus* von Festkörpern: Die Größe der Austauschwechselwirkung ist es, die bestimmt, ob die Parallelstellung vieler Spins energetisch besonders günstig ist, und damit ob ein Material ferromagnetisch sein kann oder nicht.

7.4.3 Ein Nachgedanke: welche Kraft stellt die Spins parallel oder antiparallel?

Die folgende Überlegung ist hilfreich, um zu verstehen, wie es kommt, dass die Spins sich parallel oder antiparallel einstellen. Man könnte ja versucht sein, anstatt der Gesamtwellenfunktion (7.30) eine andere Linearkombination von Einelektronenorbitalen zu wählen, sofern diese nur die Antisymmetrisierungsbedingung (7.29) erfüllen. Eine mögliche Realisierung solcher Zustände sind Slater-Determinanten, die wir in Kapitel 10 noch ausführlich besprechen und nutzen werden. Für den vorliegenden Fall des einfach angeregten He-Atoms sind das die folgenden Ausdrücke:

$$\psi_1(1,2) = \frac{1}{\sqrt{2}} \begin{vmatrix} \varphi_{1s}(1)\alpha(1) & \varphi_{n\ell}(1)\alpha(1) \\ \varphi_{1s}(2)\alpha(2) & \varphi_{n\ell}(2)\alpha(2) \end{vmatrix}$$

$$\psi_2(1,2) = \frac{1}{\sqrt{2}} \begin{vmatrix} \varphi_{1s}(1)\alpha(1) & \varphi_{n\ell}(1)\beta(1) \\ \varphi_{1s}(2)\alpha(2) & \varphi_{n\ell}(2)\beta(2) \end{vmatrix}$$

$$\psi_3(1,2) = \frac{1}{\sqrt{2}} \begin{vmatrix} \varphi_{1s}(1)\beta(1) & \varphi_{n\ell}(1)\alpha(1) \\ \varphi_{1s}(2)\beta(2) & \varphi_{n\ell}(2)\alpha(2) \end{vmatrix} \qquad (7.49)$$

$$\psi_4(1,2) = \frac{1}{\sqrt{2}} \begin{vmatrix} \varphi_{1s}(1)\beta(1) & \varphi_{n\ell}(1)\beta(1) \\ \varphi_{1s}(2)\beta(2) & \varphi_{n\ell}(2)\beta(2) \end{vmatrix}$$

Die in Klammern () gesetzten Ziffern bezeichnen wieder die Koordinaten von Elektron 1 bzw. 2. Offensichtlich kann man $\alpha(1)\alpha(2)$ bzw. $\beta(1)\beta(2)$ aus $\psi_1(1,2)$ bzw. $\psi_4(1,2)$ vor die Klammer ziehen, sie entsprechen also den Triplettzuständen $\psi_T(1,2) = \varphi_-(1,2)\chi_1^{\pm 1}(1,2)$ mit antisymmetrischer Ortsfunktion nach (7.38), die wir auch bislang benutzt haben. Dagegen lassen sich die Zustände $\psi_2(1,2)$ und $\psi_3(1,2)$ nicht mit einem der schon bekannten Zustände identifizieren – obwohl sie eindeutig antisymmetrisch gegen Vertauschung von Elektron 1 und 2 sind, denn die Determinanten wechseln ja definitionsgemäß ihr Vorzeichen, wenn man Reihen vertauscht. Berechnen wir mit den Zustandsfunktionen $\psi_1(1,2)$ bis $\psi_4(1,2)$ den Hamilton-Operator (7.4) des He-Atoms, so erhalten wir die folgende 4×4 Matrixdarstellung:

$$\widehat{H} = \begin{pmatrix} W_{1s} + W_{n\ell} + J_{n\ell} - K_{n\ell} & 0 & 0 & 0 \\ 0 & 0 & 0 & 0 \\ 0 & 0 & 0 & 0 \\ 0 & 0 & 0 & W_{1s} + W_{n\ell} + J_{n\ell} - K_{n\ell} \end{pmatrix}$$

$$+ \begin{pmatrix} 0 & 0 & 0 & 0 \\ 0 & W_{1s} + W_{n\ell} + J_{n\ell} & -K_{n\ell} & 0 \\ 0 & -K_{n\ell} & W_{1s} + W_{n\ell} + J_{n\ell} & 0 \\ 0 & 0 & 0 & 0 \end{pmatrix} \qquad (7.50)$$

Diese Hamilton-Matrix besteht also aus einem diagonalen und einem nichtdiagonalen Anteil. $J_{n\ell}$ bzw. $K_{n\ell}$ sind wieder das Coulomb- bzw. das Austauschintegral, und W_{1s} bzw. $W_{n\ell}$ die Einteilchenenergien im $1s$ bzw. $n\ell$ Zustand. Die Slater-Determinanten (7.50) diagonalisieren den Hamilton-Operator ganz offensichtlich nur partiell, sind also kein vollständiger Satz von Eigenfunktionen. Wir können aber den nichtdiagonalen Teil, d. h. den 2×2 Block der zweiten Matrix (7.50), auf die übliche Weise diagonalisieren: mit

$$\det\left(\widehat{H} - W\right) = 0$$

erhält man wieder die beiden Energien $W_\pm = W_{1s} + W_{n\ell} + J_{n\ell} \pm K_{n\ell}$. Das entspricht exakt dem Resultat der bisherigen Rechnung (7.39) mit (7.41) bzw.

(7.42), das wir mit den „richtigen" Zustandsfunktionen (7.37) bzw. (7.38) erhalten hatten. Letztere, nämlich $\varphi_+(1,2)\chi_0^0(1,2)$ und $\varphi_-(1,2)\chi_1^0(1,2)$, ergeben sich natürlich auch aus der hier skizzierten Diagonalisierung als lineare Kombinationen von $\psi_2(1,2)$ und $\psi_3(1,2)$, während $\psi_1(1,2)$ und $\psi_4(1,2)$ bereits zum Triplettsystem gehören.

Wir finden also zusammenfassend bestätigt, was wir am Ende des letzten Abschnitts betont hatten: es ist die Austauschwechselwirkung, in (7.50) als Nichtdiagonalterme K_{nl} erkennbar, die für Parallel- bzw. Antiparallelstellung der beiden Elektronenspins sorgt! Kombinationen von Spinorbitalen, die nicht zugleich auch Spin und Bahndrehimpuls diagonalisieren, sind keine Eigenwerte des hier betrachteten Hamilton-Operators. Natürlich beruht diese Aussage ganz wesentlich darauf, dass die Austauschwechselwirkung alle anderen Störterme bei weitem überwiegt. Dies wird sich aber bei hohem Z deutlich ändern, denn dort kann die Spin-Bahn-Wechselwirkung viel größer als die Austauschwechselwirkung werden, was wir in Kapitel 10.5.1 belegen werden. Dann kann es zweckmäßig sein, den Hamilton-Operator zunächst in Bezug auf diese dominante LS-Wechselwirkung zu diagonalisieren und erst im Nachhinein ggf. die Austauschwechselwirkung als Störung hinzuzufügen. Dies erklärt also zwanglos den Übergang von der Russel-Saunders-Kopplung zur jj-Kopplung, die bei Atomen mit hohem Z anzutreffen ist.

7.5 Feinstruktur

Bei genauerer Betrachtung müssen wir natürlich auch beim Helium die Feinstrukturwechselwirkung (FS) berücksichtigen, also die sogenannte LS-Wechselwirkung des magnetischen Feldes der Bahn mit dem Spin des Elektrons. Da die Spins (und auch die Bahndrehimpulse) der Einzelelektronen hier aber bereits durch die Austauschwechselwirkung gekoppelt sind, gehen wir mit $\hat{L}_1 + \hat{L}_2 = \hat{L}$ und $\hat{S}_1 + \hat{S}_2 = \hat{S}$ von einem Kopplungsschema

$$|\ell_1\ell_2LM_L\rangle\,|s_1s_2SM_S\rangle \tag{7.51}$$

aus und koppeln dann den Gesamtbahndrehimpuls $\hat{L}$ mit dem Gesamtspin $\hat{S}$ zum Gesamtdrehimpuls $\hat{J} = \hat{L} + \hat{S}$ des Systems. Für diesen gelten wieder die üblichen Regeln. Man nennt dieses Kopplungsschema, wie schon erwähnt, *Russel-Saunders-Kopplung* oder (etwas missdeutbar) *LS-Kopplung*. Die Aufspaltung der Multipletts ergibt sich wieder zu $2S+1$ (sofern $S < L$). Allerdings sind die Aufspaltungen zumindest bei kleinem Z nicht mehr einfach aus $\xi(r)\hat{L}\hat{S}$ ableitbar.

Im Hamilton-Operator muss man ja alle magnetischen Wechselwirkungen der Einzelelektronen berücksichtigen:

$$\hat{H}_{LS} = \sum \xi_i(r_i)\hat{L}_i\hat{S}_i \tag{7.52}$$

sowie auch alle Terme vom Typ $\hat{L}_2\hat{S}_1$, $\hat{L}_1\hat{S}_2$ (Spin andere Bahn) aber auch die Spin-Spin Wechselwirkung. Diese ist nicht einfach $\propto \hat{S}_1\hat{S}_2$ sondern muss die korrekten Dipol-Dipol Wechselwirkungen berücksichtigen. Wir werden das für die Hyperfeinwechselwirkung zwischen Elektronenspin und Kernspin in Kapitel 9 näher ausführen. Das führt zu einer relativ komplizierten Rechnung, die sich nicht mehr mithilfe der Landé'schen Intervallregel (6.56) beschreiben lässt, und die wir hier nicht im Einzelnen herleiten wollen. Die Abweichung davon ist besonders bei sehr kleinem Z ausgeprägt und gerade beim Helium besonders drastisch. Abbildung 7.6 (links) zeigt dies für den Fall des ersten angeregten Triplett $2\,^3P$-Zustands (die höchste, in Helium beobachtete FS-Aufspaltung). Hier sind die Termlagen sogar invertiert, d. h. die energetisch höheren Zustände haben das kleinere J. Im Vergleich dazu sind auch die Triplettaufspaltungen von Li^+ und F^{7+} gezeigt. Bei Fluor ist wenigstens die

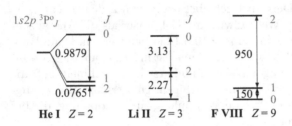

Abb. 7.6. Feinstrukturaufspaltung (cm^{-1}) des $1s2p\,^3P_J$ Zustands in He und He-ähnlichen Ionen. Man beachte die Inversion der Triplettzustände bei kleinem Z

Ordnung der Zustände wieder wie gewohnt, allerdings ist die Intervallregel (6.56), nach welcher die Abstände der Feinstrukturniveaus proportional zum höheren J sein sollten, noch nicht ganz erfüllt.

Bei größerem Z und einfach angeregten Zuständen, wie wir sie bisher behandelt haben, dominiert die *Spin-eigene-Bahn-Wechselwirkung* vom Typ $\xi_2(r_2)\hat{L}_2\hat{S}_2$ (wenn wir das angeregte Elektron mit 2 kennzeichnen) und die Feinstrukturaufspaltung wird näherungsweise wieder

$$V_{LS} = \langle\xi_2(r_2)\rangle \left\langle \hat{L}_2\hat{S}_2 \right\rangle = \frac{a}{2}\left(J(J+1) - L(L+1) - S(S+1)\right) \qquad (7.53)$$

analog zum Einelektronensystem. Wir illustrieren die Verhältnisse in Abb. 7.7 am Beispiel zweier Erdalkalimetalle, die im Verhältnis zu Helium etwa die Rolle spielen, wie die Alkalimetalle im Verhältnis zum Wasserstoffatom (s. auch 7.8.1). Man sieht, dass schon beim Mg die Intervallregel wieder sehr gut erfüllt ist.

Insgesamt ist festzustellen, dass *beim* He *(und anderen leichten Atomen) der Spin-Bahn-Term (7.53) sehr viel kleiner ist als der Austauschterm* (7.44). Daher kann die Spin-Bahn-Kopplung (für leichte Atome) als kleine Störung behandelt werden, welche die Kopplung der Spins aneinander nicht ändert. Wir halten hier aber noch einmal fest, dass dies bei großer Kernladungszahl Z und nicht zu großem n anders sein wird, da die Feinstrukturwechselwirkung mit $\alpha^2 Z^4/n^3$ wächst (s. (6.53) bzw. (6.55)). Wir werden in Kapitel 10 noch darauf eingehen und den *Zusammenbruch der Russel-Saunders-Kopplung bei großen* Z konstatieren.

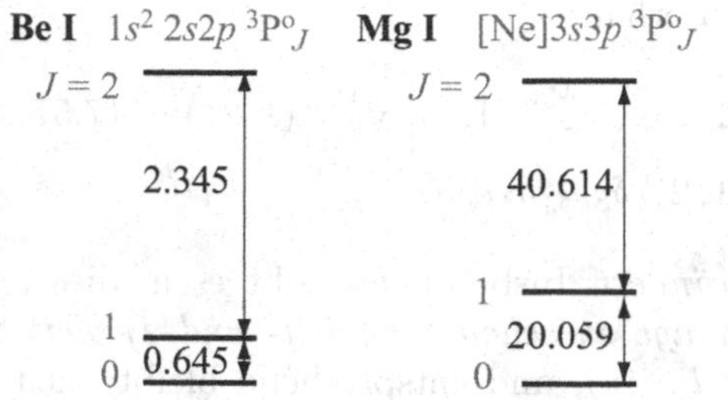

Be I $1s^2\,2s2p\ {}^3\mathrm{P}^{\mathrm o}{}_J$ **Mg I** $[\mathrm{Ne}]3s3p\ {}^3\mathrm{P}^{\mathrm o}{}_J$

$J=2$ ⎯⎯⎯⎯⎯ $J=2$ ⎯⎯⎯⎯⎯

2.345   40.614

1 ⎯⎯⎯
0 0.645   20.059
                  1 ⎯⎯⎯
                  0 ⎯⎯⎯

Abb. 7.7. Feinstrukturaufspaltung (cm^{-1}) der Erdalkalimetallatome Be ($Z=4$) und Mg ($Z=12$). Die Terme sind normal geordnet, d. h. zu höherem J gehört eine höhere Energie. Man beachte, dass beim Magnesium die Intervallregel $\Delta W_{FS} \propto J$ sehr gut erfüllt ist

Dagegen beträgt beim am meisten betroffenen He-$2\,{}^3P$-Zustand die Feinstrukturaufspaltung nur 0.00013 eV (1.1 cm^{-1}), was mit der Singulett-Triplett Aufspaltung zwischen 2^1P und 2^3P von ca. 0.25 eV zu vergleichen ist – also ist die FS hier in der Tat eine sehr kleine Störung gegenüber der Austauschwechselwirkung, und die Beschreibung durch Singulett bzw. Triplettzustände ist eine exzellente Näherung.

7.6 Elektrische Dipolübergänge

Wir hatten bereits zu Eingang dieses Kapitels die Auswahlregeln für optische Übergänge im He-Atom angesprochen. Wir wollen He zum Anlass nehmen, einige grundlegende Überlegungen zu den Auswahlregeln für Absorption bzw. Emission bei Mehrelektronensystemen anzustellen. Dazu erweitern wir den bisher für Einteilchenprobleme benutzen Begriff des Dipoloperators (s. (4.25)). War dieser bislang einfach $D = e_0 r$ so wird bei einem System mit N aktiven Elektronen die Störungsenergie einfach die Summe aller Dipolterme für die einzelnen Elektronen sein (es handelt sich ja um Energiebeiträge, die sich additiv verhalten) und es wird

$$\hat{U}(r,t) = \left(\sum_{i=1}^{N} e_0 r_i \right) \cdot E(t) = D \cdot E(t) . \tag{7.54}$$

$D = \sum_{i=1}^{N} e_0 r_i$ ist also der Dipoloperator des untersuchten Atoms, während $E(t)$ wieder das E-Feld der elektromagnetischen Welle beschreibt. Die Störungsrechnung verläuft ganz analog zum Einteilchenproblem. Lediglich das Dipolübergangsmatrixelement ist jetzt etwas komplizierter. Für He hat es die Form:

$$D_{ba} = e_0 \langle \psi_b(1,2) | r_1 + r_2 | \psi_a(1,2) \rangle \tag{7.55}$$

Setzen wir die Wellenfunktion nach (7.37) und (7.38) ein, so erhalten wir

$$D_{ba} = e_0 \left\langle \varphi_{b\pm}(1,2)\chi_{S_b}^{M_{S_b}}(1,2) \middle| r_1 + r_2 \middle| \varphi_{a\pm}(1,2)\chi_{S_a}^{M_{S_a}}(1,2) \right\rangle , \tag{7.56}$$

wobei wir in den Wellenfunktionen wieder $(r_1) = (1)$ und $(r_2) = (2)$ abkürzen. Wir notieren zunächst, dass weder r_1 noch r_2 auf den Spinanteil wirken. Daher kann man diesen ausmultiplizieren und erhält:

$$D_{ba} = e_0 \langle \varphi_{b\pm}(1,2)|\, r_1 + r_2\, |\varphi_{a\pm}(1,2)\rangle \left\langle \chi_{S_b}^{M_{S_b}}(1,2) \Big|\, \chi_{S_a}^{M_{S_a}}(1,2) \right\rangle \quad (7.57)$$

$$= e_0 \langle \varphi_{b\pm}(1,2)|\, r_1 + r_2\, |\varphi_{a\pm}(1,2)\rangle\, \delta_{S_b S_a}\, \delta_{M_{S_b} M_{S_a}}$$

Der *Spinzustand bleibt also unverändert*. Insbesondere gibt es in dieser Näherung *keine optischen Dipolübergänge zwischen Singulett- und Triplettsystem (sogenannte Interkombinationslinien)*, und entsprechend bleibt auch die + bzw. − Symmetrie der Ortswellenfunktionen bei E1-Übergängen erhalten (dies gilt sogar für alle E-Übergänge, da der Spin dabei keine Rolle spielt): *diese Regel erklärt also die experimentelle Beobachtung der quasi isolierten Systeme von „Para- und Orthohelium", d. h. zwischen Singulett und Triplettsystem.*

Beim He ist diese Regel recht streng erfüllt. Bei He-ähnlichen Ionen mit großem Z gibt es zunehmend auch (schwache) Interkombinationslinien: Wegen der starken Z Abhängigkeit der Spinbahnwechselwirkung (7.53) gewinnt diese bei Atomen mit höherem Z zunehmend an Bedeutung und die Wellenfunktionen müssen in erster Ordnung Störungsrechnung korrigiert werden. Der reinen Singulett- bzw. Triplettkonfiguration im Bild unabhängiger Teilchen werden jeweils auch Anteile von Konfigurationen aus dem Triplett bzw. Singulettsystem zugemischt (sogenannte *Konfigurationswechselwirkung (CI)*). Im gleichen Maße werden Interkombinationslinien möglich.

Im Modell unabhängigen Teilchen gilt aber über das Interkombinationsverbot hinaus eine noch weitergehende Übergangsregel: *erlaubt* sind auch innerhalb des Singulett- bzw. Triplettsystems *nur solche E1-Übergänge, die reine Einelektronenübergänge sind,* bei denen also nur ein Elektron seine Quantenzahlen $n\ell$ ändert. Der Beweis ist etwas umständlich aber instruktiv: *Im Modell der unabhängigen Teilchen* wird ja der Ortsanteil durch symmetrisierte bzw. antisymmetrisierte Produktwellenfunktionen nach (7.35) bzw. (7.36) beschrieben. Nennen wir die Konfiguration vor dem Übergang $\{a\} = \{1a, 2a\} = \{n_{1a}\ell_{1a}m_{1a}, n_{2a}\ell_{2a}m_{2a}\}$ und die nach dem Übergang $\{b\} = \{1b, 2b\} = \{n_{1b}\ell_{1b}m_{1b}n_{2b}\ell_{2b}m_{2b}\}$, dann wird das Dipolmatrixelement:

$$D_{ba} = e_0 \langle \varphi_{b\pm}(1,2)|\, r_1 + r_2\, |\varphi_{a\pm}(1,2)\rangle \quad (7.58)$$

$$= \frac{e_0}{2} \langle \varphi_{1b}(1)\varphi_{2b}(2) \pm \varphi_{1b}(2)\varphi_{2b}(1)|\, r_1$$

$$+ r_2\, |\varphi_{1a}(1)\varphi_{2a}(2) \pm \varphi_{1a}(2)\varphi_{2a}(1)\rangle$$

Da r_1 nur auf den von r_1 abhängigen Teil der Wellenfunktion wirkt, und r_2 nur auf den von r_2 abhängigen Teil, faktorisieren die Bestandteile von (7.58). Dabei entstehen dann Ausdrücke folgenden Typs:

$$\boldsymbol{D}_{ba} = \frac{1}{2} \langle \varphi_{1b}(1) \, | \varphi_{1a}(1) \rangle \, \langle \varphi_{2b}(2) | \, e_0 \boldsymbol{r}_2 \, | \varphi_{2a}(2) \rangle$$

$$\pm \frac{1}{2} \langle \varphi_{1b}(1) \, | \varphi_{2a}(1) \rangle \, \langle \varphi_{2b}(2) | \, e_0 \boldsymbol{r}_2 \, | \varphi_{1a}(2) \rangle$$

$$\pm \frac{1}{2} \langle \varphi_{2b}(1) \, | \varphi_{1a}(1) \rangle \, \langle \varphi_{1b}(2) | \, e_0 \boldsymbol{r}_2 \, | \varphi_{2a}(2) \rangle$$

$$+ \frac{1}{2} \langle \varphi_{2b}(1) \, | \varphi_{2a}(1) \rangle \, \langle \varphi_{1b}(2) | \, e_0 \boldsymbol{r}_2 \, | \varphi_{1a}(2) \rangle$$

$$+ \dots$$

sowie analoge Ausdrücke mit vertauschten $\boldsymbol{r}_1$ und $\boldsymbol{r}_2$, die identische Ergebnisse liefern, da ja stets über den ganzen Raum integriert wird.

Die linken Integrale werden durch die Orthonormalität der Einelektronenzustände bestimmt und verschwinden, sofern nicht alle Quantenzahlen für ein Elektron vor und nach der Anregung identisch sind:

$$\mathbf{D}_{fi} = \delta_{1b1a} \, \langle \varphi_{2b}(\boldsymbol{r}) | \, e_0 \boldsymbol{r} \, | \varphi_{2a}(\boldsymbol{r}) \rangle \tag{7.59}$$

$$\pm \, \delta_{1b2a} \, \langle \varphi_{2b}(\boldsymbol{r}) | \, e_0 \boldsymbol{r} \, | \varphi_{1a}(\boldsymbol{r}) \rangle$$

$$\pm \, \delta_{2b1a} \, \langle \varphi_{1b}(\boldsymbol{r}) | \, e_0 \boldsymbol{r} \, | \varphi_{2a}(\boldsymbol{r}) \rangle$$

$$+ \, \delta_{2b2a} \, \langle \varphi_{1b}(\boldsymbol{r}) | \, e_0 \boldsymbol{r} \, | \varphi_{1a}(\boldsymbol{r}) \rangle$$

Die verbleibenden Integrale sind die Dipolübergangsmatrixelemente der entsprechenden Einelektronenübergänge: die Quantenzahlen des betreffenden Elektrons müssen vor und nach dem Übergang unterschiedlich sein und den üblichen Auswahlregeln für Einelektronensysteme genügen.

Das heißt also: Es gibt im Falle unabhängiger Teilchen (also bei Wellenfunktionen, die streng als Produkt von Einteilchenwellenfunktionen zu schreiben sind), keine Übergänge, bei denen sich die Quantenzahlen beider Elektronen ändern: *Nur solche Übergänge sind möglich, bei denen nur ein Elektron angeregt (abgeregt) wird, das andere Elektron aber im ursprünglichen Zustand verbleibt.*

Befindet sich z. B. ein Elektron im Grundzustand 100, so finden nur Übergänge $\{100n\ell m\} \longleftrightarrow \{100n'\ell'm'\}$ oder $\{100n\ell m\} \longleftrightarrow \{n'\ell'm'n\ell m\}$ statt, für welches die üblichen Auswahlregeln $\Delta \ell = \pm 1$ und $\Delta m = \pm 1, 0$ und gleichzeitig das schon besprochene Interkombinationsverbot $S_b = S_a$ gelten. Allerdings wird die in (7.57) angedeutete Regel für die Spinprojektion M_S bei Feinstrukturübergängen innerhalb des Triplettsystems durch die im FS-Kopplungsschema üblichen ΔJ und ΔM_J Regeln ersetzt, die wir in Kapitel 6.4 kennengelernt haben.

7.7 Doppelanregung und Autoionisation

7.7.1 Doppelt angeregte Zustände

Bislang sind wir bei der Beschreibung möglicher Zustände des He davon ausgegangen, dass sich ein Elektron im Grundzustand befindet, während das zweite

Elektron angeregt wird. Das muss aber nicht so sein. Man kann sich ja durchaus Zustände (Konfigurationen) denken, bei denen beide Elektronen angeregt sind. (Eine andere Frage ist dann, wie man solche Zustände anregen kann.) In nullter Ordnung Störungsrechnung haben diese Zustände die in (7.19) gegebene Energie. Betrachten wir etwa die Serie mit der Konfiguration $2\ell n\ell'$, dann ergibt sich (mit $n \geq 2$) in atomaren Einheiten

$$W^{(0)}_{2\ell n\ell'} = -\frac{Z^2}{2}\left(\frac{1}{4} + \frac{1}{n^2}\right) \geq -\frac{Z^2}{4}.$$

Beim He ($Z = 2$) liegen diese doppelt angeregten Zustände also bei Energien $\geq -1W_0 = 27.2\,\mathrm{eV}$, was wir mit der Bindungsenergie des He^+ von $-\left(Z^2/2\right)W_0 = 54.4\,\mathrm{eV}$ zu vergleichen haben. Das heißt, die doppelt angeregten Zustände mit der Konfiguration $\{2\ell n\ell'\}$ und erst recht $\{3\ell n\ell'\}$ liegen im Ionisationskontinuum $\mathrm{He}^+ + \mathrm{e}^-$. Das wird sich auch bei Berücksichtigung des Coulomb- und Austauschintegrals nicht ändern, im Gegenteil: eine weitere Anhebung der Terme wird erfolgen. Diesen Befund hatten wir schon in Abb. 7.4 auf Seite 255 schematisch illustriert, wo die entsprechenden Termlagen in nullter Ordnung Störungsrechnung (rechts, rot) und die experimentell gefundenen Anregungsenergien (links, hellgraue Bereiche) mit *Autoionisation* gekennzeichnet sind.

7.7.2 Autoionisation, Fano-Profil

Das Doppelanregungsverbot (7.59) scheint die eben beschriebenen, doppelt angeregten Zustände durch E1-Übergänge aus dem Grundzustand nicht anregbar zu machen. In erster Näherung ist das auch richtig. Aber in der Realität ist das *Bild unabhängiger Teilchen eben doch nicht ganz korrekt*. Wir hatten das schon beim Grundzustand diskutiert. Bei doppelt angeregten Zuständen, wie wir sie besprochen haben, kommen sich die beiden Elektronen sehr nahe und es genügt nicht mehr, dies einfach durch einen gemittelten Abschirmterm zu berücksichtigen. Moderne theoretische Rechnungen berücksichtigen dies auf verschiedene Weise, z. B. durch *Konfigurationswechselwirkung (CI)*, also durch eine Wellenfunktion die mehrere Konfigurationen linear überlagert, oder – sehr elegant – durch eine geschickte *Koordinatenwahl*, die möglichst explizite den Abstand der beiden Elektronen berücksichtigt und damit die *Korrelation* schon im Ansatz einführt. Unter Berücksichtigung dieser korrelierten Wellenfunktionen können nun in der Tat auch Mehrelektronenübergänge durch E1-Prozesse vom Typ

$$h\nu + \mathrm{He}(1s^2) \rightarrow \mathrm{He}(n\ell n'\ell') \tag{7.60}$$

angeregt werden. Schöne Beispiele hierfür zeigen hochaufgelöste Absorptionsexperimente mit Synchrotronstrahlung wie die in Abb. 7.8 auf der nächsten Seite gezeigten $2\ell n\ell'$ und $3\ell n\ell'$ Serien. *Man beachte:* die benutzten Zustandsbezeichnungen machen deutlich, dass es sich um korrelierte Elektronenzustän-

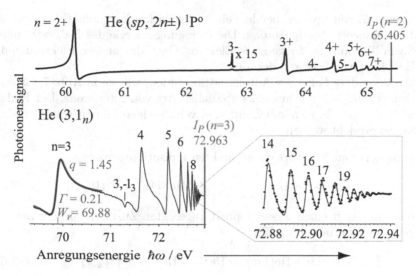

Abb. 7.8. He-Autoionisationsspektren aufgenommen mit hochaufgelöster Synchrotronstrahlung. Oben: Serie $(sp, 2n\pm)$ (Domke et al., 1991), unten links: Serie $(3, 1_n)$, unten rechts: vergrößerter Ausschnitt (Schulz et al., 1996). Rote, vertikale Linien markieren die Grenzen $He^+(n = 2)$ bzw. $He^+(n = 3)$, gegen welche die beiden Serien konvergieren. Für den Zustand $(3, 1_3)$ zeigt die rote Linie beispielhaft ein angepasstes Fano-Profil (7.66) mit den Parametern q, γ und W_r

de handelt, für welche die Konfiguration $\{2\ell n'\ell'$ bzw. $3\ell n'\ell'\}$ nur eine grobe Charakterisierung bietet.

Es erhebt sich hier sofort die Frage nach der eigenartigen Linienform, die direkt proportional zum Absorptionsquerschnitt ist (gemessen wurde der erzeugte He^+ Ionenstrom).[3] Zur Erklärung stellen wir zunächst fest, dass die beobachteten Linien bzw. die Zustände $He(n\ell n'\ell') = He^{**}$ (zwei Sterne für Doppelanregung) energetisch tatsächlich im Ionisationskontinuum des Heliums $He^+(1s) + e$ liegen. Die beiden Serien der doppelt angeregten Zustände $_2\ell n'\ell'$ bzw. $3\ell n'\ell'$ für $n' \to \infty$ konvergieren gegen die entsprechenden angeregten Ionenzustände $He^+(2\ell)$ bzw. $He^+(3\ell)$.

Diese doppelt angeregten Zustände können entweder durch optische Übergänge unter Aussendung eines Photons in tiefer liegende einfach angeregte Zustände übergehen oder – da ihre Energie ja im Ionisationskontinuum liegt – durch Ionisation zerfallen, was der bei weitem effizientere Zerfallskanal ist:

$$He^{**} \to He^+(1s) + e^- \qquad (7.61)$$

---

[3] Es handelt sich hier also *nicht* um ein durch Differentiation entstandenes Signal, wie man es häufig in der Spektroskopie zur Verbesserung der Positionsbestimmung von Gauß-Verteilungen benutzt.

Man nennt diesen Prozess, bei dem ein im Ionisationskontinuum eingebetteter Zustand ionisiert *Autoionisation*. Die Anregungsenergie des He^{**} geht dabei zu einem Teil auf das freigesetzte Elektron über, das andere Elektron endet im $He^{+}(1s)$ Grundzustand des Ions.

Die besondere Form der Autoionisationslinien, wie sie in Abb. 7.8 gezeigt werden, erklärt sich nur aus einer speziellen Art von Interferenz. Der Endzustand $He^{+} + e^{-}$ kann nämlich auf zwei verschiedene Weisen vom Grundzustand aus erreicht werden:

- entweder man induziert einen direkten Ionisationsprozess

$$h\nu + He(1s^2) \qquad \rightarrow \qquad He^{+}(1s) + e^{-}(W_{kin}), \qquad (7.62)$$

- oder man regt einen dieser doppelt angeregten Zustände an, der nachfolgend ins Kontinuum zerfällt:

$$h\nu + He(1s^2) \rightarrow He^{**} \rightarrow He^{+} + e^{-}(W_{kin}) \qquad (7.63)$$

Die kinetische Energie der emittierten Elektronen ist in beiden Fällen gleich und (wie beim normalen Photoeffekt) nur von der Photonenenergie $W = \hbar\omega$ und dem Ionisationspotenzial des neutralen Heliums (W_I) bestimmt:

$$W_{kin} = \hbar\omega - W_I$$

Die experimentell beobachtete Linienform resultiert nun daher, dass man die beiden Prozesse (durch direkte Ionisation bzw. über die Resonanz He^{**}) prinzipiell nicht unterscheiden kann. Nennen wir die Wahrscheinlichkeitsamplituden für die beiden Prozesse c_d und c_r. Nehmen wir an, dass die zwei Prozesse durch die Amplituden

$$c_d = Ae^{-i\delta} \quad \text{und} \quad c_r = B(W)e^{i\phi(W)} \qquad (7.64)$$

beschrieben werden. Nach den allgemeinen Grundprinzipien der Quantenmechanik müssen wir beide wegen der Ununterscheidbarkeit der beiden Prozesse kohärent addieren. Die Wahrscheinlichkeit, ein Absorptionssignal zu beobachten, ist dann gegeben durch

$$I(W) = |c_d + c_r|^2 = \left| Ae^{-i\delta} + Be^{i\phi} \right|^2 \qquad (7.65)$$
$$A^2 + B^2 + 2AB\cos(\delta + \phi),$$

und man kann mit einem charakteristischen Interferenzmuster rechnen, wenn sich der Phasenwinkel ϕ im Resonanzbereich rasch ändert – wie dies in den Autoionisationsspektren Abb. 7.8 ja tatsächlich beobachtet wird. Eine quantitative Behandlung dieses Phänomens wurde erstmals von Fano (1961) beschrieben. Grob skizziert, setzt man die Amplitude A und Phase δ für die direkte

Photoionisation als im Wesentlichen konstant und unabhängig von der Photonenenergie W an. Für $B(W)$ nimmt man ein typisches Verhalten der (komplexen) Amplitude an, wie es bei jedem Durchgang durch eine Resonanz zu erwarten ist (z. B. bei erzwungenen Schwingungen am harmonischen Oszillator). Wir hatten dies ja bereits in 5.1.2 diskutiert: Die Amplitude $B(W)$ steigt und fällt in der Nähe einer Resonanzenergie W_r (Linienbreite Γ), während die Phase einen Sprung von Null nach π entsprechend (5.10) und Abb. 5.2 auf Seite 161 macht. Dann erhält man in der Tat sehr ausgeprägte Linienformen, wie sie im Experiment beobachtet werden. Das berühmte *Fano-Beutler'sche Linienprofil* ist gegeben durch

$$\frac{(q+\varepsilon)^2}{1+\varepsilon^2} \quad \text{mit} \quad \varepsilon = \frac{W - W_r}{\Gamma/2} \qquad (7.66)$$

mit dem sogenannten *„Fano lineshape parameter"* q. Er beschreibt die relative Phase und Kopplungsstärke zwischen Kontinuumsamplitude und Resonanzamplitude. Typische Beispiele haben wir bereits in Abb. 7.8 kennengelernt. Im nächsten Abschnitt 7.7.3 wollen wir die möglichen Formen solcher Fano-Resonanzprofile systematisch untersuchen und verstehen lernen.

7.7.3 Resonanzenlinienprofile

Resonanzen vom hier beschriebenen Typ gibt es in vielen Gebieten der Physik. Wir finden sie in der optischen Spektroskopie z. B. als Autoionisation, wie hier besprochen, es gibt sie in der Streuphysik bei der Elektronen-, Ionen-, Atom-Streuung aber auch der Hochenergiephysik. Solche Interferenzeffekte treten immer dann auf, wenn ein Endzustand auf mehreren, vom Prinzip her ununterscheidbaren Wegen erreicht werden kann, wovon eine Weg über eine Resonanz führt. Das mit dem Fano-Profil (7.66) beschriebene Verhalten lässt sich sehr einfach verstehen, wenn man sich das Zustandekommen des Resonanzphänomens einmal in komplexer Darstellung veranschaulicht.

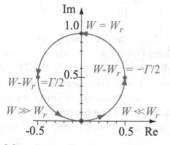

Abb. 7.9. Resonanzamplitude $B(W)$ in der komplexen Ebene

Mit der normierten Energie ε nach (7.66) schreibt sich Betrag $B(\varepsilon)$ und Phase $\phi(\varepsilon)$ bzw. Real- und Imaginärteil der Resonanzamplitude c_r nach (5.10) einfach:

$$B(\varepsilon) = \frac{1}{\sqrt{\varepsilon^2 + 1}} \qquad (7.67)$$

und $\quad \tan\phi = -\frac{1}{\varepsilon}$

$$\operatorname{Re} c_r = -\varepsilon B^2, \quad \operatorname{Im} c_r = B^2$$

Wir hatten den Verlauf der Resonanzamplitude bereits in Abb. 5.2 auf Seite 161 veranschaulicht. Abbildung 7.9 zeigt die alternative Darstellung *in der komplexen Ebene:* Man verifiziert mit (7.67) leicht, dass

$$(\operatorname{Re} c_r)^2 + (\operatorname{Im} c_r - 1/2)^2 = (1/2)^2 \tag{7.68}$$

gilt. Wenn man also die Energie W als Parameter über die Resonanzenergie W_r durchstimmt, beschreibt c_r in der komplexen Ebene einen Kreis mit Radius $1/2$ um den Mittelpunkt $(0, i/2)$.

Zur Resonanzamplitude $c_r(W)$ müssen wir nun die (konstante) direkte Amplitude c_d addieren und erhalten entsprechend (7.65) mit (7.67) das Profil der Resonanzlinie (z. B. als Absorptionsquerschnitt):

$$\sigma(W) \propto \left| A e^{-i\delta} + B(\varepsilon) e^{i\phi(\varepsilon)} \right|^2 = \left| A e^{-i\delta} + \frac{-\varepsilon}{\varepsilon^2 + 1} + \frac{i}{\varepsilon^2 + 1} \right|^2 \tag{7.69}$$

Die Autoionisationsresonanz sieht man in der Nähe von W_r als Struktur auf dem Hintergrund des direkten Ionisationssignals. Je nach Phasenlage δ der direkten Amplitude ergeben sich durch vektorielle Addition der Amplituden c_d und $c_r(\varepsilon)$ in der komplexen Ebene sehr unterschiedliche Linienprofile. Dies ist für vier charakteristische Beispiele in Abb. 7.10 illustriert.[4] Die Formen reichen von einem reinen, zusätzlichen Absorptionsprofil, wenn der Phasenwinkel

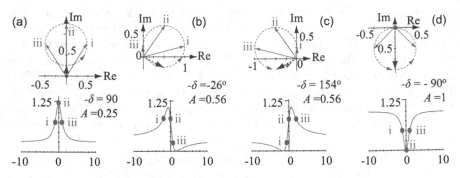

Abb. 7.10. Oben: Absorptionsamplitude (volle rote Pfeile) in der komplexen Ebene als Summe von direkter Ionisationsamplitude $c_d = A \exp(-i\delta)$ (gestrichelter, schwarzer Pfeil) und resonanter Amplitude $c_r(\varepsilon)$ (gestrichelter roter Kreis) nach (7.67) mit den Parametern A und δ. Unten: zu jeder Darstellung in der komplexen Ebene ist das sich daraus ergebende Fano-Profil (Signal, z. B. Absorptionsquerschnitt σ) als Funktion von $\varepsilon = (W - W_r)/(\Gamma/2)$ skizziert. Für je drei verschiedene Energien $W_i < W_{ii} < W_{iii}$ sind die komplexen Amplituden und das Signal durch *i*, *ii*, und *iii* markiert

---

[4] Man kann aus (7.69) mit leichter Algebra auch die Fano'sche Formel (7.66) in der etwas allgemeineren Form

$$C \frac{(q + \varepsilon)^2}{1 + \varepsilon^2} + D$$

$\delta = -90°$ ist oder die direkte Amplitude verschwindet (a), über dispersions-
artige Profile (b und c) bis hin zur vollständigen Auslöschung des direkten
Ionisationssignals bei Resonanz, wenn direkte Amplitude und Resonanzamplitude gegenphasig und gleich groß sind (d).

7.8 Quasi-Zweielektronensysteme

7.8.1 Erdalkalien

Die Erdalkalimetallatome verhalten sich zum Heliumatom wie die Alkaliatome
zum Wasserstoffatom: Die 2 Leuchtelektronen werden durch einen abgeschlossenen Atomrumpf von der vollen Kernladung stark abgeschirmt. Daher kann
der Rumpf ganz ähnlich wie bei den Alkalien in Kapitel 3.2.3 im Wesentlichen
durch ein abgeschirmtes Zentralpotenzial beschrieben werden, ohne dass es einer individuellen Berücksichtigung der einzelnen Rumpfelektronen bedürfte.
Entsprechend sind die Termlagen und Spektren der Leuchtelektronen denen
des Heliums sehr ähnlich. Wir zeigen hier die Termschemata mit Übergängen
(*Grotrian-Diagramme*) von Be und – etwas weniger vollständig – von Mg in
Abb. 7.11 bzw. Abb. 7.12.
Die Erdalkalien haben sehr reichhaltige Spektren, in denen es auch zahlreiche Autoionisationslinien gibt. Die Ionisationsgrenze des Be I (Mg I)
ist 9.32 eV (7.646231 eV). Um auch das zweite Valenzelektronen zu entfer-
nen, braucht man zusätzlich 18.211153 eV (15.035266 eV). Dazwischen liegen viele angeregte Ionenzustände, zu denen jeweils autoionisierende Seri-
en konvergieren, sogenannte *„deplazierte" Terme* („displaced terms"), d. h.
doppelt angeregte Zustände. Die Serien beginnen z. T. schon im neutralen Atom, wie in Abb. 7.11 bzw. Abb. 7.12 illustriert (und autoionisieren
dann natürlich nicht). Das Singulett-Triplett Übergangsverbot für optische
Übergänge gilt weiterhin recht streng für die Atome mit niedriger Ordnungszahl, obwohl solche *Interkombinationslinien* sehr schwach bereits im Be
und etwas stärker beim Mg beobachtet werden. Sie sind durch gestrichelte
schwarze Linien in Abb. 7.11 bzw. Abb. 7.12 angedeutet. Die Spin-Bahn-
Kopplung erzeugt mit zunehmendem Z eine wachsende Konfigurationsmischung zwischen Singulett- und Triplettsystem, sodass die Voraussetzung für
die Ableitung des Interkombinationsverbots (7.57) nicht mehr streng gültig
sind.

---

gewinnen. Man findet:

$$q = -b\frac{\cos\delta}{C} \quad \text{und} \quad D = b^2 - C \quad \text{mit}$$

$$C = \left(b\sin\delta - \frac{1}{2}\right) \pm \frac{1}{2}\sqrt{4b^2 - 4b\sin\delta + 1}$$

Man beachte, dass alle Parameter über C eine Doppeldeutigkeit enthalten.

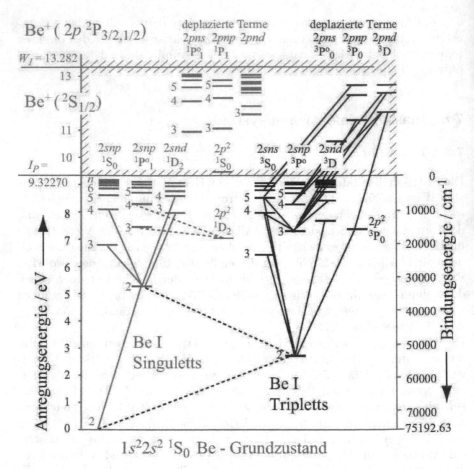

Abb. 7.11. Termschema des Berylliumatoms mit einiger Auswahl charakteristischer Übergänge (Grotrian-Diagramm). Die Singulett Terme sind rot, die Triplett Terme schwarz gekennzeichnet. Einige schwache Interkombinationslinien sind ebenfalls eingezeichnet (schwarz gestrichelt)

Die *Feinstrukturaufspaltung* im ersten angeregten $^3P_J^o$ Zustand ist beim Be-Atom $0.645\,\text{cm}^{-1}$ ($J = 0 \leftrightarrow J = 1$) bzw. $2.345\,\text{cm}^{-1}$ ($J = 1 \leftrightarrow J = 2$) und beim Mg bereits $20.059\,\text{cm}^{-1}$ bzw. $40.714\,\text{cm}^{-1}$ – in beiden Fällen also normal geordnet (im Gegensatz zu He) im letzteren Falle sogar recht gut der Landé'schen Intervallregel (6.56) entsprechend (hier 1:2).

7.8.2 Quecksilber

Als letztes Beispiel für Termschemata von Quasizweielektronensystemen besprechen wir das Quecksilber, Hg. Mit der Kernladungszahl $Z = 80$ und Nukleonenzahlen von $A = 196 - 204$ gehört es zu den schweren Elementen. Seine

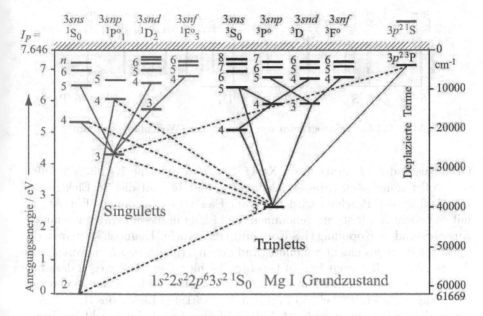

Abb. 7.12. Termschema des Magnesium Atoms (Grotrian-Diagramm) entsprechend Abb. 7.11 auf der vorherigen Seite

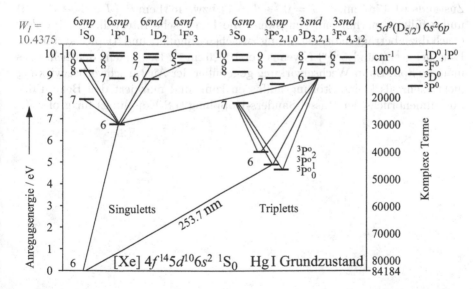

Abb. 7.13. Termschema von Quecksilber Hg I mit einer Auswahl von optischen Übergängen (Grotrian-Diagramm) in der LS-Kopplungsterminologie. Man beachte, dass die Interkombinationslinien zu den stärksten Linien des Hg gehören

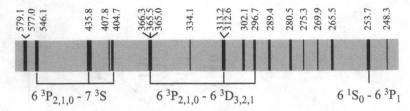

Abb. 7.14. Spektrogramm von Quecksilber (Wellenlängen in nm)

Grundzustandskonfiguration ist $[\mathrm{Xe}]4f^{14}5d^{10}6s^2$, d. h. die K- bis N-Schalen sind vollständig gefüllt, die O-Schale ist gefüllt bis auf die $5f$ Elektronen. Der Aufbau der P-Schale wird mit zwei Elektronen begonnen. Für Atome mit so hohem Z gilt streng genommen die bislang in diesem Kapitel benutzte Russel-Saunders-Kopplung (LS-Kopplung) nicht mehr. Dennoch kann man die Spektren zwanglos einem Singulett- und einem Triplettsystem zuordnen, wie dies in Abb. 7.13 gezeigt ist. Zu beachten ist hier aber, dass wegen der starken Spin-Bahn-Wechselwirkung die Interkombinationslinien (insbesondere der Übergang $6\,^1S_0 - 6\,^3P_1^o$ bei 253.7 nm) zu den stärksten Linien des Hg gehören, wie in dem Spektrumsausschnitt Abb. 7.14 angedeutet. Man sieht im Termschema auch, dass der $6\,^3P$ Zustand eine sehr ausgeprägte FS-Aufspaltung zeigt, die nicht mehr als klein gegenüber der Coulomb- und Austauschwechselwirkung angesehen werden kann. Die Feinstrukturaufspaltung des $6\,^3P_J$-Zustands ist $1767\,\mathrm{cm}^{-1}$ ($J = 0 \leftrightarrow J = 1$) bzw. $4631\,\mathrm{cm}^{-1}$ ($J = 1 \leftrightarrow J = 2$) und erfüllt immerhin näherungsweise die Landé'sche Intervallregel. Im Vergleich dazu beträgt die Aufspaltung zwischen Singulett und Triplettsystem im Falle der $6\,^1P_1^o$ und $6\,^3P_2^o$ Niveaus bei $10026\,\mathrm{cm}^{-1}$. Das macht deutlich, dass man die Spin-Bahn-Wechselwirkung gegenüber der Austauschwechselwirkung nicht mehr als kleine Störung auffassen kann und markiert den Beginn des Zusammenbruchs der Russel-Sauders-Kopplung (LS-Kopplung) für große Z.

Atome in externen Feldern

Erste Überlegungen zur Wechselwirkung von externen Magnetfeldern mit Atomen hatten wir schon in Kapitel 1 und 2 angestellt, und durch elektromagnetische Wechselfelder induzierte Dipolübergänge wurden in Kapitel 4 ausführlich behandelt. Wir wollen dies jetzt verallgemeinern und vertiefen. Dieses Kapitel bildet damit die Basis für weiterführende Überlegungen in den folgenden Kapiteln, wie auch für das Verständnis vieler wichtiger makroskopischer Phänomene, so etwa der magnetischen und optischen Eigenschaften von Materie. Zugleich führt es mit der Behandlung von Atomen in starken Laserfeldern in einen wichtigen Zweig der aktuellen Forschung ein.

Hinweise für den Leser: Abschnitt 8.1 gehört ebenso wie Abschnitt 8.5 und 8.8 zum heute klassischen Kernbestand der Atomphysik, den sich der Leser unbedingt zu eigen machen sollte, auch wenn dies gelegentlich etwas anstrengend werden kann. Auch die Molekülphysik kann auf diese Grundlagen ebenso wenig verzichten wie eine am atomistischen Verständnis von Prozessen und Eigenschaften der Materie orientierte Plasma- oder Festkörperphysik. Dies wird in den Abschnitten 8.2, 8.3, 8.4, 8.6, 8.7 und 8.8.2 an ausgewählten Beispielen illustriert. Dazwischen findet der Leser eine Reihe von Hinweisen auf moderne Entwicklungen der Atomphysik, die helfen mögen, den klassischen Text etwas aufzulockern – so etwa die Behandlung von „schnellem und langsamem" Licht in Abschnitt 8.8.4. Schließlich erlaubt Abschnitt 8.9 eine erste Annäherung an das aktuelle und spannende Gebiet von Materie in hohen und höchsten Laserfeldern.

8.1 Atome im magnetischen Feld

8.1.1 Der allgemeine Fall

Wir erinnern an die Wechselwirkungen der magnetischen Momente $\mathcal{M}_L$ und $\mathcal{M}_S$ von Bahndrehimpuls $\hat{L}$ bzw. Elektronenspin $\hat{S}$ mit einem externen Magnetfeld B, das wir $\parallel z$ ansetzen. Die relevanten Wechselwirkungen werden durch (6.21), (6.22) und (6.26) beschrieben. Zusammengefasst wird der gesamte Hamilton-Operator eines Atoms im Magnetfeld:

$$\widehat{H} = \underbrace{\widehat{H}_0}_{\substack{\text{ungestörtes} \\ \text{System}}} \quad \underbrace{+\xi(r)\hat{\boldsymbol{L}} \cdot \hat{\boldsymbol{S}}}_{\substack{\text{Spin-Bahn WW} \\ \hat{V}_{LS} = \dfrac{\alpha^2}{2}\dfrac{1}{r}\dfrac{dV}{dr}\hat{\boldsymbol{L}}\cdot\hat{\boldsymbol{S}}}} \quad \underbrace{+\dfrac{\mu_B}{\hbar}(g_L\hat{L}_z + g_S\hat{S}_z)B}_{\substack{\text{magnetische WW} \\ \hat{V}_B}}$$

(8.1)

Dabei sind die g-Faktoren für Bahn und Spin $g_L = 1$ und $g_S = 2$ (bis auf QED-Strahlungskorrekturen), μ_B ist das Bohr'sche Magneton und $\alpha \simeq 1/137$ die Feinstrukturkonstante. Die Quantenzahlen für Bahndrehimpuls, Spin und Gesamtdrehimpuls seien L, S und J, die jeweiligen Projektionsquantenzahlen M_L, M_S und M (magnetische Quantenzahlen). Das ungestörte System betrachten wir als gelöst durch

$$\widehat{H}_0 \, |nLM_LSM_S\rangle = W_{nLS} \, |nLM_LSM_S\rangle$$

und gehen davon aus, dass $\widehat{H}_0$ alle elektrostatischen Wechselwirkungen berücksichtigt, und dass Spin- und Bahndrehimpuls entkoppelt sind, dass also n, L, S, M_L und M_S in 0-te Näherung gute Quantenzahlen sind. Im nächsten Schritt können wir auch das Feinstrukturproblem für den magnetfeldfreien Fall als gelöst betrachten.[1] Nehmen wir nun zunächst an, dass die hier zu diskutierenden Störungen durch ein externes Magnetfeld sehr klein gegenüber dem energetischen Abstand anderer Energieniveaus $n'L'$ sind. Dann werden nur Zustände innerhalb eines nLS Multipletts zur Aufspaltung im Magnetfeld beitragen. In Kapitel 6 hatten wir ohne Magnetfeld die Feinstrukturaufspaltung im Spin-Bahn gekoppelten Schema $|LSJM_J\rangle$ zu

$$V_{LS} = \langle nL \, |\xi(r)| \, nL \rangle \, \langle LSJM_J| \, \hat{\boldsymbol{L}}\hat{\boldsymbol{S}} \, |LSJM_J\rangle \qquad (8.2)$$
$$= \frac{a}{2}\left[J(J+1) - L(L+1) - S(S+1)\right]$$

bestimmt. Wir können den Grenzfall verschwindenden Magnetfeldes dazu benutzen, den magnetfeldunabhängigen Feinstrukturparameter $a = \langle \xi(r) \rangle \, \hbar^2$ (ggf. auch experimentell) zu bestimmen. Im Folgenden werden wir der Einfachheit halber die Quantenzahl n (und gelegentlich auch L und S) ganz unterdrücken. Wir schreiben

$$\widehat{H} = \widehat{H}_0 + \widehat{H}_{FS} \quad \text{mit} \quad \widehat{H}_{FS} = \hat{V}_{LS} + \hat{V}_B \quad \text{und} \qquad (8.3)$$

$$\hat{V}_{LS} = \frac{a}{\hbar^2} \, \hat{\boldsymbol{L}} \cdot \hat{\boldsymbol{S}} \quad \text{und} \quad \hat{V}_B = \frac{\mu_B}{\hbar}(\hat{L}_z + 2\hat{S}_z)B \quad . \qquad (8.4)$$

---

[1] Im Prinzip schließen wir in diese Diskussion auch Mehrelektronensysteme in Russel-Saunders (LS) Kopplung unter Berücksichtigung der Austauschwechselwirkung ein. Allerdings gelten für die korrekte Berücksichtigung des Spin-Bahn-Wechselwirkungsterms dann die in 7.5 gemachten Einschränkungen. Die hier bezüglich $\hat{\boldsymbol{L}}\cdot\hat{\boldsymbol{S}}$ angegebenen Ausdrücke sind also nur für größere aber nicht zu große Z und nur näherungsweise anwendbar.

Wichtig ist nun, sich vor Augen zu führen, dass für den kombinierten Hamilton-Operator (8.1) weder LM_LSM_S noch $LSJM_J$ ein Satz guter Quantenzahlen ist. Ersteres verhindert die Spin-Bahn-Wechselwirkung $\hat{\boldsymbol{L}}\cdot\hat{\boldsymbol{S}}$, letzteres *der g-Faktor des Elektrons* $g_s = 2$. Zwar können wir $\hat{H}_{FS}$ mit $\hat{J}_z = \hat{L}_z + \hat{S}_z$ auch

$$\widehat{H}_{FS} = \frac{a}{\hbar^2}\,\hat{\boldsymbol{L}}\cdot\hat{\boldsymbol{S}} + \frac{\mu_B}{\hbar}(\hat{J}_z + \hat{S}_z)B \tag{8.5}$$

oder

$$\widehat{H}_{FS} = \frac{a}{2\hbar^2}\left(\hat{\boldsymbol{J}}^2 - \hat{\boldsymbol{L}}^2 - \hat{\boldsymbol{S}}^2\right) + \frac{\mu_B}{\hbar}(\hat{J}_z + \hat{S}_z)B \tag{8.6}$$

schreiben. Aber der magnetfeldabhängige Störterm bleibt explizite proportional zu $\hat{S}_z$, und das vertauscht nicht mit $\hat{\boldsymbol{L}}\cdot\hat{\boldsymbol{S}} = \hat{S}_x\hat{L}_x + \hat{S}_y\hat{L}_y + \hat{S}_z\hat{L}_z$. Denn es gilt zwar $\left[\hat{S}_q,\hat{L}_{q'}\right] = 0$, aber eben auch $\left[\hat{S}_x,\hat{S}_z\right] \neq 0$ und $\left[\hat{S}_y,\hat{S}_z\right] \neq 0$. Dagegen hilft auch die Umschreibung (8.6) nach der binomischen Formel nichts, da ja auch $\left[\hat{\boldsymbol{J}}^2,\hat{S}_z\right] \neq 0$ ist. Daher ist J streng genommen keine gute Quantenzahl mehr. Allerdings halten wir fest, dass nach wie vor definitionsgemäß $\hat{J}_z$ mit $\hat{\boldsymbol{J}}^2$ vertauscht. Wegen $\hat{J}_z = \hat{L}_z + \hat{S}_z$ vertauscht $\hat{J}_z$ auch mit $\hat{\boldsymbol{L}}^2$ und $\hat{\boldsymbol{S}}^2$, folglich auch mit $\hat{\boldsymbol{L}}\cdot\hat{\boldsymbol{S}}$. Es gilt also $\left[\hat{\boldsymbol{L}}\cdot\hat{\boldsymbol{S}},\hat{J}_z\right] = 0$, ebenso wie $\left[\hat{J}_z,\hat{S}_z\right] = 0$ und somit auch $\left[\hat{H},\hat{J}_z\right] = 0$. Damit bleibt $M_J = M_L + M_S$ eine gute Quantenzahl des Systems, auch wenn J keine mehr ist.

Wenn wir das Problem nun in Störungsrechnung behandeln wollen, müssen wir uns in Nullter Näherung für eines der Kopplungsschemata $|LSJM_\ell M_s\rangle$ oder $|LSJM_J\rangle$ entscheiden – je nachdem, welches den Zustand näherungsweise am besten beschreibt. Je nach Größe des Magnetfeldes ist das eine oder andere zweckmäßig, wie in Tabelle 8.1 zusammengestellt.

Tabelle 8.1. Parameter beim „anomalen" Zeeman-Effekt und Paschen-Back-Effekt

B-Feld nach (8.4)	Störpotenzial	Optimale Basis	Effekt
Kleines $B \ll a/\mu_B$	$V_B \ll V_{LS}$	$|LSJM_J\rangle$	„Anomaler" Zeeman
Großes $B \gg a/\mu_B$	$V_{LS} \ll V_B$	$|LM_LSM_S\rangle$	Paschen-Back

Vor den weiteren Schritten empfiehlt sich daher eine quantitative Abschätzung zur Größenordnung der magnetischen Wechselwirkung. Nach (8.1) wird die Aufspaltung im Bereich von $\mu_B B$ liegen. Mit Weicheisenelektromagneten oder *permanentmagnetischen Materialien* lassen sich Feldstärken von bis zu 2 T bequem herstellen. Mit modernsten, allerdings recht aufwendigen *supraleitenden Magneten* sind im Labor heute bereits über 30 T erzeugbar, die in der EPR- und NMR-Spektroskopie auch eingesetzt werden. Mit $\mu_B = 5.788 \times 10^{-5}\,\text{eV}\,\text{T}^{-1}$, $B < 30\,\text{T}$ und $\left\langle \hat{L}_z + 2\hat{S}_z \right\rangle/\hbar \simeq 1$ kann man also

Aufspaltungen in einer Größenordnung von maximal

$$\langle V_B \rangle < 2 \times 10^{-3} \,\mathrm{eV} \,\hat{=} 14 \mathrm{cm}^{-1}$$

erwarten, also $10^{-3} - 10^{-4}$ der typischen Anregungsenergien von Valenzelektronen. Nach Tabelle 6.2 auf Seite 224 ist dies beim $2p\,^2\mathrm{P}$ Zustand des H- und des Li-Atoms zwar bereits deutlich größer als die Feinstrukturaufspaltung (0.37 bzw. $0.36\,\mathrm{cm}^{-1}$). Bei He und Be liegt die Feinstrukturaufspaltung bei $1\,\mathrm{cm}^{-1}$, bei den schweren Alkaliatomen ab Na – wie auch bei allen anderen Atomen mit Kernladung $Z \gtrsim 10$ – bleibt die typischerweise im Labor erreichbare Magnetfeldaufspaltung für die ersten angeregten Zustände aber deutlich unter der Feinstrukturaufspaltung. Wir müssen beide in Tabelle 8.1 charakterisierten Fälle behandeln, wenn wir generell größere aber auch kleinere Z und ggf. höher angeregte Zustände im Magnetfeld beschreiben wollen.

8.1.2 Zeeman-Effekt bei schwachen Feldern

Für den in der Praxis besonders wichtigen Fall kleiner Magnetfelder (nach Tabelle 8.1 auf der vorherigen Seite $B \ll a/\mu_B$) betrachten wir also $\hat{V}_B$ als Störung, die additiv zur Feinstrukturaufspaltung im Spin-Bahn-gekoppelten Schema $|LSJM_J\rangle$ zu behandeln ist. Das zusätzliche Magnetfeld in (8.5) führt zum „anomalen" Zeeman-Effekt. In Störungsrechnung wird

$$V_B = \left\langle \hat{V}_B \right\rangle = \frac{\mu_B}{\hbar} \langle LSJM_J | \, \hat{J}_z + \hat{S}_z \, |LSJM_J\rangle \, B$$

$$= \frac{\mu_B}{\hbar} B \left[\langle LSJM_J | \, \hat{J}_z \, |LSJM_J\rangle + \langle LSJM_J | \, \hat{S}_z \, |LSJM_J\rangle \right] . \quad (8.7)$$

Mit $\langle LSJM_J | \, \hat{J}_z \, |LSJM_J\rangle = M_J \hbar$ folgt daraus für die Aufspaltung des LSJ-Niveaus im B-Feld

$$V_B = \mu_B M_J \left[1 + \frac{\langle nLSJM_J | \, \hat{S}_z \, |nLSJM_J\rangle}{M_J \hbar} \right] B = \mathcal{M}_z B = g_J \mu_B M_J \quad (8.8)$$

mit dem auf die z-Achse projizierten magnetischen Moment von $\hat{\boldsymbol{J}}$

$$\mathcal{M}_z = g_J \mu_B M_J . \quad (8.9)$$

Dabei wird der in (1.105) eingeführte **Landé'sche g_J-Faktor** benutzt. Man kann diesen mithilfe der in Anhang D entwickelten Relation (D.16) leicht ausrechnen. Setzen wir dort den Vektoroperator $\hat{\boldsymbol{V}} \equiv \hat{\boldsymbol{S}}$, so ergibt sich mit $\hat{J}_z \, |JM_J\rangle = \hbar M_J \, |JM_J\rangle$ für die Diagonalmatrixelemente der z-Komponenten ($q = 0$):

$$\langle \gamma JM_J | S_z | \gamma JM_J \rangle = \frac{\left\langle JM_J \left| \hat{\boldsymbol{S}} \cdot \hat{\boldsymbol{J}} \right| JM_J \right\rangle}{J(J+1)\hbar^2} \left\langle JM_J \left| \hat{J}_z \right| \gamma JM_J \right\rangle \quad (8.10)$$

$$= \frac{\left\langle \gamma JM_J \left| \hat{\boldsymbol{S}} \cdot \hat{\boldsymbol{J}} \right| \gamma JM_J \right\rangle}{J(J+1)\hbar} M_J$$

Das Skalarprodukt von Spin und Gesamtdrehimpuls entwickelt man wie üblich nach der binomischen Formel

$$\hat{S} \cdot \hat{J} = \frac{1}{2} \left[\hat{J}^2 + \hat{S}^2 - \left(\hat{J} - \hat{S} \right)^2 \right] = \frac{\hat{J}^2 + \hat{S}^2 - \hat{L}^2}{2} .$$

Mit den Erwartungswerten $J(J+1)\hbar^2$ für $\hat{J}^2$ und entsprechend für $\hat{S}^2$ und $\hat{L}^2$ ergibt sich durch Einsetzen in (8.8) der

Landé'sche g-Faktor $g_J = 1 + \dfrac{\langle nLSJM_J | \hat{S}_z | nLSJM_J \rangle}{M_J \hbar}$ (8.11)

$$= 1 + \frac{\left\langle \hat{J}^2 + \hat{S}^2 - \hat{L}^2 \right\rangle}{2J(J+1)\hbar^2} = \frac{3J(J+1) + S(S+1) - L(L+1)}{2J(J+1)} .$$

Wir halten hier fest, dass (8.11) auch für Mehrelektronensysteme in Russel-Saunders-(LS-)Kopplung und bei nicht zu starkem Magnetfeld gilt. Wir haben bei der vorstehenden Ableitung des g_J-Faktors aus dem Hamilton-Operator (8.1) ja nur vorausgesetzt, dass für den Bahndrehimpuls $g_L = 1$ und für den Spin $g_S = 2$ gilt. Wegen der jeweiligen Proportionalität von magnetischem Moment und Bahndrehimpuls bzw. Spin setzt dies lediglich voraus, dass Gesamtbahndrehimpuls und Gesamtspin durch Kopplung der einzelnen Bahndrehimpulse $L = \sum_i L_i$ bzw. der Einzelspins $S = \sum_i S_i$ der beteiligten Elektronen entstehen, und dass erst dann L und S zum Gesamtdrehimpuls J koppeln (Russel-Saunders oder LS-Kopplung).

Das Vektormodell

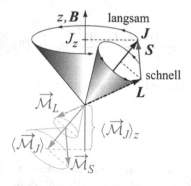

Abb. 8.1. „Anomaler" Zeeman-Effekt im Vektormodell

Das sogenannte Vektormodell veranschaulicht diese etwas abstrakte Ableitung. Es ist freilich nicht ganz zwingend in seiner Logik, und man muss eigentlich schon wissen, was herauskommt. Es macht aber die Beziehung zwischen Drehimpulsaddition und daraus resultierendem magnetischen Moment sehr plausibel. Wir wählen die z-Achse parallel zum B Feld. Wie in Abb. 8.1 skizziert, geht man von der Definition des Gesamtdrehimpulses durch die Vektoren von Bahndrehimpuls und Spin aus:

$$J = L + S$$

Da die Kopplung von L an S viel stärker als die magnetische Wechselwirkung ist, rotieren beide schnell um J, während J wiederum langsam um B rotiert.

Das wirksame magnetische Moment von $\boldsymbol{J}$ wird dann $\langle\boldsymbol{\mathcal{M}}_J\rangle = \langle\boldsymbol{\mathcal{M}}_L + \boldsymbol{\mathcal{M}}_S\rangle$, womit wir andeuten, dass die jeweiligen Momente – wegen der schnellen Präzession um $\boldsymbol{J}$ – zu mitteln sind. Das entspricht einer Projektion auf die $\boldsymbol{J}$-Richtung. Nach (8.7) ergibt sich aus diesem gemittelten magnetischen Moment $\langle\boldsymbol{\mathcal{M}}_J\rangle$ die effektive Wechselwirkung im Magnetfeld $\boldsymbol{B}$ als

$$V_B = -\langle\boldsymbol{\mathcal{M}}_L + \boldsymbol{\mathcal{M}}_S\rangle \cdot \boldsymbol{B} = -\langle\boldsymbol{\mathcal{M}}_J\rangle_z B\,, \tag{8.12}$$

wobei $\langle\boldsymbol{\mathcal{M}}_J\rangle_z$ wiederum die Projektion des gemittelten magnetischen Moments auf die z-Achse ist, wie in Abb. 8.1 angedeutet. Im Vektormodell ist die Richtung der gemittelten Momente durch den Einheitsvektor $\boldsymbol{J}/|\boldsymbol{J}|$ gegeben und Mittelung $\langle\ \rangle$ bzw. Projektion auf die $\boldsymbol{J}$-Achse entspricht einfach dem jeweiligen Skalarprodukt $\boldsymbol{\mathcal{M}} \cdot \boldsymbol{J}/|\boldsymbol{J}|$. Mit $\boldsymbol{\mathcal{M}}_L = -\mu_B\boldsymbol{L}/\hbar$ und $\boldsymbol{\mathcal{M}}_S = -2\mu_B\boldsymbol{S}/\hbar$ wird

$$V_B = -\langle\boldsymbol{\mathcal{M}}_J\rangle \cdot \boldsymbol{B} = -\left(\frac{\boldsymbol{\mathcal{M}}_L \cdot \boldsymbol{J}}{|\boldsymbol{J}|}\frac{\boldsymbol{J}}{|\boldsymbol{J}|} + \frac{\boldsymbol{\mathcal{M}}_S \cdot \boldsymbol{J}}{|\boldsymbol{J}|}\frac{\boldsymbol{J}}{|\boldsymbol{J}|}\right) \cdot \boldsymbol{B}$$

$$= \frac{\mu_B}{\hbar}\left(\frac{\boldsymbol{L} \cdot \boldsymbol{J}}{\boldsymbol{J}^2} + \frac{2\boldsymbol{S} \cdot \boldsymbol{J}}{\boldsymbol{J}^2}\right)\boldsymbol{J} \cdot \boldsymbol{B} = \frac{\mu_B}{\hbar}\frac{\boldsymbol{L}\boldsymbol{J} + 2\boldsymbol{S}\boldsymbol{J}}{\boldsymbol{J}^2}J_z B\,.$$

Mit $\boldsymbol{S} = \boldsymbol{J} - \boldsymbol{L}$ und $\boldsymbol{L} = \boldsymbol{J} - \boldsymbol{S}$ ersetzen wir $\boldsymbol{L}\boldsymbol{J} = \left(\boldsymbol{L}^2 + \boldsymbol{J}^2 - \boldsymbol{S}^2\right)/2$ und $2\boldsymbol{S}\boldsymbol{J} = \boldsymbol{S}^2 + \boldsymbol{J}^2 - \boldsymbol{L}^2$. Schließlich benutzen wir $J_z B = M_J\hbar B$, sodass

$$V_B = \mu_B\frac{\boldsymbol{L}\boldsymbol{J} + 2\boldsymbol{S}\boldsymbol{J}}{\boldsymbol{J}^2}J_z B = \mu_B\frac{\left(\boldsymbol{L}^2 + \boldsymbol{J}^2 - \boldsymbol{S}^2\right)/2 + \boldsymbol{S}^2 + \boldsymbol{J}^2 - \boldsymbol{L}^2}{\boldsymbol{J}^2}M_J B$$

$$= \mu_B\frac{3\boldsymbol{J}^2 + \boldsymbol{S}^2 - \boldsymbol{J}^2}{2\boldsymbol{J}^2}M_J B = \mu_B g_J M_J B$$

wird. Im letzten Schritt übersetzen wir die Betragsquadrate der Drehimpulse wieder quantenmechanisch und erhalten

$$g_J = \frac{\langle 3\boldsymbol{J}^2 + \boldsymbol{S}^2 - \boldsymbol{L}^2\rangle}{\langle 2\boldsymbol{J}^2\rangle} = \frac{3J(J+1) + S(S+1) - L(L+1)}{2J(J+1)} \tag{8.13}$$

in völliger Übereinstimmung mit dem bereits analytisch abgeleiteten Landé'sche g-Faktor nach (8.11).

Einige Beispiele.

- **Singulett:** Wir erinnern an den sogenannten „normalen" Zeeman-Effekt, den wir schon in 2.9 erwähnt und in Abb. 4.14 auf Seite 135 mit dem Standardexperiment illustriert hatten. Wir hatten dort darauf hingewiesen, dass dieses simple, dreifache Aufspaltungsmuster der Linien nur in speziellen Fällen auftritt. Wir können dies jetzt präzisieren. Der „normale" Zeeman-Effekt wird beobachtet, wenn der Gesamtspin $S = 0$ ist. Bei Mehrelektronensystemen kommt dies durchaus vor, z. B. beim He, wo die

Spins der beiden Elektronen $s_1 = 1/2$ und $s_2 = 1/2$ sind. Man kann sie, wie in Kapitel 7.4 ausführlich besprochen, zu einem Triplett ($S = 1$) oder Singulettsystem ($S = 0$) zusammensetzen. Für letzteres ist $L = J$ und nach (8.13) wird der g-Faktor $g_J = 1$. Damit haben alle Zustände des Singulettsystems unabhängig von J bzw. L die gleiche Aufspaltung zwischen benachbarten magnetischen Niveaus M_J und $M_J + 1$. In Abb. 8.2 wird das am Beispiel $^1P_1 \leftarrow {}^1D_2$ illustriert. Da $g_J = 1$ für alle J gilt, beobachtet man stets nur drei Linien!

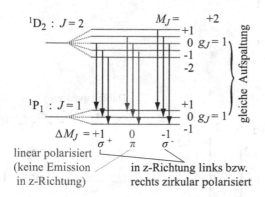

"normales"
Zeeman Spektrum
beobachtet
in x-y Richtung

Abb. 8.2. Sogenannter „normaler" Zeeman-Effekt am Beispiel eines $^1P \leftrightarrow {}^1D$ Übergangs (z. B. He-Singulettsystem). Links Termschema, rechts Spektrum schematisch. Man beobachtet wegen des oben und unten gleichen g_J-Faktors nur das klassische Linientriplett (rechts schematisch dargestellt: grau π-, schwarz σ-Komponenten)

- **Triplettzustände:** Sozusagen als Gegenstück zum eben behandelten Singulett zeigen wir in Abb. 8.3 einen Triplettübergang, und zwar $^3S_1 \leftrightarrow {}^3P_2$. Hier sind nach 8.13 die Landé'schen g-Faktoren im unteren und oberen Zustand unterschiedlich, nämlich $g(^3S_1) = 2$ bzw. $g(^3P_2) = 3/2$, sodass wir im Magnetfeld 9 Linien unterschiedlicher Frequenz erwarten, wie in Abb. 8.3 unter dem Termschema angedeutet.
- **Dublettzustände:** Das ist eigentlich der einfachste Fall. Für $S = 1/2$ und eine Gesamtdrehimpulsquantenzahl $J = |L \pm 1/2|$ verifiziert man leicht:

$$g_J = \frac{J + 1/2}{L + 1/2}$$

Die wichtigen $^2S_{1/2} \leftrightarrow {}^2P_{3/2,1/2}$ Übergänge (so etwa das Na-D-Liniendublett) haben g-Faktoren $g(^2S_{1/2}) = 2$, $g(^2P_{1/2}) = 2/3$ bzw. $g(^2P_{3/2}) = 4/3$. Daraus ergibt sich das in Abb. 8.4 links gezeigte Aufspaltungsmuster im Magnetfeld. Die zugehörigen Spektren und weitere sind in Abb. 8.4 skizziert. Sie können also recht komplex werden. Zum späteren Gebrauch schreiben wir auch die gesamte Feinstrukturaufspaltung im Magnetfeld

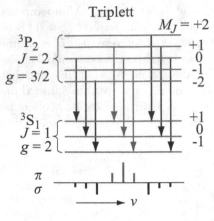

Triplett

$^3P_2$
$J = 2$
$g = 3/2$

$M_J = +2$
+1
0
-1
-2

$^3S_1$
$J = 1$
$g = 2$

+1
0
-1

π
σ

$\longrightarrow v$

Abb. 8.3. Triplettermschema mit erlaubten Übergängen, darunter das entsprechende Spektrum schematisch

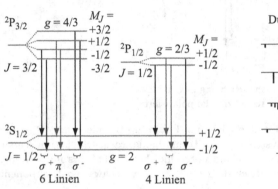

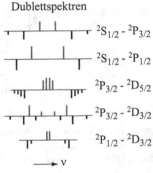

$^2P_{3/2}$ $g = 4/3$ $M_J =$
+3/2
+1/2
-1/2
$J = 3/2$ -3/2

$^2P_{1/2}$ $g = 2/3$ $M_J =$
+1/2
-1/2
$J = 1/2$

$^2S_{1/2}$

$J = 1/2$ $\sigma^+\pi\ \sigma^-$
6 Linien

$g = 2$ $\sigma^+\ \pi\ \sigma^-$
+1/2
-1/2
4 Linien

Dublettspektren

$^2S_{1/2} - {}^2P_{3/2}$
$^2S_{1/2} - {}^2P_{1/2}$
$^2P_{3/2} - {}^2D_{5/2}$
$^2P_{3/2} - {}^2D_{3/2}$
$^2P_{1/2} - {}^2D_{3/2}$

$\longrightarrow v$

Abb. 8.4. Alkali-Dubletts, links: Aufspaltung der Zustände $^2S_{1/2}$ und $^2P_{1/2,3/2}$ im Magnetfeld mit erlaubten E1-Übergängen (z. B. für die Na-D_1 und D_2 Linien); rechts: entsprechende und weitere Dublettspektren schematisch

π
σ

Abb. 8.5. Septett Spektrum $^7S_3 \leftarrow {}^7P_4$ für Cr bei 425.4 nm im Magnetfeld; oben π-, unten $\sigma^\pm$-Komponenten.

mit (8.8) und (8.2) einmal aus, und zwar für das Beispiel $^2P_{3/2,1/2}$ mit $g_{3/2} = 4/3$ und $g_{1/2} = 2/3$:

$$V_B + V_{LS} = \begin{cases} \dfrac{4}{3}\mu_B B M_J + \dfrac{a}{2} & \text{für } J = \dfrac{3}{2} \quad M_J = -\dfrac{3}{2}, -\dfrac{1}{2}, \dfrac{1}{2}, \dfrac{3}{2} \\[3mm] \dfrac{2}{3}\mu_B B M_J - a & \text{für } J = \dfrac{1}{2} \quad M_J = \pm\dfrac{1}{2} \end{cases} \quad (8.14)$$

- **Septett**: Bei schwereren Atomen werden auch Linien mit sehr hoher Multiplizität beobachtet. Als Beispiel ist in Abb. 8.5 die Aufspaltung einer Linie des Chrom-Atoms gezeigt.

Linienstärken

Will man die relativen Linienstärken der einzelnen *magnetischen Subübergänge* ΔM_J innerhalb einer im Magnetfeld aufgespaltenen Linie $JM_J \leftrightarrow J'M_J'$ verstehen, so braucht man lediglich die Ausdrücke (4.103) bzw. (4.108), also die entsprechenden 3j-Symbole auszuwerten. Ist man an der relativen Stärke zwischen *verschiedenen Linien* $J \leftrightarrow J'$ *innerhalb eines* $nLS \leftrightarrow n'L'S$ Multipletts interessiert, so hat man (6.58), also 6j-Symbole zu berechnen. Mit den in Anhang B.2 und B.3 kommunizierten Hilfsmitteln ist dies problemlos zu erledigen. Ohne auf Tabellenwerke zurückgreifen zu müssen, kann man sich dabei z. B. einfacher, im Internet verfügbaren 3j- und 6j-Rechner bedienen.

8.1.3 Paschen-Back-Effekt

Der Fall sehr großer Magnetfelder $B \gg a/\mu_B$ wird beim H- und Li-Atom relevant, aber auch für alle hochangeregten Zustände, da die Feinstrukturwechselwirkung ja mit $1/n^3$ abnimmt (s. (6.53) bzw. (6.55)). Auch in extremen Magnetfeldern, etwa in Sternatmosphären, muss man diesen Fall betrachten. In *nullter Näherung* vernachlässigen wir jetzt die Spin-Bahn-Kopplung V_{LS} ganz und benutzen den Hamilton-Operator:

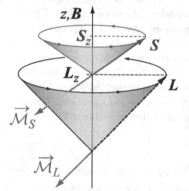

$$\widehat{H} = \widehat{H}_0 + \frac{\mu_B}{\hbar}(\hat{L}_z + 2\hat{S}_z)B \qquad (8.15)$$

Dann sind $\hat{\boldsymbol{L}}$ und $\hat{\boldsymbol{S}}$ als entkoppelt anzusehen und man spricht vom *Paschen-Back-Effekt*. In dieser nullten Näherung sind offenbar $\hat{L}_z$ und $\hat{S}_z$ wohl bestimmt, aber auch $\hat{J}_z$ bleibt erhalten und kommutiert mit $\widehat{H}$ wie eingangs diskutiert. Somit sind LSM_L, M_S aber auch $M_J = M_L + M_S$ gute Quantenzahlen. Im Vektormodell kann man sich das so veranschaulichen, dass die beiden Drehimpulse jeweils für sich im externen Magnetfeld $\boldsymbol{B}$ präzedieren, wie in Abb. 8.6 illustriert. Wir können dieses

Abb. 8.6. Vektormodell des Zeeman-Effekts im Fall starker Magnetfelder

Bild direkt mit Abb. 8.1 auf Seite 285 vergleichen, wo die entsprechende Situation für schwaches Magnetfeld dargestellt ist (der Übersichtlichkeit wegen ist in beiden Abbildungen der Fall $L = 1, S = 1, M_J = 3/2$ maßstäblich dargestellt). Wir wählen also als Basis die ungekoppelten Zustände, kurz $|M_L M_S\rangle$ geschrieben. Mit (8.15) ergibt sich

$$\hat{V}_B |M_L M_S\rangle = \frac{\mu_B}{\hbar}B\left(\hat{L}_z + 2\hat{S}_z\right)|M_L M_S\rangle = \mu_B B(M_L + 2M_S)|M_L M_S\rangle \,,$$

und die Aufspaltung im Magnetfeld wird jetzt einfach:

$$V_B = \left\langle \hat{V}_B \right\rangle = \mu_B B (M_L + 2M_S) \tag{8.16}$$

Das ist sogar exakt richtig, sofern wir die Spin-Bahn-Wechselwirkung als vernachlässigbar klein gegen die magnetische Aufspaltung ansehen können. Schematisch ist dies in Abb. 8.7 für einen $^2P_{3/2}$ und einen $^2S_{1/2}$ Zustand zusammengestellt. Neben den Quantenzahlen M_L, M_S und $M_J = M_L + M_J$ ist auch die z-Komponente $v = \mathcal{M}_z/\mu_B = M_L + 2M_S$ des magnetischen Moments (in Einheiten des Bohr'schen Magnetons) μ_B angegeben, welche die Aufspaltung bestimmt. Man beachte, dass das mit $v = 0$ charakterisierte Niveau zweifach entartet ist, da es auf zwei Arten aus M_L und M_S zusammengesetzt werden kann. Auf diese Weise bleibt die Zahl der Zustände die gleiche wie im schwachen Magnetfeld, nämlich $(2 \times (3/2) + 1) + (2 \times (1/2) + 1) = 6$. Umgekehrt gehören zu $M_J = \pm 1/2$ sowohl die Aufspaltungen $\pm \hbar$ wie auch 0. Das liegt daran, dass J_z zwar eine gute Quantenzahl ist, die Zustände aber nicht eindeutig bestimmt.

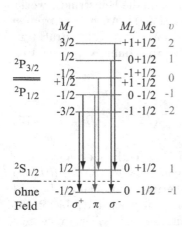

Abb. 8.7. Magnetfeldaufspaltung und E1-Übergänge im starken Magnetfeld, sogenannter Paschen-Back-Effekt, illustriert am Beispiel $^2P_{3/2} \leftrightarrow {}^2S_{1/2}$ (vgl. schwaches B-Feld Abb. 8.4). Man beobachtet das klassische Linientriplett des sogenannten „normalen" Zeeman-Effekts. Eingetragen ist neben der magnetischen Quantenzahl des Gesamtsystems $M_J = M_L + M_S$ auch die Projektion des magnetischen Moments auf die B-Feldachse, $v = M_L + 2M_S$, welche die Aufspaltung bestimmt. Zu unterschiedlichen Energien können gleiche Werte von M_J gehören, ebenso wie zu einer Energie unterschiedliche Werte M_J möglich sind

Für die Identifizierung erlaubter optischer Übergänge muss man jetzt bedenken, dass $\hat{L}$ und $\hat{S}$ völlig entkoppelt sind. Und da der Dipoloperator nur auf den Bahnanteil $\hat{L}$ und nicht auf den Spin $\hat{S}$ wirkt, müssen *im starken Magnetfeld* für E1-Übergänge die

Auswahlregeln $\quad \Delta M_L = 0, \pm 1 \quad$ und $\quad \Delta L = \pm 1 \tag{8.17}$

gelten, wie dies in Abb. 8.7 eingetragen ist. Da die Aufspaltung des oberen und unteren Niveaus nur von $v = M_L + 2M_S$ abhängt, gibt es 6 Übergänge aber nur 3 verschiedene Frequenzen: man beobachtet also im starken Feld das klassische „normale" Zeeman-Triplett.

8.1.4 Präzedieren Drehimpulse wirklich?

Bevor wir die obigen Überlegungen generalisieren, wollen wir uns kurz der durchaus berechtigten Frage widmen, ob magnetische Momente und damit

Drehimpulse in einem externen Magnetfeld (oder auch im Magnetfeld eines anderen Drehimpulses, z. B. bei der Spin-Bahn-Kopplung) eigentlich wirklich präzedieren und ggf. mit welcher Frequenz. Man könnte ja auch argumentieren, dass die suggestiven Bilder im Vektormodell Abb. 8.1 auf Seite 285 und Abb. 8.6 auf Seite 289 nur eine Wahrscheinlichkeit wiedergeben, den Drehimpuls in einer gewissen Richtung vorzufinden.

Um die Frage zu beantworten betrachten wir einfach einen Elektronspin, der zum Zeitpunkt $t = 0$ in ein externes Magnetfeld $\boldsymbol{B} \parallel z$ eintrete. Seine Richtung im Raum sei zu diesem Zeitpunkt durch den Polarwinkel θ_0 und den Azimutwinkel φ_0 bestimmt. Man kann sich dies z. B. so realisiert vorstellen, dass der Spin in einem Stern-Gerlach Magneten präpariert werde, dessen Achsen im Raum gegenüber $\boldsymbol{B}$ entsprechend ausgerichtet seien. Nach (2.85) und (2.86) wird dieser Spin bezüglich des z-Systems zur Zeit $t = 0 - \varepsilon$ (vor Eintritt ins Magnetfeld) beschrieben durch

$$|\chi\rangle = \cos\frac{\theta_0}{2}\exp\left(-\mathrm{i}\frac{\varphi_0}{2}\right)\left|\frac{1}{2}\frac{1}{2}\right\rangle + \sin\frac{\theta_0}{2}\exp\left(\mathrm{i}\frac{\varphi_0}{2}\right)\left|\frac{1}{2}-\frac{1}{2}\right\rangle, \qquad (8.18)$$

wobei wir die Spinzustände hier mit $|SM_S\rangle$ bezeichnen (der Einfachheit halber nehmen wir $L = M_L = 0$ an). Nach Eintritt ins Magnetfeld werden sich die beiden Spinkomponenten zeitlich nach (2.17) entsprechend ihren Energien im Magnetfeld entwickeln. Diese sind nach (8.16) $V_B = 2\mu_B B M_S$, und wir erhalten so für den Spinzustand als Funktion der Zeit

$$\begin{aligned}|\chi(t)\rangle &= \cos\frac{\theta_0}{2}\exp\left(-\mathrm{i}\frac{\varphi_0}{2}\right)\exp\left(-\mathrm{i}\frac{\mu_B B}{\hbar}t\right)\left|\frac{1}{2}\frac{1}{2}\right\rangle \\ &+ \sin\frac{\theta_0}{2}\exp\left(\mathrm{i}\frac{\varphi_0}{2}\right)\exp\left(\mathrm{i}\frac{\mu_B B}{\hbar}t\right)\left|\frac{1}{2}-\frac{1}{2}\right\rangle\end{aligned}$$

Wir können dies auch schreiben als

$$|\chi(t)\rangle = \cos\frac{\theta_0}{2}\exp\left(-\mathrm{i}\frac{\varphi(t)}{2}\right)\left|\frac{1}{2}\frac{1}{2}\right\rangle + \sin\frac{\theta_0}{2}\exp\left(\mathrm{i}\frac{\varphi(t)}{2}\right)\left|\frac{1}{2}-\frac{1}{2}\right\rangle,$$

$$\text{wobei}\quad \varphi(t) = \varphi_0 + \frac{2\mu_B B}{\hbar}t = \varphi_0 + \omega_L t \qquad (8.19)$$

mit der Larmor-Frequenz ω_L nach (1.106). Man sieht, dass der Azimutwinkel des Spins mit $\omega_L t$ wächst, während der Polarwinkel unverändert bleibt: der Spin *präzediert also in der Tat mit der Larmor-Frequenz* um die Achse des magnetischen Feldes, und zwar genau in die Richtung, die in Abb. 8.1 auf Seite 285 und Abb. 8.6 auf Seite 289 angedeutet ist. Die Präzessions(kreis)frequenz ω_L ist dabei unabhängig vom Polarwinkel. Dieses Ergebnis entspricht auch dem Bild, das wir uns in Kapitel 1.12.2 für einen klassischen Kreisel gemacht hatten, auf dessen magnetisches Moment das externe Magnetfeld ein Drehmoment ausübt – bis auf den Faktor $g \cong 2$, der das magnetische Moment des Elektrons richtig zu beschreiben gestattet. Im Übrigen erinnern wir daran, dass es gerade diese Präzession mit der Larmor-Frequenz ist, die zur genauen Vermessung der Anomalie des magnetischen Moments des Elektrons benutzt wird. Wie in 6.6 erläutert, nutzt man dabei den Unterschied zwischen Larmor-Frequenz und Zyklotronfrequenz aus, um die Abweichung von $g = 2$ zu bestimmen.

Um auch noch ein Gefühl für die relevanten Zeiten zu entwickeln, nehmen wir einmal $B = 0.5\,\mathrm{T}$ an. Dann ist die Larmor-Präzessionszeit $h/2\mu_B B = 71.4\,\mathrm{ps}$. Das inneratomare Feld, welches der Elektronspin im $2p$ Zustand des Wasserstoffatoms vom Bahndrehimpuls „sieht", liegt etwa in der gleichen Größenordnung. Man verifiziert dies, indem man die Spin-Bahn Aufspaltung nach (6.53) durch μ_B dividiert. Allerdings ist dieser Wert proportional Z^4/n^3. So kann das Magnetfeld eines Elektronspins bei hohem Z am Kernort leicht 30 T oder mehr sein – ebenso wie ein externes, mit einem supraleitenden Magneten erzeugtes Magnetfeld. Die Präzessionszeiten reduzieren sich dann entsprechend. In jüngster Zeit tauchen in der Literatur sogenannte „Austauschfelder" auf, bei denen man einfach die Austauschwechselwirkung, wie wir sie beim Helium kennengelernt haben, durch μ_B dividiert und so rechnerisch auf Magnetfelder kommt, die noch um Größenordnungen höher liegen. Das ist natürlich Unfug, denn die Austauschwechselwirkung (7.44) ist ja rein elektrostatischer Natur und wird nicht durch Magnetfelder hervorgerufen. Gerade am Beispiel des Helium sieht man sehr gut, dass die Austauschwechselwirkung in der Größenordnung von eV sein mag, die Spin-Bahn Aufspaltung (Abb. 7.6 auf Seite 268) – und damit die intern wirkenden, effektiven Magnetfelder – aber dennoch winzig klein sein kann.

8.1.5 Zwischen schwachem und starkem Magnetfeld

Wir kommen zurück zur Aufspaltung der Zustände $|n\,(LS)\,JM_S\rangle$ bzw. $|nLM_LSM_S\rangle$ beim Übergang vom schwachen zum starken Magnetfeld. Wenn die Spin-Bahn-Kopplung V_{LS} von vergleichbarer Größenordnung ist wie die Wechselwirkung mit dem externen Magnetfeld V_B, bleibt uns nichts anderes übrig, als die Eigenwerte und Eigenfunktionen des Hamilton-Operators (8.1) durch Diagonalisierung exakt zu bestimmen. Wir schreiben $\widehat{H}$ als

$$\widehat{H} = \widehat{H}_0 + \widehat{H}_{BLS} \tag{8.20}$$

$$\text{mit} \quad \widehat{H}_{BLS} = \hat{V}_B + \hat{V}_{LS} = \frac{\mu_B}{\hbar}(\hat{L}_z + 2\hat{S}_z)B + \frac{a}{\hbar^2}\hat{\boldsymbol{L}} \cdot \hat{\boldsymbol{S}}\,.$$

Da das ungestörte Problem im ungekoppelten Schema $|nLM_LSM_S\rangle$

$$\widehat{H}_0\,|nLM_LSM_S\rangle = W_{nLS}\,|nLM_LSM_S\rangle$$

als gelöst gilt, ist es praktisch, die Lösung des gestörten Systems als Linearkombination von ungekoppelten $|LSM_LM_S\rangle$-Zuständen zu suchen:

$$|LSvM_J\rangle = \sum_{M_L M_S} c_{M_L M_S}\,|LM_LSM_S\rangle \tag{8.21}$$

Die Eigenwerte von $\widehat{H}_{BLS}$ sind die gesuchten Aufspaltungen $V_{\upsilon M_J}(B)$ der Energieterme im Magnetfeld:

$$\widehat{H}_{BLS}\,|LS\upsilon M_J\rangle = V_{\upsilon M_J}(B)\,|LS\upsilon M_J\rangle \qquad (8.22)$$

Für sehr schwaches bzw. sehr starkes Magnetfeld müssen diese Lösungen kontinuierlich in die früher diskutierten Grenzfälle übergehen

schwaches Feld: $\widehat{H}_{BLS}\,|LSJM_J\rangle = V_{LS}\,|LSJM_J\rangle$

starkes Feld: $\widehat{H}_{BLS}\,|LSM_LM_S\rangle = V_B\,|LM_LSM_S\rangle$

und weiterhin Eigenzustände von $\hat{J}_z = \hat{L}_z + \hat{S}_z$ sein:

$$\hat{J}_z\,|LS\upsilon M_J\rangle = M_J\hbar\,|LS\upsilon M_J\rangle \ \text{ mit } M_J = M_L + M_S \qquad (8.23)$$

Da die magnetische Quantenzahl M_J des Gesamtsystems einen Zustand nicht eindeutig spezifiziert, charakterisieren wir die Zustände zusätzlich noch durch einen Parameter υ. Wir wählen diesen so, dass er im Grenzfall sehr starker Felder $\upsilon = M_L + 2M_S = M_J + M_S$ entspricht, also die Projektion $\mathcal{M}_z/\mu_B$ des magnetischen Moments auf die z-Achse beschreibt. Dies ist in Abb. 8.7 auf Seite 290 rechts angedeutet. Wir berücksichtigen so, dass es durchaus zu einem Wert von M_J mehrere Lösungen geben kann, und ebenso zu einem υ mehrere M_J, wie dies schon in Abb. 8.7 am Beispiel $^2\mathrm{P}_{3/2}$ deutlich wird. Im Einzelnen erläutert Abb. 8.8 schematisch den Zusammenhang der Quantenzahlen mit der Aufspaltung beim Übergang vom schwachem zum starkem B-Feld. Die schwarz gestrichelten Linien deuten (sehr schematisch) an, wel-

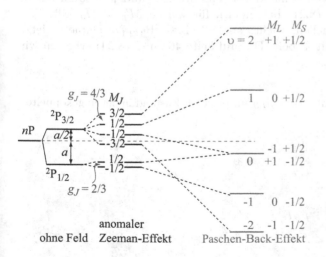

Abb. 8.8. Schema des Übergangs von schwachem zu starkem B-Feld. Die Niveauabstände sind nicht maßstäblich gezeichnet. Die gestrichelte horizontale Linie deutet die Lage eines hypothetischen nL-Niveaus ohne Spin-Bahn-Wechselwirkung und ohne Magnetfeld an

cher Eigenzustand des schwachen Feldes in welchen Eigenzustand des starken Feldes übergeht: dabei werden die bereits in Abb. 8.7 identifizierten Zustände des starken Feldes mit denen des schwachen Feldes so verbunden, dass

$M_J = M_L + M_S$ ist. Dies ist allerdings noch keine eindeutige Vorschrift für den Übergang vom schwachen zum starken Feld. Wir haben zusätzlich noch die sogenannte *Nichtkreuzungsregel* beachtet, die wir später genauer behandeln werden. Danach dürfen sich Zustände mit gleichem M_J nicht kreuzen.

Wenn wir den in Abb. 8.8 schematisch beschriebenen Übergang zwischen den beiden Grenzfällen durch den tatsächlichen Verlauf der Energieaufspaltung $V_{BLS}(B)$ als Funktion der Magnetfeldstärke präzisieren wollen, müssen wir den gemeinsamen Hamilton-Operator für magnetische und Spin-Bahn-Wechselwirkung (8.20) diagonalisieren und finden damit auch die Entwicklungskoeffizienten $c_{M_L M_S}$ für die Zustände $|LS\upsilon M_J\rangle$ nach (8.21). Unter Nutzung von (8.16) stellen wir $\widehat{H}_{BLS}$ zunächst in Matrixform dar:

$$\left\langle LSM_L'M_S' \left| \widehat{H}_{BLS} \right| LM_LSM_S \right\rangle \tag{8.24}$$

$$= \mu_B(M_L + 2M_S)B \times \delta_{M_L'\,M_L}\delta_{M_S'\,M_S} + \frac{a}{\hbar^2}\left\langle LSM_L'M_S' \left| \hat{\boldsymbol{L}} \cdot \hat{\boldsymbol{S}} \right| LM_LSM_S \right\rangle$$

Die Matrixelemente von $\hat{\boldsymbol{L}}\cdot\hat{\boldsymbol{S}}$ entnehmen wir Anhang D.3. Für den allgemeinen Fall benutzt man (D.63)–(D.66). Wir halten dabei als wichtigsten Befund fest, dass Nebendiagonalelemente nur dann von Null verschieden sind, wenn sich $M_J' = M_L' + M_S'$ nicht von $M_J = M_L + M_S$ unterscheidet:

$$\left\langle LSM_L'M_S' \left| \widehat{H}_{BLS} \right| LM_LSM_S \right\rangle = \cdots \times \delta_{M_L'+M_S'\,M_L+M_S} \tag{8.25}$$

Das bedeutet, dass die $\widehat{H}_{BLS}$-Matrix eine sehr einfache Struktur hat, und dass nur solche Zustände miteinander wechselwirken (und jeweils zu einem Zustand $|LS\upsilon M_J\rangle$ nach (8.21) beitragen), für welche $M_J' = M_J$ gilt. Wir wollen das für den speziellen, wichtigen Fall eines $^2P_{3/2,1/2}$ Dubletts jetzt im Detail diskutieren. Mit Tabelle D.1 auf Seite 462 und (8.24) erhalten wir Tabelle 8.2.

Tabelle 8.2. Matrixelemente von $\widehat{H}_{BLS}$ für einen ^{2}P-Zustand in der ungekoppelten $|LM_LSM_S\rangle$ Basis

$M_L M_S$	$\left\|1\tfrac{1}{2}\right\rangle$	$\left\|0\tfrac{1}{2}\right\rangle$	$\left\|1-\tfrac{1}{2}\right\rangle$	$\left\|-1\tfrac{1}{2}\right\rangle$	$\left\|0-\tfrac{1}{2}\right\rangle$	$\left\|-1-\tfrac{1}{2}\right\rangle$
υ	2	1	0	0	-1	-2
M_J	3/2	1/2	1/2	$-1/2$	$-1/2$	$-3/2$
$\left\langle 1\tfrac{1}{2}\right\|$	$2\mu_B B + \tfrac{a}{2}$					
$\left\langle 0\tfrac{1}{2}\right\|$		$\mu_B B$	$a/\sqrt{2}$			
$\left\langle 1-\tfrac{1}{2}\right\|$		$a/\sqrt{2}$	$-a/2$			
$\left\langle -1\tfrac{1}{2}\right\|$				$-a/2$	$a/\sqrt{2}$	
$\left\langle 0-\tfrac{1}{2}\right\|$				$a/\sqrt{2}$	$-\mu_B B$	
$\left\langle -1-\tfrac{1}{2}\right\|$						$-2\mu_B B + \tfrac{a}{2}$

Dieser Hamilton-Operator lässt sich nun sehr leicht diagonalisieren. Mit dem Ansatz (8.21) haben wir das lineare Gleichungssystem

$$\left\{ \langle M'_L, M'_S | \widehat{H}_{BLS} - W | M_L, M_S \rangle \right\} \times \begin{pmatrix} c_{-L,-S} \\ c_{-L+1,-S} \\ \dots \\ c_{L,S} \end{pmatrix} = 0 \qquad (8.26)$$

zu lösen, wobei wir unter $\{\dots\}$ die Matrix der Argumente für alle möglichen Kombinationen von M_L und M_S zu L und S verstehen. Die Säkulargleichung

$$\det \left\{ \langle M'_L, M'_S | \widehat{H}_{BLS} - W | M_L, M_S \rangle \right\} = 0$$

faktorisiert im vorliegenden Falle in vier sehr handliche Ausdrücke, die wir Tabelle 8.2 auf der vorherigen Seite entnehmen:

$$2\mu_B B + a/2 - W = 0$$

$$\begin{vmatrix} \mu_B B - W & a/\sqrt{2} \\ a/\sqrt{2} & -a/2 - W \end{vmatrix} = 0$$

$$\begin{vmatrix} -a/2 - W & a/\sqrt{2} \\ a/\sqrt{2} & -\mu_B B - W \end{vmatrix} = 0$$

$$-2\mu_B B + a/2 - W = 0$$

Die Lösungen sind die gesuchten Energien W_{vM_J}. Man erhält:

$$W_{2,3/2} = 2\mu_B B + \frac{a}{2} \qquad (8.27)$$

$$W_{1,1/2} = \frac{1}{2} B\mu_B - \frac{a}{4} + \frac{a}{4} \sqrt{9 + 4B\mu_B/a + (2B\mu_B/a)^2} \qquad (8.28)$$

$$W_{0,1/2} = \frac{1}{2} B\mu_B - \frac{a}{4} - \frac{a}{4} \sqrt{9 + 4B\mu_B/a + (2B\mu_B/a)^2} \qquad (8.29)$$

$$W_{0,-1/2} = -\frac{1}{2} B\mu_B - \frac{a}{4} + \frac{a}{4} \sqrt{9 - 4B\mu_B/a + (2B\mu_B/a)^2} \qquad (8.30)$$

$$W_{-1,-1/2} = -\frac{1}{2} B\mu_B - \frac{a}{4} - \frac{a}{4} \sqrt{9 - 4B\mu_B/a + (2B\mu_B/a)^2} \qquad (8.31)$$

$$W_{-2,-3/2} = -2\mu_B B + \frac{a}{2} \qquad (8.32)$$

Das Ergebnis dieser Diagonalisierung (Breit-Rabi-Formel) von $\widehat{H}_{BLS}$ ist in Abb. 8.9 maßstäblich dargestellt. Die Aufspaltung wird im starken Magnetfeld proportional zum Parameter $v = M_L + 2M_S$, im schwachen Feld proportional zu M_J. Man sieht, es gibt

keine Kreuzungen zwischen Zuständen mit gleichem $M_J = M_L + M_S$.

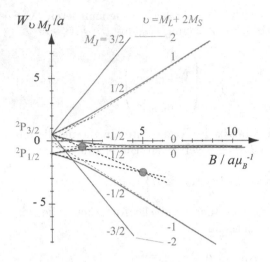

Abb. 8.9. Aufspaltung $W_{\upsilon M_J}$ der $^2P_{3/2,1/2}$ Zustände im Magnetfeld beim Übergang vom schwachen zum starken B-Feld: volle rote Linien. Die Parameter $M_J = M_L + M_S$ und $\upsilon = M_L + 2M_S$ charakterisieren die 6 Zustände (s. Text). Die Extrapolation vom Fall des schwachen (starken) Feldes ist mit schwarz (rot) gestrichelten Linien angedeutet. Zwei vermiedene Kreuzungen sind mit roten Kreisen markiert. Die Energieaufspaltung $V_{\upsilon M_J}$ ist in Einheiten des Feinstrukturparameters a, die Feldstärke B in Einheiten von μ_B/a angegeben

Das liegt einfach daran, dass in der Hamilton-Matrix Tabelle 8.2 auf Seite 294 Terme mit gleichem M_J koppeln, was zur Abstoßung dieser Terme (hier $M_J = \pm 1/2$) führt. Wir werden das im folgenden Abschnitt noch vertiefen. Man sieht, dass die lineare Änderung der Aufspaltung $W_{\upsilon M_J}$ entsprechend $g_{3/2} = 4/3$ und $g_{1/2} = 2/3$ im Fall schwachen Feldes nur sehr begrenzt gültig ist, da sie zu den zwei *vermiedenen Kreuzungen* führen würde (mit roten Kreisen markiert). Während die Zustände $M_J = \pm 1/2$ beider Dublett-Terme $^2P_{3/2}$ und $^2P_{1/2}$ stark wechselwirken, sind die $M_J = \pm 3/2$ Zustände des $^2P_{3/2}$ Terms völlig unbeeinflusst von $^2P_{1/2}$ (es gibt ja dort kein $M_J = \pm 3/2$). Daher ist die Aufspaltung dieser Terme unabhängig von der Feldstärke stets linear: $W_{\pm 2\ \pm 3/2} = \pm 2\mu_B B + a/2$.

Mit den Eigenwerten (8.27)–(8.32) kann man nun auch das Gleichungssystem (8.26) für die Koeffizienten $c_{M_L M_S}$ lösen, die nach (8.21) die entsprechenden Zustände $|LS\upsilon M_J\rangle$ bestimmen. Im Falle sehr kleiner B-Felder werden diese in die entsprechenden Clebsch-Gordon-Koeffizienten übergehen, für große Felder wird dagegen jeweils ein $|LM_L SM_S\rangle$ Zustand dominieren, und zwar der mit $M_L = 2M_J - \upsilon$ und $M_S = \upsilon - M_J$. Wir verzichten auf eine weitere detaillierte Rechnung. Wir verifizieren statt dessen, dass die Energieaufspaltung in den Grenzfällen mit den bereits abgeleiteten Ausdrücken übereinstimmen. Wenn wir die Wurzeln (8.27)–(8.32) nach $B\mu_B/a$ bzw. $a/B\mu_B$ entwickeln, erhalten wir die in Tabelle 8.3 auf der nächsten Seite zusammengestellten Grenzwerte für sehr schwaches und sehr starkes Magnetfeld, $B\mu_B \ll a$ bzw. $B\mu_B \gg a$. Die Zustände werden in diesen Grenzfällen durch die Quantenzahlen J, M_J bzw. υ, M_J charakterisiert.

Der Vergleich der drei linken Spalten in Tabelle 8.3 mit (8.14) zeigt, dass die Energieabhängigkeit im schwachen Feld exakt reproduziert wird. Die drei rechten Spalten stimmen mit (8.16) für den Paschen-Back-Effekt überein,

Tabelle 8.3. Grenzwerte für die Energieaufspaltung $V_{vM_J}(B)$ eines $^2P_{3/2,1/2}$ Dubletts im sehr schwachen und sehr starken B-Feld. Die Niveaus werden im schwachen Feld durch die Quantenzahlen J und M_J, im starken Feld durch $v = M_J + M_S$ und M_J charakterisiert

Schwaches Feld			Starkes Feld		
J	M_J	$B\mu_B \ll a$	$B\mu_B \gg a$	v	M_J
3/2	3/2	$2\mu_B B + a/2$	$2\mu_B B + a/2$	2	3/2
3/2	1/2	$(2/3)B\mu_B + a/2$	$B\mu_B$	1	1/2
1/2	1/2	$(1/3)B\mu_B - a$	$-a/2$	0	1/2
1/2	-1/2	$-(1/3)B\mu_B - a$	$-a/2$	0	-1/2
3/2	-1/2	$-(2/3)B\mu_B + a/2$	$-B\mu_B$	-1	-1/2
3/2	-3/2	$-2\mu_B B + a/2$	$-2\mu_B B + a/2$	-2	-3/2

wenn man den dort (für sehr hohe Felder) vernachlässigten Feinstrukturterm $a/2$ asymptotisch richtig berücksichtigt. Diese kleinen Verschiebungen der Termlagen sind schematisch in Abb. 8.8 und Abb. 8.9 angedeutet – besonders deutlich zu erkennen für die $|LSvM_J\rangle = |1\ 1/2\ 0\ 1/2\rangle$ und $|1\ 1/2\ 0\ -1/2\rangle$ Zustände.

8.2 Vermiedene Kreuzungen

Das vorangehend beschriebene Problem der Änderung mehrerer Energieterme unter dem Einfluss eines magnetischen (oder ggf. auch elektrischen) Feldes, das erstmals von Breit und Rabi (1931) behandelt wurde, ist für alle spektroskopischen Untersuchungen von Quantensystemen im Magnetfeld von grundsätzlicher Bedeutung. Prominente, aktuelle Beispiele findet man insbesondere bei magnetischen Resonanzuntersuchungen, also bei der Elektronenspinresonanz (EPR) und bei der Kernresonanz (NMR), die wir in Kapitel 9 eingehender behandeln werden. Aber auch in anderem Zusammenhang treten ähnliche Probleme auf – etwa bei der Molekülbildung oder bei atomaren Stoßprozessen – bei denen unter dem Einfluss eines variablen Feldes mehrere Zustände eine Absenkung oder Anhebung Ihrer Energien erfahren, sodass im Prinzip Kreuzungen der Energieverläufe zu berücksichtigen sind.

Wir behandeln das Problem daher etwas prinzipieller und wählen dafür den einfachsten denkbaren Fall von nur zwei Zuständen $|1\rangle$ und $|2\rangle$. Sei $\widehat{H}_0$ der ungestörte Energieoperator, und $V(q)$ die Störung als Funktion eines experimentellen Parameters q (also die Stärke eines externen Feld oder auch der Abstand zweier Atome). In nullter Näherung sei

$$\widehat{H}_0 \left|1^{(0)}\right\rangle = W_1^{(0)} \left|1^{(0)}\right\rangle \quad \text{und} \quad \widehat{H}_0 \left|2^{(0)}\right\rangle = W_2^{(0)} \left|2^{(0)}\right\rangle .$$

Wir suchen die Eigenzustände $|a\rangle$ und Eigenenergien W_a für das gestörte System:

$$\left(\widehat{H}_0 + V(q)\right)|a\rangle = W_a\,|a\rangle \quad \text{mit} \quad a = 1 \text{ bzw. } 2$$

$$\text{oder} \quad \left(\widehat{H}_0 + V(q) - W_a\right)|a\rangle = \left(W_a^{(0)} + V(q) - W_a\right)|a\rangle = 0$$

Durch Multiplikation von links mit $\langle b|$ (mit $b = 1$ bzw. 2) wird daraus ein lineares Gleichungssystem

$$\begin{pmatrix} W_1^{(0)} - W + V_{11} & V_{12} \\ V_{12}^* & W_2^{(0)} - W + V_{22} \end{pmatrix} \begin{pmatrix} c_1 \\ c_2 \end{pmatrix} = 0 \qquad (8.33)$$

für die Entwicklungskoeffizienten c_{ab} der Eigenzustände:

$$|1\rangle = c_{11}\,|1^{(0)}\rangle + c_{12}\,|2^{(0)}\rangle \quad \text{und}$$
$$|2\rangle = \quad c_{21}\,|1^{(0)}\rangle + c_{22}\,|2^{(0)}\rangle$$

Es gibt dann und nur dann Lösungen, wenn die Säkulargleichung erfüllt ist:

$$\begin{vmatrix} W_1^{(0)} - W + V_{11} & V_{12} \\ V_{12}^* & W_2^{(0)} - W + V_{22} \end{vmatrix} = 0 \qquad (8.34)$$

$$\left(W_1^{(0)} - W + V_{11}\right)\left(W_2^{(0)} - W + V_{22}\right) - |V_{12}|^2 = 0$$

Im Fall, dass die Diagonalterme der Störmatrix $V_{12} = V_{21}^* = 0$ sind, ergeben sich offenbar die gleichen Resultate wie bei der Störungsrechnung erster Ordnung im nicht entarteten Fall:

$$W_1 = W_1^{(0)} + V_{11} \quad \text{und} \quad W_2 = W_2^{(0)} + V_{22}$$

Ist aber $V_{12} \neq 0$ und von der Größenordnung her vergleichbar mit der Aufspaltung der Zustände $\Delta W(q) = W_1^{(0)} + V_{11} - W_2^{(0)} - V_{22}$, also in der Nähe potenzieller Kreuzungspunkte, dann ist die gestörte Energie gegeben durch die Lösungen der Säkulargleichung

$$W_{1,2} = \frac{W_2^{(0)} + W_1^{(0)}}{2} + \frac{V_{11} + V_{22}}{2} \qquad (8.35)$$

$$\pm \frac{1}{2}\sqrt{\left(W_1^{(0)} - W_2^{(0)} + V_{11} - V_{22}\right)^2 + 4\,|V_{12}|^2}.$$

Die Aufspaltung am angenäherten Kreuzungspunkt der Energieverläufe ist

$$\Delta W = W_1 - W_2 = 2\,|V_{12}| \quad . \qquad (8.36)$$

Die Situation ist in Abb. 8.10 illustriert.

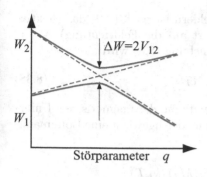

Abb. 8.10. Vermiedene Kreuzung. Als Funktion eines Störparameters q sind die Energien W_1 und W_2 zweier Zustände aufgetragen: mit (volle Linien) bzw. ohne (gestrichelt) Wechselwirkung, d. h. mit endlichem bzw. vernachlässigbarem Nebendiagonalmatrixelement V_{12}. Der Störparameter q kann ein externes B oder E Feld sein, aber z. B. auch der Abstand zweier Atome

Wir halten fest: Die Energieverläufe (Potenzialkurven) zweier Zustände $|a\rangle$ und $|b\rangle$ kreuzen sich bei Änderung eines Störparameters q _nicht_, wenn das Wechselwirkungspotenzial an der angenäherten Kreuzung endlich ist, wenn also $V_{ab} \neq 0$. Man nennt diese Situation eine _vermiedene Kreuzung_.

Speziell bei dem oben behandelten Beispiel der Änderung von Zustandsenergien im Magnetfeld hatten wir ja gesehen, dass die Matrixelemente (8.24) der Störung $\widehat{H}_{BLS}$ nicht verschwinden, sofern $M_J = M_L + M_S = M_L' + M_S' = M_J$ ist. Zustände mit gleichem $M_L + M_S = M_J$ koppeln. Solche Zustände können sich daher nicht kreuzen, wie wir schon in Abb. 8.9 auf Seite 296 gesehen haben (Nichtkreuzungsregel).

8.3 Paramagnetismus

Die magnetischen Eigenschaften der Materie sind durch die magnetischen Dipolmomente (Spin, Bahn) bestimmt. Wir geben hier einführend in dieses wichtige Themenfeld eine Skizze für den Zusammenhang der makroskopischen messbaren Größen mit den atomaren Eigenschaften, die wir in diesem Kapitel kennengelernt haben.

Das magnetische Moment pro Volumeneinheit in einem Material (z. B. in einem Ensemble von Atomen) nennt man Magnetisierung $\mathfrak{M}$. Der magnetische Fluss B im Material ist nach den allgemeinen Grundlagen der Elektrodynamik mit der magnetischen Feldstärke über

$$B = \mu_r \mu_0 H = \mu_0(H + \mathfrak{M}) = \mu_0 H + \chi_M \mu_0 H$$

verbunden. Dabei ist $\mu = \mu_r \mu_0$ die magnetische Permeabilität, μ_r die Permeabilitätszahl und $\chi_M = \mu_r - 1$ (dimensionslos) die magnetische Suszeptibilität. Man gibt gelegentlich χ_{Mmol} auch pro Mol an (molare Suszeptibilität). Es geht also darum,

$$\mathfrak{M} = \chi_M H \cong \chi_M B/\mu_0 \tag{8.37}$$

auf mikroskopische Größen zurückzuführen – wobei wir berücksichtigen, dass χ_M in der Regel eine sehr kleine Größe ist, und dass in nullter Näherung

$B \cong \mu_0 H$ gilt. Bei nicht zu hohen Magnetfeldern ist nach (8.9) das effektive magnetische Moment eines Atoms (projiziert auf die Feldrichtung) $\mathcal{M}_z = g_J \mu_B M_J$ und die zugehörige Energieverschiebung (8.8) wird

$$V_B(M_J) = \mu_B g_J M_J B \tag{8.38}$$

Für das gesamte Ensemble muss über die Besetzung der magnetischen Unterzustände gemittelt werden, die im thermischen Gleichgewicht eine Boltzmann-Verteilung entsprechend (1.58) ist:

$$\langle \mathcal{M}_z \rangle = \frac{\sum_{M_J} \mathcal{M}_z \exp(-V_B(M_J)/k_B T)}{\sum \exp(-V_B(M_J)/k_B T)} \tag{8.39}$$

Im Nenner steht der richtigen Normierung wegen die Zustandssumme. Bei nicht allzu tiefen Temperaturen T ist die Energie $V_M(M_J)$ der Einzelmagneten sehr klein gegen die thermische Energie $k_B T$: typisch ist $V_M(M_J) \simeq 10^{-5}\,\text{eV} \ll k_B T \simeq 0.010\,\text{eV}$. Daher können wir die Zustandssumme = 1 setzen und die Summanden im Nenner von (8.39) entwickeln:

$$\exp(-V_M(M_J)/k_B T) \rightarrow 1 - \frac{V_B(M_J)}{k_B T} = 1 - \frac{\mu_B g_J M_J B}{k_B T} \propto 1 - C M_J \frac{B}{T}$$

Setzen wir dies in (8.39) ein und berücksichtigen, dass wegen der in gleicher Anzahl vorkommenden positiven ($M_J > 0$) und negativen ($M_J < 0$) magnetischen Momente $\mathcal{M}_z$ die Entwicklungsterme nullter Ordnung sich zu Null summieren, so erhält man schließlich für die Magnetisierung pro Volumeneinheit

$$\langle \mathfrak{M} \rangle = N \langle \mathcal{M}_z \rangle = \frac{C}{T} B \,,$$

wenn N die Teilchendichte des untersuchten Materials in $[N] = \text{m}^{-3}$ ist. Mit (8.37) ergibt sich daraus das bekannte

$$\textbf{Curie'sche Gesetz} \quad \chi_M = \frac{C}{T} \tag{8.40}$$

für den Paramagnetismus mit der magnetischen Suszeptibilität χ_M.

Für konkrete Fälle von L, S und J kann man für nicht zu dichte Materie die Konstante C leicht ausrechnen. Wenn man den Temperaturbereich erweitert, führt die Summe (8.39) zur sogenannten *Langevin-Funktion* mit der Variablen B/T, die zu einer Sättigung der Magnetisierung bei größerem B führt. Man muss dann freilich auch berücksichtigen, dass bei strengerer Betrachtung im allgemeinen Fall $\chi_M = \partial \mathfrak{M}/\partial H$ wird. Als einfache, problemlose Übung möge der Leser sich den Fall $L = 0$, $S = J = 1/2$ überlegen.

Paramagnetismus erfordert also einen nicht verschwindenden Gesamtdreh-impuls des untersuchten Materials. Im Grundzustand, in welchem wir Materie üblicherweise vorfinden, ist der Bahndrehimpuls oft Null und der Paramagnetismus wird durch die Elektronenspins der untersuchten Atome oder Moleküle definiert. Es zeigt sich, dass in der Natur gar nicht so viele Substanzen mit ungesättigten Elektronenspins vorkommen. Typische Beispiele sind die Alkalimetalle und eine Reihe weiterer Metalle (nicht aber die Erdalkalien). Unter den Molekülen gibt es recht wenige. Ein Beispiel ist das O_2 im $^3\Sigma_1$ Grundzustand, das wir in Band 2 dieses Buches behandeln werden.

8.4 Diamagnetismus

Der Diamagnetismus ist aller Materie eigen. Er ist insbesondere dann von Bedeutung, wenn es keine permanenten magnetischen Momente des Atoms gibt. Hierfür muss im Hamilton-Operator die Wechselwirkung mit dem elektromagnetischen Feld quantenmechanisch exakt über das Vektorpotenzial $\boldsymbol{A}$ des Feldes beschrieben werden, wie in Anhang F.1 ausgeführt. Dazu ist $\hat{\boldsymbol{p}}$ durch $\hat{\boldsymbol{p}} + e_0 \boldsymbol{A}$ zu ersetzen und somit ist

$$\hat{H} = \frac{\hat{\boldsymbol{p}}^2}{2m_e} + V(r)$$

im Feld zu ersetzen durch

$$\hat{H} = \underbrace{\frac{\hat{\boldsymbol{p}}^2}{2m_e}}_{\text{kin. Energie}} + \underbrace{V(r)}_{\text{Potenzial}} + \underbrace{\frac{e_0 \boldsymbol{A} \cdot \hat{\boldsymbol{p}}}{m_e}}_{\text{Paramagnetismus}} + \underbrace{\frac{e_0^2}{2m_e} \boldsymbol{A}^2}_{\text{Diamagnetismus}} \qquad (8.41)$$

$$\chi > 0 \qquad\qquad \chi < 0$$

Wie in Anhang F.1 und Kapitel 5.4 ausgeführt, führt der Term $e_0 \boldsymbol{A} \cdot \hat{\boldsymbol{p}}/m_e$ im Rahmen der Dipolentwicklung zu den uns geläufigeren elektrischen bzw. magnetischen Dipolwechselwirkungen $e_0 \boldsymbol{E}$ bzw. $\mu_B \boldsymbol{B}$, die für Polarisierbarkeit (s. Abschnitt 8.6) bzw. Paramagnetismus verantwortlich sind, wie wir gerade gesehen haben. Dagegen führt der quadratische Term in (8.41) zum Diamagnetismus.

Gegenüber dem Paramagnetismus (sofern vorhanden) ist der Diamagnetismus ein deutlich kleinerer Effekt, der nach der Lenz'schen Regel dem externen Magnetfeld entgegenwirkt. Er beschreibt in klassischer Sichtweise das Abbremsen der Rotation der Elektronen um den Atomkern durch das externe B-Feld: das externe Feld induziert ein magnetisches Moment pro Volumeneinheit

$$\mathfrak{M} = N\mathcal{M}_z = \chi_M H = \chi_M B/\mu_0 \quad , \qquad (8.42)$$

wodurch in diesem Fall die magnetische Suszeptibilität definiert wird (N ist wieder die Teilchendichte). Die damit verbundene Energie V_M pro Teilchen erhalten wir, indem wir uns vorstellen, wie sie bei wachsendem Magnetfeld entsprechend (6.20) aufgebaut wird:

$$\mathrm{d}V_M = -\mathcal{M}_z \mathrm{d}B$$

$$V_M = -\frac{1}{2}\frac{\widetilde{\chi}_M}{\mu_0}B^2 \quad \text{bzw.} \quad \widetilde{\chi}_M = -\mu_0 \frac{1}{B}\frac{\mathrm{d}V_M}{\mathrm{d}B} \tag{8.43}$$

Dabei ist $\widetilde{\chi}_M$ die magnetische Suszeptibilität *pro Teilchen*, gemessen in m^3, woraus sich mit der Teilchendichte N bzw. der Avogadrozahl $\mathcal{N}_A$ die makroskopischen Größen ergeben:

$$\chi_M = \widetilde{\chi}_M N \quad \text{bzw.} \quad \chi_{Mmol} = \widetilde{\chi}_M N_A \tag{8.44}$$

Berechnen wir nun $\widetilde{\chi}_M$ mithilfe des im Vektorpotenzial quadratischen Terms in (8.41). Das Vektorpotenzial A in einem statischen B-Feld ist nach (F.8) durch $A = (B \times r)/2$ gegeben. Damit wird der diamagetische Anteil des Hamitonians (8.41)

$$\widehat{H}_d = \frac{e_0^2}{2m_e}\frac{1}{4}(B \times r)\cdot(B \times r) = \frac{e_0^2}{8m_e}B^2 r^2 \sin^2\theta,$$

wobei θ der Winkel zwischen B und r ist. Für ein sphärisch symmetrisches Atom mittelt man den Winkel über den Raum $\langle \sin^2\theta \rangle = 2/3$ und erhält also in erster Ordnung Störungsrechnung

$$\left\langle \widehat{H}_d \right\rangle = \frac{e_0^2}{8m_e}B^2 \left\langle r^2 \right\rangle \left\langle \sin^2\theta \right\rangle = \frac{e_0^2}{12m_e}B^2 \left\langle r^2 \right\rangle. \tag{8.45}$$

Hierbei ist $\left\langle r^2 \right\rangle$ der Erwartungswert des quadratischen Elektronenabstands, für welchen wir etwa im Falle des H-Atoms auf geschlossene Ausdrücke nach Kapitel 2.8.10 zurückgreifen können. Die so erhaltene diamagnetische Energie (8.45) ist sodann mit (8.43) zu vergleichen.

So erhalten wir schließlich mit $\mu_0 = 1/(\epsilon_0 c^2)$, der Feinstrukturkonstante α und der atomaren Längeneinheit a_0:

$$\widetilde{\chi}_M = -\mu_0 \frac{e_0^2}{6m_e} \left\langle r^2 \right\rangle = -\frac{2\pi}{3}a_0^3 \alpha^2 \left\langle \frac{r^2}{a_0^2} \right\rangle = -1.12 \times 10^{-4} a_0^3 \left\langle \frac{r^2}{a_0^2} \right\rangle \tag{8.46}$$

Die diamagnetische Suszeptibilität ist also erwartungsgemäß negativ und extrem klein. Für Atome im Grundzustand liegt der Erwartungswert von r^2 in der Größenordnung von a_0^2. Somit wird auch der makroskopische Wert (8.44) von $\chi_M = N\widetilde{\chi}_M$ selbst für feste Materialien in dichtester Kugelpackung in der Größenordnung von -10^{-4} liegen. Da übrigens der Wert von $\widetilde{\chi}_M$ mit $\left\langle r^2 \right\rangle$ wächst, die Teilchendichte im Festkörper aber mit $1/\left\langle r^3 \right\rangle$ abnimmt, haben größere Atome eine geringere diamagnetische Suszeptibilität als kleinere.

Wir notieren an dieser Stelle noch, dass in der üblichen Atomspektroskopie die diamagnetische Energie winzig ist und keinerlei Rolle spielt. Das ändert sich allerdings signifikant, wenn man mit hohen Rydbergzuständen arbeitet. Da der Radius der Atome mit n^2 wächst und für $\left\langle r^2 \right\rangle \simeq a_0^2 n^4$ gilt, wird das Verhältnis von normaler Magnetfeldaufspaltung (8.8) zu diamagnetischem Term

$$\frac{\left\langle \widehat{H}_d \right\rangle}{\left\langle V_B \right\rangle} = \frac{e_0}{6\hbar} B \left(a_0\right)^2 n^4 = 7.0906 \times 10^{-7} \frac{B}{\mathrm{T}} n^4 \qquad (8.47)$$

und ist somit bei nur 1 T bereits für $n = 34$ etwa 1. Bei der Spektroskopie von Rydbergzuständen im Magnetfeld kann man also den diamagnetischen Term nicht mehr vernachlässigen.

8.5 Atome im elektrischen Feld

8.5.1 Vorbemerkungen

Die Aufspaltung der Energieterme im statischen elektrischen Feld, der sogenannte *Stark-Effekt*, entdeckt von Johannes Stark 1913 (Nobel-Preis 1919), spielte in der traditionellen Spektroskopie nur eine begrenzte Rolle, da leicht erzeugbare statische elektrische Felder typischerweise klein sind im Vergleich zu den inneratomaren elektrischen Feldern. Letztere sind von der Größenordnung

$$E_{atom} = \frac{Z e_0}{4\pi \epsilon_0 a_0^2} = 5.14 \times 10^{11} \times Z \frac{\mathrm{V}}{\mathrm{m}} \qquad (8.48)$$

Also liegt selbst die Durchbruchfeldstärke in Luft mit etwa $10\,\mathrm{kV}/\mathrm{cm} = 1 \times 10^6\,\mathrm{V}/\mathrm{m}$ weit unter dem für deutliche Effekte benötigten Feld.

8.5.2 Bedeutung

Dennoch gibt es eine Reihe von Gründen, warum wir uns mit diesem Thema sehr gründlich beschäftigen müssen:

1. *Elektrische Felder spielen eine zentrale Rolle beim Aufbau der Materie*: sei es im Kristallgitter, sei es bei der Molekülbildung. Das Verständnis und die

Tabelle 8.4. Typische elektrische Feldstärken

Beispiel	$|E|$ in $\mathrm{V\,m^{-1}}$
In einer Stromleitung	10^{-2}
Nahe einem geladenen Plastikkamm	10^3
Oberfläche eines Kopierers/Druckers	10^5
Durchschlagfeldstärke in Luft	10^6
Im H-Atom auf Bohr'scher Bahn	5×10^{11}
Höchste Kurzpulslaserfelder $I = 10^{20}\,\mathrm{W\,cm^{-2}}$	3×10^{13}
Oberfläche eines Urankerns	3×10^{22}

Berechenbarkeit des Einflusses elektrischer Felder, welche Nachbaratome erzeugen, bildet die Basis unseres Verständnisses für viele Eigenschaften der Materie.

2. So ist z. B. die *Polarisierbarkeit* von Atomen, die sich einander nähern, ein typischer Effekt, der in diese Klasse fällt. Dabei stoßen sich die Elektronenhüllen ab. Das führt zur Bildung zweier Dipole. Wir können mit diesem Konzept z. B. die langreichweitigen Potenziale beschreiben, mit der sich die beiden Atome anziehen, wie wir in Abschnitt 8.7 vertiefen werden. Entsprechende Überlegungen sind unverzichtbar beim Verständnis der Molekülbildung.

3. Von ganz zentraler Bedeutung für viele Gebiete der Physik ist die Polarisierbarkeit von Atomen und Molekülen in statischen, aber auch in zeitlich wechselnden elektrischen und magnetischen Feldern. Im Feld einer elektromagnetischen Welle führt die Polarisierbarkeit zum *Brechungsindex*. Die Abhängigkeit des Brechungsindex von der Frequenz (Dispersion) kann auf atomistischer Grundlage verstanden werden, wie wir in Abschnitt 8.8.2 zeigen werden.

4. In Kapitel 6 wurde mit Beispielen belegt, dass Spektrallinien heute durchaus mit relativen *Genauigkeiten* bis hin zu 10^{13} oder 10^{14} gemessen werden können. Schon Felder von einigen V / m bedeuten eine Beeinträchtigung solcher Präzisionsmessungen!

5. In der modernen Atom- und Molekülphysik spielen hochangeregte *Rydbergzustände* eine wichtige Rolle. Da der Radius angeregter Zustände mit n^2 wächst, nimmt das relevante inneratomare Feld mit n^{-4} ab. Bei $n = 100$ ist das inneratomare Feld also schon auf einige kV / cm abgesunken. Mit entsprechenden externen Feldern, die leicht im Labor zu erzeugen sind, kann man also bei Rydbergatomen signifikante Änderungen der elektronischen Termlagen bewirken.

6. Von großer Bedeutung sind heute auch sehr *intensive elektromagnetische Wechselfelder*, wie man sie im Fokus intensiver, ultrakurzer Laserimpulse erzeugen kann. Die Amplitude der elektrischen Feldstärke E_0 ergibt sich aus der Laserintensität I nach (4.29) zu:

$$\frac{E_0}{\text{V} / \text{m}} = 2745 \sqrt{\frac{I}{\text{W} / \text{cm}^2}} \qquad (8.49)$$

Die Grenzen der Technik erlauben es heute, Intensitäten über 10^{20} W / cm^2 herzustellen. Das heißt, wir können im Labor Felder herstellen, welche sogar deutlich über den inneratomaren Feldern nach (8.48) liegen. Derzeit wird weltweit eine Reihe von Lasersystemen aufgebaut, die sogar noch weit darüber hinaus führen soll – mit der Vision, Materie unter extremsten Bedingungen im Labor untersuchen zu können, wie sie sonst nur im Inneren von Sternen vorkommen. Schlagworte sind dabei z. B. hochrelativistische Plasmadynamik (Ionenbeschleunigung, Kernfusion) oder neue Zugänge zur Teilchenphysik (extreme Energiedichten können zu Teilchenbildung führen).

8.5.3 Atome im statischen, elektrischen Feld

Ein statisches elektrisches Feld, das ja ein polares Vektorfeld darstellt (im Gegensatz zum axialen Magnetfeld) bricht die Symmetrie des Hamilton-Operators: mit dem elektrischen Feld wird $\hat{H}(r) \neq \hat{H}(-r)$.

Wir können diese „Störung" durch das elektrische Feld so schreiben:

$$V_{el}(r) = -D \cdot E = e_0 r \cdot E \qquad (8.50)$$
$$\text{mit} \quad E\|z: \quad = e_0 z E = e_0 r \cos\theta = e_0 E r C_{10}(\theta, \varphi)$$

Dabei haben wir Gebrauch gemacht von (4.67) und der Normierung der Kugelflächenfunktionen C_{kq} nach (2.75), was die Berechnung der Matrixelemente erheblich erleichtert. Wegen dieses von θ abhängigen Störpotenzials vertauscht $\hat{L}^2$ (das ja ebenfalls explizite von θ abhängt) nicht mehr mit $\hat{H}$. Somit ist L keine gute Quantenzahl mehr – im Gegensatz zum Atom im Magnetfeld, wo nach (8.1) im Wechselwirkungsterm des Hamilton-Operator ja $\hat{L}_z$ steht. Wohl aber vertauscht nach wie vor $\hat{L}_z$ mit $\hat{H}$, denn $C_{10}(\theta, \varphi) = C_{10}(\theta)$ und damit ist $V_{el}(r)$ *nicht* von φ abhängig, während $\hat{L}_z = i\hbar\partial/\partial\varphi$ ja gerade nur auf φ wirkt. Daher ist und bleibt M_L eine gute Quantenzahl. Wir werden aber sehen, dass die Wechselwirkungsmatrixelemente nur von $|M_L|$ abhängen. Daher ist es sinnvoll, die Zustände durch $\hat{L}_z^2$ bzw. $|M_L|$ zu charakterisieren. Im Extremfall haben wir eine Mischung vieler Orbitale zu unterschiedlichem L bei konstantem Wert von $|M_L|$: es findet eine sogenannte *Hybridisierung* statt, die z. B. für die chemische Bindung von entscheidender Bedeutung ist.

Bei den nachfolgenden Überlegungen werden wir uns der Einfachheit halber auf Systeme mit *einem* aktiven (Valenz- oder Leucht-)Elektron konzentrieren. Sie gelten aber im Prinzip auch für Mehrelektronensysteme, sofern sich die weiteren Elektronen durch einen Zustand ohne Bahndrehimpuls beschreiben lassen. Im allgemeinsten Fall hat man in (8.50) den Vektor r durch eine Summe $\sum r_i$ über alle Elektronenkoordinaten zu ersetzen. Außerdem verkomplizieren sich für gekoppelte Systeme die benutzten Reduktionsformeln der Matrixelemente entsprechend.

8.5.4 Grundüberlegung zur Störungsrechnung

Zunächst stellen wir in Tabelle 8.5 auf der nächsten Seite die jetzt zu untersuchende elektrische Wechselwirkung (Stark-Effekt) den bisher schon behandelten Wechselwirkungen in der Störungshierarchie gegenüber und fassen die wichtigsten beobachteten Effekte zusammen.

Um die Bedeutung des Stark-Effekts einordnen zu können, schätzen wir mit (8.50) die Größenordnung des Wechselwirkungspotenzials durch

$$\langle V_{el}(r) \rangle \simeq e_0 a_0 E$$

Tabelle 8.5. Störungshierarchie: Zusammenstellung der bisher diskutierten Wechselwirkungen und ihrer Folgen (Q-Zahl steht für Quantenzahl)

$\hat{H} =$	$\hat{H}_C(\boldsymbol{r})$	$+V_{nC}(\boldsymbol{r})$	V_{LS}	V_B	$+V_{el}(\boldsymbol{r})$
	Rein Coulomb	Elektrostat.	Spin-Bahn	Ext. B-Feld	Ext. E-Feld
	$\hat{T}_{kin} + C/r$	$nicht \propto 1/r$	$\propto \hat{\boldsymbol{L}} \cdot \hat{\boldsymbol{S}}$	$\mu_B(\hat{L}_z + 2\hat{S}_z)B$	$e_0\boldsymbol{r} \cdot \boldsymbol{E}$
	$L-$ Entartung	Aufhebung	$LSJM_J$	$\left[\hat{H}, \hat{S}_z\right] \neq 0$	$\left[\hat{H}, \hat{\boldsymbol{L}}^2\right] \neq 0$
		der L-Entartung	Schema	J nicht mehr	L nicht mehr
				gute Q-Zahl	gute Q-Zahl

ab, wobei wir davon ausgehen, dass die winkelabhängigen Matrixelemente von der Größenordnung 1 und das radiale Matrixelement von der Größenordnung a_0 sein wird. Bei der Durchschlagfeldstärke in Luft $E_{max} = 10^6\,\mathrm{V}\,/\,\mathrm{m}$ wird damit

$$\langle V_{el}(\boldsymbol{r})\rangle < 5 \times 10^{-5}\,\mathrm{eV} \cong 0.4\,\mathrm{cm}^{-1}$$

Wir erwarten also in der Tat einen sehr kleinen Effekt, nach 8.1.1 noch deutlich kleiner als mit dem Zeeman-Effekt im Labor erreichbar.

Wir unterscheiden zwei Grenzfälle, je nach Größe des Nicht-Coulomb-Terms V_{nC} in der Störungshierarchie Tabelle 8.5:

- $\langle V_{nC}(\boldsymbol{r})\rangle \ll \langle V_{el}(\boldsymbol{r})\rangle$: dann hebt erstmals das elektrische Feld die L-Entartung auf. Wir haben eine Störungsrechnung mit Entartung durchzuführen und finden den sogenannten *linearer Stark-Effekt*.
- $\langle V_{nC}(\boldsymbol{r})\rangle \gg \langle V_{el}(\boldsymbol{r})\rangle$: Die L-Entartung ist bereits aufgehoben. Wegen der Symmetrie des Störpotenzials – z hat ungerade Parität – verschwinden alle Diagonalmatrixelemente. Daher gibt es erst einen Effekt in 2. Ordnung Störungsrechnung, den sogenannten *quadratischen Stark-Effekt* $\propto E^2$!

8.5.5 Matrixelemente

Die Störung durch das elektrische Feld (8.50) hat keinerlei Einfluss auf den Spin – im Gegensatz zum B-Feld (8.1). Der Spin S und seine Projektion M_S bleiben also erhalten. Dies erleichtert die Auswertung der Matrixelemente

$$\langle \gamma' J' M' | V_{el} | \gamma J M \rangle \qquad (8.51)$$
$$= e_0 E \langle \gamma' J' M' | r C_{10}(\theta) | \gamma J M \rangle = e_0 E \langle \gamma' | r | \gamma \rangle \langle J' M' | C_{10}(\theta) | J M \rangle$$

erheblich. Wir berechnen diese jetzt für den späteren Gebrauch. Wir haben hier alle, die radialen Wellenfunktionen beschreibenden Quantenzahlen in γ und die Drehimpulsquantenzahl in JM zusammengefasst. Je nachdem ob die Stärke der Wechselwirkung klein oder groß gegenüber der Feinstrukturaufspaltung ist, sind letztere wieder am zweckmäßigsten im ungekoppelten

$|LM_LSM_S\rangle$ oder im gekoppelten Schema $|LSJM\rangle$ zu beschreiben. Dabei stehen L, S und J für den gesamten Bahndrehimpuls und Spin bzw. Gesamtdrehimpuls des Systems, während das E-Feld nur auf ein aktives Elektron mit dem Bahndrehimpuls ℓ wirkt (für unsere Zwecke werden wir $L = \ell$ setzen; die nachfolgende Rechnung lässt sich aber unschwer auch auf gekoppelte Bahndrehimpulse erweitern). Die hier auszuwertenden Matrixelemente sind im Prinzip die gleichen, die wir schon bei der Beschreibung von E1-Übergängen mit linear polarisiertem Licht benutzt hatten. Wir erhalten also auch die gleichen „Auswahlregeln".

Starkes elektrisches Feld

Zunächst betrachten wir den Fall des starken elektrischen Feldes, also den ungekoppelten Fall:

$$\langle \gamma'L'M'|\, V_{el}\, |\gamma LM\rangle = e_0 E r_{n'\ell'n\ell}\ \langle SM_sL'M'|\, C_{10}\, |SM_sLM\rangle \qquad (8.52)$$
$$= e_0 E r_{n'\ell'n\ell}\ \langle L'M'|\, C_{10}\, |LM\rangle$$

$$\text{mit}\quad r_{n'\ell'n\ell} = \langle n'\ell'|\, r\, |n\ell\rangle = \int_0^{\infty} R_{n'\ell'}(r)R_{n\ell}(r)r^3 \mathrm{d}r$$

mit den radialen Wellenfunktionen $R_{n\ell}$. Unter Benutzung von (D.27) und (D.28) wird

$$\langle \gamma'L'M'|\, V_{el}\, |\gamma LM\rangle = e_0 E\, r_{n'\ell'n\ell}\, (-1)^{2L+L'+M'}\sqrt{2L'+1}\begin{pmatrix} L' & 1 & L \\ -M' & 0 & M \end{pmatrix}$$
$$\times\, \langle L'\,\|C_1\|\, L\rangle \qquad (8.53)$$

$$\langle \gamma'L'M'|\, V_{el}\, |\gamma LM\rangle = e_0 E\, r_{n'\ell'n\ell}\, \delta_{M'M}\, \delta_{L'L\pm 1} \times (-1)^M\sqrt{(2L'+1)(2L+1)}$$
$$\times \begin{pmatrix} L' & 1 & L \\ -M & 0 & M \end{pmatrix}\begin{pmatrix} L' & 1 & L \\ 0 & 0 & 0 \end{pmatrix}, \qquad (8.54)$$

wobei wir für (8.54) ein reines Einelektronensystem $L = \ell$ und $L' = \ell'$ angenommen und von den Symmetrien (B.20) und (B.32) der 3j-Symbole Gebrauch gemacht haben: *Das Matrixelement verschwindet also nur dann nicht, wenn $L' = L\pm 1$ ist*, womit wie bereits besprochen, L keine gute Quantenzahl mehr ist, während die *Projektionsquantenzahl $M' = M$ erhalten* bleibt: Im Gegensatz zum Magnetfeld, wo der Drehimpuls (ein axialer Vektor) im Störterm auftritt, wirkt im Falle des elektrischen Feldes die Größe z wie ein polarer Vektor nicht auf die Projektion des Drehimpulses. Mithilfe der Ausdrücke für spezielle 3j-Symbole (B.36) erhalten wir schließlich:

$$\langle \gamma'\,(L+1)\,M|\, V_{el}\, |\gamma LM\rangle = e_0 E\, r_{n'\ell'n\ell}\sqrt{\frac{(L+1)^2 - M^2}{(2L+1)(2L+3)}} \qquad (8.55)$$

$$\langle \gamma'\,(L-1)\,M|\, V_{el}\, |\gamma LM\rangle = e_0 E\, r_{n'\ell'n\ell}\sqrt{\frac{L^2 - M^2}{(2L-1)(2L+1)}} \qquad (8.56)$$

Die *Matrixelemente sind nur von M^2 und damit vom Betrag $|M|$ der Projektionsquantenzahl abhängig*. Das liegt daran, dass sich bei Inversion (wobei $+M$ zu $-M$ wird) zwar das Vorzeichen von V_{el} ändert, zugleich aber auch das Vorzeichen einer (und nur einer) der am Integral beteiligten Kugelflächenfunktionen (da für diese ja $L' = L \pm 1$ gilt). Nach (8.55) und (8.56) ist der Einfluss des elektrischen Feldes um so geringer, je größer M ist, *Zustände mit der höchsten Projektionsquantenzahl werden daher am wenigsten vom Stark-Effekt beeinflusst*. Wir kommen darauf noch in Abschnitt 8.5.7 zurück.

Die Matrixelemente lassen also nochmals erkennen, dass $\hat{L}^2$ nicht mit z vertauscht und damit auch nicht mehr mit $\hat{H}$. Andererseits ist der Eigenwert M wegen der Unabhängigkeit der Matrixelemente vom Vorzeichen spezifischer, als es der Beobachtbarkeit entspricht. Es empfiehlt sich in solchen Fällen statt der üblichen komplexen Basis für die Drehimpulseigenfunktion eine reelle Basis zu benutzen, die in Anhang E beschrieben wird.

Schwaches elektrisches Feld

Wir berechnen jetzt die Matrixelemente des Stark-Effekts im gekoppelten Schema $|LSJM\rangle$, also für den Fall $V_{el} \ll V_{LS}$, wenn die elektrische Wechselwirkung klein gegenüber der Spin-Bahnwechselwirkung ist. Da das elektrische Feld (im Gegensatz zum Magnetfeld) nicht auf den Spin wirkt, bleibt dieser erhalten. Den zu (8.53) entsprechenden Ausdruck für das Matrixelement kann man, wie in D.3.2 beschrieben, entkoppeln und erhält nach (D.68):

$$\langle \gamma' L'SJ'M' | V_{el} | \gamma LSJM \rangle = e_0 E\, r_{n'\ell'n\ell}\, \sqrt{(2J' + 1)(2J + 1)(2L' + 1)(2L + 1)}$$
$$\times\, \delta_{M'M}\, \delta_{L'L\pm1} \times (-1)^{M-S} \begin{pmatrix} J' & J & 1 \\ -M & M & 0 \end{pmatrix} \begin{Bmatrix} L' & L & 1 \\ J & J' & S \end{Bmatrix} \begin{pmatrix} L' & 1 & L \\ 0 & 0 & 0 \end{pmatrix} \quad (8.57)$$

Speziell wird nach (D.70) für ein Einelektronensystem mit $S = 1/2$:

$$\langle \gamma' L'SJ'M' | V_{el} | \gamma LSJM \rangle = e_0 E\, r_{n'\ell'n\ell}\, \delta_{M'M}\, \delta_{L'L\pm1} \times (-1)^{M-3/2} \quad (8.58)$$
$$\times\, \sqrt{(2J' + 1)(2J + 1)} \begin{pmatrix} J' & J & 1 \\ -M & M & 0 \end{pmatrix} \begin{pmatrix} J' & J & 1 \\ -1/2 & 1/2 & 0 \end{pmatrix},$$

was sich mit (B.36) und (B.38) einfach schreiben lässt:

$$\langle \gamma' L'SJ'M' | V_{el} | \gamma LSJM \rangle = e_0 E\, r_{n'\ell'n\ell}\, \delta_{M'M}\, \delta_{L'L\pm1} \quad (8.59)$$

$$\times\, (-1)^{2J} \begin{cases} \dfrac{\sqrt{(J+1)^2 - M^2}}{(2J+2)} & \text{für } J' = J+1 \\[2ex] \dfrac{(-1)^{2M-1}(2J+1)}{2J(J+1)(2J+2)} M & \text{für } J' = J \\[2ex] \dfrac{\sqrt{J^2 - M^2}}{2J} & \text{für } J' = J-1 \end{cases}$$

Auch hier gilt, dass die Projektionsquantenzahl M erhalten bleibt (hier die Projektion von J), und dass nur Matrixelemente mit $L' = L \pm 1$ eine Rolle spielen. Auch die Regel, dass die Zustände mit der höchsten Projektionsquantenzahl M am wenigsten beeinflusst werden, bleibt gültig, denn die konkrete Auswertung von (8.59) zeigt, dass der gegenläufige Term für $J' = J$ nur einen sehr kleinen Beitrag liefert.

8.5.6 Störungsreihe

Wir spezifizieren im Folgenden den Stark-Effekt weiter für Quasieinelektronensysteme. Je nachdem, ob bei den betrachteten Ausgangszuständen die ℓ-Entartung noch besteht (H-Atom, H-ähnliche, hohe Rydbergzustände) oder bereits aufgehoben ist (wie etwa bei Alkaliatomen, aber bei sehr kleiner Störung und genauem Hinsehen wegen der FS-Wechselwirkung selbst beim H-Atom) müssen wir Störungsrechnung mit Entartung oder alternativ eine Störungsentwicklung ansetzen. In letzterem Fall werden Energie und Wellenfunktion eines Zustands $|a\rangle$

$$W_a = W_a^{(0)} + \langle a \,|V_{el}|\, a \rangle + \sum_{b \neq a} \frac{\langle a \,|V_{el}|\, b \rangle^2}{W_a - W_b} \quad \text{und}$$

$$\psi_a = \psi_a^{(0)} + \sum_{b \neq a} \frac{\langle a \,|V_{el}|\, b \rangle}{W_a - W_b} \psi_b^{(0)}$$

Nach (8.54) bzw. (8.57) gilt generell $W_{ab} \propto \delta_{\ell\,\ell\pm 1}$, es verschwindet also der Diagonalterm. Setzen wir das Störpotenzial V_{el} nach (8.50) ein, so wird

$$W_a - W_a^{(0)} = |e_0 E|^2 \sum_{b \neq a} \frac{|z_{ab}|^2}{W_a - W_b} = |e_0 E|^2 \sum_{b \neq a} \frac{r_{ab}^2 \,|\langle a|\, C_{10} \,|b\rangle|^2}{W_a - W_b}, \quad (8.60)$$

und die Energieänderung hängt vom Quadrat der Feldstärke ab: wir beobachten also einen quadratischen Stark-Effekt – sofern die Entartung bereits aufgehoben ist. Beim Einelektronensystem haben wir für $|a\rangle$, je nach Kopplungsfall, $|n\ell m_\ell\rangle$ bzw. $|n\ell s J M\rangle$ einzusetzen. Es wechselwirken (mischen) nur Zustände mit gleichem m_ℓ bzw. M und $\Delta\ell = \pm 1$, wobei die Wechselwirkung im Gegensatz zum Magnetfeld nur vom Betrag der Projektionsquantenzahl $|m_\ell|$ bzw. $|M|$ abhängig ist.

8.5.7 Quadratischer Stark-Effekt

Wir können einige qualitative Aussagen schon anhand dieser allgemeinen Formel machen, wenn wir uns die typischen Termlagen nach Abb. 8.11 vergewärtigen:

a) es wird sich stets um eine Absenkung der Terme handeln, da die Atomniveaus typischerweise nach oben enger werden, wie in Abb. 8.11 skizziert. Es gibt also in der Reihenentwicklung stets sehr viel mehr und enger benachbarte Terme für die $W_a - W_b < 0$ ist, als solche, für die das Umgekehrte gilt. Dies ist besonders deutlich ausgeprägt für den Grundzustand.

b) höhere Zustände haben einen größeren Stark-Effekt, da $W_a - W_b$ immer kleiner wird.

c) Innerhalb eines Niveaus werden Zustände um so weniger abgesenkt je größer $|m_\ell|$ ist, wie schon oben erwähnt. Dies liest man im ungekoppelten Fall direkt aus den Ausdrücken (8.55) und (8.56) für die Matri-

W_{i+1}

W_i

W_{i-1}

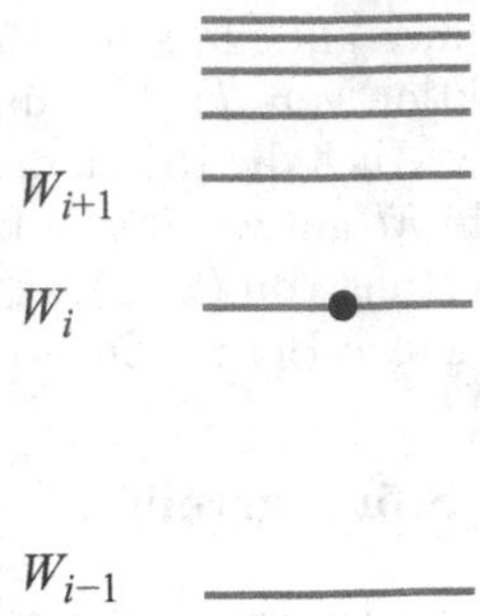

Abb. 8.11. Typische Termlagen in Atomen: die höheren Zustände tragen wegen des Resonanznenners mehr zur Polarisierbarkeit bei

xelemente ab. Dies gilt aber auch für $|M|$ im gekoppelten Fall, wie die konkrete Auswertung der Matrixelemente (8.59) zeigt. Anschaulich kann man sich das anhand von Abb. 8.12 klar machen, wo die Komponenten des Matrixelements $\langle 2p_q |C_{10}| 2s \rangle$ illustriert sind. Physikalisch gesprochen

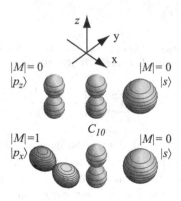

Abb. 8.12. Zur Abschätzung der Matrixelemente $\langle 2p_z |C_{10}| 2s \rangle$ (oben) und $\langle 2p_x |C_{10}| 2s \rangle$ (unten). Es ist ganz offensichtlich, dass die Komponenten des Integrals im oberen Fall wesentlich besser überlappen als im unteren. Das Matrixelement mit der kleineren Projektionsquantenzahl $|m| = 0$, d. h. $\langle 2p_z |C_{10}| 2s \rangle$, muss dem Betrag nach deutlich größer sein

lassen sich positive und negative Ladungen für den $|2p_z\rangle$-Zustand durch das E-Feld leichter entlang der z-Achse verschieben als für den $|2p_x\rangle$ oder $|2p_y\rangle$ Zustand. In letzterem Fall muss die positive Ladung ja geradezu aus der negativen Ladungswolke herausgezogen werden, wie in Abb. 8.13 illustriert.

Man beobachtet also beim quadratischen Stark-Effekt eine typische Abhängigkeit der Energie von der angelegten elektrischen Feldstärke für die verschiedenen $|M|$ Zustände, wie sie in Abb. 8.14 am Beispiel eines $^2P_{3/2,1/2}$ Dubletts schematisch illustriert ist.

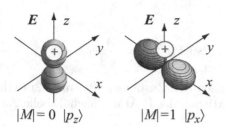

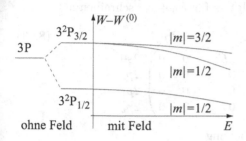

Abb. 8.14. Quadratischer Stark-Effekt am Beispiel der Na $3\,^2P_{1/2,3/2}$ Zustände

Entsprechend der Aufspaltung nach $|M|$ findet man bei der Beobachtung von Emissions- oder Absorptionsspektren von Atomen im elektrischen Feld auch nur zwei Polarisationskomponenten π und σ: diese sind senkrecht zueinander linear polarisiert, da durch das elektrische Feld keine Orientierung aufgeprägt wird – wiederum in Gegensatz zur Situation im Magnetfeld, wo zirkular polarisiertes Licht σ^+ und σ^- zu zwei Komponenten führt.

8.5.8 Linearer Stark-Effekt

Ganz anders ist das Verhalten, wenn das externe E-Feld erstmals die ℓ-Entartung aufhebt. Nehmen wir also an, dass Zustände unterschiedlicher Parität in Abwesenheit des E-Felds entartet seien. Das gilt im Wesentlichen nur für H-ähnlichen Atome (ohne Berücksichtigung der Feinstruktur) ebenso wie ganz allgemein für extrem hohe Felder (z. B. bei der Molekülbildung) oder auch bei hochangeregten Rydbergzuständen mit höherem Drehimpuls, wo die Abweichung vom Coulomb-Feld vernachlässigbar ist.

Für den $1s\,^2S$ Grundzustand des H-Atoms verschwinden alle Matrixelemente von V_{el} nach (8.54) oder (8.59) wegen $\delta_{L\,L\pm 1}$. Am Grundzustand des H-Atoms gibt es also keinen linearen Stark-Effekt. Anders beim ersten angeregten Zustand, wo wir ohne elektrisches Feld vier entartete Zustände haben (wir vernachlässigen hier die Feinstruktur):

$$|2s0\rangle\,,|2p_z\rangle\,,|2p_x\rangle\,,|2p_y\rangle \tag{8.61}$$

Die beiden Zustände $|2s0\rangle\,,|2p_z\rangle$ werden durch $M = 0$ charakterisiert, während $|2p_x\rangle$ und $|2p_y\rangle$ zur Projektionsquantenzahl $|M| = 1$ gehören. Nach (8.54) verschwinden alle Diagonalmatrixelemente sowie alle Matrixelemente zu unterschiedlichem m_ℓ und m'_ℓ. Nach (8.55) bzw. (8.56) verschwinden lediglich zwei Matrixelemente nicht:

$$\langle 2p_z | V_{el} | 2s0 \rangle = \langle 2s0 | V_{el} | 2p_z \rangle = \frac{1}{\sqrt{3}} e_0 E \, r_{2s2p} \qquad (8.62)$$

Das Radialintegral (8.52) zwischen den Zuständen $|2s\rangle$ und $|2p\rangle$ erhält man durch Einsetzen der Radialfunktionen des H-Atoms nach Tabelle 2.3 auf Seite 77: $r_{2s2p} = - \left(3\sqrt{3}/Z \right) a_0$.

Damit können wir die Hamilton Matrix für $\widehat{H}_0 + V_{el}$ schreiben als:

$$\qquad\qquad\quad 2s0 \qquad 2p_z \qquad 2p_x \quad 2p_y \qquad\qquad\qquad (8.63)$$

$$V_{el} = \begin{pmatrix} 0 & -3e_0Ea_0 & 0 & 0 \\ -3e_0Ea_0 & 0 & 0 & 0 \\ 0 & 0 & 0 & 0 \\ 0 & 0 & 0 & 0 \end{pmatrix} \begin{matrix} 2s0 \\ 2p_z \\ 2p_x \\ 2p_y \end{matrix}$$

Wir haben damit die Schrödinger-Gleichung

$$\left(\widehat{H}_0 + V_{el} - W \right) |\psi\rangle = 0$$

zu lösen. Da nur zwei Zustände koppeln, können wir dies

$$\begin{pmatrix} W_0 - W & -3e_0Ea_0 \\ -3e_0Ea_0 & W_0 - W \end{pmatrix} \begin{pmatrix} C_{2s0} \\ C_{2p_z} \end{pmatrix} = 0 \qquad (8.64)$$

schreiben. Die Säkulargleichung dafür ist

$$(W_0 - W)^2 - (3e_0Ea_0)^2 = 0 \,, \qquad (8.65)$$

und man erhält 2 mögliche Lösungen für die Energieeigenwerte:

$$W_0 - W_{1,2} = \pm 3e_0Ea_0 \quad \text{bzw.} \qquad (8.66)$$
$$W_1 = W_0 + 3e_0Ea_0 \quad \text{und} \qquad (8.67)$$
$$W_2 = W_0 - 3e_0Ea_0 \qquad (8.68)$$

Mit (8.64) können wir jetzt auch die Koeffizienten C_{2s0} und C_{2p_z} bestimmen und erhalten (in richtiger Normierung) zwei Lösungen

$$(1) \quad C_{2s0} = -C_{2p_z} = \frac{1}{\sqrt{2}} \qquad (8.69)$$

$$(2) \quad C_{2s0} = C_{2p_z} = \frac{1}{\sqrt{2}} \qquad (8.70)$$

für W_1 bzw. W_2. Insgesamt gibt es also die folgenden vier Eigenenergien und Eigenzustände des gestörten Hamilton-Operators beim H-Atom:

(1) $W_0 + 3e_0 E a_0$: $|2-\rangle = \dfrac{1}{\sqrt{2}}\,(|2s0\rangle - |2p_z\rangle)$

(2) $W_0 - 3e_0 E a_0$: $|2+\rangle = \dfrac{1}{\sqrt{2}}\,(|2s0\rangle + |2p_z\rangle)$ (8.71)

(3) W_0: $|2p_x\rangle$
(4) W_0: $|2p_y\rangle$

Diese Zustände entsprechen den in Abb. 8.15 schematisch dargestellten Ladungsverteilungen der Elektronen. Die Energie W_a im elektrischen Feld (einschließlich des hier nicht explizite ausgewerteten quadratischen Stark-Effekts) hängt von der Feldstärke E ab, wie in Abb. 8.16 skizziert. Die asymmetrische

$(|2p_z\rangle \ \pm\ |2s\rangle)/\sqrt{2} = |2\pm\rangle$

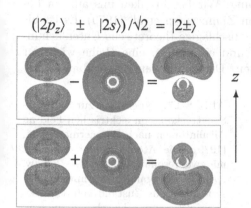

Abb. 8.15. Dipolzustände (sogenannte Stark-Zustände) $|2\pm\rangle$ des angeregten H-Atoms im elektrischen Feld als Summe bzw. Differenz von $|2p_z\rangle$ und $|2s\rangle$

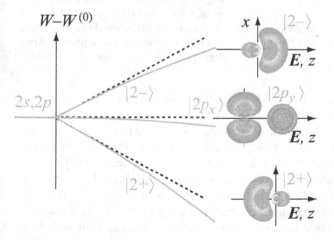

Abb. 8.16. Stark-Effekt an den H($2s,2p$) Zuständen als Funktion der Feldstärke. Linearer Stark-Effekt bei entarteten Ausgangszuständen (schwarz gestrichelt) und Übergang zum quadratischen Stark-Effekt (volle rote Linien). Rechts sind die entsprechenden Orbitale angedeutet

Ladungsverteilung der Zustände $|2-\rangle$ und $|2+\rangle$ bedingt übrigens ein *Dipolmoment $\mathcal{D}_{at}$ dieser speziellen, angeregten Zustände im elektrischen Feld.* Wir können die Absenkung bzw. Anhebung der Energie auch als Wechselwirkung dieses Dipolmoments mit dem elektrischen Feld auffassen. Dessen Größe liest man sofort aus den Energien ab, denn die Wechselwirkungsenergie wird ja effektiv

$$\langle V_{el} \rangle = W_a - W_a^{(0)} = \pm 3 e_0 E a_0 = \mathcal{D}_{at} \cdot \boldsymbol{E} \,, \qquad (8.72)$$

was auf ein Dipolmoment für den Zustand $|2-\rangle$ von $3 e_0 a_0$ und für $|2+\rangle$ von $-3 e_0 a_0$ schließen lässt.

8.5.9 Ein experimentelles Beispiel: Rydbergzustände des Li

Als experimentelles Beispiel für den Stark-Effekt seien hier hochangeregte Zustände (Rydbergatome) diskutiert. Dies ist ein weites Feld und z. T. nach wie vor Gegenstand aktueller Forschung. Wir beschränken uns auf ein besonders schönes Pionierexperiment von Zimmerman et al. (1979). Es ist bis heute ein Benchmark-Experiment für einschlägige theoretische Untersuchungen (s. z. B. Menendez et al., 2005) und erlaubt es, eine Reihe wichtiger Aspekte des Stark-Effekts zu verstehen. Der experimentelle Aufbau ist re-

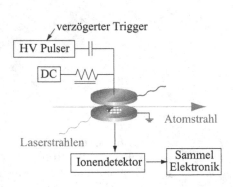

Abb. 8.17. Experiment zur Rydberg-Spektroskopie im elektrischen Feld an Alkaliatomen nach Zimmerman et al. (1979). Die Atome werden zunächst mit zwei resonant auf den $2s - 2p$ bzw. $2p - 3s$ Übergang abgestimmten Lasern in den $3s$ Zustand gebracht, sodann mit einem sehr schmalbandigen, durchstimmbaren Laser in der $n = 15$ Region angeregt. Kurz nach der Anregung wird zusätzlich zum Stark-Feld ein hohes elektrisches Feld angelegt, das alle Rydbergatome ionisiert. Man detektiert das Ionensignal

lativ einfach, wie in Abb. 8.17 schematisch angedeutet. Ein Li-Atomstrahl wird durch einen resonanten Multiphotonenprozess mit drei Laserfrequenzen angeregt: zunächst $2s \rightarrow 2p$ (671 nm), sodann $2p \rightarrow 3s$ (813 nm) und schließlich $3s \rightarrow 15p$ (626 nm), wobei über einen Bereich von 100 cm^{-1} durchgestimmt wird, während das Stark-Feld konstant gehalten wird (DC). Nachgewiesen wird die Anregung in die Rydbergzustände durch Feldionisation in einem kurzzeitig, nach dem Laserimpuls, angelegten sehr starken elektrischen Feld (HV-Pulser). Die experimentell beobachteten Spektren sind in Abb. 8.18 (schwarze, vertikale Verläufe mit horizontalen Anregungslinien) für eine Reihe von elektrischen Feldstärken wiedergegeben. Die roten Linien in Abb. 8.18 geben die theoretischen Energieverläufe der relevanten Zustände als Funktion des elektrischen Feldes wieder. Die Absorptionslinien folgen ganz offensichtlich in sehr eindrucksvoller Weise der theoretischen Interpretation. Es gibt

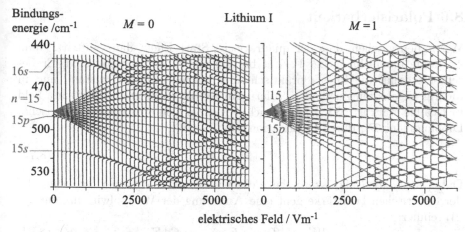

Abb. 8.18. Rydberg-Niveaus am Lithiumatom im Bereich $n = 15$ als Funktion der elektrischen Feldstärke: links $|M| = 0$, rechts $|M| = 1$. Die schwarzen Spektren sind die experimentell gemessenen Anregungswahrscheinlichkeiten, die roten Linien sind die berechneten Termlagen. Nach Zimmerman et al. (1979)

zwei Sätze von Spektren für $M = 0$ und $M = 1$ Zustände, die durch linear parallel bzw. senkrecht zum E-Feld eingestrahltes (π bzw. σ) Licht angeregt werden. Im Falle des oben diskutierten $2s - 2p$ Zustands würde dies der Anregung der Zustände $|2-\rangle$ und $|2+\rangle$ und (2) (mit π-Licht) bzw. $|2p_x\rangle$ und $|2p_y\rangle$ (mit σ-Licht) entsprechen. Im hier vorliegenden Fall $n = 15$ sind praktisch alle Niveaus mit $2 \leq \ell \leq 14 = n - 1$ ohne elektrisches Feld entartet (das sind 13 Niveaus). Daher spalten diese Niveaus mit wachsendem Feld durch linearen Stark-Effekt auf. Beim $15p$-Zustand und sehr kleinem elektrischen Feld ($\lesssim 300$ V / cm) ist die Entartung bereits aufgehoben, und man sieht, dass die Energie mit wachsendem Feld zunächst quadratisch abgesenkt wird. Bei größerem Feld überwiegt dann aber auch V_{el} gegenüber der ursprünglichen Aufspaltung und es setzt auch für $15p$ der lineare Stark-Effekt ein. Analoges gilt auch für den $15s$-Zustand, allerdings kommen wir hier wegen der größeren Anfangsaufspaltung erst bei etwa 2000 V / cm in den linearen Bereich. Dort gibt es aber, wie in Abb. 8.18 links (für $M = 0$) deutlich wird, schon zahlreiche, vermiedene Kreuzungen mit den Nachbarniveaus $n = 14$. Analoges ist bei den höheren Energien für $16s$ zu beobachten. Interessant ist es auch, die Zustände zu $|M| = 0$ und $|M| = 1$ zu vergleichen. Zwar ist wegen der Störungsrechnung mit Entartung das Aufspaltungsmuster sehr ähnlich, jedoch sieht man sehr deutlich, dass die Wechselwirkung – und damit die Abstoßung der Terme an den vermiedenen Kreuzungen – für $|M| = 1$ viel kleiner als für $|M| = 0$ ist, was die Größe der entsprechenden Matrixelemente nach (8.55) und (8.56) reflektiert.

8.6 Polarisierbarkeit

Wir haben gesehen, dass der quadratische Stark-Effekt dann auftritt, wenn Zustände unterschiedlicher Parität bereits nicht mehr entartet sind. Er beschreibt damit die Physik praktisch aller Atome im Grundzustand und in niedrig angeregten Zuständen, sofern ein extern angelegtes elektrisches Feld nicht allzu stark ist. Wir können auch sagen: im Feld entsteht ein elektrisches Dipolmoment $\mathcal{D}_{el}$ durch Polarisation:

$$\mathcal{D}_{el} = \alpha_E E \tag{8.73}$$

Dabei ist α_E die (mikroskopische) Polarisierbarkeit.[2] Mit einer Änderung dE der elektrischen Feldstärke geht eine Änderung der Wechselwirkungsenergie dW einher:

$$\mathrm{d}W = -\mathcal{D}_{el} \cdot \mathrm{d}E = -\alpha_E E \mathrm{d}E \tag{8.74}$$

Somit wird die gesamte Energie des induzierten Dipols

$$W - W^{(0)} = -\int \alpha_E E \mathrm{d}E = -\frac{\alpha_E}{2} E^2 \ . \tag{8.75}$$

Umgekehrt können wir aus einer bekannten Energieänderung im elektrischen Feld E das Dipolmoment und die Polarisierbarkeit α_E berechnen. Mit (8.74) können wir

$$-\mathcal{D}_{el} = \frac{\partial W}{\partial E}$$

schreiben. Damit wird unter Benutzung von (8.60) die Polarisierbarkeit für den Zustand $|a\rangle$:

$$\alpha_{Ea} = \frac{\mathcal{D}_{el}}{E} = -\frac{1}{E} \frac{\partial W_a}{\partial E} = -\frac{e_0^2}{E} \frac{\partial |E|^2}{\partial E} \sum_{b \neq a} \frac{|z_{ab}|^2}{W_a - W_b}$$

$$= 2e_0^2 \sum_{b \neq a} \frac{|z_{ab}|^2}{W_b - W_a} = 2e_0^2 \sum_{b \neq a} \frac{r_{ab}^2 |\langle a| C_{10} |b\rangle|^2}{W_b - W_a} \ . \tag{8.76}$$

Sinnvollerweise wird man diesen Ausdruck noch über alle Anfangszustände mitteln und (8.76) mithilfe der in (F.31) definierten Oszillatorenstärke

$$f_{ba} = \frac{2m_e \omega_{ba}}{\hbar} \frac{1}{g_a} \sum_{m_a} |z_{ba}|^2$$

noch kompakter schreiben. Mit der Übergangsfrequenz $\omega_{ba} = (W_b - W_a)/\hbar$ erhält man:

---

[2] Man beachte, dass die Einheit der Polarisation im SI-System $[\alpha_E] = \mathrm{A}^2\,\mathrm{s}^4\,/\,\mathrm{kg}$ ist. Im gelegentlich noch gebrauchten cgs-System wird $\alpha_E^{(\mathrm{cgs})} = \alpha/(4\pi\epsilon_0)$ in cm³ gemessen, was einen direkten Vergleich der Polarisierbarkeit mit dem Volumen der polarisierten Atome ermöglicht.

$$\alpha_{Ea} = \frac{e_0^2}{m_e} \sum_{b \neq a} \frac{f_{ba}}{\omega_{ba}^2} \qquad (8.77)$$

Man kann das mit der klassischen Überlegung nach Thomson vergleichen. Betrachtet man das Atom als schwingungsfähiges System mit der Eigenfrequenz ω_0, so ist die harmonische, für die Schwingung verantwortliche Kraft:

$$\boldsymbol{F}_m = m_e \omega_0^2 z$$

Sie muss der elektrischen Kraft im Feld $\boldsymbol{E}$ gleich sein:

$$\boldsymbol{F}_{el} = e_0 \boldsymbol{E} = \boldsymbol{F}_m = m_e \omega_0^2 z$$

Mit der Auslenkung z geht ein Dipolmoment $\mathcal{D}$ einher

$$\mathcal{D} = e_0 z = \frac{e_0^2}{m_e \omega_0^2} E \, ,$$

woraus die klassische Polarisierbarkeit folgt:

$$\alpha_T = \frac{e_0^2}{m_e} \frac{1}{\omega_0^2} \qquad (8.78)$$

Vergleichen wir dies mit (8.77), dann entspricht die klassische Formel einem Atom mit nur einer Übergangsfrequenz $\omega_{ba} = \omega_0$. Das quantenmechanische Ergebnis teilt also die Oszillationsfähigkeit des einen Elektrons auf alle Übergangsfrequenzen auf. Wir erinnern uns dabei an die Summenregel (F.35)

$$\sum f_{ba} = 1 \, , \qquad (8.79)$$

welche dieses Bild unterstreicht. Die Größenordnung von α_T schätzen wir ab, indem wir als Beispiel für den Grundzustand des H-Atoms einfach $\hbar\omega_0 = W_0/2$ setzen. Dann wird

$$\alpha_T \simeq (4\pi\epsilon_0) 4a_0^3 \qquad (8.80)$$

Man kann dies mithilfe von (8.77) verallgemeinern und findet, dass die (statische) Polarisierbarkeit proportional zur dritten Potenz der Ausdehnung a des polarisierten Objekts ist. Dies bestätigt auch den entsprechenden Befund der klassischen Elektrodynamik.[3]

8.7 Langreichweitige Wechselwirkungspotenziale

Wir wollen uns jetzt kurz mit der Frage beschäftigen, wie zwei Atome oder Moleküle bzw. deren Ionen miteinander bei Annäherung auf einen Abstand R

---

[3] In theoretischen Texten findet man oft noch die Schreibweise im cgs System: $\alpha_T = 4a^3$.

wechselwirken. Dabei interessiert uns der Abstandsbereich, bei welchem die Teilchen noch keine chemische Bindung eingehen. Dieser Bereich bildet die Basis für viele Fragen der Streuphysik, für die Gasgesetze etc. Eine ausführliche, exakte Darstellung findet man bei Buckingham (1967). Wir stellen hier im Wesentlichen Plausibilitätsbetrachtungen an.

Monopol-Monopolwechselwirkung

In diesem einfachsten Fall geht es um die Wechselwirkung eines Ions der Ladung $q_1 e_0$ mit einem anderen der Ladung $q_2 e_0$. Dabei gilt das Coulomb-Gesetz:

$$V(R) = \frac{q_1 q_2 e_0^2}{4\pi\epsilon_0 R} \propto R^{-1} \tag{8.81}$$

Monopol-Permanenter-Dipol

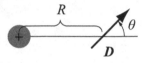

Abb. 8.19. Wechselwirkung zwischen Monopol und Dipol

Nach den Regeln der Elektrostatik ist das Potenzial einer Ladung $q e_0$ im Feld $\boldsymbol{E}$ eines Dipols (Abb. 8.19), z. B. eines zweiatomigen, heteronuklearen Moleküls, gegeben durch:

$$V(R) = -\boldsymbol{D} \cdot \boldsymbol{E} = -\frac{q e_0 \, \boldsymbol{D} \cdot \boldsymbol{R}}{4\pi\epsilon_0 R^3} \tag{8.82}$$

$$= -\frac{q e_0 D}{4\pi\epsilon_0 R^2} \cos\theta \propto -R^{-2}$$

Für den späteren Gebrauch notieren wir noch das elektrische Feld, welches sich durch Gradientenbildung aus (8.82) ergibt:

$$\boldsymbol{E} = -\frac{1}{4\pi\epsilon_0 R^3} \left[\boldsymbol{D} - \frac{3\boldsymbol{R}\,(\boldsymbol{D} \cdot \boldsymbol{R})}{R^2} \right] \tag{8.83}$$

Permanenter Dipol-Permanenter Dipol

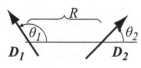

Abb. 8.20. Wechselwirkung zwischen Dipol und Dipol

Als Beispiel können wir uns zwei Moleküle mit Dipolmoment vorstellen. Die Formel ist etwas komplizierter, da beide Dipole unterschiedlich im Raum und zu $\boldsymbol{R}$ ausgerichtet sein können wie in Abb. 8.20 illustriert. Mit (8.83) folgt:

$$V(R) = -\boldsymbol{D}_1 \cdot \boldsymbol{E}(\boldsymbol{D}_2) = \frac{1}{4\pi\epsilon_0 R^3} \left[\boldsymbol{D}_1 \cdot \boldsymbol{D}_2 - \frac{3\,(\boldsymbol{D}_1 \cdot \boldsymbol{R})\,(\boldsymbol{D}_2 \cdot \boldsymbol{R})}{R^2} \right]$$

$$= \frac{D_1 D_2}{4\pi\epsilon_0 R^3} \left[\cos\theta_{12} - 3\cos\theta_1 \cos\theta_2 \right] \propto R^{-3} \tag{8.84}$$

Wie man sieht, ist das entstehende Wechselwirkungspotenzial hier proportional zu $1/R^3$.

Monopol-Quadrupol

Das gilt – hier ohne genauere Begründung – auch für die Wechselwirkung einer Punktladung mit einer quadrupolartigen Ladungsverteilung, wie dies etwa ein neutrales Atom in einem p-Zustand darstellt oder auch ein homonukleares Molekül:

$$V(R) \propto R^{-3} \tag{8.85}$$

Monopol-Induzierter Dipol

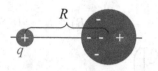

Abb. 8.21. Wechselwirkung Monopol – induzierter Dipol

Dies ist ein besonders wichtiger und häufig vorkommender Fall, z. B. wenn ein Elektron oder Ion der Ladung qe_0 mit einem neutralen Atom wechselwirkt und dessen Hülle polarisiert, wie in Abb. 8.21 angedeutet. Mit der Polarisierbarkeit α_E der Hülle nach (8.77) gilt:

$$V(R) = -\int D_{ind} \cdot dE = -\int \alpha_E E \cdot dE = -\frac{\alpha_E}{2}\,(E(R))^2 \tag{8.86}$$

$$= -\frac{\alpha_E}{2} \left(\frac{q}{4\pi\epsilon_0 R^2}\right)^2 = -\frac{\alpha_E\,(qe_0)^2}{32\pi^2\epsilon_0^2}\frac{1}{R^4} \propto -\frac{\alpha_E}{2}\frac{1}{R^4}$$

Dieses sogenannte Polarisationspotenzial ist stets anziehend. Zur Abschätzung der Größenordnung betrachten wir ein H-Atom im Feld eines einfach geladenen Ions und benutzten (8.80) als Näherung für die Polarisierbarkeit. In diesem Fall wird (in atomaren Einheiten geschrieben) $V(R)/W_0 = -2(R/a_0)^4$. Das heißt im Abstand von einem Bohr-Radius wäre das Polarisationspotenzial nach dieser Formel gerade 2 atomare Energieeinheiten groß. Natürlich gilt die Polarisationsformel in dieser simplen Form nur für deutlich größere Abstände.

Quadrupol-Quadrupol

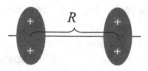

Abb. 8.22. Wechselwirkung induzierter Quadrupol – Quadrupol

Auch hierfür gibt es viele wichtige Beispiele, z. B. die Wechselwirkung eines angeregten Atoms im p_x Zustand mit einem homonukleares Molekül. Die Geometrie zeigt Abb. 8.22. Ohne auf Details einzugehen, notieren wir, dass in jedem Falle eine $1/R^5$ Abhängigkeit auftritt:

$$V(R) = \frac{F(\theta_1, \theta_2)}{R^5} \propto R^{-5} \tag{8.87}$$

Permanenter Dipol-induzierter Dipol

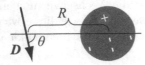

Abb. 8.23. Wechselwirkung zwischen Dipol und induziertem Dipol

Ein Beispiel hierfür ist die in Abb. 8.23 illustrierte Wechselwirkung eines heteronuklearen Moleküls mit einem Atom. Auch dieser Fall ist noch einfach, da der induzierte Dipol immer parallel zum Feld des permanenten steht. Analog zum Fall Monopol – induzierter Dipol ergibt sich das Potenzial zu

$$V(R) = -\int D_{ind} \cdot dE = -\int \alpha_E E \cdot dE = -\frac{\alpha_E}{2} \left(E(R) \right)^2 \qquad (8.88)$$

$$= -\frac{\alpha_E}{2} \left(-\frac{1}{4\pi\epsilon_0 R^3} \left[D - \frac{3R\,(D\cdot R)}{R^2} \right] \right)^2$$

$$= -\frac{\alpha_E D^2}{2\,(4\pi\epsilon_0)^2\, R^6} \left(1 + 3\cos^2\theta \right) \propto -\alpha_E R^{-6},$$

wobei sich die zweite Zeile mit (8.83) ergibt. Für die beiden Grenzfälle, $D \parallel R$ und $D \perp R$ liefert die Klammer die Werte 4 bzw. 1. Auf jeden Fall finden wir ein anziehendes, nicht isotropes Potenzial mit einer $1/R^6$ Abhängigkeit.

Induzierter Dipol-induzierter Dipol

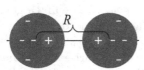

Abb. 8.24. Wechselwirkung zwischen Dipol und induziertem Dipol

Hier geht es um das berühmte van der Waals Potenzial, das bei der Wechselwirkung aller neutralen Atome und Moleküle entsprechend ihrer Polarisierbarkeit auftritt und eine anziehende Wechselwirkung bei großen Abständen garantiert – sofern nicht einer der oben genannten Fälle dominiert. Anschaulich kommt diese Wechselwirkung dadurch zustande, dass sich spontan durch Ladungsfluktuationen ein Dipol in einem Atom ausbildet, der seinerseits wiederum durch Polarisation einen Dipol im anderen Atom erzeugt, wie in Abb. 8.24 angedeutet.

Das Ergebnis ist wieder eine Dipol-Dipolwechselwirkung, die eine ganz ähnliche Form annimmt wie (8.88). Natürlich gibt es jetzt keine Vorzugsrichtung und man muss über alle Dipolorientierungen θ mitteln. Bei der quantenmechanischen Berechnung entwickelt man die elektrostatische Wechselwirkung aller beteiligten Ladungen (Leuchtelektronen und Atomkerne) für große R in eine Reihe. Bei der Summation über die Elektronenkoordinaten r_A (am Atom A) und r_B (am Atom B) treten Dipolterme vom Typ $\widehat{H}_{di} \propto (e_0 r_A)\,(e_0 r_B)\,/R^3$ entsprechend (8.84) auf. Man muss sie in Störungsrechnung zweiter Ordnung behandeln (in erster Ordnung verschwinden be-

kannterweise Dipolterme einer neutralen Ladungsverteilung). Die Wechselwirkungsenergie in 2. Ordnung Störungsrechnung ist dann das gesuchte Polarisationspotenzial:

$$V(R) = \sum_{b \neq a} \frac{\left| \left\langle a \left| \hat{H}_{di} \right| b \right\rangle \right|^2}{W_a - W_b} \tag{8.89}$$

Dabei bezeichnet a den Ausgangszustand (in der Regel den Grundzustand)
und b alle Zwischenzustände. Da auch hier für die Mehrheit der beitragenden
Terme $W_a - W_b < 0$ gilt, ist die Summe negativ, und im Vergleich mit 8.76
sieht man bereits, dass im Wesentlichen die Polarisierbarkeiten der beiden
Atome berechnet werden. Da $\hat{H}_{di} \propto R^{-3}$ ist und $V(R)$ nach (8.89) davon
quadratisch abhängt, ergibt sich schließlich das attraktive

$$\textbf{van der Waals Potenzial} \quad V(R) = -\frac{C}{R^6} . \tag{8.90}$$

Die Auswertung von (8.89) geschieht näherungsweise (s. Buckingham, 1967)
und führt schließlich zu

$$V(R) = -\frac{3}{2 \left(4\pi\epsilon_0\right)^2} \frac{W_A W_B}{W_A + W_B} \frac{\alpha_A \alpha_B}{R^6} , \tag{8.91}$$

wobei α_A und α_B die Polarisierbarkeiten der Teilchen A bzw. B sind, und
W_A bzw. W_B je eine mittlere Bindungsenergie der Elektronen repräsentieren
– wofür man näherungsweise die jeweilige Ionisationsenergie ansetzen kann.

Die van der Waals Wechselwirkung wird auch Dispersionskraft genannt,
da die Polarisierbarkeiten $\alpha_E (\omega)$ frequenzabhängig ist.

8.8 Atome im elektromagnetischen Wechselfeld

8.8.1 Dynamischer Stark-Effekt

Wie verhält sich ein Atom im elektromagnetischen Wechselfeld? Optische
Übergänge erhält man, wie früher diskutiert, bei resonanter Einstrahlung.
Aber auch bei nicht-resonanter Einstrahlung gibt es – viel schwächere – Übergänge, die man analog zum Stark-Effekt in zweiter Ordnung Störungsrechnung berechnet. Wir werden uns in Band 2 dieses Buches noch eingehend
mit dieser sogenannten Raman-Streuung befassen. Hier wollen wir dagegen
fragen, ob sich auch die energetischen Lagen der Zustände im elektromagnetischen Wechselfeld ändern. Die Antwort ist natürlich ja: der quadratische
Stark-Effekt unterscheidet ja eigentlich gar nicht zwischen positivem und ne-
gativem Feld. Eine genauere Überlegung im Rahmen der Quantenelektrodynamik (QED) zeigt freilich, dass für die Berechnung der Energieverschiebung
die zusätzliche, vom Photon eingebrachte Energie zu berücksichtigen ist – man
spricht von einem „angezogenen" Atom (*dressed atom*). Auch wenn wir nur ein

Niveau betrachten, müssen wir die Möglichkeit in Betracht ziehen, dass für sehr kurze Zeit Δt „virtuell" ein Photon emittiert bzw. absorbiert wird, wie wir dies in Kapitel 6.5.6 schon im Zusammenhang mit den Feynman-Diagrammen diskutiert haben. Dies ist möglich, auch wenn wir nicht in Resonanz mit einem atomaren Übergang einstrahlen: die Energie eines Zustands ist ja nur mit einer Unsicherheit ΔW bestimmbar, die mit der Beobachtungszeit über die Unschärferelation $\Delta W \Delta t > \hbar$ zusammenhängt, für die also $\Delta W > \hbar/\Delta t$ gilt. Für sehr kurze Zeit werden die Niveaus beliebig unscharf und können auch quasi „angeregt" werden. Man spricht in diesem Kontext auch (etwas unsauber) von virtuellen Zwischenniveaus.

Wir erwarten also eine Verschiebung der Niveaus durch einen modifizierten quadratischen Stark-Effekt. Die saubere Ableitung der dynamischen Polarisierbarkeit erfordert etwas Aufwand. Wir beschränken uns auf eine heuristische Betrachtung, indem wir die Gesamtenergie des Systems W_a *vor* Absorption oder Emission eines eingestrahlten Photons (Frequenz ω) durch

$$W_a \to W_a + n\hbar\omega$$

und die Zwischenzustandsenergie durch

$$W_b \to W_b + (n \mp 1)\,\hbar\omega\,.$$

ersetzen – mit $\pm$ je nachdem ob ein Photon absorbiert oder emittiert wird. Setzen wir diese Energien in den Ausdruck (8.77) für die statische Polarisierbarkeit ein, summieren über Emissions- und Absorptionsterme und mitteln über alle Anfangszustände, so erhalten wir im dynamischen Fall:

$$\alpha_{Ea} = e_0^2 \frac{1}{g_a} \sum_{b \neq a, m_a} \left[\frac{|z_{ba}|^2}{W_b - W_a - \hbar\omega} + \frac{|z_{ba}|^2}{W_b - W_a + \hbar\omega} \right]$$

Dabei steht der erste Term für Absorption, der zweite für Emission. Wir ersetzen schließlich wieder $W_b - W_a = \hbar\omega_{ba}$ und es wird:

$$\alpha_{Ea} = e_0^2 \frac{1}{g_a} \sum_{b \neq a, m_a} \left[\frac{|z_{ba}|^2/\hbar}{\omega_{ba} - \omega} + \frac{|z_{ba}|^2/\hbar}{\omega_{ba} + \omega} \right] \tag{8.92}$$

$$= \frac{2\omega_{ba} e_0^2}{\hbar} \frac{1}{g_a} \sum_{b \neq a, m_a} \frac{|z_{ba}|^2}{\omega_{ba}^2 - \omega^2} = \frac{e_0^2}{m_e} \sum_{b \neq a} \frac{f_{ba}}{\omega_{ba}^2 - \omega^2} \tag{8.93}$$

Dabei haben wir wieder die Oszillatorenstärken f_{ba} nach (F.28) eingesetzt. Im statischen Grenzfall $\omega \to 0$ geht dies offensichtlich in den Ausdruck für die statische Polarisierbarkeit 8.77 über. Umgekehrt hat die Polarisierbarkeit für sehr große Frequenzen den Grenzwert

$$\alpha_{Ea} = \frac{e_0^2}{m_e \omega^2} \quad \text{für} \quad \omega \gg \omega_{ab}, \tag{8.94}$$

wobei wir von der Summenregel (F.35) für die Oszillatorenstärke Gebrauch gemacht haben (wir betrachten hier nur ein aktives Elektron).

Daraus können wir schließlich mit (8.75) die Verschiebung der atomaren Niveaus ableiten:

$$W - W^{(0)} = -\frac{\alpha_{Ea}}{2} \langle E^2 \rangle = -\frac{\alpha_{Ea}}{4} E_0^2 = -\frac{\alpha_{Ea}}{2} \frac{I}{\epsilon_0 c} \qquad (8.95)$$

$$= \frac{e_0^2 I}{2\epsilon_0 c m_e} \sum_{b \neq a} \frac{f_{ba}}{\omega_{ba}^2 - \omega^2}$$

Dabei haben wir zeitlich über das Quadrat $[E(t)]^2 = [E_0 \cos(\omega t)]^2$ der elektrischen Feldstärke gemittelt und mit (4.28) in Beziehung zur Intensität der elektromagnetischen Strahlung gesetzt.

8.8.2 Suszeptibilität, Brechungsindex

Analog zu den magnetischen Eigenschaften berechnet man aus der mikroskopischen Größe α_E, der *Polarisierbarkeit*, die makroskopische Größe χ, die *dielektrische Suszeptibilität*: Diese ist definiert über die **Polarisation**

$$\mathfrak{P} = (\epsilon - 1) \epsilon_0 E = \chi \epsilon_0 E \qquad (8.96)$$

eines Mediums, die wir aus unserem jetzigen mikroskopischen Verständnis zu

$$\mathfrak{P} = N \alpha_E E \qquad (8.97)$$

bestimmen. Dabei ist N wieder die Teilchendichte (Anzahl der Atome pro Volumen). Die Suszeptibilität χ wird also:

$$\chi = \frac{N \alpha_E}{\epsilon_0} \quad \text{bzw. pro Atom} \quad \chi_a = \frac{\alpha_E}{\epsilon_0} \qquad (8.98)$$

Da weiterhin der Brechungsindex n mit der relativen Dielektrizitätskonstanten ϵ über

$$n = \sqrt{\epsilon} \qquad (8.99)$$

verknüpft ist (wobei für die relative magnetische Permeabilität in sehr guter Näherung $\mu = 1$ gewählt wurde), erhalten wir:

$$\chi = \epsilon - 1 = n^2 - 1 = \frac{N \alpha_E}{\epsilon_0} \qquad (8.100)$$

Setzen wir nun (8.93) ein, so erhalten wir

$$n^2 - 1 = \chi = \frac{N \alpha_E}{\epsilon_0} = \frac{N e_0^2}{\epsilon_0 m_e} \sum_{b \neq a} \frac{f_{ba}}{\omega_{ba}^2 - \omega^2} \qquad (8.101)$$

Für dünne Medien (Gase) ist $n \simeq 1$, sodass $n^2 - 1 = (n-1)(n+1) \simeq 2(n-1)$ wird, und wir *näherungsweise* schreiben können:

$$n = 1 + \frac{Ne_0^2}{2\epsilon_0 m_e} \sum_{b \neq a} \frac{f_{ba}}{\omega_{ba}^2 - \omega^2} \tag{8.102}$$

Um ein Gefühl für die Größenordnung zu bekommen, schätzen wir χ für das Beispiel Na ab. Dort ist fast alle Oszillatorenstärke im Hauptübergang $3s - 3p$ ($\overline{\nu}_{3p-3s} = 1.696 \times 10^4 \, \text{cm}^{-1}$) konzentriert, und wir setzten $f_{3p-3s} \simeq 1$. Die statische dielektrische Suszeptibilität wird dann pro Atom

$$\chi_a = \frac{e_0^2}{m_e \epsilon_0 \left(2\pi c \overline{\nu}_{3p-3s}\right)^2} = 3.12 \times 10^{-28} \, \text{m}^3$$

Wir vergleichen diese Größe mit dem Atomvolumen V_{at} ($r_{Na} \sim 3a_0$):

$$4\pi V_{at} = \frac{(4\pi)^2}{3} \left(3 \times a_0\right)^3 = 2.1 \times 10^{-28} \, \text{m}^3 \simeq \chi_a$$

Wir sehen, dass χ_a etwa gleich dem 4π-fachen des Atomvolumens ist. Das sagt auch die klassische Theorie. (Beachte: in älteren Lehrbüchern – gelegentlich auch noch in neueren Theoriebüchern – wird in cgs Einheiten gerechnet, wo $\epsilon_0 = 1/4\pi$ und $\alpha_E = 4\pi\chi_a$ zu ersetzen ist.)

Wir notieren beiläufig: was wir hier behandelt haben, ist die sogenannte *Verschiebungspolarisation*. Anders ist die Situation, wenn das Medium aus Bausteinen besteht, die bereits ein permanentes Dipolmoment haben, z.B. heterogene Moleküle. Dann richten sich die permanenten elektrischen Dipolmomente aus, ähnlich wie die atomaren magnetischen Momente beim Paramagnetismus, und wir müssen wieder eine ähnliche, statistisch-thermodynamische Überlegung anstellen wie dort.

In festen Körpern ist die Teilchendichte $N \simeq 1/V_{at}$, sodass $\chi = \chi_a N$ von der Größenordnung $\simeq 1$ wird – ganz anders als beim Magnetismus, wo die magnetische Suszeptibiltät ja eine sehr kleine Größe war. Wir müssen allerdings noch eine weitere Ergänzung anbringen: in dichten Medien erfahren die Atome ein gegenüber dem Vakuum durch die dielektrische Umgebung bereits verändertes elektrisches (Lorentz-)Feld. Das führt nach **Clausius-Mossoti** zu einer etwas modifizierten Formel für den Brechungsindex:

$$\frac{n^2 - 1}{n^2 + 2} = \frac{Ne_0^2}{3\epsilon_0 m_e} \sum_{b \neq a} \frac{f_{ba}}{\omega_{ba}^2 - \omega^2} \tag{8.103}$$

Im Grenzfall $n \simeq 1$ geht dies wieder in (8.102) über.

8.8.3 Polarisation mit Dämpfung, Dispersion

Die Ausdrücke (8.93) bzw. (8.102) und (8.103) beschreiben die Realität weit weg von Resonanzen $\omega_{ba} - \omega$. Um genau zu sein, müssen wir schließlich aber noch die Dämpfung einführen, also die endlichen Lebensdauern der angeregten Zustände berücksichtigen. Wie bereits in 5.1.1 erprobt, setzen wir dazu eine komplexe Energie bzw. Übergangsfrequenz an und ersetzen $\omega_{ba} \rightarrow \omega_{ba} - i\gamma_{ab}/2$ in (8.92). Dort wird also[4]

$$\frac{1}{\omega_{ba} - \omega} \Rightarrow \frac{1}{\omega_{ba} - \omega - i\gamma_{ab}/2}$$

$$= \frac{\omega_{ba} - \omega}{(\omega_{ba} - \omega)^2 + (\gamma_{ab}/2)^2} + i\frac{\gamma/2}{(\omega_{ba} - \omega)^2 + (\gamma_{ab}/2)^2}$$

und entsprechend für Terme mit $1/(\omega_{ba} + \omega)$. Damit ergibt sich ein komplexer Brechungsindex

$$n_c = n + i\kappa, \tag{8.104}$$

dessen Real- und Imaginärteil in dünnen Medien durch

$$n = 1 + \frac{Ne_0^2}{4\epsilon_0 m_e} \sum_{b \neq a} f_{ba} \left[\frac{1 - \omega/\omega_{ba}}{(\omega_{ba} - \omega)^2 + (\gamma_{ab}/2)^2} + \frac{1 + \omega/\omega_{ba}}{(\omega_{ba} + \omega)^2 + (\gamma_{ab}/2)^2} \right] \tag{8.105}$$

$$\kappa = \frac{Ne_0^2}{4\epsilon_0 m_e} \sum_{b \neq a} \frac{f_{ba}}{2} \left[\frac{\gamma_{ab}/\omega_{ba}}{(\omega_{ba} - \omega)^2 + (\gamma_{ab}/2)^2} + \frac{\gamma_{ab}/\omega_{ba}}{(\omega_{ba} + \omega)^2 + (\gamma_{ab}/2)^2} \right] \tag{8.106}$$

gegeben sind. Man verifiziert leicht, dass (8.105) abseits von Resonanzen, also bei vernachlässigbarem γ_{ab}, wieder zu (8.102) wird. In der Nähe einer Resonanz kann man dagegen den jeweils zweiten Term in den Summen gegenüber dem ersten vernachlässigen. Wie in Abb. 8.25 auf der nächsten Seite schematisch dargestellt, zeigt der Realteil des Brechungsindex n (oft auch n' genannt) den typischen, aus der Optik bekannten Dispersionsverlauf. Dagegen beschreibt der Imaginärteil κ (auch n'' genannt) die Absorption durch die uns vertraute Lorentz-Verteilung. Wie in Abb. 8.25 illustriert, entsprechen die Absorptionslinien bei $\omega_{ba} = \omega$ im Verlauf von κ den Bereichen anomaler Dispersion im Verlauf von n.

8.8.4 Schnelles und langsames Licht

Wir wollen die Diskussion über die Wechselwirkung von elektromagnetischer Strahlung mit einem Medium und dessen Beeinflussung durch das Licht nicht

---

[4] Wem diese Ableitung nicht zusagt, der berechne einfach das Dipolmoment für den im elektromagnetischen Feld erzeugten Zustand (4.35) mit Anregungsamplituden nach (5.4). Wenn man dieses Dipolmoment durch die elektrischen Feldstärke dividiert, erhält man für die dynamische Polarisation $\alpha_E(\omega; \gamma)$ den gleichen Ausdruck wie mit dem hier benutzten Ansatz. Zur quantitativen Berechnung der Polarisation geht man heute ähnlich vor, ohne notwendigerweise die Störungsrechnung zu benutzen, und bestimmt das Dipolmoment direkt aus den (ggf. *ab initio* gewonnenen) Wellenfunktionen.

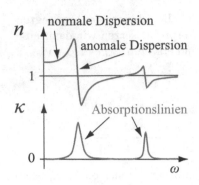

n normale Dispersion

anomale Dispersion

κ Absorptionslinien

Abb. 8.25. Realteil (n, oben) und Imaginärteil (κ, unten) des Brechungsindex n_c in einem dünnen Gas als Funktion der eingestrahlten Frequenz ω. Man erkennt den Zusammenhang zwischen Dispersion (n) und Absorption (κ)

beenden, ohne einen faszinierenden Aspekt moderner Optik zumindest zu erwähnen, der derzeit viel Beachtung findet und möglicherweise in Zukunft auch von praktischer Bedeutung sein kann. Die wesentlichen Ingredienzen hierzu lernt man schon im Grundstudium. Wir rekapitulieren zunächst kurz die Zusammenhänge zwischen Wellenvektor, Frequenz, Phasen- und Gruppengeschwindigkeit.

Eine ebene Welle breite sich in x Richtung aus. Wir stellen sie der Einfachheit halber ohne Berücksichtigung der Polarisation eindimensional und komplex als

$$E(t,x) = A \exp\left[i\left(\omega t - kx\right)\right] \tag{8.107}$$

dar, mit $k = 2\pi/\lambda$ dem Betrag des Wellenvektors und der Wellenlänge λ. Die Orte konstanter Phase $\Phi = \omega t - kx$ sind durch $x = (\omega/k)\,t - \Phi/k$ bestimmt und breiten sich mit der

Phasengeschwindigkeit $v_p = \dfrac{\omega}{k} = \dfrac{c}{n}$ (8.108)

aus, wobei rechts entsprechend den Maxwell-Gleichungen die Phasengeschwindigkeit des Lichts in einem Medium durch dessen Brechungsindex n und die Vakuumlichtgeschwindigkeit c ausgedrückt wird. Mit $\omega = 2\pi\nu$ folgt daraus auch die bekannte Beziehung $c = \nu\lambda_0$ bzw. $v_p = \nu\lambda$, wobei λ_0 und $\lambda = \lambda_0/n$ die Wellenlänge die Vakuumwellenlängen im Vakuum bzw. im Medium sind. So lässt sich (8.107) auch

$$E(t,x) = A \exp\left[i\left(\omega t - 2\pi n\frac{x}{\lambda_0}\right)\right]$$

schreiben. Um schließlich noch die Absorption zu berücksichtigen, müssen wir $n \to n_c$ nach (8.104) ersetzen. Damit wird

$$E(t,x) = A \exp\left[i\left(\omega t - 2\pi n\frac{x}{\lambda_v}\right) - 2\pi\kappa\frac{x}{\lambda_0}\right] = A \exp\left[i\omega\left(t - \frac{x}{v_p}\right) - \mu x\right]$$

eine gedämpfte Welle, wobei wir nach (4.4) den

Absorptionskoeffizienten $\mu = \dfrac{2\pi\kappa}{\lambda_0} = \dfrac{Ne_0^2}{8\epsilon_0 m_e c} \dfrac{f_0\gamma}{(\omega_0 - \omega)^2 + (\gamma/2)^2}$

$$(8.109)$$

eingeführt haben (gemessen in m^{-1}). Der rechte Teil dieses Ausdrucks ergibt sich in der Nähe einer isolierten Resonanz der Frequenz ω_0 aus (8.106). Den reellen **Brechungsindex** erhält man mit (8.105) entsprechend:

$$n = 1 - \frac{Ne_0^2 f_0}{4\epsilon_0 m_e \omega_0 \gamma} \frac{(\omega - \omega_0)/\gamma}{[(\omega_0 - \omega)/\gamma]^2 + (1/2)^2} \qquad (8.110)$$

Wenn wir nun dieser ebenen Welle irgendeine erkennbare zeitliche und räumliche Struktur aufprägen wollen, so müssen wir mehrere Frequenzen überlagern. Betrachten wir diese Überlagerung zunächst bei festgehaltenem Ort. Bei $x = 0$ sei die zeitliche Abhängigkeit durch die Fourier-Transformation

$$f(t) = \qquad (8.111)$$
$$\int_{-\infty}^{\infty} A(\omega) \exp[i\omega t] \; d\omega = \exp[i\omega_0 t] \int_{-\infty}^{\infty} A(\omega_0 + \Delta\omega) \exp[i\Delta\omega t] \; d(\Delta\omega)$$

gegeben. Mit der Umschreibung rechts sieht man, dass ein kurzer Lichtimpuls mit deutlich erkennbarer Trägerfrequenz ω_0 einem quasimonochromatischen Wellenpaket entspricht, zu dem nur Wellen mit Frequenzen $\omega = \omega_0 + \Delta\omega$ aus einem begrenzten Frequenzintervall $|\Delta\omega| \ll \omega_0$ beitragen. Wir nehmen an, das Wellenpaket habe (am Ort $x = 0$) sein zeitliches Maximum bei $t = 0$. Nun wissen wir aus dem vorigen Abschnitt, dass es Dispersion gibt, dass also im Medium weder n noch die Phasengeschwindigkeit v_p konstant sind, und dass daher auch k nicht einfach proportional zu ω ist. In einem nicht zu weiten Intervall können wir k aber entwickeln als

$$k = k_0 + \left.\frac{dk}{d\omega}\right|_{\omega_0} \Delta\omega = k_0 + \frac{\Delta\omega}{v_g}, \qquad (8.112)$$

womit wir bereits die sogenannte

Gruppengeschwindigkeit $\quad v_g = \dfrac{d\omega}{dk} = \dfrac{c}{n + \omega\dfrac{dn}{d\omega}} = \dfrac{c}{n_g} \qquad (8.113)$

eingeführt haben. Dabei haben wir im letzten Schritt $k = \omega n/c$ aus (8.108) nach ω differenziert und $d\omega/dk = 1/(dk/d\omega)$ gesetzt. Wir haben dabei analog zum *Phasenindex* n entsprechend (8.108) den

Gruppenindex $\quad n_g = n + \omega\dfrac{dn}{d\omega} \qquad (8.114)$

eingeführt. Fügen wir nun die Ortsabhängigkeit aus (8.107) in (8.111) ein und benutzen für k die Entwicklung (8.112), so ergibt sich für das Wellenpaket:

$$f(t) \rightarrow \int_{\Delta\omega=-\infty}^{\Delta\omega=\infty} A(\omega_0 + \Delta\omega) \exp i \left[(\omega_0 + \Delta\omega)t - \left(k_0 + \frac{\Delta\omega}{v_g} \right) x \right] d(\Delta\omega)$$

$$= \exp i \left[\omega_0 t - k_0 x \right] \int_{-\infty}^{+\infty} A(\omega_0 + \Delta\omega) \exp i \left[\left(t - \frac{x}{v_g} \right) \Delta\omega \right] d(\Delta\omega)$$

$$= f \left(t - \frac{x}{v_g} \right) \tag{8.115}$$

Wie man sieht, breitet sich die Trägerfrequenzwelle (vor dem Integral) ganz analog zu (8.107) aus, und das Integral in (8.115) beschreibt die Impulsform. Wir hatten $f(t)$ durch entsprechende Wahl von $A(\omega)$ so bestimmt, dass das Maximum bei $f(0)$ zu finden ist, also offensichtlich für $x = v_g t$. Das Impulsmaximum breitet sich also mit der Gruppengeschwindigkeit aus. Im Bereich des sichtbaren Lichts ist für transparente Materialien in aller Regel $n > 1$ und $dn/d\omega > 0$ (sogenannte normale Dispersion), sodass $v_g < v_p < c$ gilt. Lichtimpulse breiten sich also unter diesen Umständen auf jeden Fall langsamer als die Lichtgeschwindigkeit aus. *Soweit die kanonische Diskussion von Phasen- und Gruppengeschwindigkeit.*

Die *Diskussion über langsames und schnelles Licht* setzt nun an der Tatsache an, dass es ja auch Bereiche negativer Dispersion gibt, wie bereits in Abb. 8.25 auf Seite 326 angedeutet: nämlich in der Nähe von Resonanzen. Ein Blick auf den Gruppenindex (8.114) zeigt, dass dieser dort sehr wohl kleiner als 1, ja sogar deutlich negativ werden kann. Dies kann im Prinzip zu Gruppengeschwindigkeiten $v_g > c$ führen, sodass die Ausbreitung des Signals mit einer Geschwindigkeit erfolgt, die größer als die Vakuumlichtgeschwindigkeit ist. Man spricht dann von *superluminalen* Ausbreitungsphänomenen. Und wenn $v_g < 0$ wird, bedeutet das letztlich, dass das Licht zurückläuft, ehe es angekommen ist. In anderen Frequenzbereichen wiederum mag v_g extrem klein werden, das Licht also kriechen, quasi gestoppt werden. In der Tat sind Phänomene dieses Typs mithilfe trickreicher experimenteller Anordnungen in den letzten Jahren intensiv beobachtet und analysiert worden (s. z. B. Boyd und Gauthier, 2002). Um es gleich vorwegzunehmen: das Einstein'sche Paradigma, wonach Information nie schneller als mit Lichtgeschwindigkeit kommuniziert werden kann, wird durch die Beobachtungen von Gruppengeschwindigkeiten $v_g > c$ aber mitnichten widerlegt.

Wir wollen uns das anhand eines einfachen Beispiels *quantitativ* veranschaulichen. Betrachten wir, um etwas Konkretes vor Augen zu haben, Natriumatomdampf als Medium, durch das wir das Licht propagieren lassen. Wir können für diese Betrachtung den $3^2S \rightarrow 3\,^2P$ Na Übergang in guter Näherung als Zweiniveausystem ansehen, sofern wir nur Lichtfrequenzen ω in der Nähe des Übergangs berücksichtigen. Denken wir uns eine Teilchendichte von $N = 2 \times 10^{13}\,\mathrm{cm}^{-3}$, die man in einer Gaszelle mühelos erreichen kann. Die sonstigen Parameter für diesen Übergang sind: Oszillatorenstärke $f = 0.98$, Zerfallswahrscheinlichkeit des angeregten Zustands $A = \gamma = 6.15 \times 10^7\,\mathrm{s}^{-1}$ (entsprechend einer Lebensdauer $\tau = 16.2\,\mathrm{ns}$), $\lambda_0 \simeq 589\,\mathrm{nm}$ und somit

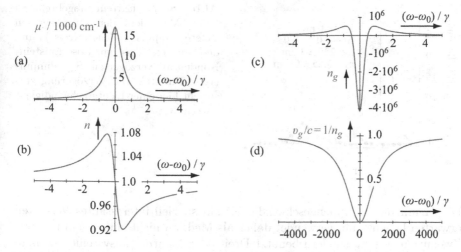

Abb. 8.26. (a) Absorption und (b) Brechungsindex bzw. Dispersion in der Nähe einer Resonanzlinie (maßstäblich am Bsp. der Na-D-Linie bei $N = 2 \times 10^{13}$ cm^{-3}). Zum Vergleich (c) Gruppenindex und (d) Gruppengeschwindigkeit in unterschiedlicher Skalierung

$\omega_0 \simeq 3.2 \times 10^{15}$ s^{-1}. Damit wird der Vorfaktor in (8.110) vor dem Bruchstrich $Ne_0^2 f_0/(4\epsilon_0 m_e \omega_0 \gamma) = 0.08$ und $\omega_0/\gamma = 5.2 \times 10^7$. In Abb. 8.26 sind die Verhältnisse in der Nähe der Resonanzlinie maßstäblich als Funktion von $\omega - \omega_0$ in Einheiten der Linienbreite aufgetragen. Abb. 8.26a zeigt den Absorptionskoeffizienten und Abb. 8.26b den reellen Brechungsindex. Man sieht, dass n den typischen Wechsel zwischen normaler, zu anomaler und schließlich zurück zu normaler Dispersion vollzieht – bei Werten um 1 herum, für welche (8.110) gültig ist. Allerdings wird die Absorption Abb. 8.26a selbst bei diesen moderaten Änderungen des Brechungsindex gewaltig.

Abb. 8.26c gibt den Gruppenindex n_g wieder. Er zeigt dramatische Änderungen im Bereich der Resonanz und hat eine Größenordnung von einigen $+10^6$ bis -4×10^6. Die Gruppengeschwindigkeit (8.110) kann also sehr groß oder auch negativ werden und variiert extrem schnell über die Resonanz hinweg. Natürlich werden hier auch die Grenzen unserer Betrachtungsweise deutlich: Bei der Ableitung des Ausdrucks (8.113) für die Gruppengeschwindigkeit sind wir von einer stetigen und moderat langsamen Änderung der Indizes mit ω ausgegangen. Allerdings sollte durch Reduktion der Teilchendichte oder/und durch Verwendung von Materialien mit einer breiteren Absorptionslinie (z. B. in Festkörpern) die Gruppengeschwindigkeit langsamer variabel und damit leichter untersuchbar werden.

Freilich zeigt sich, dass die Realisierung solcher Situationen und der Nachweis der erwarteten Effekte alles andere als trivial ist. Das Hauptproblem, Phänomene für $|v_g| > c$ auch experimentell zu beobachten, besteht ganz offensichtlich in der extremen Absorption gerade dort, wo Brechungsindex,

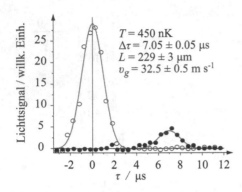

$T = 450$ nK
$\Delta\tau = 7.05 \pm 0.05$ µs
$L = 229 \pm 3$ µm
$v_g = 32.5 \pm 0.5$ m s^{-1}

Abb. 8.27. Extrem abgebremstes Licht. Man sieht den unverzögerten Referenzimpuls (offene Kreise) und den um ca. 7 µs im Bose-Einstein-Kondensat verzögerten Signalimpuls (volle Punkte). Die Verzögerung entspricht hier einer Lichtgeschwindigkeit von ca. 32 m s^{-1}

Dispersion und Gruppengeschwindigkeit ein speziell interessantes Verhalten erwarten lassen. Man verwendet daher als Medium nicht einfach ein passives Zweiniveausystem, sondern benutzt Drei- oder Mehrniveausysteme, die man mithilfe eines Pumplasers in einen Verstärker verwandelt. Neben atomaren Gasen werden auch Festkörpermaterialien eingesetzt, z. B. dotierte, lichtleitende Fasern. Viele weitere, kluge Konzepte sind entwickelt worden, um solche Effekte in der Tat zu studieren – wenn auch mit hohem Aufwand (wir verweisen den interessierten Leser z. B. auf den schon zitierten Review von Boyd und Gauthier, 2002, und weitere dort genannte Referenzen). Sowohl die Ausbreitung von Lichtimpulsen schneller als die Lichtgeschwindigkeit c im Vakuum, wie auch die extreme Verlangsamung solcher Impulse wurden beobachtet. Eine genaue Analyse erlaubt es, alle in der Literatur berichteten Beobachtungen nach den Gesetzen der Optik zu verstehen – auch wenn sie auf den ersten Blick mysteriöse „superluminale" Effekte zu zeigen scheinen: Information wird auch in solchen Anordnungen nicht schneller als mit Lichtgeschwindigkeit übertragen. Hierzu müsste z. B. eine Diskontinuität in der Welle entsprechend schnell propagieren, und eine solche – das ergibt die Analyse – kann sich grundsätzlich nur mit Geschwindigkeiten unterhalb der Vakuumlichtgeschwindigkeit ausbreiten, auch wenn die Ausläufer des Impulses schon eine Ausbreitung triggern können, lange bevor das Maximum des Impulses den Beobachtungsort erreicht. Energietransport in einer Welle wird (hier ohne Beweis) durch eine Ausbreitungsgeschwindigkeit

$$c_f = \frac{2n}{n^2 + 1} c \tag{8.116}$$

beschrieben, die stets kleiner als die Lichtgeschwindigkeit ist.

Während solche superluminalen Effekte einfach ein reizvolles Forschungsthema darstellen, ist der umgekehrte Fall, extrem langsames Licht mit $v_g \ll c$, zwar weniger spektakulär, möglicherweise aber viel bedeutsamer, bietet er doch potenziell interessante Anwendungsmöglichkeiten in der Datenübertragungstechnik: man kann sich z. B. Datenweichen vorstellen, in denen ein Kontrolllaser den Datenfluss kohärent steuert. Wenn z. B. der Datenstrom in einer Sequenz von Lichtimpulsen temporär zu hoch wird, so könnte man ihn auf diese Weise stoppen und erst dann weiterleiten, wenn die nachfolgende optische Leitung wieder frei ist. Dazu muss man natürlich extrem schmalbandige, hochstabile Laserlichtquellen benutzen, um den kritischen Bereich um eine Resonanz herum überhaupt zu „treffen". Abb. 8.26d zeigt aber für ein relativ breites Frequenzband um die Resonanzlinie herum, wie niedrig die Gruppengeschwindigkeit selbst in unserem einfachen Modellsystem im Prinzip werden kann. In der Praxis sind auch diese Experimente sehr aufwendig. Einen wichtigen Durchbruch erzielten Hau et al. (1999), die erstmals demonstrieren konnten, dass sich in sehr kalten Atomen, genauer gesagt in einem Bose-Einstein-Kondensat, Lichtgeschwindigkeiten bis hinunter zu $17\,\mathrm{m\,s^{-1}}$ erreichen lassen. Abb. 8.27 auf der vorherigen Seite zeigt ein Beispiel aus dieser Arbeit. Man sieht dort zwei Lichtimpulse im Vergleich: den unverzögerten Referenzimpuls und den um ca. $7\,\mu$s verzögerten Signalimpuls. Inzwischen gibt es zahlreiche weitere, vielversprechende Fortschritte auf diesem Gebiet. Der interessierte Leser wird auf die aktuelle Literatur verwiesen.

8.8.5 Elastische Streuung von Licht

Mit dem Rüstzeug, welches in den vorangehenden Abschnitten entwickelt wurde, können wir das bislang noch nicht behandelte, wichtige Thema Lichtstreuung jetzt leicht nachtragen. Licht kann nicht nur absorbiert werden, wobei Atome oder Moleküle des absorbierenden Mediums angeregt werden, wie in Kapitel 4 ausführlich behandelt. Licht kann auch elastisch gestreut werden. Diesen Prozess kann man sich so vorstellen, dass Atome unter dem Einfluss der externen elektromagnetischen Strahlung, genau gesprochen durch das elektrische Wechselfeld der Welle $\boldsymbol{E}(t)$, polarisiert werden und damit einen zeitlich veränderlichen Dipol $\boldsymbol{D}(t) = \alpha_E \boldsymbol{E}(t)$ bilden, der elektromagnetische Wellen der eingestrahlten Frequenz in den gesamten Raum abstrahlt. Dabei ist α_E die in Abschnitt 8.8 behandelte Polarisierbarkeit des wechselwirkenden Atoms bzw. Moleküls. Man kann die Abstrahlung ganz klassisch berechnen, wie schon in (4.14) notiert. Die Winkelabhängigkeit der emittierten elastischen Leistung P ist gegeben durch

$$\frac{\mathrm{d}P}{\mathrm{d}\Omega} = \frac{\overline{\left|\ddot{\boldsymbol{D}}(t)\right|^2}}{(4\pi)^2 \,\epsilon_0 c^3} \sin^2\theta = \frac{\alpha_{Ea}^2 \overline{|E|^2} \omega^4}{(4\pi)^2 \,\epsilon_0 c^3} \sin^2\theta\,, \tag{8.117}$$

wobei wir mit dem Querstrich wieder die zeitliche Mittelung andeuten, und θ der Winkel zwischen Polarisationsrichtung des eingestrahlten Lichts und Abstrahlungsrichtung ist. Der differenzielle Wirkungsquerschnitt für diese sogenannte **Rayleigh-Streuung** ergibt sich, indem man $\mathrm{d}P/\mathrm{d}\Omega$ durch die einfallende Lichtintensität $I = c\epsilon_0 \overline{|E|^2} = c\epsilon_0 E_0^2/2$ dividiert:

$$\frac{\mathrm{d}\sigma_R}{\mathrm{d}\Omega} = \frac{\alpha_E^2 \omega^4}{16\pi^2 \epsilon_0^2 c^4} \sin^2\theta \tag{8.118}$$

Man erhält also wieder die typische torusartige (doughnut) Strahlungscharakteristik, die wir auch bei der resonanten Fluoreszenz festgestellt hatten (s. Kapitel 4.4). Man kann die Rayleigh-Streuung gut an einem sich in Luft ausbreitenden Laserstrahl beobachten. Je nach Intensität des Lasers kann man auch bei völlig trockener und staubfreier Luft den Strahl aufgrund der Rayleigh-Streuung mehr oder weniger hell und deutlich beobachten. Man überzeugt sich leicht, dass die Abstrahlung parallel zur Polarisationsrichtung verschwindet (d. h. senkrecht zum Laserstrahl in einer bestimmten Azimutrichtung).

Für unpolarisiertes Licht muss man mitteln über Licht, welches parallel bzw. senkrecht zur Streuebene polarisiert ist. Während für ersteres (8.118) gilt, ist die Streuung für letzteres in der Streuebene unabhängig vom Winkel. Damit wird der **Rayleigh-Streuquerschnitt** für **unpolarisiertes Licht**:

$$\frac{d\sigma_R}{d\Omega} = \frac{3}{16\pi}\sigma_R\left(1 + \cos^2\vartheta\right) , \tag{8.119}$$

wobei ϑ hier den Winkel zwischen Lichteinfalls- und Emissionsrichtung bezeichnet. Der **integrale Rayleigh-Querschnitt** ergibt sich zu

$$\sigma_R = \frac{\alpha_E^2\omega^4}{6\pi\epsilon_0^2 c^4} = \frac{8\pi^3\alpha_E^2}{3\epsilon_0^2\lambda^4} \tag{8.120}$$

durch Integration von (8.119) über alle Winkel. Für niedrige Frequenzen ω im infraroten und sichtbaren Spektralgebiet ist α_E im Wesentlichen wellenlängenunabhängig und entspricht dem statischen Wert nach (8.77). Somit lässt sich der elastische Querschnitt für $\omega \ll \omega_0$ mit der klassischen Formel von Rayleigh schreiben:

$$\sigma_R = \sigma_e\frac{\omega^4}{\omega_0^4} \tag{8.121}$$

Dabei ist

$$\frac{1}{\omega_0^2} = \sum_{b\neq a}\frac{f_{ba}}{\omega_{ba}^2} \tag{8.122}$$

eine für das Atom charakteristische, mittlere Oszillationsfrequenz und σ_e der sogenannte **Thomson-Streuquerschnitt**

$$\sigma_e = \frac{e_0^4}{6\pi\epsilon_0^2 m_e^2 c^4} = \frac{8\pi}{3}\alpha^4 a_0^2 = \frac{8\pi}{3}r_e^2 = 0.665\,\text{barn}, \tag{8.123}$$

der erstmals von J.J. Thomson ganz klassisch für die Streuung von Licht an freien Elektronen berechnet wurde. Hier ist α die Feinstrukturkonstante, a_0 die atomare Längeneinheit und r_e der sogenannte klassische Elektronenradius (s. Anhang A). Diese kleinen Querschnitte misst man in der Regel in Einheiten von 1 barn $= 10^{-28}$ m^2.

Die in (8.120) gezeigte Proportionalität $\sigma_R \propto \lambda^{-4}$ beantwortet die häufig gestellte Frage „Warum ist der Himmel blau?" auf klare Weise: Blaues Licht wird an molekularem Sauerstoff und Stickstoff, deren Absorptionsfrequenzen weit im ultravioletten Bereich liegen, sehr viel effizienter gestreut als rotes Licht. Der Himmel, den wir als Streulicht der Sonne wahrnehmen, erscheint also blau. Umgekehrt erklärt dies auch die rote Farbe der Sonnenuntergänge.

Wegen der Wellenlängenabhängigkeit der Polarisierbarkeit α_E nach (8.92) hat der elastische Streuquerschnitt (8.120) über den gesamten Spektralbereich betrachtet natürlich einen weit strukturierteren Verlauf als dies die klassische Formel (8.121) für den langwelligen Grenzfall vermuten lässt. In der Nähe von Resonanzfrequenzen führt das zu besonders intensiven elastischen Streuphänomenen – auch wenn die Absorption noch vernachlässigt werden kann. Im anderen Grenzfall sehr hoher, aber noch nicht relativistischer Photonenenergien, wenn also gegenüber allen relevanten Übergangsfrequenzen $\omega_{ba} \ll \omega \ll m_e c^2/\hbar$ gilt, wird die Polarisierbarkeit nach (8.94) einfach $\alpha_E = -e_0^2/\left(m_e\omega^2\right)$ und der elastische Wirkungsquerschnitt geht in den klassischen Thomson-Streuquerschnitt (8.123) für quasi freie Elektronen über.

Hier muss man freilich etwas vorsichtig mit der Übernahme klassischer Ergebnisse sein (eine ausführliche Diskussion findet man in dem ausgezeichneten Review von Kane et al., 1986, sowie in den dort angegebenen Referenzen). Zum einen bezieht sich (8.120) und entsprechend auch (8.123) auf *ein einzelnes* Elektron. In der Praxis ist man natürlich am elastischen Querschnitt pro Atom mit ggf. $\mathcal{N}_e$ Elektronen interessiert. Im langwelligen Grenzfall, aber auch im Bereich atomarer Resonanzen ist dies (im Prinzip jedenfalls) leicht zu kurieren: man muss (8.122) bzw. (8.93) einfach über hinreichend viele Absorptionsfrequenzen summieren, und dabei soweit notwendig alle Elektronen berücksichtigen. Dabei werden stets die Frequenzen dominieren, die der eingestrahlten am nächsten sind, sodass sich im langwelligen Grenzfall kaum etwas ändert. Anders ist dies bei der Streuung hochenergetischer Photonen. Handelt es sich um wirklich freie Elektronen, so können diese ja erhebliche Energie aufnehmen und die Energie des gestreuten Photons ändert sich: wir haben es mit Compton-Streuung zu tun, die wir bereits kurz in Kapitel 1.4.2 behandelt haben, auf die wir aber im Detail hier nicht eingehen können. Bei gebundenen Atomelektronen kann man den Impulserhaltungssatz natürlich stets durch einen Rückstoßimpuls $\hbar\mathbf{q}$ auf das Atom erfüllen und einen quasielastischen Anteil der Photonenstreuung definieren und berechnen. Man spricht dann von *kohärenter Streuung* (im Gegensatz zur inkohärenten Compton-Streuung). Dabei wird angenommen, dass die Bindungsenergien des Atoms klein gegenüber der Photonenenergie ($\hbar\omega_{ba} \ll \hbar\omega$) und gegenüber der Ruheenergie des Elektrons seien ($\hbar\omega_{ba} \ll m_e c^2$) und dass auch der Impulsübertrag klein sei ($\hbar q \ll m_e c$). Man hat dann alle Streuamplituden (d. h. im Wesentlichen die Wurzel des Ausdrucks (8.117)) kohärent zu überlagern. Das geschieht indem man die Streuamplituden mit dem Realteil des Atomformfaktors (1.20) multipliziert, quadriert und wieder über alle Streuwinkel integriert. Das führt in sehr grober erster Näherung zu einem Faktor $\mathcal{N}_e^2$ für ein Atom mit $\mathcal{N}_e$ Elektronen.

Zum anderen gelten all diese Überlegungen nur so lange, wie man nichtrelativistisch rechnen muss, also für Photonenenergien $\hbar\omega \ll m_e c^2$. Für hinreichend hohe Energien muss man u. a. einen relativistischen Ansatz für die Bewegung der streuenden Elektronen im elektromagnetischen Feld machen, was recht aufwendig werden kann. Im Grenzfall nimmt die kohärente Photonenstreuung jedenfalls $\propto (\hbar\omega)^{-2}$ ab.

Wir notieren abschließend, dass die sehr intensiven Streueffekte, die man in Diskotheken oder bei Lasershows unter Feuchtwetterbedingungen beobachtet, nicht auf die Rayleigh-Streuung, sondern auf die ebenfalls elastische sogenannte **Mie-Streuung** zurückzuführen sind. Sie ist dann von Bedeutung, wenn die streuenden Objekte (Rauchpartikel, Wassertröpfchen) Abmessungen von der Größenordnung der Wellenlänge oder größer haben. Die Winkelverteilung der Mie-Streuung hängt von Form und Größe der streuenden Teilchen ab, wird mithilfe der Maxwell-Gleichungen berechnet und kann recht kompliziert werden. Für die Untersuchung von Nano- und Mikroteilchen wird diese Art der elastischen Streuung häufig genutzt. Eine detaillierte Behandlung würde aber den Rahmen dieses Buchs sprengen.

8.9 Atome im starken Laserfeld

In diesem sehr aktuellen Forschungsgebiet, wird die moderne Entwicklung leistungsstarker Ultrakurzpulslaser genutzt, um ganz neue Dimensionen der Wechselwirkung von Licht mit Materie zu eröffnen. Man benutzt ultrakurze Laserimpulse um besonders hohe Intensitäten zu erzielen, da die Intensität ja mit $I = W/(A\Delta t)$ von der Impulsenergie W, der Fokusfläche A und der Impulsdauer Δt abhängt. Bei gleichem energetischen Gesamtaufwand bringt also eine 10 fs Impulsdauer eine 10^5fach höhere Intensität als z. B. ein 1 ns Laser gleicher Gesamtenergie – und führt damit nach (8.49) zu entsprechend höheren elektrischen Feldern.

8.9.1 Ponderomotorisches Potenzial

Bekannterweise kann bei der Wechselwirkung mit einem elektromagnetischen Feld auf ein freies Elektron aus Impulserhaltungsgründen keine Energie dauerhaft übertragen werden. Dazu bedarf es eines dritten Partners, der es gestattet, Energie- und Impulsbilanz in Ordnung zu bringen. Wir betrachten als Ausgangspunkt dennoch zunächst einmal die klassische Bewegungsgleichung eines freien Elektrons in einem oszillierenden elektrischen Feld der Amplitude E_0:

$$m_e \frac{\mathrm{d}v}{\mathrm{d}t} = e_0 E_0 \cos \omega t$$

Die Geschwindigkeit des Elektrons im stationären Fall ist dann

$$v(t) = \frac{e_0 E_0}{m_e \omega} \sin \omega t \,.$$

Seine kinetische Energie wird damit

$$\frac{1}{2} m_e v^2 = \frac{e_0^2 E_0^2}{2 m_e \omega^2} \sin^2 \omega t \tag{8.124}$$

und für seine Auslenkung um einen Mittelpunkt herum gilt

$$x = -\frac{e_0 E_0}{\omega^2 m_e} \cos(\omega t) = -x_0 \cos(\omega t) . \tag{8.125}$$

Für die Auslenkungsamplitude berechnet man mit (4.28)

$$x_0 = \frac{e_0 E_0}{\omega^2 m_e} = \frac{e_0}{\omega^2 m_e} \sqrt{\frac{2I}{\epsilon_0 c}} = \frac{e_0 \, \lambda^2}{4\pi^2 c^2 m_e} \sqrt{\frac{2I}{\epsilon_0 c}} , \tag{8.126}$$

woraus in handlichen Einheiten

$$x_0 / \, \mathrm{nm} = 1.3607 \times 10^{-7} \, [\lambda/\, \mathrm{nm}]^2 \, \sqrt{I/\left(10^{12} \, \mathrm{W\,cm^{-2}}\right)} \tag{8.127}$$

wird.

Die mittlere, in dieser *Zitterbewegung ("quiver motion")* steckende Energie bezeichnet man als **ponderomotorisches Potenzial** ("ponderomotive potential"):

$$U_p = \overline{\frac{1}{2} m_e v^2} = \frac{e_0^2 E_0^2}{4 m_e \omega^2} = \frac{1}{4} m_e \omega^2 x_0^2$$

Mit (4.28) wird daraus

$$U_p = \frac{e_0^2 I}{2\epsilon_0 c m_e \omega^2} = \frac{e_0^2 I \, \lambda^2}{8\pi^2 \epsilon_0 c^3 m_e} \propto I\lambda^2 , \tag{8.128}$$

was man ebenfalls in handlichen Einheiten

$$U_p / \, \mathrm{eV} = 9.3375 \times 10^{-8} \, [\lambda/\, \mathrm{nm}]^2 \, \left[I/\left(10^{12} \, \mathrm{W\,cm^{-2}}\right)\right] \tag{8.129}$$

schreiben kann. *Es sei darauf hingewiesen, dass dieser Ausdruck völlig identisch ist mit dem formal aus dem Vektorpotenzial in der Schrödinger-Gleichung hergeleiteten*, in A_0 quadratischen Term (F.16).

Die Größenordnung von U_p und x_0 illustriert Abb. 8.28 auf der nächsten Seite für verschiedene Wellenlängen λ als Funktion der Laserintensität. Die vollen roten Linien beziehen sich auf die Grundwelle $\lambda = 800\,\mathrm{nm}$ des Titan:Saphir-Laser (kurz TiSa) – des „Arbeitspferds" der Ultrakurzzeitphysik. Nehmen wir als Beispiel ein Elektron im Fokus eines TiSa bei einer Intensität von $10^{14}\,\mathrm{W\,cm^{-2}}$. Das ponderomotorische Potenzial entspricht dann $U_p = 5.976\,\mathrm{eV}$. Und (8.127) ergibt für die entsprechende Auslenkungsamplitude $x_0 = 8.7\,\mathrm{nm}$ – das ist eine gigantische Elektronenbewegung im Vergleich zu typischen Atomabmessungen von einigen $0.1 - 0.5\,\mathrm{nm}$.

Man kann sich leicht vorstellen, dass Elektronen, die an ein Atom oder Molekül gebunden sind, in solch hohen Feldern erhebliche Veränderungen ihrer Wellenfunktionen und Termenergien erfahren. Wir müssen das ponderomotorische Potenzial (8.128) also mit der Bindungsenergie des Elektrons im Atom

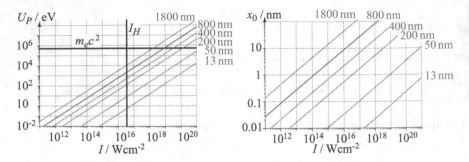

Abb. 8.28. Ponderomotorisches Potenzial und maximale Auslenkung eines Elektrons als Funktion der Intensität I und Wellenlänge λ eines Kurzpulslasers. Die volle rote Linie entspricht der Wellenlänge $\lambda = 800\,\mathrm{nm}$ des TiSa-Lasers

vergleichen. Im moderaten Falle wird dies zu einer Energieverschiebung führen, die wir im Zusammenhang mit dem dynamischen Stark-Effekt ja bereits kennengelernt haben. In der Tat zeigt ein Vergleich von U_p nach (8.128) mit der Energieverschiebung beim dynamischen Stark-Effekt (8.95), dass beide Ausdrücke im Grenzfall hoher Frequenzen $\omega \to \infty$ identisch werden.

Allerdings erwarten wir für wirklich starke und insbesondere auch für längerwellige Laserfelder, wie sie in Abb. 8.28 charakterisiert sind, einen Zusammenbruch der bislang entwickelten Atomphysik gebundener Zustände. Zwei spezifische Grenzen zur Charakterisierung eines ultraintensiven Laserfelds sind links in Abb. 8.28 eingetragen: Zum einen wird das System hochrelativistisch, wenn $U_p > m_e c^2$ ist. Die hierfür erforderliche Laserintensität fällt nach (8.128) mit dem Quadrat der Wellenlänge. Zum anderen wird oberhalb einer Intensität I_H das elektrische Feld im Laserfokus größer als das atomare Feld E_H, welches ein Elektron im H-Atom im Abstand a_0 erfährt. Diese Intensität ist wellenlängenunabhängig:

$$I_H = \frac{\epsilon_0 c}{2} E_H^2 = \frac{\epsilon_0 c}{2} \left(\frac{e_0}{4\pi\epsilon_0 a_0^2} \right)^2 = 3.51 \times 10^{16}\,\mathrm{W/cm^2}. \tag{8.130}$$

8.9.2 Keldysh Parameter

Es gibt noch eine weitere Bedingung, die uns ein Laserfeld als hoch ansehen lässt: sie leitet sich aus dem Verhältnis von Ionisationspotenzial W_I und ponderomotorischem Potenzial U_p ab. Aus Gründen, die wir in Abschnitt 8.9.4 diskutieren werden, definiert man in Würdigung der dafür grundlegenden Arbeit von Keldysh (1965) den

Keldysh Parameter $\quad \gamma = \sqrt{\dfrac{W_I}{2U_p}} = \sqrt{\dfrac{\epsilon_0 c m_e \omega^2 \, W_I}{e_0^2 I}}$ $\qquad$ (8.131)

$$\gamma = 2.31 \times 10^3 \sqrt{\dfrac{W_I / \mathrm{eV}}{[I / (10^{12} \, \mathrm{W\,cm^{-2}})] \, [\lambda / \mathrm{nm}]^2}}$$

Er charakterisiert sozusagen den Übergang von einer Situation *Atom mit Laserfeld* $\gamma > 1$ zu einer Situation *Laserfeld mit Atom* $\gamma < 1$. Bleiben wir bei unserem obigen Beispiel und betrachten wir ein H-Atom mit $W_I = 13.6\,\mathrm{eV}$ in einem Strahlungsfeld von $I = 10^{14}\,\mathrm{W\,/\,cm^2}$ bei $\lambda = 800\,\mathrm{nm}$. Dann wird $\gamma \sim 1$. Bei dieser Intensität wird also die atomare Energie vergleichbar mit der vom Feld eingebrachten Energie – für ein H-Atom würden wir dies als intensives Laserfeld bezeichnen. Wir merken uns an dieser Stelle, dass der Keldysh-Parameter wellenlängenabhängig ist: je größer die Wellenlänge, desto wirksamer ist das Laserfeld!

8.9.3 Von der Multiphotonenionisation (MPI) zur Sättigung

Mit der Multiphotonenionisation hatten wir uns schon in Kapitel 5.5.5 beschäftigt und dort im Sinne der Störungsrechnung behandelt. Wenn die benutzten Laserfelder vergleichbar mit den inneratomaren Feldern werden, ist das natürlich nur noch begrenzt sinnvoll. Das Verhalten von Atomen und Molekülen in solchen starken Laserfeldern zeigt viele, auf den ersten Blick überraschende Phänomene. In einem gewissen Sinne kann man sagen, dass die Prozesse umso klassischer werden, je höher die Intensität ist. So treten z. B. bei extrem hoher Intensität aus einem Atom oder Molekül Elektronen durch Tunnelprozesse aus und ihre Energie wird (jedenfalls für einen Teil der austretenden Elektronen) umso höher, je höher die Lichtintensität ist – ein Phänomen, das der Beobachtung beim üblichen Photoeffekt direkt zu widersprechen scheint.

Bei moderat hohen Intensitäten, die hoch genug sind, um Mehrphotoneneffekte zu beobachten, aber auch niedrig genug, um mit der Störungsrechnung (höherer Ordnung) noch brauchbare Ergebnisse zu erzielen, beobachtet man, wie in Kapitel 5.5.5 beschrieben, Multiphotonenionisation mit Signalintensitäten (Elektronen oder Ionen) die $\propto I^{\mathcal{N}}$ sind, wenn $\mathcal{N}$ Photonen absorbiert werden. Der Übergang zu hochintensiven Feldern, wo man Tunnelionisation und massive Verschiebung der atomaren Niveaus durch das ponderomotorische Potenzial beobachtet, ist freilich fließend. Ein sehr schönes experimentelles Beispiel ist die von Larochelle et al. (1998) untersuchte Multiphotonenionisation von Xe mit Femtosekundenlaserimpulsen bei 800 nm. Es gilt heute geradezu als „Benchmark" für solche Experimente. Das Ionisationspotenzial von Xe ist $W_I = 13.44\,\mathrm{eV}$. Es werden also rechnerisch mindestens $W_I / \hbar\omega = 8.67$, d. h. 9 Photonen zur Ionisation gebraucht. Nach (5.78) würde man in doppeltlogarithmischer Darstellung also eine Steigung $N = 9$ erwarten. Wie man in

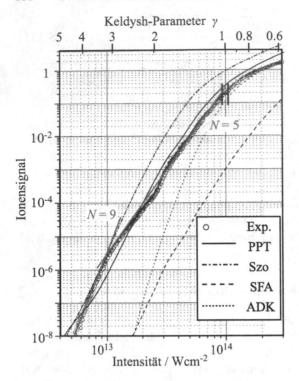

Abb. 8.29. Multiphotonenionisation von Xe bei 800 nm nach Larochelle et al. (1998). Die Steigung in $log - log$ Darstellung gibt nach (5.78) einen Hinweis auf die Anzahl $\mathcal{N}$ der am Prozess beteiligten Photonen. Rot eingetragen sind die Steigungen für Prozesse mit $9\hbar\omega$ bzw. $5\hbar\omega$. Zur direkten Multiphotonenionisation von Xe werden mindestens 9 Photonen gebraucht, wie bei den niedrigsten Intensitäten beobachtet. Bei einer Intensität von $I = 10^{14}\,\mathrm{W\,cm^{-2}}$ ist der Prozess gesättigt. Die gemessene Ionenausbeute wird mit verschiedenen Theorien verglichen

Abb. 8.29 sieht, wird das für die kleinsten Intensitäten auch tatsächlich beobachtet. Bei höheren Intensitäten stimmt das aber offenbar überhaupt nicht mehr, und man würde, wie angedeutet, die Messkurve eher durch ein Potenzgesetz mit $N = 5$ approximieren. Das liegt natürlich nicht zuletzt daran, dass Xe ein sehr komplexes Atom mit einer sehr dichten Folge von Zuständen oberhalb des ersten angeregten Zustands ist, für dessen Anregung etwa 5 Photonen gebraucht werden – wenn man von der bei hohen Intensitäten nicht mehr streng gültigen Resonanzbedingung einmal absieht. Offensichtlich genügt es, bei hohen Intensitäten diesen ersten Anregungsschritt zu bewirken. Der angeregte Zustand ionisiert dann mit sehr hoher Wahrscheinlichkeit. Wie man sieht, verlangsamt sich der Anstieg der Ionenausbeute oberhalb von ca. $10^{14}\,\mathrm{W\,cm^{-2}}$ dramatisch weiter. Man kann sagen, dass bei diesen Intensitäten im Zentrum des Laserfokus bereits alle Atome ionisiert sind. Der weitere, schwache Anstieg entsteht nur dadurch, dass auch in den Randzonen des Laserstrahls, der durch ein Gauß-Profil zu charakterisieren ist, Zug um Zug diese **Sättigungsintensität** erreicht wird, dass sich also das Ionisationsvolumen effektiv vergrößert. Als obere Skala haben wir in Abb. 8.29 den Keldysh-Parameter (8.131) aufgetragen. Man sieht, dass Sättigung offensichtlich in einem Intensitätsbereich erreicht wird, bei welchem $\gamma \simeq 1$ wird, also dort, wo das noch moderate Feld in ein sehr starkes Feld übergeht.

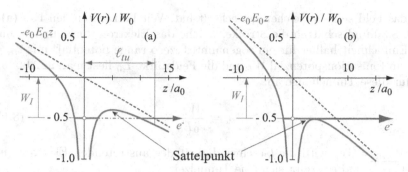

Abb. 8.30. Modell zum Verständnis der Atomionisation im starken elektrischen Feld, insbesondere in einem intensiven Laserimpuls: (a) Tunnelprozess (b) Elektronenemission „über die Barriere". Skizziert ist hier ein Schnitt durch das Potenzial parallel zur Richtung des E-Felds zum Zeitpunkt des maximalen Felds in z-Richtung

8.9.4 Tunnelionisation

Bei sehr hohen Intensitäten kann das (oszillierende) elektrische Feld so groß werden, dass es das atomare elektrische Feld maßgeblich verändert. Nehmen wir an, das Atom könne für das auslaufende Elektron im Wesentlichen als Coulomb-Potenzial der Ladung Ze_0 beschrieben werden, so „sieht" das Elektron im Feld eines linear in z-Richtung polarisierten Laserimpulses ein zeitabhängiges Potenzial

$$V(r,t) = -Ze_0^2/(4\pi\epsilon_0 r) - e_0 E(t)z \,, \tag{8.132}$$

wie dies für das Maximum der Feldoszillation mit der Amplitude E_0 in Abb. 8.30 illustriert ist (mit $z = r\cos\theta$).

Die Elektronen können aus dem Atom „heraustunneln", wie im Fall (a) angedeutet, oder im Fall (b) sogar „über die Barriere" aus dem Atom austreten, sofern diese hinreichend stark abgesenkt wird. Man berechnet die kritische Intensität I_{cr}, bei welcher dieser Fall eintritt, indem man für den Sattelpunkt des Potenzials $V = -W_I$ fordert. Es ergibt sich

$$I_{cr} = \frac{\pi^2 c \, (\epsilon_0)^3}{2Z^2 \, (e_0)^6} \, (W_I)^4 \tag{8.133}$$

$$\frac{I_{cr}}{\mathrm{W\,cm^{-2}}} \simeq \frac{4.0 \times 10^9}{Z^2} \left(\frac{W_I}{\mathrm{eV}}\right)^4 \,.$$

Für ein H-Atom z. B. mit $Z = 1$ und $W_I = W_0/2$ wird das kritische Feld $I_c = 1.37 \times 10^{14}\,\mathrm{W\,cm^{-2}}$ – eine Intensität, die man heute problemlos mit gut fokussierten Femtosekundenlasern erreichen kann.

In diesem Bild kann man dem Keldysh Parameter nun auch eine anschauliche Bedeutung geben: da das Laserfeld ja oszilliert, ist die entscheidende Frage, ob das Elektron schnell genug aus dem Atom herauskommen kann, ehe das Feld sein Vorzeichen gewechselt hat. Wir betrachten den Fall (a) in Abb. 8.30 und schätzen die Strecke, welche das Elektron durchtunneln muss der Einfachheit halber für ein sogenanntes „zero range potential" mit ℓ_{tu} ab. Für ein Ionisationspotenzial W_I und die Feldstärke E_0 liest man in Abb. 8.30 (a) für diese Tunnellänge ab:

$$\ell_{tu} = \frac{W_I}{e_0 E_0} \tag{8.134}$$

Mit $W_{kin} = W_I$ wird die Geschwindigkeit des austretenden Elektrons $v = \sqrt{2W_I/m_e}$ und es ergibt sich eine Tunnelzeit

$$t_{tu} = \frac{\ell_{tu}}{v} = \frac{\sqrt{m_e W_I}}{\sqrt{2} e_0 E_0} = \frac{\sqrt{\epsilon_0 c m_e W_I}}{2\sqrt{e_0^2 I}} \tag{8.135}$$

Damit ein Elektron austreten kann, muss die Tunnelzeit deutlich kleiner als die halbe Schwingungsperiode der Strahlung sein, sagen wir $t_{tu} < 1/(2\omega)$. So definiert man den Keldysh-Parameter als

$$\gamma = 2\omega t_{tu} = \sqrt{\frac{\epsilon_0 c m_e \omega^2 W_I}{e_0^2 I}} \tag{8.136}$$

in Übereinstimmung mit (8.131). Das in Abb. 8.29 beobachtete Sättigungsverhalten bei hohen Intensitäten ($\gamma \lesssim 1$) kann man daher mit der Intensität und Frequenz der eingestrahlten elektromagnetischen Welle identifizieren, bei der das Elektron im Bereich maximaler Feldstärke E_0 genug Zeit hat zu tunneln. Man sieht, dass bei dieser Betrachtungsweise das Laserfeld bei gleicher Intensität umso effizienter ist, je langsamer es oszilliert, d. h. je langwelliger es ist. Experimente bestätigen dies in gewissen Grenzen. Andere Theorien, wie die sehr häufig angewandte klassische ADK Theorie (Ammosov et al., 1986), vernachlässigen die Frequenz des Laserfeldes ganz. Sättigung wird danach dann erreicht, wenn das Feld stark genug ist, um Ionisation direkt „über die Barriere" zu ermöglichen, wie in Abb. 8.30b skizziert. Um wieder ein Zahlenbeispiel zu geben: für ein H-Atom wird für $\lambda = 800$ nm bei der eben berechneten kritischen Feldstärke $\gamma = 0.9$. Ein genaues Verständnis dieser Prozesse auch bei komplexen Atomen und in Molekülen ist Gegenstand der aktuellen Forschung.

8.9.5 Rückstreuung

Wenn zeitlicher Verlauf und Intensität des Laserimpulses günstig sind, kann das Elektron sogar zum Atom zurückkehren. Diese sogenannte **Rückstreuung** („rescattering") **der Elektronen** wurde erstmals von Corkum (1993) beschrieben. Wenn im starken Feld ein Elektron aus dem Atom austritt, so hängt seine Trajektorie stark davon ab, wann genau es seine Bahn antritt. Eine einfache klassische Rechnung zeigt, dass diese Elektronen unter geeigneten Bedingungen tatsächlich zum Atom zurückkehren können – nämlich dann, wenn sie sich zum Zeitpunkt der Vorzeichenumkehr des oszillierenden elektrischen Feldes noch nicht zu weit vom Atom entfernt haben. Die Rechnung ergibt, dass diese Rückstreuung zu einer Maximalenergie von $\simeq 3.17 \times U_p$ für das rückkehrende Elektron führt, und zwar genau dann, wenn der Phasenwinkel des als $\propto \cos(\omega t + \phi)$ angenommenen Feldes zum Zeitpunkt des Elektronenaustritts $t = 0$ gerade $\phi \simeq 17°$ ist. Auf diese Weise können die rückgestreuten Elektronen z. B. ein zweites Elektron aus dem Atom herausschlagen. Diese sogenannte *nicht sequenzielle Doppelionisation* führt zu einem sehr speziellen Verhalten des Wirkungsquerschnitts für die Multiphotonenionisation. Dies ist in Abb. 8.31 für das He-Atom illustriert.

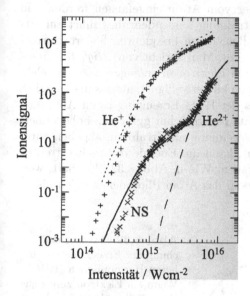

Abb. 8.31. Nichtsequenzielle Doppelionisation von He durch Multiphotonenprozesse mit 160 fs Impulsen bei 780 nm und Vergleich mit verschiedenen Theorien nach Watson et al. (1997). Vergleich der Ionenausbeute für He$^+$ (+) und He^{2+} (×) gemessen von Walker et al. (1994). Die gestrichelten Linien repräsentieren eine Theorie mit einem einzigen aktiven Elektron (bei He^{2+} sequenziell), die volle Linie ist eine Modellrechnung zur nichtsequenziellen Ionisation (NS)

Grundsätzlich erwartet man bei Mehrelektronensystemen A natürlich Prozesse vom Typ:

$$A + \mathcal{N}_1 \hbar\omega \rightarrow A^+ + e^-$$
$$A^+ + \mathcal{N}_2 \hbar\omega \rightarrow A^{2+} + e^-$$
$$\cdots$$
$$A^{q+} + \mathcal{N}_{q+1} \hbar\omega \rightarrow A^{(q+1)+} + e^-$$

Wenn diese Prozesse getrennt nacheinander verlaufen, spricht man von einer stufenweisen oder sequenziellen Ionisation. Aber man kann sich bei stark korrelierten Systemen natürlich auch die Emission mehrerer Elektronen in einem Schritt vorstellen – oder eben die Mehrfachionisation durch rückgestreute Elektronen, was in der Bilanz

$$A + N_1 \hbar \omega \rightarrow A^+ + e^- \, (W_{kin} \leq 3.17 \, U_p)$$
$$\rightarrow A^+ + e^- \rightarrow A^{2+} + 2e^-$$

ebenfalls einem nichtsequenziellen Prozess entspricht. Charakteristisch für die nichtsequenzielle Ionisation ist ein Knick in der doppelt logarithmischen Auftragung des Ionensignals als Funktion der Intensität wie dies in Abb. 8.31 deutlich für das He^{++} Signal zu erkennen ist („NS" kennzeichnet den nicht sequenziellen Anteil).

8.9.6 Erzeugung höherer Harmonischer

Die rückgestreuten Elektronen können nicht nur ein zweites Elektron herausschlagen, sie können u. U. auch wieder vom Atom eingefangen werden und dabei ihrerseits elektromagnetische Strahlung aussenden: dies führt zur Erzeugung von elektromagnetischen Wellen, deren Frequenzen höhere Harmonische der eingestrahlten Grundwelle sind. Man spricht von *„High Harmonic Generation (HHG)"*. Die rückkehrenden Elektronen erzeugen also eine elektromagnetische Strahlung, die wesentlich kürzerwellig ist, als das ursprünglich eingestrahlte Licht. Der Mechanismus der HHG Erzeugung ist in Abb. 8.32 schematisch skizziert. Das rückgestreute Elektron hat ggf. einen hohen Energieüberschuss, den es bei einem Wiedereinfang als Strahlung abgeben wird. Wie schon in Abschnitt 8.9.5 erwähnt, kann die Energie des rückgestreuten Elektrons bis zu $W_{kin} \leq 3.17 \, U_p$ betragen. Wie in Abb. 8.32 illustriert, werden beim Wiedereinfang des Elektrons in das Atom Photonenenergien bis zu $\hbar \omega_{HHG} \leq 3.17 \, U_p + W_I$ emittiert.

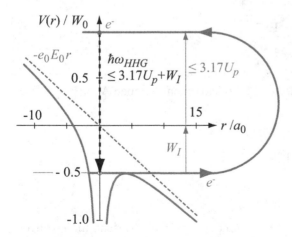

Abb. 8.32. Veranschaulichung der Erzeugung von höheren Harmonischen (HHG). Wenn ein Elektron zum richtigen Zeitpunkt „über die Barriere" emittiert wird, kann es vom sich umkehrenden Feld mit einer kinetischen Energie W_{kin} bis zu $3.17 \, U_p$ *rückgestreut* werden. Diese Energie + Ionisationspotenzial steht dann im Prinzip für die HHG zur Verfügung

Man benutzt diesen Prozess inzwischen sehr erfolgreich, um kurze Impulse elektromagnetischer Strahlung im weichen Röntgenbereich (sogenanntes

EUV oder XUV Licht) zu erzeugen. Man strahlt dazu einen stark fokussierten Femtosekundenlaserimpuls in ein dichtes Gastarget (z. B. in einen Gasjet oder auch in eine gasgefüllte Kapillare) ein und erhält die EUV/XUV Strahlung in Vorwärtsrichtung. Sie enthält in der Regel ein breites Spektrum von Harmonischen der Grundfrequenz $\omega_{HHG} = (2N + 1)\omega$, wobei aus Symmetriegründen nur die ungeraden Harmonischen der eingestrahlten Grundwelle wieder emittiert werden.

Typischerweise beobachtet man ein Spektrum, wie dies links in Abb. 8.33 schematisch dargestellt ist. Das Schema deutet die besonders hohe Effizienz der Konversion für niedrige Harmonische an, gefolgt von einem langen „Plateau" mit Frequenzen im Abstand von 2ω bis zum „Cutoff" bei $3.17\,U_p + W_I$, den man anhand von Abb. 8.32 leicht versteht. Rechts in Abb. 8.33 ist als typisches Beispiel das HHG-Spektrum von Neon gezeigt. Wie in der Abbildung gezeigt, kann man durch geschickte Wahl der Fokussierungsbedingungen die emittierte Intensität beeinflussen – eine Folge der nichtlinearen Erzeugung, bei der die Phasenbeziehung aller Oszillatoren eine wichtige Rolle spielt. An der Optimierung dieser Prozesse wird aktuell intensiv gearbeitet. Durch spezielle zeitliche und räumliche Impulsformung kann man sogar einzelne Harmonische dominant machen und so die Effizienz der Frequenzwandlung erheblich verbessern. Die HHG wird inzwischen zunehmend als zeitaufgelöste Strahlungsquelle im weichen Röntgenbereich genutzt und hat erhebliches Zukunftspotenzial für die Röntgenspektroskopie. Die im Grenzfall erreichbare kürzeste Wellenlänge

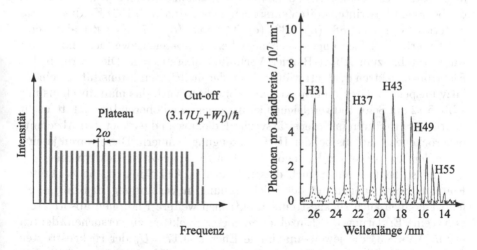

Abb. 8.33. Links: Typisches Spektrum bei der Erzeugung höherer Harmonischer schematisch, mit Plateau und Cutoff bei $3.17U_p+W_I$. Die Frequenzabstände sind 2ω. Rechts: Beispiel für ein experimentell beobachtetes HHG Spektrum (Balcou et al., 2002). 30 fs Impulse bei ca. 800 nm wurden in einen Neon Gasjet fokussiert. Bei verschiedenen Fokussierungsbedingungen (volle Linie bzw. gestrichelte Linie) ist der Prozess sehr unterschiedlich effizient

hängt von der Laserintensität, vom gewählten Targetgas und von der eingestrahlten Frequenz ab.

Die aktuellste Entwicklung ist die Erzeugung von Attosekundenimpulsen
(1 as $= 10^{-18}$ s) durch Superposition mehrerer hoher Harmonischer. Es zeigt
sich, dass die Harmonischen kohärent sind. Wenn man sie trickreich überlagert
(s. z. B. Tzallas et al., 2003) und geschickt filtert, so wird durch Interferenz eine
geeignete Fourier-Summe gebildet und es gelingt tatsächlich einzelne Pulse einer Dauer von weit unter 1 fs zu erzeugen. Wie stets, wenn eine Messmethode
um eine Größenordnung empfindlicher wird, eröffnet sich auch hier ein vielfäl-
tiges Potenzial für Grundlagenforschung und Anwendung. Man darf gespannt
sein, wie sich die *„Attosekundenphysik"* in den kommenden Jahren entwickelt
(s. z. B. Agostini und DiMauro (2004); Scrinzi et al. (2006)).

8.9.7 „Above Threshold" Ionisation in starken Laserfeldern

Zum Abschluss dieses Kapitels kommen wir noch einmal kurz auf ATI-
Prozesse zurück, in die wir in Kapitel 5.5.5 bereits eingeführt haben. Wie
entwickeln sich nun solche Prozesse in starken Laserfeldern, gewissermaßen
auf dem Weg von der Multiphotonenabsorption über den Tunnelbereich hin
zum Above-Barrier-Prozess?

Als besonders suggestives Beispiel zeigen wir in Abb. 8.34 die von Paulus et al. (1994) untersuchten Spektren für Ar mit wunderschönen Serien von
aufgelösten ATI Peaks. Argon hat ein Ionisationspotenzial von $\simeq$ 15.4 eV,
die benutzen Laserintensitäten entsprechen daher nach (8.136) Keldysh-Para-
metern γ von (a) 1.88, (b) 1.33, (c) 0.94 und (d) 0.7. Es wird also gerade der kritische, hier angesprochene Übergangsbereich zwischen moderater
Intensität bis zum Above-Barrier Verhalten überstrichen. Dies wird in den
Elektronenspektren evident: während bei der niedrigsten Intensität (a) ein relativ unspektakuläres ATI Spektrum beobachtet wird, das man durchaus mit
Abb. 5.12 auf Seite 190 vergleichen kann, zeigen die höheren Intensitäten sehr
deutliche Strukturen im Intensitätsverlauf, die uns an die im letzten Abschnitt
besprochenen Plateaus bei der HHG Erzeugung erinnern. Diese waren ja eine
Folge der Rückstreuung der schon aus dem Atom gelösten Elektronen.

Und so liegt es nahe, auch dies hier in den ATI Spektren beobachteten
Plateaus/Schwebungen mit der Rückstreuung in Verbindung zu bringen: offenbar können auch rückgestreute Elektronen weitere Photonen absorbieren.
Ohne eine Erklärung der Einzelheiten dieser Spektren zu versuchen, deuten
wir in Abb. 8.34 die jeweils maximale Energie 3.17 $\times U_p$ der rückgestreuten
Elektronen im klassischen Modell durch Pfeile an. Man könnte nun die Beobachtung so deuten, dass diese zum Atom rückgekehrten Elektronen dort
weitere Photonen absorbieren und mit entsprechend höheren Energien den
atomaren Bereich endgültig verlassen. Freilich sollte man für einen so komplizierten Vorgang wie diesen kombinierten Above-Barrier-Rückstreuungs-ATI-
Prozess ein so einfaches klassische Modell nicht überstrapazieren. Entspre-

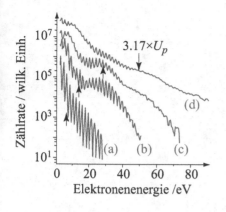

Abb. 8.34. ATI Spektren von Ar mit 40 fs, 630 nm Laserimpulsen bei Intensitäten von (**a**) 6×10^{13} W / cm², (**b**) 1.2×10^{14} W / cm², (**c**) 2.4×10^{14} W / cm² und (**d**) 4.4×10^{14} W / cm² (die Kurven sind der besseren Erkennbarkeit wegen vertikal leicht gegeneinander versetzt) nach Paulus et al. (1994). Die schwarzen Pfeile deuten eine Elektronenenergie von jeweils $3.17 \times U_p$ an – entsprechend der maximalen, klassischen Rückstreuenergie

chende quantenmechanische Modellrechnungen zeigen dagegen recht plausible Übereinstimmungen mit dem Experiment.

Interessanterweise kann man ATI auch an ganz großen Molekülen beobachten, wie dies in Abb. 8.35 am Beispiel C_{60} nach Campbell et al. (2000) gezeigt wird. Das Ionisationspotenzial ist hier mit ca. 7.6 eV viel kleiner als beim Argon, die Intensitäten sind daher qualitativ mit denen in Abb. 8.34 vergleichbar, wie die entsprechenden γ-Werte belegen. Auch hier kann man bei

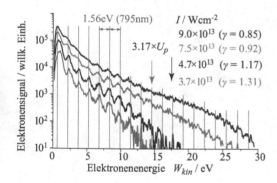

Abb. 8.35. Elektronenspektrum bei der „Above threshold" Ionisation von C_{60} nach Campbell et al. (2000). Die Laserintensität für die vier Messkurven nimmt von unten nach oben zu, wie in der Legende ausgeführt. Die vertikalen, grauen Linien im Abstand der Photonenenergie (bei 795 nm) erlauben die Zuordnung der ATI Peaks

den höheren Intensitäten so etwas wie ein verlängertes Plateau erkennen. Jedenfalls ist der Intensitätsabfall der Elektronenspektren jenseits der $3.17 \times U_p$ Grenze deutlich langsamer als für kleinere Energien. Wie man sieht, darf hier aber die Intensität auch nicht zu groß werden, da sonst durch Wechselwirkung der vielen Elektronen in diesem großen, finiten System, die klaren ATI Peaks im Elektronenspektrum verschmiert werden – wie übrigens auch im Fall des Argon zu beobachten: man kann in diesem Sinne C_{60} als ein „Superatom" verstehen.

Hyperfeinstruktur

Wir kommen jetzt zu einer weiteren Stufe der Verfeinerung bei unserem Verständnis von Atomspektren, der sogenannten Hyperfeinstruktur (HFS). Sie ist durch die Wechselwirkung der Atomhülle mit dem Atomkern bestimmt. Neben ihrer spektroskopischen Bedeutung für die Atom-, Molekül- und Kernphysik, in jüngster Zeit auch bei ultrakalten Bosonen und Fermionen und somit bei der Quanteninformationsverarbeitung, bildet die Wechselwirkung zwischen Atomkern und seiner elektronischen Umgebung die Grundlage für die NMR (Nuclear Magnetic Resonance) und im Detail auch für die EPR (Electron Paramagnetic Resonance), die heute zu den wichtigsten Methoden der Strukturaufklärung in Molekülphysik, Chemie, Biologie und Medizin gehören.

Hinweise für den Leser: Dies ist kein ganz einfaches Kapitel. Dennoch wird sich der Leser früher oder später damit auseinander setzen müssen, denn es handelt sich um eine wichtige und nicht zuletzt auch aus methodischer Sicht grundlegende Thematik. Nach einer Einführung in die zugrunde liegenden Wechselwirkungen in Abschnitt 9.1 und 9.2 wird in Abschnitt 9.3 der Zeeman-Effekt im schwachen, starken und beliebigen Feld behandelt. Hier folgen wir den Überlegungen von Kapitel 8.1.2–8.2, die dort auf den Elektronenspin, hier auf den Kernspin angewandt werden. Die elektrischen Wechselwirkungen Abschnitt 9.4 und die Isotopenverschiebung Abschnitt 9.5 sind Besonderheiten der Wechselwirkungen der Kerne mit der Elektronenhülle und erfordern etwas mathematischen Aufwand, wobei von den Formeln der Anhänge Gebrauch gemacht wird. Abschließend führt Abschnitt 9.6 in drei wichtige Beispiele für interessante, aktuelle experimentelle Verfahren ein: Molekülstrahlspektroskopie, EPR- und schließlich NMR-Spektroskopie. Die einzelnen Abschnitte bauen alle aufeinander auf, sind jedoch für das Verständnis des nachfolgenden Kapitels nicht zwingend erforderlich.

9.1 Einführung

Einen Überblick über die bisher betrachtete Störungshierarchie und die jetzt neu hinzukommenden Wechselwirkungen gibt Tabelle 9.1 auf der nächsten Seite. Es geht hier also um die Wechselwirkung der Elektronenhülle eines

Tabelle 9.1. Hierarchie der Wechselwirkungen im Rahmen der Störungstheorie für die Atomphysik

Wechselwirkung	Charakteristik	Bemerkungen
1. Coulomb	ℓ-Entartung	Nur bei H-Atom und H-ähnlichen Ionen
2. Abweichung vom Z/r Potenzial	Aufhebung der ℓ-Entartung	bei Alkaliatomen und allen anderen
3. Spin-Bahn-Wechselwirkung $J = L + S$ bzw. $J = \sum J_i$	Feinstrukturaufspaltung	$(2S + 1)$ Zustände (S Elektronenspin) jeweils $(2J + 1)$-fach entartet
4. Wechselwirkung mit externem Feld	Magnetfeld	$(2J + 1)$-fache Entartung wird aufgehoben
	Elektrisches Feld	$(2J + 1)$-fache Entartung wird aufgehoben aber Zustände mit $M = \pm|M|$ bleiben entartet
Je nach Feldstärke vertauschen 3. und 4. die Reihenfolge		
5. Strahlungskorrekturen, QED	Lamb-Shift	Empfindlicher Test für QED
6. Elektronenhülle-Atomkern, analog zu 3. aber viel kleiner	Hyperfeinstruktur $F = J + I$	$2I + 1$ Zustände (I Kernspin) jeweils $(2F + 1)$-fach entartet
a Volumeneffekte	Form u. Masse des Atomkerns	Isotopenverschiebung
b Magn. Dipolwechselwirkung (Kernmoment mit B_j-Feld der Hülle)	Hyperfeinaufspaltung	
c El. Kernquadrupolmoment mit E-Feld Hülle	zusätzliche Verschiebung	
7. Wechselwirkung mit externem Feld	Magnetfeld	$(2F + 1)$-fache Entartung wird aufgehoben

6. mit 7.: wichtiges spektroskopisches Werkzeug für Kernphysik wie auch für Chemie (Atomkerne als Sonden für chemische Umgebung), NMR

Atoms mit dem Atomkern. Sein magnetischen Moment ist

$$\hat{\mathcal{M}}_I = g_I \mu_N \hat{I}/\hbar \quad \text{mit dem} \tag{9.1}$$

$$\textbf{Kernmagneton} \quad \mu_N = \frac{e_0 \hbar}{2m_p} = \frac{m_e}{m_p} \mu_B \tag{9.2}$$

$$= 5.05078324(13) \times 10^{-27}\,\mathrm{J\,T^{-1}}$$

$$= 3.1524512326(45) \times 10^{-8}\,\mathrm{eV\,T^{-1}}$$

$$\widehat{=} 7.62259384(19)\,\mathrm{MHz\,T^{-1}}$$

nach Mohr et al. (2007). Man beachte das *positive Vorzeichen* des kernmagnetischen Moments im Gegensatz zu dem uns schon bekannten magnetischen Moment des Elektrons:

$$\hat{\mathcal{M}}_S = -g\mu_B \hat{\boldsymbol{S}}/\hbar \quad \text{mit dem} \tag{9.3}$$

$$\textbf{Bohr'schen Magneton} \quad \mu_B = \frac{e_0\hbar}{2m_e} = \frac{m_p}{m_e}\mu_N \tag{9.4}$$

$$= 927.400915(23) \times 10^{-26}\,\text{J T}^{-1}$$

$$= 5.7883817555(79) \times 10^{-5}\,\text{eV T}^{-1}$$

$$\cong 13.99624604(35)\,\text{GHz T}^{-1}\,,$$

das also um einen Faktor $m_p/m_e \simeq 1836$ größer ist als das Kernmagneton. Tabelle 9.2 auf der nächsten Seite gibt einige typische Beispiele für Kernmomente. *Man beachte: Protonen, Neutronen und Atomkerne sind keine Elementarteilchen wie die Elektronen! Daher sind die g-Faktoren $g_I = \mathcal{M}_I/I\mu_N$ auch nicht näherungsweise ganzzahlig.*

Für den Kernspin gelten die üblichen Eigenwertgleichungen für Drehimpulse

$$\hat{\boldsymbol{I}}^2 |IM_I\rangle = \hbar^2 I\,(I+1)\,|IM_I\rangle \tag{9.5}$$

und für die Projektion auf eine gegebene Achse z gilt

$$\hat{I}_z\,|IM_I\rangle = M_I\hbar\,|IM_I\rangle \quad \text{mit} \quad M_I = -I, -I+1, \ldots I\,, \tag{9.6}$$

es gibt also $2I + 1$ verschiedene Einstellmöglichkeiten des Kernspins – z. B. in Bezug auf den Gesamtdrehimpuls $\hat{\boldsymbol{J}}$ der Hülle. Schließlich lässt sich der Projektionsoperator des magnetischen Moments auf die z-Achse schreiben als

$$\hat{\mathcal{M}}_z = g_I\mu_N \hat{I}_z/\hbar\,. \tag{9.7}$$

Die Hyperfeinkopplung führt nun dazu, dass der Kernspin $\hat{\boldsymbol{I}}$ sich in Bezug auf $\hat{\boldsymbol{J}}$ ausrichtet und einen Gesamtdrehimpuls

$$\hat{\boldsymbol{F}} = \hat{\boldsymbol{I}} + \hat{\boldsymbol{J}} \tag{9.8}$$

bildet – ganz analog zur Feinstrukturkopplung. Wir brauchen nur zu ersetzen:

$$\begin{array}{ccc} \hat{\boldsymbol{L}} & \hat{\boldsymbol{S}} & \hat{\boldsymbol{J}} \\ \downarrow & \downarrow & \downarrow \\ \hat{\boldsymbol{J}} & \hat{\boldsymbol{I}} & \hat{\boldsymbol{F}} \end{array} \tag{9.9}$$

Entsprechend gilt im gekoppelten Schema $(JI)F$ für den **Gesamtdrehimpuls $\hat{\boldsymbol{F}}$ von Hülle und Kern**:

$$\hat{\boldsymbol{F}}\,|JIFM_F\rangle = \hbar^2 F\,(F+1)\,|JIFM_F\rangle \quad \text{mit} \tag{9.10}$$

$$F = J - I, J - I + 1, \ldots J + I \quad \text{für } I < J \text{ und}$$

$$F = I - J, I - J + 1, \ldots J + I \quad \text{für } I > J$$

Tabelle 9.2. Eigenschaften einiger Hadronen und Atomkerne nach Stone (2005). Die Notation $_Z^A X$ bedeutet einen Atomkern X mit Z Protonen und insgesamt A Nukleonen. Das Flächenmaß $1\,\mathrm{b}$ (barn) $= 10^{-28}\,\mathrm{m}^2$, entspricht der Fläche eines mittelgroßen Atomkerns

Nukleon bzw. Atomkern	Spin I	Landé Faktor $g_I = \mathcal{M}_I / (I\mu_N)$	Magnetisches Moment $\mathcal{M}_I/\mu_N$	Quadrupol Moment[1] $Q\ /\ \mathrm{b}$	NMR[2]
Proton p	1/2	5.58569471(5)	2.79284736(2)	0	+
Neutron n	1/2	−3.8260854(10)	−1.9130427(5)	0	
Deuteron $_1^2$D	1	0.8574382284	0.8574382284	0.0286(2)	
$_2^3$He	1/2	−4.25499544(6)	−2.12749772(3)	0	
$_2^4$He	0	−	0	0	
$_3^6$Li	1	0.8220473(6)	0.8220473(6)	−0.00083(8)	
$_3^7$Li	3/2	2.1709513(13)	3.256427(2)	−0.0406	
$_6^{12}$C	0	−	0	0	
$_6^{13}$C	1/2	+1.4048236(28)	+0.7024118(14)	0	+
$_7^{14}$N	1	0.40376100(6)	+0.40376100(6)	+0.02001(10)	
$_7^{15}$N	1/2	−0.56637768(10)	−0.28318884(5)	0	+
$_8^{16}$O	0	−	0	0	
$_9^{19}$F	1/2	+5.257736(16)	+2.628868(8)	0	+
$_{11}^{23}$Na	3/2	1.478348(2)	+2.217522(2)	+0.109(3)	
$_{14}^{29}$Si	1/2	−1.11058(6)	−0.55529(3)	0	+
$_{15}^{31}$P	1/2	+2.2632(6)	+1.13160(3)	0	+
$_{19}^{39}$K	3/2	0.26098(2)	+0.39147(3)	+0.049(4)	
$_{30}^{67}$Zn	5/2	0.3501916(4)	+0.875479(9)	+0.150(15)	
$_{37}^{85}$Rb	5/2	0.541192(4)	+1.35298(10)	+0.23(4)	
$_{54}^{129}$Xe	1/2	−1.555952(16)	−0.777976(8)	0	
$_{55}^{133}$Cs	7/2	0.7377214(9)	+2.582025(3)	−0.00371(14)	
$_{80}^{199}$Hg	1/2	1.0117710(18)	+0.5058855(9)	0	
$_{80}^{201}$Hg	3/2	−0.3734838(9)	−0.5602257(14)	+0.38(4)	
$_{92}^{235}$U	7/2	−0.108(10)	−0.38(3)	4.936(6)	
Vergleich		$g = \|\mathcal{M}_S / (S\mu_B)\|$	$\mathcal{M}_S/\mu_N$		
Elektron e^-	1/2	2.002319 …	−1838.2819709(8)	−	
Muon μ^-	1/2	2.002331 …	−8.8905971(2)	−	

[1] Beachte: für $I = 0$ oder $I = 1/2$ ist das Quadrupol-Moment stets $Q \equiv 0$

[2] Mit „+" markierte Isotope sind für NMR besonders geeignet

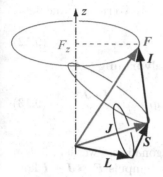

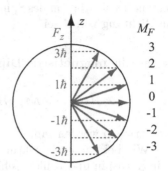

Abb. 9.1. Kopplung von L und S zu J sowie von J und I zu F im Vektormodell

Abb. 9.2. F hat $2F + 1$ Einstellmöglichkeiten im Raum

Abbildung 9.1 illustriert die Zusammenhänge im Vektormodell für das Beispiel eines $^2P_{3/2}$ Niveaus: Zunächst koppelt der Bahndrehimpuls $\hat{L}$ (hier $L = 1$) mit dem Spin $\hat{S}$ (hier $S = 1/2$) zu einem Hüllengesamtdrehimpuls $\hat{J}$ (hier $J = 3/2$). Bahndrehimpuls und Spin präzedieren um $\hat{J}$. Dieser koppelt schließlich mit dem Kernspin $\hat{I}$ (hier $I = 3/2$) zum Gesamtdrehimpuls $\hat{F}$ (hier $F = 3$), um den $\hat{J}$ und $\hat{I}$ präzedieren. Dem Betrag nach ist $\left|\hat{F}\right| = \hbar\sqrt{F(F + 1)}$ (hier $= 3.46\hbar$) und $\hat{F}$ hat seinerseits wiederum $2F + 1$ Einstellmöglichkeiten $M_F = -F, -F + 1, \ldots F$ im Raum, wie in Abb. 9.2 illustriert.

Der Hamilton-Operator einschließlich aller Spin-Bahn- (LS) und Hyperfeinwechselwirkungsterme (JI) sowie ggf. der magnetischen Wechselwirkung mit einem externen Feld lässt sich schreiben als:

$$\hat{H} = \hat{H}_0 + \hat{H}_{LS} + \hat{H}_{MD} + \hat{H}_{mag} + \hat{H}_{vol} + \hat{H}_Q \qquad (9.11)$$

Im Folgenden betrachten wir der Reihe nach die einzelnen Beiträge zur Hyperfeinstruktur (HFS): die magnetische Dipolwechselwirkung ($\hat{H}_{MD}$), den Zeeman-Effekt bei der HFS ($\hat{H}_{mag}$), Volumeneffekte ($\hat{H}_{vol}$) und schließlich die elektrische Quadrupolwechselwirkung ($\hat{H}_Q$).

9.2 Magnetische Dipol Wechselwirkung

9.2.1 Allgemeiner Fall

Der Hauptbeitrag zur HFS entsteht aus der Wechselwirkung des magnetischen Dipolmoments des Atomkerns $\hat{\mathcal{M}}_I = g_I\mu_N\hat{I}/\hbar$ mit dem Magnetfeld der Atomhülle (MD-HFS), welches die Bahnbewegung des Elektrons und das magnetische Moment des Spins verursachen. Der mittlere Wert des Hüllenfelds in Richtung von $\hat{\boldsymbol{J}}$ sei

$$\hat{\boldsymbol{B}}_J = -\beta_J \hat{\boldsymbol{J}}/\hbar, \tag{9.12}$$

sodass die **magnetische Dipol-Hyperfeinwechselwirkung**

$$\hat{H}_{MD} = -\hat{\boldsymbol{\mathcal{M}}}_I \cdot \hat{\boldsymbol{B}}_J = -\frac{g_I \mu_N}{\hbar} \hat{\boldsymbol{I}} \cdot \hat{\boldsymbol{B}}_J = g_I \mu_N \beta_J \frac{\hat{\boldsymbol{I}} \cdot \hat{\boldsymbol{J}}}{\hbar^2} \tag{9.13}$$

geschrieben werden kann.

Wie bei der Feinstruktur kann dieser Term diagonalisiert werden, indem wir Kernspin und Hüllendrehimpuls zum Gesamtdrehimpuls $\hat{\boldsymbol{F}} = \hat{\boldsymbol{J}} + \hat{\boldsymbol{I}}$ koppeln. Analog zu (6.35) wird

$$\hat{H}_{MD} = g_I \mu_N \beta_J \frac{\left(\hat{\boldsymbol{F}}^2 - \hat{\boldsymbol{I}}^2 - \hat{\boldsymbol{J}}^2\right)}{2\hbar^2}. \tag{9.14}$$

Die Änderung der Energieeigenwerte durch die MD-HFS wird dann analog zu (6.50) gegeben durch:

$$W_{MD} = \frac{A}{2} \left[F(F+1) - I(I+1) - J(J+1) \right] \quad \text{mit der} \tag{9.15}$$

Hyperfeinkopplungskonstanten $\quad A = g_I \mu_N \beta_J \tag{9.16}$

Die Berechnung von β_J werden wir in den folgenden Abschnitten nachholen. Der allgemein gültige Ausdruck (9.15) gibt aber bereits eine gute phänomenologische Beschreibung vieler, experimentell beobachteter Hyperfeinstruktur-Aufspaltungen. Wie bei der Feinstruktur kann man aus (9.15) auch hier die *Landé'sche Intervallregel ableiten*:

$$\Delta W_{MD} = W_{MD}(F) - W_{MD}(F-1) = AF \tag{9.17}$$

Der energetische Abstand ΔW_{MD} zweier benachbarten HFS Niveaus F und $F-1$ in einem HFS-Multiplett ist also proportional zu F.

Wir besprechen hier einige Beispiele (Zahlenwerte findet man in den Abbildungen): Für den Grundzustand und den ersten angeregten Zustand des H-Atoms ist die Hyperfeinstruktur in Abb. 9.3 auf der nächsten Seite dargestellt. Mit $I = 1/2$ (Proton) und $J = 1/2$ ergibt sich eine HFS-Aufspaltung in $F = 0$ und 1. Ebenso spalten die angeregten Zustände $2s\,{}^2S_{1/2}$ und $2p\,{}^2P_{1/2}$ je in ein Dublett mit $F = 0$ und 1 auf. Auch der $2p\,{}^2P_{3/2}$-Zustand ($J = 3/2$) bildet ein HFS-Dublett, allerdings mit $F = 1$ und 2.

Das Deuteron, pn, hat den Kernspin $I = 1$. Wie in Abb. 9.4 illustriert, hat das Wasserstoffisotop Deuterium (D) daher eine etwas andere HFS als das H-Atom. Der $1s_{1/2}$ Grundzustand und die angeregten Zustände mit $J = 1/2$ (z. B. $2s_{1/2}$ und $2p_{1/2}$) spalten ebenfalls in Dubletts auf, allerdings jetzt mit $F = 1/2$ und $3/2$. Dagegen bildet der $2p_{3/2}$ Zustand ein Triplett mit $F = \{J-I, J-I+1, J+I\} = \{1/2, 3/2, 5/2\}$.

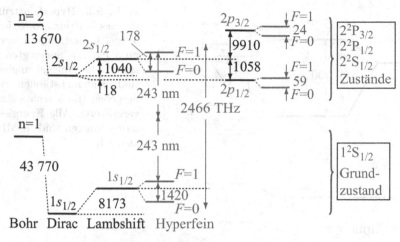

Abb. 9.3. Fein- und Hyperfeinstruktur des H-Atoms adaptiert von Eides et al. (2001). Der Kernspin des Protons (H^+) ist $I = 1/2$. Die Aufspaltungen sind nicht maßstäblich wiedergeben (nach rechts stark vergrößert). Genaueste Messungen werden heute mit Zweiphotonenanregung bei 243 nm gemacht – ein 2 E1-Übergang. Alle Energieaufspaltungen sind in MHz angegeben, soweit nicht anders vermerkt

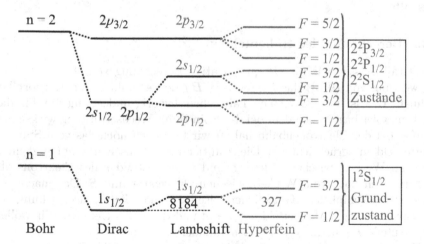

Abb. 9.4. Hyperfeinstruktur des Deuteriums. Der Kernspin ist $I = 1$. Die Aufspaltungen sind nicht maßstäblich wiedergeben (nach rechts stark vergrößert). Alle Energieaufspaltungen sind in MHz angegeben

Etwas komplizierter ist die Situation z. B. beim Natrium mit Kernspin $I = 3/2$ wie in Abb. 9.5 dargestellt. Die maximal mögliche Aufspaltung ist dann $(2I + 1) = 4$. Der $3s\,^2S_{1/2}$ Grundzustand wird (wegen $J = 1/2$) ein Hyperfeindublett mit $F = I \pm J = \{1, 2\}$ ebenso wie die niedrigere Komponente des angeregten $3p$ Feinstrukturdubletts $3p\,^2P_{1/2}$. Anders die $3p\,^2P_{3/2}$ Komponen-

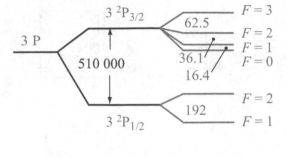

Abb. 9.5. Hyperfeinstruktur des Natriumatoms im $3^2S_{1/2}$ Grundzustand und im $3^2P_{1/2,3/2}$ angeregten Zustand. Die Aufspaltungen sind nicht maßstäblich wiedergegeben (nach rechts stark vergrößert). Alle Energieaufspaltungen sind in MHz angegeben

te, die in ein Quartett $F = \{J - I, J - I + 1, J - I + 2, J + I\} = \{0, 1, 2, 3\}$ aufspaltet.

9.2.2 Berechnung des Hüllenfeldes

Im Detail müssen wir für die quantitative Berechnung von A, also für die Auswertung von (9.13) das Magnetfeld $\hat{\boldsymbol{B}}_J$ der Atomhülle am Kernort berechnen. Das ist im allgemeinen Fall sehr schwierig und streng nur für das H-Atom ableitbar. Neben dem bei der Spin-Bahn-Wechselwirkung wirksamen Magnetfeld der Elektronenbahn haben wir hier auch noch das vom Spin erzeugte Feld zu berücksichtigen. Die resultierende Wechselwirkung hängt nicht nur vom Winkel zwischen $\hat{\boldsymbol{S}}$ und $\hat{\boldsymbol{I}}$ und vom Abstand r des Elektrons ab, sondern auch noch vom Winkel zwischen Ortsvektor und $\hat{\boldsymbol{S}}$. Das macht die Sache etwas komplizierter. Glücklicherweise kann man die Wechselwirkung der Kernspins mit dem Magnetfeld der Bahn und des Spins trennen. Wir wollen diese Anteile $\hat{\boldsymbol{B}}_L$ und $\hat{\boldsymbol{B}}_S$ jetzt nacheinander ansehen.

Wir erinnern zunächst an die Ableitung des Magnetfelds für eine um den Ursprung rotierende Ladung, wie wir sie anlässlich der Behandlung der Feinstruktur bereits in 6.2.3 diskutiert haben. Dort bewirkte das im Kernfeld bewegte Elektron mit $g_s = 2$ nach (6.24) ein Magnetfeld

$$\hat{\boldsymbol{B}}_L = -\frac{1}{e_0 m_e c^2} \times \frac{1}{r}\frac{\mathrm{V}}{\mathrm{d}r}\hat{\boldsymbol{L}} \tag{9.18}$$

und speziell für's H-Atom $\hat{\boldsymbol{B}}_L = -\dfrac{1}{4\pi\epsilon_0 e_0 m_e c^2} \times \dfrac{1}{r^3}\hat{\boldsymbol{L}}\,. \tag{9.19}$

Da wir hier nicht den Kern rotieren lassen, bleibt das Vorzeichen erhalten, und da keine Koordinatenrücktransformation erforderlich ist, entfällt auch der Thomas-Faktor $1/2$. Unter Verwendung des Bohr'schen Magnetons $\mu_B = e\hbar/2m_e$ und der Vakuumpermeabilität $\mu_0 = 1/\epsilon_0 c^2$ lässt sich (9.19) schließlich schreiben als:

$$\hat{B}_L = -\frac{\mu_0}{2\pi}\frac{\mu_B}{\hbar}\frac{\hat{L}}{r^3} \qquad (9.20)$$

Für das Dipolfeld des Elektronenspins berechnet man nach der klassischen Elektrodynamik (wieder mit $g_s = 2$)

$$\hat{B}_S = \frac{\mu_0}{4\pi}\nabla \times \left(\nabla \times \frac{\mathcal{M}_s}{r}\right) = -\frac{\mu_0\mu_B}{2\pi\hbar}\nabla \times \left(\nabla \times \frac{\hat{S}}{r}\right),$$

was nach den Regeln der Vektoranalysis

$$\hat{B}_S = \frac{\mu_0\mu_B}{2\pi\hbar}\left[\hat{S}\nabla^2\left(\frac{1}{r}\right) - \nabla\left(\hat{S}\cdot\nabla\right)\frac{1}{r}\right] \qquad (9.21)$$

ergibt. Die Singularität bei $r = 0$ erfordert besondere Aufmerksamkeit.

Für den ersten Term in (9.21), $\mathrm{div}\,(1/r)$, findet man durch Ausdifferenzieren leicht, dass er für $r \neq 0$ verschwindet. Integriert man andererseits $\int \mathrm{div}\,(1/r)\,\mathrm{d}^3 r$ mithilfe des Gauß'schen Satzes, so ergibt sich zusammenfassend:

$$\nabla^2\,(1/r) = -4\pi\delta(\boldsymbol{r}) \qquad (9.22)$$

Der zweite Term in (9.21) zeigt ebenfalls bei $r = 0$ eine Divergenz. Hier findet man, ebenfalls mit etwas Vektoranalysis:

$$\nabla\left(\hat{S}\cdot\nabla\right)\frac{1}{r} = \frac{1}{r^3}\left(\frac{3\boldsymbol{r}}{r^2}\hat{S}\cdot\boldsymbol{r} - \hat{S}\right) - \hat{S}\frac{4\pi}{3}\delta(\boldsymbol{r}) \qquad (9.23)$$

Setzt man (9.22) und (9.23) in (9.21) ein, so erhält man schließlich für das Feld des magnetischen Moments des Elektrons am Ort des Kerns:

$$\hat{B}_S = -\frac{\mu_0\mu_B}{2\pi\hbar}\left[-\frac{\hat{S}}{r^3} + \frac{3\boldsymbol{r}}{r^5}\hat{S}\cdot\boldsymbol{r} + \hat{S}\frac{8\pi}{3}\delta(\boldsymbol{r})\right] \qquad (9.24)$$

Das gesamte Hüllenfeld ist $\hat{B}_J = \hat{B}_S + \hat{B}_L$ und die magnetische Hyperfeinwechselwirkung (9.13) wird somit im allgemeinen Fall:

$$\widehat{H}_{MD} = \frac{\mu_0}{2\pi}\frac{\mu_B g_I \mu_N}{\hbar^2}\left[\frac{\hat{\boldsymbol{I}}\cdot\hat{\boldsymbol{L}} - \hat{\boldsymbol{I}}\cdot\hat{\boldsymbol{S}}}{r^3} + \frac{3\,\hat{\boldsymbol{I}}\cdot\boldsymbol{r}\;\hat{\boldsymbol{S}}\cdot\boldsymbol{r}}{r^5} + \frac{8\pi}{3}\delta(\boldsymbol{r})\hat{\boldsymbol{I}}\cdot\hat{\boldsymbol{S}}\right] \qquad (9.25)$$

Von dem speziellen Term mit $\delta(\boldsymbol{r})$, der noch genauer zu behandeln sein wird, einmal abgesehen, ist dieser Ausdruck für $L = 0$ völlig *analog zum elektrischen* Dipol-Fall (8.84), wo die gleichen Zusammenhänge zwischen Ausrichtung der Dipole und Abstand r das Wechselwirkungspotenzial bestimmen.

Sofern der Bahndrehimpuls $L = 0$ ist, kann man (9.25) auch

$$\widehat{H}_{MD} = \hat{\boldsymbol{S}}\cdot\hat{A}\cdot\hat{\boldsymbol{I}} \qquad (9.26)$$

schreiben, wobei der sogenannte **Hyperfeinkopplungstensor**

$$\hat{A} = \frac{\mu_0}{2\pi} \frac{\mu_B g_I \mu_N}{\hbar^2} \left[-\frac{1}{r^3} + \frac{3\boldsymbol{r}\,\boldsymbol{r}}{r^5} + \frac{8\pi}{3} \delta(\boldsymbol{r}) \right] \qquad (9.27)$$

eingeführt wurde, der in der Theorie aller magnetischen Resonanzmethoden (EPR, NMR etc.) eine zentrale Rolle spielt. Er enthält alle mit dem Ortsraum verbundenen Operatoren. Um die Hyperfeinstrukturaufspaltung zu berechnen, braucht man in erster Ordnung Störungsrechnung die Diagonalmatrixelemente, hat also eine Mittelung über alle Drehimpuls- und Raumkoordinaten durchzuführen. Bei der Mittelung über die Raumkoordinaten ist lediglich der $\hat{A}$-Tensor auszuwerten. Wir werden gleich sehen, dass dies für Atome, die ja in sphärischen Koordinaten beschrieben werden, einfach zu einer Mittelung über $\langle 1/r^3 \rangle$ führt, ganz ähnlich wie wir das auch schon bei der Feinstrukturwechselwirkung festgestellt hatten. Im Fall komplexer Moleküle oder Festkörper wird diese Mittelung aber wesentlich aufwendiger, und man erhält (abgesehen von dem speziell zu behandelnden $\delta(\boldsymbol{r})$-Term) einen gemittelten Hyperfeintensor vom Typ

$$\left\langle \hat{A} \right\rangle = \frac{\mu_0}{2\pi} \frac{\mu_B g_I \mu_N}{\hbar^2} \begin{pmatrix} \left\langle \dfrac{3x^2 - r^2}{r^5} \right\rangle & \left\langle \dfrac{3xy}{r^5} \right\rangle & \left\langle \dfrac{3xz}{r^5} \right\rangle \\[2ex] \left\langle \dfrac{3yx}{r^5} \right\rangle & \left\langle \dfrac{3y^2 - r^2}{r^5} \right\rangle & \left\langle \dfrac{3yz}{r^5} \right\rangle \\[2ex] \left\langle \dfrac{3zx}{r^5} \right\rangle & \left\langle \dfrac{3zy}{r^5} \right\rangle & \left\langle \dfrac{3z^2 - r^2}{r^5} \right\rangle \end{pmatrix}, \qquad (9.28)$$

wobei die Mittelung über die Elektronenhülle durch $\langle \dots \rangle$ angedeutet ist. Vom Typ her handelt es sich um quadrupolartige Ausdrücke, welche die Elektronendichte charakterisieren. Diese bestimmt also die HFS. Bei einer anisotropen Verteilung von Elektronen wird der Kernspin daher eine empfindliche Sonde für diese Ladungsverteilung und somit ein wichtiges Hilfsmittel für die Strukturbestimmung.

9.2.3 Nicht verschwindender Bahndrehimpuls

Kehren wir aber zu den Atomen zurück und beschränken uns zunächst auf den Bereich $r > 0$. Das macht dann Sinn, wenn der Bahndrehimpuls größer als Null ist, bei Einteilchenproblem also für $\ell > 0$. Denn diese Elektronen halten sich überhaupt nicht am Kern auf. Der $\delta(\boldsymbol{r})$-Term wird also obsolet, und man kann die magnetische HFS Dipolwechselwirkung (9.25) nach (9.13)

$$\widehat{H}_{MD} = -\eta \hat{\boldsymbol{B}}_J \cdot \hat{\boldsymbol{I}} \qquad (9.29)$$

schreiben, und präzisieren nun

$$\hat{\boldsymbol{B}}_J = -\frac{\zeta}{r^3} \left(\hat{\boldsymbol{L}} - \hat{\boldsymbol{S}} + 3\frac{\boldsymbol{r}}{r^2} \hat{\boldsymbol{S}} \cdot \boldsymbol{r} \right) \qquad (9.30)$$

mit den Abkürzungen

$$\eta = \frac{g_I \mu_N}{\hbar} \quad \text{und} \quad \zeta = \frac{\mu_0}{4\pi} \frac{2\mu_B}{\hbar} . \tag{9.31}$$

Die Energieverschiebung ergibt sich aus den Matrixelementen von (9.29). In erster Näherung Störungsrechnung braucht man zumindest die Diagonalterme im gekoppelten Schema $|n\,((\ell S)\,JI)\,FM_F\rangle$. Wenn man das sauber durchrechnen will, bedingt das einigen Aufwand an Drehimpulsalgebra und die Anwendung von $6j$ bzw. sogar $9j$ Symbolen (die für die Kopplung von 4 Drehimpulsen ℓSJI zu F eine entsprechende Rolle übernehmen wie die $6j$-Symbole, die wir bei der Behandlung der Feinstruktur kennengelernt haben. Wir skizzieren hier lediglich in etwas pauschaler Weise die wesentlichen Schritte.

Zunächst schätzen wir das gemittelte Magnetfeld der Hülle $\langle \hat{\boldsymbol{B}}_J \rangle$ ab. Nach (9.30) ist $\hat{\boldsymbol{B}}_J$ selbst ein Tensoroperator, auf den wir die Relation (D.16) anwenden, die direkt aus dem Wigner-Eckart-Theorem folgt und bereits bei der Spin-Bahn-Kopplung gute Dienste geleistet hat. Damit wird

$$\left\langle \gamma JM' \left| \hat{\boldsymbol{B}}_{Jq} \right| \gamma JM \right\rangle = \frac{\left\langle \gamma JM \left| \hat{\boldsymbol{B}}_J \cdot \hat{\boldsymbol{J}} \right| \gamma JM \right\rangle}{J(J+1)\hbar^2} \left\langle \gamma JM' \left| \hat{J}_q \right| \gamma JM \right\rangle ,$$

was wir symbolisch – und mathematisch nicht ganz streng – auch

$$\hat{\boldsymbol{B}}_J = \left\langle \frac{\hat{\boldsymbol{B}}_J \cdot \hat{\boldsymbol{J}}}{J(J+1)\hbar} \right\rangle \frac{\hat{\boldsymbol{J}}}{\hbar} \tag{9.32}$$

schreiben. Vergleichen wir dies mit unserem anfänglichen Ansatz (9.12), so haben wir offenbar einen Ausdruck für

$$\beta_J = -\left\langle \frac{\hat{\boldsymbol{B}}_J \cdot \hat{\boldsymbol{J}}}{J(J+1)\hbar} \right\rangle \tag{9.33}$$

gefunden. Setzen wir (9.30) ein und berücksichtigen $\hat{\boldsymbol{J}} = \hat{\boldsymbol{L}} + \hat{\boldsymbol{S}}$, so haben wir auszuwerten:

$$\beta_J = \left\langle \frac{\zeta}{r^3 J(J+1)\hbar} \left(\hat{\boldsymbol{L}} - \hat{\boldsymbol{S}} + 3\hat{\boldsymbol{S}} \cdot \boldsymbol{r} \frac{\boldsymbol{r}}{r^2} \right) \cdot \left(\hat{\boldsymbol{L}} + \hat{\boldsymbol{S}} \right) \right\rangle , \tag{9.34}$$

und da $\boldsymbol{r} \cdot \hat{\boldsymbol{L}} = 0$ gilt, wird daraus

$$\beta_J = \frac{\zeta}{J(J+1)\hbar} \left\langle \frac{1}{r^3} \right\rangle \left\langle \hat{\boldsymbol{L}}^2 - \hat{\boldsymbol{S}}^2 + 3\frac{\left(\hat{\boldsymbol{S}} \cdot \boldsymbol{r} \right)^2}{r^2} \right\rangle , \tag{9.35}$$

wobei wir die Mittelung über die Radial- und Drehimpulskoordinaten separat vornehmen können. Für $s = 1/2$ kann man unter Verwendung der Pauli-Matrizen (2.89) und ihrer Eigenschaften (2.93) zeigen, dass

$$-\hat{\boldsymbol{S}}^2 + 3\frac{\left(\hat{\boldsymbol{S}} \cdot \boldsymbol{r}\right)^2}{r^2} = 0 \qquad (9.36)$$

gilt, und schließlich wird

$$\beta_J = \frac{\mu_0}{4\pi} \frac{2\mu_B}{J(J+1)\hbar^2} \langle n\ell| \frac{1}{r^3} |n\ell\rangle \langle \ell| \hat{\boldsymbol{L}}^2 |\ell\rangle . \qquad (9.37)$$

Dieses bemerkenswerte Ergebnis rechtfertigt nachträglich auch unseren etwas lockeren Umgang mit den Mittelungsprozessen: da $\hat{\boldsymbol{L}}^2$ in jedem Kopplungsschema eine gute Quantenzahl ist (sofern kein elektrisches Feld ins Spiel kommt), haben wir nur Diagonalmatrixelemente der magnetischen HFS-Dipolwechselwirkung zu berücksichtigen, und es wird $\langle \ell| \hat{\boldsymbol{L}}^2 |\ell\rangle = \hbar^2 \ell(\ell+1)$.

Wir können nun β_J in (9.15) einsetzen. Mit dem Mittelwert von $\langle 1/r^3 \rangle$ über die Radialfunktion nach (2.117) erhalten wir als *Endergebnis für die HFS im H-Atom bei* $\ell > 0$:

$$W_{MD} = \frac{\mu_0}{4\pi} \frac{2g_I \mu_N \mu_B}{J(J+1)(2\ell+1)} \frac{Z^3}{a_0^3 n^3} \left[F(F+1) - J(J+1) - I(I+1)\right] \qquad (9.38)$$

9.2.4 Fermi-Kontaktterm

Wir kehren noch einmal zu (9.27) zurück und diskutieren jetzt den Term mit der Deltafunktion $\delta(\boldsymbol{r})$, den sogenannten *Fermi-Kontaktterm*. Er spielt nur für $\ell = 0$ eine Rolle, da die Radialwellenfunktion nach (2.107) für kleine r mit $R_{n\ell}(r) \propto r^\ell$ verschwindet. Nur s-Zustände haben am Ursprung eine endliche Wahrscheinlichkeit $|\psi_{n\ell 0}(0)|^2$. Wie wir gerade festgestellt haben sind im Einelektronenfall die übrigen Terme in (9.27) $\propto \hat{\boldsymbol{L}}^2$, verschwinden also für $\ell = 0$, sodass der Kontaktterm in der Tat auch den einzigen Beitrag zum Fall $\ell = 0$ liefert. Der Hamilton-Operator $\widehat{H}_{MD}$ (9.25) wird mit g_I dem g-Faktor des Protons (bzw. Deuterons) und $\hat{\boldsymbol{I}} \cdot \hat{\boldsymbol{S}} = \hat{\boldsymbol{S}} \cdot \hat{\boldsymbol{I}}$

$$\widehat{H}_{MD} = \frac{\mu_0}{4\pi} 2g_I \mu_N \mu_B \frac{8\pi}{3} \delta(r) \frac{\hat{\boldsymbol{S}} \cdot \hat{\boldsymbol{I}}}{\hbar^2}, \quad \text{für} \quad \ell = 0 \qquad (9.39)$$

Das Diagonalmatrixelement davon lässt sich leicht auswerten. Im Kopplungsschema $|LSJIFM_F\rangle$ wird wieder

$$\left\langle \frac{\hat{\boldsymbol{S}} \cdot \hat{\boldsymbol{I}}}{\hbar^2} \right\rangle = \frac{1}{2} \left[F(F+1) - S(S+1) - I(I+1)\right]$$

und

$$\langle \delta(\boldsymbol{r}) \rangle = \int |\psi_{n00}(\boldsymbol{r})|^2 \, \delta(\boldsymbol{r}) d^3\boldsymbol{r} = |\psi_{n00}(0)|^2 = \frac{Z^3}{\pi a_0^3 n^3}, \qquad (9.40)$$

wobei letztere Gleichheit nach (2.114) für das H-Atom gilt. So erhalten wir schließlich in erster Ordnung Störungsrechnung als *Endergebnis für die HFS-Aufspaltung bei* $\ell = 0$:

$$W_{MD} = \frac{\mu_0}{4\pi} 2g_I\mu_N\mu_B \frac{8\pi}{3} \left\langle \left| \delta(\boldsymbol{r}) \frac{\hat{\boldsymbol{S}} \cdot \hat{\boldsymbol{I}}}{\hbar^2} \right| \right\rangle$$

$$= \frac{\mu_0}{4\pi} \frac{8\pi}{3} g_I\mu_N\mu_B \left| \psi_{n00}(0) \right|^2 [F(F+1) - S(S+1) - I(I+1)] \quad (9.41)$$

Speziell für das Wasserstoffatom wird daraus:

$$W_{MD} = \frac{\mu_0}{4\pi} \frac{8}{3} g_I\mu_N\mu_B \frac{Z^3}{a_0^3 n^3} [F(F+1) - S(S+1) - I(I+1)] \quad (9.42)$$

Ein Vergleich von (9.41) mit (9.38) zeigt übrigens, dass beide Ausdrücke für $\ell = 0$ und somit $J = S = 1/2$ das gleiche Ergebnis erbringen, sodass (9.38) *beim H-Atom und H-ähnlichen den allgemeinen Fall beschreibt*. Die Hyperfeinkopplungskonstante für das H-Atom und H-ähnliche Ionen kann man somit allgemein als

$$A = \frac{\mu_0}{4\pi} \frac{4g_I\mu_N\mu_B}{J(J+1)(2\ell+1)} \frac{Z^3}{a_0^3 n^3} \quad (9.43)$$

schreiben, wobei für Präzisionsbestimmungen natürlich wieder $a_0 \rightarrow a_0 m_e/\mu$ zu ersetzen ist.

9.2.5 Zahlenwerte

Wir berechnen einige Zahlen explizit. Zunächst ist:

$$\frac{\mu_0}{4\pi} \frac{4\mu_N\mu_B}{a_0^3 h} = 10^{-7}\,\mathrm{H\,m^{-1}} \frac{4\mu_N\mu_B}{a_0^3 h} \simeq 1.908 \times 10^8\,\mathrm{Hz}$$

Für das H-Atom im Grundzustand (mit $F = 0$ bzw. 1) wird dann mit $g_I \simeq$ 5.586 und $J(J+1) = 3/4$

$$A/h \cong 1.421\,\mathrm{GHz}$$

Wegen der Intervallregel (9.17) ist dies auch gerade die Aufspaltung des HFS-Dubletts im Grundzustand. Die HFS im Grundzustand des H-Atoms ist damit fast eine Größenordnung kleiner als die Lamb-Shift (6.71). Der experimentelle Wert ist heute nach der Frequenz des $1s - 2s$ Übergangs eine der am besten bekannten spektroskopischen Größen und wurde erstmals von Ramsey und Mitarbeitern (Crampton et al., 1963) mit einem atomaren Wasserstoffmaser bestimmt. Heute ist der beste Wert für die **HFS des H-Atoms im Grundzustand**

$$\Delta\nu_{hfs}(1s_{1/2}) = 1\,420\,405\,751.7667(10)\,\mathrm{Hz} \ .$$

Der Übergang kann am genauesten direkt durch Mikrowellenexperimente bestimmt werden. Es handelt sich um einen magnetischen Dipolübergang (M1). Die entsprechende Wellenlänge liegt für das H-Atom bei

$$\lambda = c/\nu \simeq 21.1\,\text{cm}$$

und ist heute vor allem wegen ihrer astronomischen Bedeutung (Radioastronomie) sehr wichtig und bekannt. Das Wasserstoffvorkommen im Universum ist auf diese Weise kartographiert worden.

Bei den angeregten Zuständen ist die HFS-Aufspaltung noch sehr viel geringer. Nach (9.43) berechnet man für den $2s_{1/2}$ Zustand

$$\Delta\nu_{hfs}(2s_{1/2}) = \Delta\nu_{hfs}(1s_{1/2})/8 \cong 178\,\text{MHz}$$

und liegt damit ebenfalls etwa eine Größenordnung unter der Lamb-Shift (des $n = 2$ Niveaus). Für die $2p_{1/2}$ bzw. $2p_{3/2}$ ist die Aufspaltung nochmals einen Faktor 3 bzw. 7.5 kleiner.

Die **HFS-Aufspaltung des Deuteriums im Grundzustand** ($F = 1$ bzw. 2) wird wegen des sehr viel kleineren g-Faktors $g_I = 0.8574382284$ nur ca. 327 MHz. Auch dieser Wert ist extrem genau bekannt:

$$\Delta\nu_{hfs}(1s_{1/2}) = 327\,384\,352.522(2)\,\text{Hz}. \tag{9.44}$$

Bei den Alkaliatomen ist die HFS trotz der größeren Hauptquantenzahl n vergleichsweise groß. Wir schreiben das vor allem dem viel höheren effektiven Z_{eff} zu, das nach (9.43) ja mit der dritten Potenz zu Buche schlägt: $A \propto (Z_{eff}/n)^3$. Die Intervallregel verstärkt dies, z. B. um den Faktor 2 für das $^{23}_{11}$Na im Grundzustand im Vergleich zum H-Atom ($I = 3/2 \Rightarrow F = 2$ bzw. $I = 1/2 \Rightarrow F = 1$). Andererseits ist der Radius des $3s$ Elektrons im Na um einen Faktor 7 größer als der $1s$ Radius beim H-Atom (s. Abb. 3.4 auf Seite 91 in 3.2), was $\langle 1/r^3 \rangle$ bzw. $|\psi_{n00}(0)|^2$ entsprechend verkleinert. Schließlich ist der g-Faktor des Na-Kerns nur etwa 1/4 des Wertes für das Proton. Vergleichen wir dies entsprechend (9.42), so erhält man den schon eingangs genannten experimentellen Wert von

$$\Delta\nu_{hfs}(3s_{1/2}) \simeq 1772\,\text{MHz}$$

und schätzt daraus ein nicht unvernünftiges effektives $Z_{eff} \sim 4.6$ ab.

9.2.6 Optische Übergänge zwischen HFS Multipletts

Für die Auswahlregeln bei optischen (E1) Dipolübergängen zwischen zwei Zuständen a und b gilt das für die Feinstruktur (FS) in Kapitel 6.4 detailliert Entwickelte ganz analog.

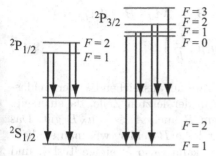

Abb. 9.6. E1-Übergänge zwischen Hyperfeinkomponenten eines Na-D Dubletts ^{2}P → ^{2}S mit $I = 3/2$ (schematisch, nicht maßstäblich)

Man muss dabei lediglich die entsprechenden Quantenzahlen nach dem Schema (9.9) ersetzen. Insbesondere gilt die Dreiecksrelation $\delta(F_a F_b 1) = 1$ und die übliche Auswahlregel für die magnetische Quantenzahl $\Delta M_F = 0, \pm 1$ mit den entsprechenden Polarisationen des emittierten bzw. absorbierten Lichts. Für die Dublettübergänge ^{2}P$_{1/2}$, ^{2}P$_{3/2}$ → ^{2}S$_{1/2}$ im Na als Beispiel zeigt Abb. 9.6 die optisch erlaubten HFS-Übergänge ($I = 3/2$). Einen entsprechenden Ausschnitt aus einem experimentellen Spektrum haben wir bereits in Kapitel 6.1.2 vorgestellt.

Auch zur Berechnung der Linienintensitäten geht man analog zur FS vor und kommt auf Ausdrücke mit reduzierten Matrixelementen und $6j$-Symbolen, aus denen sich Intensitätsverhältnisse auf gleiche Weise wie bei den Feinstrukturmultipletts ergeben. Will man die reduzierten Matrixelemente quantitativ bestimmen, so muss man die Reduktion danach nochmals anwenden, um die Feinstrukturkopplung aufzulösen. So kommt man schließlich zu Ausdrücken, die sich wieder mithilfe von $6j$- und $3j$-Symbolen bestimmen lassen – bis auf das für jedes Atom und jeden Übergang charakteristische Radialmatrixelement, das die Linienstärke letztlich bestimmt. Natürlich gilt auch die Paritätserhaltung. Für den Fall nur eines beteiligten Leuchtelektrons gilt $\ell_b = \ell_a \pm 1$. Ansonsten ergeben sich keine grundlegend neuen Aspekte.

9.3 Zeeman-Effekt der Hyperfeinstruktur

Hier benutzt man ebenfalls Ansätze, die sehr ähnlich denen bei der Behandlung des Zeeman-Effekts der Feinstruktur sind. Einige Besonderheiten und die Tatsache, dass die NMR-Spektroskopie darauf aufbaut, lassen dennoch eine gründliche Diskussion sinnvoll erscheinen. Auch das hoch aktuelle Feld der ultrakalten Atome und ggf. darauf aufbauende Ansätze zur Quanteninformationsverarbeitung erfordern ein detailliertes Verständnis der Hyperfeinstruktur der untersuchten Atome in magnetischen Feldern.

9.3.1 Hyperfein-Hamilton-Operator mit Magnetfeld

Wir betrachten zunächst den Hamilton-Operator im Magnetfeld, der sich aus dem feldfreien Fall (9.13) und den Wechselwirkungen der magnetischen Moment von Hüllendrehimpuls und Kernspin zusammensetzt:

$$\widehat{H}_{HFS} = \widehat{H}_{MD} + \widehat{H}_{mag} = -\boldsymbol{\mathcal{M}}_I \cdot \widehat{\boldsymbol{B}}_J - \boldsymbol{\mathcal{M}}_J \cdot \widehat{\boldsymbol{B}} - \boldsymbol{\mathcal{M}}_I \cdot \widehat{\boldsymbol{B}}$$

$$= A\frac{\widehat{\boldsymbol{I}} \cdot \widehat{\boldsymbol{J}}}{\hbar^2} + \left(g_J \mu_B \frac{\widehat{J}_z}{\hbar} - g_I \mu_N \frac{\widehat{I}_z}{\hbar} \right) B \tag{9.45}$$

Der Einfachheit halber – und für viele Zwecke ausreichend – vernachlässigt man in der Regel den dritten Term in der letzten Zeile, da einerseits $g_J \mu_B \gg g_I \mu_N$ und bei nicht allzu großem B auch $A \gg g_I \mu_N B$ gilt. Das funktioniert freilich nicht für wirklich sehr hohe B-Felder, wie man sie heute mit supraleitenden Magneten herstellen kann (also $\gtrsim$ einige Tesla), und die zunehmend in der EPR- oder NMR-Spektroskopie eingesetzt werden. Bei der NMR ist häufig auch $J = 0$. Dann bestimmt die direkte Wechselwirkung des Kernspins mit dem externen Feld – modifiziert durch lokale Feldanisotropien – die Zeeman-Aufspaltung. Wir werden daher – abweichend von der üblichen Behandlung in atomphysikalischen Textbüchern – unterscheiden zwischen schwachem, starkem und sehr starkem externen B-Feld, je nachdem ob $g_J \mu_B B \ll A$, $g_I \mu_N B \ll A \ll g_J \mu_B B$ oder $A \ll g_I \mu_N B$ und müssen zumindest im letzteren Falle den Term $\propto \widehat{I}_z B$ voll berücksichtigen.

Wir stellen zunächst fest, dass $\widehat{J}_z$ wie auch $\widehat{I}_z$ nicht mit $\widehat{\boldsymbol{I}} \cdot \widehat{\boldsymbol{J}}$ vertauscht. Daher sind, streng genommen, weder F und M_F noch M_S oder M_I gute Quantenzahlen.

9.3.2 Schwache Magnetfelder

Für sehr kleine Magnetfelder können wir das Kopplungsschema $\widehat{\boldsymbol{J}} + \widehat{\boldsymbol{I}} = \widehat{\boldsymbol{F}}$ mit den Zuständen $|[(LS)JI] FM_F\rangle$ dennoch als gute nullte Näherung ansetzen und so den Term $\widehat{\boldsymbol{I}} \cdot \widehat{\boldsymbol{J}}$ auf die übliche Weise diagonalisieren. Dann schreibt sich analog zu (8.6) der HFS-Hamilton-Operator (9.45) (unter Vernachlässigung des Terms $\propto B\widehat{I}_z$) näherungsweise:

$$\widehat{H}_{HFS} \simeq \frac{A}{2\hbar^2} \left(\widehat{\boldsymbol{F}}^2 - \widehat{\boldsymbol{J}}^2 - \widehat{\boldsymbol{I}}^2 \right) + g_J \mu_B B \frac{\widehat{J}_z}{\hbar} \tag{9.46}$$

Die Betragsquadrate der Drehimpulse haben die bekannten Eigenwerte $\hbar^2 F \cdot (F + 1)$ etc. und $g_J \mu_B B \frac{\widehat{J}_z}{\hbar}$ wird als Störung behandelt.

Trotz der formalen Ähnlichkeit mit der Situation bei der Feinstrukturaufspaltung im Magnetfeld gibt es einen erheblichen praktischen Unterschied. Um dies zu sehen, vergleichen wir die Wechselwirkung der Hülle (i) mit dem externen Magnetfeld und (ii) dem Magnetfeld des Kernmoments. Ganz formal kann man ja den HFS-Aufspaltungsterm in (9.45) auf zwei Weisen schreiben:

$$A\frac{\widehat{\boldsymbol{I}} \cdot \widehat{\boldsymbol{J}}}{\hbar^2} = g_I \mu_N \frac{\widehat{\boldsymbol{I}}}{\hbar} \cdot \widehat{\boldsymbol{B}}_J \quad \text{oder als} \tag{9.47}$$

$$A\frac{\widehat{\boldsymbol{I}} \cdot \widehat{\boldsymbol{J}}}{\hbar^2} = g_J \mu_B \frac{\widehat{\boldsymbol{J}}}{\hbar} \cdot \widehat{\boldsymbol{B}}_I \tag{9.48}$$

Die erste Betrachtungsweise haben wir bei unserer obigen Ableitung benutzt: der Kernspin stellt sich im Magnetfeld der Hülle ein. Bei der zweiten Schreibweise fassen wir die HFS-Aufspaltung sozusagen als magnetische Aufspaltung der $|JM_J\rangle$ Zustände im Feld $\hat{B}_I$ des Kernmoments auf. Dies erlaubt es uns, die Größenordnung des *vom Kern erzeugten, gemittelten Magnetfelds am Ort des Elektrons* abzuschätzen. Speziell für das H-Atom im $1s\,^2S_{1/2}$ Grundzustand mit $A = 5.87 \times 10^{-6}\,\text{eV}$ und $g_J \simeq 2$ liegt es in der Größenordnung von

$$B_I \simeq A/(g_J\mu_B) \simeq 0.05\,\text{T} \ . \tag{9.49}$$

Der Übergang vom Fall des schwachen $(B \ll B_I)$ zum starken externen Feld $(B \gg B_I)$ findet daher beim Zeeman-Effekt der HFS im Bereich sehr bequem herstellbarer Magnetfelder statt – im Gegensatz zum Paschen-Back-Effekt bei der FS.

Umgekehrt wird die Wechselwirkung des Atomkerns mit einem externen Magnetfeld in der Regel sehr schwach im Vergleich zur Wechselwirkung des Kerns mit dem Feld der Hülle B_J. Die Größenordnung des effektiven Hüllenfelds beim H-Atom ist nämlich

$$B_J \simeq A/(g_I\mu_N) \simeq 33.3\,\text{T} \ . \tag{9.50}$$

Wir halten also fest: Das inneratomare Magnetfeld der Hülle ist um ein Vielfaches größer als Felder, die mit Weicheisenmagneten bequem im Labor hergestellt werden können (zur Erinnerung: die Sättigung von Weicheisenmagneten liegt bei typisch 2 T, einfache supraleitende Magneten können einige T, moderne Hochfeldtechnik bis über 30 T erzeugen).

Schwache Magnetfelder sind also solche, für die $B \ll B_I$ nach (9.49) gilt. Hier sind J, I, F und M_F näherungsweise gute Quantenzahlen, und der B-Feld abhängige Term in (9.46) wird analog zur FS als Störung im gekoppelten Schema $|JIFM_F\rangle$ behandelt:

$$W_{HFS} = \frac{A}{2}\left[F\left(F+1\right) - J\left(J+1\right) - I\left(I+1\right)\right]$$

$$+ g_J\mu_B \langle JIFM_F|\,\frac{\hat{J}_z}{\hbar}\,|JIFM_F\rangle B \tag{9.51}$$

Das Diagonalmatrixelement von $\hat{J}_z/\hbar$ werten wir nach (8.10) ebenso aus, wie wir das im Fall der FS für $\hat{S}_z/\hbar$ getan haben:

$$g_J \langle JIFM_F|\,\frac{\hat{J}_z}{\hbar}\,|JIFM_F\rangle = g_J \frac{\left\langle FM_F\left|\hat{\boldsymbol{J}}\cdot\hat{\boldsymbol{F}}\right|FM_F\right\rangle}{F(F+1)\hbar^2}M_F = g_F M_F \tag{9.52}$$

mit dem **g-Faktor** $g_F = g_J \dfrac{F(F+1) + J(J+1) - I(I+1)}{2F(F+1)} \tag{9.53}$

für die Hyperfeinstruktur.

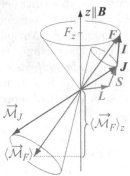

Abb. 9.7. Zeeman-Effekt der HFS im Vektormodell: schwaches B-Feld

Anschaulich entspricht dies einer Mittelung des magnetischen Moments der Hülle $\mathcal{M}_J = g_J\mu_B\hat{\boldsymbol{J}}$ infolge der Präzession von $\hat{\boldsymbol{J}}$ und $\hat{\boldsymbol{I}}$ um $\hat{\boldsymbol{F}}$. Im Vektormodell lässt sich dies ganz analog zur Situation bei der FS darstellen, wie in Abb. 9.7 skizziert.

Man kann den Beitrag von $\mathcal{M}_I$ hier vernachlässigen – im Gegensatz zu $\mathcal{M}_S$ bei der Behandlung der Feinstruktur: daher der kleine, aber wichtige Unterschied zwischen dem g-Faktor für die Feinstruktur nach (8.11) und dem für die Hyperfeinstruktur nach (9.53). Die Hyperfeinaufspaltung (9.51) im schwachen externen Magnetfeld B wird schließlich:

$$W_{HFS} = \frac{A}{2}\left[F(F+1) - J(J+1) - I(I+1)\right] + g_F\mu_B BM_F \tag{9.54}$$

Als typisches Beispiel zeigt Abb. 9.8 die HFS-Aufspaltung der Na-D-Linien.

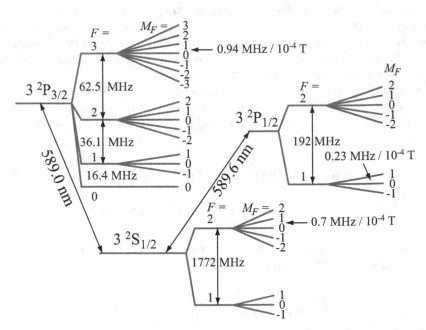

Abb. 9.8. Hyperfeinstruktur der Na-D-Linien mit Aufspaltung im schwachen Magnetfeld für den Grundzustand ($3\,^2S_{1/2}$) und die beiden angeregten Zustände $3\,^2P_{1/2}$ bzw. $3^2P_{3/2}$ (schematisch, nicht maßstäblich)

9.3.3 Starke und sehr starke Magnetfelder

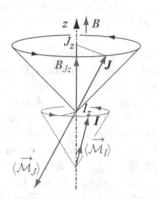

Betrachten wir jetzt den umgekehrten Fall hoher Felder $B \gg B_I$, bei denen die Kopplung von $\hat{I}$ und $\hat{J}$ zu $\hat{F}$ aufgebrochen sei (B sei aber immer noch sehr viel kleiner ist als das zum Aufbrechen der Spin-Bahn-Kopplung nach Tabelle 8.1 benötigte Feld $B \simeq a/\mu_B$, mit der LS-Kopplungskonstante a). Wir benutzen den Hamilton-Operator daher in der ursprünglichen Form (9.45) und müssen jetzt etwas anders auswerten: Die stärkste Wechselwirkung ist die magnetische Wechselwirkung von $\mathcal{M}_J$ mit dem externen Feld $\hat{B}$. Diese führt zu einer raschen Präzession von $\hat{J}$ um $\hat{B}$, das wir wieder parallel zur z Achse annehmen,

Abb. 9.9. Zeeman-Effekt der HFS im Vektormodell: starkes B-Feld

wie in Abb. 9.9 illustriert. Dies ist verbunden mit der Bildung der $2J + 1$ (anomalen) Zeeman Niveaus. Die nächst kleinere Wechselwirkung ist in der Regel die zwischen magnetischem Moment $\mathcal{M}_I$ des Kerns und dem Feld der Hülle $\hat{B}_J = -\beta_J \hat{J}/\hbar$. Wir erinnern uns, dass B_J in der Größenordnung von 30 T liegt und im vorangehenden Abschnitt als groß gegen das externe Feld angenommen wurde. $\hat{B}_J$ kann man sich aufgeteilt denken in eine statische Komponente $\hat{B}_{Jz}$ und eine in der $x - y$-Ebene rotierende Komponente. Da die Präzession von $\hat{J}$ und damit des $\hat{B}_J$-Feldes viel schneller ist als die des sehr schwach wechselwirkenden $\hat{I}$, mitteln sich die Komponenten $\hat{B}_{Jx}$ und $\hat{B}_{Jy}$ des Hüllenfeldes weg und $\hat{I}$ präzediert im $\hat{B}_{Jz}$ Feld, d. h. ebenfalls um die z-Achse. Dies ist in Abb. 9.9 anhand des Vektormodells schematisch illustriert.

Wir erinnern uns an die Definition (9.16) der HFS Kopplungskonstante ($A = g_I \mu_N \beta_J$) und schreiben den Hamilton-Operator (9.45) mit (B.4) dem Problem angepasst:

$$\hat{H}_{HFS} = A \frac{\hat{J}_z \hat{I}_z - \hat{J}_+ \hat{I}_- - \hat{J}_- \hat{I}_+}{\hbar^2} + \left(g_J \mu_B \frac{\hat{J}_z}{\hbar} - g_I \mu_N \frac{\hat{I}_z}{\hbar} \right) B \qquad (9.55)$$

Das angemessene Kopplungsschema ist jetzt natürlich $|JM_JIM_I\rangle$. Mit dieser Basis ergeben sich die HFS-Energien in erster Ordnung Störungsrechnung aus den Diagonalmatrixelementen von $\hat{H}_{HFS}$ zu

$$W_{HFS} = AM_JM_I + (g_J \mu_B M_J - g_I \mu_N M_I) B. \qquad (9.56)$$

Die Terme mit $\hat{J}_+ \hat{I}_-$ und $\hat{J}_- \hat{I}_+$ haben keine Diagonalkomponente, verschwinden also für höhere B-Felder (das ist das mathematische Äquivalent für die schnelle Rotation in der $x - y$-Ebene). Für kleine Felder können sie aber keinesfalls vernachlässigt werden. In dem Term $g_J\mu_B B M_J$ erkennen wir die Spin-Bahn-Wechselwirkung (8.8) im Magnetfeld wieder. Hinzu kommt additiv die Wechselwirkung Bahn-Kernspin $A M_J M_I$ sowie die Wechselwirkung des Kerns mit dem äußeren Magnetfeld $g_I\mu_N M_I B$, die nur bei extrem hohen Feldern bedeutsam wird.

Abbildung 9.10 zeigt schematisch den Übergang vom schwachen zum (mittel)starken Feld $g_I\mu_N B \ll A \ll g_J\mu_B B$ für das schon recht komplexe Beispiel des Na-$3\,^2P_{3/2}$ Zustands. Hier ist $g_J = 4/3$ (nach (8.11)), $I = 3/2$, $g_I = 1.478$ und $A \simeq 20\,\text{MHz}$. Dann wird für $B \simeq 1.8\,\text{T}$ gerade $g_I\mu_N B = A$ und für $B \simeq 10^{-3}\,\text{T} = 10\,\text{G}$ wird $g_J\mu_B B = A$. Der rechte Teil in Abb. 9.10, wo wir $g_I\mu_N M_I B$ ganz vernachlässigt haben, gilt also etwa im Bereich von $B = 10^{-2}$ bis $10^{-1}\,\text{T}$. Jeder FS-Term ist hier $(2I + 1 =)$ 4-fach aufgespalten, wobei die Abstände zwischen den Termen $3A/2$ bzw. $A/2$ für $|M_J| = 3/2$ bzw. $1/2$ sind. Für den Übergang vom schwachen zum starken Feld gilt wie bei der Feinstruktur natürlich die „Nicht-Kreuzungsregel" für verschiedene Zustände mit gleichem $M_J + M_I$ (s. Kapitel 8.1.5 und 8.2). Daraus ergeben sich die Übergänge von $M_F \to M_J + M_I$ wie *schematisch* in Abb. 9.10 angedeutet.

Gehen wir zu noch höheren Feldern, was mit supraleitenden Magneten möglich ist, so müssen wir im Bereich von einigen Tesla auch den Term $g_I\mu_N M_I B$ berücksichtigen. Allerdings ist dann auch der Gesamtdrehimpuls J der Hülle keine gute Quantenzahl mehr, da bei $B \simeq 10\,\text{T}$ die LS-

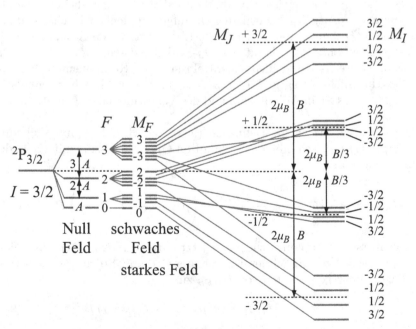

Abb. 9.10. Hyperfeinaufspaltung im schwachen und starken Magnetfeld für $^2P_{3/2}, I = 3/2$ (z. B. Na)

Kopplungskonstante $a = g_J \mu_B B$ wird, was die Sache noch einmal komplizierter macht. Wir erhalten dann ein Bild wie beim Paschen-Back-Effekt in
Abb. 8.8 auf Seite 293 rechts, jedoch wird jeder der dort gezeigten 6 Zustände
jetzt noch einmal 4-fach aufgespalten. Die jeweils höchsten Energien gehören
zu $M_I = -3/2$.

Da dieses Beispiel im Fall sehr hoher Felder schon etwas unübersichtlich
wird, wollen wir die weitere Diskussion im folgenden Abschnitt auf zwei deutlich einfachere Musterbeispiele beschränken. Dabei geht es um den genauen
Verlauf der Termenergien als Funktion des Magnetfelds.

9.3.4 Beliebige Felder, Breit-Rabi Formel

Wir hatten schon festgestellt, dass es keiner besonders starken Magnetfelder
bedarf, um $\hat{\boldsymbol{I}}$ und $\hat{\boldsymbol{J}}$ zu entkoppeln. Der allgemeine Fall, wo das Feld weder als stark noch als schwach angenommen werden kann, kommt daher bei
der Untersuchung oder Nutzung der Hyperfeinkopplung am häufigsten vor –
im Gegensatz zur FS. Will man zugleich noch den Fall wirklich sehr starker
Felder berücksichtigen, so muss man – wie wir das für die Feinstruktur in
Kapitel 8.1.5 gezeigt haben – den ganzen Hamilton-Operator (9.45) diago-
nalisieren. Man kann dabei entweder die $|(JI)FM_F\rangle$ oder Basis $|JM_JIM_I\rangle$
benutzen.

Benutzt man $|(JI)FM_F\rangle$ als Basis, so wird $\hat{\boldsymbol{I}} \cdot \hat{\boldsymbol{J}}$ diagonal und man muss
die Matrixelemente von $\hat{J}_z$ und $\hat{I}_z$ berechnen. Diese gestaltet sich ganz ähnlich
wie in Kapitel 8.1.5. Wir skizzieren dies hier für eines der einfachsten Beispiele: Kernspin $I = 1/2$ und Hüllendrehimpuls $J = 1/2$ mit $g_J \simeq 2$. Das ist
z. B. beim Grundzustand des H-Atoms mit $\ell = 0$ und $J = S = 1/2$ der Fall.
Bei diesem Beispiel entfällt auch die (im Wesentlichen triviale) Komplikation
der Kopplung bzw. Entkopplung von Spin und Bahn. Im Kopplungsschema
$|(JI)FM_F\rangle$ wird die Aufspaltung bei kleinen Magnetfeldern am übersicht-
lichsten darstellbar. Die nach (D.75) bzw. (D.76) berechneten Matrixelemente
$\hat{J}_z/\hbar$ fassen wir in Matrixform zusammen:

$$\frac{\left\langle JIF'M_F' \left| \hat{J}_z \right| JIFM_F \right\rangle}{\hbar} = \begin{pmatrix} FM_F & 11 & 10 & 1-1 & 00 \\ \hline 11 & \frac{1}{2} & 0 & 0 & 0 \\ 10 & 0 & 0 & 0 & \frac{1}{2} \\ 1-1 & 0 & 0 & -\frac{1}{2} & 0 \\ 00 & 0 & \frac{1}{2} & 0 & 0 \end{pmatrix}$$

Da J und I in diesem Fall den gleichen Wert haben, sieht die entsprechende
Matrix für I_z – bis auf ein Vorzeichen wegen (D.58) – fast identisch aus: le-
diglich das Nebendiagonalelement hat umgekehrtes Vorzeichen. Weiter gilt im
Hamilton-Operator (9.46) für den feldfreien, im $(JI)FM_F$ Schema diagonalen
Term

$$\frac{\left\langle JIFM_F \left| \widehat{H}_{MD} \right| JIFM_F \right\rangle}{\hbar} = \frac{A}{2} \left[F\left(F+1\right) - I(I+1) - J(J+1) \right] ,$$

sodass mit $J = 1/2$, $I = 1/2$, $g_J = 2$ und der Abkürzung

$$\mu_\pm = \mu_B \pm \mu_N g_I / g_J \tag{9.57}$$

der gesamte Hamilton-Operator (9.46)

$$\widehat{H}_{HFS} = \begin{pmatrix} \frac{A}{4} + \mu_- B & 0 & 0 & 0 \\ 0 & \frac{A}{4} & 0 & \mu_+ B \\ 0 & 0 & \frac{A}{4} - \mu_- B & 0 \\ 0 & \mu_+ B & 0 & -\frac{3}{4}A \end{pmatrix}$$

wird. Offensichtlich mischen nur Zustände zu $M_F = 0$ und wir haben

$$\left(\widehat{H}_{HFS} - W \right) |\psi\rangle = 0$$

zu diagonalisieren. Dazu ist wieder die Säkulargleichung

$$\det \left(\widehat{H}_{HFS} - W \right) = 0$$

zu lösen. Man erhält vier Lösungen: zu $M_F = \pm 1$ (mit $M_J = 1/2$ und $M_I = 1/2$ bzw. $M_J = -1/2$ und $M_I = -1/2$):

$$W_{\pm 1} = \frac{A}{4} \pm \mu_- B \tag{9.58}$$

sowie die gemischten Terme zu $M_F = 0$ ($M_J = \pm 1/2$ und $M_I = \mp 1/2$)

$$W_{0\pm} = -\frac{A}{4} \pm \frac{A}{2} \sqrt{1 + (2\mu_+ B/A)^2} \,. \tag{9.59}$$

Man überzeugt sich leicht, dass die so gewonnenen 4 Energien für den Bereich kleiner und mittlerer Felder auch in Form der sogenannten *Breit-Rabi Formel* geschrieben werden können:

$$W_{1\pm} = -\frac{A}{4} \pm \frac{A}{2} \sqrt{1 + \frac{8 M_F}{2I + 1} \mu_B B/A + (2\mu_B B/A)^2} \tag{9.60}$$

Wir erkennen die deutliche Ähnlichkeit zur Magnetfeldaufspaltung der Feinstruktur eines $J = 3/2$, $1/2$ Dubletts nach (8.28)–(8.31).

Durch Entwicklung der Wurzel verifiziert man leicht, dass sich (9.58) und (9.59) im Fall $B \ll (A/\mu_B)$

$$W_{HFS} = W_{MD} + g_F \mu_B B M_F$$

schreiben lassen, wobei W_{MD} durch (9.15) und g_F durch (9.53) gegeben ist. Dies ist mit $I = J = 1/2$ und $g_F = g_J/2$ nach (9.53) exakt der schon oben gewonnene Ausdruck für den Grenzfall schwachen Magnetfelds nach (9.54), wenn wir $g_I \mu_N B$ vernachlässigen. Im Grenzfall $B \gg A/\mu_B$ geht (9.60) durch Entwicklung der Wurzel in (9.56) über.

Abbildung 9.11 illustriert dieses Ergebnis für die Hyperfeinaufspaltung in Abhängigkeit vom externen Magnetfeld. Dabei haben wir, wie allgemein üblich, den sehr kleinen Term $g_I \mu_N B$ nicht berücksichtigt. Wir sehen wieder – analog zur Feinstruktur – das lineare Verhalten der Terme für sehr kleine Felder und die Abstoßung der Terme mit gleicher Gesamtprojektionsquantenzahl, hier $M_F = 0$, beim Übergang zum starken Feld.

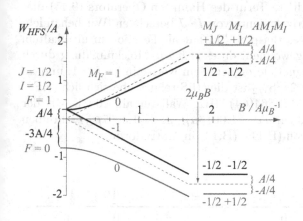

Abb. 9.11. Zeeman-Effekt der HFS: Übergang vom schwachen zum starken Magnetfeld bei $I = J = 1/2$. Links: nach der Breit-Rabi Formel (9.60). Rote bzw. schwarze, volle Linien für $M_I = +1/2$ bzw. $-1/2$, rot gestrichelt der Verlauf, der ohne HFS erwartet würde. Rechts: Extrapolation zu (moderat) starken B Feldern nach (9.56) – jedoch ohne den $g_I \mu_N M_I B$ Term

So unbedeutend der Term $g_I \mu_N B$ nun aber für schwache und moderat starke Felder ist, so wichtig wird er im Hochfeld, wie man es heute z. B. in der EPR-Spektroskopie benutzt. Der Übergang ist in Abb. 9.12 illustriert. Betrachten wir die für sehr hohe Felder relevante Beziehung (9.56), so sehen wir, dass bei einem bestimmten, hinreichend hohem B-Feld und $M_J = J$ zwangsläufig einmal $A M_J M_I - g_I \mu_N M_I B = 0$ wird. Danach dreht sich das Vorzeichen dieses Ausdrucks um. Beim Wasserstoffatom ist dies bei ca. $164\, A\mu_B^{-1}$ der Fall, was etwa 3 T entspricht. Im Grenzfall erhält man eine Aufspaltung,

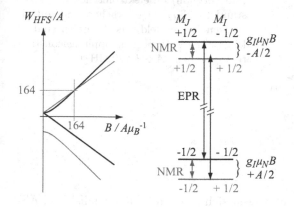

Abb. 9.12. Zeeman-Effekt der HFS. Links: Erweiterung von Abb. 9.11 zum Hochfeld am Beispiel des H-Atoms nach (9.58)–(9.59). Für hinreichend hohe Feldstärken gilt (9.56) – hier einschließlich des $g_I \mu_N M_I B$ Terms (nicht maßstäblich). Rechts: Grenzfall $A \ll g_I \mu_N B$ mit den möglichen M1-Übergängen im Mikrowellen- (EPR) und Radiofrequenzgebiet

wie dies rechts (nicht maßstäblich) in Abb. 9.12 skizziert ist: *Das Vorzeichen des höchst liegenden Kernspinzustands hat sich gegenüber niedrigen Feldern umgedreht!* In Abb. 9.12 sind für die spätere Diskussion im Zusammenhang mit der EPR-Spektroskopie auch mögliche Mikrowellen (EPR) und Radiofrequenzübergänge (NMR) angedeutet (M1-Übergänge).

Natürlich kann man bei solchen Diagonalisierungen auch von der ungekoppelten Basis $|JM_JIM_I\rangle$ ausgehen und erhält das gleiche Resultat. In diesem Fall werden der zweite und dritte Term des Hamilton-Operators (9.45) diagonal und man muss die Matrixelemente von $\hat{I} \cdot \hat{J}$ berechnen. Wir behandeln so die HFS von ^{6}Li als zweites Beispiel. ^{6}Li hat als Fermion in ultrakalten, atomaren Gasen Bedeutung gewonnen, da es sich zur Molekülbildung durch Feshbach-Resonanzen im Magnetfeld eignet. Sein Kernspin ist $I = 1$, und im elektronischen Grundzustand $2s\,^2S_{1/2}$ ist die HFS relativ übersichtlich (HFS-Kopplungskonstante $A/h = 221.864(64)\,$MHz, Walls et al., 2003). Mit der Abkürzung (9.57) (hier in Zahlen $\mu_+ = 1.0016\mu_B$, $\mu_- = 1.0007\mu_B$) schreiben wir (9.55) unter Benutzung von (B.11)–(B.13) in Matrixform:

$$\widehat{H}_{HFS} =$$

$M_J M_I$	$\frac{1}{2}1$	$\frac{1}{2}0$	$-\frac{1}{2}1$	$\frac{1}{2}-1$	$-\frac{1}{2}0$	$-\frac{1}{2}-1$
$\frac{1}{2}1$	$\frac{A}{2}+\mu_-B$	0	0	0	0	0
$\frac{1}{2}0$	0	$\mu_B B$	$\frac{A}{2}\sqrt{2}$	0	0	0
$-\frac{1}{2}1$	0	$\frac{A}{2}\sqrt{2}$	$-\frac{A}{2}-\mu_+B$	0	0	0
$\frac{1}{2}-1$	0	0	0	$-\frac{A}{2}+\mu_+B$	$\frac{A}{2}\sqrt{2}$	0
$-\frac{1}{2}0$	0	0	0	$\frac{A}{2}\sqrt{2}$	$-\mu_B B$	0
$-\frac{1}{2}-1$	0	0	0	0	0	$\frac{A}{2}-\mu_-B$

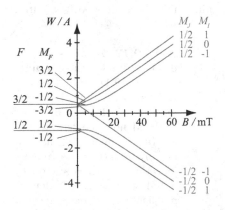

Abb. 9.13. Hyperfeintermlagen von ^{6}Li (ein Fermion) im elektronischen Grundzustand $2s\,^2S_{1/2}$ im schwachen und mittelstarken Magnetfeld. Die Energien sind in Einheiten der Hyperfeinkopplungskonstante angegeben ($A \simeq h\,222\,$MHz)

Auch dieser Hamilton-Operator lässt sich problemlos diagonalisieren. Abbildung 9.13 zeigt die Termlagen als Funktion des angelegten Magnetfelds. Die

Reihenfolge der Terme rechts in Abb. 9.13 gilt auch hier wieder nur für mittlere Feldstärken. Für sehr große B-Felder (oberhalb von einigen T) invertieren die Terme, ähnlich wie wir das für Abb. 9.12 beschrieben haben.

9.4 Elektrostatische Kernwechselwirkungen

Wir werden jetzt sowohl die sogenannten *Volumeneffekte* durch die endliche Ausdehnung des Kerns, und damit die Abweichung vom reinen Coulomb-Potenzial, als auch die Quadrupolwechselwirkung behandeln, also die Wechselwirkung eines nicht kugelförmigen Kerns mit einem möglicherweise nicht isotropen elektrischen Feld der Hülle. Erstere bilden einen wesentlichen Beitrag zur sogenannte Isotopenverschiebung der Spektren bei gleicher Kernladungszahl Z aber unterschiedlicher Nukleonenzahl im Atomkern. Letztere geben wichtige Information über die Gestalt des Atomkerns, der im allgemeinen Fall Zigarrenform (prolate) oder Pfannkuchenform (oblate) haben kann. Wir führen die folgenden Betrachtungen für Einelektronensysteme durch. Sie lassen sich aber relativ problemlos durch Summation über alle Elektronenkoordinaten auf Vielelektronensysteme übertragen.

9.4.1 Potenzialentwicklung

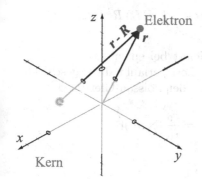

Abb. 9.14. Atomkern und Hüllenelektron – Koordinaten zur Berechnung des Wechselwirkungspotenzials

Das Wechselwirkungspotenzial der Ladungen eines Atomkerns der Ladungsdichte $\rho\,(\boldsymbol{R})$ mit einem Hüllenelektronen am Ort $\boldsymbol{r}$ ist

$$W_{el}(\boldsymbol{r}) = \int \rho\,(\boldsymbol{R})\,V(\boldsymbol{R},\boldsymbol{r}) \mathrm{d}^3\boldsymbol{R}\,. \qquad (9.61)$$

Zur Energieberechnung muss man dann $W_{el}(\boldsymbol{r})$ über die Wahrscheinlichkeitsverteilung $|\psi_{el}(\boldsymbol{r})|^2$ der Hüllenelektronen mitteln. Wir berechnen aber zunächst $W_{el}(\boldsymbol{r})$, wofür wir das Potenzial $V(\boldsymbol{R},\boldsymbol{r})$ in Abb. 9.14 ablesen:

$$V(\boldsymbol{R},\boldsymbol{r}) = -\frac{e_0}{4\pi\epsilon_0\,|\boldsymbol{r}-\boldsymbol{R}|} \qquad (9.62)$$

Es lässt sich wegen der sehr kleinen Abmessung des Atomkerns im Vergleich zur Hülle in sehr guter Näherung in eine Reihe entwickeln:

$$V(\boldsymbol{R},\boldsymbol{r}) = -\frac{e_0}{4\pi\epsilon_0 r} + \sum_{\alpha=1}^{3}\left.\frac{\partial V}{\partial x_\alpha}\right|_0 X_\alpha + \frac{1}{2}\sum_{\alpha\beta}^{3}\left.\frac{\partial^2 V}{\partial x_\alpha\partial x_\beta}\right|_0 X_\alpha X_\beta + \dots \qquad (9.63)$$

Wir brauchen also nur die entsprechenden Ableitungen des Coulomb-Potenzials am Kernort zu bestimmen. Damit wird

$$W_{el}(\mathbf{r}) = -\frac{e_0^2 Z}{4\pi\epsilon_0 r} + \sum_{\alpha=1}^{3} \left.\frac{\partial V}{\partial x_\alpha}\right|_0 \int \rho(\mathbf{R}) X_\alpha \mathrm{d}^3 \mathbf{R} + \qquad (9.64)$$

$$\frac{1}{2}\sum_{\alpha\beta} \left.\frac{\partial^2 V}{\partial x_\alpha \partial x_\beta}\right|_0 \int \rho(\mathbf{R}) X_\alpha X_\beta \mathrm{d}^3 \mathbf{R} + \dots,$$

wobei wir bereits die Kernladung

$$\int e_0 \rho(\mathbf{R}) \, \mathrm{d}^3 \mathbf{R} = Z e_0 \qquad (9.65)$$

in den ersten Term eingesetzt haben. Dieser stellt nichts anderes als das Coulomb-Potenzial einer Punktladung $Z e_0$ da. Das haben wir ja im Hamilton-Operator des Hüllenelektrons schon berücksichtigt. Der zweite Term würde dem elektrisches Dipolmoment des Atomkerns proportional sein, welches wegen der Symmetrie der Kernladung um den Ursprung verschwindet. Der erste hier relevante, nicht verschwindende Term ist der Quadrupolterm. Wir betrachten zunächst einen isotropen Zustand der Hülle (*s*-Zustand) und legen unsere *z*-Achse so, dass dieser Tensor *diagonal wird* und erhalten:

$$W_2(\mathbf{r}) = \frac{1}{2}\sum_\alpha V_{\alpha\alpha} \int \rho(\mathbf{R}) X_\alpha^2 \mathrm{d}^3 \mathbf{R} \qquad (9.66)$$

$$= \frac{1}{6}\sum_\alpha V_{\alpha\alpha} \int \rho(\mathbf{R}) \left(3X_\alpha^2 - R^2\right) \mathrm{d}^3 \mathbf{R} + \frac{1}{6}\int \rho(\mathbf{R}) R^2 \mathrm{d}^3 \mathbf{R} \sum_\alpha V_{\alpha\alpha}$$

Der erste Term, ein echter Quadrupolterm, liefert bei einem isotropen Hüllenpotenzial keinen Beitrag. Für den *zweiten Term* erlaubt diese geschickte Umschreibung aber, den letzten Faktor mithilfe der Poisson-Gleichung

$$\sum_\alpha V_{\alpha\alpha}\big|_0 = \Delta V = \left.\frac{\rho_{el}(\mathbf{r})}{\epsilon_0}\right|_{r=0} = \frac{e_0}{\epsilon_0}|\psi_{el}(0)|^2$$

und dem Erwartungswert des Atomkerns für R^2

$$\int \rho(\mathbf{R}) R^2 \mathrm{d}^3 \mathbf{R} = Z e_0 \left\langle R^2 \right\rangle$$

auszuwerten:

$$W_{vol} = \frac{1}{6}\int \rho(\mathbf{R}) R^2 \mathrm{d}^3 \mathbf{R} \sum V_{\alpha\alpha} = \frac{Z e_0^2}{6\epsilon_0}|\psi_{el}(0)|^2 \left\langle R^2 \right\rangle \qquad (9.67)$$

Diese Wechselwirkung ergänzt somit den Term nullter Ordnung in (9.64), also das Coulomb-Potenzial, und trägt zu der schon erwähnten Isotopenverschiebung bei, da die Ladungsverteilung und damit $\left\langle R^2 \right\rangle$ ja von der Nukleonenzahl im Kern abhängt. Wir kommen darauf noch zurück.

9.4.2 Der Volumenterm

Die Umformung in (9.66) ist nichts anderes als die irreduzible Schreibweise eines Produkts von Tensoroperatoren, wie dies in Anhang D.2 ausgeführt ist. Wir schreiben daher den verbleibenden, quadratischen Term der Entwicklung (9.64) bzw. (9.66) mithilfe von (D.23) für

$$\frac{1}{|r - R|} = \sum_{k=0}^{\infty} \frac{r_<^k}{r_>^{k+1}} \sum_{q=-k}^{k} (-1)^q C_{k-q}(\Theta\Phi) C_{kq}(\theta\varphi) \qquad (9.68)$$

neu. Dabei sind $\Theta\Phi$ die Winkel der Kernkoordinaten und $\theta\varphi$ die des Hüllenelektrons. Wenn wir von s-Zuständen absehen, deren Einfluss durch den Volumenterm W_{vol} vollständig beschrieben wird, dann können wir in der noch durchzuführenden Integration über die Hülle stets $r_< = R$ und $r_> = r$ setzen, da sich Elektronen mit $\ell > 0$ praktisch nie am Kernort aufhalten. Wir schreiben W_2 also als Skalarprodukt zweier irreduzibler Tensoroperatoren nach (D.18):

$$W_2 = W_{vol} + W_Q = \frac{Ze_0^2}{6\epsilon_0} |\psi_{el}(0)|^2 \langle R^2 \rangle + \left\langle \frac{-e_0^2 Z}{4\pi\epsilon_0 r} \frac{R^2}{r^3} \mathbf{C}_2^{(R)} \cdot \mathbf{C}_2^{(r)} \right\rangle, \qquad (9.69)$$

wobei $\mathbf{C}_2^{(R)}$ bzw. $\mathbf{C}_2^{(r)}$ die renormierten Kugelflächentensoren vom Rang 2 in Bezug auf die Kern- bzw. Elektronenkoordinaten sind (s. (2.75)), und $\langle \ldots \rangle$ Mittelung über Kern- und Elektronenkoordinaten andeutet.

9.4.3 Quadrupolterme und Matrixelemente

Betrachten wir zunächst die *Kernkoordinaten*. Man definiert nach (D.48) die Komponenten des

Quadrupoltensors des Atomkerns $Q_{2q} = Ze_0 R^2 C_{2q}(\Theta, \Phi)$.   (9.70)

Die Form des *Atomkerns* wird durch den Quadrupoltensor charakterisiert. Kennt man den Aufbau des Atomkerns, so kann er im Prinzip berechnet werden. In der Regel benutzt man allerdings eher umgekehrt die HFS, um ihn zu bestimmen und dann ggf. mit Kernmodellen zu vergleichen.

Nimmt man als Bezugsachse für den Atomkern die Richtung des Kernspins und hat man Rotationssymmetrie, so charakterisiert der Erwartungswert von

$$Q_{20} = e_0 Z R^2 C_{20}(\cos\Theta) = e_0 Z \frac{3X_3^2 - R^2}{2}, \qquad (9.71)$$

das System vollständig (wir schreiben hier für die z-Komponente der Kernkoordinate X_3, um eine Verwechslung mit der Kernladungszahl Z zu vermeiden). Man definiert als

Kernquadrupolmoment $Q = \dfrac{1}{e_0} \displaystyle\int \rho\,(\boldsymbol{R})\,(3X_3^2 - R^2)\,\mathrm{d}^3\boldsymbol{R}\,,$ (9.72)

wobei hier über die Kernkoordinaten und die Kernladungsverteilung $\rho\,(\boldsymbol{r})$ zu mitteln ist. Das Quadrupolmoment beschreibt die Abweichung von der Kugelsymmetrie, für welche $Q = 0$. Der Kernspin I ist ggf. für Abweichungen von der Kugelsymmetrie verantwortlich. Die in Abb. 9.15 links gezeigte „pfannkuchenförmige" Gestalt (oblate) entspricht $Q < 0$, während $Q > 0$ eine „zigarrenförmige" Kernform (prolate) definiert, wie rechts in Abb. 9.15 gezeigt.

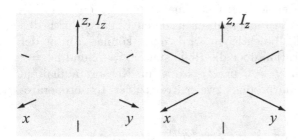

Abb. 9.15. Kerne mit Quadrupolmoment: $Q < 0$ (links) beschreibt eine Pfannkuchenform (oblate), $Q > 0$ (rechts) entspricht einer Zigarrenform (prolate)

Die Matrixelemente von Q_{20} werden nach (D.49)

$$\langle IM\,|Q_{20}|\,IM \rangle = \frac{2\left[3M^2 - I(I+1)\right]}{\sqrt{(2I+3)(2I+2)2I(2I-1)}}\,\langle I\,\|\mathbf{Q}_2\|\,I \rangle\,, \qquad (9.73)$$

wobei M die Projektionsquantenzahl des Kernspins I ist. Der Maximalwert von $\langle IM\,|Q_{20}|\,IM \rangle$ wird erreicht, wenn die Projektionsquantenzahl maximal ist ($M_I = I$), d.h. wenn das Quadrupolmoment auf die Bezugsachse ausgerichtet ist. Das Quadrupolmoment kann man damit auch

$$e_0 Q = 2\,\langle II\,|Q_{20}|\,II \rangle \qquad (9.74)$$

schreiben, und das reduzierte Matrixelement des Kernquadrupoltensors ergibt sich nach (D.50) zu

$$\langle I\,\|\mathbf{Q}_2\|\,I \rangle = e_0\,\langle ZR^2 \rangle\,\langle I\,\|\mathbf{C}_2\|\,I \rangle = \frac{e_0 Q}{2}\sqrt{\frac{(2I+3)(I+1)}{I(2I-1)}}\,. \qquad (9.75)$$

Man sieht hier sehr direkt, dass *der Atomkern (ebenso wie die Hülle) nur dann ein Quadrupolmoment haben kann, wenn sein Spin $I > 1/2$ ist.* Das reduzierte Matrixelement ist nur für $I > 1/2$ überhaupt definiert und kann die Dreiecksrelation $\delta(I2I) = 1$ erfüllen.

Wenden wir uns nun dem *Tensor des Hüllenfeldes* zu, der in das Skalarprodukt (9.69) eingeht. Man definiert ganz analog zu (9.70):

$$U_{2m} = -\frac{e_0}{4\pi\epsilon_0 r^3} C_{2m}(\theta, \varphi). \tag{9.76}$$

Die U_{20} Komponente erinnert wieder an ein Quadrupolmoment (der Hülle):

$$U_{20} = -\frac{e_0}{4\pi\epsilon_0} \frac{3z^2 - r^2}{r^5}. \tag{9.77}$$

Allerdings ist hier nicht über r^2 sondern über $1/r^3$ zu mitteln. Man kann dies alternativ auch als zweite Ableitung des Hüllenpotenzials am Kernort darstellen:

$$U_{20} = \left.\frac{V_{zz}}{2}\right|_0 = \left.\frac{1}{2}\frac{\partial^2}{\partial z^2}\frac{-e_0}{4\pi\epsilon_0 r}\right|_0 = \frac{-e_0}{4\pi\epsilon_0}\frac{3z^2 - r^2}{r^5} \tag{9.78}$$

Wir definieren analog zu (9.74) einen Parameter

$$e_0 q = 2\langle JJ|U_{20}|JJ\rangle = \langle JJ|V_{zz}|JJ\rangle. \tag{9.79}$$

Allgemein werden die Matrixelemente von U_{20}

$$\langle JM_J|U_{20}|JM_J\rangle = \frac{2\left[3M_J^2 - J(J+1)\right]}{\sqrt{(2J+3)(2J+2)2J(2J-1)}}\langle J\|\mathbf{U}_2\|J\rangle, \tag{9.80}$$

und das reduzierte Matrixelement

$$\langle I\|\mathbf{U}_2\|I\rangle = -e_0\left\langle\frac{1}{r^3}\right\rangle\langle J\|\mathbf{C}_2\|J\rangle = \frac{e_0 q}{2}\sqrt{\frac{(2J+3)(J+1)}{J(2J-1)}} \tag{9.81}$$

kann für effektive Einelektronensysteme im Prinzip berechnet werden. Man muss dazu lediglich den Erwartungswert von $1/r^3$ und das reduzierte Matrixelement im gekoppelten Schema $\langle s\ell J\|\mathbf{C}_2\|s\ell J\rangle$ nach (D.67) bzw. (D.69) einsetzen. Wir belassen es hier aber bei der parametrisierten Fassung.

Zusammenfassend können den wir den Quadrupolwechselwirkungsterm in (9.69) nun im Hyperfeinkopplungsschema schreiben:

$$W_Q = \langle IJFM_F|\mathbf{U}_2 \cdot \mathbf{Q}_2|IJF'M_F'\rangle, \tag{9.82}$$

was wir ggf. noch über FM_F zu mitteln haben, denn im Prinzip können ja verschiedene Orientierungen der Hülle gegenüber dem Kern beitragen, je nachdem wie $\hat{\boldsymbol{J}}$ und $\hat{\boldsymbol{I}}$ zueinander stehen bzw. umeinander präzedieren. Nun brauchen wir diese Mittelung angenehmerweise gar nicht im Detail durchzuführen, da nach (D.59) und (D.60) die Matrixelemente des Skalarprodukts diagonal in F und M_F werden und überhaupt nicht von M_F abhängen. Es wird

$$W_Q = \sqrt{(2I+1)}\sqrt{(2J+1)}(-1)^{F+J+I}\begin{Bmatrix} I & J & 2 \\ J & I & F \end{Bmatrix}\langle J\|\mathbf{U}_2\|J\rangle\langle I\|\mathbf{Q}_2\|I\rangle, \tag{9.83}$$

und wir brauchen nun nur noch (9.81) und (9.75) einzusetzen. Unter Benutzung der expliziten Ausdrücke des $6j$ Symbols wird nach trivialer Rechnung

$$W_Q = \frac{e_0^2 qQ}{2I(2I-1)J(2J-1)} \left[\frac{3}{4}K(K-1) - I(I+1)J(J+1) \right] \quad (9.84)$$

wobei $K = F(F+1) - I(I+1) - J(J+1)$ und $e_0^2 qQ = C$ die sogenannte *Quadrupolkopplungskonstante* ist.

Die Quadrupolkopplungskonstante kann positiv oder negativ sein. W_Q ist additiv zur magnetischen Dipolwechselwirkung zu behandeln (solange $W_Q \ll W_{MD}$, was außer für ganz schwere Atomkerne in der Regel erfüllt ist). Das führt zu Abweichungen von der Intervallregel. Das typische Verhalten für einige Situationen ist in Abb. 9.16 skizziert. Wichtig ist noch zu

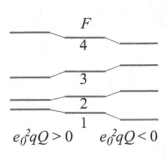

Abb. 9.16. Einfluss der Quadrupolwechselwirkung auf die HFS bei negativer (links) bzw. positiver Quadrupolkopplungskonstante (rechts) im Vergleich zur Situation bei rein magnetischer Dipolwechselwirkung (Mitte).

bemerken, dass diese Formel nur für $I \neq 0$ und $I \neq 1/2$ gilt. Wie wir oben schon bemerkt haben, verschwindet das Quadrupolmoment sowohl für $I = 0$ als auch für $I = 1/2$ und wir haben nur den Volumenterm zu berücksichtigen. Entsprechendes gilt auch für die Elektronenhülle, wenn also $J = 0$ oder $J = 1/2$ ist, aber natürlich auch für $\ell = 0$.

Wir schließen diese etwas theoretische Diskussion ab mit dem Hinweis, dass man (9.84) gelegentlich auch als

$$W_Q = \frac{e_0^2 qQ}{2I(2I-1)J(2J-1)} \left[3(\hat{\boldsymbol{I}} \cdot \hat{\boldsymbol{J}})^2 - \frac{3}{2}\hat{\boldsymbol{I}} \cdot \hat{\boldsymbol{J}} - \hat{\boldsymbol{I}}^2 \hat{\boldsymbol{J}}^2 \right] \quad (9.85)$$

geschrieben findet. Hier wird letztlich die Mittelung im Sinne des Vektormodells angedeutet. Man verifiziert damit (9.84) diese Formel durch Einsetzen der üblichen binomischen Ausdrücke für $\hat{\boldsymbol{I}} \cdot \hat{\boldsymbol{J}}$.

9.5 Isotopenverschiebung

Wie in 9.4.2 begründet, wird neben der HFS-Aufspaltung eine Isotopenverschiebung (IS) der Linien in Abhängigkeit von der Kernmasse bei gleichem Z

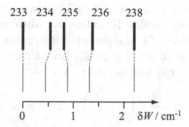

Abb. 9.17. Beispiel für die Isotopenverschiebung (IS) optischer Spektrallinien, hier am Beispiel des Urans, wo die HFS ≪ IS. Die gemessene Isotopenverschiebung der 424.44 nm Linie nach Smith et al. (1951) ist für verschiedene Isotope durch schwarze Linien markiert (angegeben ist A). Im Vergleich dazu (unten rot) nahezu äquidistante Linien, die das Intervall $\propto A^{2/3}$ skalieren

beobachtet. Es zeigt sich, dass daraus *wertvolle Informationen über Atomkerne* gewonnen werden können. Ein typisches Beispiel für ein isotopenaufgespaltenes optisches Spektrum zeigt Abb. 9.17. Die Isotopenverschiebung durch die unterschiedliche Masse und Gestalt der Atomkerne wird seit den 50er Jahren sehr intensiv untersucht und hat zu einer Fülle von spektroskopischen Daten geführt, die wesentlich zur systematischen Erforschung der Kernstruktur beigetragen haben (s. z. B. Angeli, 2004). Neuere Untersuchungen konzentrieren sich zum einen auf eine umfassende Vermessung von künstlichen Isotopen über einen großen Bereich von Nukleonen- und Kernladungszahlen, die es insbesondere gestatten, Kernradien dieser Spezies zu vermessen. Zum anderen werden hochpräzise Messungen an leichten Atomen, insbesondere an den He^+ und Li^+ Isotopen durchgeführt, die sehr sensitive Tests der Theorie einschließlich relativistischer und QED Beiträge erlauben. Wir geben hier nur einige wenige Hinweise. Es gibt im Prinzip zwei spektroskopisch beobachtbare Effekte: Masseneffekt und Volumeneffekt, die sich wiederum aus verschiedenen Bestandteilen zusammensetzen.

9.5.1 Masseneffekt

Wir hatten bereits in 1.11.5 und 2.8.1 besprochen, dass man zur korrekten Berechnung der Zustandsenergien für Einelektronensysteme statt der Elektronenmasse m_e in der Schrödinger-Gleichung die reduzierte Masse $\mu = m_e/(1 + m_e/M)$ einzusetzen hat (M = Kernmasse). Dadurch wird die Schwerpunktsbewegung absepariert und das Problem kann als Einteilchenproblem behandelt werden. Da die Masse linear in den Hamilton-Operator eingeht ($p^2/2m_e$) und $m_e/M \ll 1$ ist, kann man in guter Näherung auch für größere Atome die Energieänderung ansetzen als

$$\frac{\delta W}{W} = -\delta \left(\frac{m_e}{M}\right) \quad . \tag{9.86}$$

Zum Vergleich ein und desselben optischen Übergangs für verschiedene Isotope benötigt man also keine exakte Kenntnis der absoluten Termlagen. Dieser Umstand spielt insbesondere für die genaue Interpretation bei kleineren Ordnungszahlen eine wichtige Rolle. Der größte Effekt tritt z. B. beim Wasserstoff zwischen ^{1}H und ^{1}D auf und beträgt dort

$$\frac{\delta W}{W} \simeq \frac{1}{1836} \left(\frac{1}{1} - \frac{1}{2} \right) = 2.72 \times 10^{-4},$$

was bei der Ly_α Linie zu einem Unterschied von 22.4 cm^{-1} zwischen ^{1}H und ^{1}D führt, in guter Übereinstimmung mit dem Experiment. Ein genauer Vergleich erfordert freilich darüber hinaus auch eine genaue Kenntnis der unterschiedlichen HFS und Lamb-Shift für beide Kerne.

Ganz allgemein lässt sich die Auswirkung der endlichen Kernmasse in erster Näherung gut durch die Reskalierung der Größen $a_\mu = a_0 m_e / \mu$ und $W_\mu = W_0 \mu / m_e$ berücksichtigen. Diese Korrektur wird am größten für Atome kleiner Masse M. Gleichung (9.86) gilt aber streng nur für wirkliche Einelektronensysteme. Bei Mehrelektronensystemen ist die Separation der Kernbewegung nicht mehr trivial, und man muss die Bewegung des Atomkerns relativ zu *allen* Hüllenelektronen berücksichtigen (s. z. B. Drake et al., 2005). Separiert man z. B. beim Heliumatom die Schwerpunktbewegung ab, so führt das im elektronischen Hamilton-Operator zu einem Zusatzterm $-(\mu/M)\nabla_{r_1}\nabla_{r_2}$ (in atomaren Einheiten), der zu berücksichtigen ist. Die Berechnung dieser sogenannten *Massenpolarisation* ist nicht trivial und hängt vom Anregungszustand des Atoms ab. Glücklicherweise liefert die Massenpolarisation nur für die kleineren Atome wirklich wichtige Beiträge. Ab der Mitte des Periodensystem kann man in sehr guter Näherung mit (9.86) rechnen.

Allerdings sind es natürlich gerade die kleineren Atome, die überhaupt eine Chance für einen Präzisionsvergleich von Theorie und Experiment für die Differenzenergien zweier Isotope ermöglichen. Jüngere Arbeiten konzentrieren sich auf die verschiedenen Helium- und Lithiumisotope, wo heute eine experimentelle Genauigkeit von deutlich unter 1 MHz erreicht wird, und zugleich eine entsprechend genaue Rechnung noch möglich erscheint. Im Detail erweist sich dieser Vergleich aber selbst für diese noch relativ überschaubaren Atome als sehr komplex und aufwendig. Neben einer genauen Berechnung der Massenpolarisation erfordert er vor allem auch die vollständige Analyse aller Beiträge zur Hyperfeinstruktur, wie wir sie für das Wasserstoffatom besprochen haben, sowie die Berücksichtigung aller QED Korrekturen in entsprechender Ordnung und schließlich die Berücksichtigung der Volumenterme, die wir im folgenden Abschnitt besprechen werden.

9.5.2 Volumeneffekt

Für die in Abb. 9.17 schematisch dargestellte Isotopenverschiebungen beim Uran spielt die Massenpolarisation überhaupt keine Rolle. Und mit der reinen Korrektur für die Schwerpunktsbewegung (9.86) käme man auf eine Linienverschiebung von $0.0012\,\mathrm{cm}^{-1}$ zwischen ^{233}U und ^{238}U – im Vergleich zu einem experimentellen Wert von $2.20\,\mathrm{cm}^{-1}$. Es muss also noch eine wesentliche andere Ursache für die Isotopenverschiebung geben. Wir hatten diesen *Volumeneffekt* schon im Zusammenhang mit der Diskussion des Kernquadrupolmoments erwähnt: Wegen der endlichen Ausdehnung der Atomkerne ist das von s-Elektronen am Kernort gesehene Potenzial nicht mehr streng proportional zu $1/r$. Insbesondere bei größeren Atomkernen muss man also die Abweichung im Kerninneren nach (9.67) berücksichtigen. Für einen Kern mit der Ladungszahl Z und der Massenzahl $\mathcal{A}$ können wir den Kernradius nach dem Modell des Flüssigkeitstropfens in grober Näherung ansetzen als

$$R = R_{LD}\mathcal{A}^{1/3}\,, \tag{9.87}$$

wobei nach Angeli (2004) für $R_{LD} = 0.9542\,\mathrm{fm}$ das gesamte Periodensystem relativ gut wiedergegeben wird (man vgl. mit dem Protonenradius $R_P = 0.8750(68)\,\mathrm{fm}$). Allerdings erlauben weitere Entwicklungsterme in (9.87) bessere Fits der experimentellen Daten. In Abb. 9.18 ist sehr schematisch das aus der endlichen Ausdehnung der Kerne resultierende Potenzial für zwei verschiedene Isotope i und k eines Atomkerns gleicher Ladung Z skizziert. Beim

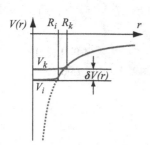

Abb. 9.18. Modifiziertes Coulomb-Potenzial (schematisch), welches durch die endliche, unterschiedliche Ausdehnung von zwei Kernen der Isotope i und k eines Atoms entsteht

Volumeneffekt interessiert uns nur die Differenz zwischen den beiden Isotopen, da die absolute Termlage bei großen Atomen ohnedies nicht exakt zu berechnen ist. Man kann in Störungsnäherung aus der Differenz der Potenziale $\delta V(r)$ für die beiden Kerne leicht abschätzen oder aus (9.67) entnehmen, dass wegen der geringen Kernausdehnung nur die Ladungsdichte der s-Elektronen am Kernort eine Rolle spielt. Nach Summation über alle Hüllenelektronen erhält man für den Unterschied der Termlagen verschiedener Isotope:

$$\delta W_{vol} = \frac{Ze_0^2}{6\epsilon_0}\delta\left\langle R^2\right\rangle \sum |\psi_i(0)|^2$$

Man muss also die Elektronendichte am Kernort sehr genau bestimmen, um aus einer solchen Messung eine Aussage über das gemittelte Quadrat des Kernladungsradius $\left\langle R^2\right\rangle$ machen zu können – aber man muss natürlich auch alle anderen Parameter kennen, welche den experimentellen Messwert für einen bestimmten Übergang außerdem bestimmen. Die heutige experimentelle Genauigkeit erfordert dafür eine aufwendige, nicht störungstheoretische Behandlung, auf die wir hier nicht eingehen können. Tabelle 9.3 illustriert den aktuellen Stand der Dinge. Dort sind Präzisionsmessungen verschiedener $2\,{}^3S_1 - 2\,{}^3P$ Übergänge im ^{3}He und ^{4}He nach Morton et al. (2006) zusammengestellt, aus denen man den Kernladungsradius R_c für das Helium Isotop ^{3}He berechnet. Dabei muss für ^{3}He die Hyperfeinstruktur (Übergang $F = 3/2 - F = 1/2$) berücksichtigt werden, um aus dem experimentellen Messwert auf die Isotopenverschiebung zu kommen, aus der unter Kenntnis des Werts von R_c für ^{4}He schließlich mithilfe einer sehr genauen Rechnung der Kernladungsradius für ^{3}He folgt.

Tabelle 9.3. Isotopenverschiebung δW_{vol} am Beispiel von ^{3}He bzw. ^{4}He und Bestimmung des mittleren Kernladungsradius R_c für ^{3}He (Morton et al., 2006)

Übergang	Messwert/ MHz	δW_{vol} / MHz	R_c (^{3}He) / fm
^{3}He $(2\,{}^3S_1\,3/2 - 2\,{}^3P_0\,1/2)$ $-{}^4$He $(2\,{}^3S_1 - 2\,{}^3P_0)$	45394.413 (137)	42184.368 (166)	1.985 (41)
^{3}He $(2\,{}^3S_1\,3/2 - 2\,{}^3P_0\,1/2)$ $-{}^4$He $(2\,{}^3S_1 - 2\,{}^3P_1)$	1480.573 (30)	33668.062 (30)	1.963 (6)
^{3}He $(2\,{}^3S_1\,3/2 - 2\,{}^3P_0\,1/2)$ $-{}^4$He $(2\,{}^3S_1 - 2\,{}^3P_2)$	810.599 (3)	33668.066 (3)	1.9643 (11)
Elektron-Kern Streuung			1.959 (30)
Kerntheorie			1.96 (1)

9.6 Magnetische Resonanzspektroskopie

Neben der höchstauflösenden, Doppler-freien optischen Spektroskopie, die wir schon in Kapitel 6 gestreift haben, und verwandten Methoden der hochaufgelösten, laserinduzierten Fluoreszenz gibt es eine Reihe von interessanten, sehr klug ausgedachten und sehr wichtigen Verfahren, wie man Information über die Wechselwirkung des Atomkerns mit der Elektronenhülle vermessen kann. Sie spielen in der modernen Molekülphysik und chemischen Analytik eine zentrale Rolle. Da die Doppler-Verschiebung proportional zur absorbierten Frequenz ist, kann man sie bei der Spektroskopie von Feinstruktur- oder Hyperfeinstrukturniveaus völlig unterdrücken, wenn man direkt die Übergänge zwischen den Niveaus induziert, also im Mikrowellen bzw. Radiofrequenzbereich vermisst. Wir hatten das ja bereits am Beispiel der Lamb-Shift in 6.5.2 und 6.5.3 diskutiert. Aber auch Infrarot oder Millimeterwellen kommen in Verbindung mit Vibrations- oder/und Rotationsspektren bei Molekülen zur Anwendung. Wir wollen uns hier lediglich einführend mit drei wichtigen Methoden befassen: Molekülstrahlspektroskopie mit RF und Mikrowellen, EPR- und schließlich NMR-Spektroskopie.

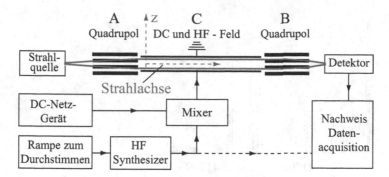

Abb. 9.19. Schema einer Ramsey'schen Molekularstrahl-Resonanzapparatur für die Beobachtung magnetischer Dipolübergänge (M1) an Molekülen nach Gallagher et al. (1972). Erläuterung s. Text

9.6.1 Molekülstrahl-Resonanzspektroskopie

Die bahnbrechenden Arbeiten zur Mikrowellen- und Radiofrequenzresonanzspektroskopie an magnetisch oder elektrisch präparierten und geführten Atom- und Molekülstrahlen wurden von Ramsey (1989) und seinen Schülern seit 1946 durchgeführt. Die heute in der Molekülspektroskopie – auch für recht komplexe Moleküle – benutzen Apparaturen basieren im Wesentlichen noch auf dem Design der Gruppe aus den '70er (s. z. B. Gallagher et al., 1972) Jahren, wenn natürlich auch die Detektions- und Datenaufnahmetechnik um Größenordnungen verbessert wurde. Die grundsätzliche Idee ist dabei, wie beim Lamb-Shift Experiment (Kapitel 6.5.3), magnetische Dipolübergänge (M1) in der Mikrowellen- oder Radiofrequenzdomäne zu untersuchen, um so die Doppler-Verbreiterung zu umgehen (s. Kapitel 6.5.2). Abbildung 9.19 illustriert das Prinzip einer elektrisch fokussierten Molekülstrahl-Resonanzapparatur.

Man muss zunächst einen Molekülstrahl des zu untersuchenden Atoms oder Moleküls erzeugen[1] (Strahlquelle). In elektrischen Quadrupolfeldern werden die Objekte dann selektiert und auf den Detektor fokussiert. Wir gehen hier nicht näher auf die Details ein, erwähnen aber, dass dieses Verfahren im Wesentlichen das elektrostatische Äquivalent zum Stern-Gerlach-Experiment (Kapitel 1.12) ist, wo man magnetische Dipole im inhomogenen Magnetfeld ablenkt. Eine Quadrupolanordnung besteht aus vier langen, symmetrisch und parallel zur Strahlachse angeordneten Metallzylindern auf alternierendem Potenzial. Sie erzeugt in der Nähe der Strahlachse ein inhomogenes elektrisches Feld $E \propto \rho^2$, wenn ρ hier den Abstand zur Strahlachse bezeichnet. Dieses Feld lenkt elektrische Dipole entsprechend ihrem Dipolmoment und ihrer Ausrichtung im Raum ab und kann so konfiguriert werden, dass genau eine Ausrichtung des Dipolmoments bezüglich der z-Achse auf die Strahlachse fokussiert

---

[1] Wir werden in Band 2 dieses Buches noch ausführlich über Molekularstrahlen sprechen.

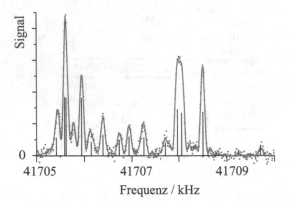

Abb. 9.20. Experimentell beobachtetes und gefittetes Radiofrequenzspektrum (rote Punkte bzw. Linien) für 9 Stark-aufgespaltene HFS Linien am LiI im Schwingungsgrundzustand ($v = 0$) mit leichter Rotationsanregung ($J = 3$) für die Übergänge $F_1 = 3/2 \rightarrow 7/2$. Die schwarzen Linien sind ein berechnetes „Stick" Spektrum dazu (nach Cederberg et al., 2005)

wird. Dies funktioniert auch, wenn man – wie bei Atomen erforderlich – das Dipolmoment ggf. erst durch den Stark-Effekt erzeugen muss (s. Kapitel 8.5.8).

Bei der Ramsey-Apparatur erfolgt diese Fokussierung nun in zwei Quadrupolfeldern A und B so, dass eine bestimmte Dipolausrichtung auf den Detektor fokussiert wird. Im Bereich C dazwischen liegt an einem ebenen Plattenkondensator ein elektrisches Gleichfeld (DC) und ein RF-Feld senkrecht zur z-Richtung an (ggf. kann an diese Stelle auch ein Mikrowellenresonator treten). Induziert man nun mit dem RF-Feld einen M1-Übergang im untersuchten Atom oder Molekül, dann ändert sich auch die Komponente des elektrischen Dipolmoments bezüglich der z-Achse, die daher nicht mehr fokussiert wird. Einen Übergang detektiert man also durch eine entsprechende Reduktion des am Detektor registrierten Signals. Anstatt die RF durchzustimmen benutzt man in der Regel bequemer den Stark-Effekt und stimmt die Resonanzübergänge mit dem DC-Feld im Übergangsbereich C auf die eingestrahlte Frequenz ab.

Zur Illustration der hohen Auflösung dieses Verfahrens zeigen wir in Abb. 9.20 ein im elektrischen Feld durch den Stark-Effekt aufgespaltenes Hyperfeinspektrum an dem polaren, zweiatomigen Molekül Lithium-Jodid (LiI). Wir können hier auf die vielen Einzelheiten der HFS dieses an sich noch recht einfachen Moleküls nicht eingehen. Die Übereinstimmung von berechnetem und gemessenem Spektrum ist beeindruckend.

Die Grenzen der Auflösung für eine solche Messanordnung werden bei sorgfältiger Optimierung aller anderen Unsicherheiten letztlich nur durch die Unschärferelation bestimmt: der Wechselwirkungsbereich C hat eine endliche Länge ℓ, rechnen wir beispielhaft einmal mit $\ell = 1\,\mathrm{m}$. Die Geschwindigkeit des Molekularstrahls sei typisch etwa $1000\,\mathrm{m\,/\,s}$, sodass die Wechselwirkungszeit $\tau \simeq 1\,\mathrm{ms}$ ist. Die Frequenzauflösung $\Delta\nu$ wird also im günstigsten Falle bei 1 kHz liegen. Das ist für moderne Präzisionsmessungen nicht ausreichend und insbesondere für die Definition des heutigen Zeitnorm als unakzeptabel. Es ist aber nicht trivial, die Messstrecke C einfach zu verlängern, da diverse Störeffekte letztlich die erzielte Verbesserung der Auflösung wieder zunichte machen können. Insbesondere ist es schwierig, über eine sehr große Strecke absolut konstante RF- oder gar Mikrowellenfrequenz auf das Untersuchungs-objekt wirken zu lassen. Ramsey (1950) hat daher seine als *Ramsey-Streifen* (englisch Ramsey-Fringes) bekannte und vielfach angewandte Methode entwickelt, die es im Prinzip erlaubt, die Wechselwirkungszeit elegant zu verlängern. Wir haben dies schon in Kapitel 6.1.6 ausführlich besprochen und das Schema einer modernen Atomuhr in Abb. 6.27 vorgestellt. Im vorliegenden Fall trennt man den Bereich C in zwei kurze Bereiche auf, die man jeweils sehr gut kontrollieren und stabil halten kann. Dazwischen kann sich das untersuchte Atom oder Molekül frei über eine längere Zeit T bewegen. Die so erreichbare Auflösung nimmt dann entsprechend $\nu/\Delta\nu \propto T$ zu.

9.6.2 EPR-Spektroskopie

Bei der Elektronenspinresonanz, ESR, heute meist EPR genannt *(Electron Paramagnetic Resonance)*, bringt man ein Quantensystem mit einem oder mehreren ungepaarten Elektronen in ein externes Magnetfeld. In der Regel ist hier der Bahndrehimpuls $\ell = 0$. Der Spin S orientiert sich mit $M_S = \pm 1/2$ parallel oder antiparallel zum $\hat{B}$-Feld. Ohne Wechselwirkung des Elektrons mit seiner molekularen Umgebung hängt die Energie des Systems nur von der Orientierung des Elektronenspins im externen Magnetfeld ab. Die Wechselwirkungsenergie des Elektronenspins (ohne Bahndrehimpuls) im externen Magnetfeld B (in z-Richtung) ist, wie bereits mehrfach besprochen

$$W_S/h = -\boldsymbol{\mathcal{M}}_S \hat{\boldsymbol{B}} = g\mu_B M_S B = \pm 2 \times 14\,\text{GHz}\,\frac{1}{2}B/\,\text{T}\,, \qquad (9.88)$$

wobei $\pm$ gilt, je nachdem ob der Spin in Richtung oder entgegen der Richtung des Feldes steht. Zwischen beiden Zuständen kann man mit einem *Mikrowellenfeld Übergänge* induzieren. Das elektromagnetische Feld greift dabei mit seiner magnetischen Feldkomponente (B_{welle}) am magnetischen Moment des Spins an. Es handelt sich also wieder um *magnetische M1-Dipolübergänge* (Kapitel 5.4). Die Auswahlregeln erfordern keine Änderung von ℓ, sodass sie innerhalb eines $n\ell$ Niveaus erfolgen (auch wenn $\ell \neq 0$ ist). Natürlich wird aber wieder der Gesamtdrehimpulse einschließlich Photonendrehimpuls erhalten: Es muss also die Dreiecksregel $\delta(J_a 1 J_b) = 1$ gelten, im einfachsten Falle $J_a = J_b = S = 1/2$. Dann gilt trivialerweise

$$\Delta M_S = \pm 1\,. \qquad (9.89)$$

Die Frequenz der eingestrahlten Mikrowelle für einen typischen EPR-Übergang muss also

$$\Delta W_s/h = 2E_s/h = 2g\mu_B m_s B = 28\,\text{GHz}\,B/\text{T} \qquad (9.90)$$

sein, was natürlich genau der Larmorfrequenz des Elektrons im Magnetfeld B entspricht.

Abb. 9.21 skizziert schematisch die Energieaufspaltung des magnetischen Moments eines (freien) Elektronenspins im externen B-Feld und stellt sie der nuklearen magnetischen Resonanz (NMR) mit Protonen (^{1}H) gegenüber, die wir im nächsten Abschnitt diskutieren werden. Für beide Methoden sind in Abb. 9.21 typische, heute in der Forschung benutzte Mikrowellen- bzw. RF-Frequenzbänder und die dafür erforderlichen Magnetfelder angedeutet. Für die chemische Analytik wird auch heute noch das X-Band als Standardmethode benutzt. Mit zunehmender Komplexität der untersuchten Moleküle geht man aber zu sehr hohen Magnetfeldern über (HF-EPR), die nur mit „state of the art" supraleitenden Magneten erreicht werden. Da die Aufspaltung der Zustände ja proportional zum B-Feld ist, verbessert sich die potenziell mögliche Auflösung entsprechend. Die EPR-Spektroskopie lebt nun davon, dass das magnetische Moment des Elektrons eine sehr empfindliche Sonde für Magnetfelder in der atomaren und molekularen Umgebung ist, insbesondere auch für die Hyperfeinwechselwirkung. In einem komplexen Molekül wechselwirken die *ungepaarten* Elektronen z. B. mit den Kernspins verschiedener Atome, woraus man dann sehr detaillierte Aussagen über die molekulare Struktur gewinnen kann. Beim konventionellen, kontinuierlichen EPR-Verfahren (CW-EPR) wird das Spektrum vermessen, indem man die Frequenz der eingestrahlten Welle konstant hält und das Magnetfeld durchstimmt. Einen charakteristischen Versuchsaufbau skizziert Abb. 9.22 auf der nächsten Seite. Trifft man auf eine Resonanz, so treten Verluste im Mikrowellenresonator auf, die man sehr empfindlich detektieren kann. Anders als in der optischen Spektroskopie beobachtet man hier der besseren Auflösbarkeit wegen meist ein differenziertes

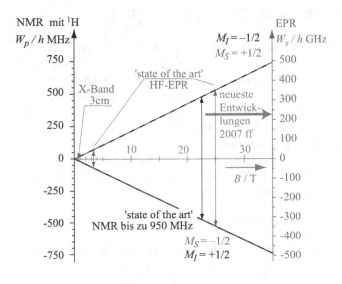

Abb. 9.21. Typische Übergangsfrequenzen bei NMR (links) bzw. EPR (rechts) als Funktion des externen Magnetfelds B. In beiden Fällen handelt es sich um M1-Übergänge. Bei der EPR wird der Elektronenspin umgeklappt, bei NMR der Kernspin (hier im Bild für ^{1}H)

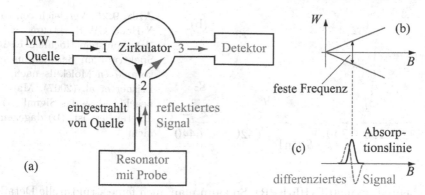

Abb. 9.22. (a) Schema der Messbrücke eines CW-EPR Spektrometers. Der Zirkulator stellt sicher, dass die Mikrowelle, welche bei 1 eintritt, bei 2 vollständig zur Probe geleitet wird, und dass das reflektierte Signal, welches bei 2 eintritt, nur bei 3 austritt. (b) Schema zur Aufnahme der Spektren: die Frequenz bleibt konstant, das Magnetfeld B wird variiert. (c) Daraus sich ergebendes Absorptionssignal (volle Linie) als Funktion des Magnetfelds. Zur besseren Sichtbarmachung wird das Signal meist differenziert und führt zu einem dispersionsartigen Spektrum (gestrichelt)

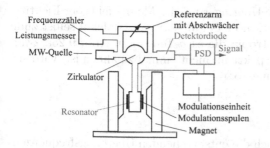

Abb. 9.23. Schema des gesamten CW-EPR-Spektrometers mit Messbrücke nach Abb. 9.22, Magnet, Mess- und Steuerelektronik. Die Probe befindet sich im Resonator, der in den Magneten eintaucht. Das Signal wird phasensensitiv detektiert (PSD)

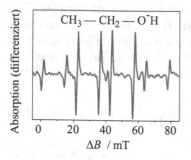

Abb. 9.24. Äthanolanion als Beispiel für ein im X-Band (kontinuierlich) aufgenommenes EPR-Spektrum. Die verschiedenen HFS Kopplungskonstanten a für die einzelnen Atome führen zu einer ausgeprägten Struktur der Spektren. Nach SDBS (2007)

(dispersionsartiges) Signal. Abbildung 9.24 zeigt ein Beispiel für ein experimentelles EPR Spektrum, dessen Details wir hier nicht diskutieren wollen. Es ist offensichtlich, dass die erreichbare Auflösung umso höher wird, je größer das Magnetfeld ist (und damit auch je größer die Mikrowellenfrequenz ist, bei der die Resonanz auftritt). Moderne Methoden der EPR-Spektroskopie arbeiten mit Frequenzen bis zu 700 GHz und benutzen supraleitende Magneten

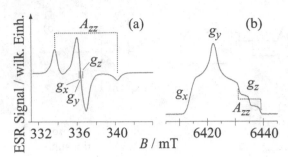

Abb. 9.25. Vergleich von (a) X-Band CW-Spektrum und (b) gepulstem Hochfeld-EPR Spektrum am Beispiel eines komplexen Moleküls nach Prisner et al. (2007). Man beachte, dass das Signal (a) differenziert ist, (b) dagegen nicht

von heute bis zu 30 T (HF-EPR). So kann man auch feine strukturelle Details in größeren Molekülen und insbesondere in Radikalen sichtbar machen. Dies illustriert Abb. 9.25 am Beispiel eines stabilen Nitroxyl-Radikals („TEMPO" in Polystyrol). Das mit kontinuierlicher X-Band ESR-Spektroskopie aufgenommene Spektrum (a) und das gepulste HF-ESR Spektrum (b) zeigen nach (9.45) erwartungsgemäß etwa die gleiche Größenordnung der Hyperfeinkopplung (präziser: der z-Komponente A_{zz} des Hyperfeinkopplungstensors 9.26). Dagegen skaliert die vom g-Faktor bewirkte Aufspaltung mit dem Magnetfeld. Es leuchtet ein, dass g_J, das ja die Überlagerung des Magnetfelds der Elektronenhülle und des Spins beschreibt, in einem anisotropen Molekül selbst zum Tensor wird. Während die Anisotropie dieses g-Tensors in Abb. 9.25a zwar angedeutet, aber im gemessenen Spektrum nicht einmal zu ahnen ist, wird sie mit HF-EPR in Abb. 9.25b klar messbar.

9.6.3 NMR-Spektroskopie

In Abb. 9.21 auf Seite 384 sind auch die entsprechenden Übergangsfrequenzen für die NMR *(Nuclear Magnetic Resonance)* mit Protonen eingetragen. Für die Energien der Kernorientierungszustände $|IM_I\rangle$ im externen Magnetfeld und die Übergänge zwischen ihnen gilt analoges wie beim Elektronenspin. Speziell beim Proton (^{1}H), welches nicht an ein atomares Feld gekoppelt ist (also im Falle von ^{1}S$_0$-Zuständen), spaltet die Energie im externen B-Feld ebenfalls in zwei Zustände mit

$$W_p/h = -g_p\mu_N M_I B = \mp 42.56\,\text{MHz}\,\frac{1}{2}B/\,\text{T}$$

auf, wobei g_p der g-Faktor des Protons und $M_I = \pm 1/2$ seine Spinprojektionsquantenzahl ist. Auch hier können M1-Übergänge (magnetische Dipolübergänge) induziert werden – nämlich durch die Wechselwirkung der magnetischen Komponente des angelegten elektromagnetischen Wechselfeldes mit dem magnetischen Kernmoment. Die Frequenzen dieser *nuklearen magnetischen Resonanzen* liegen jetzt freilich im Radiofrequenzbereich (RF):

$$\Delta W_p/h = g_p\mu_N B = 42.56\,\text{MHz}\,B/\,\text{T} \ . \tag{9.91}$$

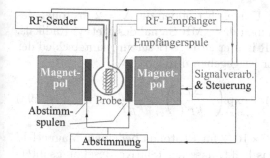

Abb. 9.26. Schematische Darstellung eines NMR-Spektrometers. Im einfachsten Fall wird eine feste Radiofrequenz (RF) senkrecht zum Magnetfeld eingestrahlt und das Magnetfeld wird variiert. In der Empfängerspule wird ein induzierter Strom empfangen, mit welchem das Umklappen der Kernspins infolge der RF Einstrahlung registriert wird. Das Signal wird nach Verstärkung und Filterung im Signalverarbeitungs- und Steuercomputer digitalisiert

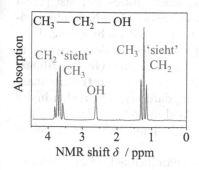

Abb. 9.27. NMR-Spektrum von Äthanol bei 89.56 MHz in $CDCl_3$ aufgenommen. Nach SDBS (2007)

Die Messverfahren der NMR sind im Prinzip ähnlich denen der EPR. Schematisch ist ein typisches NMR-Spektrometer in Abb. 9.26 gezeigt.

Die NMR-Spektroskopie hat sich zu einem der wichtigsten Werkzeuge für die Untersuchung von komplexen Molekülstrukturen bis hin zu Proteinen entwickelt, da die Resonanzfrequenz eines beobachteten Kerns sehr empfindlich von seiner lokalen Umgebung abhängt. Charakteristisch ist eine diamagnetische (bei p-Zuständen auch paramagnetische) Abschirmung, die sogenannte chemische Verschiebung δ (üblicherweise angegeben in *ppm* gegenüber der Referenzsubstanz TMS, Tetramethylsilan), die zu veränderten NMR Resonanzfrequenzen

$$\Delta W_p / h = 2 g_p \mu_N M_I (1 - \delta) B \tag{9.92}$$

führt. Einen ganz wesentlichen Einfluss haben dabei auch die Magnetfelder benachbarter Kernmomente. Abbildung 9.27 zeigt als charakteristisches, experimentelles Beispiel das ^{1}H-NMR Spektrum von Äthanol. Es ist durch den Einfluss der Felder benachbarter Protonen charakterisiert: die $\mathcal{N} = 3$ Protonen des Methylradikals bilden ein Quartett ($I_{ges} = \mathcal{N} \times 1/2 = 3/2$, Entartung $2 \times I_{ges} + 1 = \mathcal{N} + 1 = 4$; sogenannte $\mathcal{N} + 1$ Regel). Sie verändern das NMR

Signal am Methylen entsprechend. Umgekehrt bilden die $\mathcal{N} = 2$ Protonen des Methylens ein Triplett und bestimmen das NMR Signal des Methyl-Radikals.

Ein gewisses Problem der NMR ist der geringe Besetzungsunterschied der zwei Zustände mit $M_I = \pm 1/2$. Er ist gegeben durch

$$\frac{N_{+1/2} - N_{-1/2}}{N_{+1/2}} = 1 - \exp\left(-\frac{\Delta E_p}{k_B T}\right) \simeq \frac{\Delta E_p}{k_B T} \quad . \tag{9.93}$$

Als Zahlenwert ergibt sich z. B. 6.9×10^{-6} für Protonen bei einem Magnetfeld von 1 T und Raumtemperatur. Das heißt, dass der relative Besetzungsunterschied weniger als 10^{-5} beträgt. Andererseits ist das erwartete Absorptionssignal

$$\Delta S = h\nu (B_{12} N_{+1/2} - B_{21} N_{-1/2})\rho(\nu) \tag{9.94}$$

mit den Einstein'schen B_{ik} Koeffizienten und der spektralen Strahlungsdichte $\rho(\nu)$ (s. Kapitel 4). Die Zahl der Absorptions- bzw. Emissionsprozesse ist proportional zur Besetzung der Zustände, und somit gibt es hier fast genau so viele Absorptions- wie induzierte Emissionsvorgänge. Die Nettoabsorption der Strahlung, die man detektieren kann, ist jedenfalls sehr gering. Dass die NMR trotzdem empfindlich genug ist, liegt letztlich an der großen Zahl der untersuchten Moleküle in der festen oder flüssigen Probe (Größenordnung $10^{22} - 10^{23}$). Im Gegensatz dazu hat man es z. B. bei einer Atomstrahlresonanzapparatur zwar nur mit wenigen Teilchen zu tun, dafür kann man aber in der Regel von einem 100%igem Besetzungsunterschied ausgehen. Man sieht mit (9.93) und (9.94) sofort, dass für ein gutes NMR-Signal hohe Magnetfelder und tiefe Temperaturen entscheidend sind.

Eine erhebliche Steigerung der Nachweisempfindlichkeit gelingt bei der NMR (wie auch bei der EPR) durch gepulste Anregung: ein RF-Impuls hinreichender Bandbreite regt die relevanten Übergänge simultan an, man misst die Antwort des Systems darauf als Funktion der Zeit und mittelt über viele solcher Spektren. Die Fouriertransformierte dieses Signals ergibt dann das eigentliche NMR Spektrum, wobei man zugleich auch Information über das Relaxationsverhalten des Systems erhält. Ganz entscheidende, weitere Verbesserungen haben sogenannte 2D- oder auch multidimensionale Verfahren gebracht, bei denen man mehrere RF-Impulse unterschiedlicher Frequenz in ausgewählten zeitlichen Sequenzen einstrahlt. Man kann auf diese Weise die Antwort des Systems auf eine Kernspinanregung zeitlich verfolgen und Korrelationen zwischen den verschiedenen aktiven Kerne identifizieren. Räumliche Anisotropien der Molekülkristalle, die insbesondere die Festkörper-NMR erheblich stören können, kann man dabei heute mithilfe des sogenannte „magic-angle-spinning" (MAS) überlisten: ähnlich wie bei der Photoelektronenspektroskopie (s. Kapitel 5.5.3) wird der Einfluss solcher Anisotropien u. a. durch das Legendre-Polynom $P_2(\cos\theta)$ bestimmt (θ beschreibt hier die Orientierung der Kristallachse). Lässt man nun die Probe hinreichend schnell um den magischen Winkel $\theta_{mag} = 54.736°$, bei dem P_2 verschwindet, rotieren, so mitteln sich solche Anisotropien weg, und man beobachtet scharfe Linien.

Neben der Protonen-NMR spielt auch die ^{13}C-NMR eine sehr wichtige Rolle, insbesondere bei der Untersuchung großer Biomoleküle. Das Kohlenstoffisotop ^{13}C hat ein natürliches Vorkommen von 1.1% und kann bei Bedarf auch angereichert werden. Es hat wie das Proton den Kernspin 1/2, jedoch mit 10.71 MHz $B/$T nur etwa 1/4 des gyromagnetischen Verhältnisses des Protons nach (9.91), also entsprechend geringere Niveauaufspaltung bei gleichem Magnetfeld. Das führt zwar nach (9.93) vordergründig zu geringerer Empfindlichkeit. Umgekehrt impliziert dies aber auch eine geringere Wechselwirkung mit der Umgebung und damit den Vorteil, dass – im Gegensatz zur ^{1}H-NMR – selbst in großen, komplexen Strukturen noch scharfe Linien beobachtet werden, während man die geringere Niveauaufspaltung durch entsprechend höhere Felder in supraleitenden Magneten inzwischen gut kompensieren kann. Damit verfügt man in großen Biomolekülen über hinreichend viele, ggf. auch spezifisch platzierbare Sonden („isotope labelling"), die in Kombination mit multidimensionalen Verfahren und MAS heute eine außerordentlich genaue Bestimmung von räumlichen Strukturen auch großer Biomoleküle in Festkörperumgebung erlauben.

EPR- und NMR-Spektroskopie sind heute hoch entwickelte, extrem leistungsfähige Methoden der Strukturanalyse, die es in außerordentlich vielfältigen Ausprägungen gibt. Neben den eben angedeuteten Verfahren kommen auch Doppelresonanzmethoden mit simultanen oder aufeinander folgenden optischen Übergängen, die Kombination von Elektronenspin- und Kernspin-Flips, verschiedene zeitaufgelöste Verfahren, räumlich auflösende und bildgebende Verfahren etc. zur Anwendung. Es handelt sich um ein sehr umfangreiches Forschungsgebiet und um breite Anwendungsfelder in Physik, Chemie, Biologie, Medizin und Werkstoffforschung. Darüber geben zahlreiche Monographien und Sammelwerke im Detail Auskunft. Eine Reihe von Nobel-Preisen, z. B. an Ernst (1991); Wütherich (2002); Lauterbur und Mansfield (2003) illustrieren wichtige Entwicklungsschritte und unterstreicht die Bedeutung des Feldes. Wir wollen es hier bei diesen einführenden Betrachtungen belassen.

Vielelektronenatome

> *Es geht hier darum, die Eigenzustände und Energien*
> *für Systeme mit vielen Elektronen zu berechnen.*
> *Dabei müssen wir die Gesamtheit aller Elektronen*
> *in gleicher Weise behandeln. Da die Abstoßung*
> *der Elektronen untereinander von vergleichbarer*
> *Größenordnung ist wie die Coulomb-Anziehung*
> *des Kerns, kann man das Problem nicht mehr mit*
> *einfachen störungstheoretischen Methoden lösen.*

Hinweise für den Leser: In diesem Schlusskapitel von Band 1 dieses Buches kommt vieles zusammen, in das wir früher eingeführt haben. In den Abschnitten 10.1 bis 10.3 skizzieren wir darüber hinausgehend die klassischen Verfahren zur Berechnung der Wellenfunktionen von Vielelektronenatomen, und in Abschnitt 10.4 folgt ein kurzer Exkurs zur Dichtefunktionaltheorie. Mit steigender Ordnungszahl Z wächst aber nicht nur die Zahl der Elektronen und die Komplexität des Problems schlechthin. Auch die Bedeutung der verschiedenen Wechselwirkungen ändert sich: war für leichte Atome die LS-Kopplung eine gute Beschreibung, so wird diese mit wachsender Spin-Bahn-Wechselwirkung ($\propto Z^4$) immer weniger relevant, wie wir in Abschnitt 10.5 illustrieren. Auch die Energieskala insgesamt ändert sich – grob gesprochen mit Z^2. Zwar bleiben die Übergangsenergien für Quantensprünge der äußersten Elektronen meist nach wie vor im sichtbaren oder ultravioletten Spektralbereich, und der Leser kann sich in Abschnitt 10.5 anhand charakteristischer Beispiele etwas mit dem „Zoo" der Energieniveaus und Kopplungsschemata komplexer Atome vertraut machen. Änderungen in den inneren Atomschalen sind aber mit der Emission und Absorption von Röntgenstrahlung verbunden, dem Abschnitt 10.6 gewidmet ist – freilich ohne tief auf die Details der Röntgenspektren eingehen zu können. Ergänzend wird in Abschnitt 10.7 auch das Verständnis der Photoionisation durch Beispiele für Vielelektronensysteme vertieft. Schließlich macht Abschnitt 10.7 den Leser mit modernen Quellen für die Erzeugung von Röntgenstrahlen bekannt.

10.1 Zentralfeldnäherung

Die grundlegende Ausgangsannahme zur Lösung des Vielelektronenproblems bleibt nach wie vor das *Modell der unabhängigen Teilchen. Jedes Elektron, so* diese Annahme, *bewegt sich im gemittelten Potenzial aller anderen* ($\mathcal{N} - 1$)

Elektronen ohne direkte Korrelation zu deren individuellen, momentanen Koordinaten. Die Bewegungen jedes einzelnen Elektrons sind also nur insoweit von den anderen abhängig, als diese gemeinsam ein mittleres Abstoßungspotenzial bestimmen. Die radialen Wellenfunktionen der einzelnen Elektronenorbitale in diesem Potenzial werden vom Typ her den Wassenstoffeigenfunktionen sehr ähnlich sein, was sich z. B. im asymptotischen Verhalten bei kleinem und großen r und in der Zahl der Nulldurchgänge manifestiert. Dennoch sind reine Wasserstofforbitale für größere $\mathcal{N}$ und Z keine gute nullte Näherung mehr. Man muss die Schrödinger-Gleichung also numerisch lösen und sodann das Modell der unabhängigen Teilchen Zug um Zug verfeinern. Die meisten grundlegenden Beobachtungen lassen sich mit dieser Herangehensweise schon ohne großen Aufwand erstaunlich gut beschreiben.

10.1.1 Hamilton-Operator für ein Vielelektronensystem

Wir betrachten ein Atom mit der Kernladungszahl Z und $\mathcal{N}$ Elektronen. Auch hier berücksichtigen wir zunächst wieder nur die elektrostatischen Kräfte und vernachlässigen magnetische Wechselwirkungen sowie relativistische und QED Effekte. Ausgehend von dem in Kapitel 7 gemachten Ansatz für das Zwei-Elektronen System He, ist jetzt über die kinetische Energie, die Coulomb-Anziehung des Kerns und die Coulomb-Abstoßung aller Elektronen zu summieren, und man erhält als Hamilton-Operator

$$\widehat{H} = \sum_{j=1}^{\mathcal{N}} \left(-\frac{\hbar^2}{2m_e}\Delta_j - \frac{Ze_0^2}{4\pi\epsilon_0 r_j} \right) + \frac{1}{2}\sum_j^{\mathcal{N}}\sum_{k \neq j}^{\mathcal{N}} \frac{e_0^2}{4\pi\epsilon_0 r_{jk}} \qquad (10.1)$$

$$\text{mit} \quad r_{jk} = |\boldsymbol{r}_j - \boldsymbol{r}_k| , \qquad (10.2)$$

wobei der Faktor $1/2$ vor der Doppelsumme es uns erlaubt, die Gleichung in j und k symmetrisch zu schreiben und so das jeweils doppelte Auftreten der Abstoßungsterme mit $1/r_{kj}$ bzw. $1/r_{jk}$ zu kompensieren. Wie üblich benutzen wir atomare Einheiten

$$\widehat{H} = \sum_{j=1}^{\mathcal{N}} \left(-\frac{1}{2}\Delta_j - \frac{Z}{r_j} \right) + \frac{1}{2}\sum_j^{\mathcal{N}}\sum_{k \neq j}^{\mathcal{N}} \frac{1}{r_{jk}} \qquad (10.3)$$

und haben die Schrödinger-Gleichung

$$\widehat{H}\psi(q_1, q_2 \ldots q_n) = W\psi(q_1, q_2 \ldots q_n) \qquad (10.4)$$

zu lösen. Die Koordinaten q_1 stehen hier für alle Raum- $(r_i, \theta_i, \varphi_i)$ und Spinkoordinaten (s_i). Die Gesamtwellenfunktion muss nun – in konsequenter Erweiterung dessen, was wir für He diskutiert haben – *antisymmetrisch gegen Vertauschung je zweier beliebiger Elektronen* sein. Man kann das wieder durch eine Produktbildung von Spin und Ortsfunktion, ähnlich wie beim He erreichen, wie in Abschnitt 10.3.1 noch genauer diskutiert wird.

Nun kann man die über alle Elektronen zu summierende Abstoßung aber nicht mehr als kleine Störung betrachten. Im Modell der unabhängigen Teilchen versucht man aber, diese Abstoßung durch ein *zentralsymmetrisches, gemitteltes Potenzial zu approximieren*. Jedes Elektron sieht also im Mittel ein Potenzial

$$V_j(r_j) = -\frac{Z}{r_j} + \left\langle \sum_{k \neq j}^{\mathcal{N}} \frac{1}{r_{jk}} \right\rangle,$$ (10.5)

das sich bei sehr kleinen und sehr großen r_j so verhält, wie wir dies etwa beim Leuchtelektron der Alkaliatome diskutiert haben, s. (3.8) und Abb. 3.10 auf Seite 96. Mit diesem zentralsymmetrischen Potenzial kann man den gesamten Hamilton-Operator (10.6) zerlegen in einen zentralsymmetrischen Teil $\widehat{H}_c$

$$\widehat{H}_c = \sum_{j=1}^{\mathcal{N}} \left[-\frac{1}{2}\Delta_j - \frac{Z}{r_j} + \frac{1}{2} \left\langle \sum_{k \neq j}^{\mathcal{N}} \frac{1}{r_{jk}} \right\rangle \right]$$ (10.6)

und einen (möglichst kleinen) Störterm, der sich aus der Differenz von (10.3) und (10.6) zu

$$\widehat{H}_s = \frac{1}{2} \sum_{j}^{\mathcal{N}} \left[\sum_{k \neq j}^{\mathcal{N}} \frac{1}{r_{jk}} - \left\langle \sum_{k \neq j}^{\mathcal{N}} \frac{1}{r_{jk}} \right\rangle \right],$$ (10.7)

ergibt. $\widehat{H}_s$ enthält alle nicht sphärischen Anteile der Wechselwirkung, wird aber im Normalfall sehr klein. Sein Diagonalmatrixelement verschwindet in erster Ordnung Störungsrechnung, sodass $\widehat{H}_s$ nur in höherer Näherung als Störterm zu berücksichtigen ist, sofern man bereits „vernünftige" Orbitale bei der Mittelung $\langle \rangle$ benutzen kann. *Das ist die wesentliche Idee der Zentralfeldnäherung.*

Mit dem zentralsymmetrischen Potenzial wird die Schrödinger-Gleichung separabel, d. h. sie kann mit dem Ansatz

$$\psi(\boldsymbol{r}_1, \boldsymbol{r}_2, \dots \boldsymbol{r}_{\mathcal{N}}) = \varphi_{a_1}(\boldsymbol{r}_1) \varphi_{a_2}(\boldsymbol{r}_2) \dots \varphi_{a_{\mathcal{N}}}(\boldsymbol{r}_{\mathcal{N}})$$ (10.8)

gelöst werden. Dabei steht a für den üblichen Satz von Quantenzahlen $\{n\ell m\}$, und die Einteilchenwellenfunktionen (Orbitale) $\varphi_{n\ell m}(\boldsymbol{r})$ bestimmt man aus der Einteilchen-Schrödinger-Gleichung

$$\left[-\frac{\Delta_j}{2} + V_j(r) \right] \varphi_{n\ell m}(\boldsymbol{r}) = W_{n\ell} \varphi_{n\ell m}(\boldsymbol{r}).$$ (10.9)

Wir haben das Problem also wieder auf einen Produktansatz mit einer wohl definierten Konfiguration der Elektronen zurückgeführt.[1] Die Ortsfunktionen sind vom bekannten Typ

---

[1] Zur Erinnerung: unter Konfiguration verstehen wir einen wohl definierten Satz von Quantenzahlen $a_j = n_j \ell_j$ für jedes Elektron: $\{a_j\} = \{a_1 \dots a_j \dots a_{\mathcal{N}}\}$.

$$\varphi_{n\ell m}(\boldsymbol{r}) = R_{n\ell}(r)Y_{\ell m}(\theta, \varphi) \, . \qquad (10.10)$$

Allerdings sind die Radialfunktionen $R_{n\ell}(r)$ jetzt keine Wasserstoffeigenfunktionen mehr, sondern dem Problem bereits besser angepasste Funktionen, die wir ganz analog zum H-Atom berechnen aus:

$$\frac{\mathrm{d}^2 u_{n\ell}}{\mathrm{d}r^2} + \left[W_{n\ell} - V_j(r) - \frac{\ell(\ell+1)}{r^2} \right] u_{n\ell}(r) = 0 \qquad (10.11)$$

$$\text{mit} \quad R_{n\ell}(r) = u_{n\ell}(r)/r \, .$$

Nun ist die Bestimmung der zentralsymmetrischen Potenziale $V_j(r)$ keineswegs trivial. Man muss dazu eigentlich die Orbitale aller anderen Elektronen bereits kennen und über deren Dichte $|\varphi_k(\boldsymbol{r})|^2$ mitteln:

$$V_j(r_j) = -\frac{Z}{r_j} + \sum_{k \neq j}^{\mathcal{N}} \int \mathrm{d}^3 \boldsymbol{r}_k \frac{|\varphi_k(r_k)|^2}{r_{jk}} \qquad (10.12)$$

Formal kann man dies wieder in (10.9) einsetzen und erhält damit die sog. *Hartree-Gleichungen*:

$$\left[-\frac{\Delta_j}{2} - \frac{Z}{r_j} \right] \varphi_j(\boldsymbol{r}) + \sum_{k \neq j}^{\mathcal{N}} \int \mathrm{d}^3 \boldsymbol{r}_k \frac{|\varphi_k(r_k)|^2}{r_{jk}} \varphi_j(\boldsymbol{r}) = W_j \varphi_j(\boldsymbol{r}) \qquad (10.13)$$

Es gilt also, diese Integrodifferenzialgleichungen zu lösen. In der Praxis macht man das iterativ, wie wir gleich besprechen werden. Es sei darauf hingewiesen, dass das Potenzial $V_j(r)$ für jedes Elektron unterschiedlich sein kann. Die Lösungen der $\mathcal{N}$ Gleichungen (10.13) werden zwar normiert, bilden aber somit keinen orthogonalen Satz von Funktionen. Die Gesamtenergie des $\mathcal{N}$-Elektronensystems ergibt sich schließlich aus (10.6) und (10.8):

$$W\{a_1 \ldots a_{\mathcal{N}}\} = \langle \psi | \widehat{H} | \psi \rangle = \sum_{j=1}^{\mathcal{N}} \int \mathrm{d}^3 \boldsymbol{r}_j \varphi_j^*(\boldsymbol{r}) \left(-\frac{1}{2}\Delta_j - \frac{Z}{r_j} \right) \varphi_j(\boldsymbol{r})$$

$$+ \frac{1}{2} \sum_{j}^{\mathcal{N}} \sum_{k \neq j}^{\mathcal{N}} \int \mathrm{d}^3 \boldsymbol{r}_j \mathrm{d}^3 \boldsymbol{r}_k \frac{|\varphi_j(r_j)|^2 |\varphi_k(r_k)|^2}{r_{jk}} \qquad (10.14)$$

10.1.2 Hartree-Verfahren

Die Suche nach der richtigen Wellenfunktion basiert auf einem Iterationsverfahren, welches zuerst von Hartree und Slater angegeben und erprobt wurde. Es ist schematisch in Abb. 10.1 dargestellt. Man rät zunächst einmal eine plausible, nullte Näherung für die Zentralfeldpotenziale $V_j(r)$ für alle Elektronen der gesuchten Konfiguration. Ein möglicher Ansatz dafür z. B. ist das im nächsten Abschnitt zu besprechende Thomas-Fermi-Modell. Damit berechnet

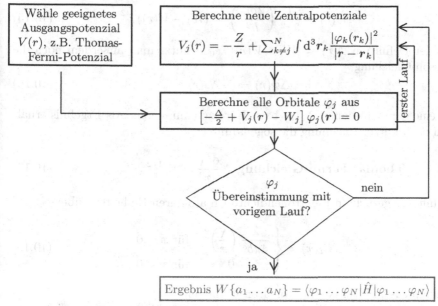

Abb. 10.1. Schema zur Ermittlung eines selbstkonsistenten Potenzialfeldes für Vielelektronensysteme (SCF-Verfahren) illustriert am Beispiel der Hartree-Näherung

man nun Einelektronenorbitale in der gewünschten Konfiguration und benutzt diese wiederum dazu, ein verbessertes Potenzial nach (10.12) zu berechnen. Mit dem so gewonnen Potenzial wiederholt man den Prozess und vergleicht am Ende der Integration, ob Übereinstimmung mit den Eingabedaten erreicht wurde. Sofern dies nicht der Fall ist, wiederholt man das Verfahren solange, bis die sogenannte *Selbstkonsistenz* erreicht ist (*self consistent field, SCF Verfahren*).

10.2 Thomas-Fermi-Potenzial

Häufig benutzt man als Ansatz für ein Wechselwirkungspotenzial nullter Ordnung das sogenannte Thomas-Fermi-Modell. Man nimmt dabei an, dass sich die Elektronen im Coulomb-Potenzial des Atomkerns ähnlich wie bei einem Fermi-Elektronengas verteilen, das wir in Kapitel 2.5 eingeführt hatten.

Da es sich hier aber nicht mehr um ein Kastenpotenzial handelt, setzt man die Fermi-Energie $W_F(r)$ einfach als ortsabhängig an. Die Gesamtenergie ($W_1 < 0$) des Systems Elektron im Potenzial $V(r)$ ist dann

$$W_1 = W_F(r) + V(r).$$

Setzt man dies in (2.46) ein, so erhält man daraus eine ortsabhängige Elektronendichte:

$$N_e(r) = \frac{1}{3\pi^2} \left(\frac{2m_e}{\hbar^2}\right)^{3/2} (W_1 - V(r))^{3/2} \qquad (10.15)$$

Mit der Definition $\Phi(r) = [W_1 - V(r)]/e_0$ benutzt man außerdem noch die Poisson-Gleichung

$$\Delta\Phi(r) = \frac{e_0}{\epsilon_0} N_e(r) , \qquad (10.16)$$

um eine der Funktionen $N_e(r)$ bzw. $V(r)$ zu eliminieren. Als Ergebnis erhält man nach kurzer Rechnung die sogenannte

Thomas-Fermi-Gleichung $\dfrac{\mathrm{d}^2\chi}{\mathrm{d}x^2} = x^{-1/2}\chi^{-3/2} ,$ \qquad (10.17)

die mit der gesuchten Elektronendichte (in atomaren Einheiten) über

$$N_{el}(x) = \begin{cases} \dfrac{Z}{4\pi b^3} \left(\dfrac{\chi}{x}\right)^{3/2} & \text{für } x \geq 0 \\ 0 & \text{für } x < 0 \end{cases} \qquad (10.18)$$

verknüpft ist. Dabei ist (in atomaren Einheiten)

$$b = 0.8853\, Z^{-1/3} \quad \text{und} \quad r = bx . \qquad (10.19)$$

Die Thomas-Fermi-Gleichung (10.17) wird in der Differenzialgleichungsliteratur behandelt (s. z. B. Zwillinger, 1997) und beschreibt eine universelle Elektronendichteverteilung, die lediglich mit Z skaliert – man kann sie auch in genäherter numerischer Form finden, z. B. bei Latter (1955):

$$\chi(x) \simeq (1 + 0.02747x^{1/2} + 1.243x - 0.1486x^{3/2} \qquad (10.20)$$
$$+ 0.2302x^2 + 0.007298x^{5/2} + 0.006944x^3)^{-1}$$

Mit (10.15) erhält man schließlich für $V(r)$ bei einem neutralen Atom das Potenzial

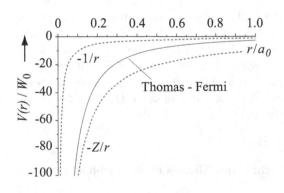

Abb. 10.2. Thomas-Fermi-Modell für das Rumpfpotenzial bei $Z = 10$ (Neon). Volle rote Linie $-(9\chi(r/b) + 1)/r$: das ist das gemittelte Potenzial, welches das 10te Elektron „sieht". Zum Vergleich gestrichelt: Coulomb-Potenzial des Neon-Atomkerns $-10/r$ (Grenzfall $r \to 0$) und komplett abgeschirmtes $-1/r$ Potenzial (Grenzfall $r \to \infty$)

$$V(r) = -\frac{Z}{r}\chi\,(r/b) \qquad (10.21)$$

in atomaren Einheiten. In dieser simplen Näherung „sieht" ein Leuchtelektron eines Atoms mit Kernladung Z das Potenzial $-\left[(Z-1)\chi\,(r/b)-1\right]/r$, was man als Ausgangspunkt für eine selbstkonsistente Berechnungen der Atomorbitale machen kann. Abbildung 10.2 zeigt diesen Potenzialansatz für das Beispiel Neon ($Z = 10$) und vergleicht ihn mit dem reinen Coulomb-Potenzial für große und sehr kleine Abstände.

10.3 Hartree-Fock-Verfahren

10.3.1 Spinorbitale, Pauli-Prinzip, Slater-Determinante

Im vorangehenden Abschnitt haben wir die Ununterscheidbarkeit der Teilchen noch nicht berücksichtigt. Dazu muss man die Gesamtwellenfunktion antisymmetrisieren. Wir bilden zunächst sogenannte Spinorbitale, welche die drei raumbezogenen Quantenzahlen $n\ell m_\ell$ sowie die Spinquantenzahl $m_s = \pm 1/2$ (Einstellung in Bezug auf die z-Achse) beschreiben:

$$\varphi_{n\ell m_\ell m_s}(q) = \varphi_{n\ell m_\ell}(\boldsymbol{r})\chi_{1/2}^{m_s} \qquad (10.22)$$

Die Spinorbitale sind orthonormiert und erfüllen natürlich ebenfalls die Einteilchen-Schrödinger-Gleichung

$$\left[-\frac{\Delta}{2} + V(r)\right]\varphi_{n\ell m_\ell m_s}\,(\boldsymbol{r}) = W_{n\ell}\varphi_{n\ell m_\ell m_s}\,(\boldsymbol{r})\,, \qquad (10.23)$$

da der hier angenommene Hamilton-Operator ja nicht spinabhängig ist. Die Gesamtwellenfunktion für alle Teilchen (einschl. Spinkoordinaten) $\psi(q_1, q_2, \ldots, q_N)$ muss (für Fermionen) antisymmetrisch sein. Auf einfachste Weise realisiert man das mit der sogenannten **Slater-Determinante**:

$$\psi(q_1, q_2 \ldots q_N) = \frac{1}{\sqrt{N!}}\begin{vmatrix} \varphi_\alpha(1) & \varphi_\beta(1) & \ldots & \varphi_\nu(1) \\ \varphi_\alpha(2) & \varphi_\beta(2) & \ldots & \varphi_\nu(2) \\ \ldots & \ldots & \ldots & \ldots \\ \varphi_\alpha(N) & \varphi_\beta(N) & \ldots & \varphi_\nu(N) \end{vmatrix} \qquad (10.24)$$

Dabei wurde die Abkürzung $\varphi_\alpha(1) = \varphi_{n_\alpha \ell_\alpha m_{\ell_\alpha} m_{s_\alpha}}(q_1)$ benutzt. Wir sehen, dass die Vertauschung zweier Teilchen durch Vertauschung zweier Spalten der Determinante realisiert wird und daher das Vorzeichen umdreht. Wir können damit auch das *Pauli-Prinzip* in seiner klassischen Form verifizieren: sind irgendwelche zwei Sätze von Quantenzahlen α und β gleich, so sind die ganzen Spalten gleich und die Determinante wird $\equiv 0$. *Zwei Teilchen müssen sich also mindestens durch eine Quantenzahl unterscheiden.* Als ein einfaches Beispiel schreiben wir den Grundzustand des He in dieser Form:

$$\psi(q_1, q_2) = \frac{1}{\sqrt{2}} \begin{vmatrix} \varphi_{1s}(1)\alpha(1) & \varphi_{1s}(1)\beta(1) \\ \varphi_{1s}(2)\alpha(2) & \varphi_{1s}(2)\beta(2) \end{vmatrix}$$

$$= \frac{1}{\sqrt{2}} \left(\varphi_{1s}(1)\alpha(1)\varphi_{1s}(2)\beta(2) - \varphi_{1s}(1)\beta(1)\varphi_{1s}(2)\alpha(2) \right)$$

$$= \varphi_{1s}(1)\varphi_{1s}(2) \frac{\alpha(1)\beta(2) - \beta(1)\alpha(2)}{\sqrt{2}}$$

Dies entspricht genau dem Ergebnis (7.34) für den He-Grundzustand: es handelt sich um einen Singulettzustand mit Spin $S = 0$.

Ein paar Worte noch zur gleichzeitigen Messbarkeit von Observablen: Da $\hat{L}_i^2$ in Δ_i enthalten ist und mit jeder Funktion von r_i vertauscht, vertauscht $\hat{L}_i$ mit dem Einteilchen-Hamilton-Operator. Daher vertauscht auch $\hat{L} = \sum \hat{L}_i$ und daher auch $\hat{L}^2$ und $\hat{L}_z$ mit dem Hamilton-Operator. Und weil der Hamilton-Operator vom Spin ganz unabhängig ist, vertauscht er auch mit $\hat{S} = \sum \hat{S}_i$ ebenso wie mit $\hat{S}_z$. Man kann also voll antisymmetrische Zustände $|\gamma L S M_L M_S\rangle$ bilden, die Eigenzustände des Hamilton-Operators sind und zugleich Eigenzustände des Gesamtspins und des Gesamtdrehimpulses, wie wir das auch beim He getan haben. Für den Grundzustand des He folgt das direkt aus der Slater-Determinante.

Für die angeregten Zustände geht es aber nicht so einfach: normalerweise muss man zur Diagonalisierung von $\hat{H}_c$ *Linearkombinationen mehrere Slater-Determinanten* bilden, um Eigenzustände von $|\gamma L S M_L M_S\rangle$ zu erhalten. Wir hatten uns dies am Beispiel des He-Atoms in Kapitel 7.4.3 bereits ausführlich veranschaulicht.

10.3.2 Hartree-Fock Gleichungen

Wenn man mit den Slater-Determinanten in die Schrödinger-Gleichung hinein geht, und den Hamilton-Operator (10.3) zu diagonalisieren versucht, treten typischerweise wieder

Coulomb-Integrale $J_{\lambda\mu} = \left\langle \varphi_\lambda(q_i)\varphi_\mu(q_k) \left| \frac{1}{r_{ik}} \right| \varphi_\lambda(q_i)\varphi_\mu(q_k) \right\rangle$ (10.25)

und

Austauschintegrale $K_{\lambda\mu} = \left\langle \varphi_\lambda(q_i)\varphi_\mu(q_k) \left| \frac{1}{r_{ik}} \right| \varphi_\mu(q_i)\varphi_\lambda(q_k) \right\rangle$ (10.26)

auf, wie wir sie beim He in Kapitel 7.4.2 kennengelernt haben. Ohne auf die Einzelheiten der Rechnung einzugehen, kommunizieren wir hier das Ergebnis dieser sogenannten *Hartree-Fock-Näherung* für die Gesamtenergie:

$$W_{HF} = \sum_\lambda W_\lambda + \frac{1}{2} \sum_\lambda \sum_\mu [J_{\lambda\mu} - K_{\lambda\mu}]$$ (10.27)

Im Vergleich mit (7.48) für das He-Atom ist dieser Ausdruck durchaus ein-
leuchtend. Dabei berechnet sich W_λ aus den Orbitalen zu:

$$W_\lambda = \left\langle \varphi_\lambda(q_i) \left[-\frac{1}{2}\Delta_i - \frac{Z}{r_i} \right] \varphi_\lambda(q_i) \right\rangle \tag{10.28}$$

Zur Berechnung der Orbitale muss jetzt ganz explizite die Austauschwechselwirkung berücksichtigt werden. Formal kann man das in geschlossener Form
durch einen Satz von gekoppelten Integrodifferenzialgleichungen darstellen,
durch die sogenannten *Hartree-Fock-Gleichungen*:

$$\left[-\frac{1}{2}\Delta_i - \frac{Z}{r_i} + \sum_\mu V_\mu^d(q_i) + \sum_\mu V_\mu^{ex}(q_i) \right] \varphi_\lambda(q_i) = W_\lambda \varphi_\lambda(q_i) \tag{10.29}$$

Die hierbei auftretenden *direkten Potenziale* $V_\mu^d(q_i)$ und *Austausch-„Potenziale"* $V_\mu^{ex}(q_i)$ sind keine gewöhnlichen Potenziale. Vielmehr sind sie über
die Spin-Orbitale definiert. Das direkte Potenzial entspricht noch ganz dem
Abschirmterm im Zentralpotenzial (10.12):

$$V_\mu^d(q_i) = \int d^3r_k \, \varphi_\mu^*(r_k) \frac{1}{r_{ik}} \varphi_\mu(r_k) \equiv V_\mu^d(r_i) \tag{10.30}$$

Dagegen ist das Austauschpotenzial *nicht lokal* definiert:

$$V_\mu^{ex}(q_i)\varphi_\lambda(q_i) = \delta_{m_{s_\lambda} m_{s_\mu}} V_\mu^{ex}(r_i)\varphi_\lambda(r_k)\chi_{1/2}^{m_{s_\mu}} \tag{10.31}$$

$$\text{mit } V_\mu^{ex}(r_i)f(r_i) = \left[\int d^3r_k \, \varphi_\mu^*(r_k)\frac{1}{r_{ik}}f(r_k) \right] \varphi_\mu(r_i)$$

In der Praxis löst diese $\mathcal{N}$ *gekoppelten Integrodifferentialgleichungen* wieder
durch Iteration – ganz ähnlich wie beim Hartree-Verfahren. Die Gesamtenergie erhält man dann aus (10.27) und *nicht* (!) durch Summation über alle W_λ
aus den Hartree-Fock-Gleichungen (10.29), da hierbei die Abstoßungsterme
doppelt gezählt würden. Die Nichtlokalität des Potenzials ist eine ganz wesentliche Eigenschaft der Austauschwechselwirkung, die einen einfachen Störungsansatz erster Ordnung unmöglich macht. Häufig versucht man es dennoch mit geschickten lokalen Näherungen für das Austauschpotenzial (s. z. B.
Abschnitt 10.4).

Als Ergebnis des HF-Verfahrens erhält man neben der Bindungsenergie
aller Elektronen auch die richtigen Zustandssymmetrien, die Orbitale, das
effektive *selbstkonsistente* Potenzial, und über (10.27) die Gesamtenergie des
Systems.

Die Slater-Determinanten (Hartree-Fock-Zustände) sind noch nicht unbedingt eine korrekte Beschreibungen des Atoms. Sie bilden aber einen guten Ausgangspunkt für weitere Rechnungen! Zunächst ist es notwendig, den
Gesamt-Hamilton-Operator zu diagonalisieren, wie wir dies am Beispiel des
Heliumatoms in Kapitel 7 ausführlich besprochen und am Ende des letzten

Abschnitts erwähnt haben. Solange die Spin-Bahn-Kopplung keine Rolle spielt (also für leichte Atome, wo $\hat{\boldsymbol{L}} \cdot \hat{\boldsymbol{S}}$ Terme u. ä. verschwinden), geschieht dies einfach durch Linearkombinationen derart, dass man $\hat{\boldsymbol{L}}^2$ und $\hat{\boldsymbol{S}}^2$ diagonalisiert, was mithilfe der Clebsch-Gordon-Koeffizienten trivial möglich ist. Die so erhaltenen Zustände beschreiben das System im Rahmen des Bildes unabhängiger Elektronen und bei Russel-Saunders-Kopplung (auch LS-Kopplung) bestmöglich.

10.3.3 Konfigurationswechselwirkung (CI)

Ganz unabhängig von dieser „trivialen" Spin-Bahn-Diagonalisierung, ist das Modell der unabhängigen Elektronen, die sich einfach in einem abgeschirmten Zentralfeld bewegen, eine Näherung, die für genauere Ansprüche nicht mehr genügt: es gibt Korrelationen zwischen den Elektronen, die mit einer einfachen Produktwellenfunktion aus nur einer Konfiguration nicht erfasst werden. Wir hatten dies schon in Kapitel 7.7.1 bei den autoionisierenden, doppelt angeregten Zuständen des He bemerkt. Man kann versuchen, dies dadurch zu berücksichtigen, dass man eine *Linearkombination mehrerer Konfigurationen* benutzt. Man spricht dann von *Konfigurationswechselwirkung (CI)*. Dazu führt man z. B. eine Variationsrechnung durch, bei der man die Anteile der verschiedenen Konfigurationen so lange variiert, bis die Gesamtenergie ein Minimum wird. Den Unterschied zwischen Hartree-Fock Resultat (ggf. unter Berücksichtigung der Spin-Diagonalisierung) und dem exakten Ergebnis nennt man *Korrelationsenergie*:

$$W_{cor} = W_{exakt} - W_{HF} \tag{10.32}$$

Für He im Grundzustand beträgt $W_{cor} = -0.114\,\text{eV}\,(1.4\%)$, für Neon bereits $-10.3\,\text{eV}$, das sind 3% der Gesamtenergie von $-3507\,\text{eV}$. Für Atome der Größe von Neon (und *a fortiori* für größere) muss man also schon Anstrengungen weit über das HF-Verfahren hinaus unternehmen. Bei größeren Atomen kommt erschwerend die zunehmende Spin-Bahn-Kopplung hinzu, die man ebenfalls bei anspruchsvollen CI-Rechnungen berücksichtigen muss. Ein zusätzliches Problem ist die Tatsache, dass die Anregungsenergien, die man in der Spektroskopie misst, immer nur als Differenz bestimmbar sind – in der Regel eine Differenz zwischen sehr großen Gesamtbindungsenergien für alle Elektronen. Das kann zu einem erheblichen relativen Fehler in der Differenz, also der Messgröße führen, selbst wenn die relative Genauigkeit der Gesamtenergie befriedigend erscheint.

10.3.4 Koopman's-Theorem

Hilfreich ist in diesem Kontext aber das sogenannte *Koopman's-Theorem:* Es besagt, dass die individuell mit den HF-Gleichungen (10.29) berechnete Orbitalenergie W_λ eines einzelnen Elektrons in etwa gleich der Ionisationsenergie für dieses Elektron ist. *Somit kann man auch Anregungsenergien für ein Atom aus der Differenz der jeweiligen Orbitalenergien ermitteln.* Dies ist freilich nur eine erste Näherung, da Veränderungen der Atomstruktur durch Ionisation eben dieses einen Elektrons so nicht berücksichtigt werden.

Das Hartree-Fock-Verfahren wird heute fast ausschließlich als Ausgangsbasis für z. T. sehr aufwendige CI Verfahren benutzt. Diese sind keineswegs auf Atome beschränkt. Ähnliche und erweiterte Methoden werden auch in der Molekülphysik bzw. Quantenchemie und in der Festkörperphysik angewandt. Eine detaillierte Behandlung würde aber den Rahmen dieses Buchs sprengen.

10.4 Dichtefunktionaltheorie

Walter Kohn (1998) erhielt den Nobel-Preis für die Entwicklung der Dichtefunktionaltheorie (engl. density functional theory, DFT). Diese Methode ist heute für eine Reihe von Anwendungen in der Atom-, Molekül-, und Festkörperphysik (Grundzustände) das wohl leistungsfähigste und am weitesten gebrauchte Verfahren zur theoretischen Struktur- und Energiebestimmung komplexer Systeme. Anders als bei den bisher besprochenen Verfahren liegt bei der DFT die Aufmerksamkeit nicht auf der Wellenfunktion – für die physikalische Interpretation ist diese in der Regel nur indirekt relevant. Statt dessen ist die DFT, wie der Name schon sagt, eine Methode zur Bestimmung der Elektronendichten: Ziel ist es, die Grundzustandseigenschaften eines wechselwirkenden Vielteilchensystems lediglich durch Einteilchendichten zu charakterisieren. *Der Ausgangspunkt der DFT ist die Tatsache (durch Hohenberg und Kohn bewiesen), dass die Kenntnis der Grundzustandselektronendichte $\rho(r)$ für irgendein elektronisches System (mit oder ohne Wechselwirkungen) das System vollständig charakterisiert.* Im Bild unabhängiger Teilchen, d. h. für Elektronen, die nur über ein gemitteltes Potenzial miteinander und mit dem (externen) Feld eines oder auch vieler Atomkerne (Molekül, Festkörper) wechselwirken, ist die Elektronendichte eines Systems mit $\mathcal{N}$ Elektronen gegeben durch

$$\rho(\boldsymbol{r}) = \sum_{i=1}^{\mathcal{N}} |\varphi_i(\boldsymbol{r})|^2 \ . \tag{10.33}$$

Die sogenannten *Kohn-Sham-Orbitale* werden aus den Eigenwertgleichungen (in atomaren Einheiten)

$$\left(-\frac{1}{2}\Delta + v_{KS}(\boldsymbol{r}) \right) \varphi_i(\boldsymbol{r}) = \varepsilon_i \varphi_i(\boldsymbol{r}) \tag{10.34}$$

gewonnen. Das dichteabhängige, (effektive) Kohn-Sham Potenzial

$$v_{KS}(\boldsymbol{r}) = v_0(\boldsymbol{r}) + \int \frac{\rho(\boldsymbol{r}')\mathrm{d}^3\boldsymbol{r}'}{|\boldsymbol{r} - \boldsymbol{r}'|} + v_{xc}(\rho(\boldsymbol{r})) \tag{10.35}$$

setzt sich zusammen aus dem externen Potenzial v_0 (für ein einzelnes Atom der Kernladung Z ist dieses z. B. einfach $-Z/r$), der Abstoßung der Elektronen untereinander (zweiter Term) und einem nichtklassischen Austauschpotenzial $v_{xc}(\rho(\mathbf{r}))$. Letzteres ist die „funktionale Ableitung" des Austauschenergiefunktion als $W_{xc}(\rho(\mathbf{r}))$ nach $\rho(\mathbf{r})$:

$$v_{xc}(\mathbf{r}) = \frac{\delta W_{xc}(\rho(\mathbf{r}))}{\delta\rho(\mathbf{r})} \tag{10.36}$$

Das Wesen der Austauschwechselwirkung wurde ja in Kapitel 7 ausführlich abgehandelt. Die selbstkonsistent zu lösenden Gleichungen ((10.33)–(10.35)) nennt man die *Kohn-Sham-Gleichungen*. Ohne Austausch sind sie dem Hartree-Verfahren äquivalent. Das eigentliche Problem der DFT ist es dann also, eine angemessene Behandlung des Austauschpotenzials zu finden. Im einfachsten Fall wählt man ein lokales Potenzial, welches aus einem lokalen Dichte-Funktional bestimmt wird *(Local density approximation, LDA)*, das ähnlich wie beim Thomas-Fermi-Modell (10.2) direkt mit der Elektronendichte

$$W_{xc}(\rho(\mathbf{r})) = \int \mathrm{d}^3\mathbf{r}\ \rho(\mathbf{r})\varepsilon_{xc}(\rho(\mathbf{r})) \tag{10.37}$$

zusammen hängt. Dabei ist $\varepsilon_{xc}(\rho)$ die Austauschkorrelationsenergie pro Elektron bei konstanter Elektronendichte ρ.

Der Gesamtzustand des Systems wird jedenfalls durch eine entsprechende Slater-Determinante $\psi_{\rho(\mathbf{r})}$ von Kohn-Sham-Orbitalen beschrieben. Das Verfahren insgesamt ist dann ein Variationsverfahren: die Elektronendichte $\rho(r)$, welche die Kohn-Sham-Orbitale letztlich definiert, wird solange optimiert, bis der Erwartungswert des Hamilton-Operators (10.3)

$$W = \left\langle \Psi_{\rho(\mathbf{r})}\widehat{H}\Psi_{\rho(\mathbf{r})} \right\rangle \tag{10.38}$$

ein Minimum ist, was man auch

$$\delta W \equiv \delta \left\langle \Psi_{\rho(\mathbf{r})}\widehat{H}\Psi_{\rho(\mathbf{r})} \right\rangle = 0 \tag{10.39}$$

schreibt. Dann gibt (10.38) die im Rahmen der DFT beste Grundzustandsenergie, und mit dem dazu gehörenden $\rho(r)$ hat man auch die beste Elektronendichteverteilung für den Grundzustand gefunden. Leider können wir hier nicht auf Details dieser immer wichtiger werdenden Methode eingehen. Abbildung 10.3 zeigt einige typische Resultate für Elektronendichten von Atomen, die nach dem LDA Verfahren berechnet wurden, genau gesagt, nach Herman und Skillman (1963), einer frühen LDA Version, die man heute als einfaches PC-Programm im Internet findet (Schumacher, 2006). Aufgetragen ist in Abb. 10.3 auf der nächsten Seite die radiale Elektronendichte $4\pi r^2 N_e(r) = 4\pi \sum_{n_j\ell_j} r^2 R_{n_j\ell_j}(r)$, wobei über alle besetzten Orbitale $n_j\ell_j$ summiert wurde, sodass $4\pi \int_0^\infty r^2 N_e(r)\mathrm{d}r = Z$ gilt. Man erkennt deutlich die

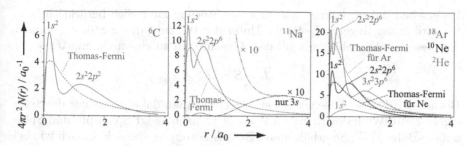

Abb. 10.3. Berechnete, radiale Elektronendichte für einige Atome (volle Linien) in atomaren Einheiten. Zum Vergleich die nach Thomas-Fermi berechnete Dichte (gestrichelte Linien). Für Na mit einem isolierten Leuchtelektron im $3s$ Orbital, ist dessen radiale Dichte zehnfach vergrößert noch einmal extra heraus gezeichnet (schwarz, strichpunktiert)

einzelnen besetzten Schalen durch Maxima der Verteilung. Zum Vergleich ist die völlig glatte Thomas-Fermi-Elektronendichte nach (10.18) eingezeichnet – wie man sieht ist sie wirklich nur als nullte Näherung zu gebrauchen.

Es gibt inzwischen viele Facetten des Verfahrens. In jüngster Zeit halten insbesondere auch zeitabhängige Verfahren Einzug in das Arsenal physikalischer und quantenchemischer Struktur- und Dynamik-Berechnungen von komplexen Systemen (time dependent DFT: *TDDFT*). Sie ermöglichen mit gewissen Tricks auch die Berechnung angeregter Zustände und vor allem optischer Übergänge. Wir verweisen den interessierten Leser auf den exzellenten Review von Marques und Gross (2004).

10.5 Komplexe Spektren

10.5.1 Spin-Bahn-Wechselwirkung und Kopplungsschemata

Bislang hatten wir uns bei der Beschreibung von Mehrelektronenatomen ganz auf die elektrostatische Wechselwirkung beschränkt und schon beim He-Atom festgestellt, dass Austauschkräfte dafür sorgen, dass die Spindrehimpulse und die Bahndrehimpulse der Einzelelektronen zu einem Gesamtdrehimpuls koppeln. Wie schon früher besprochen, nennt man diese Art der Kopplung durch Austauschwechselwirkung *Russel-Saunders-* oder (etwas missverständlich) *LS-Kopplung* und es gilt für ein $\mathcal{N}$-Elektronensysteme:

$$\hat{S} = \sum_{i=1}^{\mathcal{N}} \hat{S}_i \quad \text{und} \quad \hat{L} = \sum_{i=1}^{\mathcal{N}} \hat{L}_i$$

Diese Kopplungsart gilt natürlich nur so lange, wie die Austauschkräfte dominieren. Sofern also die Spin-Bahn-Wechselwirkung klein ist, wie wir das beim

He gesehen haben, können wir diese als Störung zusätzlich berücksichtigen. Sie wird in der Regel $\propto \hat{\boldsymbol{L}} \cdot \hat{\boldsymbol{S}}$ sein. Unter der Wirkung dieser Störung koppelt der Gesamtbahndrehimpuls mit dem Gesamtspin zu einem Gesamt $\hat{\boldsymbol{J}}$:

$$\hat{\boldsymbol{L}} + \hat{\boldsymbol{S}} = \hat{\boldsymbol{J}}$$

Bis auf den Fall sehr kleiner Z berücksichtigt man dabei meist nur die Spineigene-Bahn-Wechselwirkung (WW) und vernachlässigt Spin-Spin und Spin-andere-Bahn-WW. So erhält man FS-Aufspaltungen, die sich ähnlich wie bei den Quasieinelektronensystemen beschreiben lassen. Dies gilt auch für die im Magnetfeld beobachtete Zeemanaufspaltung.

Sobald aber die Spin-Bahn-Terme vergleichbar oder gar größer werden als die Austauschwechselwirkung – was bei großem Z geschieht – beschreibt die Russel-Saunders- (LS-)Kopplung die physikalische Realität immer schlechter. L und S sind also eigentlich keine guten Quantenzahlen mehr, auch wenn man sie häufig noch zur Charakterisierung der Zustände benutzt. Wir hatten das schon an der Aufweichung der Auswahlregeln für optische Übergänge gesehen, z. B. werden beim Hg-Atom sehr starke Interkombinationslinien beobachtet, auch wenn man im Termschema (Abb. 7.13 auf Seite 279) noch Singulett- und Triplettzustände unterscheidet.

Im Extremfall *bei sehr hohem Z* müssen wir das Kopplungsschema völlig ändern und zunächst als stärkste Kraft die *Spin-eigene-Bahn-Wechselwirkung* berücksichtigen. Dann hat man folgendes Kopplungsschema: es koppeln zuerst alle individuellen Bahndrehimpulse $\hat{\boldsymbol{L}}_i$ der $\mathcal{N}$ Elektronen mit ihrem jeweiligen Spin $\hat{\boldsymbol{S}}_i$ ($s_i = 1/2$) zu einem individuellen Gesamtdrehimpuls $\hat{\boldsymbol{J}}_i$ entsprechend den allgemeinen Drehimpulskopplungsregeln:

$$\hat{\boldsymbol{J}}_i = \hat{\boldsymbol{L}}_i + \hat{\boldsymbol{S}}_i \tag{10.40}$$

Erst danach koppeln (unter dem Einfluss der jetzt als Störung angesehenen Austausch-WW) die individuellen $\hat{\boldsymbol{J}}_i$ zu einem Gesamtdrehimpuls $\hat{\boldsymbol{J}}$ des Atoms:

$$\hat{\boldsymbol{J}} = \sum_{i=1}^{\mathcal{N}} \hat{\boldsymbol{J}}_i \tag{10.41}$$

Man spricht dann von jj-Kopplung. Es gibt auch eine Reihe von Zwischenvarianten, die wir im Folgenden an Beispielen kennen lernen wollen. Wir illustrieren zunächst in Abb. 10.4 die wachsende Feinstrukturaufspaltung am Beispiel der Elemente der dritten Hauptgruppe. Während diese für Bor (B) praktisch vernachlässigbar ist, kommt sie für Thallium (Tl) in die Größenordnung von eV. Besonders deutlich erkennt man den Übergang von der LS-Kopplung zur jj-Kopplung, wenn man die Größe der Spin-Bahn-Wechselwirkung direkt mit der Austauschwechselwirkung vergleichen kann. Dies ist z. B. in der vierten Hauptgruppe möglich, wie in Abb. 10.5 dargestellt. Hier können wir direkt die angeregten Singulett- und Triplett-P-Zustände der Konfiguration $ns^2np(n+1)s$ vergleichen. Im Fall des Kohlenstoffs (kleines Z)

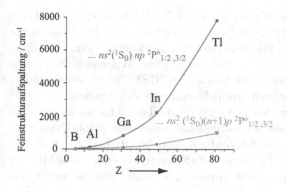

Abb. 10.4. Dublett-aufspaltung in der 3. Hauptgruppe des Periodensystems als Funktion der Ordnungszahl Z. rot: für den Grundzustand $ns^2(^1S_0)np\,^2P^0_{1/2,3/2}$ und grau: für den $ns^2(^1S_0)(n+1)p\,^2P^0_{1/2,3/2}$ angeregten Zustand

dominiert deutlich die Austauschwechselwirkung, welche die $^1P_1$ und ^3P_J Zustände um fast 0.2 eV trennt, während die Feinstrukturaufspaltung der ^3P_J Zustände vernachlässigbar ist. Dagegen wird für große Z, besonders deutlich beim Zinn (Sn), die Feinstrukturaufspaltung (also die Spin-Bahn-WW) vergleichbar mit oder gar größer als die Austauschwechselwirkung, weshalb die Russel-Saunders-Kopplung kaum noch die Realität beschreibt. Für das nächste Element in dieser Gruppe, das Blei (Pb), sind die spektroskopisch beobachteten Zustände überhaupt nicht mehr als Singulett oder Triplett klassifizierbar. Man charakterisiert in diesem jj-Kopplungsfall die Konfiguration durch Bahndrehimpuls *und* Gesamtdrehimpuls der Leuchtelektronen, sowie durch den Gesamtdrehimpuls des ganzen Atoms.

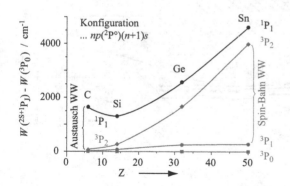

Abb. 10.5. Austauschwechselwirkung und Feinstrukturaufspaltung als Funktion von Z am Beispiel von $np\,(n+1)\,s$ Termen in der 4. Gruppe des Periodensystems. Aufgetragen ist hier die Differenz der Zustandsenergien zum $^3P_0$ Zustand

10.5.2 Beispiele für komplexe Spektren

Die nachfolgenden Abbildungen 10.6–10.10 repräsentieren charakteristische Beispiele für komplexe Atomspektren, die wir kurz diskutieren wollen. Die hier benutzte Darstellung von Termlagen und beobachteten Übergängen nennt man *Grotrian-Diagramm*. Um die Bilder nicht allzu unübersichtlich werden zu lassen, kommunizieren wir allerdings nur beispielhaft jeweils einige wichtige Übergänge und bei weitem nicht alle bekannten Energieterme. Die Diagramme enthalten in jedem Falle eine Fülle von Information, welche viele, viele Jahre intensiver spektroskopischer Arbeit von zahlreichen Wissenschaftlerteams repräsentieren. Man findet diese Daten wieder bei NIST (2006), wo sie analysiert, kritisch bewertet und nutzerfreundlich aufgearbeitet wurden.

Als typisches, und besonders bedeutendes Beispiel eines Elements der vierten Gruppe diskutieren wir zunächst Kohlenstoff, dessen Grotrian-Diagramm Abb. 10.6 zeigt. Die Grundzustandskonfiguration ist $[\text{He}]2s^2\,2p^2$ und der Grundzustand ist ein Triplett ($^3\text{P}_0$), wobei die Spins der beiden $2p$-Elektronen parallel stehen, die Bahnorbitale aber (wegen des Pauli-Prinzips) antiparallel. Da Kohlenstoff ein leichtes Element ist (kleines Z), ist die Spin-Bahn-WW klein und damit auch die Aufspaltung innerhalb des $^3\text{P}_J$-Multipletts $(W(J=2) - W(J=0) = 43.40\,\text{cm}^{-1})$. Auf der linken Seite des Diagramms sind die Terme eingezeichnet, bei denen eines der beiden $2p$-Elektronen ange-

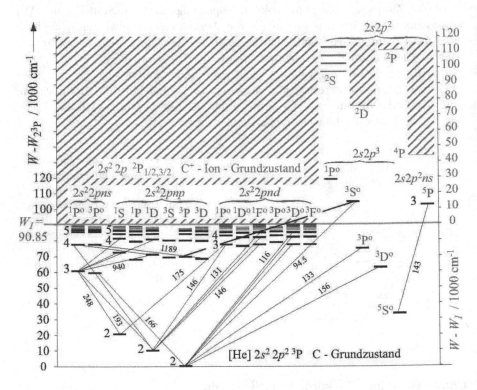

Abb. 10.6. Grotrian-Diagramm für Kohlenstoff $_6$C. Energien sind in $1000\,\text{cm}^{-1}$ angegeben: links Anregungsenergien des neutralen (C I) Atoms, rechts die Anregungsenergien des Ions (C II). Der Übersichtlichkeit halber sind nur einige wenige Übergänge beispielhaft eingetragen, Wellenlängen an den Übergängen werden in nm angegeben (auf ganze Zahlen abgerundet)

regt wird. Wir erhalten die Konfigurationen $2s^2 2p\,ns$ (ganz links), $2s^2 2p\,np$ (mittig) und $2s^2 2p\,nd$ (rechts). Die Spektren ähneln den bereits diskutierten einfachen Spektren der ersten Gruppen des Periodensystems. Die Terme konvergieren zur niedrigsten Ionisationsgrenze bei dem sich ein C^+-Ion im Grundzustand $2s^2 2p\;{}^2P$ bildet.

Die energetisch nächst höheren Terme gehören zur Konfiguration $2s\,2p^3$ bzw. $2s\,2p^2\,ns$. Hierbei wird ein $2s$-Elektron angeregt. Diese Terme werden auch *deplazierte* Terme (engl. *displaced terms*) genannt. Sie konvergieren zu einer Ionisationsgrenze, die zu angeregten C^+-Ionenzuständen führen wie die auf der rechten Seite von Abb. 10.6 angedeutet ist. Experimentell sind meist nur die niedrigsten *deplazierten* Terme bekannt.

Die Struktur der Termdiagramme für die schwereren Elemente der vierten Gruppe (Si, Ge, Sn und Pb) ist ähnlich. Allerdings nimmt die Spin-Bahn-WW mit der Ordnungszahl zu, wie dies schon in Abb. 10.5 auf Seite 405 am Beispiel der $ns^2 np\,(n+1)s$ Konfiguration gezeigt wurde.

Der Stickstoff, dessen Grotrian-Diagramm in Abb. 10.7 dargestellt ist, ist ein Vertreter der fünften Elementgruppe des Periodensystems. Die Grundzustandskonfiguration ist $[\mathrm{He}]2s^2 2p^3$ und der Grundzustand ein Quartett-Term ($^4S^0$). Die angeregten Terme, bei denen eines der drei $2p$-Elektronen angeregt wird, lassen sich in drei Gruppen unterteilen, je nachdem zu welchem N^+-Ionenzustand sie konvergieren: ^3P, ^1D oder ^1S. Auf der linken Seite des

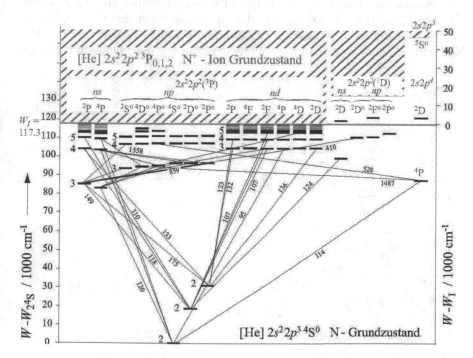

Abb. 10.7. Grotrian-Diagramm für Stickstoff $_7$N. Sonst wie Abb. 10.6

Diagramms sind die Konfigurationen $2s^2\,2p^2\,ns$, $2s^2\,2p^2\,np$ und $2s^2\,2p^2\,nd$ mit ihren jeweiligen Multipletts angegeben, die zum Grundzustand $2s^2\,2p^2\,{}^3$P des N$^+$-Ions konvergieren. Rechts daneben sind die weniger bekannten Terme der Konfigurationen $2s^2\,2p^2\,ns$ und $2s^2\,2p^2\,np$, die zum N$^+(2s^2\,2p^2\,{}^1$D)-Zustand konvergieren, angegeben. Terme, die zum $2s^2\,2p^2\,{}^1$S-Zustand des N$^+$-Ions konvergieren, sind für Stickstoff nicht bekannt, werden aber bei den schwereren Elementen der fünften Gruppe (z. B. bei As) beobachtet. Die ^{4}P und ^{2}D auf der rechten Seite des Diagramms gehören zu der Konfiguration $2s\,2p^4$, bei der ein stärker gebundenes $2s$-Elektron angeregt wird. Das sind hier die bereits am Beispiel des Kohlenstoff diskutierten *deplazierten* Zustände.

Das Grotrian-Diagramm von Sauerstoff, einem typischen Vertreter der sechsten Gruppe des Periodensystems ist in Abb. 10.8 dargestellt. Die Grundzustandskonfiguration $2s^2\,2p^4$ führt zu den gleichen drei Termen ^{3}P, ^{1}D und ^{1}S wie bei der vierte Gruppe, nur die Reihenfolge der ^{3}P-Multipletts ist invertiert: Bei Sauerstoff ist der ^{3}P$_2$ Term der energetisch Niedrigste. Da das O$^+$-Ion isoelektronisch zum Stickstoff ist, gibt es drei Terme (^{4}S, ^{2}D und ^{2}P) zur ionischen Grundzustandskonfiguration $2s^2\,2p^3$. Damit gibt es auch wieder drei Ionisationsgrenzen, zu denen die angeregten Konfigurationen $2s^2\,2p^3\,nl$ des neutralen Sauerstoff konvergieren können.

Als nächstes wenden wir uns dem Spektrum von Neon als einem typischen Vertreter der Edelgase zu. Alle Edelgase zeichnen sich durch eine geschlossene Elektronenschale aus. Der Grundzustand ist daher immer ein ^{1}S$_0$ Zustand. Die Anregung eines Elektrons aus der $2p$-Schale führt zu Termen, die zu den Ne$^+$-Grundzuständen $2s^2\,2p^5\,{}^2P_j$ mit $j = 3/2$ und $1/2$ konvergieren. Das Kopplungsschema von Neon folgt nicht der bisher immer benutzten Russel-

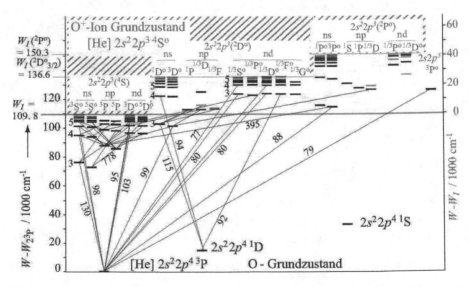

Abb. 10.8. Grotrian-Diagramm für Sauerstoff $_8$O. Sonst wie Abb. 10.6 auf Seite 406

Saunders-Kopplung, sondern wird treffender durch ein j-ℓ-Schema beschrieben. Hierbei koppelt die ionische Grundzustandskonfiguration $2s^2\, 2p^5\, {}^2P_j$ mit dem angeregten nl-Elektron zu einem Drehimpuls K. Man benutzt für dieses Kopplungsschema die Bezeichnung: $(j)l({}^{2S+1}L)^{2S+1}[K]_J$, also z. B. für den niedrigsten angeregten Zustand von Neon: $({}^2P_{3/2})3s({}^2S)\,{}^2[\frac{3}{2}]_2$. Jeder Zustand $[K]$ spaltet unter dem Einfluss der Kopplung von K mit dem Elektronenspin in ein Dublett mit $J = K \pm \frac{1}{2}$ auf. In allen Edelgasen sind daher einige der niedrigsten angeregten Zustände mit $J = 0$ oder 2 *metastabil*, da sie nicht zum ${}^1S_0$ Grundzustand zerfallen können. Die rote Linie des Helium-Neon Lasers ist ein Übergang zwischen hochangeregten Zuständen im Neon $(({}^2P_{1/2})3p\,{}^2[\frac{3}{2}]_2 \leftarrow ({}^2P_{1/2})5s\,{}^2[\frac{1}{2}]_1$, rote Linie in Abb. 10.9). Die Besetzung des oberen Zustands erfolgt über Stöße mit Helium im metastabilen angeregten $1s2s\,{}^1S_0$ Zustand.

Bei Neon wurden auch einige schwache Absorptionslinien im XUV-Bereich beobachtet. Diese Übergänge gehen vom Grundzustand zu hochangeregten Termen mit der Konfiguration $2s\,2p^6\,np$. Dies sind wieder die deplazierten Terme, bei denen ein $2s$-Elektron in ein np-Niveau angeregt wird. Man findet diese Terme auch bei den schwereren Edelgasen.

Zum Abschluss betrachten wir das Spektrum von Aluminium in Abb. 10.10. Die Grundzustandskonfiguration $[Ne]3s^2\,3p$ enthält nur ein einziges Elektron in der p-Schale. Das führt dazu, dass die Zustände, bei denen das $3p$-Elektron angeregt wird, ein einfaches, alkaliartiges Termschema bilden, wie dies auf der linken Seite des Diagramms dargestellt ist. Alle angeregten Terme konvergieren in diesem Fall zum Al^+-Grundzustand $3s^2\,{}^1S_0$. Daneben gibt es auch komplexe Terme wie auf der rechten Seite des Diagramms dargestellt. Hier wird ein Elektron aus der $3s$-Schale angeregt, und es gibt drei Terme zur Elektronenkonfiguration $3s\,3p^2$, wobei das ${}^4P_J$-Multiplett die niedrigste Energie hat. Die Terme der höher angeregten Konfigurationen $3s\,3p\,nl$ konvergieren letztlich zum angeregten Zustand $3s\,3p\,{}^3P$ des Al^+-Ions.

10.6 Röntgenspektroskopie

Röntgenspektroskopie ist heute nicht nur in der modernen Forschung und bei der Strukturaufklärung von Materialien ein außerordentlich wichtiges Werkzeug – sei es für Biomoleküle, Nanomaterialien, Polymere oder neue Werkstoffe – sondern ist auch für analytische Zwecke in Physik, Chemie, Medizin und Technik unverzichtbar. So bedient sich etwa die Stoffanalyse in vielen Anwendungsfeldern der Röntgenspektroskopie, z. B. bei historischen Fundobjekten oder bei der Bestimmung der Farbzusammensetzung von Bildern alter Meister zum Entlarven von Fälschungen – um nur zwei nicht ganz alltägliche Beispiele zu nennen. Zur breiten Nutzung der Röntgenspektroskopie tragen ganz wesentlich die heute zahlreich verfügbaren, modernen Elektronenspeicherringe bei, deren ausschließliche Aufgabe die Erzeugung und Anwendung von Synchrotronstrahlung, insbesondere im VUV, XUV- und Röntgen-

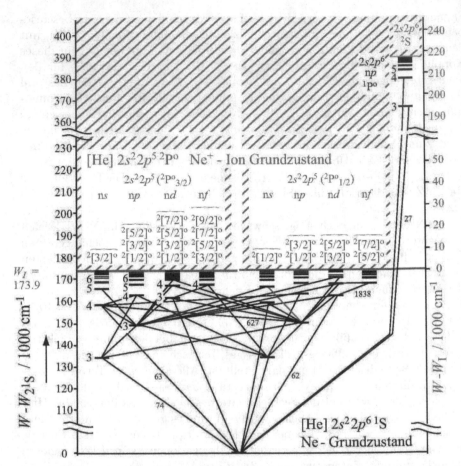

Abb. 10.9. Grotrian-Diagramm von Neon $_{10}$Ne: Hier gilt das sogenannte j-ℓ Kopplungsschema. Sonst wie Abb. 10.6 auf Seite 406

Spektralbereich ist. Da es sich bei der Erzeugung und den Nachweismethoden um typisch optische Physik handelt, und da Atome mit hohem Z dabei eine wichtige Rolle spielen, darf das Thema hier nicht fehlen. Wir können freilich nur einige wenige Aspekte dieses weiten Forschungsfeldes streifen, versuchen aber, einige wesentliche Grundlagen und Begriffe hier zusammenzutragen. Den weitergehend interessierten Leser verweisen wir auf Spezialliteratur, z. B. auf das umfassende Buch von Attwood (2007). Wir besprechen in diesem Abschnitt zunächst einige grundlegende Befunde der Spektroskopie und widmen uns in Abschnitt 10.8 sodann der Erzeugung von Röntgenstrahlung, die ja Voraussetzung für diese Spektroskopie ist.

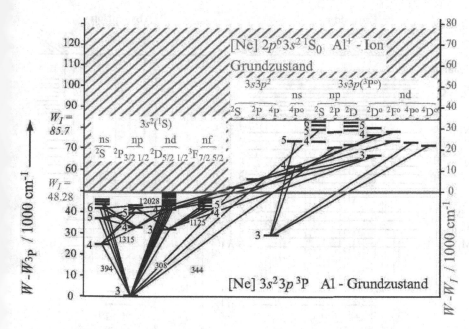

Abb. 10.10. Grotrian-Diagramm für Aluminium $_{13}$Al. Sonst wie Abb. 10.6 auf Seite 406

10.6.1 Absorption und Emission der inneren Atomschalen

Bislang haben wir praktisch ausschließlich die Spektren der Valenzelektronen, also der äußersten Atomschale betrachtet. Wir wenden uns jetzt den inneren Schalen zu. Wegen der charakteristischen Abhängigkeit der Energien vom Quadrat der Kernladungszahl Z erwarten wir die entsprechenden Spektren im sehr kurzwelligen Spektralbereich. Bei Uran z. B. hat ein Elektron der K-Schale eine Bindungsenergie von mehr als 110 keV. Diese Spektren sind aber in gewisser Hinsicht viel einfacher zu überschauen, als die zuletzt betrachteten Grotrian-Diagramme komplexer Atomhüllen: da alle inneren Schalen voll gefüllt sind, können Übergänge zwischen zwei Niveaus dieser Schalen nur dann stattfinden, wenn in einer Schale durch Stöße oder Photoionisation ein Loch erzeugt wird. Wir diskutieren die Prozesse anhand eines schematischen Termschemas für ein Element hoher Ordnungszahl Z, wie es in Abb. 10.11 skizziert ist. Orbitale und Gesamtdrehimpuls sind wieder mit $n\ell j$ charakterisiert, die Bezeichnung der Schalen K, L, M, N etc. und ihrer Unterschalen folgt dem üblichen, in Kapitel 3.1.3 eingeführten Schema. Wir stellen uns vor, dass alle inneren Schalen voll besetzt sind. Typischerweise beobachtet man dann drei Typen von Prozessen:

- Absorption eines Photons kann im Wesentlichen nur ins Kontinuum erfolgen, da alle inneren Schalen besetzt sind. Das führt zu

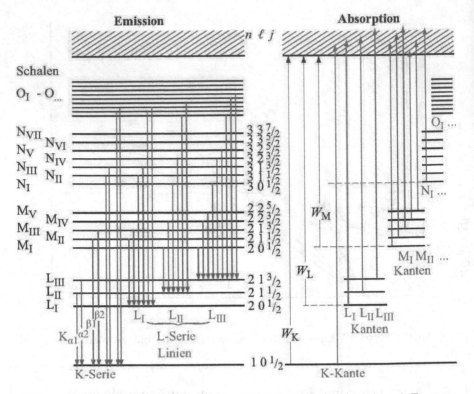

Abb. 10.11. Emission charakteristischer Röntgenstrahlung (links) nach Erzeugung von „Löchern" in den K, L, M ... Schalen. Röntgenabsorption (rechts) erfolgt im Wesentlichen immer nur ins Ionisationskontinuum, da bei den relevanten schweren Atomen alle Zwischen-Niveaus voll besetzt sind. Linien mit roten Pfeilen entsprechen Photonenenergien, schwarze Linien charakterisieren die Energetik des Systems

Photoionisation $At(n\ell) + \hbar\omega \to At^+(n\ell^{-1}) + e^-(\varepsilon\ell')$ (10.42)

mit der Energiebilanz $\hbar\omega - W_I = \varepsilon$,   (10.43)

wobei $W_I = W_K, W_L, W_M$ etc. hier das Ionisationspotenzial der jeweiligen Schale bedeutet. Die kinetische Energie des herausgeschlagenen Elektrons ist ε und $(n\ell^{-1})$ soll andeuten, dass im Atomrumpf ein entsprechendes „Loch" entstanden ist. Da die Energiebilanz durch das freie Elektron erfüllt werden kann, beobachtet man hier als Funktion der Energie sogenannten Kanten: sobald $\hbar\omega > W_I$ für eine entsprechende Schale wird, kann ionisiert werden, der Photoionisationswirkungsquerschnitt wird endlich und fällt dann mit der Energie ab, wie schon in Kapitel 5.5 besprochen. Wir kommen darauf gleich noch einmal zurück, und diskutieren jetzt zunächst die beiden anderen Prozesse.

- Wenn nun ein solches Loch in einer inneren Schale existiert, kann es durch spontane Emission aus einem höheren Niveau $n'\ell'$ wieder aufgefüllt werden. Dabei wird die sogenannte **charakteristische**

$$\textbf{Emission} \quad \text{At}^+(n\ell^{-1}\ldots n'\ell') \to \text{At}^+(n\ell n'\ell'^{-1}) + \hbar\omega \qquad (10.44)$$

$$\text{mit der Energiebilanz} \quad W_{n'\ell'} - W_{n\ell} = \hbar\omega\,, \qquad (10.45)$$

beobachtet. Es handelt sich also hier im Gegensatz zu den eben besprochenen Absorptionskanten um ein Spektrum diskreter Emissionslinien. Wegen des ν^3 Faktors (s. Gl. (4.23)) ist dieser Prozess gerade im Röntgengebiet besonders effizient und um viele Größenordnungen wahrscheinlicher als etwa die Absorption eines zweiten Photons. Die erwarteten Linienspektren lassen sich im Prinzip aus Abb. 10.11 auf der vorherigen Seite ablesen. Es handelt sich im Wesentlichen um Einelektronenspektren, die man fast ebenso einfach verstehen kann, wie das Spektrum des Wasserstoffatoms bzw. der Alkaliatome – nur werden hier gewissermaßen *Löcher angeregt* anstatt Elektronen. Auch darauf werden wir gleich zurückkommen.

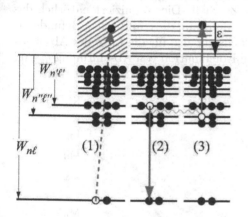

Abb. 10.12. Auger Prozess. Drei Schritte sind erforderlich: (1) Erzeugung eines Lochs in einer tiefen Schale, (2) Elektronenübergang von einer höheren Schale in dieses Loch, (3) Austausch eines virtuellen Photons und Emission eines zweiten Elektrons, eines sogenannten Augerelektrons

- Schließlich gibt es noch einen dritten, sehr wichtigen Prozess. Anstatt wie in (10.44) beschrieben, die Energie beim Füllen eines Loches durch ein Photon abzustrahlen, kann die frei werdende Energie ggf. auch dazu genutzt werden, ein anderes Elektron herauszuschlagen. Bei diesem

$$\textbf{Augerprozess} \quad \text{At}^+(n\ell^{-1}\ldots n'\ell') \to \text{At}^+(n\ell n'\ell'^{-1}) + (\hbar\omega) \qquad (10.46)$$

$$\text{At}^+(n\ell n'\ell'^{-1}) + (\hbar\omega) \to \text{At}^{++}(n\ell n'\ell'^{-1}n''\ell''^{-1}) + e^-(\varepsilon\ell''')$$

wird also kein Photon freigesetzt und $(\hbar\omega)$ soll andeuten, dass lediglich ein virtuelles Photon zwischen den beiden Elektronen ausgetauscht wird. Wie man in Abb. 10.12 abliest, wird die Energiebilanz dabei

$$\varepsilon = W_{n'\ell'} - W_{n''\ell''}\,. \qquad (10.47)$$

10.6.2 Charakteristische Röntgenspektren – Moseley's Formel

Aus nahe liegenden Gründen gibt es bei weitem nicht so umfangreiches und so präzises spektroskopisches Material für die Absorption und Emission der inneren Schalen, wie für die Atomhüllen: erst in den letzten Dekaden wurden mit den dedizierten Elektronenspeicherringen für Synchrotronstrahlung intensive, abstimmbare Röntgenquellen exzellenter Qualität verfügbar. Immerhin ist das verfügbare Material gut dokumentiert und exzellent theoretisch untermauert. Wir benutzen hier die Datenbank von NIST-FFAST (2003), die sowohl die charakteristischen Emissionslinien für alle Elemente tabelliert vorhält als auch die Photoionisationswirkungsquerschnitte und Absorptionskanten über einen breiten Energiebereich verfügbar macht. Die Daten beruhen meist auf *state of the art* ab initio Berechnungen, die an entsprechendem experimentellen Material erprobt wurden.

Abbildung 10.11 legt die Vermutung nahe, dass man die Übergangsenergien in Anlehnung an die entsprechende Ritz-Rydberg-Formel für ein effektives Einelektronensystem der Kernladung Z erhält. Dies impliziert natürlich das Koopman's-Theorem Abschnitt 10.3.4. Man kann die empirischen Befunde für die Ionisationsenergien der einzelnen Schalen, also für die Lage der Absorptionskanten, im wesentlichen durch eine Kombination von Abschirmung q_s und

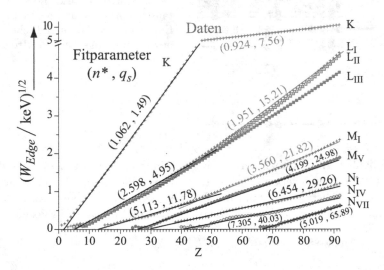

Abb. 10.13. Mosley-Diagramm für die niedrigsten Röntgen-Absorptionskanten aller Elemente (zusammengestellt anhand der Tabellen von NIST-FFAST, 2003). Graue und schwarze Linien geben die Ergebnisse des linearen Fits nach (10.49) wieder. Die Zahlen in Klammern geben die Parameter (n^*, q_s). Man sieht, dass sich die innersten Schalen nicht über das ganze Periodensystem mit einem Satz von Parametern anpassen lassen eingetragen ist ein quadratischer Fit, gestrichelte Linien geben zum Vergleich die besten linearen Fitfunktionen für die Serien wieder

Quantendefekt $n - n^*$ erklären, wenn man die Termlagen für die Kernladung Z

$$W = -\frac{W_0}{2}(Z - q_s)^2/n^{*2} \tag{10.48}$$

schreibt, bzw. dies in Form einer Mosley'schen (3.13) Formel aufträgt, die wir schon bei den Alkalimetallen benutzt haben:

$$\sqrt{\frac{|W_{nl}|}{W_0}} = \frac{Z^*}{n^*} = \frac{Z - q_s}{\sqrt{2}n^*} \tag{10.49}$$

In Abb. 10.13 sind die K-, L- und einige höherer Kanten aller stabilen Elemente des Periodensystems entsprechend aufgetragen. Wie man sieht, lassen sich die K- und L-Kanten nicht für alle Elemente mit einem Parametersatz anpassen. So wird für die K-Schale $n^* = 1.062$ und $q_s = 1.49$ für kleine Ordnungszahlen, während sich für große Z die Werte $n^* = 0.924$ und $q_s = 7.56$ den besten Fit an die Daten ergeben. Als ganz grobe, aber nützliche Faustformel für die Abschätzung der K_α Energie kann man für $Z > 13$

$$W_{K\alpha}(Z) \simeq 14 \times (Z - 3)^2 \quad \text{in} \quad \text{eV}. \tag{10.50}$$

benutzen. Für Aluminium (Al) mit $Z = 13$ führt das zu 1400 eV (echter Wert 1560 eV, weiche Röntgenstrahlung) und bei Wolfram (W) mit $Z = 74$ zu 70574 eV (echter Wert 71676 eV, harte Röntgenstrahlung).

10.7 Photoionisation bei Vielelektronenatomen

10.7.1 Photoionisationsquerschnitt und Absorptionskoeffizient für Röntgenstrahlung

Wir kommen nun zur Photoionisation von Vielelektronenatomen. Sie ist die bei weitem wichtigste Ursache für die Absorption von Röntgenstrahlung, sofern man nicht den extremen Bereich der hochenergetischer γ Strahlung betrachtet. Gemessen wird der entsprechende Wirkungsquerschnitt typischerweise in $[\sigma_a] = 1\,\text{barn} = 10^{-28}\,\text{m}^2$. Häufig findet man statt des Absorptionsquerschnitts auch den *Absorptionskoeffizienten* μ tabelliert. Er ist definiert über die Reduktion der Strahlung beim Durchgang durch ein Material der Dicke d: Es gilt das übliche Lambert-Beer'sche Gesetz: $I = I_0 \exp(-\mu d)$ mit $\mu = N_{atom}\sigma_a$, wobei N_{atom} die Atomdichte und σ_a der Absorptionsquerschnitt (Einheit $[\sigma_a] = \text{m}^2$) des Atoms ist. Beim sogenannten *Massenabsorptionskoeffizienten* μ/ρ (Einheit $[\mu/\rho] = \text{m}^2/\text{kg}$) bezieht man sich statt auf d auf die absorbierende Masse pro Fläche. Mit der Dichte $\rho = N_{atom} \times m_a$ ($m_a = $ Atommasse) ergibt sich $\mu/\rho = \sigma_a/m_a$.

Wir hatten uns ja in Kapitel 5.5 bereits eingehend mit der Photoionisation beschäftigt. Für hohe Energien sollte die Born'sche Näherung erste Anhaltspunkte geben, auch wenn wir keine exakten Aussagen von ihr erwarten. Nach (5.63) wird der Photoionisationsquerschnitt

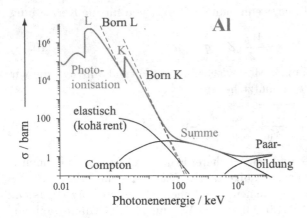

Abb. 10.14. Photoabsorptionsquerschnitt von Aluminium als Funktion der Photonenenergie. Der Hauptbeitrag rührt von der Photoionisation her. Bei sehr hohen Energien dominiert die Paarbildung (nach NIST-FFAST (2003)). Gestrichelt sind die Wirkungsquerschnitte in Born'scher Näherung

$$\sigma_{\varepsilon ns} \propto \frac{Z^5}{n^3 \, (2\hbar\omega)^{7/2}} \qquad (10.51)$$

für *ein* Elektron mit H-Atom ähnlichem Orbital. Er nimmt jedenfalls sehr stark mit der Ordnungszahl Z zu, und mit der Hauptquantenzahl n ab (entsprechend der betrachteten Elektronenschale). Charakteristisch ist auch der starke Abfall des Querschnitts mit der Photonenenergie. Will man den gesamten Wirkungsquerschnitt des Atoms berechnen, so muss man (10.51) noch mit der Anzahl aktiver Elektronen $\mathcal{N}$ multiplizieren, sodass $\sigma_a = \mathcal{N}\sigma_{\varepsilon ns}$ wird. Die Born'sche Näherung ist natürlich nur eine sehr grobe, erste Abschätzung des Wirkungsquerschnitts. Man findet verschiedene andere Näherungsformeln in der Literatur. Da wir heute aber über hervorragende, durch exzellente Rechnungen gestützte Datenbasen verfügen, sollte man damit keine Zeit vertun, wenn es um konkrete Probleme geht. Wir benutzen die Datenbanken von NIST-FFAST (2003) und NIST-XCOM (2003) und zeigen in Abb. 10.14 den totalen Photoabsorptionsquerschnitt σ_a von Aluminium (Al) über einen breiten Energiebereich als Beispiel für ein leichtes Element ($Z = 13$). In Abb. 10.15 ist σ_a dagegen für Blei (Pb) gezeigt, das als schweres Element ($Z = 82$) ja bekanntlich für den Schutz vor Röntgenstrahlen genutzt wird.

Für die L-Kante von Blei bei ca. 16 keV liest man z. B. in Abb. 10.15 einen Wirkungsquerschnitt von ca. 52000 barn ab (etwa 200 mal so groß wie bei der gleichen Energie für Al). Mit $m_a = 207$ u berechnet man daraus einen Massenabsorptionskoeffizienten von ca. $\mu/\rho = 15.0 \, \text{m}^2 \, / \, \text{kg}$. Das bedeutet z. B., dass eine Schutzweste mit nur 67 g Blei pro m² die Bestrahlung mit 16 keV Röntgenstrahlung bereits auf $1/e = 37\%$ reduziert.

Wie in Abb. 10.15 durch gestrichelte Linien angedeutet, stimmt der Trend und die Größenordnung der Born'schen Näherung. Der reale Querschnitt unterscheidet sich quantitativ etwas davon und ist natürlich viel strukturierter. Mit wachsender Energie fällt der Querschnitt etwa $\propto (\hbar\omega)^{-5/2} \propto \lambda^{2.5}$ ab (und nicht wie die Born'sche Näherung vorhersagt $\propto (\hbar\omega)^{-7/2}$), springt aber an je-

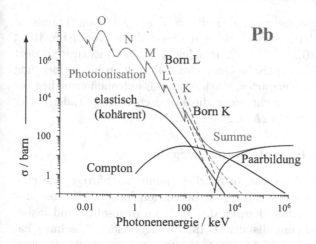

Abb. 10.15. Photoabsorptionsquerschnitt von Blei. Ansonsten wie Abb. 10.14

der *Absorptionskante* signifikant, d. h. immer dann, wenn die Energie gerade hoch genug ist, die Elektronen einer bestimmten Schale zu ionisieren – wie man mit Blick auf Abb. 10.11 gut versteht. Wir erinnern daran, dass diese energetische Betrachtung einzelner Elektronen unabhängig von der Reaktion des Restatoms gerade der Inhalt des Koopman-Theorems nach Abschnitt 10.3.4 ist. Die Kantenenergie ist dann einfach die HF-Orbitalenergie W_λ nach (10.28). Man erkennt bei Al deutlich die K- und die L-Kanten, bei Pb auch die N-, M- und O-Kanten.

Wie in Abb. 10.14 und Abb. 10.15 illustriert, werden energiereiche Photonen aber nicht nur durch Photoionisation abgeschwächt. Ohne auf die Details einzugehen, fassen wir die wichtigsten Mechanismen für die Absorption bzw. Streuung von Photonen hier zusammen:

1. *Photoionisation (Photoeffekt)* $\text{At} + \hbar\omega \rightarrow \text{At}^+ + e^-$ (10.42)
2. *Compton-Streuung* $\quad\quad e + h\nu \longrightarrow e' + h\nu'$ s. Kapitel 1.4.2
3. *Paarbildung* $\quad\quad\quad\quad \hbar\omega \longrightarrow e^- + e^+$ für $\hbar\omega \geqslant 2m_e c^2$
4. *Thomson-Streuung (elast.)* $\hbar\omega \longrightarrow \hbar\omega \,;\, \boldsymbol{k} \rightarrow \boldsymbol{k}'$ (8.123) mod. für $\mathcal{N}$

Offensichtlich dominiert die Photoionisation den Absorptionsquerschnitt bei Photonenenergien unterhalb von einigen 100 keV. Oberhalb von $2m_e c^2 = 1.022$ MeV kann ein Elektron-Positron Paar gebildet werden. Wegen des gleichzeitig zu erfüllenden Impulssatzes ist dies nur in Gegenwart eines dritten Teilchens, vorzugsweise eines Atomkerns mit hohem Z möglich. Entsprechend nimmt der Absorptionsquerschnitt für harte γ Strahlung wieder zu, besonders stark für Pb. Für Energien um 1 MeV herum spielt die inelastische Photonenstreuung (Compton Effekt) eine wesentliche Rolle. Sie wird durch die Klein-Nishina Formel beschrieben, auf die wir hier nicht eingehen können.

Neben diesen drei Prozessen spielt die elastische (auch kohärente) Streuung von Photonen nur eine untergeordnete Rolle. Wie in Kapitel 8.8.5 diskutiert, erwartet man bei Energien deutlich unter $2m_e c^2 = 1.022$ MeV aber weit oberhalb typischer atomarer Resonanzen für neutrale Atome der Ordnungszahl

Z einen elastischen Photonenstreuquerschnitt $\simeq Z^2 \sigma_e$. Mit dem Thomson-Querschnitt $\sigma_e = 0.665$ barn verifiziert man dies anhand von Abb. 10.14 ($Z = 13$, Al) und Abb. 10.15 ($Z = 82$, Pb) leicht für die niedrigsten, dort aufgetragenen Energien. Der elastische Querschnitt fällt dann beim Übergang ins relativistische Gebiet, wie erwartet, stark ab (die Elektronen erreichen bei hohen Frequenzen bei weitem nicht mehr die klassischen Amplituden). Der Abfall wird asymptotisch etwa $\propto (\hbar\omega)^{-2} \propto 1/\gamma^2$.

10.7.2 Photoionisation bei mittleren Energien

Wir hatten uns in Kapitel 5.5 recht ausführlich damit beschäftigt, wie man im Prinzip Photoionisationsquerschnitte zu berechnen hat. Wir hatten uns dort als ein besonders einfaches Beispiel das H-Atom angesehen und insbesondere die Born'sche Näherung diskutiert. Im vorangehenden Abschnitt haben wir uns dann auf den Verlauf der Photoabsorptionsquerschnitte für zwei ausgewählte Metallatome insbesondere bei hohen Photonenenergien konzentriert. Hier wollen wir nun für Argon (Ar), ein Edelgasatom mittlerer Kernladungszahl ($Z = 18$), die Photoionisation noch etwas detaillierter behandeln, um das typische Verhalten des Wirkungsquerschnitts für niedrige und mittlere Photonenenergien an einem nicht trivialen Beispiel kennen zu lernen. Abbildung 10.16 zeigt den Verlauf des Photoionisationsquerschnitts für Ar in verschiedenen Energiebereichen. Experimentelle Resultate verschiedener Arbeitsgruppen und theoretische Rechnungen werden verglichen und ergänzen einander offenbar recht gut, auch wenn wir perfekte Übereinstimmung bei einem so komplexen Problem kaum erwarten dürfen. Wir gehen auf die einzelnen Experimente und Besonderheiten der Rechnungen hier nicht ein. Neuere Experimente werden fast ausschließlich an modernen Synchrotronspeicherringen gewonnen (s. Abschnitt 10.8.2), und man erkennt diese Daten in Abb. 10.16 an ihrem kleineren Fehlerbalken und konsistenteren Verlauf. So manches interessante Ergebnis wurde freilich noch mit ausgewählten Linienspektren von Spektrallampen oder Röntgenröhren gewonnen. Abbildung 10.16 (a) gibt dafür ein schönes Beispiel. Gezeigt wird die Photoionisation

$$\mathrm{Ar([Ne]}\, 3s^2 3p^6\, {}^1\mathrm{S}) + \hbar\omega \longrightarrow \mathrm{Ar^+([Ne]}\, 3s3p^6) + e^-\,(\varepsilon p) \tag{10.52}$$

aus einer einzelnen Unterschale, der $\mathrm{M_I}$-Schale ($3s^2$). Man kann dies durch Messung der kinetischen Energie ε des auslaufenden, freien Elektrons von der Ionisation anderer Schalen experimentell unterscheiden. Der Endzustand ist hier ein ${}^1\mathrm{P}^0$. Das Termschema von Ar ist dem von Ne (s. Abb. 10.9) recht ähnlich. Zusätzlich zu den vollen K- und L-Schalen, $[\mathrm{Ne}] = 1s^2 2s^2 2p^6$, ist beim Ar die M-Schale mit den $3s$- und $3p$-Elektronen gefüllt. Das erste Ionisationspotenzial für die Konfiguration $[\mathrm{Ne}]\, 3s^2 3p^5$ liegt bei $W_I = 15.76\,\mathrm{eV}$. Um ein $3s$ Elektron zu ionisieren sind weitere $13.48\,\mathrm{eV}$ erforderlich. Die Daten (Abb. 10.16 (a)) zeigen also den Verlauf des Prozesses (10.52) direkt oberhalb seiner energetischen Schwelle. Dieser spezielle Prozess trägt übrigens nur wenige Prozent zum gesamten Photoionisationsquerschnitt bei. Man sieht sehr

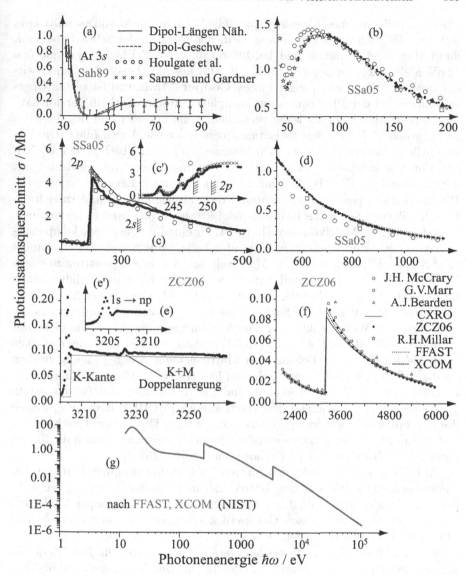

Abb. 10.16. Experimentell bestimmte Photoionisationsquerschnitte von Argon in verschiedenen Energiebereichen und Vergleich mit der Theorie. (**a**) Partialquerschnitt für die 3s Ionisation mit Cooper-Minimum nach Saha (1989). Glatte und gestrichelte Linien: MCHF-Theorie. (**b**) Totaler, gemessener Querschnitt nach Suzuki und Saito (2005). (**c**) Experimentelle Daten zwischen 250 eV und 500 eV-Bereich der L-Kante, nach Suzuki und Saito (2005). (**c'**) Besser aufgelöst: L-Kante im Schwellenbereich. (**d**) 500 bis 1150 eV − monotoner Abfall nach Suzuki und Saito (2005) (**e**) Bereich der K-Kante und (**e'**) in hoher Auflösung nach Zheng et al. (2006) (**f**) größerer Energiebereich 2.1 bis 6 keV mit K-Kante nach Zheng et al. (2006) (**g**) Gesamtübersicht nach NIST-XCOM (2003)

eindrucksvoll, dass dieser spezielle, partielle Photoionisationsquerschnitt zwar mit dem üblichen Sprung auf einen endlichen Wert an der Schwelle beginnt, dann aber rasch abnimmt und bei knapp über 40 eV Photonenenergie (ca. 12 eV Elektronenenergie) praktisch auf Null absinkt, bevor das Signal wieder ansteigt. Ein solches, sogenanntes **Cooper-Minimum** ist nichts Ungewöhnliches bei der Photoionisation komplexer Atome oberhalb der Ionisationsschwelle. Man kann das leicht verstehen, wenn man sich den theoretischen Hintergrund (5.74) für den Ionisationsquerschnitt vor Augen führt. Die hier wesentlichen Matrixelemente (5.75) beschreiben ja den Überlapp der Wellenfunktion von gebundenem Zustand und Kontinuumszustand (gewichtet mit dem Abstand r). Die Matrixelemente können, je nach Lage der Knoten der Wellenfunktion, positive und negative Werte annehmen und ändern sich natürlich mit der Energie des Kontinuumselektrons. Dabei kann es vorkommen, dass sich die zwei Matrixelemente in (5.74) für eine Energie gerade kompensieren. Alternativ kann – wie im vorliegenden Falle, wo ja nur ein Matrixelement $\langle \dots {}^1S \, |r| \, \varepsilon p \, {}^1P^0 \rangle$ vorkommt – ein Matrixelement von einem positiven zu einem negativen Werte wechseln und hat dann zwangsweise einen Nulldurchgang bei einer bestimmten Energie, was zu verschwindendem Querschnitt führt. Im vorliegenden Fall ist die Sache sogar noch ein wenig komplexer, da die zu benutzende Wellenfunktion ja eine Vielteilchenfunktion ist, die nicht nur die reine „Sollkonfiguration" nach (10.52) enthält, sondern auch einen starken $3s^23p^53d$ Anteil, dessen Beitrag zum Matrixelement sich gegenläufig zu dem der $3s^23p^6$ Konfiguration entwickelt und letzteren beim Cooper-Minimum gerade kompensiert. Entsprechend aufwendig ist die in Abb. 10.16 (a) dargestellte sogenannte „multi configuraton Hartree-Fock (MCHF)" Rechnung, welche die Ergebnisse sehr gut interpretiert – und in ihrer Dipol- bzw. Geschwindigkeitsform nicht wesentlich voneinander abweicht, was ja auch ein Indiz für die Qualität der Rechnung ist (s. Fußnote 3 auf Seite 125).

Abbildung 10.16 (b) zeigt den totalen Photoionisationsquerschnitt für den Energiebereich zwischen 40 und 100 eV, der hier von der Ionisation der sechs $3p$-Elektronen dominiert wird. Auch hier gibt es wieder ein Cooper-Minimum, diesmal bei ca. 50 eV, dessen Gegenstück gewissermaßen das nachfolgende Maximum bei ca. 80 eV bildet.

In Abb. 10.16 (c) und (c′) werden Details der Ionisation im Bereich der L-Kante illustriert: die Ionisationsschwellen liegen (Bezeichnungen s. Abb. 10.11 auf Seite 412) für L_{III}, L_{II} bzw. L_I bei 248.4, 250.6 bzw. 326.2 eV. Der Beitrag der $2s$-Elektronen (L_I) ist dabei, ähnlich wie bei der M-Schale, sehr gering. Unterhalb der L_{III} und L_{II} Schwellen sieht man in (c′) Autoionisationsresonanzen angedeutet, wie wir sie in Kapitel 7.7.2 kennengelernt haben.

Abbildung 10.16 (d) zeigt den relativ langweiligen Abfall oberhalb der L-Kanten aber noch deutlich unterhalb der K-Kante. Diese wird schließlich bei 3205.9 eV erreicht und ist in Abb. 10.16 (e), (e') und (f) im Detail gezeigt. In (e) kann man die Doppelanregung der K und L Schale $1s3p \rightarrow 4p^2$ sehen (ein autoionisierender Zustand). Die herausragendste Struktur in diesem Energiebereich ist zweifelsohne die Anregung von Rydbergzuständen $1s \rightarrow np$ ($n \geq 4$) knapp unterhalb der K-Kante, die in (e') vergrößert dargestellt ist.

Abbildung 10.16 (g) schließlich gibt einen Gesamtüberblick in log − log Darstellung über alle energetischen Bereiche, welche der NIST-XCOM (2003) Datenbank entnommen wurde. Diese gibt natürlich nur die groben Tendenzen wieder.

Wir erwähnen schließlich, dass es auch zahlreiche Messungen des Anisotropieparamters β gibt (s. Kapitel 5.5.3), der zusätzliche Informationen enthält, auf deren Reproduktion wir aber hier aus Platzgründen verzichten.

10.8 Quellen für Röntgenstrahlung

10.8.1 Röntgenröhren

Das klassische Gerät zur Erzeugung von Röntgenstrahlung ist die Röntgenröhre. Auch heute erfreut sich dieses recht einfache Verfahren nach wie vor großer Beliebtheit und Anwendungsbreite. Die Methode ist am Beispiel einer ganz kleinen Röntgenröhre für analytische Zwecke im Photo und als Schema in Abb. 10.17 illustriert. Ein Elektronenstrahl, erzeugt durch einen heißen Katho-

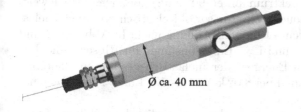

Ø ca. 40 mm

Abb. 10.17. Beispiel einer modernen Röntgenröhre. Oben: Photo einer Kleinstleistungsröhre mit seitlichem Strahlungsaustritt. Unten: Schematischer Aufbau der Röntgenröhre (freundlicherweise zur Verfügung gestellt von Haschke und Langhoff, 2007)

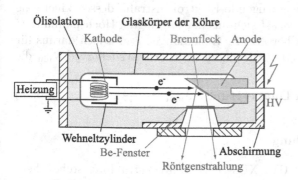

dendraht und einen negativ vorgespannten, fokussierenden Wehnelt-Zylinder, trifft auf eine Metallanode und wird dort im elektrischen Feld der Atomkerne (vorzugsweise mit hohem Z) abgebremst. Das führt zur Röntgenbremsstrahlung. Gleichzeitig wird ein Teil der Anodenatome durch Elektronenstoß ionisiert, was zur Lochbildung in inneren Schalen dieser Atome führt und damit die Emission charakteristische Röntgenstrahlung ermöglicht. Abbildung 10.18 illustriert das Spektrum einer Rhenium-Anode (Rh) für verschiedene Elektronenenergien. Die hier gezeigte Messung wurde zu Abschwächung der hohen

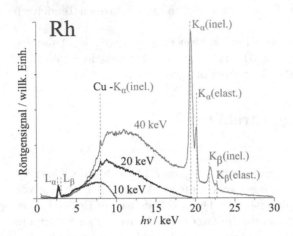

Abb. 10.18. Röntgenbremsstrahlung und charakteristische Strahlung aus der in Abb. 10.17 auf der vorherigen Seite gezeigten Röntgenröhre mit einer Rhenium-Anode bei verschiedenen Elektronenenergien. Bremsstrahlungskontinuum sowie charakteristische Strahlung (K_α, K_β und $L_{\alpha,\beta}$) sind klar erkennbar

Intensität als Röntgenstreuspektrum unter 90° aufgenommen. Dabei weist man hinter einem Kristallmonochromator sowohl elastisch wie auch inelastisch (Compton-Effekt) gestreute Röntgenstrahlung nach. In Abb. 10.18 sind die Literaturwerte der K_α, K_β und $L_{\alpha,\beta}$ Emissionslinien für Rh sowie die daraus nach (1.9) resultierenden Energien der inelastisch gestreuten Photonen angedeutet. Das schwache Signal bei 8.02 keV (Cu−K_α Linie) rührt von einer kleinen Verunreinigung her.

Man sieht, dass die Röntgenbremsspektren natürlich keine höhere Energie haben können, als der sie erzeugende Elektronenstrahl, dessen kinetische Energie an der Anode $W_{kin} = e_0 U$ sich aus der angelegten Hochspannung U (HV in Abb. 10.18) ergibt. Übersetzt in Wellenlängen ergibt sich daraus für die *kürzeste, bei der Röntgenbremsstrahlung emittierte Wellenlänge* λ_{min} die sogenannte

Regel von Duane-Hunt $\lambda_{min} = \dfrac{hc}{e_0 U}$.   (10.53)

10.8.2 Synchrotronstrahlung

Für die Spektroskopie mit VUV, XUV und Röntgenstrahlung stehen heute an vielen Orten der Welt Speicherringe für hochrelativistische Elektronen zur Erzeugung von Synchrotronstrahlung zur Verfügung und werden intensiv genutzt. Bei der Erzeugung von Synchrotronstrahlung (SR) mit Speicherringen der sogenannten dritten Generation verwendet man hochrelativistische,

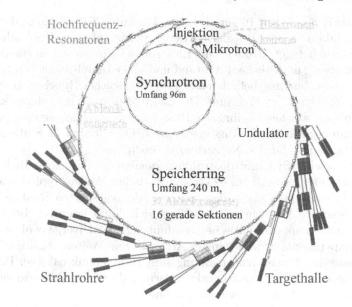

Abb. 10.19. Topographie von BESSY II schematisch. Die Elektronen werden in einem Mikrotron vorbeschleunigt, in einem kleinen Synchrotron auf Sollenergie gebracht und sodann in den Speicherring injiziert. Die abgestrahlte Energie wird durch die Hochfrequenzgeneratoren kompensiert. Zwischen den rot eingezeichneten Ablenkmagneten befinden sich gerade Strecken für „Insertion Devices" und Multipolmagnete zur Fokussierung. Strahlrohre für den Nutzerbetrieb sind der Übersichtlichkeit halber nur in der unteren Bildhälfte gezeigt. Ebenso ist nur ein Undulator beispielhaft angedeutet (Wir danken Prof. Jaeschke et al., 2007, für die Bereitstellung von aktuellem Material und Skizzen)

extrem gut gebündelte Elektronenstrahlen.[2] Die Elektronen werden durch Ablenkmagnete (Dipole) – mit zwischenliegenden geraden Strecken und diversen magnetischen Strukturen zur Fokussierung – in einem Speicherring geführt. Bei konstant gehaltener Gesamtenergie werden sie also auf eine gekrümmte Bahn *beschleunigt und strahlen somit* elektromagnetischer Wellen ab. Typische, im folgenden Text genannte Daten beziehen sich auf BESSY II in Berlin-Adlershof als Beispiel (sofern nicht anders erwähnt). In Abb. 10.19 ist die Topographie von BESSY II grob skizziert. Es handelt sich um einen Ring von 240 m Umfang, in dem Elektronen einer nominalen Betriebsenergie von 1.7 GeV mit einem Strom von 100 – 400 mA bei einer Emittanz von ca. 6 nm rad gespeichert werden. 32 Dipolmagnete bringen den Strahl auf seine

---

[2] Man charakterisiert die Strahlfokussierung durch die sogenannte **Emittanz**, das ist die räumliche Ausdehnung des Strahls multipliziert mit seinem Divergenzwinkel. Synchrotrons der dritten Generation haben typische Emittanzen von einigen nm rad.

Ringbahn. Dazwischen liegen 16 gerade, etwa 4 m lange Teilstücke, in denen sogenannte Undulatoren oder Wiggler betrieben werden können. Die Umlaufzeit der Elektronen beträgt ca. 0.8 μs, die Elektronen befinden sich in Bündeln (*Bunches*) von etwa 2 ns zeitlichem Abstand und einer Impulsdauer von typischerweise ca. 16 ps. Im Ring befinden sich etwa 350 solcher Bunches, gefolgt von einem ca. 100 ns langem Freiraum. Die Elektronen werden in einem kleineren Synchrotron, welches im inneren Ring zu erkennen ist, erzeugt und dann über mehrere Stunden im Ring gespeichert. Derzeit sind 52 Stationen, sogenannte Strahlrohre, für den Nutzerbetrieb installiert.

Der Vorteil solcher Synchrotronstrahlungsquellen ist ihre hohe Brillanz und das erzeugte breite Spektrum elektromagnetischer Wellen, typischerweise von der Terahertzregion bis in den weichen oder gar harten Röntgenbereich. Durch geeignete Monochromatoren lässt sich damit intensive, bequem abstimmbare, quasi-monochromatische Strahlung geringer Divergenz für spektroskopische Experimente verschiedenster Art erzeugen. Weitere wichtige Anwendungsgebiete der Synchrotronstrahlung sind Röntgenmikroskopie, Holografie und Lithografie. Die zur Charakterisierung dieser Strahlungsquellen benutzte spektrale Brillanz wird wie folgt definiert:

$$\text{Spektrale Brillanz} \quad = \frac{\Delta^3 \Phi}{\Delta\Omega\Delta\omega/\omega} \qquad (10.54)$$

Hier und im Folgenden kürzen wir – angemessenerweise wie wir meinen – die etwas unhandliche, üblicherweise für die Brillanz gebrauchte Einheit ab und nennen sie ein **Schwinger**:

$$1\,\text{Sch} = \frac{1\,\text{Photon}\,/\,\text{s}}{\text{mm}^2 \times \text{mrad}^2 \times 0.1\%\,\text{Bandbreite}}. \qquad (10.55)$$

Die Einheit Sch misst den Photonenfluss Φ (Photonen pro Fläche ΔS und Zeiteinheit) pro Raumwinkel $\Delta\Omega$, in welchen emittiert wird und pro relativer spektraler Bandbreite der Strahlung (bezogen auf eine Bandbreite $\Delta\omega/\omega = \Delta W/W = 0.1\%$). Nach dem *Abbé'schen Satz* charakterisiert die spektrale Brillanz auch die Fokussierbarkeit des Lichts, denn in jeder optischen Anordnung bleibt (bei nicht zu großen Winkeln) die Größe $\Delta S\Delta\Omega$ eine Konstante. Man kann also eine Lichtquelle umso besser fokussieren je weniger sie ausgedehnt und je kleiner ihr Emittanzwinkel ist. Die Synchrotronstrahlung von Quellen der dritten Generation entspringt typischerweise einer Elektronenstrahlfläche von einigen Hundertstel mm^2 und ist zudem sehr eng gebündelt, sodass sie allen konventionellen Quellen um viele Zehnerpotenzen überlegen ist. Abbildung 10.20 (links) gibt eine Übersicht über die spektrale Brillanz von Undulatoren an Synchrotronstrahlungsquellen der dritten Generation sowie für die geplanten, z. T. im Bau bzw. schon in der Testphase befindlichen neuen Freie-Elektronen-Laser (FEL) Quellen. Zum Vergleich ist auch die an Dipolablenkmagneten erreichbare Brillanz in Abb. 10.20 (links unten) eingetragen. Mit ca. 3×10^{14} Sch ist sie immer noch um viele Größenordnung höher als etwa die Sonnenstrahlung auf der Erde (Maximum

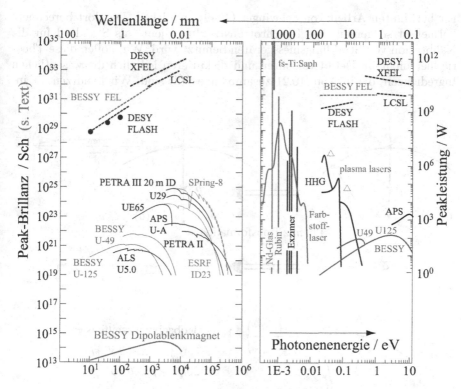

Abb. 10.20. Links: Brillanz verschiedener Synchrotronstrahlungsquellen der dritten Generation und Freie-Elektronen-Laser (FEL) als Funktion der Photonenenergie. Rechts: Vergleich der Spitzenleistung dieser Quellen mit einigen, typischen Laserquellen

im sichtbaren Spektralbereich ca. 3×10^{11} Sch), übliche Röntgenröhren mit $10^7 - 10^{10}$ Sch und andere konventionelle Laborlichtquellen – mit Ausnahme der Laserquellen. Die hervorragende Abstimmbarkeit und der breite, damit zugängliche Wellenlängenbereich lassen SR im extrem kurzwelligen Spektralbereich, vor allem im Röntgengebiet, selbst gegenüber Laserquellen deutlich überlegen sein. Deren Winkeldivergenz ist in der Regel noch weit besser und sinnvollerweise vergleicht man, wie in Abb. 10.20 (rechts), die Spitzenleistungen, da für die Erzeugung eines experimentellen Signals natürlich nicht nur die Brillanz der Quelle, sondern auch die insgesamt verfügbare Zahl von Photonen relevant ist.

Ausgangspunkt für die streng relativistisch durchzuführende Berechnung der SR ist (4.13), wodurch die Strahlungscharakteristik im mitbewegten Ruhesystem des strahlenden Elektrons korrekt wiedergegeben wird. Dieses muss mit der Lorentz-Transformation ins Laborsystem transformiert werden, was zu einer hoch parallelen Strahlung führt, die *tangential zur Bahn der Elektronen emittiert* wird. Die nicht ganz triviale Theorie wurde erstmals in einer berühmten Arbeit von Schwinger (1949) entwickelt. Die dort berechnete Formel ist so genau, dass Synchrotronstrahlung heute als Standard für die Kalibration von Strahlungsmessgeräten benutzt wird. Wir wollen diese Theorie hier nicht im Detail vorführen und diskutieren lediglich die wesentlichen Ingredienzen, die in Abb. 10.21 zusammengestellt sind. Wir benutzen die in

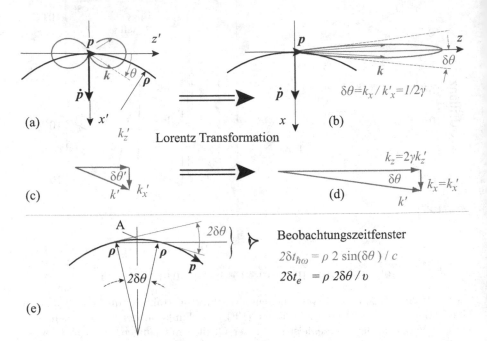

Abb. 10.21. Zum Verständnis der Erzeugung von Synchrotronstrahlung (SR): (**a**) Klassische Strahlungscharakteristik im Ruhesystem des auf einer Kreisbahn bewegten Elektrons; (**b**) die Lorentz-Transformierte SR Winkelverteilung polar aufgetragen; (**c**) Komponenten des Wellenvektors der SR im mitbewegten System und (**d**) im Laborsystem; (**e**) „Beobachtungsfenster" für die Abstrahlung eines Elektrons

1.6 eingeführten Begriffe. Gestrichene Größen beziehen sich auf das Ruhesystem des Elektrons, ungestrichene auf das Laborsystem. Die Gesamtenergie des Elektrons sei W_e ($\gamma = W_e/(m_e c^2)$), die Energie der emittierten Photonen $\hbar\omega'$ bzw. $\hbar\omega$, ihre Wellenvektoren k' bzw. k. Im Feld B eines Ablenkmagneten werden die (hochrelativistischen $\beta \cong 1$) Elektronen nach (1.45) auf eine Kreisbahn mit dem instantanen Krümmungsradius $\rho \simeq \gamma m_e c/(e_0 B)$ beschleunigt. Im mitbewegten Ruhesystem $x'y'z'$ des Elektrons (man wählt hier $z' \parallel p$) emittiert dieses die charakteristische $\cos^2\theta$ Strahlung nach (4.13) wie in Abb. 10.21 (a) angedeutet. Transformiert man diese Strahlung ins Laborsystem so wird die Frequenz in z Richtung massiv erhöht, somit auch die z-Komponente des Wellenvektors k_z, während k_x unbeeinflusst bleibt. Die relativistische Doppler-Verschiebung nach (1.36) führt zu der in Abb. 10.21 (b) skizzierten scharfen Bündelung der Strahlung in Richtung der Elektronenbewegung, die ein wesentliches Charakteristikum der Synchrotronstrahlung ist. Für $\beta \simeq 1$ wird nach (1.38) $k_z = 2\gamma k_z'$, was zu einem extrem kleinen

$$\textbf{Divergenzwinkel} \quad \delta\theta \simeq \frac{1}{2\gamma} \qquad (10.56)$$

für die emittierte Strahlung führt, wie man in Abb. 10.21 (c) und (d) abliest. Um dies mit Zahlen zu veranschaulichen: für BESSY II mit einer Elektronenenergie von 1.7 GeV, wird $\gamma \simeq 3300$ und der volle Divergenzwinkel des am Ablenkmagneten emittierten SR-Lichts wird $2\delta\theta \simeq 1'$ (in Worten: eine Bogenminute!).[3]

Man kann mit (10.56) sogar auf einfache Weise die Bandbreite des abgestrahlten Spektrums abschätzen, wenn man sich vergegenwärtigt, dass aus einer bestimmten Beobachtungsrichtung die Abstrahlung eines Elektrons immer nur für eine sehr kurze Zeit $2\delta t$ „gesehen" wird. Wie in Abb. 10.21 (e) skizziert, wird dies durch die Laufzeiten des Elektrons und des Lichts über ein Bahnsegment des Winkels $2\delta\theta$ bestimmt. Das Elektron benötigt dazu die Zeit $\delta t_e = \rho 2\delta\theta/v$, das Licht die Zeit $2\delta t_{\hbar\omega} = \rho \sin(2\delta\theta)/c \simeq \rho 2\delta\theta/c$. Ein Beobachter, der aus weiter Distanz tangential auf den Lichterzeugungspunkt A schaut, „sieht" ein Elektron also nur für die Zeit[4]

$$\delta t \simeq 2\delta\theta\, \rho \left(\frac{1}{v} - \frac{1}{c} \right) = \frac{\rho}{\gamma} \left(\frac{1}{v} - \frac{1}{c} \right) = \frac{\rho}{\gamma c} \frac{1-\beta}{\beta} \simeq \frac{\rho}{2\gamma^3 c},$$

wobei wir von (1.26) für $\beta \simeq 1$ Gebrauch gemacht haben. Anhand der Zeit-Energie-Unschärferelation (1.70) schätzen wir damit die energetische Bandbreite der SR ab zu $\Delta W \simeq \hbar/\delta t = \hbar 2\gamma^3 c/\rho$. Die exakte Rechnung bestätigt diese Abschätzungen im Wesentlichen und ergibt eine sogenannte

$$\textbf{kritische Energie} \quad W_c = \hbar\omega_c = \frac{3\hbar c}{2} \frac{\gamma^3}{\rho} = \frac{3\gamma^2 \hbar e_0 B}{2m_e}, \qquad (10.57)$$

die als wesentlicher Parameter in die Schwinger'sche Formel eingeht. Man benutzt auch die entsprechende

$$\textbf{kritische Wellenlänge} \quad \lambda_c = \frac{4\pi\rho}{3\gamma^3} = \frac{4\pi m_e c}{3\gamma^2 e_0 B}. \qquad (10.58)$$

---

[3] Natürlich hängt der tatsächlich beobachtete Emissionswinkel noch vom experimentellen Aufbau ab. Der hier gegebene Wert gilt praktisch nur für die vertikale Divergenz senkrecht zur Ringebene, während in horizontaler Richtung die experimentelle Anordnung strahlbegrenzend ist.

[4] Diese fiktive, extrem kurze Zeit der Sichtbarkeit eines einzelnen Elektrons hat natürlich nichts mit der Dauer der Lichtimpulse zu tun, welche man tatsächlich am Experiment registriert: zum einen hängt dies vom tatsächlich eingesehen Teilstück der Elektronenbahn ab, zum anderen ist der Ring mit einer großen Anzahl von Elektronen gefüllt, die auf mehrere „Bunches" verteilt sind. Typische Impulsdauern moderner Synchrotrons betragen einige ps.

Für die Darstellung der Winkelverteilung wählt man anstatt der Polar- und Azimutwinkel θ und φ zweckmäßigerweise zwei orthogonale Winkel χ in der Ringebene und ψ senkrecht dazu. Man findet in der Literatur verschiedene Umschreibungen der Originalformel (Gl. II.32 in der Arbeit von Schwinger, 1949) für den abgestrahlten Photonenfluss.[5] Recht übersichtlich ist der folgende Ausdruck:

$$\frac{\mathrm{d}^3\Phi}{\mathrm{d}\chi\mathrm{d}\psi\mathrm{d}\omega/\omega} = \frac{3\alpha}{4\pi^2}\frac{I/e_0}{\Delta S}\left(\frac{\omega}{\omega_c}\right)^2\gamma^2\left(1+x^2\right)^2 \tag{10.59}$$

$$\cdot\left(K_{2/3}^2\left(\xi/2\right) + \frac{x^2}{1+x^2}K_{1/3}^2\left(\xi/2\right)\right)$$

Hier ist I der Ringstrom und ΔS die emittierende Fläche. Man sieht sofort, dass die Einheit Sch (Schwinger) mit dieser weitgehend dimensionslos geschriebenen Gleichung kompatibel ist. Dabei sind die K_n verallgemeinerte Bessel-Funktionen zweiter Ordnung, die man mit üblichen Rechenprogrammen leicht auswertet, und die Variablen x und ξ werden durch

$$x = \gamma\psi \quad \text{und} \quad \xi = \frac{\omega}{\omega_c}\left(1+x^2\right)^{3/2} \tag{10.60}$$

definiert. Die erste Zeile von (10.59) beschreibt dabei Licht, das in der Ebene des Rings polarisiert ist, während die zweite Zeile eine vertikal polarisierte Komponente beschreibt, die offenbar nur außerhalb der Ringebene auftritt und um $\pi/4$ Phasen-verschoben ist. Die Strahlung ist also außerhalb der Ebene elliptisch polarisiert. Zur kompakten Beschreibung der Strahlungscharakteristik diskutiert man üblicherweise zum einen die Brillanz der horizontal, mit paralleler Polarisation in die Ringebene emittierten Strahlung als Funktion der Photonenenergie $\hbar\omega$, setzt also $\psi = 0$, und erhält in handlichen Zahlenwerten:

$$\frac{\mathrm{d}\Phi}{\mathrm{d}\chi\mathrm{d}\psi\mathrm{d}\omega/\omega} = 1.326\times10^{13}\frac{I/\mathrm{A}}{\Delta S/\mathrm{mm}^2}\left(W_e/\mathrm{GeV}\right)^2 S_{hor}\left(\xi\right)\mathrm{Sch} \tag{10.61}$$

oder man integriert über die Winkelverteilung in ψ Richtung:

$$\frac{\mathrm{d}\Phi}{\mathrm{d}\chi\mathrm{d}\omega/\omega} = 2.4577\times10^{13}\frac{I/\mathrm{A}}{\Delta S/\mathrm{mm}^2}\left(W_e/\mathrm{GeV}\right)S_{int}\left(\xi\right)\mathrm{mrad\,Sch} \tag{10.62}$$

---

[5] Für den Leser, der die Umformung nachvollziehen will: Die Schwinger'sche Formel gibt die abgestrahlte Energie eines Elektrons pro Umlauf. Über $\chi = 2\pi$, wurde integriert, da sich dieser Winkel auf einen Punkt der Kreisbahn bezieht, und das Experiment ja über eine gewisse Strecke integriert. Für die Bestimmung der Brillanz ist die Formel also durch 2π und durch die Photonenenergie $\hbar\omega$ zu dividieren. Nun ist $2\pi\rho/c$ gerade t_e, die Elektronenumlaufzeit. Die Zahl der Elektronen im Ring ist aber $N_e = 2\pi\rho I/(e_0 c)$. Setzt man dies ein, nimmt eine emittierende Fläche ΔS an und fasst mit der Feinstrukturkonstante $\alpha = e_0^2/(4\pi\epsilon_0\hbar c)$ zusammen, so ergibt sich (10.59).

Dabei ergibt sich die Funktionen $S_{hor}(\xi)$ (mit $\xi = \omega/\omega_c$) direkt aus (10.59) für $\psi = 0$ während $S_{int}(\xi)$ mit etwas Aufwand durch Integration gefunden wird:

$$S_{hor}(\xi) = \xi^2 K_{2/3}^2(\xi/2)$$
$$S_{int}(\xi) = \xi \int_\xi^\infty K_{5/3}(z)dz \tag{10.63}$$

Beide Funktionen sind in Abb. 10.22 (links) skizziert. Man sieht, dass die kritische Energie kurz oberhalb des Maximums der SR-Verteilung liegt, und dass der nutzbare Spektralbereich noch deutlich höher als W_c reicht. Für BESSY II z. B. ist $W_c = 2.5\,\text{keV}$, und der gesamte nutzbare Spektralbereich an den Dipolablenkmagneten erstreckt sich bis etwa 10 keV.

In Abb. 10.22 (rechts) ist schließlich auch die Winkelverteilung in ψ-Richtung, also senkrecht zur Ringebene, aufgetragen, die man durch Integration über alle Photonenenergien erhält:

$$\frac{d\Phi}{d\psi} \propto (1 + x^2)\left(1 + \frac{5}{7}\frac{x^2}{1 + x^2}\right) \tag{10.64}$$

Man sieht, dass bei der charakteristischen Winkeldivergenz $2\delta\psi = 1/\gamma$ nach (10.56) der Photonenfluss etwa auf $1/5$ seines Maximalwerts abgefallen ist.

Die gesamte abgestrahlte Leistung kann man – mit entsprechender relativistischer Umschreibung – aus (4.13) erhalten oder durch Integration von (10.62) über alle Frequenzen:

$$P = \frac{e_0^2\gamma^2}{6\pi\epsilon_0 m_e^2 c^3}\left|\frac{d\boldsymbol{p}}{dt}\right|^2 = \frac{e_0^2 c}{6\pi\epsilon_0}\frac{\gamma^4}{\rho^2}.$$

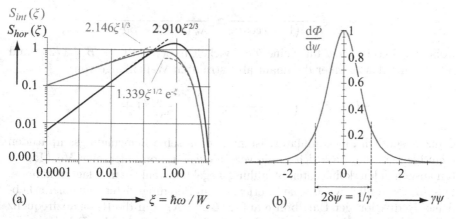

(a) $\xi = \hbar\omega / W_c$ (b) $2\delta\psi = 1/\gamma$ $\gamma\psi$

Abb. 10.22. Charakteristische Energie und Winkelverteilung der an einem Ablenkmagneten erzeugten Synchrotronstrahlung. Links: Brillanz in Abhängigkeit von der Photonenenergie in der Ringebene S_{hor} entsprechend (10.61) und winkelintegriert S_{int} entsprechend (10.62). Winkelabhängigkeit als Funktion des Winkels ψ oberhalb bzw. unterhalb der Ringebene mit der charakteristischen Winkelbreite $\delta\psi = 1/\gamma$

Dieser Ausdruck ist offensichtlich das relativistische Äquivalent zu (4.13), wobei im letzten Schritt (1.46) eingesetzt wurde. Man beachte die starke Abhängigkeit umgekehrt proportional zur 4. Potenz der Ruhemasse des strahlenden Teilchens mit $\gamma = W_e/(mc^2)$. Daher ist das *Elektron das Teilchen* der Wahl, wenn es um die *Erzeugung von Synchrotronstrahlung* geht.

10.8.3 Undulatoren und Wiggler

Eine noch erhebliche Verbesserung der Brillanz und eine Erweiterung des Wellenlängenbereichs kann mit sogenannten Undulatoren und Wigglern bewirkt werden. Es handelt sich dabei um eine periodisch angeordnete linear Folge von Dipolablenkmagneten, die abwechselnd in Nord-Süd- und Süd-Nord-Richtung gepolt sind. Sie werden in den geraden Teil des Speicherringes eingebaut und zwingen dort die Elektronen auf eine rasch oszilierende periodische Bahn, was wieder zu Abstrahlung führt. Schematisch ist dies in Abb. 10.23 (a) dargestellt und in Abb. 10.23(b) mit dem Photo eines Undulators U 49 bei BESSY II illustriert. Die emittierte Strahlung berechnet man für jeden der Undulatormagnete – ganz analog zur Rechnung für Ablenkmagnete – durch Lorentz-Transformation aus dem Ruhesystem des strahlenden Elektrons, was wieder zu einem stark gebündelten Vorwärtspeak führt. Grob schätzt man die Wellenlänge der emittierten Strahlung wie folgt ab: Das Elektron „sieht" die Periodenlänge λ_u der Dipolanordnung aufgrund der Lorentz-Kontraktion (1.35) verkürzt auf λ_u/γ und strahlt entsprechend eine Frequenz $\nu' = \gamma c/\lambda_u$ in seinem Ruhesystem ab. Im Laborsystem ergibt sich daraus unter Berücksichtigung der relativistischen Doppler-Verschiebung für den Emissionswinkel θ nach (1.36) eine Frequenz

$$\nu = \frac{c}{\lambda} = \frac{c}{\lambda_u \left(1 - \beta \cos\theta\right)} \simeq \frac{c}{\lambda_u \left(1 - \beta + \beta\theta^2/2\right)},$$

wobei wir bereits $\cos\theta$ für kleine θ entwickelt haben. Mit $1 - \beta = 1/2\gamma^2$ und $\beta \cong 1$ führt das zu einer dominant abgestrahlten Wellenlänge von

$$\lambda \simeq (1 - \beta)\, \lambda_u \left(1 + \frac{\beta}{2(1 - \beta)} \theta^2\right) \simeq \frac{\lambda_u}{2\gamma^2} \left(1 + \gamma^2\theta^2\right).$$

Ganz wesentlich am Undulator, ist nun, dass seine Schwingungsamplituden klein bleiben, und dass sich so die verschiedenen, von jedem der $\mathcal{N}_U$ Magneten ausgehenden, kohärenten Strahlungskegel konstruktiv überlagern können. Das führt – ähnlich wie bei die Interferenz am Beugungsgitter – zu einer erheblichen Reduktion der Bandbreite auf $\omega/\Delta\omega \simeq \mathcal{N}_U$ um die Resonanzfrequenz $\omega_{res} = c/(2\pi\lambda_{res})$ herum, verbunden mit einer entsprechenden Erhöhung der Intensität und einer Reduktion des Emissionswinkels. Zugleich können bei höheren Magnetfeldern, d. h. größeren Schwingungsamplituden auch Harmonische $n\omega_{res}$ der Resonanzfrequenz emittiert werden, wie dies in Abb. 10.23 (c) skizziert ist. Die exakte Rechnung zeigt, dass dabei in Vorwärtsrichtung nur

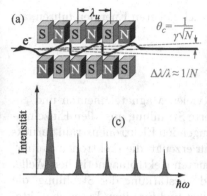

Abb. 10.23. (**a**) Schema eines Undulators. Abwechselnd gepolte, periodisch angeordnete Magnetfelder zwingen das Elektron auf eine oszillierende Bahn. Der Öffnungswinkel des zentralen Strahlungskonus ist um einen Faktor $1/\sqrt{N}$ kleiner als beim Ablenkmagneten (N = Anzahl der Perioden). (**b**) Photo eines U49 Undulators für Röntgenspektroskopie bei BESSY II, (**c**) Typisches Spektrum aus einem Undulator in der Oszillationsebene mit ungeraden Harmonischen. (Wir danken Prof. Jaeschke et al., 2007, für das Photo)

ungerade Harmonische emittiert werden, am stärksten die Grundwelle, was man auch zur Vorselektion der Wellenlängen nutzen kann. Die eben heuristisch hergeleitete Formel für die Wellenlänge ist auch insofern noch unvollständig, als wir den Einfluss der Stärke des Magnetfelds auf die transversale Elektronenbewegung noch nicht berücksichtigt haben. Das sollte sich insbesondere im Anteil der Harmonischen auswirken. Die Rechnung zeigt, dass der dimensionslose

$$\textbf{Undulatorparameter} \quad K = \frac{e_0 B_0 \lambda_u}{2\pi m_e c} \tag{10.65}$$

eine wichtige Rolle spielt. So wird die Wellenlänge der n-ten Harmonischen gegeben durch die Undulatorgleichung

$$\lambda_n = \frac{\lambda_u}{2\gamma^2 n}\left(1 + \frac{K^2}{2} + \gamma^2\theta^2\right). \tag{10.66}$$

Die Resonanzwellenlänge hängt also von der Undulatorwellenlänge λ_u, von der Strahlenergie γ und dem Undulatorparameter K ab, bemerkenswerterweise aber auch vom Emissionswinkel. An Synchrotronstrahlungsquellen der dritten und vierten Generation kommen wegen ihrer überlegenen Eigenschaften (s. auch Abb. 10.20) überwiegend Undulatoren zum Einsatz. Für $K > 1$ werden die Emissionskegel der einzelnen Undulationen breiter und überlagern sich nicht mehr voll kohärent. Man spricht dann von einem **Wiggler**, der sehr viele Harmonische erzeugt, und dessen Wellenlängenspektrum insgesamt mit zunehmendem K breit wird. Es unterscheidet sich dann nicht mehr wesentlich von dem eines Ablenkmagneten – ist allerdings wesentlich intensiver und kann bei geeigneter Dimensionierung auch zu deutlich höheren Energien führen, als mit Ablenkmagneten erreichbar.

10.8.4 Freie-Elektronen-Laser (FEL)

Bei einem sehr langen Undulator mit sehr vielen Magnetelementen und geeignetem Design kann die kohärent überlagerte Strahlung aus allen Einzelmagneten so stark werden, dass sie auf den erzeugenden Elektronenstrahl zurückwirkt und dabei in diesem eine Bunchstruktur erzeugt: die Elektronen „reiten" dann gewissermaßen auf der von ihnen erzeugten elektromagnetischen Welle. Es gibt also die typische Rückkopplung und Verstärkung der Strahlung, die zur vollständigen Kohärenz der Strahlung führt und für einen Laser charakteristisch ist. Solche Geräte nennt man **Freie-Elektronen-Laser (FEL)**. Der Aufbau ist im Prinzip sehr ähnlich wie der für einen Undulator (s. Abb. 10.23 auf der vorherigen Seite) nur eben mit sehr vielen Magneten und einem ausschließlich dafür dedizierten Elektronenstrahl. Eine solche Anlage ist also im Prinzip eine Einzelnutzeranlage, auch wenn in der Regel Vorsorge dafür getroffen wird, dass mehrere Nutzer quasi parallel, alternativ daran arbeiten können. Die ersten Systeme, die seit vielen Jahren erfolgreich arbeiten, waren für Wellenlängen im infraroten Spektralbereich ausgelegt. Ganz aktuell befinden sich zur Zeit mehrere Anlagen weltweit in Planung, im Bau oder in der Testphase, die im weichen oder harten Röntgenbereich arbeiten und zugleich sehr kurze Lichtimpulse erzeugen werden. Verschiedene Wirkprinzipien werden zur Einleitung des Laserprozesses benutzt. Die derzeit wichtigsten sind zum einen das SASE Prinzip (Self-Amplified Spontaneous Emission), das z. B. von DESY beim bereits operierenden VUV Laser Flash (**Freie-Elektronen-LAS**er in **H**amburg) und bei dem künftigen XFEL (Röntgen-Freie-Elektronen-Laser) genutzt wird, während z. B. bei dem von BESSY verfolgten Prinzip der FEL durch einen bereits kohärenten, wenn auch schwachen Lichtimpuls getriggert wird, der als hohe Harmonische (HHG) eines Titan-Saphir-Lasers erzeugt wird, wie in Kapitel 8.9.6 besprochen.

Ein Blick auf Abb. 10.20 auf Seite 425 zeigt deutlich, dass mit diesen neuen Quellen ein methodischer „Quantensprung" bei der Wechselwirkung von Licht mit Materie der unterschiedlichsten Art gelingen wird. Nicht nur liegt die erwartete Brillanz um viele Größenordnung über dem, wovon vor wenigen Jahr nicht einmal zu träumen war. Auch die zeitliche Struktur solcher Quellen, die kohärente Femtosekundenimpulse im weichen und harten Röntgengebiet liefern werden, lassen eine neue Generation von Experimenten erwarten, auf die man gespannt sein darf. So etwa die Chance, ein komplettes Röntgenbeugungsbild großer Biomoleküle mit nur einem einzigen Lichtblitz zu erzeugen, was die extremen Mühen und Unwägbarkeiten der bisher notwendigen Kristallisation solcher Objekte umgehen würde – um nur ein Beispiel von vielen zu nennen.

10.8.5 Relativistische Thomson-Streuung

Ohne hier auf Details eingehen zu können sei dieses interessante und aktuelle Themenfeld wenigstens erwähnt. Im Prinzip bietet die Streuung intensiver Laserimpulse an relativistischen Elektronenstrahlen eine weitere Möglichkeit, kurze, intensive Röntgenimpulse zu erzeugen, die verschiedentlich auch schon demonstriert wurde. Photonen der Energie $\hbar\omega$, die an energiereichen Elektronen ($\gamma = W_e/m_e c^2 \gg 1$) rückgestreut werden, erhalten dabei aufgrund der Lorentz-Transformation (s. Kapitel 1.6) eine Energie von

$$\hbar\omega' \simeq 4\hbar\omega\gamma^2 , \tag{10.67}$$

wie man einfach durch zweimalige Anwendung der relativistischen Doppler-Verschiebung (1.38) abschätzt. Man überlegt sich leicht, dass der Impulsübertrag dabei sehr klein gegenüber dem Elektronenimpuls bleibt, und spricht von relativistischer Thomson-Streuung. Hat man es außerdem mit hohen Laserintensitäten zu tun, so können dabei auch stark nichtlineare Effekte auftreten, bei denen höhere Harmonische gebildet werden (nichtlineare, relativistische Thomson-Streuung). Das Thema ist Gegenstand der aktuellen Forschung.

10.8.6 Laserbasierte Röntgenquellen

Wie schon angedeutet, werden diese neuen Maschinen freilich nur begrenzte Messzeit zur Verfügung stellen können und überwiegend erst in einigen Jahren voll einsatzfähig sein. Daher lohnt auch die Suche nach Alternativen, die

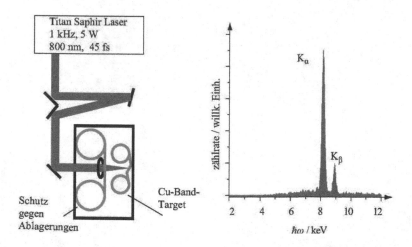

Abb. 10.24. Laserbasierte Röntgenquelle für kurze Impulse. (a) Schema des experimentellen Aufbaus mit Cu-Band Target, Abschirmung und Titan-Saphir-Laser Pumpstrahl. (b) Gemessene, charakteristische Röntgenstrahlung nach Zhavoronkov et al. (2005)

vielleicht nicht ganz die Spezifikationen der neuen XFEL's aufweisen, dafür aber leichter zugänglich und verfügbar sind. Eine Klasse solcher Quellen bilden die laserbasierten Röntgenquellen. Dabei sind insbesondere solche Quellen zu nennen, bei denen durch fokussierte, sehr kurze und intensive Ti:Saphir Laserimpulse ein heißes Plasma von Elementen mit hohem Z erzeugt wird. Die dabei generierten Elektronen können wie bei einer Röntgenröhre Bremsstrahlung oder charakteristische Strahlung auslösen – mit dem wesentlichen Unterschied, dass es sich hierbei um einen Röntgenimpuls von wenigen 100 fs handelt, mit welchem man dynamische Vorgänge studieren kann. Ein Beispiel für die Realisierung einer solchen Quelle ist in Abb. 10.24 gezeigt. Sie besteht im Wesentlichen aus einem Cu-Target, das mit einem intensiven, auf wenige μm^2 fokussierten Titan-Saphir-Laserimpuls (5 mJ, 50 fs, 800 nm) ionisiert wird. Da das Target verdampft wird, muss man ein sich bewegendes Band hierfür nehmen und die den Laser fokussierende Optik durch ein ebenfalls rasch bewegtes Plastikband vor Verdampfungsrückständen schützen. Wie das ebenfalls in Abb. 10.24 gezeigte, gemessene Röntgenspektrum und die damit durchgeführten zeitaufgelösten Röntgenbeugungsexperimente zeigen, erhält man hinreichend Signal für die Erschließung der Ultrakurzzeitdynamik in Nichtgleichgewichtszuständen der Materie. Man darf auch hier auf die weitere Entwicklung – insbesondere im Wettbewerb mit den entstehenden neuen XFEL's – gespannt sein.

ANHANG

Hinweise für den Leser: Diese Anhänge bieten eine Auswahl von Formeln und mathematischen Zusammenhängen, die zum atom- und molekülphysikalischen Standard und „Handwerkszeug" gehören. Wir verweisen im Haupttext dieses Buches in vielfältigem Kontext darauf. Dabei ist die Kenntnis der mathematischen Ableitung nicht unbedingt erforderlich, weshalb in diesen Anhängen auch keine in sich geschlossene, axiomatische Ableitung geboten wird. Vielmehr geben die Anhänge eine kompakte Zusammenstellung wichtiger Formeln und Gleichungen, eingebettet in Hinweise zu ihrer Ableitung, die dem Leser die Hintergründe ohne großen Aufwand plausibel machen sollen. Für eine vertiefte Beschäftigung mit diesen wichtigen Themen verweisen wir auf die einschlägige Literatur, insbesondere auf Brink und Satchler (1994) und ggf. auch Edmonds (1964).

Anhang A bietet eine aktuelle Übersicht über die wichtigsten fundamentalen Konstanten nach aktuellem Stand der verbindlichen CODATA Publikationen.

Anhang B definiert Drehimpulsoperatoren und führt in die Anfangsgründe der Drehimpulsalgebra mit $3j$- und $6j$-Symbolen ein (Clebsch-Gordon-Koeffizienten und Racah-Funktionen).

Anhang C bietet einen rezeptartigen Zugang dem häufig angesprochenen Thema Koordinatendrehung.

Anhang D beschäftigt sich recht ausführlich mit den Regeln zur Auswertung der Matrixelemente von Tensoroperatoren. Dazu gehört das Wigner-Eckart-Theorem, Linienstärken und Auswahlregeln für E1-, E2-, und M1-Übergänge, und die Reduktion von Kopplungsschemata ebenso wie einige nützliche geometrische Relationen. Schließlich folgen Hinweise für die Auswertung von radialen Übergangsmatrixelementen.

Anhang E formuliert den Begriff der Parität und stellt alternativ zu den üblicherweise benutzten Eigenfunktionen der Drehimpulse die reflexionssymmetrische Basis vor.

Anhang F stellt die formale Basis bereit für die Behandlung der im Haupttext etwas heuristisch formulierten, meist auf E1 beschränkten, optischen Übergänge. Abgeleitet wird hier auch die wichtige Thomas-Reiche-Kuhn'sche Summenregel für Oszillatorenstärken.

In **Anhang G** geht es abschließend um das Verhalten und die richtige Normierung von Wellenfunktionen im Kontinuum. Beides ist unverzichtbar für die korrekte Behandlung der Photoionisation oder von Streuprozessen.

A

Fundamentale physikalische Konstanten und Einheiten

Nach Mohr et al. (2007), CODATA 2006. α nach Gabrielse et al. (2007)

Größe		Wert	Bemerkungen Beziehungen
Universal			
Lichtgeschwindigkeit	c	$2.99792458 \times 10^8\,\mathrm{m\,s^{-1}}$	definiert
Magnetische Konstante	μ_0	$4\pi \times 10^{-7}\,\mathrm{H\,m^{-1}}$	definiert
Elektrische Konstante	ϵ_0	$\epsilon_0 = 8.854187817 \times 10^{-12}\,\mathrm{F\,m^{-1}}$	$1/\left(\mu_0 c^2\right)$
Wellenwiderstand Vakuum	Z_0	$376.730313461\ldots\,\Omega$	$c\mu_0 = 1/(\epsilon_0 c)$
Gravitations- konstante	G $G/\hbar c$	$6.67428(67) \times 10^{-11}\,\mathrm{m^3\,kg^{-1}\,s^{-2}}$ $6.70881(67) \times 10^{-39}\,(\mathrm{GeV}/c^2)^{-2}$	
Planck'sche Konstante	h	$6.62606896(33) \times 10^{-34}\,\mathrm{J\,s}$ $4.13566733(10) \times 10^{-15}\,\mathrm{eV}$	
Drehimpuls-Quant	$\hbar$ $\hbar c$	$1.054571628(53) \times 10^{-34}\,\mathrm{J\,s}$ $197.3269631(49)\,\mathrm{MeV\,fm}$	$h/2\pi$
Planck-Masse	m_{Pl}	$2.17644(11) \times 10^{-8}\,\mathrm{kg}$	$\sqrt{\hbar c/G}$
Planck-Länge	ℓ_{Pl}	$1.616252(81) \times 10^{-35}\,\mathrm{m}$	$\sqrt{\hbar/(m_{Pl}c)}$
Planck-Zeit	t_{Pl}	$5.39124(27) \times 10^{-44}\,\mathrm{s}$	ℓ_{Pl}/c
Elektromagnetisch			
Elementarladung	e_0	$1.602176487(40) \times 10^{-19}\,\mathrm{C}$	
Bohr'sches Magneton	μ_B	$927.400915(23) \times 10^{-26}\,\mathrm{J\,T^{-1}}$ $5.7883817555(79) \times 10^{-5}\,\mathrm{eV\,T^{-1}}$ $\stackrel{\wedge}{=} 13.99624604(35) \times 10^9\,\mathrm{Hz\,T^{-1}}$	$e_0\hbar/(2m_e)$
Kernmagneton	μ_N	$5.05078324(13) \times 10^{-27}\,\mathrm{J\,T^{-1}}$ $3.1524512326(45) \times 10^{-8}\,\mathrm{eV\,T^{-1}}$ $\stackrel{\wedge}{=} 7.62259384(19)\,\mathrm{MHz\,T^{-1}}$	$e_0\hbar/(2m_p)$

Größe		Wert	Beziehungen
Atom- und Kernphysik			
Elektronenmasse	m_e	$9.10938215(45) \times 10^{-31}$ kg	
g-Faktor des Elektrons[1]	g	$2.0023193043622(15)$	
g-Faktor Anomalie	a_e	$1.15965218111(74) \times 10^{-3}$	$g/2 - 1$
Protonmasse	m_p	$1.672621637(83) \times 10^{-27}$ kg	
Neutronmasse	m_n	$1.674927211(84) \times 10^{-27}$ kg	
Masse des He-Kerns	m_α	$6.64465620(33) \times 10^{-27}$ kg	
Atomare Masseneinheit	1 u	$1.660538782(83) \times 10^{-27}$ kg	$\equiv m(^{12}C)/12$
Atomare Energieeinheit	W_0	$27.21138386(68)$ eV	$e_0^4 m_e \, (4\pi\epsilon_0\hbar)^{-2}$
Atomare Längeneinheit (Bohr'scher Radius)	a_0	$0.52917720859(36) \times 10^{-10}$ m	$4\pi\epsilon_0\hbar^2/m_e e_0^2$ $W_0 a_0^2 = \hbar^2/m_e$
Rydbergkonstante	R_∞	$10973731.568527(73)$ m^{-1}	$W_0/(2hc)$
Atomare Zeiteinheit	t_0	$2.418884326505(16) \times 10^{-17}$ s	$\hbar/W_0$
Feinstrukturkonstante	α	$7.297352570(51) \times 10^{-3}$ $1/137.035999068(96)$	$e_0^2/(4\pi\epsilon_0\hbar c)$ $= \sqrt{W_0/m_e c^2}$
Klass. Elektronenradius[2]	r_e	$2.8179402894(58) \times 10^{-15}$ m	$\alpha^2 a_0 = \alpha^3/4\pi R$
Comptonwellenlänge	λ_C	$2.4263102175(33) \times 10^{-12}$ m	$h/m_e c = 2\pi\alpha a_0$
Thomson-Querschnitt	σ_e	$0.6652458558(27) \times 10^{-28}$ m^2	$(8\pi/3)\alpha^4 a_0^2$ $= (8\pi/3)r_e^2$
Protonenradius	R_p	$0.8768(69) \times 10^{-15}$ m	
Boltzmann Konstante	k_B	$1.3806504(24) \times 10^{-23}$ J K^{-1}	
Stephan-Boltzmann	σ_B	$5.670400(40) \times 10^{-8}$ W m^{-2} K^{-4}	
Avogadro Konstante	$\mathcal{N}_A$	$6.02214179(30) \times 10^{23}$ mol^{-1}	
Loschmidt-Konstante[3]	N_0	$2.6867774(47) \times 10^{25}$ m^{-3}	
Molvolumen ideales Gas[3]	V_m	$22.413996(39) \times 10^{-3}$ m^3 mol^{-1}	
Dipolmoment in a.u.[4]	$e_0 a_0$	$8.47835381(21) \times 10^{-30}$ C m	
Debye[5]	1D	3.33564×10^{-30} C m	$\equiv 10^{-18}$ cgs
Energieäquivalente	1 J	$6.24150965(16) \times 10^{18}$ eV	$1/e_0$
	1 u	$0.931494028(23)$ GeV	u c^2/e_0
	m_e	$0.510998910(13)$ MeV	$m_e c^2/e_0$
eV in a.u.[4]	1 eV	$3.674932540(92) \times 10^{-2} W_0$	$e_0/(2R_\infty hc)$
eV in chem. Einh.	1 eV	96.485340 kJ mol^{-1}	23.061 kcal / mol
eV in Wellenzahlen	1 eV	$8065.54465(20)$ cm^{-1}	$e_0/(hc)$
eV in Grad-Kelvin	1 eV	$1.1604505(20) \times 10^4$ K	e_0/k_B

[1] g-Faktor des Elektrons hier nach (1.108) positiv definiert (wie meist in der Literatur), in der NIST Datenbank dagegen negativ

[2] Reine Rechengröße: Massenenergie $m_e c^2 =$ Coulomb-Energie zweier Elektronen im Abstand r_e

[3] Bei 273.15 K und 101.325 kPa

[4] a.u. = atomare Einheiten

[5] 10^{-18} cgs-Einheiten: wird noch häufig gebraucht. 1 cgs-Ladungseinheit $\hat{=} 3.33564 \times 10^{-10}$ C (Zwei Einheitsladungen im Abstand 1 cm ziehen sich mit 1 dyn $= 10^{-5}$ N an) $\Rightarrow$ 1 cgs-Dipoleinheit $\hat{=} 3.33564 \times 10^{-10}$ C cm

B

Drehimpulse, $3j$- und $6j$-Symbole

Wir notieren hier die wichtigsten, im Haupttext des Buches gebrauchten Beziehungen für Drehimpulse in kompakter Form. Eng damit verbunden sind die $3j$- und $6j$-Symbole, die bei der Kopplung von Drehimpulsen auftreten. Sie spielen in der gesamten Atom- und Molekülphysik eine wichtige Rolle. Wir folgen hierbei – mit Ausnahme der Normierung der sphärischen Komponenten der Drehimpulse – den Definitionen von Brink und Satchler (1994), die völlig identisch mit denen von Edmonds (1964) sind. Die allgemeinen, expliziten Ausdrücke für die $3j$- und $6j$-Symbole sind recht kompliziert und in den beiden genannten Texten, sowie in vielen Lehrbüchern der Quantenmechanik ausführlich dokumentiert. Eine Auswahl findet man auch bei Weisstein (2004a,b). Für die konkrete Auswertung benutzte man früher umfangreiche Tabellenwerke. Heute kann man sehr bequem handhabbare $3j$-, $6j$- und $9j$-Rechner im WWW finden (s. z. B. Redsun, 2004, Java-Rechner zum Herunterladen), weshalb wir uns hier auf die Definitionen, Symmetrie- und Orthogonalitätsrelationen sowie eine Auswahl von wichtigen Spezialfällen beschränken.

B.1 Drehimpulse

Zunächst einige Definitionen und Zusammenhänge zu Drehimpulsen, ihren Eigenwerten und Eigenzuständen. Ganz allgemein kann man den Drehimpulsoperator $\hat{\boldsymbol{J}}$ als **Vektoroperator definieren**, für deren Komponenten $\hat{J}_x, \hat{J}_y$ und $\hat{J}_z$ die Beziehung

$$\hat{\boldsymbol{J}} \times \hat{\boldsymbol{J}} = i\hbar\hat{\boldsymbol{J}} \tag{B.1}$$

gilt. Die entsprechenden 3 sphärischen Komponenten $\hat{J}_\pm$ und $\hat{J}_0$ des Drehimpulsoperators bilden eine irreduzible Darstellung der Drehgruppe vom Rang 1. Sie ergeben sich aus den reellen Komponenten:[1]

---

[1] In manchen Textbüchern, so auch in Brink und Satchler (1994) werden $J_\pm = J_x \pm iJ_y$ als Leiteroperatoren benutzt. Diese sind dann aber nicht die sphärischen

$$\hat{J}_\pm = \mp\frac{1}{\sqrt{2}}\left(\hat{J}_x \pm \mathrm{i}\hat{J}_y\right), \quad \hat{J}_0 = \hat{J}_z, \tag{B.2}$$

und es gilt $\hat{J}_\pm = -\hat{J}_\mp^\dagger$. Die Umkehrbeziehungen sind:

$$\hat{J}_x = -\frac{1}{\sqrt{2}}\left(\hat{J}_+ - \hat{J}_-\right), \quad \hat{J}_y = \frac{\mathrm{i}}{\sqrt{2}}\left(\hat{J}_+ + \hat{J}_-\right) \tag{B.3}$$

Das **Skalarprodukt** zweier Drehimpulse $\hat{\boldsymbol{J}}_1$ und $\hat{\boldsymbol{J}}_2$ wird damit (in Übereinstimmung mit der allgemeinen Definition (D.18)):

$$\hat{\boldsymbol{J}}_1 \cdot \hat{\boldsymbol{J}}_2 = \hat{J}_{1x}\hat{J}_{2x} + \hat{J}_{1y}\hat{J}_{2y} + \hat{J}_{1z}\hat{J}_{2z} = -\hat{J}_{1+}\hat{J}_{2-} - \hat{J}_{1-}\hat{J}_{2+} + \hat{J}_{10}\hat{J}_{20} \tag{B.4}$$

Die **Vertauschungsrelationen** (B.1) schreiben sich in der reellen Basis

$$\left[\hat{J}_x, \hat{J}_y\right] = \mathrm{i}\hbar\hat{J}_z \quad \text{(und zyklisch), sowie} \quad \left[\hat{\boldsymbol{J}}^2, \hat{J}_q\right] = 0. \tag{B.5}$$

In der sphärischen Basis gilt entsprechend:

$$\left[\hat{J}_z, \hat{J}_\pm\right] = \pm\hbar\hat{J}_\pm \tag{B.6}$$

$$\left[\hat{J}_+, \hat{J}_-\right] = -\hat{J}_z \tag{B.7}$$

$$\left[\hat{\boldsymbol{J}}^2, \hat{J}_\pm\right] = 0 \quad \text{und} \quad \left[\hat{\boldsymbol{J}}^2, \hat{J}_z\right] = 0 \tag{B.8}$$

Für die Eigenzustände und Eigenwerte von $\hat{\boldsymbol{J}}^2$ und $\hat{J}_z$ gilt

$$\hat{\boldsymbol{J}}^2\left|JM\right\rangle = \hbar^2 J(J+1)\left|JM\right\rangle \text{ sowie } \hat{J}_z\left|JM\right\rangle = \hbar M\left|JM\right\rangle \tag{B.9}$$

mit $-J \le M \le J$. Die Eigenzustände sind natürlich orthonormiert:

$$\left\langle J'M' \,|\, JM\right\rangle = \delta_{J'J}\delta_{M'M} \tag{B.10}$$

Mithilfe der Operatoren $\hat{J}_+$ und $\hat{J}_-$ kann man die Drehimpulseigenzustände definieren, ohne auf die Ortsdarstellung durch die Kugelflächenfunktionen nach (2.66)–(2.69) zurückgreifen zu müssen. Mit (B.6) gilt nämlich

$$\hat{J}_z\,\hat{J}_\pm\left|JM\right\rangle = \hat{J}_\pm\hat{J}_z\left|JM\right\rangle \pm \hbar\hat{J}_\pm\left|JM\right\rangle$$
$$= \hbar\left(M \pm 1\right)\hat{J}_\pm\left|JM\right\rangle,$$

und $\hat{J}_\pm\left|JM\right\rangle$ ist folglich Eigenfunktion von $\hat{J}_z$ zum Eigenwert $(M \pm 1)$ und wegen (B.8) zugleich auch Eigenfunktion von $\hat{\boldsymbol{J}}^2$. Mit der Orthogonalitätsrelation (B.10) und etwas Algebra (hier ohne Beweis) leitet man daraus ab,

---

Komponenten des Vektors $\hat{\boldsymbol{J}}$ und führen zu unsymmetrischen Vertauschungsrelationen und Matrixelementen. Die hier gewählte Definition wird z.B. auch von Weissbluth (1978) benutzt.

dass die einzigen nicht verschwindenden Matrixelemente der Drehimpulsoperatoren gegeben sind durch:

$$\left\langle J\,M+1 \left| \hat{J}_+ \right| J\,M \right\rangle = -\hbar\sqrt{[J(J+1) - M(M+1)]/2} \qquad (\text{B.11})$$

$$\left\langle J\,M-1 \left| \hat{J}_- \right| J\,M \right\rangle = \hbar\sqrt{[J(J+1) - M(M-1)]/2} \qquad (\text{B.12})$$

$$\left\langle J\,M \left| \hat{J}_z \right| J\,M \right\rangle = \hbar M \qquad (\text{B.13})$$

B.2 Clebsch-Gordon-Koeffizienten und 3j-Symbole

B.2.1 Definition

Bei der Kopplung zweier Drehimpulse $\hat{\boldsymbol{J}}_1$ und $\hat{\boldsymbol{J}}_2$ zu einem dritten

$$\hat{\boldsymbol{J}}_1 + \hat{\boldsymbol{J}}_2 = \hat{\boldsymbol{J}}$$

ergeben sich die Eigenzustände $|JM\rangle$ des letzteren aus den ungekoppelten $|J_1M_1\rangle$ und $|J_2M_2\rangle$ zu

$$|J_1J_2JM\rangle = \sum_{M_1M_2} |J_1M_1J_2M_2\rangle \left\langle J_1M_1J_2M_2 \,|\, J_1J_2JM \right\rangle . \qquad (\text{B.14})$$

Man kann die Summe $\sum |J_1J_2M_1M_2\rangle \langle J_1J_2M_1M_2| \equiv \hat{\mathbf{1}}$ einfach als den vor $|J_1J_2JM\rangle$ geschriebenen, quantenmechanischen Einheitsoperator lesen. J_1, J_2 und J sind die entsprechenden (ganz- oder halbzahligen) Drehimpulsquantenzahlen, M_1, M_2 und M die Projektionen der Drehimpulse auf die z-Achse. Die inverse Transformation ist

$$|J_1M_1J_2M_2\rangle = \sum_{JM} |J_1M_1J_2M_2\rangle \left\langle J_1J_2JM \,|\, J_1M_1J_2M_2 \right\rangle , \qquad (\text{B.15})$$

und die Koeffizienten $\left\langle J_1J_2JM \,|\, J_1M_1J_2M_2 \right\rangle$ sind die konjugiert komplexen von $\left\langle J_1M_1J_2M_2 \,|\, J_1J_2JM \right\rangle$. Nach allgemeiner Konvention wählt man die *Phase so, dass die Koeffizienten reell* sind, sodass

$$\left\langle J_1J_2JM \,|\, J_1M_1J_2M_2 \right\rangle = \left\langle J_1M_1J_2M_2 \,|\, J_1J_2JM \right\rangle = C_{M_1M_2M}^{J_1J_2J} \qquad (\text{B.16})$$

gilt. Man nennt sie **Clebsch-Gordon-Koeffizienten**. Sie verschwinden nur dann nicht, wenn die folgende

> **Dreiecksrelation** $J = |J_2 - J_1|,\ |J_2 - J_1| + 1,\ \ldots,\ |J_2 + J_1|$ gilt,
> kurz auch $\delta(J_1J_2J) = 1$ geschrieben. $\qquad (\text{B.17})$

Für die Projektionsquantenzahlen $M_i = M_1, M_2$ und M muss außerdem

$$M_i = -J_i, \ -J_i + 1, \ \ldots, \ J_i \ \text{und} \tag{B.18}$$

$$M = M_1 + M_2 \, .$$

gelten. Die *Clebsch-Gordon-Koeffizienten verschwinden*, wenn diese Drehimpulskopplungsbedingungen nicht erfüllt sind, wenn also $\delta(J_1 J_2 J) = 0$ oder $M \neq M_1 + M_2$ ist. Alternativ zu den Clebsch-Gordon-Koeffizienten benutzt man das

$$\textbf{Wigner'sche 3J-Symbol} \quad \begin{pmatrix} J_1 & J_2 & J \\ M_1 & M_2 & -M \end{pmatrix},$$

welches völlig symmetrisch in den 3 Drehimpulsen definiert und mit den Clebsch-Gordon-Koeffizienten über

$$\langle J_1 M_1 J_2 M_2 \, | JM \rangle = (-1)^{J_1 - J_2 + M} (2J+1)^{1/2} \begin{pmatrix} J_1 & J_2 & J \\ M_1 & M_2 & -M \end{pmatrix} \tag{B.19}$$

verbunden ist. Man beachte das Minuszeichen vor M auf der rechten Seite. *Die 3j-Symbole sind nur dann ungleich Null, wenn gilt:*

$$\delta(J_1 J_2 J) = 1 \quad \text{und} \quad M_1 + M_2 = -M \tag{B.20}$$

B.2.2 Orthogonalität und Symmetrien

Es gelten die Orthonormalitätsrelationen

$$\sum_{JM} \langle J_1 M_1' J_2 M_2' \, | JM \rangle \langle J_1 M_1 J_2 M_2 \, | JM \rangle = \delta_{M_1 M_1'} \delta_{M_2 M_2'} \delta(J_1 J_2 J) \tag{B.21}$$

$$\sum_{M_1 M_2} \langle J_1 M_1 J_2 M_2 \, | J'M' \rangle \langle J_1 M_1 J_2 M_2 \, | JM \rangle = \delta_{MM'} \delta_{JJ'} \delta(J_1 J_2 J) \tag{B.22}$$

Die 3j-Symbole gehorchen entsprechend (B.21) und (B.22) den Orthogonalitätsrelationen:

$$\sum_{JM} (2J+1) \begin{pmatrix} J_1 & J_2 & J \\ M_1 & M_2 & M \end{pmatrix} \begin{pmatrix} J_1 & J_2 & J \\ M_1' & M_2' & M \end{pmatrix} = \delta_{M_1 M_1'} \delta_{M_2 M_2'} \delta(J_1 J_2 J) \tag{B.23}$$

$$(2J+1) \sum_{M_1 M_2} \begin{pmatrix} J_1 & J_2 & J \\ M_1 & M_2 & M \end{pmatrix} \begin{pmatrix} J_1 & J_2 & J' \\ M_1 & M_2 & M' \end{pmatrix} = \delta_{JJ'} \delta_{MM'} \delta(J_1 J_2 J) \tag{B.24}$$

und somit gilt auch
$$\sum_{M_1 M_2} \begin{pmatrix} J_1 & J_2 & J \\ M_1 & M_2 & M \end{pmatrix}^2 = \frac{\delta(J_1 J_2 J)}{(2J+1)} \, . \tag{B.25}$$

Die 3j-Symbole sind symmetrisch gegen zyklische Vertauschung ihrer Spalten. Sie ändern das Vorzeichen um $(-1)^{J_1 + J_2 + J}$ bei Vertauschung zweier Spalten sowie bei Änderung des Vorzeichens aller Richtungsquantenzahlen:

$$\begin{pmatrix} J_1 & J_2 & J \\ M_1 & M_2 & M \end{pmatrix} = \begin{pmatrix} J_2 & J & J_1 \\ M_2 & M & M_1 \end{pmatrix} = \begin{pmatrix} J & J_1 & J_2 \\ M & M_1 & M_2 \end{pmatrix} \qquad \text{(B.26)}$$

$$= (-1)^{J_1+J_2+J} \begin{pmatrix} J_2 & J_1 & J \\ M_2 & M_1 & M \end{pmatrix} \text{ etc.} \qquad \text{(B.27)}$$

$$= (-1)^{J_1+J_2+J} \begin{pmatrix} J_1 & J_2 & J \\ -M_1 & -M_2 & -M \end{pmatrix} \qquad \text{(B.28)}$$

B.2.3 Allgemeine Formel

Man berechnet die 3j-Symbole entweder über Rekursionsformeln oder über die allgemeine, von Racah angegebene Formel:

$$\begin{pmatrix} J_1 & J_2 & J \\ M_1 & M_2 & M \end{pmatrix} = (-1)^{J_1-J_2-M} \delta_{(M_1+M_2)-M} \sqrt{\Delta(J_1 J_2 J)} \qquad \text{(B.29)}$$

$$\times \sqrt{(J_1 + M_1)!(J_1 - M_1)!(J_2 + M_2)!(J_2 - M_2)!(J + M)!(J - M)!}$$

$$\times \sum_t (-1)^t \, t! \, \{(J - J_2 + t + M_1)!(J - J_1 + t - M_2)!$$

$$(J_1 + J_2 - J - t)!(J_1 - t - M_1)!(J_2 - t + M_2)!\}^{-1}$$

mit der sogenannten *Dreiecksfunktion:*

$$\Delta(abc) = \frac{(a + b - c)! \, (a - b + c)! \, (-a + b + c)!}{(a + b + c + 1)!} \qquad \text{(B.30)}$$

Summiert wird über alle Werte von t, die nicht zu negativen Fakultäts-Ausdrücken in (B.29) führen. Die 3j-Symbole sind, wie schon erwähnt, im konkreten Einzelfall schnell mit einfachen Rechenprogrammen zu ermitteln (z.B. von Redsun, 2004, Java-Skript, auch für 6j und 9j-Symbole).

B.2.4 Spezielle Fälle

Für die Entwicklung verschiedener allgemeiner Zusammenhänge sind geschlossene Ausdrücke für einige Spezialfälle sehr hilfreich. Besonders einfach wird das 3j Symbol für den Fall, dass einer der Drehimpulse Null ist:

$$\begin{pmatrix} J_1 & J_2 & 0 \\ M_1 & M_2 & 0 \end{pmatrix} = \frac{(-1)^{J_1-M_1} \delta_{J_1 J_2} \delta_{-M_1 M_2}}{\sqrt{2J_1 + 1}} \qquad \text{(B.31)}$$

Aus (B.28) folgt direkt die Regel:

$$\begin{pmatrix} J_1 & J_2 & J \\ 0 & 0 & 0 \end{pmatrix} = 0 \quad \text{falls } s = J_1 + J_2 + J \text{ ungerade ist.} \qquad \text{(B.32)}$$

Einen recht kompakten Ausdruck erhält man auch, wenn alle drei Projektionsquantenzahlen verschwinden und $s = J_1 + J_2 + J$ gerade ist:

$$\begin{pmatrix} J_1 & J_2 & J \\ 0 & 0 & 0 \end{pmatrix} = (-1)^{\frac{s}{2}} \left[\frac{(s - 2J_1)!(s - 2J_2)!(s - 2J)!}{(s+1)!} \right]^{1/2} \tag{B.33}$$

$$\times \frac{(s/2)!}{(s/2 - J_1)!(s/2 - J_2)!(s/2 - J)!}$$

Häufig gebraucht werden auch die Relationen:

$$\begin{pmatrix} J + \frac{1}{2} & J & \frac{1}{2} \\ M & -M - \frac{1}{2} & \frac{1}{2} \end{pmatrix} = (-1)^{J-M-1/2} \sqrt{\frac{J - M + 1/2}{(2J+1)(2J+2)}} \tag{B.34}$$

$$\begin{pmatrix} J + 1 & J & 1 \\ M & -M - 1 & 1 \end{pmatrix} = (-1)^{J-M-1} \sqrt{\frac{(J-M)(J-M+1)}{(2J+1)(2J+2)(2J+3)}} \tag{B.35}$$

$$\begin{pmatrix} J + 1 & J & 1 \\ M & -M & 0 \end{pmatrix} = (-1)^{J-M-1} \sqrt{\frac{2(J-M+1)(J+M+1)}{(2J+1)(2J+2)(2J+3)}} \tag{B.36}$$

$$\begin{pmatrix} J & J & 1 \\ M & -M - 1 & 1 \end{pmatrix} = (-1)^{J-M} \sqrt{\frac{(J-M)(J+M+1)}{J(2J+1)(2J+2)}} \tag{B.37}$$

$$\begin{pmatrix} J & J & 1 \\ M & -M & 0 \end{pmatrix} = (-1)^{J-M} \frac{M}{\sqrt{J(J+1)(2J+1)}} \tag{B.38}$$

$$\begin{pmatrix} J & J & 2 \\ M & -M - 2 & 2 \end{pmatrix} = \tag{B.39}$$

$$(-1)^{J-M} \sqrt{\frac{6(J-M-1)(J-M)(J+M+1)(J+M+2)}{(2J+3)(2J+2)(2J+1)2J(2J-1)}}$$

$$\begin{pmatrix} J & J & 2 \\ M & -M - 1 & 1 \end{pmatrix} = \tag{B.40}$$

$$(-1)^{J-M}(1+2M) \sqrt{\frac{6(J+M+1)(J-M)}{(2J+3)(2J+2)(2J+1)2J(2J-1)}}$$

$$\begin{pmatrix} J & J & 2 \\ M & -M & 0 \end{pmatrix} = (-1)^{J-M} \frac{2\left[3M^2 - J(J+1)\right]}{\sqrt{(2J+3)(2J+2)(2J+1)2J(2J-1)}} \tag{B.41}$$

Hinweis: Formel (B.37) ist in Brink und Satchler (1994) fehlerhaft.

B.3 Racah Funktion und 6j-Symbole

B.3.1 Definition

Häufig hat man es mit der Kopplung von drei Drehimpulsvektoren zu tun, so z.B. bei Einelektronensystemen mit Bahndrehimpuls, Elektronenspin und

Kernspin. Bei zwei Elektronen, von denen eines einen nicht verschwindenden Drehimpuls ℓ hat – z. B. Hg($6sn\ell$) – koppeln die Spins der beiden Elektronen mit diesem Bahndrehimpuls. Auch bei vielen Problemen der Molekülphysik finden wir diese Situation. So kann z.B. die Molekülrotation mit Elektronen-bahndrehimpuls und Spin koppeln etc. Aber auch bei optischen Übergängen zwischen Zuständen mit Spin-Bahn-Kopplung, koppelt ja der Photonenspin mit den Drehimpulsen und führt zu entsprechenden Auswahlregeln.

Allgemein geht man bei *drei Drehimpulsen* von den Produktzuständen

$$|j_1 m_1\rangle \, |j_2 m_2\rangle \, |j_3 m_3\rangle = |j_1 m_1 j_2 m_2 j_3 m_3\rangle$$

in einer ungekoppelten Darstellung aus. Man bildet den Gesamtdrehimpuls

$$\hat{\boldsymbol{J}} = \hat{\boldsymbol{J}}_1 + \hat{\boldsymbol{J}}_2 + \hat{\boldsymbol{J}}_3$$

und sucht Eigenzustände von $\hat{\boldsymbol{J}}^2$ und $\hat{J}_z$ mit den Eigenwerten J und M. Man kann diese Eigenzustände des Gesamtdrehimpulses auf zwei verschiedene Weisen bilden, indem man die in Anhang B.2 beschriebene Kopplung *zweier* Drehimpulse zu Grunde legt. Man kann zunächst $\hat{\boldsymbol{J}}_1$ und $\hat{\boldsymbol{J}}_2$ zu $\hat{\boldsymbol{J}}_{12}$ koppeln und sodann $\hat{\boldsymbol{J}}_{12}$ mit $\hat{\boldsymbol{J}}_3$ zu $\hat{\boldsymbol{J}}$ zusammensetzen. Nach (B.14) ergibt sich aus den Produktzuständen $|j_1 m_1\rangle \, |j_2 m_2\rangle$

$$|(j_1 j_2)\, J_{12} M_{12}\rangle = \sum_{m_1 m_2} |j_1 m_1\rangle \, |j_2 m_2\rangle \, \langle j_1 m_1 j_2 m_2 \, | J_{12} M_{12}\rangle \, ,$$

woraus sich so mit $|j_3 m_3\rangle$

$$|(j_1 j_2)\, J_{12} j_3; JM\rangle = \sum_{M_{12} m_3} |(j_1 j_2)\, J_{12} M_{12}\rangle \, |j_3 m_3\rangle \, \langle J_{12} M_{12} j_3 m_3 \, | JM\rangle$$

(B.42)

ergibt. Dieser Zustand ist zugleich Eigenzustand von $\hat{\boldsymbol{J}}^2_{12}$ und J_{12} ist eine zusätzliche Quantenzahl des Zustands.

Alternativ koppelt man zuerst $\hat{\boldsymbol{J}}_2$ mit $\hat{\boldsymbol{J}}_3$ zu $\hat{\boldsymbol{J}}_{23}$ und verbindet sodann $\hat{\boldsymbol{J}}_{23}$ mit $\hat{\boldsymbol{J}}_1$ zu $\hat{\boldsymbol{J}}$. So ergeben sich die Eigenzustände für Gesamtdrehimpuls $\hat{\boldsymbol{J}}^2$ und seine z-Komponente $\hat{J}_z$:

$$|j_1\, (j_2 j_3)\, J_{23}; JM\rangle = \sum_{m_1 M_{23}} |j_1 m_1\rangle \, |(j_2 j_3)\, J_{23} M_{23}\rangle \, \langle j_1 m_1 J_{23} M_{23} \, | JM\rangle$$

(B.43)

Dieser Zustand ist zugleich auch Eigenzustand von $\hat{\boldsymbol{J}}^2_{23}$ und in diesem Fall ist also J_{23} eine zusätzliche Quantenzahl. Die beiden Repräsentationen sind natürlich nicht linear unabhängig voneinander, denn sie beschreiben ja den gleichen Unterraum der Drehimpulszustände. Man kann die Zustände in jedem der beiden Kopplungsschemata durch eine Linearkombination im anderen ausdrücken:

$$|(j_1 j_2) J_{12} j_3; JM\rangle = \tag{B.44}$$

$$\sum_{J_{23}} |j_1 (j_2 j_3) J_{23}; JM\rangle \langle j_1 (j_2 j_3) J_{23}; JM| (j_1 j_2) J_{12} j_3; JM\rangle$$

Die Entwicklungskoeffizienten sind Skalare und unabhängig von M. In symmetrischer Schreibweise *benutzt* man die sogenannte *W-Funktion* nach Racah (1942) bzw. das *6j-Symbol*:

$$\langle j_1 (j_2 j_3) J_{23}; JM| (j_1 j_2) J_{12} j_3; JM\rangle \tag{B.45}$$

$$= (2J_{12} + 1)^{1/2} (2J_{23} + 1)^{1/2} W(j_1 j_2 J j_3; J_{12} J_{23})$$

$$\text{mit } W(j_1 j_2 J j_3; J_{12} J_{23}) = (-1)^{-j_1-j_2-j_3-J} \begin{Bmatrix} j_1 & j_2 & J_{12} \\ j_3 & J & J_{23} \end{Bmatrix} \tag{B.46}$$

B.3.2 Orthogonalität und Symmetrien

Damit die $6j$-Symbole nicht verschwinden, müssen die 6 Drehimpulse entsprechend den obigen Definitionen zusammengesetzt sein, sodass *Dreiecksrelationen* zwischen je drei Drehimpulsen erfüllt sind, wie nachfolgend symbolisch zusammengefasst:

$$\begin{Bmatrix} \otimes \otimes \otimes \end{Bmatrix}, \begin{Bmatrix} \otimes \\ \otimes \otimes \end{Bmatrix}, \begin{Bmatrix} \otimes \\ \otimes & \otimes \end{Bmatrix}, \begin{Bmatrix} & \otimes \\ \otimes \otimes & \end{Bmatrix} \tag{B.47}$$

Die $6j$-Symbole sind invariant gegen Vertauschung zweier Spalten sowie von je zwei Argumenten in je zwei Reihen:

$$\begin{Bmatrix} j_1 & j_2 & J_{12} \\ j_3 & J & J_{23} \end{Bmatrix} = \begin{Bmatrix} j_1 & J_{12} & j_2 \\ j_3 & J_{23} & J \end{Bmatrix} = \begin{Bmatrix} j_2 & J_{12} & j_1 \\ J & J_{23} & j_3 \end{Bmatrix} = \begin{Bmatrix} j_1 & J & J_{23} \\ j_3 & j_2 & J_{12} \end{Bmatrix}, \text{ etc.} \tag{B.48}$$

Schließlich erfüllen die $6j$-Symbole eine Reihe von *Summenregeln*. Wir notieren

$$\sum_k (-1)^{2k}(2k + 1) \begin{Bmatrix} j_1 & j_2 & k \\ j_2 & j_1 & J \end{Bmatrix} = 1 \tag{B.49}$$

und die Orthogonalitätsrelation

$$\sum_J (2J + 1)(2J' + 1) \begin{Bmatrix} j_1 & j_2 & J' \\ j_3 & j_4 & J \end{Bmatrix} \begin{Bmatrix} j_1 & j_2 & J'' \\ j_3 & j_4 & J \end{Bmatrix} = \delta_{J'J''}. \tag{B.50}$$

B.3.3 Allgemeine Formel

Man kann explizite Ausdrücke für die $6j$-Symbole leicht aus (B.42)–(B.44) entwickeln. Nach Racah ist

$$\begin{Bmatrix} j_1 & j_2 & J_{12} \\ j_3 & J & J_{23} \end{Bmatrix} = \tag{B.51}$$

$$\sqrt{\Delta(j_1 j_2 J_{12})\Delta(j_1 J J_{23})\Delta(j_3 j_2 J_{23})\Delta(j_3 J J_{12})} \sum_t \frac{(-1)^t(t+1)!}{f(t)}$$

mit

$$\begin{aligned} f(t) = {}&(t - j_1 - j_2 - J_{12})!(t - j_1 - J - J_{23})!(t - j_3 - j_2 - J_{23})! \\ &\times (t - j_3 - J - J_{12})!(j_1 + j_2 + j_3 + J - t)! \\ &\times (j_2 + J_{12} + J + J_{23} - t)!(J_{12} + j_1 + J_{23} + j_3 - t)! \end{aligned} \tag{B.52}$$

und den Dreiecksfunktionen $\Delta(abc)$ nach (B.30). Summiert wird wieder über alle nicht verschwindenden Terme. Zur konkreten Berechnung empfiehlt sich auch hier die Benutzung eines Rechenprogramms.

Man kann die 6j-Symbole auch auf Summen über Produkte von 3j-Symbolen zurückführen. Für den speziellen Fall, dass $j_1 + j_2 + J_{12}$ gerade ist und $J_{23} = 1/2$, ergibt sich ein besonders einfacher Zusammenhang:

$$\begin{pmatrix} J & j_3 & J_{12} \\ -1/2 & 1/2 & 0 \end{pmatrix} = (-1)^{1 - j_1 - j_2 - J' - J}\sqrt{(2j_1 + 1)(2j_2 + 1)} \tag{B.53}$$

$$\times \begin{Bmatrix} j_1 & j_2 & J_{12} \\ j_3 & J & 1/2 \end{Bmatrix} \begin{pmatrix} j_1 & j_2 & J_{12} \\ 0 & 0 & 0 \end{pmatrix}$$

B.3.4 Spezielle Fälle

Auch hier erweisen sich einige geschlossene Ausdrücke für spezielle Fälle gelegentlich als nützlich:

$$s = a + b + c$$

$$\begin{Bmatrix} c & c & 1 \\ b & b & a \end{Bmatrix} = (-1)^{s+1} \frac{2\left[b\left(b + 1\right) + c\left(c + 1\right) - a\left(a + 1\right)\right]}{\sqrt{2b\left(2b + 1\right)\left(2b + 2\right)2c\left(2c + 1\right)\left(2c + 2\right)}} \tag{B.54}$$

$$\begin{Bmatrix} c & c-1 & 1 \\ b & b & a \end{Bmatrix} = (-1)^s \sqrt{\frac{2\left(s + 1\right)\left(s - 2a\right)\left(s - 2b\right)\left(s - 2c + 1\right)}{2b\left(2b + 1\right)\left(2b + 2\right)\left(2c - 1\right)2c\left(2c + 1\right)}} \tag{B.55}$$

$$\begin{Bmatrix} c & c-1 & 1 \\ b+1 & b & a \end{Bmatrix} = (-1)^s \sqrt{\frac{\left(s - 2b - 1\right)\left(s - 2b\right)\left(s - 2c + 1\right)\left(s - 2c + 2\right)}{\left(2b + 1\right)\left(2b + 2\right)\left(2b + 3\right)\left(2c - 1\right)2c\left(2c + 1\right)}} \tag{B.56}$$

$$\begin{Bmatrix} c & c-1 & 1 \\ b-1 & b & a \end{Bmatrix} = (-1)^s \sqrt{\frac{s\,(s+1)\,(s-2a-1)\,(s-2a)}{(2b-1)\,2b\,(2b+1)\,(2c-1)\,2c\,(2c+1)}}$$

(B.57)

$$\begin{Bmatrix} a+\tfrac{1}{2} & a & \tfrac{1}{2} \\ b+\tfrac{1}{2} & b & c+\tfrac{1}{2} \end{Bmatrix} = \frac{(-1)^{s+1}}{2} \sqrt{\frac{(s-2c+1)\,(2+s)}{(2a+1)\,(a+1)\,(2b+1)\,(b+1)}} \quad \text{(B.58)}$$

$$\begin{Bmatrix} a+\tfrac{1}{2} & a & \tfrac{1}{2} \\ b & b+\tfrac{1}{2} & c \end{Bmatrix} = \frac{(-1)^{s+1}}{2} \sqrt{\frac{(s-2c+1)\,(2+s)}{(2a+1)\,(a+1)\,(2b+1)\,(b+1)}} \quad \text{(B.59)}$$

C

Koordinatendrehung

Wir stellen hier die wichtigsten Formeln zur Drehung von Koordinatensystemen bzw. deren Auswirkung auf Drehimpulszustände und Tensoren zusammen. Man spezifiziert eine Drehung des Koordinatensystems durch die Euler-Winkel wie in Abb. C.1 skizziert. Man führt eine solche Drehung in drei

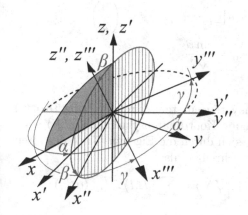

Abb. C.1. Definition der Euler'schen Winkel zur Drehung von Koordinatensystemen

Schritten durch. Dabei ändert sich das Koordinatensystem nach dem Schema

$$(xyz) \rightarrow (x'y'z') \rightarrow (x''y''z'') \rightarrow (x'''y'''z''') .$$

Man dreht also zunächst um einen Winkel α um die ursprüngliche z-Achse ($z' = z$), sodann um einen Winkel β um die dadurch sich ergebende neue y'-Achse ($y'' = y'$), und schließlich wieder um die so gekippte neue z''-Achse ($z''' = z''$) um den Winkel γ. Der Operator dieser Drehung ist für einen Zustand mit Drehimpuls $\hat{\mathbf{J}}$ gegeben durch

$$\hat{\mathfrak{D}}\left(\alpha\beta\gamma\right) = \exp\left(-\mathrm{i}\gamma J_{z''}\right) \exp\left(-\mathrm{i}\beta J_{y'}\right) \exp\left(-\mathrm{i}\alpha J_z\right)$$

Die Matrixelemente dieses Drehoperators sind die sogenannten

Drehmatrizen $\mathfrak{D}^J_{MN}(\alpha\beta\gamma) = \left\langle JM \left| \hat{\mathfrak{D}}(\alpha\beta\gamma) \right| JN \right\rangle$,

Auswertung nach den Regeln der Drehimpulsalgebra führt zu

$$\mathfrak{D}^J_{MN}(\alpha\beta\gamma) = \exp(-i\alpha M)\, d^J_{MN}(\beta) \exp(-i\gamma N) \quad , \tag{C.1}$$

wobei die reduzierte Drehmatrix (in der Konvention von Brink und Satchler, 1994) gegeben ist durch:

$$d^J_{MN}(\beta) = \sum_t (-1)^t \frac{[(J+M)!\,(J-M)!\,(J+N)!\,(J-N)!]^{1/2}}{(J+M-t)!\,(J-N-t)!\,t!\,(t+N-M)!} \times$$
$$(\cos\beta/2)^{2J+M-N-2t}\,(\sin\beta/2)^{2t+N-M} \quad . \tag{C.2}$$

Man bezeichnet $\mathfrak{D}^J_{MN}(\alpha\beta\gamma)$ auch als *Matrixelemente der irreduziblen Darstellung* $\mathfrak{D}_j$ *der Drehgruppe.* Explizite erhält man bei den besonders häufig vorkommenden Fällen $J = 1/2$ und $J = 1$:

$$d^{\frac{1}{2}}_{\frac{1}{2}\frac{1}{2}} = d^{\frac{1}{2}}_{-\frac{1}{2}-\frac{1}{2}} = \cos\left(\frac{\beta}{2}\right) \quad d^{\frac{1}{2}}_{-\frac{1}{2}\frac{1}{2}} = -d^{\frac{1}{2}}_{\frac{1}{2}-\frac{1}{2}} = \sin\left(\frac{\beta}{2}\right) \tag{C.3}$$

$$d^1_{11} = d^1_{-1-1} = \cos^2\left(\frac{\beta}{2}\right) \quad d^1_{1-1} = d^1_{-11} = \sin^2\left(\frac{\beta}{2}\right)$$

$$d^1_{01} = d^1_{-10} = -d^1_{0-1} = -d^1_{10} = \frac{\sin\beta}{\sqrt{2}}$$

$$d^1_{00} = \cos\beta$$

Das neue, gestrichene Koordinatensystem entsteht durch Drehung $\hat{\mathfrak{D}}(\alpha\beta\gamma)$ des alten Systems ins neue. Der im neuen Koordinatensystem mit $|JN\rangle'$ charakterisierte Drehimpulszustand lässt sich durch die Eigenzustände des alten (ungestrichenen) Koordinatensystems schreiben als:

$$|JN\rangle' = \sum_M |JM\rangle \left\langle JM \left| \hat{\mathfrak{D}}(\alpha\beta\gamma) \right| JN \right\rangle = \sum_M |JM\rangle \mathfrak{D}^J_{MN}(\alpha\beta\gamma)$$
$$= \exp(-i\gamma N) \sum_M |JM\rangle \exp(-i\alpha M) d^J_{MN}(\beta) \tag{C.4}$$

Die Komponenten $T_{kq'}(\theta',\varphi')$ von Tensoroperatoren des Rangs k (z. B. die Kugelflächenfunktionen Y_{kq} oder C_{kq}) im gedrehten Koordinatensystem lassen sich ausdrücken durch die Tensorkomponenten im alten System:

$$T_{kq'}(\theta',\varphi') = \sum_q T_{kq}(\theta,\varphi)\, \mathfrak{D}^k_{qq'}(\alpha\beta\gamma)$$
$$= \exp(-i\gamma q') \sum_q T_{kq}(\theta,\varphi) \exp(-i\alpha q) d^k_{qq'}(\beta) \tag{C.5}$$

Dabei beschreiben θ, φ die Winkelkoordinaten eines Punkts im alten und θ', φ' im neuen System. Für die Drehung von Vektoren setzt man $k = 1$.

D

Matrixelemente

In diesem Anhang werden einige wichtige Werkzeuge für die Auswertung der Matrixelemente irreduzibler Tensoroperatoren zusammengestellt. Diese Beziehungen spielen eine zentrale Rolle für die Auswertung der Übergangswahrscheinlichkeiten bei der optischen Anregung atomarer und molekularer Zustände ebenso wie bei der Analyse stoßinduzierter Prozesse. Es erweist sich als hilfreich, sie schnell zur Hand zu haben.

D.1 Tensoroperatoren

D.1.1 Definition

Nach Racah (1942) definiert man als *irreduziblen Tensor T_k des Rangs k* jeden Operator, dessen $2k+1$ Komponenten T_{kq} $(q = -k, -k+1, \ldots k)$ in Bezug auf den allgemeinen Drehimpulsoperator $\hat{J}$ die gleichen Kommutationsregeln erfüllen wie die Kugelflächenfunktionen $Y_{kq}(\theta, \varphi)$. Mit unserer Definition der sphärischen Drehimpulskomponenten (B.2) gilt

$$\left[\hat{J}_z, T_{kq} \right] = q T_{kq} \quad \text{und} \tag{D.1}$$

$$\left[\hat{J}_\pm, T_{kq} \right] = \mp \sqrt{\frac{1}{2}(k \mp q)(k \pm q + 1)}\, T_{kq\pm1} \tag{D.2}$$

Äquivalent definiert Brink und Satchler (1994) einen sphärischen Tensor T_k des Ranges k als eine durch $2k+1$ Komponenten repräsentierte Größe, die sich bei einer Koordinatendrehung entsprechend der irreduziblen Darstellung $\mathfrak{D}_k$ der Drehgruppe (s. Anhang C) transformiert:

$$T'_{kq} = \sum_s T_{ks} \mathfrak{D}^k_{sq}(\alpha\beta\gamma) \tag{D.3}$$

Dabei ist T'_{kq} die Komponente des Tensors im neuen Koordinatensystem, welches durch Drehung des alten, ungestrichenen Systems um die Eulerwinkel $\alpha\beta\gamma$ entsteht, ausgedrückt durch die Komponenten T_{ks} des Tensors im alten System. Tensoroperatoren werden völlig analog beschrieben und behandelt. Das wichtigste Beispiel für Tensoroperatoren sind die Kugelflächenfunktionen $Y_{\ell m}(\theta\varphi)$ (Rang ℓ) selbst, oder etwas allgemeiner die Eigenzustände $|jm\rangle$ des Drehimpulses (Rang j). Der Drehimpuls selbst wie auch der Ortsvektor sind Vektoren, d. h. Tensoren vom Rang 1. Schließlich halten wir noch fest:

Tensoroperatoren sind **hermitisch** falls $\quad T^\dagger_{kq} = (-1)^q T_{k-q}$ $\qquad$ (D.4)

D.1.2 Wigner-Eckart Theorem

Bei der konkreten Auswertung der Matrixelemente von Tensoroperatoren ist das *Wigner-Eckart Theorem* außerordentlich hilfreich. Es besagt, dass die Abhängigkeit von den Projektionsquantenzahlen bei allen irreduziblen Tensoroperatoren identisch ist. Die Matrixelemente schreibt man daher[1]

$$\langle \gamma' J' M' |T_{kq}| \gamma J M\rangle = \langle JkMq\, |J'M'\rangle \langle\gamma' J' \,\|\mathbf{T}_k\|\, \gamma J\rangle \qquad (D.5)$$

$$= (-1)^{J-k+M'}\sqrt{2J'+1}\begin{pmatrix} J' & J & k \\ -M' & M & q \end{pmatrix}\langle\gamma' J'\, \|\mathbf{T}_k\|\, \gamma J\rangle \qquad (D.6)$$

$$= (-1)^{J'-M'}\sqrt{2J'+1}\begin{pmatrix} J' & k & J \\ -M' & q & M \end{pmatrix}\langle\gamma' J'\, \|\mathbf{T}_k\|\, \gamma J\rangle \quad, \qquad (D.7)$$

womit das sogenannte *reduzierte Matrixelement*[2] $\langle\gamma' J'\,\|\mathbf{T}_k\|\,\gamma J\rangle$ definiert wird, das unabhängig von M', M und q ist. Wir sehen, dass die Matrixelemente nur dann nicht verschwinden, wenn $M' = M - q$ gilt und die Dreiecksrelation $\delta(J'kJ) = 1$ erfüllt ist. Bei der Berechnung dieser reduzierten Matrixelemente evaluiert man in der Regel das einfachste, nicht verschwindende Matrixelement $\langle\gamma' J' M' |T_{kq}| \gamma J M\rangle$ und dividiert es durch den entsprechenden Clebsch-Gordon-Koeffizienten, z. B. könnte das $\langle J'\,\|\mathbf{T}_k\|\,J\rangle = \langle J'0\,|T_{k0}|\,J0\rangle\,/\,\langle J'0\,|Jk00\rangle$ sein, sofern $J' + J + k$ gerade ist.

Ein wichtiges Beispiel ist das reduzierte Matrixelement eines Drehimpulses. Es ergibt sich aus

$$\left\langle J'M'\left|\hat{J}_z\right| JM\right\rangle = \delta_{J'J}\delta_{M'M}M\hbar = \qquad (D.8)$$

$$(-1)^{J-1+M'}\sqrt{2J'+1}\begin{pmatrix} J' & J & 1 \\ -M' & M & 0 \end{pmatrix}\left\langle J'\left\|\hat{\boldsymbol{J}}\right\| J\right\rangle$$

---

[1] Hier und in allen weiteren Formeln wird angenommen, dass der Rang der Tensoroperatoren k ganzzahlig ist.

[2] Wir benutzen auch für das reduzierte Matrixelement die Definition von Brink und Satchler (1994). Für die von Racah (1942), Edmonds (1964) und anderen benutzte Definition gilt: $\langle\gamma' J'\,\|T_k\|\,\gamma J\rangle_{Racah} = \sqrt{2J'+1}\,\langle\gamma' J'\,\|T_k\|\,\gamma J\rangle$.

mit dem expliziten Ausdruck (B.38) für das $3j$-Symbol:

$$\left\langle J' \left\| \hat{J} \right\| J \right\rangle = \delta_{J'J} \sqrt{J(J+1)}\hbar \qquad (D.9)$$

Das Wigner-Eckart Theorem erlaubt es uns auch, ganz allgemein die Matrixelemente zweier unterschiedlicher irreduzibler Tensoroperatoren $\mathbf{S}_k$ und $\mathbf{T}_k$ gleichen Ranges k auf einfachste Weise zu verknüpfen. Mit (D.5) gilt

$$\langle \gamma' J' M' | S_{kq} | \gamma J M \rangle = R \langle \gamma' J' M' | T_{kq} | \gamma J M \rangle \quad , \qquad (D.10)$$

wobei R unabhängig von M', M und q ist und durch das Verhältnis der reduzierten Matrixelemente oder zweier leicht zu berechnender Matrixelemente einer Tensorkomponente bestimmt wird (z.B. für $M = J, M' = J'$ und $q = 0$):

$$R = \frac{\langle \gamma' J' \| \mathbf{T}_k \| \gamma J \rangle}{\langle \gamma' J' \| \mathbf{S}_k \| \gamma J \rangle} = \frac{\langle \gamma' J' J' | T_{k0} | \gamma J J' \rangle}{\langle \gamma' J' J' | S_{k0} | \gamma J J' \rangle} \qquad (D.11)$$

Wir betrachten jetzt einen Vektoroperator $\hat{V}$ (also einen Tensor vom Rang $k = 1$), z.B. den Ortsvektor $\mathbf{r}$, das Dipolmoment $\mathbf{D}$, den Einheitsvektor der Polarisation $\hat{\mathbf{e}}$ und alle Drehimpulsoperatoren wie $\hat{\mathbf{S}}, \hat{\mathbf{L}}, \hat{\mathbf{J}}, \hat{\mathbf{I}}$ oder $\hat{\mathbf{F}}$. Seine Komponenten sind in der sphärischen Basis

$$\hat{V}_{\pm 1} = \mp \frac{1}{\sqrt{2}} \left[\hat{V}_x \pm i\hat{V}_y \right]; \quad \hat{V}_0 = \hat{V}_z \quad . \qquad (D.12)$$

Für das Skalarprodukt mit einem Drehimpulsoperator $\hat{\mathbf{J}}$, lassen sich die Diagonalmatrixelemente schreiben als

$$\left\langle \gamma J M \left| \hat{\mathbf{V}} \cdot \hat{\mathbf{J}} \right| \gamma J M \right\rangle = \sum_{M'} \left\langle \gamma J M \left| \hat{\mathbf{V}} \right| \gamma J M' \right\rangle \left\langle \gamma J M' \left| \hat{\mathbf{J}} \right| \gamma J M \right\rangle \quad , \qquad (D.13)$$

wobei wir rechts einfach $\sum_{M'} |\gamma J M'\rangle \langle \gamma J M'| \cong \hat{\mathbf{1}}$, den quantenmechanischen Einheitsoperator, zwischen die beiden Operatoren $\hat{\mathbf{V}}$ und $\hat{\mathbf{J}}$ geschoben haben. Nun kann man mit (D.10) diesen Ausdruck auch umschreiben zu

$$\left\langle \gamma J M \left| \hat{\mathbf{V}} \cdot \hat{\mathbf{J}} \right| \gamma J M \right\rangle = R \sum_{M'} \left\langle \gamma J M \left| \hat{\mathbf{J}} \right| \gamma J M' \right\rangle \left\langle \gamma J M' \left| \hat{\mathbf{J}} \right| \gamma J M \right\rangle \qquad (D.14)$$

$$= R \left\langle \gamma J M \left| \hat{\mathbf{J}}^2 \right| \gamma J M \right\rangle = R \, J(J+1)\hbar^2$$

und erhält somit für diesen Fall

$$R = \frac{\left\langle \gamma J M \left| \hat{\mathbf{V}} \cdot \hat{\mathbf{J}} \right| \gamma J M \right\rangle}{J(J+1)\hbar^2} \quad . \qquad (D.15)$$

Setzen wir das in (D.10) ein, so erhalten wir schließlich das sehr nützliche *Projektionstheorem*

$$\left\langle \gamma JM' \left| \hat{V}_{1q} \right| \gamma JM \right\rangle = \frac{\left\langle \gamma JM \left| \hat{\mathbf{V}} \cdot \hat{\mathbf{J}} \right| \gamma JM \right\rangle}{J(J+1)\hbar^2} \left\langle \gamma JM' \left| \hat{J}_q \right| \gamma JM \right\rangle \quad , \qquad \text{(D.16)}$$

welches es z.B. erlaubt, in einem gekoppelten Schema mehrerer Drehimpulse, die Matrixelemente der Komponente eines Drehimpulsoperators durch die entsprechenden Matrixelemente des Gesamtdrehimpulses auszudrücken.

D.2 Produkte von Tensoroperatoren

Produkte der Komponenten $R_{k_1 q_1}$ und $U_{k_2 q_2}$ von Tensoroperatoren des Rangs k_1 bzw. k_2 definieren ihrerseits die $(2k_1 + 1)(2k_2 + 1)$ Komponenten eines Tensoroperators, der sich wiederum in irreduzibler Form durch Tensoren vom Rang K mit $|k_1 - k_2| \leq K \leq |k_1 + k_2|$ darstellen lässt:

$$T_{KQ}(k_1 k_2) = \sum_{q_1 q_2} R_{k_1 q_1} U_{k_2 q_2} \left\langle k_1 k_2 q_1 q_2 \left| KQ \right\rangle \right. \qquad \text{(D.17)}$$

Dabei ist $\langle k_1 k_2 q_1 q_2 | KQ \rangle$ ein Clebsch-Gordon-Koeffizient, wie er bei Drehimpulskopplung nach (B.14) auftritt.

Speziell wird für das *Skalarprodukt* (Rang $K = 0$) zweier Tensoroperatoren gleichen Ranges k mit (B.19) und (B.31)

$$\mathbf{R}_k \cdot \mathbf{U}_k = \sum (-1)^q R_{kq} U_{k-q} \quad . \qquad \text{(D.18)}$$

Dies ist eine Verallgemeinerung des normalen Skalarprodukts im Falle zweier Vektoren $\mathbf{R}_1$ und $\mathbf{S}_1$ (s. z. B. (B.4)). Das Ergebnis ist eine einzige skalare Größe.

D.2.1 Produkte von Kugelflächenfunktionen

Die Anwendung der soeben abgeleiteten Zusammenhänge auf die renormierten Kugelflächenfunktionen nach (2.75)

$$C_{kq} = \sqrt{\frac{4\pi}{2k+1}} \, Y_{kq}$$

ergibt eine Reihe nützlicher Entwicklungsformeln. So wird das Skalarprodukt nach (D.18) für die beiden Tensoroperatoren $\mathbf{C}_\ell^{(1)} = \mathbf{C}_\ell^{(1)}(\theta_1 \varphi_1)$ und $\mathbf{C}_\ell^{(2)} = \mathbf{C}_\ell^{(2)}(\theta_2 \varphi_2)$ zu unterschiedlichen Winkeln:

$$\mathbf{C}_\ell^{(1)} \cdot \mathbf{C}_\ell^{(2)} = \sum_{m=-\ell}^{\ell} (-1)^m C_{\ell m}(\theta_1 \varphi_1) \, C_{\ell - m}(\theta_2 \varphi_2) \qquad \text{(D.19)}$$

Legt man das Koordinatensystem so, dass die $\theta_2 \varphi_2$ die z-Achse definiert, dann wird $C_{\ell - m}(\theta_2 \varphi_2) = \delta_{m0}$, und die Summe reduziert sich auf $C_{\ell 0}(\gamma 0) =$

$P_\ell(\cos\gamma)$, wobei γ den Winkel zwischen den zwei durch $(\theta_1\varphi_1)$ und $(\theta_2\varphi_2)$ gegebenen Raumrichtungen bezeichnet. Wir erhalten somit als Additionstheorem für renormierte Kugelflächenfunktionen:

$$P_\ell(\cos\gamma) = \sum_{m=-\ell}^{\ell} C_{\ell m}\,(\theta_1\varphi_1)\,C_{\ell m}^*\,(\theta_2\varphi_2) \tag{D.20}$$

Allgemein ergibt sich aus (D.17) eine nützliche Entwicklungsformel auch für das Produkt zweier Kugelflächenfunktionen zum gleichen Winkel

$$\sum_{m'm} \langle kq\,|\ell'\ell m'm\rangle\, C_{\ell'm'}(\theta,\varphi) C_{\ell m}(\theta,\varphi) = \langle k0\,|\ell'\ell 00\rangle\, C_{kq}(\theta,\varphi) \quad , \tag{D.21}$$

wobei die Normierungskonstante $\langle k0\,|\ell'\ell 00\rangle$ aus der Definition der Kugelflächenfunktionen bei $\theta=\varphi=0$ gewonnen wurde. Unter Nutzung der Orthogonalitätsrelation (B.21) für die Clebsch-Gordon-Koeffizienten folgt auch die Umkehrung dieser Relation

$$C_{\ell'm'}^*(\theta,\varphi) C_{\ell m}(\theta,\varphi) = \sum_{kq} C_{kq}(\theta,\varphi)\, \langle kq\,|\ell'\ell m'm\rangle\, \langle k0\,|\ell'\ell 00\rangle \quad . \tag{D.22}$$

Ohne Beweis kommunizieren wir noch eine häufig benutzte Formel für das Inverse des Abstands zweier Punkte im 3D-Raum, die durch die Vektoren $\boldsymbol{r}_1$ und $\boldsymbol{r}_2$ gegeben sind:

$$\frac{1}{|\boldsymbol{r}_1 - \boldsymbol{r}_2|} = \sum_{\ell=0}^{\infty} \frac{r_<^\ell}{r_>^{\ell+1}} \sum_{m=-\ell}^{\ell} C_{\ell m}^*\,(\theta_1\varphi_1)\, C_{\ell m}\,(\theta_2\varphi_2) = \sum_{\ell=0}^{\infty} \frac{r_<^\ell}{r_>^{\ell+1}} \mathbf{C}_\ell^{(1)} \cdot \mathbf{C}_\ell^{(2)}$$

$$\tag{D.23}$$

Dabei stehen $r_<$ bzw. $r_>$ für den jeweils kleineren bzw. größeren Wert von $|\boldsymbol{r}_1|$ und $|\boldsymbol{r}_2|$. Für die letzte Identität haben wir (D.19) eingesetzt.

D.2.2 Matrixelemente der Kugelflächenfunktionen

Die sehr häufig benötigten Matrixelemente der renormierten Kugelflächenfunktionen

$$\langle \ell'm'\,|C_{kq}|\,\ell m\rangle = \frac{\sqrt{(2\ell'+1)\,(2\ell+1)}}{4\pi} \int C_{\ell'm'}^*(\theta,\varphi) C_{kq}(\theta,\varphi) C_{\ell m}(\theta,\varphi)\mathrm{d}\Omega \tag{D.24}$$

lassen sich auswerten, indem man die beiden letzten Funktionen ersetzt durch die Reihenentwicklung (D.22):

$$\langle \ell' m' | C_{kq} | \ell m \rangle = \frac{\sqrt{(2\ell'+1)\,(2\ell+1)}}{4\pi}$$

$$\times \sum_{k'q'} \left[\int C^*_{\ell'm'}(\theta,\varphi) C_{k'q'}(\theta,\varphi)\mathrm{d}\Omega \right] \langle k'q' | k\ell qm \rangle \langle k'0 | k\ell 00 \rangle$$

$$= \sqrt{\frac{2\ell+1}{2\ell'+1}} \sum_{k'q'} \delta_{k'\ell'} \delta_{q'm'} \langle k'q' | k\ell qm \rangle \langle k'0 | k\ell 00 \rangle$$

Somit ergibt sich schließlich:

$$\langle \ell' m' | C_{kq} | \ell m \rangle = \sqrt{\frac{2\ell+1}{2\ell'+1}} \langle \ell' m' | k\ell qm \rangle \langle \ell' 0 | k\ell 00 \rangle \tag{D.25}$$

$$\langle \ell' m' | C_{kq} | \ell m \rangle = (-1)^{m'} \sqrt{(2\ell'+1)(2\ell+1)} \times \delta_{m'\,m+q} \delta(\ell' k\ell) \tag{D.26}$$

$$\times \begin{pmatrix} \ell' & k & \ell \\ 0 & 0 & 0 \end{pmatrix} \begin{pmatrix} \ell' & k & \ell \\ -m' & q & m \end{pmatrix}$$

$$\langle \ell' m' | C_{kq} | \ell m \rangle = (-1)^{\ell'-m'} (2\ell'+1)^{1/2} \begin{pmatrix} \ell' & k & \ell \\ -m' & q & m \end{pmatrix} \langle \ell' \| \mathbf{C}_k \| \ell \rangle \tag{D.27}$$

Im letzten Schritt haben wir einfach das Wigner-Eckart Theorem auf das Matrixelement angewendet, woraus sich für das reduzierte Matrixelement von $\mathbf{C}_k$

$$\langle \ell' \| \mathbf{C}_k \| \ell \rangle = (-1)^{\ell'} \sqrt{(2\ell+1)} \begin{pmatrix} \ell' & k & \ell \\ 0 & 0 & 0 \end{pmatrix} \tag{D.28}$$

ergibt. Für $k = 0$ wird daraus einfach:

$$\langle \ell' \| \mathbf{C}_0 \| \ell \rangle = \delta_{\ell'\ell} \tag{D.29}$$

Von besonderer Bedeutung für die *Auswahlregeln bei elektrischen Dipolübergängen* ist nach (4.69) *der Fall $k = 1$.* Hier gilt wegen (B.17) und (B.32)

$$\textbf{Paritätserhaltung } \ell = \ell' \pm 1 \tag{D.30}$$

(s. auch Anhang E). Mit (B.33) erhält man zwei nichtverschwindende reduzierte Matrixelemente

$$\langle \ell' \| \mathbf{C}_1 \| \ell \rangle = \begin{cases} \sqrt{\dfrac{\ell+1}{2\ell+3}} & \text{für} \quad \ell' = \ell+1 \\[2ex] -\sqrt{\dfrac{\ell}{(2\ell-1)}} & \text{für} \quad \ell' = \ell-1 \end{cases} , \tag{D.31}$$

und wegen (B.26)−(B.28) wird

$$\langle \ell' m' | C_{1q} | \ell m \rangle = (-1)^q \langle \ell - m | C_{1q} | \ell' - m' \rangle \tag{D.32}$$

$$= \langle \ell' - m' | C_{1-q} | \ell - m \rangle = (-1)^q \langle \ell m | C_{1-q} | \ell' m' \rangle \quad ,$$

sodass die Auswahlregel für die Projektionsquantenzahl $\Delta m = q$ wird. Für nicht verschwindende Matrixelemente muss also $m' = m \pm 1$ oder $m' = m$ sein. Die Auswertung von (D.27) unter Zuhilfenahme von (B.35)–(B.38) führt zu:

$$\langle (\ell + 1)\, m\, |C_{10}|\, \ell m \rangle = \sqrt{\frac{(\ell - m + 1)\,(\ell + m + 1)}{(2\ell + 1)(2\ell + 3)}} \tag{D.33}$$

$$\langle (\ell + 1)\,(m + 1)\, |C_{11}|\, \ell m \rangle = \sqrt{\frac{(\ell + m + 1)(\ell + m + 2)}{2(2\ell + 1)(2\ell + 3)}} \tag{D.34}$$

$$\langle (\ell + 1)\,(m - 1)\, |C_{1-1}|\, \ell m \rangle = \sqrt{\frac{(\ell - m + 1)(\ell - m + 2)}{2(2\ell + 1)(2\ell + 3)}} \tag{D.35}$$

$$\langle (\ell - 1)\, m\, |C_{10}|\, \ell m \rangle = \sqrt{\frac{(\ell - m)\,(\ell + m)}{(2\ell - 1)(2\ell + 1)}} \tag{D.36}$$

$$\langle (\ell - 1)\,(m + 1)\, |C_{11}|\, \ell m \rangle = \sqrt{\frac{(\ell - 1 - m)(\ell - m)}{2(2\ell - 1)(2\ell + 1)}} \tag{D.37}$$

$$\langle (\ell - 1)\,(m - 1)\, |C_{1-1}|\, \ell m \rangle = \sqrt{\frac{(\ell - 1 + m)(\ell + m)}{2(2\ell - 1)(2\ell + 1)}} \tag{D.38}$$

Für den einfachsten Fall von $s \leftrightarrow p$ Übergängen findet man, dass alle erlaubten Übergänge gleiche Amplituden haben:

$$\langle 10\, |C_{10}|\, 00 \rangle = \langle 00\, |C_{10}|\, 10 \rangle = \langle 11\, |C_{11}|\, 00 \rangle = \tag{D.39}$$
$$\langle 1 - 1\, |C_{1-1}|\, 00 \rangle = \langle 00\, |C_{11}|\, 1 - 1 \rangle = \langle 00\, |C_{1-1}|\, 11 \rangle = \sqrt{1/3}$$

D.2.3 Quadrupolmoment

Ganz generell kann man mit (D.17) auf sichere Weise irreduzible Darstellungen von Tensoroperatoren gewinnen. Von besonderer Bedeutung sind die aus zwei Vektoren, z.B. Drehimpulsoperatoren $\hat{\boldsymbol{J}}$ oder Ortsvektoren $\boldsymbol{r}$, gebildeten Tensoroperatoren vom Rang $k = 2$. Aus der Definition für sie gilt

$$T_{2q}(11) = \sum_{q_1 q_2} \hat{J}_{q_1} \hat{J}_{q_2} \langle 11 q_1 q_2\, |2q \rangle \quad, \tag{D.40}$$

und speziell wird mit $\langle 1111\, |22 \rangle = 1$

$$T_{2\pm 2} = \hat{J}_{\pm}^2 \quad. \tag{D.41}$$

Für die anderen Komponenten muss man die expliziten Ausdrücke der $3j$-Symbole nach (B.39)–(B.41) einsetzen oder – wesentlich einfacher – die Vertauschungsrelationen (D.2) benutzen. Damit ergibt sich

$$T_{2\pm 1} = \frac{1}{\sqrt{2}} \left(\hat{J}_\pm \hat{J}_z + \hat{J}_z \hat{J}_\pm \right) \tag{D.42}$$

$$T_{20} = \frac{1}{\sqrt{6}} \left(3\hat{J}_z^2 - \hat{\boldsymbol{J}}^2 \right) \quad . \tag{D.43}$$

Die T_{20} Komponente dieses irreduziblen Quadrupoltensors ist offenbar diagonal in J und M und beschreibt das sogenannte *Alignment* eines Zustands:

$$\langle JM \left| T_{20} \right| JM \rangle = \frac{3M^2 - J(J+1)}{\sqrt{6}} \tag{D.44}$$

$$= \frac{2\left[3M^2 - J(J+1) \right]}{\sqrt{(2J+3)(2J+2)2J(2J-1)}} \langle J \left\| \mathbf{T}_2 \right\| J \rangle \quad , \tag{D.45}$$

wobei die letzte Gleichheit unter Benutzung des Wigner-Eckart Theorems (D.6) und (B.41) gewonnen wurde. Damit wird das reduzierte Matrixelement

$$\langle J \left\| \mathbf{T}_2 \right\| J \rangle = \frac{\sqrt{(2J+3)(2J+2)J(2J-1)}}{2\sqrt{3}} \quad . \tag{D.46}$$

Entsprechende Ausdrücke kann man auch mit dem Ortsvektor bilden. Man nennt sie, leicht anders normiert, den Quadrupoltensor $\mathbf{Q}_2$. Unter Verwendung der renormierten Kugelflächenfunktionen schreibt man die Q_{20} Komponente des Quadrupoltensors:[3]

$$Q_{20} = \frac{3z^2 - r^2}{2} = r^2 \frac{3\cos^2\theta - 1}{2} = r^2 C_{20}(\theta) \tag{D.47}$$

und allgemein ist

$$Q_{2q} = r^2 C_{2q}(\theta, \varphi) \quad . \tag{D.48}$$

Die Matrixelemente von Q_{20} erhält man wieder mit dem Wigner-Eckart-Theorem (D.6) und (B.41):

$$\langle JM \left| Q_{20} \right| JM \rangle = \langle r^2 \rangle \langle JM \left| C_{20}(\theta) \right| JM \rangle \tag{D.49}$$

$$= \frac{2\left[3M^2 - J(J+1) \right]}{\sqrt{(2J+3)(2J+2)2J(2J-1)}} \langle J \left\| \mathbf{Q}_2 \right\| J \rangle$$

mit $\langle J \left\| \mathbf{Q}_2 \right\| J \rangle = \langle r^2 \rangle \langle J \left\| \mathbf{C}_2 \right\| J \rangle$

Den maximalen Wert erhält man für $M = J$. Er ist ein Maß für die Anisotropie der Ladungsverteilung, nämlich den Wert der entlang der J_z-Achse, wenn $\hat{\boldsymbol{J}}$ möglichst parallel zu dieser ausgerichtet ist (s. Abb. 9.15 auf Seite 374). Man bezeichnet als Quadrupolmoment Q eines ausgedehnten atomaren oder nuklearen Systems der Ladung $e_0 Z$ der über die Ladungsverteilung $\rho(\boldsymbol{r})$ gemittelte Größe

---

[3] Gelegentlich findet man dafür auch den mit der Ladung (z.B. $e_0 Z$ für einen Atomkern) multiplizierten Ausdruck.

$$Q = \frac{1}{e_0 Z} \int \rho(\mathbf{r}) \left(3z^2 - r^2\right) \mathrm{d}^3 \mathbf{r} = 2 \langle JJ | Q_{20} | JJ \rangle \tag{D.50}$$

$$= 2 \sqrt{\frac{J(2J-1)}{(2J+3)(J+1)}} \langle J \| \mathbf{Q}_2 \| J \rangle \,,$$

Wenn die Drehimpulskopplung und die radiale Wellenfunktion bekannt sind, kann man das reduzierte Matrixelement und $\langle r^2 \rangle$ ausrechnen. Wenn dies nicht der Fall ist, geht man ggf. umgekehrt vor und benutzt die obigen Relationen zur spektroskopischen Bestimmung des Quadrupolmoments.

Solche (komplexen) Multipoloperatoren kann man analog zu (D.48) für alle Ordnungen $0 \leq k$ definieren. Sie haben neben einer wohl definierten Parität $(-1)^k$ auch eine wohl definierte Reflexionssymmetrie in Bezug auf die xy Ebene, speziell für die Quadrupolmomente wird

$$\hat{\sigma}_v(xy) Q_{2q} = (-1)^q Q_{2q} \,, \tag{D.51}$$

wobei $\hat{\sigma}_v(x_i x_j)$ der Reflexionsoperator bezüglich der $x_i x_j$ Ebene ist. Oft ist es nützlich, statt der komplexen Definition der Multipolmomente reelle Ausdrücke zu benutzen, die in vielen Situationen eine direktere Beschreibung physikalischer Situationen erlauben. Wir definieren (in der gleichen Normierung) **reelle Quadrupolmoment-Operatoren**

$$Q_{2q+} = \frac{r^2}{\sqrt{2}} \left[(-1)^q C_{2q}(\theta, \varphi) + C_{2-q}(\theta, \varphi) \right] \tag{D.52}$$

$$\text{und} \quad Q_{2q-} = \frac{r^2}{\sqrt{2}\,\mathrm{i}} \left[(-1)^q C_{2q}(\theta, \varphi) - C_{2-q}(\theta, \varphi) \right] \,. \tag{D.53}$$

Diese reellen Multipoloperatoren Q_{2qp} sind so konstruiert, dass sie zusätzlich zu Parität und Reflexionssymmetrie in Bezug auf die xy Ebene nach (D.51) auch eine wohl definierte Reflexionssymmetrie $p = \pm 1$ in Bezug auf die xz Ebene besitzen

$$\hat{\sigma}_v(xz) Q_{2qp} = p Q_{2qp} \tag{D.54}$$

und es damit gestatten, z.B. spezielle Symmetrien in Anregungsprozessen direkt sichtbar machen.

Unter Benutzung der expliziten Ausdrücke für die Kugelflächenfunktionen nach Tabelle 2.1 auf Seite 66 ergibt sich mit $z = r \cos\theta$, $y = r \sin\theta \sin\varphi$, $x = r \sin\theta \cos\varphi$:

$$\begin{cases} Q_{20} = \dfrac{1}{2} \left(3z^2 - r^2\right) \\[2mm] Q_{21+} = \sqrt{3}\,zx \\[1mm] Q_{21-} = \sqrt{3}\,zy \\[1mm] Q_{22-} = \sqrt{3}\,xy \\[2mm] Q_{22+} = \dfrac{\sqrt{3}}{2} \left(x^2 - y^2\right) \end{cases} \tag{D.55}$$

Für Drehungen dieser reellen Multipolmomente im Raum kann man im Prinzip reelle Drehmatrizen definieren. Man kann aber natürlich auch die komplexen Drehmatrizen nach Anhang C und die Definitionsgleichung (D.52) und (D.53) benutzen.

D.3 Reduktion von Matrixelementen

Oft hat man Matrixelemente von Tensoroperatoren $\mathbf{T}_{KQ}$ in einem gekoppelten Schema $|(LS)\,JM\rangle$ auszuwerten, die sich nach (D.17) aus zwei Tensoroperatoren $R_{k_1q_1}(1)$ und $U_{k_2q_2}(2)$ zusammensetzen. Wir haben hier natürlich nicht zufällig die Symbole L und S für Bahndrehimpuls- und Spinquantenzahl als Beispiel gewählt; die nachfolgenden Überlegungen sind aber allgemein gültig.

Mit dem Wigner-Eckart Theorem (D.6) schreibt sich das Matrixelement von T_{KQ} zwischen Zustand $|\gamma LSJM\rangle$ und $|\gamma'L'SJ'M'\rangle$ als:

$$\langle S'L'J'M'\,|T_{KQ}|\,SLJM\rangle =$$

$$(-1)^{J-k+M'}\sqrt{2J'+1}\begin{pmatrix} J' & J & K \\ -M' & M & Q \end{pmatrix}\langle S'L'J'\,\|\mathbf{T}_K\|\,SLJ\rangle \qquad (D.56)$$

Für die Auswertung der reduzierten Matrixelemente des Produkttensors stellt die Vektoralgebra übersichtliche Werkzeuge zur Verfügung. In einfachen Fällen kann man mit etwas Algebra und der Definition der 6j-Symbole (B.44) das reduzierte Matrixelement im gekoppelten Schema $|(LS)\,JM\rangle$ auf das ungekoppelte Schema $|LM_L\rangle\,|SM_S\rangle$ zurückführen. Wir referieren hier nur die Ergebnisse. *Wenn* $\mathbf{R}_k(1)$ *nur auf den ersten Drehimpuls des gekoppelten Schemas wirkt und* $\mathbf{U}_k(2) \equiv 1$ *ist, gilt:*

$$\langle L'S'J'\,\|\mathbf{R}_k(1)\|\,LSJ\rangle = \delta_{S'S}(-1)^{k+L'+S'+J}\sqrt{(2J+1)(2L'+1)}$$

$$\times \begin{Bmatrix} L' & L & k \\ J & J' & S \end{Bmatrix}\langle L'\,\|\mathbf{R}_k\|\,L\rangle \qquad (D.57)$$

Man beachte: wegen der wohl definierten Phasen der Clebsch-Gordon-Koeffizienten ist die Reihenfolge der Drehimpulse nicht beliebig. Es kann sich ggf. das Vorzeichen umdrehen. Wenn nämlich $\mathbf{R}_k(1) \equiv 1$ *und* $\mathbf{U}_k(2)$ *nur auf den zweiten Drehimpuls des gekoppelten Schemas wirkt, gilt:*

$$\langle L'S'J'\,\|\mathbf{U}_k(2)\|\,LSJ\rangle = \delta_{L'L}(-1)^{k+L+S+J'}\sqrt{(2J+1)(2S'+1)}$$

$$\times \begin{Bmatrix} S' & S & k \\ J & J' & L \end{Bmatrix}\langle S'\,\|\mathbf{U}_k\|\,S\rangle \qquad (D.58)$$

Besonders übersichtlich werden die Verhältnisse für das Skalarprodukt (Rang $K = 0$) *zweier Tensoroperatoren vom Rang* k. Zunächst gilt für die Matrixelemente nach (D.5)

$$\langle j_1'j_2'J'M'\,|\mathbf{R}_k \cdot \mathbf{S}_k|\,j_1j_2JM\rangle = \delta_{M'M}\delta_{J'J}\,\langle j_1'j_2'J'\,\|\mathbf{R}_k \cdot \mathbf{S}_k\|\,j_1j_2J\rangle\,, \qquad (D.59)$$

wobei wir den expliziten Ausdruck (B.31) für das $3j$-Symbol eingesetzt haben. Offenbar hängt das Matrixelement weder von M noch von J ab und ist gleich dem reduzierten Matrixelement. Im Detail kann man (D.59) auswerten, indem man links den quantenmechanischen Einheitsvektor zwischen das Skalarprodukt $\mathbf{R}_k \cdot \mathbf{S}_k$ einschiebt und jeden Teil für sich nach (D.57) reduziert. Unter Nutzung von Orthogonalitätsrelationen nach Racah (1942) (sofern nur über die Drehimpulsanteile zu mitteln ist) findet man für das *reduzierte Matrixelement des Skalarprodukts*:

$$\langle j_1' j_2' J' \, \|\mathbf{R}_k \cdot \mathbf{S}_k\| \, j_1 j_2 J \rangle = \sqrt{(2j_1' + 1)}\sqrt{(2j_2' + 1)} \tag{D.60}$$

$$\times \, (-1)^{J+j_1+j_2'} \begin{Bmatrix} j_1' & j_1 & k \\ j_2 & j_2' & J \end{Bmatrix} \langle j_1' \, \|\mathbf{R}_k\| \, j_1 \rangle \, \langle j_2' \, \|\mathbf{S}_k\| \, j_2 \rangle$$

D.3.1 Skalarprodukte von Drehimpulsoperatoren

Man kann (D.59) und (D.60) natürlich auch zur Berechnung der Matrixelemente von Skalarprodukten gekoppelter Drehimpulsoperatoren benutzen. Wesentlich einfacher (und mit gleichem Ergebnis) geschieht dies aber unter Zuhilfenahme der binomischen Formel. Als Beispiel möge das Produkt von Bahndrehimpulsoperator und Spin $\hat{L}$ und $\hat{S}$ dienen, das bei der Behandlung der Spin-Bahn-Wechselwirkung wichtig ist. Wie in Kapitel 6 diskutiert wurde, vertauscht $\hat{L} \cdot \hat{S}$ mit dem Betragsquadrat $\hat{J}^2$ des Gesamtdrehimpulsoperators $\hat{J} = \hat{L} + \hat{S}$ ebenso wie mit der Projektion $\hat{J}_z$. Im Schema der *gekoppelten Drehimpulse*, also für den Fall, dass man das System durch $|LSJM_J\rangle$ Energiezustände beschreiben kann, sind also L, S, J und M_J gute Quantenzahlen. Dann erhält man unter Anwendung der binomischen Formel mit (6.39):

$$\left\langle LSJ'M_J' \left| \hat{L} \cdot \hat{S} \right| LSJM_J \right\rangle = \frac{1}{2} \left\langle LSJ'M_J' \left| \hat{J}^2 - \hat{L}^2 - \hat{S}^2 \right| LSJM_J \right\rangle$$

$$= \frac{\hbar^2}{2} \left[J(J+1) - L(L+1) - S(S+1) \right] \delta_{J'J} \delta_{M_J'M_J} \tag{D.61}$$

Es ist aber häufig zweckmäßig, ein System in der *ungekoppelten Basis* von Eigenzuständen $|LM_L SM_S\rangle$ zu beschreiben, z.B. im Fall des starken Magnetfelds (Kapitel 8.1.3). Wenn also $\hat{L}$ und $\hat{S}$ entkoppelt sind, geht man zurück zur Definition des Skalarprodukts nach (B.4)

$$\left\langle LM_L' SM_S' \left| \hat{L} \cdot \hat{S} \right| LM_L SM_S \right\rangle = - \left\langle LM_L' SM_S' \left| \hat{L}_+ \hat{S}_- \right| LM_L SM_S \right\rangle \tag{D.62}$$

$$- \left\langle LM_L' SM_S' \left| \hat{L}_- \hat{S}_+ \right| LM_L SM_S \right\rangle + \left\langle LM_L' SM_S' \left| \hat{L}_z \hat{S}_z \right| LM_L SM_S \right\rangle$$

und benutzt nun die Definitionsgleichungen für Drehimpulse (B.11)–(B.13). Da die Operatoren $\hat{L}_q$ nur auf die LM_L Komponente des Zustandsvektors wirken und $\hat{S}_q$ nur auf die SM_S Komponente, sieht man beim Einsetzen sofort, dass nur solche Matrixelemente nicht verschwinden, für die

$$M'_L + M'_S = M_L + M_S \tag{D.63}$$

gilt. Das heißt, dass J zwar keine gute Quantenzahl des ungekoppelten System ist, wohl aber $M = M_L + M_S$. Wir erhalten also drei Typen nicht verschwindender *Matrixelemente im ungekoppelten System*:

$$\left\langle LS\ M_L + 1\ M_S - 1 \left| \hat{\boldsymbol{L}} \cdot \hat{\boldsymbol{S}} \right| LM_LSM_S \right\rangle$$

$$= \left\langle LS\ M_L + 1\ M_S - 1 \left| \hat{L}_+\hat{S}_- \right| LM_LSM_S \right\rangle$$

$$= \hbar^2 \sqrt{[L(L+1) - M_L(M_L+1)][S(S+1) - M_S(M_S-1)]/4} \tag{D.64}$$

$$\left\langle LS\ M_L - 1\ M_S + 1 \left| \hat{\boldsymbol{L}} \cdot \hat{\boldsymbol{S}} \right| LM_LSM_S \right\rangle$$

$$= -\left\langle LS\ M_L - 1\ M_S + 1 \left| \hat{L}_-\hat{S}_+ \right| LM_LSM_S \right\rangle$$

$$= \hbar^2 \sqrt{[L(L+1) - M_L(M_L-1)][S(S+1) - M_S(M_S+1)]/4} \tag{D.65}$$

$$\left\langle LS\ M_L\ M_S \left| \hat{\boldsymbol{L}} \cdot \hat{\boldsymbol{S}} \right| LM_LSM_S \right\rangle$$

$$= -\left\langle LS\ M_L\ M_S \left| \hat{L}_z\hat{S}_z \right| LM_LSM_S \right\rangle = \hbar^2 M_L M_S \tag{D.66}$$

Zahlenwerte sind am Beispiel eines ^{2}P Zustands in Tabelle D.1 zusammengestellt.

Tabelle D.1. Matrixelemente von $\hat{L}\hat{S}$ für einen ^{2}P Zustand in der ungekoppelten $|LM_LSM_S\rangle$ Basis (in Einheiten von $\hbar^2$)

$M_L M_S$	$\left|1\frac{1}{2}\right\rangle$	$\left|0\frac{1}{2}\right\rangle$	$\left|1-\frac{1}{2}\right\rangle$	$\left|-1\frac{1}{2}\right\rangle$	$\left|0-\frac{1}{2}\right\rangle$	$\left|-1-\frac{1}{2}\right\rangle$
v	2	1	0	0	-1	-2
M_J	3/2	1/2	1/2	$-1/2$	$-1/2$	$-3/2$
$\left\langle 1\frac{1}{2}\right|$	1/2					
$\left\langle 0\frac{1}{2}\right|$			$1/\sqrt{2}$			
$\left\langle 1-\frac{1}{2}\right|$		$1/\sqrt{2}$	$-1/2$			
$\left\langle -1\frac{1}{2}\right|$				$-1/2$	$1/\sqrt{2}$	
$\left\langle 0-\frac{1}{2}\right|$				$1/\sqrt{2}$		
$\left\langle -1-\frac{1}{2}\right|$						1/2

D.3.2 Matrixelemente der Kugelflächenfunktionen in LS-Kopplung

Besonders häufig werden im gekoppelten Schema auch die Matrixelemente des Operators der Kugelflächenfunktionen $\mathbf{Y}_k$ (bzw. renormiert $\mathbf{C}_k$) benötigt, die wir in Anhang D.2.2 zunächst in einer Basis reiner $n\ell$ Zustände diskutiert hatten. Für ungekoppelte Bahndrehimpulse mit den Quantenzahlen ℓ bzw. ℓ'

sind die reduzierten Matrixelemente $\langle \ell' \,\|\mathbf{C}_k\|\, \ell \rangle$ durch (D.26) gegeben. Sofern wir es mit nur einem aktiven Elektron zu tun haben (während ggf. weitere Elektronen insgesamt verschwindenden Bahndrehimpuls haben, also z.B. beim H-Atom, bei den Alkalien, beim He unterhalb der ersten Ionisationsschwelle) können wir L' und L für ℓ' bzw. ℓ einsetzen. Dann ergibt sich im gekoppelten Schema mit Spin S

$$\langle L'S'J' \,\|\mathbf{C}_k\|\, LSJ \rangle = \delta_{S'S}\sqrt{(2J+1)(2L'+1)(2L+1)} \tag{D.67}$$

$$\times (-1)^{-S-L'-L-J} \begin{Bmatrix} L' & L & k \\ J & J' & S \end{Bmatrix} \begin{pmatrix} L' & k & L \\ 0 & 0 & 0 \end{pmatrix} \,,$$

was nur dann nicht verschwindet, wenn $L'+L+k$ gerade ist. Damit wird aus (D.56)

$$\langle L'S'J'M' \,|C_{kq}|\, LSJM \rangle = \delta_{S'S}\sqrt{(2J'+1)(2J+1)(2L'+1)(2L+1)}$$

$$\tag{D.68}$$

$$\times (-1)^{M'-k-S-L'-L} \begin{pmatrix} J' & J & k \\ -M' & M & q \end{pmatrix} \begin{Bmatrix} L' & L & k \\ J & J' & S \end{Bmatrix} \begin{pmatrix} L' & k & L \\ 0 & 0 & 0 \end{pmatrix} \,.$$

Für den Fall eines (effektiven) Einelektronensystems mit $S = 1/2$ vereinfacht sich (D.67) unter Benutzung von (B.53) zu:

$$\left\langle L'\tfrac{1}{2}J' \,\|\mathbf{C}_k\|\, L\tfrac{1}{2}J \right\rangle = (-1)^{+J-3/2}\sqrt{(2J+1)} \times \begin{pmatrix} J' & J & k \\ -1/2 & 1/2 & 0 \end{pmatrix} \tag{D.69}$$

Dieser Ausdruck ist also sogar unabhängig von L und L' (wobei natürlich nach wie vor $L'+L+k$ gerade sein muss) und es ergibt sich für (D.68):

$$\langle L'SJ'M' \,|C_{kq}|\, LSJM \rangle = (-1)^{M'-3/2}\sqrt{(2J'+1)(2J+1)}$$

$$\times \begin{pmatrix} J' & J & k \\ -M' & M & q \end{pmatrix} \begin{pmatrix} J' & J & k \\ -1/2 & 1/2 & 0 \end{pmatrix} \tag{D.70}$$

Zur Bestimmung der Linienstärken von E1-Übergängen stellen wir einige Werte von $\left\langle L'\tfrac{1}{2}J' \,\|\mathbf{C}_k\|\, L\tfrac{1}{2}J \right\rangle$ für Einelektronensysteme zusammen:

$$\left\langle L'\tfrac{1}{2}J' \,\|\mathbf{C}_1\|\, L\tfrac{1}{2}J \right\rangle :$$

$J' \setminus J$	$1/2$	$3/2$	$5/2$
$1/2$	$-1/\sqrt{3}$	$1/\sqrt{3}$	0
$3/2$	$-1/\sqrt{3}$	$-1/\sqrt{15}$	$\sqrt{2/5}$
$5/2$	0	$-\sqrt{2/5}$	$-\sqrt{1/35}$

$$\tag{D.71}$$

D.3.3 Drehimpulskomponenten

Als weiteres Beispiel berechnen wir die z-Komponente eines Drehimpulses, der nur auf einen Teil eines gekoppelten Schemas wirkt. Beispiele hierfür sind die Komponente S_z oder L_z im Spin-Bahn gekoppelten Schema $|(SL)\,JM_J\rangle$ Zustände oder I_z bzw. J_z im Hyperfeinkopplungsschema $|(IJ)\,FM_F\rangle$. Wir zeigen dies an letzterem Beispiel. Für andere Fälle braucht man lediglich die Bezeichnung der Quantenzahlen auszutauschen.

Wir betrachten als Beispiel $\hat{J}_z$ im $|(JI)\,FM_F\rangle$ Schema und berechnen nach (D.57) zunächst das reduzierte Matrixelement von $\hat{\boldsymbol{J}}$:

$$\left\langle I'J'F' \left\| \hat{\boldsymbol{J}} \right\| IJF \right\rangle \tag{D.72}$$

$$= (-1)^{1+I'+J'+F} \delta_{I'I} \sqrt{(2F+1)(2J'+1)} \begin{Bmatrix} J' & J & 1 \\ F & F' & I \end{Bmatrix} \langle J' \| J \| J \rangle$$

$$= \hbar(-1)^{1+I'+J'+F} \delta_{I'I} \delta_{J'J} \sqrt{(2F+1)J(J+1)(2J'+1)} \begin{Bmatrix} J' & J & 1 \\ F & F' & I \end{Bmatrix} \quad,$$

wobei wir im letzten Schritt von (D.9) Gebrauch gemacht haben. Nach dem Wigner-Eckart-Theorem (D.5) werden die nicht verschwindenden Matrixelemente:

$$\langle JIF'M_F' |J_z| JIFM_F \rangle \tag{D.73}$$

$$= (-1)^{F-1+M_F} \delta_{M_F'M_F} \sqrt{2F'+1} \begin{pmatrix} F' & F & 1 \\ -M_F & M_F & 0 \end{pmatrix} \left\langle JIF' \left\| \hat{\boldsymbol{J}} \right\| JIF \right\rangle$$

Setzen wir nun (D.72) ein, so erhalten wir:

$$\langle J'IF'M_F' |J_z| JIFM_F \rangle = \hbar(-1)^{2F+M_F+I'+J'} \delta_{J'J} \delta_{M_F'M_F} \tag{D.74}$$

$$\times \sqrt{(2F'+1)(2F+1)(2J+1)(J+1)J} \begin{pmatrix} F' & F & 1 \\ -M_F & M_F & 0 \end{pmatrix} \begin{Bmatrix} J & J & 1 \\ F & F' & I \end{Bmatrix}$$

Die Matrixelemente sind also in M_F, I und J diagonal. Wir können schließlich noch die expliziten Ausdrücke (B.38) und (B.37) für die $3j$-Symbole einsetzen und unterscheiden zwei Fälle:

(a) $F' = F$

$$\frac{\langle JIFM_F |J_z| JIFM_F \rangle}{\hbar} =$$

$$(-1)^{3F+I+J} \delta_{J'J} \delta_{M_F'M_F} \frac{M_F \sqrt{(2F+1)(2J+1)(J+1)J}}{\sqrt{F(F+1)}} \begin{Bmatrix} J & J & 1 \\ F & F & I \end{Bmatrix}$$

$$= \frac{(-1)^{2I+2J+1}}{2} M_F \frac{F(F+1)+J(J+1)-I(I+1)}{F(F+1)} \tag{D.75}$$

(b) $F' = F + 1$

$$\frac{\langle JI\,(F+1)\,M_F \,|J_z|\, JIFM_F \rangle}{\hbar} = (-1)^{3F+I+J+1} \left\{ \begin{array}{ccc} J & J & 1 \\ F & F+1 & I \end{array} \right\}$$

$$\times \sqrt{\frac{2\,(F+M_F+1)\,(F-M_F+1)\,(2J+1)(J+1)J}{(2F+2)}}$$

$$= \frac{(-1)^{3F+F'+2I+2J+1}}{2} \sqrt{1 - \left(\frac{M_F}{F+1}\right)^2} \qquad (D.76)$$

$$\times \sqrt{\frac{(J+I-F)\,(F+J+I+2)\left((F+1)^2+(J-I)^2\right)}{(2F+1)\,(2F+3)}}$$

Im letzten Schritt haben wir je die expliziten Ausdrücke (B.54) bzw. (B.55) für die 6j-Symbole eingesetzt und gelangen so zu kompakten Ausdrücken.

D.4 Elektromagnetisch induzierte Übergänge

Wir wollen als wichtige Anwendungsbeispiele für das hier aufbereitete „Handwerkzeug" die Übergangsmatrixelemente für elektrische Dipolübergänge (E1), für elektrische Quadrupolübergänge (E2) und für magnetische Dipolübergänge (M1) berechnen.

D.4.1 Elektrische Dipolübergänge

Zunächst behandeln wir die Emission oder Absorption eines Photons durch einen E1-Übergang. Die Wahrscheinlichkeit für den Prozess wird – wie in Kapitel 4 ausführlich diskutiert – durch Dipolübergangsmatrixelemente, genauer durch die Produktquadrate dieser Matrixelemente vom Typ

$$|\langle \gamma' J'M' \,|\boldsymbol{r}|\, \gamma JM \rangle|^2 = |\langle \gamma' \,|\boldsymbol{r}|\, \gamma \rangle|^2 \left| \sum_{q=-1}^{1} \langle J'M' \,|C_{1q}|\, JM \rangle \cdot \boldsymbol{e}_q^* \right|^2 \qquad (D.77)$$

gegeben. Da $\mathbf{C}_1$ als Tensor vom Rang 1 angesehen werden kann, enthält dieser Ausdruck im Prinzip die $(2 \times 1 + 1)(2 \times 1 + 1)$ Komponenten des Produkttensors. Man kann dies vorteilhaft ebenfalls in irreduzibler Form durch Tensoren vom Rang 0 (im Wesentlichen die Gesamtintensität), Rang 1 (sogenannte Orientierung) und Rang 2 (sogenannte Alignment) darstellen. Wir werden darauf in Band 2 dieses Buches noch zurückkommen.

Für kleine Atome charakteristisch ist LS-Kopplung mit dem Schema $|\gamma LSJM\rangle$ bzw. $|\gamma'L'S'J'M'\rangle$. In diesem Fall werden die Auswahlregeln durch das Matrixelement $\langle S'L'J'M' \,|C_{1q}|\, SLJM \rangle$ bestimmt. Gleichung (D.68) faktorisiert dieses Matrixelement in seine wichtigen Bestandteile. Mit $\Delta S = 0$

ändert sich hier bei einem elektromagnetisch induzierten Übergang der Gesamtspin nicht. Nun ist für E1-Übergänge $k = 1$ und mit $q = 0, \pm 1$ liest man zunächst in (D.68) am ersten 3j-Symbole für J und M die Auswahlregeln $\Delta M = q$ und $\delta(J1J') = 1$ ab. Somit wird $M' = M \pm 1$ bzw. $M' = M$ und $J' = J \pm 1$ oder $J' = J$, wobei jedoch Übergänge $0 \leftrightarrow 0$ verboten sind. Schließlich gibt das letzte 3j-Symbol die Paritätsauswahlregel $L' = L \pm 1$.

D.4.2 Elektrische Quadrupolübergänge

Nach (5.42) ist das entscheidende Übergangsmatrixelement für E2-Übergänge

$$\hat{T}_{ab}(E2) \propto \langle b\,|Q_{2q+}|\,a\rangle = \frac{1}{\sqrt{2}}\,\langle b\,|r^2|\,a\rangle\,[(-1)^q\,\langle b\,|C_{2q}|\,a\rangle + \langle b\,|C_{2-q}|\,a\rangle]$$

(D.78)

$$\text{bzw.} \quad \propto \langle b\,|Q_{2q-}|\,a\rangle = \frac{1}{\sqrt{2}\,\mathrm{i}}\,\langle b\,|r^2|\,a\rangle\,[(-1)^q\,\langle b\,|C_{2q}|\,a\rangle - \langle b\,|C_{2-q}|\,a\rangle]\quad,$$

wobei wir die Definitionsgleichungen (D.52) und (D.53) eingesetzt haben. Da $k = 2$ ist, stellen wir fest, dass $q = 0, \pm 1, \pm 2$ sein kann. Bei LS-Kopplung ziehen wir wieder (D.68) zur Auswertung heran. Wieder gilt $\Delta S = 0$, und an den 3j-Symbolen lesen wir ab, dass wegen der Dreiecksregel $\delta(JJ'2) = 1$ der Gesamtdrehimpuls J sich jetzt um 0, um ± 1 oder auch um ± 2 Einheiten ändern kann, hier mit der Einschränkung $0 \leftrightarrow 0$ *und* $1/2 \leftrightarrow 1/2$. Daraus folgt mit $\Delta M = q$ jetzt, dass Übergänge mit $M' = M$ sowie $= M \pm 1$ und ebenso $= M \pm 2$ möglich sind, was zu einer entsprechend strukturierten Quadrupolstrahlungscharakteristik führt. Außerdem gilt für die Paritätsauswahlregel $L' = L \pm 2$.

D.4.3 Magnetische Dipolübergänge

Das die Auswahlregeln bestimmende Matrixelement ist nach (5.40) für M1-Übergänge

$$\hat{T}_{ba}(\mathrm{M1}) \propto \left\langle b\,\middle|\hat{L} + 2S\middle|\,a\right\rangle_{B}\quad,$$

(D.79)

wobei wir mit dem Index B andeuten, dass es hier um die Projektion des Bahndrehimpulses $\hat{L}$ und des Spins S auf die Richtung des HF-Magnetfelds geht, das den Übergang induzieren soll. Diese spezielle Polarisationsabhängigkeit wird wieder durch das Wigner-Eckart-Theorem (D.6) berücksichtigt. Da es sich um einen Dipolübergang handelt ist $k = 1$, und wir erhalten:

$$\left\langle b\,\middle|\hat{J} + S\middle|\,a\right\rangle_{B} = \langle b|a\rangle_{rad}\,(-1)^{J-1+M'}\,\sqrt{2J'+1}$$

(D.80)

$$\times \begin{pmatrix} J' & J & 1 \\ -M' & M & q \end{pmatrix} \left[\left\langle J'\,\middle\|\hat{L}\middle\|\,J\right\rangle + 2\left\langle J'\,\middle\|\hat{S}\middle\|\,J\right\rangle\right]$$

Mit $\langle b|a\rangle_{rad}$ bezeichnen wir das Überlappintegral des Radialteils der Wellenfunktion von Anfangs und Endzustand. Das $3j$-Symbol bestimmt die Auswahlregel für die magnetische Quantenzahl M, wobei q sich in diesem Fall auf die Richtung des Magnetfeldvektors bezieht (im Gegensatz zu E1-Übergängen, wo die Richtung des E-Vektors den Übergang bestimmt). Zeigt der B-Vektor in z-Richtung (liegen Polarisationsvektor e und der Wellenvektor k also in der xy-Ebene), so ist $q = 0$ und es wird $M = M'$. Um Übergänge $\Delta M = \pm 1$ anzuregen ($q = \pm 1$), muss der B-Vektor des den Übergang induzierenden Feldes also senkrecht zur z-Achse liegen. Bei den typischen, durch Hochfrequenz (HF) oder Mikrowellen (MW) induzierten Übergängen in einem statischen Magnetfeld B_{st} bedeutet dies, dass der B-Vektor des HF-Felds in der Regel senkrecht zu B_{st} liegen muss.

Die beiden reduzierten Matrixelemente in (D.80) bestimmen die Auswahlregeln für die Quantenzahlen J, L und S für den Gesamtdrehimpuls, Bahndrehimpuls und Spin bei LS-Kopplung. Sie sind nach (D.57) bzw. (D.58) im gekoppelten Schema auszuwerten. Nach (D.9) wird außerdem $\langle L' \|\mathbf{L}\| L\rangle = \delta_{L'L}\hbar\sqrt{L(L+1)}$ und $\langle S' \|\mathbf{S}\| S\rangle = \delta_{S'S}\hbar\sqrt{S(S+1)}$. Somit erhalten wir

$$\langle L'S'J' \|\mathbf{L}\| LSJ\rangle = \delta_{S'S}\delta_{L'L}(-1)^{k+L'+S'+J}\sqrt{(2J+1)(2L'+1)}$$

$$\times \begin{Bmatrix} L & L & 1 \\ J & J' & S \end{Bmatrix} \hbar\sqrt{L(L+1)} \quad \text{sowie} \qquad (D.81)$$

$$\langle L'S'J' \|\mathbf{S}\| LSJ\rangle = \delta_{S'S}\delta_{L'L}(-1)^{k+L+S+J'}\sqrt{(2J+1)(2S'+1)}$$

$$\times \begin{Bmatrix} S & S & 1 \\ J & J' & L \end{Bmatrix} \hbar\sqrt{S(S+1)} \ , \qquad (D.82)$$

weshalb Gesamtspin und Gesamtbahndrehimpuls sich bei einem M1-Übergang in LS-Kopplung nicht ändern. Dagegen kann $J' = J \pm 1$ oder $J' = J$ unter Beachtung von $0 \leftrightarrow 0$ sein. Da außerdem bei ansonsten gleicher Konfiguration die Radialwellenfunktionen zu unterschiedlichen Hauptquantenzahlen orthogonal sind, verschwindet $\langle b|a\rangle_{rad}$ nur dann nicht, wenn der M1-Übergang innerhalb eines elektronischen Zustands erfolgt. Freilich gelten diese Regeln nur, wenn das LS-Kopplungsschema streng gilt. Bei Konfigurationsmischung oder jj-Kopplung muss man die Verhältnisse im Detail genauer untersuchen. Schließlich bemerken wir noch, dass die vorstehenden Überlegungen ganz analog auch für ein hyperfeingekoppeltes Schema entwickelt werden können.

D.5 Radialmatrixelemente

Neben den bisher behandelten winkelabhängigen Komponenten von Matrixelementen, sind in der Regel auch Radialkomponenten zu berechnen, welche in den obigen Ausdrücken mit $\langle \gamma' \ldots |\mathbf{T}_{kq}| \gamma \ldots\rangle$ angedeutet wurden. In der Regel kann man diesen Radialteil völlig vom Winkelanteil abtrennen.

Wir geben hier als ein wichtiges Beispiel zur Berechnung von Radialmatrixelementen geschlossene Ausdrücke für $\langle \gamma' |r| \gamma\rangle$ an. Diese Matrixelemente

werden z.B. bei der in Kapitel 4 beschriebenen Berechnung von Übergangswahrscheinlichkeiten oder in Kapitel 8 bei der Behandlung des Stark-Effekts
benötigt. Man muss dazu natürlich die radialen Eigenfunktionen des untersuchten Systems kennen – und auf diese Weise wird auch dort, wo die Bahndrehimpulsquantenzahl im Winkelanteil herausfiel, wie bei (D.69), wieder eine
L Abhängigkeit berücksichtigt.

In geschlossener Form lassen sich diese Matrixelemente allerdings nur für
das Wasserstoffatom und H-ähnliche Atome angeben. Hier kann man einfach
die bekannten radialen Wellenfunktionen (2.108) benutzen und die Integrale
ausführen:

$$\langle n'\ell' \,|r|\, n\ell \rangle = \frac{4}{n^2 n'^2} \sqrt{\frac{(n-\ell-1)!}{[(n+\ell)!]^3}} \sqrt{\frac{(n'-\ell'-1)!}{[(n'+\ell')!]^3}} \tag{D.83}$$

$$\times \int_0^\infty L_{n'+\ell'}^{2\ell'+1}(\rho') L_{n+\ell}^{2\ell+1}(\rho) r e^{-\rho/2} e^{-\rho'/2} \rho^\ell \rho'^{\ell'} r^2 \mathrm{d}r \quad,$$

mit $\rho = 2Zr/(na_0)$ bzw. $\rho' = 2Zr/(n'a_0)$ und den assoziierten Laguerre'schen
Polynomen

$$L_{n+\ell}^{2\ell+1}(\rho) = \sum_{k=0}^{n-\ell-1} (-1)^{k+1} \frac{[(n+\ell)!]^2}{(n-\ell-1-k)!\,(2\ell+1+k)!} \frac{\rho^k}{k!} \quad.$$

Dies lässt sich für nicht allzugroße Werte von n und ℓ bequem in geschlossener Form mit einem Standard-Rechenprogramm (Maple, Mupad, Mathe-
matica) am PC integrieren. Wir stellen in Tabelle D.2 einige Ergebnisse für
$\langle n'\ell' \,|r|\, n\ell \rangle$ in (atomaren) Einheiten a_0/Z zusammen.

Tabelle D.2. Radialmatrixelemente für das Wasserstoffatom und H-ähnliche Atome

n_1	ℓ_1	n_2	ℓ_2	$\langle r \rangle$	$\langle r \rangle$
				a_0/Z	a_0/Z
1	0	2	1	$128\sqrt{6}/243$	1.290
1	0	3	1	$27\sqrt{6}/128$	0.516
1	0	4	1	$6144\sqrt{15}/78\,125$	0.304
1	0	5	1	$250\sqrt{30}/6561$	0.208
2	0	3	1	$13\,824\sqrt{12}/15\,625$	3.064
2	0	4	1	$512\sqrt{30}/2187$	1.282
2	0	5	1	$576\,000\sqrt{60}/5764\,801$	0.774
2	1	3	0	$3456\sqrt{18}/15\,625$	0.383
2	1	3	2	$27\,648\sqrt{180}/78\,125$	4.748

Will man auch hohe Werte von n und ℓ evaluieren, so gibt es günstigere
Alternativen, wie sie z.B. von Towle et al. (1996) beschrieben wurden. Dabei

reicht es aus, $\langle n', \ell - 1 \,|r|\, n, \ell \rangle$ zu berechnen. Man erhält dann ein Resultat in Form von zwei aufsteigenden Polynomen in der Variablen $-4nn'/(n - n')^2$, das groß wird, wenn n und n' groß sind und $|n - n'|$ klein ist. Um numerische Schwierigkeiten zu vermeiden, werden diese in Form von absteigenden Polynomen geschrieben. Für $n' \neq n$ ergibt sich (wieder in Einheiten von a_0/Z):

$$
\begin{aligned}
\langle n', \ell - 1 \,|r|\, n, \ell \rangle = {}& \frac{(-)^{n'-\ell}}{4Z} \left[\frac{(n' + \ell - 1)! \, (n + \ell)!}{(n' - \ell)! \, (n - \ell - 1)!} \right]^{1/2} \\
& \times \frac{(4n'n)^{\ell+1}}{(n' + n)^{n'+n}} \left[\frac{(4n'n)^{\nu} \, (n - n')^{N-\nu-1} \, N!}{(2\ell - 1 + \nu)! \, (N - \nu)!} \right. \\
& \times \; {}_2F_1\left(-\nu, -2\ell + 1; N - \nu + 1; x\right) \\
& - \frac{(-4n'n)^{\nu'} \, (n - n')^{N'-\nu'-1} \, N'!}{(n + n')^2 \, (2\ell - 1 + \nu')! \, (N' - \nu')!} \\
& \left. \times \; {}_2F_1\left(-\nu', -2\ell + 1 - \nu'; N' - \nu' + 1; x\right) \right]
\end{aligned}
\tag{D.84}
$$

Dabei ist ${}_2F_1\left(\alpha, \beta; \gamma; x\right)$ die hypergeometrische Reihe:

$$
{}_2F_1\left(\alpha, \beta; \gamma; \chi\right) = \sum_t \frac{(\alpha)_t \, (\beta)_t}{(\gamma)_t \, t!} x^t
\tag{D.85}
$$

$$
\begin{aligned}
\text{mit} \quad & (\alpha)_t = \alpha \, (\alpha + 1) \cdots (\alpha + t - 1) \\
& x = -\left(n' - n\right)^2 / 4n'n \\
& \nu = \min(n'_r, n_r) \quad N = \max(n'_r, n_r), \\
& \nu' = \min(n'_r, n_r + 2) \quad N' = \max(n'_r, n_r + 2)
\end{aligned}
$$

und $n_r = n - \ell$ und $n'_r = n' - \ell - 1$ sind Radialquantenzahlen. Die hypergeometrische Reihe bricht stets ab, da α und β negative Zahlen sind. Umfangreiche Tabellen für die Linienstärken $S\left(n'\ell'sj' - n\ell sj\right)$ bzw. Linienintensitäten $(2j' + 1) A\left(jj'\right)$ (mit dem Einstein-Koeffizienten $A\left(jj'\right)$ entsprechend (4.100)) für wasserstoffartige Rydbergatome findet man bei Towle et al. (1996). Da auch für andere Atome die Termlagen und Wellenfunktionen bei hohem n und ℓ nahezu wasserstoffartig sind, haben diese Ergebnisse generelle Bedeutung.

E

Parität und Reflexionssymmetrie

E.1 Parität

Die in (4.115) abgeleitete Auswahlregel $\Delta\ell = \pm 1$ kann man eleganter auch auf die sogenannte Paritätserhaltung des Gesamtsystems zurückführen. Der Paritätsoperator $\hat{\mathcal{P}}$ bezieht sich auf die räumliche Symmetrie eines Zustands und ist definiert durch:

$$\hat{\mathcal{P}}\psi(\boldsymbol{r}) = \psi(-\boldsymbol{r}) \tag{E.1}$$

Das Zentralkraftproblem haben wir in Polarkoordinaten beschrieben und mit $\boldsymbol{r} \to -\boldsymbol{r}$ wird aus $(r, \theta, \varphi) \to (r, \pi - \theta, \varphi + \pi)$. Solange die Wechselwirkung räumlich isotrop ist (Coulomb-Potenzial) hat die Inversion keinen Einfluss auf den Hamilton-Operator, also kommutieren $\hat{\mathcal{P}}$ und $\hat{H}$

$$\left[\hat{\mathcal{P}}, \hat{H}\right] = 0 \quad,$$

d. h. die Eigenfunktionen des Hamilton-Operators sind auch Eigenfunktionen des Paritätsoperators. Wir unterscheiden atomare Zustände mit positiver bzw. negativer Parität

$$\hat{\mathcal{P}}\psi(\boldsymbol{r}) = \psi(-\boldsymbol{r}) = \pm\psi(\boldsymbol{r}) \quad.$$

$\hat{\mathcal{P}}$ hat also die Eigenwerte $P_{at} = \pm 1$. Explizite wird

$$\hat{\mathcal{P}}\psi_{n\ell m}(\boldsymbol{r}) = \hat{\mathcal{P}}R_{n\ell}(r)Y_{\ell m}(\theta, \varphi) = R_{n\ell}(r)Y_{\ell m}(\pi - \theta, \varphi + \pi) \quad.$$

Mit der Definition der Kugelflächenfunktionen (2.72)–(2.74) ist

$$Y_{\ell m}(\pi - \theta, \varphi + \pi) = (-1)^{\ell}Y_{\ell m}(\theta, \varphi) \quad.$$

Die Parität der Zustände $\psi_{n\ell m}(\boldsymbol{r})$ ist also $P_{at} = (-1)^{\ell}$. Daher gilt wegen (4.68) insbesondere auch $\hat{\mathcal{P}}(e_0 \boldsymbol{r}) = -e_0 \boldsymbol{r}$, d. h. der Dipoloperator hat *negative Parität*. Wir halten außerdem fest, dass das Produkt zweier Funktionen mit ungerader Parität gerade Parität hat, das Produkt von zwei Funktionen ungleicher Parität aber ungerade Parität. Schließlich bemerken wir, dass ein Integral $\int_0^{2\pi} \int_0^\pi F(\boldsymbol{r}) \mathrm{d}\Omega$ dann verschwindet, wenn $F(\boldsymbol{r})$ ungerade Parität hat. Damit $\int_0^{2\pi} \int_0^\pi Y_{\ell_b m_b}(\theta, \varphi)\, \boldsymbol{r} Y_{\ell_a m_a}(\theta, \varphi)\, \mathrm{d}\Omega$ nicht verschwindet, muss also $Y_{\ell_b m_b}(\theta, \varphi) Y_{\ell_a m_a}(\theta, \varphi)$ ungerade Parität haben. Übergänge sind daher nur erlaubt, wenn sich die Parität zwischen Anfangs- $|\ell_a m_a\rangle$ und Endzustand $|\ell_b m_b\rangle$ ändert. Ein Dipolübergang verbindet also nur Zustände ungleicher Parität.

Die Auswahlregel (4.115) $\Delta\ell = \pm 1$ sorgt gerade dafür, dass dies so ist. Schreibt man dem Photon die Parität $P_{ph} = -1$ zu, dann kann man sagen, dass die Gesamtparität $P_{at} \times P_{ph}$ des Systems Atom + Photon erhalten bleibt (das Photon wird bei Absorption vernichtet, bei Emission erzeugt).

E.2 Reelle und komplexe Basiszustände, Reflexionssymmetrie

An dieser Stelle sind einige kurze Bemerkungen zur Wahl der Basiszustände oder Wellenfunktionen angebracht, die je nach zu behandelndem atomaren Problem unterschiedlich sein wird. Bislang haben wir ausschließlich die $|LSJM\rangle$ bzw. $|SM_S LM_S\rangle$ Repräsentation benutzt. Wir haben aber schon gesehen, dass eine andere Symmetrie einem Problem wie dem der Wechselwirkung mit einem elektrischen Feld besser angepasst sein kann, da hier die Quantenzahl $|M|$ erhalten bleibt und das Vorzeichen von M in der Regel keine Rolle spielt. Auch haben wir in Kapitel 4 gelernt, dass optische Anregung zu einer linearen Superposition von Zuständen führen kann, die aus mehreren Basiszuständen vom Typ $|LSJM\rangle$ bestehen kann. *All diese linearen Kombinationen* sind per Definition ebenfalls *reine Zustände* und man kann eine unendliche Zahl solcher Zustände finden, die nach entsprechender Orthonormierung als angemessene Basis dienen können. In den üblichen quantenmechanischen Lehrbüchern wird die $|JM\rangle$ meist überbetont, und man könnte leicht glauben, dass dies die einzigen Zustände sind, die man bei einer Untersuchung der Zustandsverteilung eines atomaren Systems finden kann. Das ist nur dann richtig, wenn die Messung das System nach Betrag $\hat{\boldsymbol{J}}^2$ und z-Komponente $\hat{J}_z$ des Drehimpulses charakterisiert und durch die Messung solche Zustände auswählt, die beide Operatoren gleichzeitig diagonalisiert, sodass

$$\hat{\boldsymbol{J}}^2 |JM\rangle = J(J+1)\, \hbar^2 |JM\rangle \qquad (\text{E.2})$$

$$\hat{J}_z |JM\rangle = M\,\hbar\, |JM\rangle$$

In Gegenwart eines magnetischen Feldes, das in z-Richtung zeigt, bleibt der Hamilton-Operator ebenfalls diagonal in dieser Basis, wie wir gesehen haben. Seine Eigenschaften, zusammen mit der Tatsache, dass die entsprechenden Kopplungs- und Drehmatrizen so intensiv tabelliert und mit einem flexiblen Formelapparat ausgestattet sind, macht ihre generelle Benutzung so attraktiv. Den Preis, den man dafür zu zahlen hat, ist die Benutzung von Linearkombinationen oft schon bei relativ einfachen Situationen, wie etwa der Wechselwirkung mit einem statischen elektrischen Feld oder bei einer Dipolanregung.

Nehmen wir z.B. den Fall der Anregung eines Atoms mit linear polarisiertem Licht. Wenn kein externes Magnetfeld anwesend ist, erscheint es
schon etwas künstlich, die hantelförmige Ladungsverteilung Abb. 4.19 auf
Seite 149, welche bei einem $^1S_0 \rightarrow {}^1P_1$ Übergang durch linear polarisiertes Licht angeregt wird, durch eine lineare Überlagerung der komplexen
$Y_{1\pm1}$ Wellenfunktionen (4.122) zu beschreiben. Hierfür wären als Basis von
vornherein lineare Kombinationen der Kugelflächenfunktionen sinnvoller. Da
$Y_{k-q}(\theta,\varphi) = (-1)^q\, Y_{kq}(\theta,\varphi)^*$ definiert man die reellen Kugelflächenfunktionen:

$$Y_{kq+}(\theta,\varphi) = \frac{1}{\sqrt{2}}\left[(-1)^q \cdot Y_{kq}(\theta,\varphi) + Y_{k-q}(\theta,\varphi)\right]\ ,\ 0 < q \le k$$

$$Y_{kq-}(\theta,\varphi) = \frac{1}{i\sqrt{2}}\left[(-1)^q \cdot Y_{kq}(\theta,\varphi) - Y_{k-q}(\theta,\varphi)\right]\ ,\ 0 < q \le k$$

$$Y_{k0+}(\theta,\varphi) = Y_{k0}(\theta,\varphi)$$

$$Y_{k0-} = 0 \tag{E.3}$$

Wir diskutieren hier als Prototyp die Funktionen vom Rang $k = 1$, um
die Nützlichkeit dieser Definition zu illustrieren.[1] Entsprechende Relationen
hatten wir mit (4.65) bereits für den Zusammenhang zwischen reellen und
komplexen Einheitspolarisationsvektoren festgestellt. Mit den expliziten Ausdrücken für Y_{kq} nach Tabelle 2.1 auf Seite 66 findet man:

$$Y_{11+} = \left(\frac{3}{4\pi}\right)^{1/2} \cdot \sin\theta \cdot \cos\varphi = \left(\frac{3}{4\pi}\right)^{1/2} \frac{x}{r} =: |p_x\rangle$$

$$Y_{11-} = \left(\frac{3}{4\pi}\right)^{1/2} \cdot \sin\theta \cdot \sin\varphi = \left(\frac{3}{4\pi}\right)^{1/2} \frac{y}{r} =: |p_y\rangle$$

$$Y_{10+} = \left(\frac{3}{4\pi}\right)^{1/2} \cdot \cos\theta = \left(\frac{3}{4\pi}\right)^{1/2} \frac{z}{r} =: |p_z\rangle$$

$$Y_{10-} = 0 \tag{E.4}$$

Abbildung E.1 illustriert den Winkelanteil dieses alternativen Basissatzes
$|p_x\rangle$, $|p_y\rangle$, $|p_z\rangle$ für einen $^1P_1$ Zustand und vergleicht mit den üblichen komplexen Funktionen. Offensichtlich stellen diese reellen Kugelflächenfunktionen
hantelförmige Zustände dar, wie man sie mit linear polarisiertem Licht anregen kann, dessen E-Vektor parallel zu den $x^{(at)}$, $y^{(at)}$ und $z^{(at)}$-Achsen zeigt.
Man nennt diese speziellen, reellen Basisfunktionen auch p_x-, p_y- bzw. p_z-
Orbitale. Diese reellen Funktionen spielen insbesondere in der Molekülphysik eine zentrale Rolle, wo das elektrostatische Feld zwischen zwei Atomen
die entsprechende z-Achse vorgibt. Alle 5 verschiedenen, in Abb. E.1 gezeigten Basiszustände kann man individuell durch optische Anregung in einem
$^1S_0 \rightarrow {}^1P_1$ Übergang präparieren:

---

[1] Für $k > 1$ werden die Ausdrücke lediglich etwas komplizierter, die Argumentation
   bleibt ähnlich.

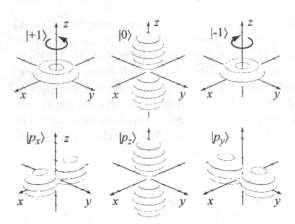

Abb. E.1. Winkelanteile der komplexen (oben) und reellen (unten) Basis zur Beschreibung eines beliebigen $^1P_1$ Zustands

Reflektionssymmetrie in Bezug auf die x-y Ebene

a) Der komplexe Satz: Y_{10} wird angeregt durch linear polarisiertes Licht, das sich in der $x^{(at)}$-$y^{(at)}$ Ebene ausbreitet und dessen E Vektor parallel zur $z^{(at)}$-Achse zeigt. $Y_{1\pm1}$ wird dagegen mit LHC bzw. RHC zirkular polarisiertem Licht angeregt, das sich in $z^{(at)}$-Richtung ausbreitet.

b) Der reelle Satz: Y_{10} wie eben, während Y_{11+} (Y_{11-}) durch linear polarisiertes Licht angeregt wird, das in der y^{at}-z^{at} (x^{at}-z^{at}) Ebene propagiert und dessen E Vektor parallel zu x^{at} (y^{at}) zeigt.

Man verifiziert leicht, dass die reellen Kugelflächenfunktionen nach (E.3) orthonormal

$$\int Y_{kqp}(\theta, \varphi) \cdot Y_{k'q'p'}(\theta, \varphi) \, \mathrm{d}\Omega = \delta_{kk'} \, \delta_{qq'} \, \delta_{pp'} \tag{E.5}$$

aber natürlich nicht Eigenfunktionen irgendeiner Projektion des Drehimpulses $\hat{L}_z$, $\hat{L}_y$ oder $\hat{L}_x$ sind. Sie sind jedoch Eigenzustände von $\hat{L}^2$ und $\hat{L}_z^2$

$$\hat{L}^2 Y_{kqp} = k(k+1)\,\hbar^2 Y_{kqp}$$
$$\hat{L}_z^2 Y_{kqp} = q^2\,\hbar^2 Y_{kqp} \quad \text{mit} \quad q = 0, 1, \ldots, k \quad . \tag{E.6}$$

Diese Zustände sind daher dann besonders nützlich, wenn das Vorzeichen des Drehimpulses unbekannt ist, wenn also das zu beschreibende Problem keine spezifische Orientierung vorgibt. Man benutzt diese Basis daher typisch für die Beschreibung von Molekülzuständen, von Atomen im elektrischen Feld, bei Stoßprozessen etc. Dabei ist es hilfreich, dass die reellen Zustände wohl definierte Reflexionssymmetrie aufweisen – nicht nur in Bezug auf die x-y Ebene (das ist ja auch eine Ebene mit Reflexionssymmetrie in der komplexen Basis), sondern auch in Bezug auf die x-z und y-z Ebene.

Reflexion einer Wellenfunktion an der x-z Ebene bedeutet einfach Ersetzen von φ durch $-\varphi$. Bei den komplexen Kugelflächenfunktionen führt das zu $Y_{kq}(\theta, -\varphi) = Y_{kq}^*(\theta, \varphi) = (-1)^q \cdot Y_{k-q}(\theta, \varphi)$. Setzt man dies in die Definition der reellen Kugelflächenfunktionen (E.3) ein so findet man für *Reflexion in der x-z Ebene*:

$$\hat{\sigma}_v(xz)\ Y_{kqp} = p\ Y_{kqp} \quad \text{mit} \quad p = \pm 1 \quad , \tag{E.7}$$

wobei wir den Reflexionsoperator $\hat{\sigma}_v(xz)$ eingeführt haben. Für einen p-Zustand kann man sich das auch anhand von Abb. E.1 auf der vorherigen Seite klarmachen, wenn man sich erinnert, dass die Inversion der Wellenfunktion am Ursprung

$$\hat{\mathcal{P}}\, Y_{kq}\left(\frac{\boldsymbol{r}}{r}\right) = Y_{kq}\left(\frac{-\boldsymbol{r}}{r}\right) = (-1)^k \cdot Y_{kq}\left(\frac{\boldsymbol{r}}{r}\right) \tag{E.8}$$

ergibt (mit dem Paritätsoperator $\hat{\mathcal{P}}$): das Vorzeichen auf jeder Seite der $k = 1$ Hantel ist verschieden.

Reflexionssymmetrie ist eine wichtige Eigenschaft atomarer und molekularer Systeme. So ist sie z.B. bei Stoßprozessen in Bezug auf die Streuebene eine Erhaltungsgröße und auch für Moleküle ist Reflexionssymmetrie der Wellenfunktion ein charakteristischer Parameter. Diese wichtige Größe wird uns daher in Band 2 dieses Buches weiter beschäftigen, wo wir die Definition auch auf halbzahlige Quantenzahlen erweitern.

E.3 Vielelektronensysteme

Der Paritätsbegriff lässt sich problemlos auf Vielelektronensysteme übertragen: sofern sich die Gesamtwellenfunktion als Produkt von Einelektronenwellenfunktionen (bzw. eine entsprechende Slater-Determinante) schreiben lässt, ist die Gesamtparität eines $\mathcal{N}$-Elektronensystems einfach das Produkt der Paritäten für jedes einzelne Elektron. Für eine Konfiguration $\{\ell_1\ell_2..\ell_i..\ell_{\mathcal{N}}\}$ ist die Parität also einfach gerade oder ungerade je nachdem ob

$$\sum_1^{\mathcal{N}} \ell_i \tag{E.9}$$

gerade oder ungerade ist. Zu summieren ist dabei über alle Elektronen, in der Praxis genügt es aber in der Regel, lediglich die offenen Unterschalen zu berücksichtigen.

F

Vektorpotenzial, Dipolnäherung, Oszillatorenstärke

F.1 Wechselwirkung des elektromagnetischen Wellenfeldes mit einem Elektron

Wegen ihrer Anschaulichkeit und Kompaktheit benutzen wir in diesem Buch – bis auf wenige Ausnahmen – zur Beschreibung der Wechselwirkung einer elektromagnetischen Welle mit einem geladenen Teilchen die sogenannte *Dipollängennäherung*, die wir hier etwas näher begründen und ergänzen wollen.

F.1.1 Vektorpotenzial

Quantenmechanisch korrekt ist der Impulsoperator $\hat{\boldsymbol{p}} = -\mathrm{i}\hbar\boldsymbol{\nabla}$ eines Teilchens der Ladung q im elektromagnetischen Feld durch $\hat{\boldsymbol{p}}_{Feld} = \hat{\boldsymbol{p}} - q\boldsymbol{A}$ zu ersetzen, wobei $\boldsymbol{A} = \boldsymbol{A}(r,t)$ das **Vektorpotenzial des Feldes** ist. Damit wird der Hamilton-Operator eines Elektrons im Feld:

$$\widehat{H} = \frac{\hat{\boldsymbol{p}}_{Feld}^2}{2m_e} + V(\boldsymbol{r}) = \frac{1}{2m_e}(\hat{\boldsymbol{p}} + e_0\boldsymbol{A})^2 + V(\boldsymbol{r}) \tag{F.1}$$

$$= \frac{\hat{\boldsymbol{p}}^2}{2m_e} + V(\boldsymbol{r}) + \frac{e_0\boldsymbol{A}\cdot\hat{\boldsymbol{p}}}{m_e} + \frac{e_0^2}{2m_e}\boldsymbol{A}^2 \tag{F.2}$$

Zur **Generalisierung** sei hier angemerkt, das man **für Vielelektronensysteme** statt p und r für jedes Elektron i entsprechend $\boldsymbol{p}_i$ und $\boldsymbol{r}_i$ einzusetzen und über alle Elektronen zu summieren hat, dass also insbesondere für den Wechselwirkungsoperator

$$\frac{e_0\boldsymbol{A}\cdot\hat{\boldsymbol{p}}}{m_e} \rightarrow \frac{e_0\boldsymbol{A}}{m_e}\cdot\sum_{i=1}^{N}\hat{\boldsymbol{p}}_i \tag{F.3}$$

zu ersetzen ist. Der Übersichtlichkeit halber beschränken wir uns im Folgenden aber auf *ein* aktives Elektron.

Um (F.2) aus (F.1) zu erhalten, wurde bereits Gebrauch von der

$$\textbf{Coulomb-Eichung} \quad \nabla \cdot \boldsymbol{A} = 0 \qquad \text{(F.4)}$$

des Vektorpotenzials gemacht. Das Vektorpotenzial hängt mit den elektrischen und magnetischen Feldvektoren $\boldsymbol{E}$ und $\boldsymbol{B}$ eines externen Feldes wie folgt zusammen:

$$\boldsymbol{E}(\boldsymbol{r},t) = -\frac{\partial}{\partial t}\boldsymbol{A}(\boldsymbol{r},t) + \nabla V_{ext} \quad \text{und} \quad \boldsymbol{B}(\boldsymbol{r},t) = \nabla \times \boldsymbol{A}(\boldsymbol{r},t) \qquad \text{(F.5)}$$

$V_{ext}(\boldsymbol{r},t)$ ist dabei ein ggf. zusätzlich zum inneratomaren Potenzial wirkendes externes Potenzialfeld. Sofern ein solches anliegt, muss man es zu $V(\boldsymbol{r})$ in (F.1) und (F.2) hinzunehmen. Nicht enthalten sind in dieser Formulierung natürlich alle mit dem Elektronenspin zusammenhängenden Wechselwirkungen, die aus der Dirac-Gleichung folgen (einschließlich der Spin-Bahn-Wechselwirkung).

Das Vektorpotenzial einer elektromagnetischen Welle beschreiben wir durch[1]

$$\boldsymbol{A}(\boldsymbol{r},t) = \frac{A_0}{2}\left(\boldsymbol{e}\, e^{\mathrm{i}(\boldsymbol{kr}-\omega t)} + \boldsymbol{e}^*\, e^{-\mathrm{i}(\boldsymbol{kr}-\omega t)}\right) = A_0 \boldsymbol{e}\cos\left(\boldsymbol{kr}-\omega t\right)$$

$$\text{mit} \quad A_0 = \frac{1}{\omega}\sqrt{\frac{2I}{c\epsilon_0}} = \frac{E_0}{\omega}, \qquad \text{(F.6)}$$

$$\text{sodass} \quad \boldsymbol{E}(\boldsymbol{r},t) = \frac{\mathrm{i}E_0}{2}\left(\boldsymbol{e}\, e^{\mathrm{i}(\boldsymbol{kr}-\omega t)} - \boldsymbol{e}^*\, e^{-\mathrm{i}(\boldsymbol{kr}-\omega t)}\right)$$

$$= E_0 \boldsymbol{e}\sin\left(\boldsymbol{kr}-\omega t\right) \quad . \qquad \text{(F.7)}$$

Dabei ist I die Intensität des elektrischen Felds, wie man durch Mittelung über eine Periode (Faktor $1/2$) aus dem klassischen Ausdruck für die Energiedichte

$$u = \frac{1}{2}\overline{(\epsilon_0 \boldsymbol{E}^2 + \boldsymbol{B}^2/\mu_0)} = \frac{I}{c}$$

mit (F.6) und (F.5) leicht verifiziert.

Wir weisen noch darauf hin, dass wir hier die Feldgrößen bewusst für monochromatische Wellen definiert haben. Der notwendige Übergang zum kontinuierlichen Spektrum geschieht erst am Ende der Störungsrechnung, wo man problemlos $I \to I(\omega)\mathrm{d}\omega$ ersetzen und sich damit auf eine Intensität $I(\omega)$ oder Energiedichte $u(\omega) = I(\omega)/c$ pro Kreisfrequenzintervall beziehen kann. Abschließend ist dann ggf. über $\mathrm{d}\omega$ zu integrieren.

---

[1] In der Literatur findet man für die Amplitude A_0 auch eine um den Faktor 2 abweichende Definition. Physikalisch relevant ist nur der insgesamt vor der Exponentialfunktion (F.6) stehende Ausdruck $\sqrt{2I(\omega)/c\epsilon_0}/2\omega$.

F.1.2 Statisches magnetisches Feld

Hier ein kleiner Ausflug zu statischen Magnetfeldern. In Umkehrung von (F.5) wird für ein extern angelegtes, homogenes magnetisches Feld B das Vektorpotenzial[2]

$$A = -\frac{1}{2}r \times B = \frac{1}{2}B \times r \,. \qquad (F.8)$$

Für ein solches konstantes B-Feld wird der Hamilton-Operator (F.2) also

$$\widehat{H} = \frac{\hat{p}^2}{2m_e} + V(r) + \frac{e_0}{2m_e}\hat{L} \cdot B + \frac{e_0^2 A^2}{2m_e} \,, \qquad (F.9)$$

wobei für den dritten Term die Identität der Spatprodukte $(B \times r) \cdot \hat{p} = B \cdot (r \times \hat{p})$ und die Definition des Drehimpulses $\hat{L} = r \times \hat{p}$ benutzt wurde. Dieser Term entspricht exakt (6.20) mit (6.19), also dem in Kapitel 1 und Kapitel 6 etwas heuristisch abgeleiteten Wechselwirkungspotenzial eines externen Magnetfelds mit dem magnetischen Moment des Bahndrehimpulses.

Der letzte Term in (F.9) führt zu einer in der Regel kleinen Korrektur

$$\frac{e_0^2 A^2}{2m_e} = \frac{e_0^2}{8m_e}r^2 B^2 \sin\theta \,, \qquad (F.10)$$

wobei θ der Winkel zwischen externem B-Feld und Ortsvektor r im Atom ist. Wir schätzen, sagen wir für 30 T bei $r = a_0$, einen Maximalwert von ca. 5×10^{-8} eV ab. Der Term spielt also in der Spektroskopie nur eine Rolle bei extremen Genauigkeitsansprüchen, höchsten Feldern oder bei sehr großen Bahnradien, also bei Rydbergzuständen. Andererseits ist es gerade dieser Term, der für den Diamagnetismus aller Materie verantwortlich ist.

F.1.3 Vertauschungsregeln

Für die nachfolgenden Überlegungen leiten wir einen wichtigen Zusammenhang zwischen den Matrixelementen von Impuls und Ort ab. Wir benutzen dazu die allgemeinen quantenmechanischen Vertauschungsregeln zwischen kanonisch konjugierten Orts- und Impulskoordinaten der Elektronen i und j. Für jedes Elektron gilt ja

---

[2] Man verifiziert den nachfolgenden Ausdruck mithilfe der Vektoranalysis und des Entwicklungssatzes für ein dreifaches Vektorprodukt:

$$\nabla \times \left(-\frac{1}{2}r \times B\right) = -\frac{1}{2}\left[B \cdot \nabla r - r \cdot \nabla B + r\nabla \cdot B - B\nabla \cdot r\right]$$

Die ersten beiden Ausdrücke sind Richtungsgradienten, wobei $B \cdot \nabla r = B$ und $r \cdot \nabla B = 0$ ist, da wir ein homogenes B-Feld angenommen haben. Auch der dritte Term verschwindet wegen $\nabla \cdot B = \mathrm{div}\, B \equiv 0$. Der vierte ergibt $-3B$ wegen $\mathrm{div}\, r = 3$. Somit wird die ganze rechte Seite $-(1/2)(B - 3B) = B$ und reproduziert somit die Definition (F.5) von B.

$$[x_i, \hat{p}_{yj}] = 0 \quad \text{und} \quad [x_i, \hat{p}_{xj}] = i\hbar\delta_{ij} \quad \text{etc.} \tag{F.11}$$

und mit der Identität

$$[\hat{a}, \hat{b}^2] = [\hat{a}, \hat{b}]\,\hat{b} + \hat{b}\,[\hat{a}, \hat{b}] \tag{F.12}$$

wird

$$[x_i, \widehat{H}] = \frac{i\hbar}{m_e}\hat{p}_i \quad \text{und} \quad [r, \widehat{H}] = \frac{i\hbar}{m_e}\hat{p}, \tag{F.13}$$

wobei $r = \sum r_i$ und $\hat{p} = \sum \hat{p}_i$ gesetzt wurde. Nun gilt für die Matrixelemente zwischen zwei Eigenzuständen $|a\rangle$ und $|b\rangle$ des Hamilton-Operators

$$\left\langle b \left| [r, \widehat{H}] \right| a \right\rangle = (W_b - W_a)\langle b\,|r|\,a\rangle = W_{ba}\langle b\,|r|\,a\rangle\,. \tag{F.14}$$

Setzen wir (F.13) ein und schreiben $(W_b - W_a)/\hbar = W_{ba}/\hbar = \omega_{ba}$, so wird die gesuchte Beziehung zwischen den Matrixelementen von $\hat{p}$ und r:

$$\langle b\,|\hat{p}|\,a\rangle = i m_e \omega_{ba}\langle b\,|r|\,a\rangle \tag{F.15}$$

F.1.4 Ponderomotorisches Potenzial

Bevor wir die Matrixelemente der Wechselwirkung mit dem elektromagneti-schen Feld nach (F.2) im Detail auswerten, werfen wir nochmals einen Blick auf den zu A^2 proportionalen Term im Hamilton-Operator (F.2) für den Fall der Wechselwirkung einer elektromagnetischen Welle mit dem untersuchten Atom bzw. Molekül. Setzt man A nach (F.6) ein und mittelt über eine Peri-ode (Faktor $1/2$), so führt dieser zu einer Zusatzenergie

$$U_p = \frac{e_0^2 A^2}{2m_e} = \frac{e_0^2 I}{2\epsilon_0 c m_e \omega^2}\,. \tag{F.16}$$

Man stellt volle Übereinstimmung mit dem auf klassische Weise abgeleiteten Ausdruck (8.128) für das ponderomotorische Potenzial U_p fest, das in Kapitel 8.9.1 ausführlich diskutiert wird. Im Rahmen der üblichen Laserspektrosko-pie bildet dieser Term in aller Regel eine vernachlässigbar kleine Störung. Er führt aber, wie in Kapitel 8.9.1 beschrieben, zu sehr interessanten und wich-tigen Phänomenen, wenn man die Untersuchungsobjekte hohen und höchsten Intensitäten aussetzt, wie man sie mit heutigen Kurzpulslasern erzeugen kann.

F.1.5 Reihenentwicklung der Störung und Dipolnäherung

Es geht nun also um die zu $A \cdot \hat{p}$ proportionale Wechselwirkung in (F.2), welche die elektromagnetischen Übergänge induziert. Mit (F.6) wird diese

$$\hat{U}(r,t) = \frac{e_0}{m_e} \frac{A_0}{2} \left(e\, e^{i(kr-\omega t)} + e^* e^{-i(kr-\omega t)} \right) \cdot \hat{p} \qquad (F.17)$$

$$= \frac{T_0}{2} \left(\hat{T} e^{-i\omega t} - \hat{T}^* e^{+i\omega t} \right) ,$$

wobei wir zur Abkürzung den Übergangsoperator $\hat{T}$

$$\hat{T} = \frac{e^{ik \cdot r}}{\omega m_e} e \cdot \hat{p} = \frac{-i\hbar e^{ik \cdot r}}{\omega m_e} e \cdot \nabla \qquad (F.18)$$

und die Amplitude

$$T_0 = e_0 \omega A_0 = e_0 E_0 = e_0 c B_0 = e_0 \sqrt{\frac{2I}{c\epsilon_0}} \qquad (F.19)$$

eingeführt haben. Für elektromagnetische Wellen im IR, VIS, UV und VUV Bereich ist die Wellenlänge in der Regel sehr groß gegen die Abmessungen der untersuchten Atome und Moleküle. Wir können daher von $k \cdot r \ll 1$ ausgehen und die Exponentialfunktion entwickeln, sodass

$$\hat{T} = \frac{1 + ik \cdot r + \dots}{\omega m_e} e \cdot \hat{p} \qquad (F.20)$$

wird. Wenn wir uns auf den ersten Term beschränken, so nennt man das die *Dipolnäherung* und spricht von E1-*Übergängen*. Die **Übergangsmatrixelemente** von $\hat{T}$ zwischen zwei Eigenzuständen $|a\rangle$ und $|b\rangle$ des Hamilton-Operators sind also in Dipolnäherung

$$\hat{T}_{ab} = \frac{1}{\omega_{ba} m_e} \langle a \,| e \cdot \hat{p} |\, b \rangle = -i \frac{\hbar}{\omega_{ba} m_e} \langle a \,| e \cdot \nabla |\, b \rangle = i \langle b \,| e \cdot r |\, a \rangle , \qquad (F.21)$$

wobei wir im letzten Schritt von (F.15) Gebrauch gemacht haben. Die Matrixelemente des Wechselwirkungspotenzials schreiben sich also in Dipolnäherung entweder

$$\hat{U}_{ab}(t) = \left\langle a \left| \hat{U}(r,t) \right| b \right\rangle = -\frac{i}{2} \frac{e_0 \hbar}{\omega m_e} \sqrt{\frac{2I(\omega)}{c\epsilon_0}} \langle a \,|\nabla| \, b \rangle \cdot \left(e\, e^{-i\omega t} + e^* e^{+i\omega t} \right) \qquad (F.22)$$

oder

$$\hat{U}_{ab}(t) = \left\langle a \left| \hat{U}(r,t) \right| b \right\rangle = \frac{i}{2} E_0 \langle a \,|e_0 r| \, b \rangle \cdot \left(e\, e^{-i\omega t} - e^* e^{+i\omega t} \right) \qquad (F.23)$$

Die letztere Form ist identisch mit dem Ergebnis der heuristischen Überlegungen in Kapitel 4.2.2. Streng mathematisch sind beide Formulierungen im

Rahmen der Dipolnäherung völlig äquivalent, sofern die benutzten Wellen-funktionen exakt sind. Da diese aber – bis auf das H-Atom – nur approxi-miert werden können, gibt es in der Praxis leichte Unterschiede, und beide Varianten werden in der Literatur benutzt. Man spricht im ersteren Fall von der *Dipol-Längen-Näherung*, im letzteren Fall von der *Dipol-Geschwindigkeits-Näherung*, da $\hat{p} = m_e \hat{v}$.

F.2 Oszillatorenstärke

F.2.1 Definition

Man findet in der Literatur verschiedene Definitionen der sogenannte Linien-stärke $S(j_b j_a)$. Wir halten uns an Condon und Shortley (1951), und benutzen die über alle Polarisationen q, Anfangs- *und* Endzustände (m_a, m_b) eines Ni-veaus summierte Größe. Mit (4.96) und den Orthogonalitätsrelationen der $3j$-Symbole nach (B.25) definieren[3] wir die *Linienstärke* zu:

Linienstärke: $\quad S(j_b j_a) = \sum_{m_b\, m_a\, q} |\langle \gamma_b j_b m_b |r_q| \gamma_a j_a m_a \rangle|^2$

$$= |\langle \gamma_b |r| \gamma_a \rangle|^2 \sum_{m_b\, m_a\, q} |\langle j_b m_b |C_{1q}| j_a m_a \rangle|^2 \qquad (\text{F.24})$$

$$= |\langle \gamma_b |r| \gamma_a \rangle|^2 (2j_b + 1) \langle j_b \|\mathbf{C}_1\| j_a \rangle^2 \sum_q \sum_{m_b\, m_a} \begin{pmatrix} j_a & 1 & j_b \\ m_a & q & m_b \end{pmatrix}^2$$

$$= (2j_b + 1) |\langle \gamma_b |r| \gamma_a \rangle|^2 \langle j_b \|\mathbf{C}_1\| j_a \rangle^2 .$$

Mit den Definitionen (4.67) für r_q ist dies völlig äquivalent zu der häufig in der Literatur anzutreffenden Beziehung

$$S(j_b j_a) = \sum_{m_b\, m_a} |\langle \gamma_b j_b m_b |r| \gamma_a j_a m_a \rangle|^2 \qquad (\text{F.25})$$

$$= \sum_{m_b\, m_a} \left[|\langle b|x|a \rangle|^2 + |\langle b|y|a \rangle|^2 + |\langle b|z|a \rangle|^2 \right]$$

Für einen Übergang zwischen zwei Niveaus $j_b m_b \leftarrow j_a m_a$ definiert man (un-symmetrisch) die dimensionslose[4]

---

[3] In der Literatur findet man häufig auch die Definition $S(j_b j_a) = \sum_{m_b\, m_a\, q} |\langle \gamma_b j_b m_b |e_0 r_q| \gamma_a j_a m_a \rangle|^2$. Die hier benutzte Definition erlaubt eine kom-paktere Schreibweise der Ausdrücke für die A und B Koeffizienten sowie für die Oszillatorenstärke f_{ba}.

[4] Wir benutzen hier $W_0 a_0^2 = \hbar^2/m_e$ (s. z.B. Anhang A).

Oszillatorenstärke: $f_{ba} = \dfrac{2m_e}{3\hbar} \dfrac{\omega_{ba} S(j_b j_a)}{g_a} = \dfrac{2W_{ba}}{3W_0} \dfrac{S(j_b j_a)}{a_0^2 g_a}$ \hfill (F.26)

$$= \frac{2m_e \hbar \omega_{ba}}{3\hbar^2} \sum_{m_b} |\langle \gamma_b j_b m_b |r| \gamma_a j_a m_a \rangle|^2 \quad \text{oder} \quad \text{(F.27)}$$

$$= \frac{2}{3} \frac{W_{ba}}{W_0} \sum_{m_b} |\langle \gamma_b j_b m_b |r/a_0| \gamma_a j_a m_a \rangle|^2 \,, \quad \text{(F.28)}$$

wobei in der letzten Zeile Energie und Radialmatrixelement in atomaren Einheiten W_0 bzw. a_0 gemessen wird.

Alternativ kann man für einen isotrop besetzten Anfangszustand auch schreiben

$$f_{ba} = 2\frac{W_{ba}}{W_0} |r_{ba}/a_0 \cdot e|^2 = 2\frac{W_{ba}}{W_0} |z_{ba}/a_0|^2 = 2\frac{m_e \omega_{ba}}{\hbar} |z_{ba}|^2 \,, \quad \text{(F.29)}$$

wobei sich der rechte Ausdruck für linear polarisiertes Licht mit $e \parallel z$ ergibt. Im Vergleich dazu mitteln die Ausdrücke (F.26)–(F.28) durch Summation über alle m_b und Division durch 3, sodass alle drei Koordinaten in $|r|^2 = |x|^2 + |y|^2 + |z|^2$ gleichviel zur Summe beitragen. Um die Identität von (F.26) und (F.29) explizite zu zeigen notieren wir zunächst, dass nach (4.67) mit dem Wigner-Eckart Theorem (D.5) gilt:

$$|z_{ba}|^2 = |\langle \gamma_b j_b m_b |r_0| \gamma_a j_a m_a \rangle|^2 =$$

$$|\langle \gamma_b |r| \gamma_a \rangle|^2 (2j_b + 1) \langle j_b \|C_1\| j_a \rangle^2 \begin{pmatrix} j_a & 1 & j_b \\ m_a & 0 & -m_a \end{pmatrix}^2 \quad \text{(F.30)}$$

Für den räumlich isotrop besetzten Anfangszustand wird man (F.29) noch über alle m_a summieren, und durch die Entartung g_a dividieren. Summation über m_a bringt mit der Orthogonalitätsrelation (B.23) für 3j-Symbole einen Faktor 1/3, sodass wir durch Vergleich mit (F.24)

$$\frac{1}{g_a} \sum_{m_a} |z_{ba}|^2 = \frac{1}{3} \frac{S(j_b j_a)}{g_a}$$

erhalten. Wir fassen damit die Definitionen (F.26) und (F.29) der Oszillatorenstärke zusammen:

$$f_{ba} = \frac{2m_e \omega_{ba}}{3\hbar} \frac{S(j_b j_a)}{g_a} = 2\frac{m_e \omega_{ba}}{\hbar} |z_{ba}|^2 = \frac{2m_e \omega_{ba}}{\hbar} \frac{1}{g_a} \sum_{m_a} |z_{ba}|^2 \quad \text{(F.31)}$$

Umgekehrt kann man alternativ zu (F.24) auch schreiben:

$$S(j_b j_a) = 3g_a |r_{ba} \cdot e|^2 = 3g_a |z_{ba}|^2 \,. \quad \text{(F.32)}$$

F.2.2 Die Thomas-Reiche-Kuhn Summenregel

Man summiert die Oszillatorenstärke nach (F.29) über alle Endzustände und schreibt die Ausdrücke geschickt um:

$$\sum_b f_{ba} = \sum_b \frac{2m_e\omega_{ba}}{\hbar}\,|z_{ba}|^2 = \sum_b \frac{2m_e\omega_{ba}}{\hbar}\,\langle a\,|z|\,b\rangle\,\langle b\,|z|\,a\rangle \qquad \text{(F.33)}$$

$$= \sum_b \frac{1}{i\hbar}\,[im_e\omega_{ba}\,\langle a\,|z|\,b\rangle\,\langle b\,|z|\,a\rangle - im_e\omega_{ab}\,\langle a\,|z|\,b\rangle\,\langle b\,|z|\,a\rangle]$$

Sodann setzt man (F.15) ein, sodass

$$\sum_b f_{ba} = \frac{1}{i\hbar}\sum_b [\langle a\,|z|\,b\rangle\,\langle b\,|p_z|\,a\rangle - \langle a\,|p_z|\,b\rangle\,\langle b\,|z|\,a\rangle]$$

$$= \frac{1}{i\hbar}\,[\langle a\,|zp_z|\,a\rangle - \langle a\,|p_zz|\,a\rangle] = \frac{\langle a\,|zp_z - p_zz|\,a\rangle}{i\hbar} = 1 \qquad \text{(F.34)}$$

wird, wobei wir im zweiten Schritt einfach die Vollständigkeitsrelation $\hat{1} = \sum_b |b\rangle\,\langle b|$ und schließlich (F.11) sowie die Normierung $\langle a|a\rangle = 1$ benutzt haben. Somit gilt mit (F.34) die wichtige *Thomas-Reiche-Kuhn'sche*

$$\textbf{Summenregel} \quad \sum_b f_{ba} = 1 \qquad\qquad\qquad \text{(F.35)}$$

Man kann diesen Ausdruck auch noch über alle Anfangszustände $|a\rangle = |j_a m_a\rangle$ mitteln, d. h. über m_a summieren und durch die Entartung des Anfangszustands $g_a = (2j_a + 1)$ dividieren. Das ändert natürlich nichts am Ergebnis (F.35) der Summation (F.33), da ja stets über alle anderen Zustände b summiert wird. Die Oszillatorenstärke für Dipolübergänge wird in der Atom- und Molekülphysik häufig gebraucht. Sie erlaubt es, die Stärke von Übergängen verschiedener Atome zu vergleichen. Es gilt $f_{ba} \le 1$ und der klassische Referenzwert ist die Abstrahlung eines oszillierenden Elektrons mit einer Oszillatorenstärke von 1.

Wir haben die Summenregel soeben nur für *ein* (effektives) Einelektronensystem abgeleitet. *Für Systeme mit $\mathcal{N}_e$ aktiven Elektronen* muss man $e_0 z$ durch $\sum_1^{\mathcal{N}_e} e_0 z^{(i)}$ ersetzen und kann sodann die obige Ableitung sinngemäß erweitern. Dies führt lediglich in der Schlusssumme über alle Elektronen zu einem zusätzlichen Faktor $\mathcal{N}_e$, sodass schließlich gilt:

$$\textbf{Summenregel für } \mathcal{N}_e \textbf{ Elektronen} \quad \sum_b f_{ba} = \mathcal{N}_e \qquad \text{(F.36)}$$

Wir weisen schließlich noch darauf hin, dass die hier diskutierte Summation über alle Endzustände natürlich auch über das Ionisationskontinuum geführt werden muss. Im Kontinuum wird der Zustand $|b\rangle$ normiert pro Einheitsenergieintervall. Die Oszillatorenstärke im Kontinuum ist ebenfalls auf dieses

Einheitsenergieintervall zu beziehen, muss also $\mathrm{d}f/\mathrm{d}W = \hbar^{-1}\mathrm{d}f/\mathrm{d}\omega$ geschrieben werden. Die Summation (F.36) bedeutet demnach (unter Einschluss des Kontinuums), dass über alle diskreten Zustände bis zur Ionisationsgrenze W_I zu summieren und danach zu integrieren ist:

$$\sum_b f_{ba} = \sum_b^{diskret} f_{ba} + \int_{W_I}^{\infty} \frac{\mathrm{d}f}{\mathrm{d}W}\mathrm{d}W \tag{F.37}$$

Es ist klar, dass $\lim_{W \to \infty}(\mathrm{d}f/\mathrm{d}W) = 0$ sein muss.

G

Kontinuum

G.1 Normierung von Kontinuumsfunktionen

Nach Bethe und Salpeter (1957), Gl. 4.11, gilt für die Normierung im kontinuierlichen Spektrum:

$$\int_0^\infty \mathrm{d}r\, r^2 R_{T\ell}(r) \int_{T-\Delta T}^{T+\Delta T} R_{T'\ell}(r)\mathrm{d}T' = 1 \qquad (\text{G}.1)$$

Man sagt, die Radialwellenfunktionen seien auf der T-Skala normiert. Dabei ist T irgendeine Funktion von k. Man kann damit jede Kontinuumsfunktion darstellen als

$$\sum_{\ell m} Y_{\ell m}(\theta, \varphi) \int_k \mathrm{d}T(k) a_{T\ell m} R_{T\ell}(r)$$

Der Zusammenhang zwischen Normierung in T-Skala und k-Skala ergibt sich aus

$$R_T = \left(\frac{\mathrm{d}T}{\mathrm{d}k}\right)^{-1/2} R_k = \sqrt{\frac{\mathrm{d}k}{\mathrm{d}T}} R_k$$

und im Coulombpotenzial wird asymptotisch

$$R_\ell(r) = \frac{b}{r} \cos\left(kr + \frac{Z}{k}\ln(2\,kr) - \delta_\ell\right)$$

$$= \frac{b}{2r} \exp\left(ikr + \frac{Z}{k}\ln(2\,kr) - \delta_\ell\right) + cc \qquad (\text{G}.2)$$

Die Normierung auf der k-Skala erhält man (unter Vernachlässigung der langsamen Änderung der log. Phase) aus

$$\frac{1}{2} \int_{k-\Delta k}^{k+\Delta k} dk' \exp\left(i\left(k'r - \tilde{\delta}_\ell\right)\right) + cc$$

$$= \frac{2}{2r} \left[\begin{array}{l} \exp(i\left(kr - \tilde{\delta}_\ell\right) \frac{1}{2i} \left[\exp\left(i\Delta kr\right) - \exp\left(-i\Delta kr\right)\right] \\ + \exp(-i\left(kr - \tilde{\delta}_\ell\right) \frac{1}{2i} \left[\exp\left(i\Delta kr\right) - \exp\left(-i\Delta kr\right)\right] \end{array} \right]$$

$$= 2\cos\left(k'r - \tilde{\delta}_\ell\right) \frac{\sin \Delta kr}{r}$$

und Integration über alle r, wobei der schnell oszillierende Term $\cos^2\left(k'r - \tilde{\delta}_\ell\right)$ durch den Mittelwert $1/2$ ersetzt wird:

$$2b^2 \int_0^\infty dr\, r^2 \frac{1}{r} \cos\left(k'r - \tilde{\delta}_\ell\right) \frac{1}{r} \cos\left(k'r - \tilde{\delta}_\ell\right) \frac{\sin \Delta kr}{r} = b^2 \frac{\pi}{2}$$

da $\int_0^\infty \frac{\sin(|a|r)}{r} dr = \frac{1}{2}\pi$.

Somit wird in Normierung auf der k-Skala $b = \sqrt{2/\pi}$

$$R_{k\ell}(r) = \sqrt{\frac{2}{\pi}} \frac{1}{r} \cos\left(kr + \frac{Z}{k}\ln(2\,kr) - \delta_\ell\right) \tag{G.3}$$

Die Dimension von $R_{k\ell}(r)$ wird nach (G.1) $[R^2]\,[r^2]\,[dr]\,[dk] = 1$ mit $[dr]\,[dk] = 1 \Rightarrow [R] = \frac{1}{L}$ was auf jeden Fall mit dem Faktor $\frac{1}{r}$ realisiert ist. Wenn wir statt dessen $1/(r/a_0)$ schreiben, ist auch im Integral (G.1) r^2/a_0^2 zu schreiben. Also braucht (G.3) keine weiteren Normierungsfaktoren.

Anders, wenn wir das in der W-Skala schreiben. Mit $W_0 = \frac{(e_0)^4 m_e}{(4\pi\epsilon_0\hbar)^2}$ und $a_0 = \frac{4\pi\epsilon_0\hbar^2}{m_e(e_0)^2} W_e = \frac{\hbar^2 k_e^2}{2m_e}$ ergibt sich

$$\frac{W_e}{W_0} = \frac{(4\pi\epsilon_0\hbar^2)^2}{(e_0)^4 m_e^2} \frac{k_e^2}{2} = \frac{a_0^2 k_e^2}{2}$$

$$W_e = W_0 \frac{a_0^2 k_e^2}{2}$$

Man beachte den Faktor $1/2$ (daher findet man in der Literatur häufig die Normierung auf Energien in Rydberg Einheiten, wir bleiben strikt bei atomaren Einheiten W_0).

$$k_e = \sqrt{\frac{W_e}{W_0} \frac{2}{a_0^2}}$$

Damit wird

$$\frac{\mathrm{d}k_e}{\mathrm{d}W_e} = \sqrt{\frac{2}{W_0 a_0^2}} \frac{\mathrm{d}}{\mathrm{d}W_e} \sqrt{W_e} = \sqrt{\frac{2}{W_0 a_0^2}} \frac{1}{2\sqrt{W_e}} = \sqrt{\frac{1}{\frac{2W_e}{W_0} W_0^2 a_0^2}}$$

oder $\dfrac{\mathrm{d}W_e}{\mathrm{d}k_e} = k_e$ in atomaren Einheiten.

Und die Normierung von R in der W-Skala wird

$$R_{W\ell}(r) = \sqrt{\frac{2}{\pi}} \sqrt{\frac{\mathrm{d}k_e}{\mathrm{d}W_e}} \frac{1}{r/a_0} \cos\left(kr + \frac{Z}{k}\ln(2\,kr) - \delta_\ell\right) =$$

$$= \sqrt{\frac{2}{\pi k}} \frac{1}{r} \cos\left(kr + \frac{Z}{k}\ln(2\,kr) - \delta_\ell\right)$$

$$= \sqrt{\frac{1}{a_0 W_0/2}} \pi^{-1/2} \left(\frac{W_e}{W_0/2}\right)^{-1/4} \frac{1}{r/a_0} \cos\left(kr + \frac{Z}{k}\ln(2\,kr) - \delta_\ell\right)$$

$$= \sqrt{\frac{1}{a_0 W_0/2}} \pi^{-1/2} \left(\frac{W_e}{W_0/2}\right)^{-1/4} \frac{1}{r/a_0} \cos\left(kr + \frac{Z}{k}\ln(2\,kr) - \delta_\ell\right)$$

Das entspricht genau der Normierung von Cooper (1962) (dort werden allerdings atomare Einheiten nicht explizite benutzt und die Energien werden in Rydberg gemessen):

$$R_{W\ell}(r) \to \pi^{-1/2}\epsilon^{-1/4}\frac{1}{r}\cos\left(kr + \frac{Z}{k}\ln(2\,kr) - \delta_\ell\right) \qquad (G.4)$$

G.2 Ebene Welle

Eine ebene Welle kann in Kugelflächenfunktionen zerlegt werden:

$$e^{i\boldsymbol{k}\cdot\boldsymbol{r}} = 4\pi \sum_{\ell=0}^{\infty} i^\ell j_\ell(kr) \sum_{m=-\ell}^{m=\ell} Y_{\ell m}^*(\theta_k, \varphi_k) Y_{\ell m}(\theta_r, \varphi_r) \qquad (G.5)$$

Dabei sind (r, θ_r, φ_r) die Polarkoordinaten von $\boldsymbol{r}$, (θ_k, φ_k) gibt die Richtung des Wellenvektors $\boldsymbol{k}$ an, und $j_\ell(kr) = u_\ell(kr)/(kr)$ sind sphärische Besselfunktionen, die man als Lösungen der radialen Schrödinger-Gleichung (2.98) für verschwindendes Potenzial findet:

$$\frac{1}{2}\frac{\mathrm{d}^2 u_\ell}{\mathrm{d}r^2} - \left[\frac{k^2}{2} + \frac{\ell(\ell+1)}{2r^2}\right] u_\ell(r) = 0 \qquad (G.6)$$

Die einfachsten davon sind, wie man leicht verifiziert,

$$j_0(x) = \frac{\sin x}{x} \text{ und } j_1(x) = \frac{\sin x}{x^2} - \frac{\cos x}{x} \quad , \tag{G.7}$$

und alle weiteren kann man im Prinzip mithilfe der Rekursionsformel

$$j_{\ell-1}(x) + j_{\ell+1}(x) = \frac{2\ell + 1}{x} j_\ell(x) \tag{G.8}$$

berechnen. Asymptotisch gilt

$$j_\ell(x) = \begin{cases} x^\ell / [(2\ell + 1)(2\ell - 1)(2\ell - 3) \ldots] & \text{für } x \ll \ell \\ \sin(x - \ell\pi/2)/x & \text{für } x \gg \ell \end{cases} . \tag{G.9}$$

Mit dem Additionstheorem (D.20) und dem Winkel γ zwischen $\boldsymbol{k}$ und $\boldsymbol{r}$ kann man (G.5) auch schreiben:

$$e^{i\boldsymbol{k}\cdot\boldsymbol{r}} = \sum_{\ell=0}^{\infty} (2\ell + 1) i^\ell j_\ell(kr) P_\ell(\cos\gamma) \tag{G.10}$$

Literaturverzeichnis

Agostini, P. und L. F. DiMauro: 2004, 'The physics of attosecond light pulses'. *Rep. Prog. Phys.* **67**, 813–855.

Ammosov, M. V., N. B. Delone und V. P. Krainov: 1986, 'Tunnel ionization of complex atoms and of atomic ions in an alternating electromagnetic field'. *Sov. Phys. JETP* **64**, 1191–1194.

Angeli, I.: 2004, 'A consistent set of nuclear rms charge radii: properties of the radius surface R (N, Z)'. *Atomic Data and Nuclear Data Tables* **87**, 185–206.

Arndt, M., O. Nairz, J. Vos-Andreae, C. Keller, G. van der Zouw und A. Zeilinger: 1999, 'Wave-particle duality of C_{60} molecules'. *Nature* **401**, 680–682.

Attwood, D.: 2007, *Soft X-Rays and Extreme Ultraviolet Radiation, Principles and Applications*. Cambridge, UK: Cambridge University Press.

Balcou, P., R. Haroutunian, S. Sebban, G. Grillon, A. Rousse, G. Mullot, J. P. Chambaret, G. Rey, A. Antonetti, D. Hulin, L. Roos, D. Descamps, M. B. Gaarde, A. L'Huillier, E. Constant, E. Mevel, D. von der Linde, A. Orisch, A. Tarasevitch, U. Teubner, D. Klopfel und W. Theobald: 2002, 'High-order-harmonic generation: towards laser-induced phase-matching control and relativistic effects'. *Appl. Phys. B* **74**, 509–515.

Beth, R. A.: 1936, 'Mechanical Detection and Measurement of the Angular Momentum of Light'. *Phys. Rev.* **50**, 115–125.

Bethe, H. A.: 1947, 'The Electromagnetic Shift of Energy Levels'. *Phys. Rev.* **72**, 339–341.

Bethe, H. A. und E. E. Salpeter: 1957, *Quantum Mechanis of One- and Two-Electron Atoms*. Berlin, Göttingen, Heidelberg: Springer Verlag.

Bohr, N. H. D.: 1922, 'Nobelpreis: for his services in the investigation of the structure of atoms and of the radiation emanating from them'
http://nobelprize.org/nobel_prizes/physics/laureates/1922/.

Born, M.: 1927, 'Das Adiabatenprinzip in der Quantenmechanik'. *Zeitschr. f. Physik* **40**, 167–192.

Boyd, R. W. und D. J. Gauthier: 2002, '"Slow" and "fast" light'. In: *Progress in Optics*, Vol. 43. pp. 497–530.

Breit, G. und I. Rabi: 1931, 'Measurement of Nuclear Spin'. *Phys. Rev.* **38**, 2082–2083.

Brink, D. und G. Satchler: 1994, *Angular Momentum*. Oxford: Oxford University Press, 3rd edition.

Buckingham, A.: 1967, 'Permanent and Induced Molecular Moments and Long-Range Intermolecular Forces'. *Adv. Chem. Phys.* **12**, 107.

Burgess, A. und M. J. Seaton: 1960, 'A General Formula for the Calculation of Atomic Photo-Ionization Cross Sections'. *Monthly Notices of the Royal Astronomical Society* **120**, 121–151.

Campbell, E. E. B., K. Hansen, K. Hoffmann, G. Korn, M. Tchaplyguine, M. Wittmann und I. V. Hertel: 2000, 'From above threshold ionization to statistical electron emission: The laser pulse-duration dependence of C-60 photoelectron spectra'. *Phys. Rev. Lett.* **84**, 2128–2131.

Carter, R. T. und J. R. Huber: 2000, 'Quantum beat spectroscopy in chemistry'. *Chem. Soc. Rev.* **29**, 305–314.

Cederberg, J., J. Nichol, E. Frodermann, H. Tollerud, G. Hilk, J. Buysman, W. Kleiber, M. Bongard, J. Ward, K. Huber, T. Khanna, J. Randolph und D. Nitz: 2005, 'An anomaly in the isotopomer shift of the hyperfine spectrum of LiI'. *J. Chem. Phys.* **123**, 134321.

COSE, Committee Optical Science and Engineering: 1998, *Harnessing Light: Optical Science and Engineering for the 21st Century*. Washington, D.C: National Academy Press.

Compton, R. N., J. A. D. Stockdale, C. D. Cooper, X. Tang und P. Lambropoulos: 1984, 'Photoelectron Angular-Distributions from Multiphoton Ionization of Cesium Atoms'. *Phys. Rev. A* **30**, 1766–1774.

Condon, E. U. und G. Shortley: 1951, *The Theory of Atomic Spectra*. Cambridge, England: Cambridge University Press.

Cooper, J. und R. N. Zare: 1968, 'Angular Distribution of Photoelectrons'. *J. Chem. Phys.* **48**, 942–943.

Cooper, J. und R. N. Zare: 1969, 'Photoelectron angular distributions'. In: S. Geltman et al. (eds.): *Lectures in Theoretical Physics*, Vol. XI-C. New York: Gordon and Breach, pp. 317–337.

Cooper, J. W.: 1962, 'Photoionization from Outer Atomic Subshells. A Model Study'. *Phys. Rev.* **128**, 681–693.

Cooper, J. W.: 1988, 'Near-Threshold K-Shell Absorption Cross-Section of Argon – Relaxation and Correlation-Effects'. *Phys. Rev. A* **38**, 3417–3424.

Corkum, P. B.: 1993, 'Plasma Perspective on Strong-Field Multiphoton Ionization'. *Phys. Rev. Lett.* **71**, 1994–1997.

Covington, A. M., S. S. Duvvuri, E. D. Emmons, R. G. Kraus, W. W. Williams, J. S. Thompson, D. Calabrese, D. L. Carpenter, R. D. Collier, T. J. Kvale und V. T. Davis: 2007, 'Measurements of partial cross sections and photoelectron angular distributions for the photodetachment of Fe- and Cu- at visible photon wavelengths'. *Phys. Rev. A* **75**, 022711.

Crampton, S. B., N. F. Ramsey und D. Kleppner: 1963, 'Hyperfine Separation of Ground-State Atomic Hydrogen'. *Phys. Rev. Lett.* **11**, 338.

de Beauvoir, B., C. Schwob, O. Acef, L. Jozefowski, L. Hilico, F. Nez, L. Julien, A. Clairon und F. Biraben: 2000, 'Metrology of the hydrogen and deuterium atoms: Determination of the Rydberg constant and Lamb shifts'. *Eur. Phys. J. D* **12**, 61–93.

Dehmelt, H. G. und W. Paul: 1989, 'Nobelpreis: for the development of the ion trap technique'
http://nobelprize.org/nobel_prizes/physics/laureates/1989/.

Domke, M., C. Xue, A. Puschmann, T. Mandel, E. Hudson, D. A. Shirley, G. Kaindl, C. H. Greene, H. R. Sadeghpour und H. Petersen: 1991, 'Extensive Double-Excitation States in Atomic Helium'. *Phys. Rev. Lett.* **66**, 1306–1309.

Drake, G. und W. Martin: 1998, 'Ionization energies and quantum electrodynamic effects in the lower 1sns and 1snp levels of neutral helium (^{4}He I)'. *Can. J. Phys.* **76**, 679–698.

Drake, O., W. Nörtershäuser und Z.-C. Yam: 2005, 'Isotope shifts and nuclear radius measurements for helium and lithium'. *Can. J. Phys.* **83**, 311–325.

Edmonds, A. R.: 1964, *Drehimpulse in der Quantenmechanik. Übersetzung von "Angular Momentum in Quantum Mechanics"*, Princeton University Press, Vol. 53/53a. Mannheim: BI Hochschultaschenbuch.

Eides, M. I., H. Grotch und V. A. Shelyuto: 2001, 'Theory of light hydrogenlike atoms'. *Phys. Rep.* **342**, 63–261.

Ernst, R. R.: 1991, 'Nobelpreis: for his contributions to the development of the methodology of high resolution nuclear magnetic resonance (NMR) spectroscopy'
http://nobelprize.org/nobel_prizes/chemistry/laureates/1991/.

Fano, U.: 1961, 'Effects of Configuration Interaction on Intensities and Phase Shifts'. *Phys. Rev.* **124**, 1866–1878.

Fano, U. und J. Cooper: 1968, 'Spectral Distribution of Atomic Oscillator Strengths'. *Rev. Mod. Phys.* **40**, 441–507.

Gabrielse, G., D. Hanneke, T. Kinoshita, M. Nio und B. Odom: 2006, 'New determination of the fine structure constant from the electron g value and QED'. *Phys. Rev. Lett.* **97**, 030802.

Gabrielse, G., D. Hanneke, T. Kinoshita, M. Nio und B. Odom: 2007, 'Erratum: New Determination of the Fine Structure Constant from the Electron g Value and QED'. *Phys. Rev. Lett.* **2007**, in press.

Gallagher, T., R. C. Hilborn und N. F. Ramsey: 1972, 'Hyperfine Spectra of ^{7}Li^{35}Cl and ^{7}Li^{37}Cl'. *J. Chem. Phys.* **56**, 5972–5979.

Göppert-Mayer, M.: 1931, 'Über Elementarakte mit zwei Quantensprüngen'. *Ann. Phys. – Berlin* **9**, 273–294.

Gross, B., A. Huber, M. Niering, M. Weitz und T. W. Hänsch: 1998, 'Optical Ramsey spectroscopy of atomic hydrogen'. *Europhys. Lett.* **44**, 186–191.

Grynberg, G. und B. Cagnac: 1977, 'Doppler-Free Multiphotonic Spectroscopy'. *Rep. Prog. Phys.* **40**, 791–841.

Gumberidze, A., T. Stöhlker, D. Banas, K. Beckert, P. Beller, H. F. Beyer, F. Bosch, S. Hagmann, C. Kozhuharov, D. Liesen, F. Nolden, X. Ma, P. H. Mokler, M. Steck, D. Sierpowski und S. Tashenov: 2005, 'Quantum electrodynamics in strong electric fields: The ground-state lamb shift in hydrogenlike uranium'. *Phys. Rev. Lett.* **94**, 223001 – und persönliche Mitteilung von T. Stöhlker.

Hall, J. L. und T. W. Hänsch: 2005, 'Nobelpreis: for their contributions to the development of laser-based precision spectroscopy, including the optical frequency comb technique'
http://nobelprize.org/nobel_prizes/physics/laureates/2005/.

494   Literaturverzeichnis

Hänsch, T. und T. Udem: 2005, 'Messung der Frequenz von Licht: Frequenzkamm'
    http://www.mpq.mpg.de/~haensch/comb/prosa/prosa.html.
Hänsch, T. W.: 2006, 'Hydrogen spectroscopy'
    http://www.mpq.mpg.de/~haensch/hydrogen/h.html.
Hänsch, T. W., A. L. Schawlow und G. W. Series: 1979, 'Spectrum of Atomic-
    Hydrogen'. Sci. Am. 240, 94.
Hänsch, T. W., I. S. Shahin und A. L. Schawlow: 1972, 'Optical Resolution of Lamb
    Shift in Atomic-Hydrogen by Laser Saturation Spectroscopy'. Nature-Physical
    Science 235, 63.
Haschke, M. und N. Langhoff: 2007, 'Kleinstleistungs-Röntgenröhre und Spektrum'.
    IfG – Institute for Scientific Instruments GmbH, Berlin-Adlershof.
Hau, L. V., S. E. Harris, Z. Dutton und C. H. Behroozi: 1999, 'Light speed reduction
    to 17 metres per second in an ultracold atomic gas'. Nature 397, 594–598.
Herman, F. und S. Skillman: 1963, Atomic Structure Calculations. New Jersey, USA:
    Prentice Hall, Inc.
Hertel, I. V. und W. Stoll: 1974, 'Principles and Theoretical Interpretation of
    Electron-Scattering by Laser-Excited Atoms'. J. Phys. B: At. Mol. Phys. 7,
    570–582.
Hughes, V. W. und T. Kinoshita: 1999, 'Anomalous g values of the electron and
    muon'. Rev. Mod. Phys. 71, S133–S139.
Jaeschke, E., W. Eberhard und M. Sauerborn: 2007, 'Technische Daten, Skizzen und
    Fotos zu BESSY II'. Berliner Elektronenspeicherring-Gesellschaft für Synchro-
    tronstrahlung m.b.H. (BESSY), Berlin-Adlershof.
Jefferts, S. und D. Meekhof: 2000, 'NIST-F1 Cesium Fountain Atomic Clock'
    http://tf.nist.gov/cesium/fountain.htm.
Johnson, W. R. und G. Soff: 1985, 'The Lamb Shift in Hydrogen-Like Atoms, 1
    Less-Than-or-Equal-to Z Less-Than-or-Equal-to 110'. Atomic Data and Nuclear
    Data Tables 33, 405–446.
Kane, P. P., L. Kissel, R. H. Pratt und S. C. Roy: 1986, 'Elastic-Scattering of
    Gamma-Rays and X-Rays by Atoms'. Phys. Rep. 140, 75–159.
Keldysh, L. V.: 1965, 'Ionization in the field of a strong electromagnetic wave'. Sov.
    Phys. JETP 20, 1307.
Kohn, W.: 1998, 'Nobelpreis: for his development of the density-functional theory'
    http://nobelprize.org/nobel_prizes/chemistry/laureates/1998/.
Lamb jr., W.: 1955, 'Nobelpreis: for his discoveries concerning the fine structure of
    the hydrogen spectrum'
    http://nobelprize.org/nobel_prizes/physics/laureates/1955/.
Lambropoulos, P.: 1985, 'Mechanisms for Multiple Ionization of Atoms by Strong
    Pulsed Lasers'. Phys. Rev. Lett. 55, 2141–2144.
Larochelle, S., A. Talebpour und S. L. Chin: 1998, 'Non-sequential multiple ioniza-
    tion of rare gas atoms in a Ti:Sapphire laser field'. J. Phys. B: At. Mol. Opt.
    Phys. 31, 1201–1214.
Latter, R.: 1955, 'Atomic Energy Levels for the Thomas-Fermi and Thomas-Fermi-
    Dirac Potential'. Phys. Rev. 99, 510.
Lauterbur, P. C. und S. P. Mansfield: 2003, 'Nobelpreis: for their discoveries concer-
    ning magnetic resonance imaging'
    http://nobelprize.org/nobel_prizes/medicine/laureates/2003/.
Lipeles, M., R. Novick und N. Tolk: 1965, 'Direct Detection of 2-Photon Emission
    from Metastable State of Singly Ionized Helium'. Phys. Rev. Lett. 15, 690–693.

Madden, R. P. und K. Codling: 1963, 'New Autoionizing Atomic Energy Levels in He, Ne, and Ar'. *Phys. Rev. Lett.* **10**, 516–518.

Manson, S. T. und A. F. Starace: 1982, 'Photo-Electron Angular-Distributions – Energy-Dependence for S Subshells'. *Rev. Mod. Phys.* **54**, 389–405.

Marques, M. A. L. und E. K. U. Gross: 2004, 'Time-dependent density functional theory'. *Annu. Rev. Phys. Chem.* **55**, 427–455.

Mather, J. C. und G. F. Smoot: 2006, 'Nobelpreis: for their discovery of the black-body form and anisotropy of the cosmic microwave background radiation' http://nobelprize.org/nobel_prizes/physics/laureates/2006/.

Menendez, J. M., I. Martin und A. M. Velasco: 2005, 'The Stark effect in atomic Rydberg states through a quantum defect approach'. *Int. J. Quantum Chem.* **102**, 956–960.

Mohr, P. J., B. N. Taylor und D. Newell: 2007, 'The 2006 CODATA Recommended Values of the Fundamental Physical Constants'. National Institute of Standards and Technology, Gaithersburg, MD 20899, USA http://physics.nist.gov/constants.

Morton, D. C., Q. Wu und G. W. F. Drake: 2006, 'Nuclear charge radius for ^{3}He'. *Phys. Rev. A* **73**, 034502.

Mueller, U., F. H. Niesen, F. Goetz, H. Delbrück, Y. Roske, J. Behlke, K. Büssow, K. P. Hofmann und U. Heinemann: 2007, 'Crystal structure of human Prolidase: The molecular basis for PD disease'. *to be published*.

Niering, M., R. Holzwarth, J. Reichert, P. Pokasov, T. Udem, M. Weitz, T. W. Hänsch, P. Lemonde, G. Santarelli, M. Abgrall, P. Laurent, C. Salomon und A. Clairon: 2000, 'Measurement of the hydrogen 1S-2S transition frequency by phase coherent comparison with a microwave cesium fountain clock'. *Phys. Rev. Lett.* **84**, 5496–5499.

NIST: 2002, 'Reference on Constants, Units, and Uncertainties' http://physics.nist.gov/cuu/Constants/.

NIST: 2006, 'Atomic Spectra Database' http://physics.nist.gov/PhysRefData/ASD/lines_form.html.

NIST-FFAST: 2003, 'X-Ray Form Factor, Attenuation, and Scattering Tables' http://physics.nist.gov/PhysRefData/FFast/Text/cover.html.

NIST-XCOM: 2003, 'XCOM: Photon Cross Sections Database' http://physics.nist.gov/PhysRefData/Xcom/Text/XCOM.html.

Novick, R.: 1972, '2-Photon Decay of Metastable Hydrogenic Atoms'. *Science* **177**, 367.

Odom, B., D. Hanneke, B. D'Urso und G. Gabrielse: 2006, 'New measurement of the electron magnetic moment using a one-electron quantum cyclotron'. *Phys. Rev. Lett.* **97**, 030801.

Palenius, H. P., J. L. Kohl und W. H. Parkinson: 1976, 'Absolute Measurement of Photoionization Cross-Section of Atomic-Hydrogen with a Shock-Tube for Extreme Ultraviolet'. *Phys. Rev. A* **13**, 1805–1816.

Paulus, G. G., W. Nicklich, H. L. Xu, P. Lambropoulos und H. Walther: 1994, 'Plateau in above-Threshold Ionization Spectra'. *Phys. Rev. Lett.* **72**, 2851–2854.

Peil, S. und G. Gabrielse: 1999, 'Observing the quantum limit of an electron cyclotron: QND measurements of quantum jumps between Fock states'. *Phys. Rev. Lett.* **83**, 1287–1290.

Petite, G., P. Agostini und H. G. Muller: 1988, 'Intensity Dependence of Non-Perturbative above-Threshold Ionization Spectra – Experimental-Study'. *J. Phys. B: At. Mol. Phys.* **21**, 4097–4105.

Prisner, T. F., M. Bennati und M. Hertel: 2007, 'Messbeispiel EPR-Sprektrum im X-Band und HF-EPR'. *Persönliche Mitteilung.*

Racah, G.: 1942, 'Theory of complex spectra II'. *Phys. Rev.* **62**, 438–462.

Ramsey, N. F.: 1950, 'A Molecular Beam Resonance Method with Separated Oscillating Fields'. *Phys. Rev.* **78**, 695–699.

Ramsey, N. F.: 1989, 'Nobelpreis: for the invention of the separated oscillatory fields method and its use in the hydrogen maser and other atomic clocks and the separated oscillatory fields method' http://nobelprize.org/nobel_prizes/physics/laureates/1989/.

Redsun, S.: 2004, '3j6j9j-Symbol-calculator' http://www.svengato.com/threej.html.

Reichle, R., H. Helm und I. Y. Kiyan: 2001, 'Photodetachment of H^- in a strong infrared laser field'. *Phys. Rev. Lett.* **87**, 243001.

Saha, H. P.: 1989, 'Threshold Behavior of the M-Shell Photoionization of Argon'. *Phys. Rev. A* **39**, 2456–2460.

Sauter, T., H. Gilhaus, I. Siemers, R. Blatt, W. Neuhauser und P. E. Toschek: 1988, 'On the Photo-Dynamics of Single Ions in a Trap'. *Z. Phys. D* **10**, 153–163.

Schaffer, H. W., R. W. Dunford, E. P. Kanter, S. Cheng, L. J. Curtis, A. E. Livingston und P. H. Mokler: 1999, 'Measurement of the two-photon spectral distribution from decay of the 1s2s S-1(0) level in heliumlike nickel'. *Phys. Rev. A* **59**, 245–250.

Schmidt, V.: 1992, 'Photoionization of Atoms Using Synchrotron Radiation'. *Rep. Prog. Phys.* **55**, 1483–1659.

Schöllkopf, W. und J. P. Toennies: 1996, 'The nondestructive detection of the helium dimer and trimer'. *J. Chem. Phys.* **104**, 1155–1158.

Schulz, K., G. Kaindl, M. Domke, J. D. Bozek, P. A. Heimann, A. S. Schlachter und J. M. Rost: 1996, 'Observation of new Rydberg series and resonances in doubly excited helium at ultrahigh resolution'. *Phys. Rev. Lett.* **77**, 3086–3089.

Schumacher, E. J.: 2006, 'FDA Computation of Atomic Orbitals (Windows and Linux)' http://www.chemsoft.ch/qc/fda.htm.

Schwinger, J.: 1949, 'On the Classical Radiation of Accelerated Electrons'. *Phys. Rev.* **75**, 1912–1925.

Scrinzi, A., M. Y. Ivanov, R. Kienberger und D. M. Villeneuve: 2006, 'Attosecond physics'. *J. Phys. B: At. Mol. Phys.* **39**, R1–R37.

SDBS: 2007, 'Spectral Database for Organic Compounds SDBS' http://www.aist.go.jp/RIODB/SDBS/cgi-bin/cre_index.cgi.

Smith, D. D., G. L. Stukenbroeker und J. R. McNally Jr.: 1951, 'New Data on Isotope Shifts in Uranium Spectra: U^{236} and U^{234}'. *Phys. Rev.* **84**, 383–384.

Stark, J.: 1919, 'Nobelpreis: for his discovery of the Doppler effect in canal rays and the splitting of spectral lines in electric fields' http://nobelprize.org/nobel_prizes/physics/laureates/1919/.

Stern, O.: 1921, 'Ein Weg zur experimentellen Prüfung der Richtungsquantelung im Magnetfeld'. *Zeitschrift f. Physik* **VII**, 249–253, Nachdruck: *Z. Phys. D –Atoms, Molecules and Clusters* **10**, 111–116 (1988).

Stern, O.: 1943, 'Nobelpreis: for his contribution to the development of the molecular ray method and his discovery of the magnetic moment of the proton'
http://nobelprize.org/nobel_prizes/physics/laureates/1943/.

Stone, N. J.: 2005, 'Table of nuclear magnetic dipole and electric quadrupole moments'. *Atomic Data and Nuclear Data Tables* **90**, 75–176.

Suzuki, I. H. und N. Saito: 2005, 'Total photoabsorption cross-section of Ar in the sub-keV energy region'. *Radiat. Phys. Chem.* **73**, 1–6.

Tomonaga, S.-I., J. Schwinger und R. P. Feynman: 1965, 'Nobelpreis: for their fundamental work in quantum electrodynamics, with deep-ploughing consequences for the physics of elementary particles'
http://nobelprize.org/nobel_prizes/physics/laureates/1965/.

Towle, J. P., P. A. Feldman und J. K. G. Watson: 1996, 'A Catalog of recombination lines from 100 GHz to 10 Microns'. *Astrophys. J. Suppl. Ser.* **107**, 747–760.

Tzallas, P., D. Charalambidis, N. A. Papadogiannis, K. Witte und G. D. Tsakiris: 2003, 'Direct observation of attosecond light bunching'. *Nature* **426**, 267–271.

Udem, T., A. Huber, B. Gross, J. Reichert, M. Prevedelli, M. Weitz und T. W. Hänsch: 1997, 'Phase-coherent measurement of the hydrogen 1S-2S transition frequency with an optical frequency interval divider chain'. *Phys. Rev. Lett.* **79**, 2646–2649.

University of Colorado: 2000, 'David's Wizzy Periodic Table'
http://www.colorado.edu/physics/2000/applets/a2.html.

van Dyck, R. S., P. B. Schwinberg und H. G. Dehmelt: 1986, 'Electron Magnetic-Moment from Geonium Spectra – Early Experiments and Background Concepts'. *Phys. Rev. D* **34**, 722–736.

van Dyck, R. S., P. B. Schwinberg und H. G. Dehmelt: 1987, 'New High-Precision Comparison of Electron and Positron G-Factors'. *Phys. Rev. Lett.* **59**, 26–29.

Walker, B., B. Sheehy, L. F. Dimauro, P. Agostini, K. J. Schafer und K. C. Kulander: 1994, 'Precision-Measurement of Strong-Field Double-Ionization of Helium'. *Phys. Rev. Lett.* **73**, 1227–1230.
http://th.physik.uni-frankfurt.de/~jr/physstamps.html.

Walls, J., R. Ashby, J. J. Clarke, B. Lu und W. A. van Wijngaarden: 2003, 'Measurement of isotope shifts, fine and hyperfine structure splittings of the lithium D lines'. *Eur. Phys. J. D* **22**, 159–162.

Watson, J. B., A. Sanpera, D. G. Lappas, P. L. Knight und K. Burnett: 1997, 'Nonsequential double ionization of helium'. *Phys. Rev. Lett.* **78**, 1884–1887.

Weber, K. H. und C. J. Sansonetti: 1987, 'Accurate Energies of nS, nP, nD, nF, and nG Levels of Neutral Cesium'. *Phys. Rev. A* **35**, 4650–4660.

Weissbluth, M.: 1978, *Atoms and Molecules*. Boston, MA: Academic Press.

Weisstein, E. W.: 2004a, 'Wigner 3j-Symbol'
http://mathworld.wolfram.com/Wigner3j-Symbol.html.

Weisstein, E. W.: 2004b, 'Wigner 6j-Symbol'
http://mathworld.wolfram.com/Wigner6j-Symbol.html.

Wesley, J. und A. Rich: 1971, 'High Field Electron g-2 Measurement'. *Phys. Rev. A* **4**, 1341.

Wütherich, K.: 2002, 'Nobelpreis: for his development of nuclear magnetic resonance spectroscopy for determining the three-dimensional structure of biological macromolecules in solution'
http://nobelprize.org/nobel_prizes/chemistry/laureates/2002/.

Zhavoronkov, N., Y. Gritsai, M. Bargheer, M. Wörner, T. Elsässer, F. Zamponi, I. Uschmann und E. Förster: 2005, 'Microfocus Cu K_α source for femtosecond X-ray science'. *Opt. Lett.* **30**, 1737–1739.

Zheng, L., M. Q. Cui, Y. D. Zhao, J. Zhao und K. Chen: 2006, 'Total photoionization cross-sections of Ar and Xe in the energy range of 2.1–6.0 keV'. *J. Electron Spectrosc.* **152**, 143–147.

Zimmerman, M. L., M. G. Littman, M. M. Kash und D. Kleppner: 1979, 'Stark Structure of the Rydberg States of Alkali-Metal Atoms'. *Phys. Rev. A* **20**, 2251–2275.

Zwillinger, D.: 1997, *Handbook of Differential Equations*. Boston, MA: Academic Press, 3rd edition.

Sachverzeichnis

Printed in the United States
By Bookmasters